高等职业教育基础化学类课程规划教材

"十四五"职业教育国家规划教材

无机化学

（三年制）

第四版

胡伟光 张桂珍 主编

化学工业出版社

·北京·

内容简介

本书根据高等职业教育培养目标，体现以能力培养为主线，培养学生研究性学习的能力，突出理论与实践相结合。本书全面贯彻党的教育方针，落实立德树人根本任务，在教材中有机融入党的二十大精神。

全书共分十四章，内容包括化学基本概念、原子结构、分子结构、元素周期律、化学反应速率和化学平衡、电解质溶液、电化学基础、重要元素的单质及化合物、配位化合物及滴定分析法。为适应教学要求，将四大平衡理论与滴定分析的内容相融合，直接体现了四大平衡理论知识的应用。本书采用双色印刷，对重点内容进行标记，并以二维码形式融入数字资源。为拓宽学生的知识面，精选了部分“阅读材料”。在每章后均有“本章小结”和习题，有利于学生巩固所学知识。

本书为高职高专院校、高职本科院校化工相关专业使用教材，也可供其他开设无机化学课的专业选用。

图书在版编目（CIP）数据

无机化学：三年制/胡伟光，张桂珍主编．—4 版．—北京：化学工业出版社，2021.3 （2025.8重印）

高等职业教育基础化学类课程规划教材

ISBN 978-7-122-38368-6

Ⅰ.①无… Ⅱ.①胡…②张… Ⅲ.①无机化学-高等职业教育-教材 Ⅳ.①O61

中国版本图书馆 CIP 数据核字（2021）第 017600 号

责任编辑：刘心怡 提 岩　　装帧设计：关 飞

责任校对：田睿涵

出版发行：化学工业出版社（北京市东城区青年湖南街 13 号 邮政编码 100011）

印 装：河北延风印务有限公司

787mm×1092mm 1/16 印张 21 彩插 1 字数 531 千字 2025 年 8 月北京第 4 版第 8 次印刷

购书咨询：010-64518888　　售后服务：010-64518899

网 址：http://www.cip.com.cn

凡购买本书，如有缺损质量问题，本社销售中心负责调换。

定 价：49.80 元

前言

本书是“十一五”和“十二五”职业教育国家规划教材，自2002年（第一版）出版以来，历经十几年的教学使用，得到广大读者的大力肯定与支持。根据国家高等职业教育的发展和要求，经过2007年（第二版）、2012年（第三版）、2020年（第四版）的修订再版，使教材内容不断完善。依据化工类技术领域和职业岗位（群）的任职要求，教材的理论知识继续坚持以“必须、够用”为度的原则，注重内容的科学性和先进性，坚持以学生发展为本位，坚持渗透创新意识和创新能力培养的要求，重视对学生学习能力的培养，以体现高等职业教育对人才培养的要求。第四版教材，在保留了原书特色和风格的基础上，有如下变化：

1. 本教材采用双色印刷，对教材中的重点内容进行标记。

2. 本教材在编写及修订过程中，不断更新相关内容，与时俱进，将党的二十大精神有机融入教材。教材中增加“环境意识和环境质量”相关的阅读材料，体现“深入推进环境污染防治”“提升生态系统多样性、稳定性、持续性”内涵；介绍仿生催化技术、低碳生活和低碳经济、纳米技术与环境保护、含镉及含汞废水处理，体现了党的二十大关于加快发展方式绿色转型的相关要求；教材中的纳米 TiO_2 光催化剂，仿生催化技术，新型高效多功能水处理消毒剂，离子推动发动机、光电管、光电池，均是在相关知识点的基础上，介绍我国近十年取得的相关成绩，与二十大报告“过去五年的工作和新时代十年的伟大变革”呼应。

3. 对教材中某些内容进行补充修订；对部分文字表述进行了修改；对学习目的内容作一定的补充和修改，使要求更具体，更便于教与学。

由于不同专业有不同的发展方向，对不同专业有不同的知识侧重点，因此，教师在教学中要结合不同的专业特点，对教学内容进行精选。同时，重视培养学生的自我学习、合作学习、分析问题和解决问题的能力。以能力为目标，以学生为主体，以教师为主导，以应用示例为载体，教师要充分发挥课堂教学在育人中的主渠道、主阵地的作用，激发学生的爱国热情，严谨的科学态度，将思政入课的思想有机地嵌入教学中，突出高等职业教育的教学特色。

本书可作为高职高专院校化工、化学、环境、材料、冶金、地质、轻工、纺织类各专业无机化学课程教材。

参加本书此次修订工作的有张跃东、马超、王新、张桂珍、胡伟光，全书由胡伟光统稿。

本教材修订于“十三五”期间，也是高等职业教育改革发展的重要阶段，相信我国高等职业教育一定会成为促进经济社会发展和提高国家竞争力，提供优质人才资源支撑的阵地。

在此，感谢多年来一直使用本教材的广大师生，并希望继续关注此书的第四版，共同为无机化学的课程改革，为高等职业教育的发展贡献力量。书中有不妥之处，恳请读者提出宝贵意见，以使教材不断的改进和完善。

编　者

第一版前言

本教材是遵照全国高职化工类教材的要求，根据高职教育培养技术应用性人才的目标，并结合当前教学实际编写的。教材着重体现下列几点。

1. 教材在内容的选择上，本着理论知识适度、后续课程够用的原则，着眼于理论知识与生产、生活的密切结合，力求反映近代无机化学在材料、能源、环保、生命、化工和冶金等方面的应用。此外，也注意到各部分内容与高中化学的衔接。

2. 在无机化学的平衡体系中，融入了定量化学分析中的酸碱滴定法、配位滴定法、沉淀滴定法、氧化还原滴定法的内容，建立了新的课程体系，旨在使知识衔接更为紧密。突出应用的针对性，并为化学实验技术课程奠定理论基础。

3. 对元素化学部分，从"关联图"入手，构建知识框架，从而展开对物质性质、制备及应用的讨论，使得元素各物质间相互转化更明显，同时，删减了某些非重要元素和化合物的内容。此外，为开阔学生视野，激发学习兴趣，围绕元素化学内容编写了有关的阅读材料。

4. 根据学生的认知能力，将部分传统的验证性实验改为探究性实验，力求反映对学生探究性学习能力的培养。

5. 本教材采用了 1988 年国际纯粹与应用化学联合会（IUPAC）建议的元素周期表体系。兼顾国内现行使用的元素周期表，在新的分族号上，用括号注明原族号。

6. 认真贯彻使用 1984 年 2 月 27 日国务院发布的《中华人民共和国法定计量单位》及 GB 3100～3102—1993《量和单位》规定的符号和单位。

本书第一、三、四、五、九章由胡伟光（辽宁石化职业技术学院）编写，第二、六、七、八、十五章（实验部分）由周晓莉（郑州中州大学）编写，第十、十一、十二、十三、十四章由张桂珍（天津职业大学）编写。全书由胡伟光统稿，赵文廉（兰州石化职业技术学院）主审。

本书的编写得到了化学工业出版社和全国高职化工教学指导委员会领导的支持和同行的帮助，在此谨向他们表示感谢。

高职教育正处于发展阶段，教材在体现高职教育的特色上，我们虽做了一些尝试和努力，但此项改革毕竟是一项较为复杂的工作。限于编者的水平，不妥之处在所难免，恳请专家以及使用本书的师生提出宝贵意见。

编　者

2002 年 1 月

第二版前言

本书于2002年出版后多次重印，2006年被批准为普通高等教育“十一五”国家级规划教材。

在面向21世纪的教学改革研究和实践中，我们依据教育部《关于以就业为导向、深化高等职业教育改革的若干意见》文件精神，根据高职教育的特点，不断思考和总结，广泛收集读者和师生的意见。在第二版教材修订中，进一步贯彻基础理论部分以“必需、够用”为度的原则，在保留第一版教材特色的基础上，突出基本知识、基本理论、基本技能以应用为目的的思想。本次教材的修订，体现了化工类专业培养方案中对课程的科学、人文素质要求，体现了新内容与传统的经典内容之间的联系，着力体现高等职业技术教育培养技术应用性人才的特点。

修订后的教材删减了某些偏深的、陈旧的、应用性较差的、与中学化学课程重复的内容等。元素部分完善了化学元素关联图，使之更加系统化、完整化，便于教学。融入了绿色化学的一些新知识、新的科技成果，使教材能够体现科学前沿的内容。更新了部分阅读材料，使化学与社会、生活和生产的联系更加紧密。教材中的习题也作了适当的精简。书中加“*”内容为选学内容，用于拓宽学生视野。

鉴于高职院校独立开设实验技术课程的情况，本书在修订中，删去了第一版中第十五章的实验部分，其中涉及的性质实验可通过课堂演示实验解决。

参加本书第二版修改工作的有张跃东（第一章、第二章、第三章）、马超（第四章、第五章、第六章）、胡伟光（第七章、第八章、第九章）、张桂珍（第十章至第十四章）。全书由王宝仁主审。

为了便于学习，本书还配有《无机化学学习指导》一书，该书例题典型，解题思路清晰，对学生的学习具有很强的指导作用。书中习题配有答案。

在此，对多年来一直使用本教材的广大师生表示感谢，并希望继续关注本书的第二版，在使用中多提建议和意见，共同为高职教育的发展做出贡献。

限于编者水平，书中可能有不妥之处，欢迎读者指正。

编　者

2007年3月

第三版前言

本书第一版于2002年出版以来，历经十年的教学使用，得到了读者的大力支持，许多同行和读者对本教材的修改提出了宝贵和中肯的意见。此次修订在第二版内容的基础上，依据高职教育教学改革思想，根据化工类技术领域和职业岗位（群）的任职要求，教材的理论知识继续坚持以“适度、够用”为原则，坚持渗透创新意识和创新能力培养的要求，以体现高职高专对人才培养的特点。

第三版教材的修订，保留了原书的特色和风格，并着力体现近年来高职高专基础化学课程改革成果。删除了某些偏深的应用性差的内容，使教材进一步体现高职高专对教学的要求；以拓展学生的知识视野为目的，以体现最新的科技发展为选材依据，增加和更新某些阅读材料。元素部分增加了某些与应用联系紧密的相关知识；对某些内容的文字表述进行了修改，使教材可读性更强。

为方便教学，本书还配有《无机化学学习指导》一书，该书例题典型，解题思路清晰，对学生的学习有很强的指导作用。

本书可作为高职高专院校化工、化学、环境、材料等专业的无机化学课程教材。

由于对不同的专业有不同的知识要求和侧重点，不同的专业有不同的发展方向，因此，教师在教学中要结合不同的专业特点，对教学内容进行精选。同时，重视把自我学习、合作学习、分析问题、解决问题的能力培养有机地嵌入教学中，以能力培养为目标，以学生为主体，以教师为主导，以应用实例为载体，突出高职高专的教学特点。

参加本书第三版修订工作的有张跃东（第一至三章）、马超（第四至六章）、胡伟光（第七至十章）、张桂珍（第十一至十四章），全书由胡伟光统稿，王宝仁主审。

在此，感谢多年来一直使用本教材的广大师生，并希望继续关注本书的第三版，共同为无机化学的课程改革和高职高专教育的发展贡献力量。

由于编者水平有限，书中仍可能有不妥之处，恳请读者提出宝贵意见。

编　者

2012年4月

目录

绪　论

一、无机化学的地位和作用

1. 化学

化学是在分子、原子、离子等层次上研究物质的组成、结构和性质，以及物质间相互变化和变化过程中的能量关系的学科。

化学正处于现代自然科学的中心位置，是一门中心的科学。现代化学已经渗透到各个领域，在物质世界中，无论是天然的还是人工合成的，只要它是物质，就必然与化学发生联系。当今与新兴技术有关的科学如能源、信息、材料、激光、空间技术、计算机技术等不断提出一些新的问题，也都需要化学家去解决。

2. 无机化学

无机化学是研究除碳氢化合物及其衍生物以外的所有化学元素和它们化合物的来源、制备、结构、性质、变化和应用的科学。无机化学是化学学科中发展最早的一个分支学科。

无机化合物种类众多，内容丰富。人类自古以来就开始了制陶、炼铜、冶铁等与无机化学相关的活动，到 18 世纪末，由于冶金工业的发展，人们逐步掌握了无机矿物的冶炼、提取和合成技术，同时也发现了很多新元素。到 19 世纪中叶，已经有了统一的原子量数据，从而结束了原子量的混乱局面。而元素周期律的发现则奠定了现代无机化学的基础。元素的周期性是人们在长期的科学实践活动中通过大量的感性材料积累总结出来的自然规律。

3. 无机化学的地位和作用

20 世纪以来，由于化学工业及其他相关产业的兴起，无机化学又有了更广阔的舞台。在过去 30 年里，新兴的无机化学领域有无机材料化学、生物无机化学、有机金属化学、理论无机化学等。这些新兴领域的出现，使传统的无机化学再次焕发出勃勃生机。如航空航天、能源石化、信息科学以及生命科学等领域的出现和发展，推动了无机化学的革新步伐。

现代社会中的三大支柱产业——能源、信息、材料，都与无机化学的基础研究密切相关。如太阳能的高效开发，需有高效率的太阳能集光和转换装置作基础；高能蓄电池、燃料电池的应用也需特殊的固体材料；信息的产生、转化、存储、调制、传输、传感、处理和显示都要有相应的固体物质作为材料和器件。而这些都是固体无机化学中的新材料的研究内容。生物无机化学的基础研究方向直接与生命过程相关，它主要探讨人体中的微量金属离子与蛋白质的配位作用，金属酶的活性中心对生物功能的影响和在生命过程中的作用等。

随着全球工业的发展，化工产品不断增多，无机化学在工业中的地位逐步增强。常见的无机化学用品，例如硫酸、硝酸、盐酸、磷酸等无机酸，纯碱、烧碱、合成氨、化肥以及无机盐等，在化工生产中都是相当重要的。就无机酸而言，以硫酸为代表，钢铁工业需用硫酸进行酸洗，以除去钢铁表面的氧化铁皮；在塑料工业中，环氧树脂和聚四氟乙烯等的生产也需用数量可观的硫酸；在染料工业中，硫酸用于制造染料中间体，硫酸与钛铁矿反应可制得重要的白色颜料二氧化钛。典型的碱类物质 NaOH 在肥皂、纸、清洁剂等的制造过程中都会用到，因此 NaOH 对人类生活的作用是不可估量的。就金属铁而言，生活中绝大部分的物质都是由铁构成的，如交通运输的汽车、火车、飞机，住宅中的水管及大多数电器等都离不开铁。典型的盐类物质氯化钠，是人民生活中必不可缺的食用盐，而无机盐对维持人体内的环境稳定起着重要的作用。

另外，对于无机化学中一些理论知识的应用，例如化学平衡问题，就直接关系到合成氨工业、硫酸工业、氯碱工业等化工工业的发展。原电池原理的发现，使得电池不断发展，广泛应用于人们的日常生活中，如手机、电脑等在断电情况下都离不开电池。电解池原理的发现，使得工业上可以用电解饱和 NaCl 溶液的方法，来制取工业重要用品 NaOH、Cl_2 和 H_2，这又更进一步促进了化学工业的发展。

国外无机化学品的市场、研发及应用主要集中于高附加值的功能材料，如电池（极）材料、超高能及超细纳米材料、半导体及电子化学品材料、催化剂及载体材料等。这些产品的开发及应用主要是随着节省能量费用、严格环境控制及高新技术产业的发展需要应运而生。

二、无机化学的现状和发展趋势

无机化学是近年来非常活跃的一个研究领域，它几乎涉及各个学科。从 20 世纪 50 年代起，随着科学水平的提高，对无机化合物的微观结构和反应机理有了更深入的了解，而理论模型的发展又促进了无机化学研究的系统化和理论化。科学研究的新兴领域及交叉学科如材料科学、生命科学等几乎都涉及无机化学。无机化学家还面临着环境、能源等领域提出的问题，其中也涉及相当多的无机化学前沿课题。

无机化学的现代化始于化学键理论的建立和新型仪器的应用，使无机化合物的研究由宏观深入微观，从而把它们的性质和反应同结构联系起来。再加上特种技术对无机特种材料生产的需要，也有力地推动了无机化学的研究。国际上，无机化学已进入蓬勃发展时期，有人称之为“无机化学的复兴”。

例如，生物无机化学学科是在无机化学和生物学的相互交叉、渗透中发展起来的一门边缘学科。它的基本任务是从现象学上以及从分子、原子水平上研究金属与生物配体之间的相互作用。而对这种相互作用的阐明有赖于无机化学和生物学两门学科水平的高度发展。生物无机化学在我国从 20 世纪 80 年代初开始，多年来在蛋白质的水解机理、金属配合物抗癌药物的研究、生物矿化的研究、环境生物无机化学等方面取得了很有意义的成果。现如今，生物学中的生命科学已经走向了基因时代，而生物学和无机化学这两门学科之间的紧密结合是我国科学不断向前发展的必然趋势。

总之，未来无机化学的发展特点是各学科纵横交叉解决实际问题。即化学学科的自身继续发展和相关学科融合发展相结合；化学学科内部的传统分支继续发展和化学作为整体发展相结合；研究科学基本问题与解决实际问题相结合。无机化学的发展趋势主要是新型化合物的合成和应用、新研究领域的开辟和建立。因此，无机化学的研究任务异常繁重，但同时也说明它是一门丰富多彩具有无限发展前途的学科。

三、无机化学的内容和学习方法

1. 基础理论

化学反应中的四大平衡关系、原子结构和元素周期律、化学键与分子结构、配合物结构理论等，构成了本课程的基础理论部分。

2. 元素及其化合物

重点介绍元素周期表中的重要元素及其主要化合物的性质和变化规律、制备、用途，使学生初步掌握元素化学的基本知识，了解重要元素及其主要化合物在生产和生活中的应用。

3. 实验教学

基础实验注重训练学生从事化学实验的基本操作技能，培养和提高学生的实践能力、观察能力；设计性、综合性实验注重对学生进行分析问题、解决问题的能力培养。实验内容注重与课堂教学内容紧密结合、与应用紧密结合，全面培养和锻炼学生的基本实验技能，同时培养学生良好的实验室工作作风和责任意识。

怎样学好无机化学呢？无机化学是化学化工类各专业重要的一门基础课程。学习过程中，要养成良好的课前预习习惯，对老师本节课要讲授的内容有所了解，听课时特别要注意预习时未理解的部分，要紧跟老师的思路，积极思考，主动参与教学过程。对重点内容还要做些笔记，这样有利于课后复习，也有利于在课堂上集中注意力。要重视课后复习和完成一定量的习题，它是消化和掌握所学知识的重要过程。本门课程的特点是理论性较强，有些概念比较抽象，只有通过多复习、多思考、多问几个为什么，才能逐渐加深理解并掌握其实质。学习过程中一定要重视培养自己分析问题和解决问题的能力。阅读参考书也是培养自主学习能力的有效途径。

同时，还必须重视无机化学实验。实验不仅能验证课本中的内容，有助于加深对所学知识的理解，而且是锻炼动手能力和实践能力的重要途径。

“只有理论没有性质那就不是化学。”由于物质的结构决定了物质的性质，物质的性质决定了它的制备途径、分离方法和用途等，所以，无机化学的学习要重视掌握重要元素及其化合物的重要性质。同时，要抓住重要反应的规律性，学习中要以元素周期律为纲，异中求同，同中求异，掌握周期系变化的规律性与特殊性，在理解的基础上进行记忆，为学习后续课程打下扎实的元素化学基础。

同学们，“21 世纪是化学的时代”，让我们以科学的态度、勤奋的精神，在学习过程中把握理论联系实际重视应用这把金钥匙，以崭新的面貌去迎接高新技术的挑战吧！

第一章

物质的聚集状态及化学反应中的能量关系

学习目标

1. 掌握理想气体状态方程式、气体分压定律的含义及应用。明确理想气体与真实气体的主要区别。
2. 明确液体的蒸气压、液体沸点的含义及应用。
3. 掌握盖斯定律及应用。
4. 能正确书写热化学方程式。

气体、液体和固体是物质的三种不同的聚集状态。这三种状态的基本差别在于分子间的距离和相互作用力大小不同。

物质究竟处于何种状态，取决于物质本身的性质和外界条件。例如在常温常压下，氧气是气体，水是液体，而食盐是固体。当外界条件改变时，物质可以从一种聚集状态转变成另一种聚集状态。例如在常压下将水加热到100℃时，水就会变成气体——水蒸气；若降低温度到0℃以下时，水又会变成固体——冰。随着温度、压力的变化，各物质分子间作用力的强弱和分子运动的剧烈程度都会相应发生变化，从而导致物质聚集状态的变化。

研究物质状态及其变化规律是认识宏观事物的基础。在物质的“三态”中，气体是物质存在的最简单形态之一，气体宏观研究的实验和理论探索开始比较早，也比较完整。本章将重点讨论气体宏观性质 p、V、T（压力、体积、温度）与气体物质的量之间的变化规律。

第一节　气　体

在物质的“三态”中，气体分子间距离最大，分子间作用力最弱，分子能够进行平动、转动和振动，其无规则运动程度最大。所以从宏观上看，气体可以无限制膨胀，均匀地充满任意形状的容器，气体本身则没有具体的形状，而且易被压缩。

一、理想气体状态方程

1. 理想气体

理想气体在微观上具有两个特征：分子本身不占有体积；分子间没有相互作用力。虽然自然界中并不存在理想气体，但是在高温低压下，真实气体分子间距很大，作用力很小，分子本身体积与气体体积相比可以略而不计，这时，实际气体就接近理想气体。由于理想气体反映了实际气体在高温低压下的共性，所遵循的规律和数学公式都比较简单，且容易获得。

利用理想气体概念导出的有关公式，计算真实气体的物理量，也可得到较为满意的效果。所以引入理想气体这个概念用来解决实际气体的问题要简单得多。一般真实气体，如氮、氧、氢、氦等，在温度不太低、压力不太大时，都可以近似看作理想气体。

2. 理想气体状态方程

气体的体积不仅受压力的影响，同时还与温度、气体的物质的量有关。通常用气体状态方程来反映上述四个物理量之间的关系。理想气体的 n、p、V 与 T 之间的关系式为

$$pV=nRT \tag{1-1}$$

式中 p——压力，Pa；

V——体积，m^3；

n——物质的量，mol；

T——热力学温度❶，K；

R——摩尔气体常数，又称气体常数。

式（1-1）称为理想气体状态方程。

已知 $n=1\text{mol}$ 的理想气体在 $T=273.15\text{K}$、$p=101325\text{Pa}$ 的情况下 $V=0.02241383\text{m}^3$，则有

$$R=\frac{pV}{nT}=\frac{101325\text{Pa}\times 0.02241383\text{m}^3}{1\text{mol}\times 273.15\text{K}}=8.314\text{Pa}\cdot\text{m}^3/(\text{mol}\cdot\text{K})$$

如果 pV 以焦耳（J）为单位，则 $R=8.314\text{J}/(\text{mol}\cdot\text{K})$。

又因为物质的量 n 与质量 m、摩尔质量 M 的关系为 $n=m/M$，所以式（1-1）可表示为

$$pV=\frac{m}{M}RT \tag{1-2}$$

结合密度的定义 $\rho=m/V$，有

$$pM=\frac{m}{V}RT=\rho RT \tag{1-3}$$

【例 1-1】 一个体积为 40.0dm^3 的氮气钢瓶，在 25℃时，使用前压力为 12.5MPa。求钢瓶压力降为 10.0MPa 时所用去的氮气质量。

解 使用前钢瓶中 N_2 的物质的量为

$$n_1=\frac{p_1V}{RT}=\frac{12.5\times10^6\text{Pa}\times 40.0\times10^{-3}\text{m}^3}{8.314\text{J}/(\text{mol}\cdot\text{K})\times(273.15+25)\text{K}}=202\text{mol}$$

使用后钢瓶中 N_2 的物质的量为

$$n_2=\frac{p_2V}{RT}=\frac{10.0\times10^6\text{Pa}\times 40.0\times10^{-3}\text{m}^3}{8.314\text{J}/(\text{mol}\cdot\text{K})\times(273.15+25)\text{K}}=161\text{mol}$$

所用的氮气质量为

$$m=(n_1-n_2)M=(202-161)\text{mol}\times 28.0\text{g/mol}=1.1\times10^3\text{g}=1.1\text{kg}$$

二、分压定律

在生产和科学实验中，实际遇到的气体大多数是由几种气体组成的气体混合物。如果混

❶ 热力学温度 T 与摄氏温度 t 之间的关系是 $T=273.15+t$。

合气体的各组分之间不发生化学反应，则在高温低压下，可将其看作理想气体的混合物。混合后的气体作为一个整体，仍符合理想气体定律。

通常各种互不反应的气体都能以任意比例完全混合成为均匀的混合气体。在混合气体中，任一组分气体都对器壁施以压力，并且互不干扰。对器壁的单位面积来说，某种气体所施的压力就是该气体的分压力。也就是说，在同一温度下，某气体组分 B 单独存在且占有与混合气体相同的体积时，所具有的压力称为该气体的分压力，用 p_B 表示。而混合气体中所有组分共同作用于容器器壁单位面积上的力，称为总压力，用 p 表示。

总压和分压究竟有什么关系呢？当气体混合物压力较低时，道尔顿通过实验测定总压 p 和各气体的分压 p_1、p_2、p_3、…的关系之后发现，低压下气体混合物的总压等于组成混合物的各种气体分压之和。即

$$p=p_1+p_2+p_3+\cdots=\sum p_B \tag{1-4}$$

这个实验规律称为道尔顿分压定律，简称分压定律。

对于低压下气体混合物中的各种气体，有

$$\left.\begin{array}{r} p_1V=n_1RT \\ p_2V=n_2RT \\ p_3V=n_3RT \\ \vdots \end{array}\right\} \tag{1-5}$$

其中，V、T 为各组分气体及气体混合物的体积和温度。于是

$$(p_1+p_2+p_3+\cdots)V=(n_1+n_2+n_3+\cdots)RT$$

即

$$p_1+p_2+p_3+\cdots=p \qquad n_1+n_2+n_3+\cdots=n$$

式中，p、n 分别表示气体混合物的总压及总物质的量。所以有

$$pV=nRT$$

由此说明：在低压下，理想气体状态方程不仅适用于单一组分气体，而且适用于多种组分组成的混合气体。

用式（1-5）各组分的方程式分别除以式（1-1），可得

$$p_1=\frac{n_1}{n}p \quad p_2=\frac{n_2}{n}p \quad p_3=\frac{n_3}{n}p \quad \cdots \tag{1-6}$$

即

$$p_B=\frac{n_B}{n}p$$

令气体摩尔分数用 $y_B=n_B/n$ 表示，则有

$$p_1=y_1p \quad p_2=y_2p \quad p_3=y_3p \quad \cdots \tag{1-7}$$

即

$$p_B=y_Bp$$

这是道尔顿分压定律的另一种表达形式。其物理意义表述为：低压下气体混合物中，某一组分的分压等于其在混合物中的摩尔分数与混合气体总压的乘积。

【例 1-2】 两个体积相等的玻璃球（见图 1-1），中间用细管连通（管内体积可忽略不计）。开始时两球温度为 27℃，共含有 0.7mol 氢气，压力为 50663Pa。若将其中一球放在 127℃的油浴中，另一球仍保持在 27℃，试计算球内的压力和各球内氢气的物质的量。

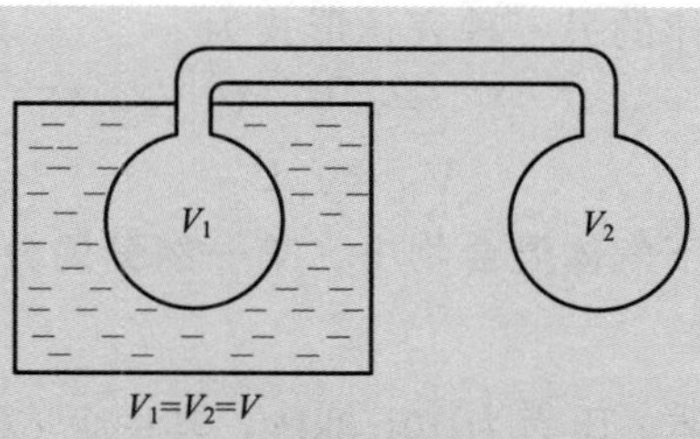

图 1-1　等体积连通的玻璃球

解　始态和终态条件分析如下：

始态		终态
$n_{A1}+n_{A2}=n=0.7\text{mol}$	→	$n_{B1}+n_{B2}=n=0.7\text{mol}$
$V_1+V_2=2V$		$V_1+V_2=2V$
$p_A=50663\text{Pa}$		$p_B=?$
$T_{A1}=T_{A2}=(27+273.15)\text{K}\approx 300\text{K}$		$T_{B1}=(127+273.15)\text{K}\approx 400\text{K}$，$T_{B2}=300\text{K}$

按题意要求得 n_{B1}、n_{B2} 和 p_B。由理想气体状态方程式（1-5）可得

$$n_{B1}=\frac{p_BV}{RT_{B1}}\qquad n_{B2}=\frac{p_BV}{RT_{B2}}$$

$$n=\frac{p_BV}{R}\left(\frac{1}{T_{B1}}+\frac{1}{T_{B2}}\right)\tag{1}$$

由上式可知，若要求得 p_B，必须先求出 V 的值。根据始态的条件，可列出两球总的理想气体状态方程：

$$p_A(2V)=nRT_{A1}$$

所以

$$\frac{V}{R}=\frac{nT_{A1}}{2p_A}\tag{2}$$

联立（1）、（2）两式，整理后可得

$$p_B=\frac{2p_A}{T_{A1}\left(\frac{1}{T_{B1}}+\frac{1}{T_{B2}}\right)}=\frac{2\times 50663\text{Pa}}{300\text{K}\times\left(\frac{1}{400\text{K}}+\frac{1}{300\text{K}}\right)}=57900\text{Pa}$$

$$n_{B1}=\frac{p_BV}{RT_{B1}}=\frac{p_BnT_{A1}}{T_{B1}\times 2p_A}=\frac{57900\text{Pa}\times 0.7\text{mol}\times 300\text{K}}{400\text{K}\times 2\times 50663\text{Pa}}=0.3\text{mol}$$

$$n_{B2}=n-n_{B1}=0.7\text{mol}-0.3\text{mol}=0.4\text{mol}$$

三、分体积定律

在一定温度和压力下，气体混合物所占有的体积称为总体积，用 **V** 表示。在同一温度下，气体混合物中某气体组分 **B** 单独存在并且具有与混合气体相同的压力时，所占有的体积称为混合气体中该气体的分体积，用 **V_B** 表示。

当气体混合物压力较低时，实验结果表明：

$$V=V_1+V_2+V_3+\cdots=\sum V_B\tag{1-8}$$

说明低压下气体混合物的总体积等于各组分的分体积之和。这就是阿马格分体积定律，简称分体积定律。

类似分压定律，分体积定律的另一种表达形式为

$$V_1=y_1V \quad V_2=y_2V \quad V_3=y_3V \quad \cdots \tag{1-9}$$

即

$$V_B=y_BV$$

其物理意义表述为：低压下气体混合物中，某一组分的分体积等于其在混合物中的摩尔分数与混合气体总体积的乘积。

【例 1-3】 设有一混合气体，压力为 101.3kPa，其中含 CO_2、O_2、C_2H_4、H_2 等四种气体，用奥氏气体分析仪进行分析，气体取样为 100.0×10^{-3}L，先用 NaOH 溶液吸收 CO_2，吸收后剩余气体为 97.1×10^{-3}L，然后用焦性没食子酸溶液吸收 O_2 后，还剩余气体 96.0×10^{-3}L，再用浓硫酸吸收 C_2H_4，最后尚余 63.2×10^{-3}L。试求各种气体的摩尔分数及分压。

解 各种气体的分体积分别为

$$V(CO_2)=(100.0-97.1)\times10^{-3}\text{L} \qquad V(O_2)=(97.1-96.0)\times10^{-3}\text{L}$$

$$V(C_2H_4)=(96.0-63.2)\times10^{-3}\text{L} \qquad V(H_2)=63.2\times10^{-3}\text{L}$$

由于气体处于低压下，可近似按理想气体计算，各种气体的摩尔分数分别为

$$y(CO_2)=\frac{V(CO_2)}{V}=\frac{(100.0-97.1)\times10^{-3}\text{L}}{100.0\times10^{-3}\text{L}}=0.029$$

$$y(O_2)=\frac{V(O_2)}{V}=\frac{(97.1-96.0)\times10^{-3}\text{L}}{100.0\times10^{-3}\text{L}}=0.011$$

$$y(C_2H_4)=\frac{V(C_2H_4)}{V}=\frac{(96.0-63.2)\times10^{-3}\text{L}}{100.0\times10^{-3}\text{L}}=0.328$$

$$y(H_2)=\frac{V(H_2)}{V}=\frac{63.2\times10^{-3}\text{L}}{100.0\times10^{-3}\text{L}}=0.632$$

根据分压定律公式（1-7）可得各种气体的分压为

$$p(CO_2)=y(CO_2)p=0.029\times101.3\text{kPa}=2.94\text{kPa}$$
$$p(O_2)=y(O_2)p=0.011\times101.3\text{kPa}=1.11\text{kPa}$$
$$p(C_2H_4)=y(C_2H_4)p=0.328\times101.3\text{kPa}=33.2\text{kPa}$$
$$p(H_2)=y(H_2)p=0.632\times101.3\text{kPa}=64.0\text{kPa}$$

第二节 液 体

液体的分子间距比气体小得多，其分子间作用力强于气体。液体分子运动既不像气体分子那样呈现自由运动状态，也不像固体分子那样呈现出有规则排列。液体在宏观上具有一定的体积和流动性，其形状随容器的形状而定，难以压缩，密度比气体大得多。这种既有较强的分子间作用力又有较好流动性的特点，使得一些物质可以很好地溶解在液体中，成为均匀的溶液。有许多化学反应都是在溶液中进行的，溶液在化学中占有十分重要的地位。

一、液体的蒸气压

液体的物理性质介于气体和固体之间。迄今为止，人们对液体性质的了解还不够深入。

当把液体放在敞口容器中时，液体表面分子将克服液体分子之间的吸引力而脱离液体表面，成为气体分子，这个过程称为蒸发（evaporation）。例如，水壶中的水被烧“干”，是在水沸腾的条件下，变成水蒸气；湿衣服可以晾干，水是在没有沸腾的条件下变成水蒸气。在该过程中，液体分子变成动能较大的气体分子，需要从周围环境中吸收热量，所以蒸发过程是一个吸热过程。由于液体处于敞口容器中，蒸发所产生的气体分子可以扩散，很少有机会再与液体表面碰撞，所以气体分子被液体“捕获”而冷凝的过程进行很少，液体可以渐渐地完全汽化。如果将液体放在密闭容器中，情况就不同了。一方面，液体分子进行蒸发变成气体分子；另一方面，蒸气中的分子与液面碰撞又进入液体，这个与液体蒸发现象相反的过程称为凝聚（condensation）。在单位时间内，当脱离液体表面变成气体的分子数等于返回液面变成液体的分子数时，就达到了蒸发与凝聚的动态平衡，整个过程记作液体$\underset{\text{凝聚}}{\overset{\text{蒸发}}{\rightleftharpoons}}$蒸气。在这种平衡状态下该气体在容器中的分压称为饱和蒸气压，简称蒸气压（vapor pressure）。

蒸气压是液体的特征之一，它与液体的多少和在液体上方的蒸气体积无关。不同的液体有不同的蒸气压。例如，20℃时水的蒸气压是2.338kPa，乙醇是5.853kPa，乙醚是57.73kPa。这说明蒸气压的大小与液体的本性有关。温度一定时，每一种液体的蒸气压是恒定的。这是因为温度一定时，液体中动能较大的分子数目占总分子数目的比例是恒定的。

液体的蒸气压表达了一定温度下液体蒸发的难易程度。它是液体分子间作用力大小的反映。一般来说，液体的分子间力越弱，液体越易蒸发，其蒸气压越高。在相同温度下（如20℃），水、乙醇、乙醚的蒸气压依次升高，其原因是它们的分子极性依次减弱，且水分子存在着较强的氢键作用，导致它们的分子间力依次减弱，随着温度的升高，液体分子的动能增加，蒸气压增大。

蒸气压的概念不仅用于液体，固体中能量较大的分子也有脱离母体进入空间的倾向，因此在一定温度下也有一定的蒸气压，不过数值一般很小，常不予考虑。

二、液体的沸点

在敞口容器内给液体加热，当温度升高到液体的蒸气压与外界压力相等时，液体开始沸腾，此时的温度就是该液体的沸点（**boiling point**）。

液体的沸点随外压而变化，压力越大，沸点越高。在我国西藏的珠穆朗玛峰，大气压力约为32kPa，水在71℃就沸腾了；在压力锅里，压力可达常压的两倍，水的沸点甚至可达120℃左右；而在气压高达1000kPa时，水的沸点约为180℃。因此，在提到液体的沸点时，必须同时指明外界压力条件，否则是不明确的。一般书上或手册中所给出的液体沸点如未注明外压，指的是外界压力等于101kPa时的正常沸点。

需要指出的是，沸腾和蒸发既有联系又有区别。蒸发主要是在液体表面上发生的，而沸腾是在液体表面和内部同时发生的，伴随着沸腾，就可看到液体内部逸出的气泡，即在整个液体中的分子都能发生汽化。

实验中常碰到把液体加热到沸点时并不沸腾，必须超过沸点后才能沸腾的现象，这一现象称为过热，其液体称为过热液体。过热液体一旦沸腾便相当剧烈，液体往往大量溅出，造成事故，所以过热现象对生产和实验是有害的。实验中给液体加热时，常常要加入沸石和搅拌，这些都是减少过热现象的有效措施。

工业生产和实验室中常利用沸点和外界压力的关系，将在常压下蒸馏易于分解或被空气氧化的物质进行减压蒸馏。将容器内液体表面上的压力降低，即可使液体在较低的温度下沸腾而被蒸馏出来，这种在低于大气压下进行蒸馏的操作过程称为减压蒸馏。减压蒸馏是分离和提纯液体或低熔点固体有机物的一种主要方法。

固体分子间距离最小，分子间作用力最强，分子只能在固定的平衡位置上振动。因此，可以从宏观上看到固体具有一定的形状和体积，且不易被压缩。固体分为晶体和非晶体两大类。有关这方面的知识将在第八章中介绍。

第三节　化学反应中的能量关系

一、化学反应热效应

化学反应时，如果系统不做非体积功❶，当生成物与反应物的温度相同时，化学反应过程中吸收或放出的热量，称为该反应的反应热。反应热一般可由实验测定，也可通过计算求得。通常化学反应是在密闭容器（恒容）或敞口容器（恒压）中进行的。如化学反应是在恒容条件下进行的，其反应热称为恒容反应热（Q_V）；如化学反应是在恒压条件下进行的，其反应热称为恒压反应热（Q_p）。

恒容热效应与热力学能❷有关，即

$$Q_V = U_2 - U_1 = \Delta U$$

恒压热效应与焓 H❸ 有关，即

$$Q_p = H_{生成物} - H_{反应物} = \Delta H$$

若生成物的焓小于反应物的焓，则该反应为放热反应，$\Delta H < 0$；反之，若生成物的焓大于反应物的焓，则该反应为吸热反应，$\Delta H > 0$。

研究和计算反应热效应不仅对分析生产情况、设计新工艺等有极为重要的意义，而且在理论研究中也占有十分重要的地位。

二、热化学方程式

标出反应热效应的化学方程式称为热化学方程式。例如，下列反应在热化学标准状态及298.15K下的热化学方程式为

(1) $C(s) + O_2(g) \longrightarrow CO_2(g)$　　$\Delta_r H_m^{\ominus} = -393.51 kJ/mol$

(2) $H_2O(g) \longrightarrow H_2(g) + \frac{1}{2}O_2(g)$　　$\Delta_r H_m^{\ominus} = +241.82 kJ/mol$

其中，式(1) 表示反应放出热量 393.51kJ/mol；式(2) 表示反应吸收热量 241.82kJ/mol。

$\Delta_r H_m^{\ominus}$ (298.15K) 读作温度在 298.15K 时的标准摩尔反应焓变。“$\ominus$”读作标准，表

❶ 系统因体积变化反抗外力所做的功称为体积功；除体积功以外，其他形式的功统称为非体积功，如机械功、电功、表面功等。

❷ 热力学能又称内能，它是系统内部各种形式能量的总和，用符号 U 表示。热力学能中包括了系统中分子的平动能、转动能、振动能、电子运动及原子核内的能量以及系统内部分子与分子间相互作用的位能等。

❸ 焓具有能量的量纲。关于焓的确切含义将在后续课程物理化学中讨论。

示反应系统中各物质都处于标准状态。根据国际上的共识及我国的国家标准规定，标准状态常简称标准态[1]，是指在温度 T 和标准压力 $p^{\ominus}$(100kPa) 下物质的状态。国际纯粹与应用化学联合会（IUPAC）推荐选择 298.15K 作为参考温度，所以通常在手册或专著中查找的有关热力学数据大都是 298.15K 时的数据。

在 $\Delta_r H_m^{\ominus}$ 中，r 表示化学反应（reaction）；m 表示按指定的化学计量方程式进行反应，其反应进度为 1mol。

书写和使用热化学方程式时要注意以下几点。

（1）反应的焓变值与反应式中的化学计量数值有关。若同一反应以不同的计量数表示，则焓变值不同。例如：

$$H_2(g)+\frac{1}{2}O_2(g)\longrightarrow H_2O(g) \qquad \Delta_r H_m^{\ominus}=-241.82\text{kJ/mol}$$

$$2H_2(g)+O_2(g)\longrightarrow 2H_2O(g) \qquad \Delta_r H_m^{\ominus}=-483.64\text{kJ/mol}$$

若笼统地说 H_2 和 O_2 生成水的反应热效应是多少，其意义是不明确的。

（2）注明反应的各物质的聚集状态。若物质处于不同的聚集状态，则反应焓变不同。例如：

$$H_2(g)+\frac{1}{2}O_2(g)\longrightarrow H_2O(l) \qquad \Delta_r H_m^{\ominus}=-285.83\text{kJ/mol}$$

$$H_2(g)+\frac{1}{2}O_2(g)\longrightarrow H_2O(g) \qquad \Delta_r H_m^{\ominus}=-241.82\text{kJ/mol}$$

此例中两个反应焓变的差值就是 1mol $H_2O(g)$ 变成 1mol $H_2O(l)$ 的焓变。

（3）注明反应的温度和压力。如温度为 T，则应写成 $\Delta_r H_m^{\ominus}(T)$；如果是在温度为 298K、压力为 101.325kPa 下进行的反应，可以不注明。习惯上只注明物质的聚集状态。

（4）$\Delta_r H_m^{\ominus}$ 中的下标“m”表示参与反应的各物质按指定的方程式中各物质的化学计量关系完全反应。

三、盖斯定律

化学反应热效应最直接的方法是实验测定，但也有不少反应的反应热无法直接测定。那么，怎样才能得知这类难以直接测定的化学反应的热效应数据呢？倘若化学反应热效应之间存在一定的联系，人们就可以利用计算的方法，由一些已知的化学反应热效应求出未知的化学反应热效应。

1840 年盖斯（Гесс Г. И.）总结了大量热化学实验数据证明：任一化学反应，不论是一步完成的还是分几步完成的，其总的热效应是完全相同的。换言之，化学反应的热效应只取决于反应物的始态和生成物的终态，而与过程的途径无关。这就是著名的盖斯定律。例如，反应 $C(s)+\frac{1}{2}O_2(g)\longrightarrow CO(g)$ 的热效应是冶金工业中很有用的数据，但碳燃烧生成

[1] 纯理想气体的标准态是该气体处于标准压力 $p^{\ominus}$（$p^{\ominus}=100$kPa）下的状态。混合理想气体中任一组分的标准态是指该气体组分的分压力为 $p^{\ominus}$ 的状态。

纯液体（或固体）物质的标准态就是标准压力 $p^{\ominus}$ 下的液体（或固体）纯物质。溶液的标准态是指该溶液的浓度为 $c^{\ominus}=1$mol/L。

在标准态中只规定了压力为 $p^{\ominus}$（$p^{\ominus}=100$kPa），而没有指定温度。处于 $p^{\ominus}$ 下的各种物质，如温度改变时，标准态就会改变。

CO 的同时，必然有部分 CO_2 生成，这个问题可根据盖斯定律，通过间接计算得到解决。

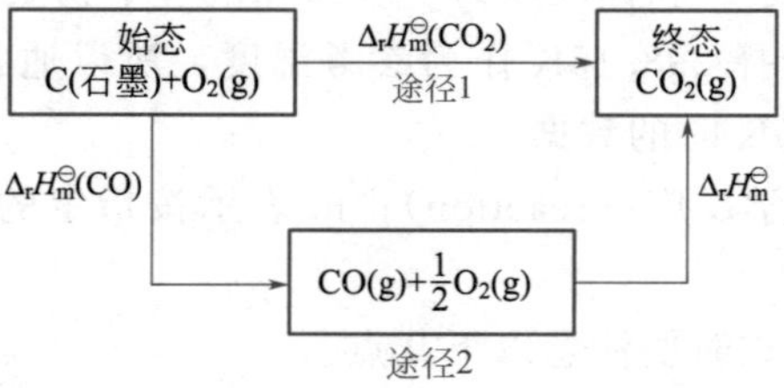

这两步焓变之和，即

$$\Delta_r H_m^{\ominus}(CO_2)=\Delta_r H_m^{\ominus}(CO)+\Delta_r H_m^{\ominus}$$

通过查表，便可计算 $\Delta_r H_m^{\ominus}(CO)$。

根据盖斯定律，热化学方程式可以像代数方程式那样相加或相减，因每个热化学方程式所代表的反应可以视为总反应的一个步骤，通过各个步骤相加或相减，就可得到总反应的热化学方程式。

四、标准摩尔生成焓

根据盖斯定律，只要恰当地选择一些化学反应并把它们的热效应数据作为基本数据，则其他反应的热效应就可由这些基本数据求得。那么选择哪些化学反应的热效应作为基本数据呢？通常用得较多的是物质的标准摩尔生成焓。在热力学标准态条件下，由指定的稳定单质化合生成 **1mol** 纯物质的反应焓变称为该物质的标准摩尔生成焓（或摩尔生成热），用符号 $\boldsymbol{\Delta_f H_m^{\ominus}}$ 表示，其中“**f**”表示生成（**formation**）的意思。若温度不是 298.15K，则需注明温度。例如：

$$H_2(g)+\frac{1}{2}O_2(g)\longrightarrow H_2O(l) \qquad \Delta_f H_m^{\ominus}=-285.83kJ/mol$$

$$C(石墨)+O_2(g)\longrightarrow CO_2(g) \qquad \Delta_f H_m^{\ominus}=-393.5kJ/mol$$

同时，也表示生成 1mol 水和 1mol 二氧化碳气体时体系放出的热量（生成热）为 285.83kJ 和 393.5kJ。

按照标准摩尔生成焓的定义，指定的稳定单质的标准摩尔生成焓应该等于零。但需要注意，往往一种元素有两种或两种以上的单质。例如，石墨和金刚石是碳的两种同素异形体，石墨是碳的最稳定单质，所以，石墨的标准摩尔生成焓应该为零，而金刚石的标准摩尔生成焓则不等于零。

化合物的标准摩尔生成焓是很重要的基础数据，可用于间接计算化学反应的热效应。各种化合物的 $\Delta_f H_m^{\ominus}$ 在化学手册中可以查到。在理解标准摩尔生成焓时需注意以下几点。

（1）在生成焓的定义中暗含着处于标准状态下的最稳定单质的标准生成焓都为零。任何物质的焓的绝对值都是未知的，所以化合物的标准生成焓实际上是一个相对值。

（2）1mol 某化合物分解为组成它的元素的最稳定单质时，其标准反应焓与该化合物的标准摩尔生成焓相差一个负号，这是因为生成与分解反应的初、终状态正好相反。例如：

$$H_2(g)+\frac{1}{2}O_2(g)\longrightarrow H_2O(l) \qquad \Delta_f H_m^{\ominus}=-285.83kJ/mol$$

$$H_2O(l)\longrightarrow H_2(g)+\frac{1}{2}O_2(g) \qquad \Delta_f H_m^{\ominus}=+285.83kJ/mol$$

（3）当物质的聚集状态不同时，其标准摩尔生成焓也不同。例如：

$$H_2(g)+\frac{1}{2}O_2(g) \longrightarrow H_2O(l) \qquad \Delta_f H_m^{\ominus}(H_2O,l)=-285.83kJ/mol$$

$$H_2(g)+\frac{1}{2}O_2(g) \longrightarrow H_2O(g) \qquad \Delta_f H_m^{\ominus}(H_2O,g)=-241.82kJ/mol$$

这是因为物质聚集状态的变化过程包含能量的变化。

如果参加化学反应的反应物和生成物的标准摩尔生成焓都是已知的（可查表，请参阅本书后的附表），对于任意反应

$$eE+fF \longrightarrow gG+rR \text{（或写成 } 0=\sum_B \nu_B B\text{）}$$

其标准摩尔反应焓变的计算通式为

$$\Delta_r H_m^{\ominus}=g\Delta_f H_{m,G}^{\ominus}+r\Delta_f H_{m,R}^{\ominus}-e\Delta_f H_{m,E}^{\ominus}-f\Delta_f H_{m,F}^{\ominus} \tag{1-10}$$

或

$$\Delta_r H_m^{\ominus}=\sum_B \nu_B \Delta_f H_{m,B}^{\ominus}$$

【例 1-4】 计算 298K 时反应 $CH_4(g)+2O_2(g) \longrightarrow CO_2(g)+2H_2O(l)$的标准摩尔反应焓变。已知

$$\Delta_f H_m^{\ominus}(CO_2,g)=-393.51kJ/mol$$

$$\Delta_f H_m^{\ominus}(H_2O,l)=-285.83kJ/mol$$

$$\Delta_f H_m^{\ominus}(CH_4,g)=-74.85kJ/mol$$

解 $\Delta_r H_m^{\ominus}=-393.51+2\times(-285.83)-(-74.85)$

$=-890.32(kJ/mol)$

阅读材料

液体表面张力及其相关现象

表面张力是一个重要的物理量。表面张力指的是液体表面任意二相邻部分之间垂直于它们的单位长度分界线相互作用的拉力，存在于液体表面层。表面张力的形成同处在液体表面薄层内分子的特殊受力状态密切相关。表面张力还存在于不同相之间的界面，并非只限于液-气之间，其他如液-固和气-固之间也有，甚至不互溶的两液相之间也有表面张力，表面张力又称为界面张力。

当一液滴在固体表面上，在气、固、液三相的交会点相互间的表面张力成一平衡状态时，便产生了液相与固相界面的接触角。液滴在固体表面上有两种极端的情况，如果液体完全润湿固体表面，则接触角趋近于 0，如水在玻璃表面上。如果液体完全不润湿固体表面，则接触角趋近于 180°，这时液体成为球滴，如水银在玻璃上。

接触角扮演着极为重要的角色，即由改变表面张力可以控制接触角，从而产生了各种现象。例如当液体表面累积有电荷时，由于同性相斥的关系，拉伸薄膜所需的力就会减少，表面张力也因而降低。在液面施一电压，即由表面张力的减少和接触角的改变，掌控液-固间的润湿状态，这就是电湿润现象。电湿润是指通过电场改变（一般为疏水的）表面湿润性质的现象。科学家在了解这种自然界神奇功能的原理后，开发出可以运用在建筑物的外墙、汽车的烤漆、卫浴设备的瓷釉上的涂层，这些涂层材料可具有自洁的功效，在生活中应用广泛。

在日常生活中我们还可以观察到很多与表面张力有关的现象。在莲花、芋头叶及甘蓝菜

的叶面，我们发现水珠可以在这些叶面上自由地滚动。这是因为水在叶面上的接触角介于130°～160°，接触角大。

自来水笔的墨水不会因地心引力而滴出，毛笔上的墨汁不会掉下来等，这是因为液体的毛细管现象。因为毛细管的水与管壁的接触角小于90°，表示水与管壁的附着力较水分子间的内聚力大，由于附着力与表面张力的相互作用，垂直毛细管端的液滴会被吸住，并和重力达到平衡，这就是自来水笔的墨水不会因地心引力而滴出的原因。

同学们细心观察，在生活中你还发现了哪些与表面张力相关的现象呢？

本章小结

一、物质的聚集状态

1. 物质的聚集状态

物质存在的状态主要是由温度和压力决定的。

(1) 气体　粒子之间的作用力较弱。气体具有扩散性和压缩性。

(2) 液体　粒子之间的作用力介于气体和固体之间，有一定的体积，无固定形状，具有流动性。

① 液体的蒸气压　液体的蒸发速率和凝聚速率相等时的平衡压力。它表达了在一定温度下，液体蒸发的难易程度。

② 液体的沸点　液体的蒸气压等于外压时的温度。液体的沸点随外压变化而变化，压力愈大，沸点也愈高。减压蒸馏常用于分离提纯沸点较高的物质。

(3) 固体　粒子之间的作用力最强。固体具有一定体积、一定形状以及一定强度的刚性。大多数物质在常温下是固体。研究固体的结构在化学和材料科学中具有重要意义。有关内容将在第八章中介绍。

2. 理想气体定律

(1) 理想气体状态方程

① 理想气体反映了实际气体在低压下的共性。

② 理想气体所遵循的规律及公式比较简单，用于具体的实际气体时，可适当加以修正。

(2) 分压定律

① $p_B=\frac{n_B}{n}p$

② $p_1+p_2+p_3+\cdots=\sum p_B=p$

(3) 分体积定律

① $V_B=y_BV$

② $V=V_1+V_2+V_3+\cdots=\sum V_B$

二、化学反应中的能量关系

1. 化学反应热效应

化学变化过程中伴随着能量的变化。如能量变化是以热量的形式体现的，此种能量变化称为反应的热效应。

在恒压条件下进行的反应，其热效应称为恒压热效应，以 Q_p 表示。在恒压及反应前后温度相等的条件下，$Q_p=\Delta H$。$\Delta H<0$ 时，为放热效应；$\Delta H>0$ 时，为吸热效应。

2. 热化学方程式

标出反应热效应的化学方程式称为热化学方程式。

3. 盖斯定律及应用

任一化学反应，不论是一步完成的还是分几步完成的，其总的热效应是完全相同的。这就是盖斯定律。

盖斯定律的应用：

（1）间接计算难以测定的化合物的 $\Delta_r H_m^\ominus$。

（2）计算燃烧热。

4. 标准摩尔反应焓变 $\Delta_r H_m^\ominus$

标准摩尔反应焓变表示反应系统各物质都处于标准态，反应进度为 1mol 时的焓变。

5. 标准摩尔生成焓 $\Delta_f H_m^\ominus$（摩尔生成热）

由指定的稳定单质生成 1mol 纯物质的反应焓变称为该物质的标准摩尔生成焓。

（1）指定的稳定单质的标准摩尔生成焓等于零。

（2）生成焓是针对某种化合物而言的。

思考题

1. 为什么在海拔高处煮食物要用较长时间？
2. 理想气体和实际气体的主要区别是什么？
3. 什么是理想气体状态方程？使用该方程的条件是什么？引入理想气体状态方程，对于处理实际气体问题有何意义？
4. 为什么将气体引入任何大小的容器中，气体会自动扩散至充满整个容器？
5. 为什么人体发烧时，在皮肤上擦酒精后，会感到凉爽？
6. 为什么丙烷钢瓶在丙烷几乎用完以前总是保持恒压？
7. 何谓盖斯定律？
8. 何谓热化学标准态？为什么要提出热化学标准态的概念？
9. 判断下列两组反应在 25℃和标准压力下的恒压反应热是否相同，并说明理由。

（1）$H_2(g) + Br_2(g) \longrightarrow 2HBr(g)$

$H_2(g) + Br_2(l) \longrightarrow 2HBr(g)$

（2）$SO_2(g) + \frac{1}{2}O_2(g) \longrightarrow SO_3(g)$

$2SO_2(g) + O_2(g) \longrightarrow 2SO_3(g)$

10. 判断下列说法是否正确：

（1）单质的标准摩尔生成焓都为零。

（2）反应的热效应就是反应的焓变。

（3）需要加热的化学反应一定是吸热反应。

（4）在化学反应过程中，放出或吸收的热量都属于反应热。

习题

1. 计算在 15℃和 97kPa 下，15g 氮气所占有的体积。
2. 在 20℃和 97kPa 下，0.842g 某气体的体积是 0.400L，则该气体的摩尔质量是多少？
3. 在 100kPa 和 100℃下混合 0.300L 氢气和 0.100L 氧气，然后使之爆炸。如果爆炸后压力和温度不变，则混合气体的体积是多少？
4. 在 25℃时，初始压力相同的 5.0L 氮气和 15L 氧气压缩到体积为 10.0L 的真空容器中，混合气体的总压力是 150kPa。试求：（1）两种气体的初始压力；（2）混合气体中氮气和氧气的分压；（3）将温度升至 210℃时容器的总压力。
5. 0℃时将同一初压的 4.0L 氮气和 1.0L 氧气压缩到一个体积为 2.0L 的真空容器中，混合气体的总压为

253kPa。试求：(1) 两种气体的初压；(2) 混合气体中各组分气体的分压；(3) 各气体的物质的量。

6. 容器内装有温度为37℃、压力为1MPa的氧气100g，由于容器漏气，经过若干时间后，压力降至原来的一半，温度降至27℃。试计算：(1) 容器的体积为多少？(2) 漏出氧气多少克？

7. 在25℃时，将电解水所得的氢气和氧气混合气体54.0g，注入60.0L的真空容器内，则氢气和氧气的分压为多少？

8. 将压力为100kPa的氢气150mL、压力为50kPa的氧气75mL和压力为30kPa的氮气50mL压入250mL的真空瓶内。求：(1) 混合物中各气体的分压；(2) 混合气体的总压；(3) 各气体的摩尔分数。

9. 人在呼吸时呼出气体的组成与吸入空气的组成不同。在36.8℃和101kPa时，某典型呼出气体的体积组成为：N_2 75.1%、O_2 15.2%、CO_2 3.8%、H_2O 5.9%。试求：(1) 呼出气体的平均摩尔质量；(2) CO_2 的分压。

10. 已知在25℃及101kPa压力下，含有 N_2 和 H_2 的混合气体的密度为0.50g/L，则 N_2 和 H_2 的分压及体积分数是多少？

11. 乙醇 $C_2H_5OH(l)$ 的燃烧反应为 $C_2H_5OH(l)+3O_2(g) \longrightarrow 2CO_2(g)+3H_2O(l)$。利用附录提供的数据，计算298K时92g $C_2H_5OH(l)$ 完全燃烧放出的热量。

12. 有下面几个反应：

(1) $H_2(g)+\frac{1}{2}O_2(g) \longrightarrow H_2O(g)$

(2) $CH_3OH(l)+\frac{3}{2}O_2(g) \longrightarrow CO_2(g)+2H_2O(g)$

(3) $H_2(g)+F_2(g) \longrightarrow 2HF(g)$

试分别计算各反应在25℃时的标准摩尔反应焓变 $\Delta_r H_m^{\ominus}$。

第二章

化学反应速率和化学平衡

学习目标

1. 熟悉反应速率理论，并能解释反应速率快慢的原因。
2. 熟练掌握化学平衡的有关计算以及影响化学反应速率和化学平衡的因素。
3. 能用化学反应速率理论和平衡移动原理进行适宜反应条件的选择。

在生产和科研中，化学工作者所关心的问题是：用什么原料能得到期望的产品，即反应将向什么方向进行；怎样在最短的时间内，利用最少的原料生产出最多的产品，而面对一些不利反应，则希望阻止或尽可能延缓其发生，即反应的快慢和限度。

反应方向、反应进行的限度是化学平衡所讨论的内容；反应的快慢则是反应速率要解决的问题。

第一节 化学反应速率的表示方法

化学反应有快有慢。不同的反应，在相同的条件下有不同的反应速率；相同的反应，当条件不同时速率也不相同。要描述反应的快慢，需要有一个共同的标准，通常用反应速率作为比较的尺度。

化学反应速率是指在一定条件下反应物转变成产物的快慢。对气相反应或者是在溶液中进行的反应，常用单位时间内反应物浓度的减少或生成物浓度的增加来表示。

如在给定条件下，合成氨的反应

	N_2 +	$3H_2 \longrightarrow$	$2NH_3$
起始浓度/(mol/L)	1.0	3.0	0
2s 后浓度/(mol/L)	0.8	2.4	0.4

上述反应的速率可以用反应物氮气或氢气浓度的减少来表示，分别为

$$\overline{v}(N_2)=-\frac{\Delta c(N_2)}{\Delta t}=-\frac{c_2(N_2)-c_1(N_2)}{t_2-t_1}=-\frac{0.8-1.0}{2-0}$$
$$=0.1\text{mol/(L·s)}$$

$$\overline{v}(H_2)=-\frac{\Delta c(H_2)}{\Delta t}=-\frac{c_2(H_2)-c_1(H_2)}{t_2-t_1}=-\frac{2.4-3.0}{2-0}$$
$$=0.3\text{mol/(L·s)}$$

因为反应速率总是正值，所以用反应物浓度的减少来表示时，必须在式子中加一个负号，使反应速率为正值。

若用产物氨气浓度的增加表示反应速率，则为

$$\bar{v}(NH_3)=\frac{\Delta c(NH_3)}{\Delta t}=\frac{c_2(NH_3)-c_1(NH_3)}{t_2-t_1}=\frac{0.4-0}{2-0}$$
$$=0.2mol/(L\cdot s)$$

在同一时间间隔内，用氮气、氢气或氨气浓度的减少或增加表示的反应速率其数值不同，但既然是同一反应在同一时段的反应速率，其实质应该是相同的，因此它们之间必定有内在的联系。这种联系不难从化学反应方程式的计量数的关系中找到，即

$$\bar{v}=\frac{\bar{v}(N_2)}{1}=\frac{\bar{v}(H_2)}{3}=\frac{\bar{v}(NH_3)}{2}$$

对于一般反应 $aA+bB \longrightarrow gG+hH$

有 $$\bar{v}=\frac{\bar{v}_A}{a}=\frac{\bar{v}_B}{b}=\frac{\bar{v}_G}{g}=\frac{\bar{v}_H}{h}$$

原则上，对同一反应可以用参加反应的任一种物质的浓度变化来表示反应速率，但一般采用浓度变化易于测定的那种物质。

以上所讨论的是一段时间间隔内的平均反应速率，而在这段间隔的每一时刻，反应的速率是不同的。因此，要确切地描述某一时刻的反应快慢，必须将时间间隔（Δt）尽量减小，当 $\Delta t\to 0$ 时的反应速率就是这一瞬间反应的真实速率，称为瞬时速率（v）。

$$v=\pm\lim_{\Delta t\to 0}\frac{\Delta c}{\Delta t}$$

式中 Δc——$\Delta t\to 0$ 时参加反应的某物质浓度的增量。

第二节 反应速率理论

不同反应有着不同的反应速率，如无机物的反应一般比有机物的反应快；溶液中进行的离子反应较快，而分子间的反应一般较慢。同一反应当反应条件不相同时，反应速率也有差别。例如：

$$2H_2+O_2 \longrightarrow 2H_2O$$

此反应在常态下难以进行，而在高温下却可以爆炸。由此可见，反应速率的大小取决于两方面的因素，即反应物的本性和外界条件。

为阐明上述问题，已提出应用较多的两种反应速率理论，即碰撞理论和过渡状态理论。

一、碰撞理论

碰撞理论认为，反应发生的必要条件是反应物分子间的相互碰撞，如果每次碰撞都能发生反应，据有关计算，几乎所有的反应都是爆炸反应，但事实并非如此。由此可见，碰撞是反应发生的必要条件但不是充分条件。

事实上，只有极少数反应物分子间的碰撞才能发生反应，能够发生反应的碰撞称为有效碰撞。而能发生有效碰撞的分子与其他反应物分子的能量状态不同。这些分子具有较高的能量，它们在相互靠近时，能够克服分子无限接近时电子云之间的斥力，从而导致分子中的原子重排，即发生了化学反应。**碰撞理论把这些具有较高能量的分子称为活化分子。**活化分子间的碰撞才有可能是有效碰撞，有效碰撞是发生反应的充分条件。

能发生有效碰撞的分子即活化分子与普通分子的区别在于它们所具有的能量不同。在一

定的温度下，反应物分子的能量分布如图 2-1 所示。图中横坐标为能量，纵坐标为单位能量范围内的分子分数$\left(\frac{\Delta N}{N\Delta E}\right)$，其中 ΔN 为 $E \sim E+\Delta E$ 能量范围内的分子数，N 为分子总数。$E_{平均}$为反应物分子的平均能量，$E_{最低}$为活化分子具有的最低能量。由图 2-1 可以看出，较高能量和较低能量的分子都很少，多数分子的能量接近于平均值。活化分子的能量比平均能量高 $E_{最低}-E_{平均}$，此能量差称为活化能，用 E_a 表示：

$$E_a=E_{最低}-E_{平均}$$

活化分子占分子总数的百分数为图 2-1 中阴影部分的面积。反应的活化能低，图中阴影部分的面积大，即活化分子的百分数大，发生有效碰撞的机会多，反应速率高；反之，如图 2-1(b) 所示，反应的活化能高，图中阴影部分的面积小，即活化分子百分数较小，反应速率较低。

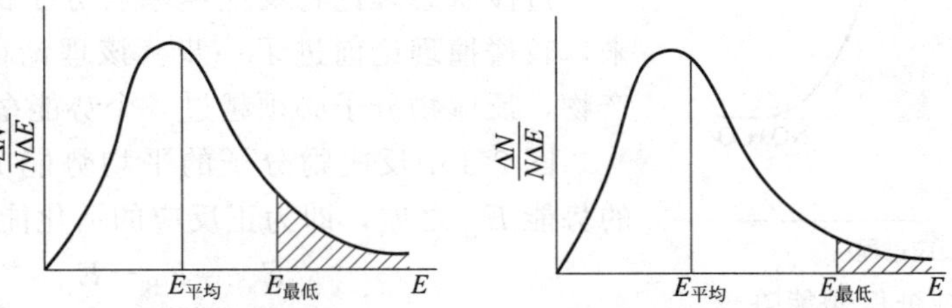

(a) 活化能较低的反应　　(b) 活化能较高的反应

图 2-1　反应物分子能量分布示意图

在一定的温度下，每个反应都有其特定的活化能，一般反应的活化能为 42～420kJ/mol，多数在 60～250kJ/mol 之间。活化能小于 42kJ/mol 的反应其反应速率很高，反应可瞬间完成，如酸碱中和反应；活化能大于 420kJ/mol 的反应，其反应速率则很低。

可见，活化能是决定反应速率的重要因素。只有分子具有较高的能量才可能发生有效碰撞。

碰撞理论指出，反应物分子要发生有效碰撞，必须具备以下两个条件。

(1) 反应物分子必须具有足够的能量，以克服分子相互靠近时价电子云之间的斥力，使旧键断裂、新键形成。

(2) 反应物分子要定向碰撞。若反应物分子具有较高的能量，但碰撞时的取向不合适，反应也不能发生。

碰撞理论较直观，用于简单分子比较成功。但由于它没有考虑到分子的内部结构，把分子间的相互作用看成机械碰撞，因而在处理复杂分子的碰撞时，尽管加了校正因子，仍不能获得满意的结果。为此，过渡状态理论应运而生。

二、过渡状态理论

1. 活化配合物

过渡状态理论认为，反应不只是通过反应物分子之间的简单碰撞就能够完成的。具有足够平均能量的反应物分子相互靠近时，分子中的化学键要经过重排，能量要重新分配。在反应过程中，要经过一个中间过渡状态，此时，反应物分子形成活化配合物。如 NO_2 与 CO 的反应中，当具有相当能量的 NO_2 和 CO 分子以合适的取向相互靠近到一定程度时，电子云便可相互重叠形成活化配合物。在此活化配合物中，原有的 N—O 键部分断裂，新的 C—O 键部分形成，如图 2-2 所示。

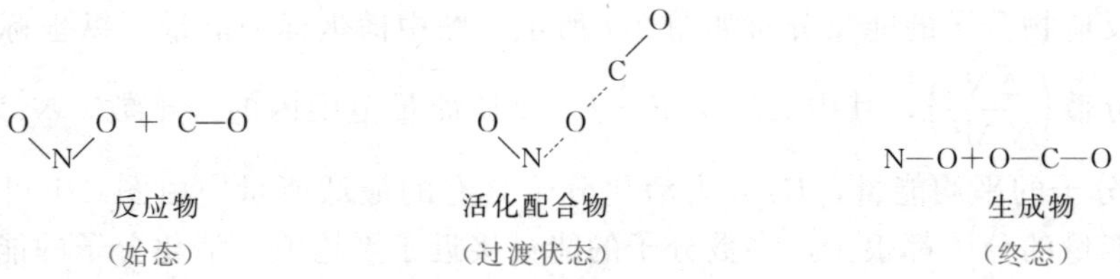

图 2-2 NO_2 和 CO 的反应过程

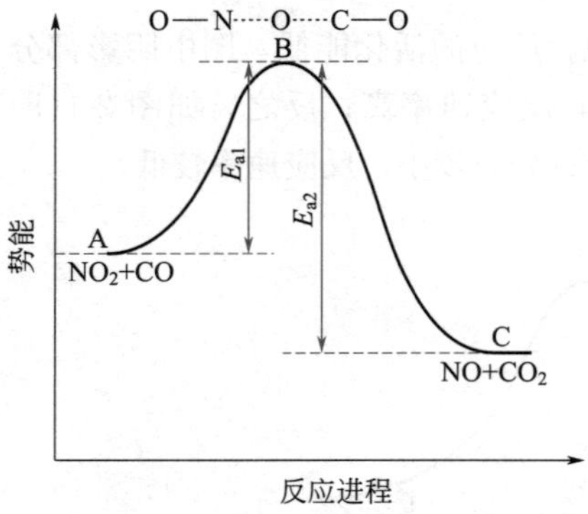

图 2-3 反应进程-势能图

此时，反应物分子的动能暂时转化为活化配合物的势能，因此活化配合物很不稳定。可以分解为生成物，也可以分解为反应物。

2. 活化能

过渡状态理论将反应速率与分子的微观结构结合起来，较碰撞理论前进了一步。该理论认为，从反应物到产物，反应物分子必须越过一个势能垒，如图 2-3 所示。

图 2-3 中反应物分子的平均势能 E_A 与活化配合物的势能 E_B 之差，即为正反应的活化能（E_{a1}）：

$$E_{a1}=E_B-E_A$$

逆反应的活化能（E_{a2}）为产物分子的平均势能 E_C 与活化配合物的势能 E_B 之差，即

$$E_{a2}=E_B-E_C$$

3. 反应热与活化能

反应热（ΔH）为产物与反应物的能量之差，如图 2-3 所示。即

$$\Delta H=E_C-E_A=(E_B-E_{a2})-(E_B-E_{a1})=E_{a1}-E_{a2}$$

若 $E_{a1}>E_{a2}$，$\Delta H>0$，则正反应为吸热反应；反之，$E_{a1}<E_{a2}$，$\Delta H<0$，则正反应为放热反应，如图 2-3 所示的反应即为此类型。

过渡状态理论把反应速率与反应过程中物质的微观结构联系起来，弥补了碰撞理论的某些不足。但该理论在处理具体问题时也有一定的困难，如活化配合物的结构难以测定、计算复杂等，使其应用受到一定的限制。

第三节 影响化学反应速率的因素

浓度对化学反应速率的影响

反应速率的大小首先取决于参加反应的物质的本性，其次是外界条件，如反应物的浓度、反应温度和催化剂等。

一、浓度对化学反应速率的影响

大量试验表明，在一定温度下，增加反应物的浓度可增大反应速率。此现象可用碰撞理论解释。因为在恒定温度下，对某一反应，反应物中活化分子的百分数是一定的。增加反应物的浓度时，增加了单位体积内的活化分子数，使单位时间、单位体积内有效碰撞次数增加，从而加快了反应速率。由大量实验数据可得到反应速率与浓度的定量关系。要阐明这些，需明确以下概念。

1. 基元反应和非基元反应

实验表明，大多数反应并不是反应物分子间通过简单的碰撞一步完成的，而往往是分步

进行的。一步能完成的反应称为基元反应或简单反应。例如：

$$NO_2+CO \longrightarrow NO+CO_2$$

$$2NOCl \longrightarrow 2NO+Cl_2$$

由两个或两个以上基元反应构成的化学反应称为非基元反应，又称复杂反应。例如：

$$H_2+I_2 \longrightarrow 2HI$$

该反应是分两步完成的：

$$I_2 \longrightarrow 2I$$

$$H_2+2I \longrightarrow 2HI$$

每一步反应为一个基元反应。

真正的基元反应不多，绝大多数反应是复杂反应。是基元反应还是复杂反应由实验确定。

2. 质量作用定律

对于基元反应，在一定温度下，其反应速率与各反应物浓度幂的乘积成正比。浓度的幂在数值上等于基元反应中反应物的计量数。这一规律称为质量作用定律。

如在一定温度下，下列基元反应

$$aA+bB \longrightarrow gG+hH$$

$$v \propto [c(A)]^a[c(B)]^b$$

$$v=k[c(A)]^a[c(B)]^b \tag{2-1}$$

式中　k——反应速率常数。

当 $c(A)=c(B)=1mol/L$ 时，v 与 k 在数值上相等。故速率常数 k 就是某反应在一定温度下，反应物为单位浓度时的反应速率。速率常数的大小是由反应物的本性所决定的，不随反应物浓度的改变而改变。在相同条件下，不同反应的速率常数不同。k 值越大，反应速率越快。同一反应，k 值随温度的改变而改变，一般情况下，温度升高，k 值增大。

式(2-1) 中浓度项的幂称为反应级数。其中 a 是反应对 A 的级数，b 是反应对 B 的级数，$a+b$ 为总反应的级数。

质量作用定律虽然可以定量地说明反应物浓度与反应速率之间的关系，但它有一定的应用范围和条件，在使用时应注意以下几点。

(1) 质量作用定律只适用于基元反应和复杂反应的各基元过程，对复杂反应的总反应则不适用。

因为对复杂反应，其反应式只表示反应物、产物及其计量关系，未反映出反应的历程。如反应

$$HIO_3+3H_2SO_3 \longrightarrow HI+3H_2SO_4$$

据实验结果，此反应的速率与 HIO_3 浓度的 1 次方成正比，与 H_2SO_3 浓度的 1 次方而不是 3 次方成正比。其反应速率方程为

$$v=kc(HIO_3)c(H_2SO_3)$$

经研究，此反应分两步进行：

$$HIO_3+H_2SO_3 \longrightarrow HIO_2+H_2SO_4 \quad (慢)$$

$$HIO_2+2H_2SO_3 \longrightarrow HI+2H_2SO_4 \quad (快)$$

总反应的速率取决于最慢一步（定速步骤）的反应速率，所以，其速率方程为

$$v=kc(HIO_3)c(H_2SO_3)$$

由此可见，在使用质量作用定律表示式时，必须根据实验确定一个反应是不是基元反

应，而不能简单地根据总反应方程式写出其质量作用定律表示式。

（2）稀溶液中进行的反应，若溶剂参与反应，其浓度不写入质量作用定律表示式。因为溶剂大量存在，其量改变甚微，可近似看作常数，合并到速率常数项中。如反应

$$\underset{（蔗糖）}{C_{12}H_{22}O_{11}}+\underset{（溶剂）}{H_2O}\xrightarrow{\text{酸催化}}\underset{（葡萄糖）}{C_6H_{12}O_6}+\underset{（果糖）}{C_6H_{12}O_6}$$

据质量作用定律，$v=kc(C_{12}H_{22}O_{11})c(H_2O)$。令

$$k'=kc(H_2O)$$

故

$$v=k'c(C_{12}H_{22}O_{11})$$

（3）纯液体、纯固体参加的多相反应，若它们不溶于其他介质，则其浓度不出现在质量作用定律表示式中。

（4）气体的浓度可以用分压表示。如煤充分燃烧的反应

$$C(s)+O_2(g)\longrightarrow CO_2(g)$$

$$v=k_p p(O_2)$$

温度对化学反应速率的影响

二、温度对化学反应速率的影响

温度是影响反应速率的重要因素之一。对一般化学反应来说，升高温度，反应速率显著增大。一般地，在反应物浓度相同的情况下，温度每升高10℃，反应速率大约增加到原来的2～4倍，相应的速率常数也按同样的倍数增加。

温度升高使反应速率大大加快的原因可由反应速率理论解释。温度升高，分子平均动能增加，分子运动速度加快，使分子间的碰撞次数增加，其中有效碰撞次数也相应增加，反应速率当然加快。但根据计算，温度升高10℃，单位时间内的碰撞仅增加了2%左右，而实际上反应速率却加快2～4倍。因此，碰撞次数增加并不是反应速率加快的主要原因。主要原因是温度升高，一些能量较低的分子获得能量而成为活化分子，活化分子的百分数增大，有效碰撞次数增加，从而使反应速率加快。

由速率方程可知，反应速率是由速率常数和反应物的浓度两项决定的。温度的变化对反应物的浓度的影响是极其微小的，其影响的实质是对速率常数的影响。

1889年，阿仑尼乌斯根据实验结果给出反应速率与温度的定量关系式，即阿仑尼乌斯公式：

$$k=Ae^{-\frac{E_a}{RT}} \tag{2-2}$$

式中 k——反应速率常数；

T——热力学温度；

R——摩尔气体常数［8.314J/(mol·K)］；

E_a——活化能；

e——自然对数的底（e=2.718）；

A——给定反应的特征常数，它与反应物分子的碰撞频率、反应物分子定向碰撞的空间因素均有关。

式(2-2)若以对数形式表示，则为

$$\ln k=-\frac{E_a}{RT}+\ln A$$

若某一反应在温度 T_1 时的速率常数为 k_1，在温度 T_2 时的速率常数为 k_2，则

$$\ln k_1=-\frac{E_a}{RT_1}+\ln A$$

$$\ln k_2=-\frac{E_a}{RT_2}+\ln A$$

后式减前式，可得

$$\ln\frac{k_2}{k_1}=\frac{E_a}{R}\left(\frac{1}{T_1}-\frac{1}{T_2}\right)=\frac{E_a}{R}\times\frac{T_2-T_1}{T_2T_1} \qquad (2\text{-}3)$$

对特定的反应，在一定的温度范围内可以认为活化能及 A 不随温度的改变而改变。

由式(2-3) 可以看出，温度升高速率常数增大，且活化能越大，速率常数增加的幅度越大，即反应速率随温度的变化越显著。

三、催化剂对化学反应速率的影响

催化剂是一种能改变化学反应速率而其自身在反应前后质量和化学组成均不发生改变的物质。

能加快反应速率的催化剂称为正催化剂，如合成氨生产中的铁、硫酸生产中的五氧化二钒等；降低反应速率的催化剂称为负催化剂，如防止塑料老化的防老剂等属于负催化剂。通常所说的催化剂一般是指正催化剂。

催化剂在反应前后其质量、化学组成均不变，这并不意味着它不参与反应。催化剂改变反应速率正是由于它参与了反应，降低了反应的活化能，从而使活化分子的百分数增加，反应速率加快。

如图 2-4 所示，在催化剂存在时反应活化能降低，但应注意如下几点。

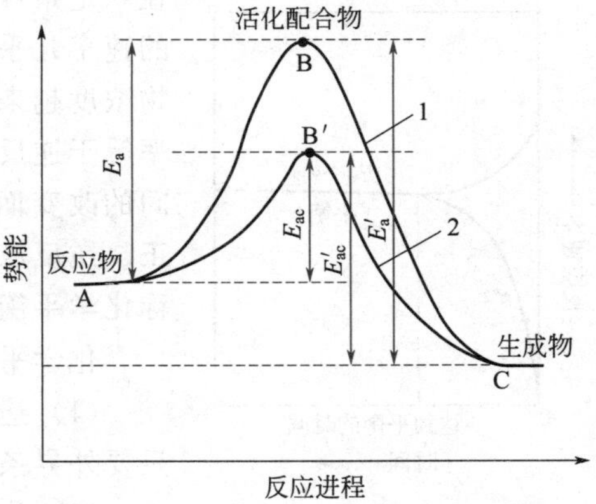

图 2-4　催化剂改变反应活化能示意图

1—非催化状态下的反应进程-势能曲线；

2—催化状态下的反应进程-势能曲线

(1) 催化剂同等程度地降低正、逆反应的活化能。

(2) 催化剂是通过改变反应的历程来改变反应速率的，它不能改变反应的焓变、反应方向及反应限度。

(3) 当某一反应的温度、浓度不变时，使用催化剂改变了活化能，因而在速率方程中，催化剂对反应的影响体现在速率常数 ($k=A\mathrm{e}^{-\frac{E_a}{RT}}$) 上。使用不同的催化剂，其速率常数不同。

(4) 催化剂具有特殊的选择性。即某一催化剂只对特定的反应有催化作用，而对其他反应则可能毫无影响。

催化剂对化学反应速率的影响

四、影响多相反应速率的因素

以上所讨论的均是单相[1]反应的影响因素。对于多相反应，如煤的燃烧，除上述因素外，其反应速率还与相界面的接触面积有关。由于多相反应总是在其相界面上进行

[1] 系统中任何具有相同物理性质和相同化学性质的均匀部分称为相。相与相之间存在明显的界面。

的，因此在实际的生产中，常把固态物料充分粉碎，将液态物料处理成微小液滴，如喷雾淋洒等，以增大相间的接触面，提高反应速率。另外，多相反应还与扩散作用有关，通常采用强制扩散的方法使反应物不断进入相界面、产物及时脱离相界面，如液-固反应体系可采用搅拌、气-固反应体系通常采用鼓风等方法来增强相间的扩散，以提高反应速率。

由以上讨论可知，影响反应速率的因素除反应物的本性、反应温度、反应物的浓度及催化剂外，还包括反应物的接触面积、扩散等因素。

在生产中，反应的快慢是关系到生产效率的重要问题，而在给定条件下的产率则要由反应的限度来解决，这便是化学平衡要讨论的内容。

第四节　化学平衡

一、平衡的建立

化学反应中，除放射性物质的蜕变等极少数反应在一定的条件下几乎可以进行到底外，绝大多数的反应都是可逆的。例如：

$$N_2 + 3H_2 \rightleftharpoons 2NH_3$$

在一定条件下，反应开始时，正向进行的速率较大，逆向进行的速率几乎为 0。随着时间的延长，反应物浓度逐渐减小，产物浓度越来越大，正向速率减小，逆向速率增大。当正反应速率等于逆反应速率时，体系中反应物和产物的浓度均不再随时间的改变而变化，即反应达平衡状态。**化学上把可逆反应的正、逆反应速率相等时体系所处的状态称为化学平衡状态，简称化学平衡。**图 2-5 为化学平衡建立过程示意图。

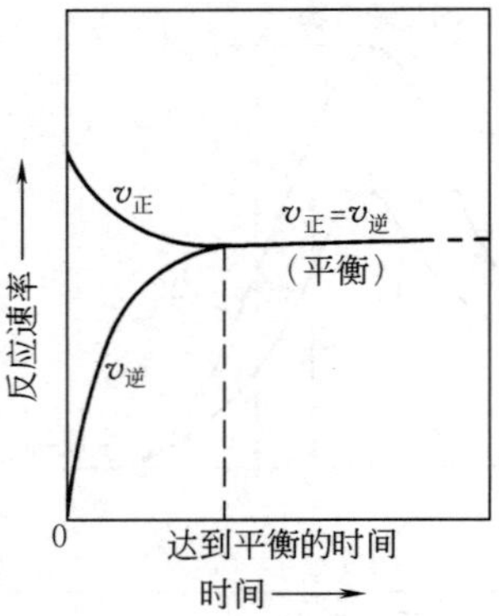

图 2-5　化学平衡建立过程示意图

化学平衡具有以下特点。

（1）达到化学平衡时，正、逆反应速率相等（$v_正 = v_逆$）。只要外界条件不变，平衡会一直维持下去。

（2）化学平衡是动态平衡。达平衡后，反应并未停止，但因 $v_正 = v_逆$，所以体系中各物质的浓度维持不变。

（3）化学平衡是有条件的。一定条件下达成的平衡只能在此条件下保持，在另一条件下则会被破坏，但在新的条件下又可建立起新的平衡。

（4）化学平衡可双向达到。由于反应是可逆的，因而化学平衡既可以由反应物开始达到平衡，也可以由产物开始达到平衡。例如：

$$N_2 + 3H_2 \rightleftharpoons 2NH_3$$

平衡可从 N_2 和 H_2 合成开始达平衡，也可从 NH_3 分解开始达平衡。

二、平衡常数

对于可逆反应

$$aA + bB \rightleftharpoons gG + hH$$

当在一定温度下达平衡时，各生成物平衡浓度幂的乘积与反应物平衡浓度幂的乘积之比为一常数，此常数称为平衡常数，又称经验平衡常数。即

$$K_c=\frac{c_G^g c_H^h}{c_A^a c_B^b} \tag{2-4}$$

式(2-4) 为平衡常数表达式，式中 K_c 称为化学平衡常数。

1. 平衡常数的书写规则

(1) 正确书写反应式。平衡常数与反应式的书写方式有关。例如：

$$\frac{1}{2}H_2+\frac{1}{2}I_2 \rightleftharpoons HI \qquad K_c=\frac{c(HI)}{[c(H_2)]^{1/2}[c(I_2)]^{1/2}}$$

$$H_2+I_2 \rightleftharpoons 2HI \qquad K'_c=\frac{[c(HI)]^2}{c(H_2)c(I_2)}=K_c^2$$

(2) 有纯液体、纯固体或稀溶液的溶剂参加的反应，其平衡常数表达式中不出现这些物质的浓度。例如反应

$$Cr_2O_7^{2-}+H_2O \rightleftharpoons 2CrO_4^{2-}+2H^+$$

其平衡常数为

$$K_c=\frac{[c(CrO_4^{2-})]^2[c(H^+)]^2}{c(Cr_2O_7^{2-})}$$

又如反应

$$CaCO_3(s) \rightleftharpoons CaO(s)+CO_2(g)$$

其平衡常数为

$$K_c=c(CO_2)$$

2. 浓度平衡常数与压力平衡常数

上述平衡常数均是用参加反应的各物质的平衡浓度来表示的，称为浓度平衡常数，用 K_c 表示；若是气相反应，其平衡常数还可用平衡分压表示，称为压力平衡常数，用 K_p 表示。如对碳酸钙分解的反应，有

$$K_c=c(CO_2)$$

$$K_p=p(CO_2)$$

浓度对化学平衡的影响

对有气体参加的反应常用平衡分压表示其平衡常数。在一定条件下，对特定的反应，压力平衡常数与浓度平衡常数间存在着一定的关系。如气相反应

$$aA(g)+bB(g) \rightleftharpoons gG(g)+hH(g)$$

$$K_p=\frac{p_G^g p_H^h}{p_A^a p_B^b}$$

若将参加反应的气体视为理想气体，根据理想气体状态方程

$$pV=nRT$$

则

$$p=\frac{n}{V}RT=cRT$$

式中　c——气体的浓度。

则

$$K_p=\frac{(c_G RT)^g(c_H RT)^h}{(c_A RT)^a(c_B RT)^b}=K_c(RT)^{(g+h)-(a+b)}$$

设

$$(g+h)-(a+b)=\Delta\nu$$

则

$$K_p=K_c(RT)^{\Delta\nu}$$

$$K_c=K_p(RT)^{-\Delta\nu}$$

一般地，$K_p \neq K_c$；当 $\Delta\nu=0$ 时，两者相等。

计算时注意压力的单位与 R 的取值，压力用 kPa、浓度用 mol/L 时，R 取 8.314J/(mol·K)。

浓度平衡常数和压力平衡常数是有单位的，其单位取决于 $\Delta\nu$。如果 $\Delta\nu=1$，K_c 的单位为 mol/L，K_p 的单位为 kPa；当 $\Delta\nu=0$ 时，二者均无单位。但一般地，无论平衡常数有无单位，习惯上均不写。这样势必会造成一些误解，为此引入标准平衡常数。

3. 标准平衡常数

上述平衡常数是由实验得到的，称为实验平衡常数或经验平衡常数。平衡常数还可由热力学计算给出，这样得到的平衡常数称为标准平衡常数。

标准平衡常数和实验平衡常数的不同之处在于，前者表达式中的每一浓度项均除以标准浓度或标准压力。

如实验平衡常数为

$$K_c=\frac{c_{\mathrm{G}}^{g}c_{\mathrm{H}}^{h}}{c_{\mathrm{A}}^{a}c_{\mathrm{B}}^{b}}$$

则标准平衡常数为

$$K^{\ominus}=\frac{[c_{\mathrm{G}}^{g}/(c^{\ominus})^{g}][c_{\mathrm{H}}^{h}/(c^{\ominus})^{h}]}{[c_{\mathrm{A}}^{a}/(c^{\ominus})^{a}][c_{\mathrm{B}}^{b}/(c^{\ominus})^{b}]}=K_c(c^{\ominus})^{(a+b)-(g+h)}$$

即

$$K^{\ominus}=K_c(c^{\ominus})^{-\Delta\nu}$$

式中，$c^{\ominus}=1\mathrm{mol/L}$。

同理

$$K^{\ominus}=K_p(p^{\ominus})^{-\Delta\nu}$$

式中，$p^{\ominus}=101.325\mathrm{kPa}$。

由上述讨论可知，标准平衡常数是无量纲的纯数。

在书写标准平衡常数时，若参加反应的气体物质均用其平衡分压表示，参加反应的液体物质均用其平衡浓度表示，则无需区分浓度平衡常数和压力平衡常数。为简化书写，$c/c^{\ominus}$ 可用 c' 表示，称为相对浓度；$p/p^{\ominus}$ 用 p' 表示，称为相对分压。则对于液相反应，其标准平衡常数可写为

$$K^{\ominus}=\frac{c'^{g}_{\mathrm{G}}c'^{h}_{\mathrm{H}}}{c'^{a}_{\mathrm{A}}c'^{b}_{\mathrm{B}}}$$

对于气相反应，可表示为

$$K^{\ominus}=\frac{p'^{g}_{\mathrm{G}}p'^{h}_{\mathrm{H}}}{p'^{a}_{\mathrm{A}}p'^{b}_{\mathrm{B}}}$$

4. 平衡常数的意义

平衡常数是温度的函数，不随浓度的改变而改变。它是反应的特性常数。平衡常数可以用来衡量反应进行的程度和判断反应进行的方向。

(1) 衡量反应进行的程度　平衡常数是衡量反应进行程度的特征常数。在一定的条件下，每个反应都有其特有的平衡常数 K。可用 K 比较同类反应在相同条件下的反应限度，也可用于比较同一反应在不同条件下的反应限度。平衡常数大，表明反应正向进行的程度大。

(2) 判断反应进行的方向　一个反应是否达平衡可用平衡常数与反应商比较得出结论。反应商是在任意状态下，生成物浓度幂的乘积与反应物浓度幂的乘积之比，用 Q 表示。如对反应

$$a\mathrm{A}+b\mathrm{B}\rightleftharpoons g\mathrm{G}+h\mathrm{H}$$

有 $$Q=\frac{c'^{g}_{\mathrm{G}}c'^{h}_{\mathrm{H}}}{c'^{a}_{\mathrm{A}}c'^{b}_{\mathrm{B}}}$$

反应商与平衡常数的书写原则相同，但式中各物质的浓度为任意状态下的浓度或分压，分别称为浓度商(Q_c)或压力商(Q_p)。

当 $K^{\ominus}=Q$ 时，反应处于平衡状态；当 $K^{\ominus}\neq Q$ 时，反应处于非平衡状态。当反应处于非平衡状态时，有如下两种可能的情况：

① $K^{\ominus}>Q$，反应向正向进行，产物浓度逐渐增大，反应商增大，至 $K^{\ominus}=Q$ 时达平衡；

② $K^{\ominus}<Q$，反应向逆向进行，反应物浓度逐渐增大，反应商减小，至 $K^{\ominus}=Q$ 时达平衡。

由上述讨论可得判断反应方向和反应限度的判据如下：

① $K^{\ominus}>Q$，反应正向进行；

② $K^{\ominus}<Q$，反应逆向进行；

③ $K^{\ominus}=Q$，反应达平衡，此时反应达该条件下的最大限度。

【例 2-1】 确定 NH_3 分解反应

$$2NH_3 \rightleftharpoons N_2+3H_2$$

在下述条件下的反应方向：

(1) $T=25℃$，$K^{\ominus}=1.6\times10^{-6}$，$p(NH_3)=p(N_2)=101\mathrm{kPa}$，$p(H_2)=1.01\mathrm{kPa}$；

(2) 同 (1) 的总压及温度，$n(NH_3)=1.00\mathrm{mol}$，$n(N_2)=n(H_2)=100\mathrm{mol}$。

解 (1) $$Q=\frac{p(N_2)[p(H_2)]^3}{[p(NH_3)]^2}\times(p^{\ominus})^{-2}=\frac{101\times1.01^3}{101^2}\times101.325^{-2}=9.9\times10^{-7}$$

$K^{\ominus}>Q$，反应正向进行。

(2) $$Q=\frac{p(N_2)[p(H_2)]^3}{[p(NH_3)]^2}\times(p^{\ominus})^{-2}$$

$$p=p(NH_3)+p(N_2)+p(H_2)=101+101+1.01=203.01(\mathrm{kPa})$$

$$n=n(NH_3)+n(N_2)+n(H_2)=1.00+100+100=201.00(\mathrm{mol})$$

$$p(N_2)=p\times\frac{n(N_2)}{n}=203.01\times\frac{100}{201.0}=101(\mathrm{kPa})$$

$$p(H_2)=p\times\frac{n(H_2)}{n}=203.01\times\frac{100}{201.0}=101(\mathrm{kPa})$$

$$p(NH_3)=p\times\frac{n(NH_3)}{n}=203.01\times\frac{1.00}{201.0}=1.01(\mathrm{kPa})$$

$$Q=\frac{101\times101^3}{1.01^2}\times101.325^{-2}=9.9\times10^3$$

$K^{\ominus}<Q$，反应逆向进行。

三、平衡计算

有关平衡的计算大体分为两类：一类是由平衡组成求平衡常数；另一类是由平衡常数求平衡组成或转化率。

1. 由平衡组成求平衡常数

【例 2-2】 在 973K 时，下列反应达平衡状态：

$$2SO_2(g)+O_2(g) \rightleftharpoons 2SO_3(g)$$

若反应在 2.0L 的容器中进行，开始时，SO_2 为 1.0mol，O_2 为 0.5mol，平衡时生成 0.6mol SO_3。计算该条件下的 K_c、K_p 和 $K^{\ominus}$。

解

	$2SO_2(g)$	+ $O_2(g)$	$\rightleftharpoons 2SO_3(g)$
起始物质的量 n/mol	1.0	0.5	0
转化的物质的量 n/mol	0.6	0.3	0.6
平衡时物质的量 n/mol	0.4	0.2	0.6
平衡浓度 c/(mol/L)	0.4/2.0=0.2	0.2/2.0=0.1	0.6/2.0=0.3

$$K_c=\frac{[c(SO_3)]^2}{[c(SO_2)]^2c(O_2)}=\frac{0.3^2}{0.2^2\times0.1}=22.5$$

$$K_p=K_c(RT)^{\Delta\nu}=22.5\times(8.314\times973)^{2-3}=2.78\times10^{-3}$$

$$K^{\ominus}=K_p(p^{\ominus})^{-\Delta\nu}=2.78\times10^{-3}\times(101.325)^{3-2}=0.28$$

【例 2-3】 在 35℃和 101.325kPa 的压力下，N_2O_4 的分解反应为

$$N_2O_4(g) \rightleftharpoons 2NO_2(g)$$

平衡时，若有 27%的 N_2O_4 发生分解，求 $K^{\ominus}$。

解 设 N_2O_4 的起始物质的量为 1mol，则

	$N_2O_4(g)$	$\rightleftharpoons$ $2NO_2(g)$
起始物质的量 n/mol	1	0
转化的物质的量 n/mol	0.27	0.54
平衡时物质的量 n/mol	0.73	0.54

平衡时总物质的量为 0.73+0.54=1.27 (mol)

平衡分压　　(0.73/1.27)p　　(0.54/1.27)p

$$K^{\ominus}=\frac{[p'(NO_2)]^2}{p'(N_2O_4)}=\frac{[(0.54/1.27)p]^2}{(0.73/1.27)p}\times(p^{\ominus})^{-1}=0.315$$

2. 由平衡常数求平衡组成或转化率

在一定温度下，特定反应的平衡常数是确定的，可由平衡常数求出平衡组成，进而求出转化率(α)。

$$\alpha=\frac{\text{已转化的量}}{\text{起始量}}\times100\%$$

【例 2-4】 反应 $NO_2(g)+CO(g) \rightleftharpoons CO_2(g)+NO(g)$在某温度时，$K_c=9.0$，若反应开始时，CO、$NO_2$ 的浓度均为 3.0×10^{-2}mol/L。(1) 求达到平衡时，各物质的浓度及转化率；(2) 若反应开始时，四种物质的浓度均为 3.0×10^{-2}mol/L，求平衡时各物质的浓度及转化率。

解 (1) 设达平衡时有 $x$mol/L 的 NO_2 转化为 NO，则

	$NO_2(g)$	+ $CO(g)$ $\rightleftharpoons$	$CO_2(g)$ +	$NO(g)$
起始浓度 c/(mol/L)	3.0×10^{-2}	3.0×10^{-2}	0	0
转化的浓度 c/(mol/L)	x	x	x	x
平衡时的浓度 c/(mol/L)	$3.0\times10^{-2}-x$	$3.0\times10^{-2}-x$	x	x

$$K_c=\frac{c(NO)c(CO_2)}{c(NO_2)c(CO)}=\frac{x^2}{(3.0\times10^{-2}-x)^2}=9.0$$

解得 $x=2.25\times10^{-2}$mol/L

平衡时，各物质的浓度为

$$c(NO_2)=c(CO)=3.0\times10^{-2}-x=7.5\times10^{-3}(\text{mol/L})$$

$$c(NO)=c(CO_2)=x=2.25\times10^{-2}\text{mol/L}$$

$$\alpha=\frac{\text{已转化的量}}{\text{起始量}}\times100\%=\frac{2.25\times10^{-2}}{3.0\times10^{-2}}\times100\%=75\%$$

(2) 设该条件下，平衡时 NO_2 转化为 NO 的浓度为 x'mol/L，则

	$NO_2(g)$ +	$CO(g)$ $\rightleftharpoons$	$CO_2(g)$ +	$NO(g)$
起始浓度 c/(mol/L)	3.0×10^{-2}	3.0×10^{-2}	3.0×10^{-2}	3.0×10^{-2}
转化的浓度 c/(mol/L)	x'	x'	x'	x'
平衡时的浓度 c/(mol/L)	$3.0\times10^{-2}-x'$	$3.0\times10^{-2}-x'$	$3.0\times10^{-2}+x'$	$3.0\times10^{-2}+x'$

$$K_c=\frac{c(NO)c(CO_2)}{c(NO_2)c(CO)}=\frac{(3.0\times10^{-2}+x')^2}{(3.0\times10^{-2}-x')^2}=9.0$$

解得 $x'=1.5\times10^{-2}$mol/L

平衡时，各物质的浓度为

$$c(NO_2)=c(CO)=3.0\times10^{-2}-x'=1.5\times10^{-2}(\text{mol/L})$$

$$c(NO)=c(CO_2)=3.0\times10^{-2}+x'=4.5\times10^{-2}(\text{mol/L})$$

$$\alpha=\frac{1.5\times10^{-2}}{3.0\times10^{-2}}\times100\%=50\%$$

由例 2-4 知，改变反应的起始浓度，若温度不变，达平衡时，转化率会发生变化。在 (1) 条件下转化率为 75%，当增加产物的浓度时转化率降为 50%。即外界条件可以影响平衡时物质的转化率。

研究平衡的最终目的不是为了维持平衡，而是设法打破平衡。只有这样，才能达到有效地控制转化率的目的，这在化工生产中是很有实际意义的。

第五节　化学平衡的移动

因外界条件的改变使可逆反应从一种平衡状态向另一种平衡状态转变的过程，称为化学平衡的移动。

平衡时，$K^{\ominus}=\frac{c'^{g}_{G}c'^{h}_{H}}{c'^{a}_{A}c'^{b}_{B}}$，因此一切能改变平衡常数计算式中关系的外界条件（如浓度、

压力、温度）都会影响平衡状态，使平衡发生移动。

一、浓度对化学平衡的影响

在一定温度下，当一个可逆反应达平衡后，改变反应物的浓度或生成物的浓度都会使平衡发生移动。有以下两种可能的情况：

① 增大反应物的浓度或减小生成物的浓度，将使 $Q_c < K_c$，要重新建立平衡，必须使反应商增大，此时平衡向正反应方向移动。

② 减小反应物的浓度或增加生成物的浓度，将使 $Q_c > K_c$，要重新建立平衡，必须减小反应商，此时平衡将向逆反应方向移动。

二、压力对化学平衡的影响

压力对液态物质和固态物质的体积影响很小，因此压力的改变对无气体物质参加的可逆反应的影响微乎其微，可以忽略。但对有气体参加的可逆反应，压力的影响则必须予以考虑。

恒温下，有气体参加的可逆反应，无论是改变总压还是分压都有可能使平衡发生移动。其中，分压对平衡的影响与浓度的影响相同。有以下两种可能的情况：

① 增大反应物或减小生成物的分压，压力商减小，平衡正向移动。

② 减小反应物或增大生成物的分压，压力商增大，平衡逆向移动。

如果改变反应的总压，平衡也可能会发生移动。

若在密闭的容器中，反应

$$2SO_2(g)+O_2(g) \rightleftharpoons 2SO_3(g)$$

在一定温度下达到平衡状态，则其平衡常数为

$$K_p=\frac{[p(SO_3)]^2}{[p(SO_2)]^2 p(O_2)}$$

若温度不变，将体系的体积缩小为原来的一半，$V'=V/2$，根据理想气体状态方程 $pV=nRT$，有 $pV=p'V'$，$p'=2p$，即各物质的分压均为原来的两倍，此时

$$Q_p=\frac{[2p(SO_3)]^2}{[2p(SO_2)]^2\times 2p(O_2)}=\frac{K_p}{2}$$

显然，改变上述体系的总压，平衡被破坏，反应商小于平衡常数，此时平衡向右移动。

若将上述反应的体积增大一倍，则总压将减小为原来的 1/2。由同样的分析方法可知，反应商增大，欲重新建立平衡，平衡必须向左移动。

恒温下，对有气体参加的可逆反应，可以得出以下结论：

① 增大总压，平衡将向气体物质的量减小的方向移动；减小总压，平衡将向气体物质的量增大的方向移动。

② 若反应前后气体物质的量没有改变，则总压的变化将不会对平衡产生影响。

【例 2-5】 可逆反应 $PCl_5(g) \rightleftharpoons PCl_3(g)+Cl_2(g)$ 在某温度时达平衡，$K_p=2.4318\times 10^5$ Pa，体系的总压 $p=2.0265\times 10^5$ Pa，PCl_5 的转化率为 $\alpha=74\%$。

（1）不改变体系的温度，将总压增至 1.01325×10^6 Pa，求 α_1。

（2）不改变体系的温度及总压，引入 9mol 水蒸气，求 α_2。

解　(1) 设 PCl_5 起始物质的量为 1mol，则

	$PCl_5(g) \rightleftharpoons$	$PCl_3(g)$	$+Cl_2(g)$
起始物质的量 n/mol	1	0	0
转化的物质的量 n/mol	α_1	α_1	α_1
平衡时物质的量 n/mol	$1-\alpha_1$	α_1	α_1

平衡时体系总物质的量为 $n=1-\alpha_1+\alpha_1+\alpha_1=1+\alpha_1$

平衡分压　$\frac{1-\alpha_1}{1+\alpha_1}p$　$\frac{\alpha_1}{1+\alpha_1}p$　$\frac{\alpha_1}{1+\alpha_1}p$

$$K_p=\left(\frac{\alpha_1}{1+\alpha_1}p\right)^2\Big/\left(\frac{1-\alpha_1}{1+\alpha_1}p\right)=2.4318\times10^5\,\mathrm{Pa}$$

解得　$\alpha_1=44\%$

正如前面所讨论的，增加总压，平衡向气体物质的量减小的方向移动，即向上述反应的逆向进行，使五氯化磷的分解率降低。

(2) 不改变体系的温度及总压，引入水蒸气，它不参与反应，可视为此反应的惰性气体。水蒸气虽不参加反应，但它的加入使平衡时体系总物质的量增加。

	$PCl_5(g) \rightleftharpoons$	$PCl_3(g)$	$+$ $Cl_2(g)$	H_2O
起始物质的量 n/mol	1	0	0	9
转化的物质的量 n/mol	α_2	α_2	α_2	9
平衡时物质的量 n/mol	$1-\alpha_2$	α_2	α_2	9

平衡时体系中总物质的量为 $n=1-\alpha_2+\alpha_2+\alpha_2+9=10+\alpha_2$

平衡分压　$\frac{1-\alpha_2}{10+\alpha_2}p$　$\frac{\alpha_2}{10+\alpha_2}p$　$\frac{\alpha_2}{10+\alpha_2}p$

$$K_p=\left(\frac{\alpha_2}{10+\alpha_2}p\right)^2\Big/\left(\frac{1-\alpha_2}{10+\alpha_2}p\right)=2.4318\times10^5\,\mathrm{Pa}$$

解得　$\alpha_2=93.4\%$

由上述计算可知，总压不变，引入惰性气体，平衡向气体物质的量增加的方向移动，相当于降低总压所引起的变化。

从以上的讨论可知，浓度、压力对平衡的影响其本质是相同的，均是在平衡常数不变时，通过改变反应商破坏平衡，使平衡发生移动。而温度对平衡的影响与浓度及压力的影响有着本质的不同。

三、温度对化学平衡的影响

温度对化学平衡的破坏是通过改变平衡常数而实现的。改变反应体系的温度，平衡常数将依下式发生变化。

$$\ln\frac{K_2^{\ominus}}{K_1^{\ominus}}=\frac{-\Delta H^{\ominus}}{R}\left(\frac{1}{T_2}-\frac{1}{T_1}\right)=\frac{\Delta H^{\ominus}}{R}\times\frac{T_2-T_1}{T_2T_1}\tag{2-5}$$

若正反应为吸热反应，$\Delta H^{\ominus}>0$，当 $T_2>T_1$ 时，$\ln(K_2^{\ominus}/K_1^{\ominus})>0$，$K_2^{\ominus}>K_1^{\ominus}$，$K_1^{\ominus}$ 可看作 T_2 时的反应商 Q_2，此时 $K_2^{\ominus}>Q_2$，平衡将向正反应方向移动。

若正反应为放热反应，$\Delta H^{\ominus}<0$，当 $T_2<T_1$ 时，$\ln(K_2^{\ominus}/K_1^{\ominus})>0$，$K_2^{\ominus}>K_1^{\ominus}$，可看作 $K_2^{\ominus}>Q_2$，平衡向正反应方向移动。

由上述分析可知，升高温度，平衡向吸热反应方向移动；降低温度，平衡向放热反应方向移动。

纵观影响平衡的各因素，可得出以下普遍规律：改变平衡的条件，平衡将向削弱此改变的方向移动。此原理称为勒夏特列（Le Chatelier）原理。

四、催化剂与化学平衡

在讨论破坏化学平衡的因素时，未涉及催化剂，那是由于它不会使平衡发生移动。但催化剂对可逆反应是有影响的，它的影响在于可以同等程度地改变正、逆反应的速率。因此在其他条件不变时，使用催化剂显然不能使转化率提高，但可以缩短达到平衡的时间，从而提高生产效率。目前我国石油化工装置上使用的催化剂已有85%以上来源于国内，催化剂技术已成为石化工业的核心技术。

五、化学反应速率和化学平衡的综合应用

在化工生产中，反应速率和化学平衡是两个同等重要的问题，既要保证一定的速率，又要尽可能使转化率最高，因此必须综合考虑，采取最有利的工艺条件，以达到最高的经济效益。下面以合成氨为例，讨论选择工艺条件的一般原则。

合成氨反应

$$N_2(g)+3H_2(g) \rightleftharpoons 2NH_3(g)$$

$$\Delta H^{\ominus}=-96.4\text{kJ/mol} \qquad E_a=326\text{kJ/mol}$$

（1）合成氨反应是放热反应，由式

$$\ln\frac{K_2^{\ominus}}{K_1^{\ominus}}=\frac{\Delta H^{\ominus}}{R}\times\frac{T_2-T_1}{T_2T_1}$$

可知，温度升高，反应速率加快，但对合成氨化学平衡不利；温度降低，对合成氨化学平衡有利，但反应速率慢。氨合成塔内有一个最适宜的温度分布。最适宜的温度就是单位时间内生成氨最多的温度。

在选择温度时必须考虑催化剂的存在。由于合成氨反应的活化能较高，为了提高反应速率，需使用催化剂。最适宜的温度与反应气体的组成、压力及所用催化剂的活性有关，所选择的温度不应超过催化剂的使用温度。在我国工业装置中，一般控制在470℃左右。

（2）从合成氨的反应式可知，其正反应方向为气体物质的量减少的方向，根据平衡移动原理，提高压力有利于氨的合成。在选择压力时还要考虑能量消耗、原料费用、设备投资在内的所谓综合费用。因此，压力高虽然有利于氨的合成，但其选择主要取决于技术经济条件。从能量综合费用分析，3×10^7Pa左右是合成氨较适宜的操作压力。

由以上分析可知，合成氨反应合适的条件是中温、中压、使用催化剂。

由合成氨反应推广到一般，选择反应条件时应综合考虑反应速率和化学平衡，既要有适宜的速率，又要有尽可能大的转化率。当反应物（即原料）可循环使用时，以考虑反应速率为主，而在反应物不能循环利用时则应侧重考虑转化率。

（3）任何反应都可以通过增加反应物的浓度或降低产物的浓度来提高转化率。通常，使价格相对较低的反应物适当过量，起到增加反应物的目的，但原料比不能失当，否则会将其他原料冲淡。对于气相反应，更要注意原料气的性质，有的原料配比一旦进入爆炸范围将会

造成不良后果。

(4) 相同的反应物，若同时可能发生几种反应，而其中只有一个反应是生产需要的（如多数有机反应），则必须首先保证主反应的进行，同时，尽可能地遏制副反应的发生。如选择合适的催化剂，尽量满足主反应所需要的条件。

阅读材料

绿色化工生产技术——仿生催化技术

仿生催化氧化技术是通过模拟生物体内的化学反应过程，开发出与生物酶相似的催化体系，在温和的条件下实现烃类化学品的氧化。作为生物催化与化学催化的交叉成果，仿生催化技术弥补了传统工艺需要高温高压、选择性差、催化效率低、环境不友好的缺点，受到了国际学术界和企业界的广泛关注。仿生催化技术将在化工生产绿色化的进程中发挥重要作用。

通过提高烃类氧化过程的效率和选择性，可以实现节能减排与环境保护；通过用温和条件下的液相仿生催化氧化来替代高温高压下的气固相催化氧化，可以规避安全事故的发生；通过提高氧化反应的转化效率，可以提高资源和能源的利用率。

与天然生物催化剂相比，仿生催化剂具有价格低廉、性能稳定且易保存的优点，同时大大降低了催化剂生产的成本。作为典型的绿色化学技术，仿生催化追求的目标是通过生物代谢过程，改善碳氢化合物空气氧化反应中的转化率与选择性，进而提高烃类氧化工艺的效益，取代现有非绿色工艺，并实现工艺过程的可调控性。研究人员期望获得仿生催化氧化的共性和个性规律，实现高收率、高选择性地获得目标产物，有效解决目前烃类选择氧化存在的安全隐患、环境污染等问题。

金属卟啉仿生催化剂就是仿生催化剂的典型代表，其特点是：催化剂用量少，只需 3～300mg/kg，不需回收且不产生二次污染；采用清洁廉价的氧气代替污染严重的化合物作氧化剂；使用中性、碱性介质或无溶剂体系代替设备腐蚀严重的酸性介质；反应在接近室温、常压、中性的温和条件下进行。

据 2010 年《中国化工报》报道，目前我国的科研人员已设计、合成了 120 多种各类金属卟啉或酞菁仿生催化剂，并拟在国内建设世界上最大的卟啉或金属卟啉研究、开发和生产基地，解决这类催化剂的大批量合成和生产问题，满足国内外催化等十大领域对卟啉或金属卟啉的需求。

仿生催化技术将解决化工行业发展面临的环境恶化、安全事故频发、资源与能源短缺等瓶颈问题，在烃类氧化环节得到突破。据 2016 年中国日报网报道，中国科学家突破金属卟啉仿生催化的瓶颈，震撼了世界。

本章小结

一、基本概念

1. 活化能

(1) 碰撞理论定义的活化能　活化分子的最低能量与反应物分子的平均能量之差（其本质为动能）。

(2) 过渡状态理论定义的活化能　活化配合物的能量与反应物（产物）的能量之差，称为正（逆）反应的活化能（其本质为势能）。

2. 基元反应与非基元反应

(1) 基元反应　由反应物一步生成产物的反应，也称简单反应。

（2）非基元反应　由两个或两个以上的基元反应组成的反应，也称复杂反应。

3. 反应速率常数

其物理意义为单位浓度的反应速率。

4. 反应级数

质量作用定律表达式中浓度项的幂。

5. 平衡常数

可逆反应 $aA+bB \rightleftharpoons gG+hH$ 达平衡时：

（1）浓度平衡常数　$K_c=\dfrac{c_G^g c_H^h}{c_A^a c_B^b}$

（2）压力平衡常数　$K_p=\dfrac{p_G^g p_H^h}{p_A^a p_B^b}$

（3）K_p 与 K_c 的关系　$K_p=K_c(RT)^{\Delta\nu}$

（4）标准平衡常数　$K^{\ominus}=\dfrac{c'^g_G c'^h_H}{c'^a_A c'^b_B}$　　$K^{\ominus}=\dfrac{p'^g_G p'^h_H}{p'^a_A p'^b_B}$

6. 转化率

$$\alpha=\frac{\text{已转化的量}}{\text{起始量}}\times 100\%$$

二、基本规律及定律

1. 反应速率理论

（1）碰撞理论

（2）过渡状态理论

2. 质量作用定律

基元反应 $aA+bB \longrightarrow$ 产物

$$v=k[c(A)]^a[c(B)]^b$$

3. 阿仑尼乌斯公式（选学）

$$\ln\frac{k_2}{k_1}=\frac{E_a}{R}\left(\frac{1}{T_1}-\frac{1}{T_2}\right)=\frac{E_a}{R}\times\frac{T_2-T_1}{T_2T_1}$$

4. 平衡移动原理

改变平衡的条件，平衡将向削弱此改变的方向移动。此原理称为勒夏特列（Le Chatelier）原理。

三、基本计算（有关化学平衡的计算）

1. 由平衡组成求平衡常数

2. 由平衡常数求平衡组成或转化率

3. 平衡移动的计算

思　考　题

1. 反应 $aA+bB \rightleftharpoons gG+hH$ 的 $\Delta H^{\ominus}<0$，当升高温度时，将有（　　）。

A. $k_{正}$ 和 $k_{逆}$ 加大　　B. $k_{正}$ 加大和 $k_{逆}$ 减小　　C. $k_{正}$ 减小和 $k_{逆}$ 加大

2. 分步完成的反应，其反应速率取决于（　　）。

A. 最慢的一步反应速率　　B. 最快的一步反应速率　　C. 几步反应的平均速率

3. 区别下列概念：

(1) 反应速率和反应速率常数；

(2) 活化分子和活化能。

4. 何谓质量作用定律？能否根据配平的化学反应方程式写出质量作用定律表示式？为什么？

5. 用锌与稀硫酸制取氢气，$\Delta H<0$。在反应开始后的一段时间内反应速率加快，后来反应速率又变慢。试从浓度、温度等因素来解释此现象。

6. 一个反应的活化能为 168kJ/mol，另一个反应的活化能为 48kJ/mol，在相似的条件下，这两个反应中哪一个进行得较快？为什么？

7. 升高温度使反应速率加快的主要原因是（　　）。

A. 温度升高，分子碰撞更加频繁

B. 反应物分子所产生的压力随温度的升高而增大

C. 活化分子的百分数随温度的升高而增加

8. 反应 $2NO(g)+2H_2(g) \rightleftharpoons N_2(g)+2H_2O(g)$ 的速率方程为 $v=k[p(NO)]^2[p(H_2)]$。试讨论下列条件变化时，对初始速率有何影响？

(1) NO 的分压增加一倍；

(2) 有催化剂存在；

(3) 温度降低；

(4) 反应容器的体积增大一倍。

9. 下列条件的改变，一定能使反应产物的产量增加的是（　　）。

A. 升高温度　　B. 增加压力　　C. 加入催化剂　　D. 增加反应物的浓度

10. 正反应和逆反应的平衡常数之间的关系是它们（　　）。

A. 总相等　　B. 积等于 1　　C. 和必定等于 1　　D. 没有关系

11. 达到化学平衡的条件是（　　）。

A. 逆向反应停止　　B. 反应物与产物浓度相等

C. 反应停止产生热　　D. 逆向反应速率等于正向反应速率

12. 写出下列反应的平衡常数 K_p、K_c 及其标准平衡常数表示式：

(1) $2NO(g)+2H_2(g) \rightleftharpoons N_2(g)+2H_2O(g)$

(2) $Cr_2O_7^{2-}+H_2O \rightleftharpoons 2CrO_4^{2-}+2H^+$

(3) $CaCO_3(s) \rightleftharpoons CO_2(g)+CaO(s)$

13. 下列反应达平衡后，升高温度或加大压力，各平衡将如何移动？

(1) $CO_2(g)+H_2(g) \rightleftharpoons CO(g)+H_2O(g)$　$\Delta H<0$

(2) $N_2O_4(g) \rightleftharpoons 2NO_2(g)$　$\Delta H<0$

(3) $CO_2(g)+C(s) \rightleftharpoons 2CO(g)$　$\Delta H<0$

(4) $2SO_2(g)+O_2(g) \rightleftharpoons 2SO_3(g)$　$\Delta H>0$

14. 已知下列反应的平衡常数：

$HCN \rightleftharpoons H^+ + CN^-$　　$K_1^{\ominus}=4.9\times10^{-10}$

$NH_3+H_2O \rightleftharpoons NH_4^+ + OH^-$　　$K_2^{\ominus}=1.8\times10^{-5}$

$H_2O \rightleftharpoons H^+ + OH^-$

试计算反应 $NH_3+HCN \rightleftharpoons NH_4^+ + CN^-$ 的平衡常数。

习　题

1. 在 27℃时，反应 $2NOCl \longrightarrow 2NO+Cl_2$ 的 NOCl 初始浓度和反应的初始速率数据如下：

NOCl 的初始浓度 c/(mol/L)	初始速率 v/[mol/(L·s)]
0.30	3.6×10^{-9}

0.60	1.44×10^{-8}
0.90	3.24×10^{-8}

(1) 写出反应速率方程式；

(2) 求出反应速率常数；

(3) 如果 NOCl 的初始浓度从 0.3mol/L 增大到 0.45mol/L，反应速率将增大多少倍？

2. 乙酸和乙醇生成乙酸乙酯的反应在室温下按下式达到平衡：

$$CH_3COOH+C_2H_5OH \rightleftharpoons CH_3COOC_2H_5+H_2O$$

若最初乙酸和乙醇的浓度相等，平衡时乙酸乙酯的浓度是 0.4mol/L，求平衡时乙醇的浓度（已知室温下该反应的平衡常数 $K=4$）。

3. 在 699K 时，反应 $H_2(g)+I_2(g) \rightleftharpoons 2HI(g)$ 的平衡常数为 $K_p=55.3$，如果将 2.00mol H_2 和 2.00mol I_2 作用于 4.00L 的容器内，问在该温度下达到平衡时有多少 HI 生成？

4. 反应 $H_2+CO_2 \rightleftharpoons H_2O+CO$ 在 986℃ 达平衡，平衡时 $c(H_2)=c(CO_2)=0.44$mol/L，$c(H_2O)=c(CO)=0.56$mol/L。求此温度下反应的平衡常数及开始时 H_2 和 CO_2 的浓度。

5. 反应 $C(s)+CO_2(g) \rightleftharpoons 2CO(g)$ 在 1000℃时，$K^{\ominus}=168$，当 $p(CO)=50.7$kPa 时，$p(CO_2)$ 为多少？

6. 某温度时，反应 $N_2+O_2 \rightleftharpoons 2NO$ 的平衡常数 K_c 为 0.0045，若 2.5mol O_2 与 2.5mol N_2 作用于 15L 的密闭容器中，问达到平衡时有多少 NO 生成？

7. 反应 $N_2(g)+3H_2(g) \rightleftharpoons 2NH_3(g)$ 是在恒容（容积不变）、恒温的密闭容器中进行的。如果 N_2 和 H_2 的起始浓度分别为 5.0mol/L 及 10.0mol/L，设达到平衡时有 10% 的 N_2 已经转化为 NH_3，问在平衡时气体的总压力与起始时气体的总压力的比值为多少？平衡常数 K_c 为多少？

8. SO_2 转化为 SO_3 的反应

$$2SO_2(g)+O_2(g) \rightleftharpoons 2SO_3(g)$$

在 630℃和 101.3kPa 下，将 1.00mol 的 SO_2 和 1.00mol 的 O_2 的混合物缓慢通过 V_2O_5，达平衡后测得剩余的 O_2 为 0.625mol。试求在该温度下的平衡常数 K_c。

9. 在 35℃和总压为 1.013×10^5kPa 时，N_2O_4 有 27.02% 分解为 NO_2。

(1) 计算 $N_2O_4(g) \rightleftharpoons 2NO_2(g)$ 反应的 $K^{\ominus}$；

(2) 计算温度不变、总压增至 2.026×10^5kPa 时，N_2O_4 的离解百分率；

(3) 从计算结果说明压力对平衡的影响。

10. PCl_5 在 250℃达分解平衡，反应

$$PCl_5(g) \rightleftharpoons PCl_3(g)+Cl_2(g)$$

平衡浓度 $c(PCl_5)=1$mol/L，$c(PCl_3)=c(Cl_2)=0.204$mol/L。若温度不变而压力减小一半，则在新的平衡体系中各物质的浓度为多少？

11. 在一密闭容器中，反应 $CO(g)+H_2O(g) \rightleftharpoons CO_2(g)+H_2(g)$ 的平衡常数 $K^{\ominus}=2.6$（476℃）。求：

(1) 当 H_2O 和 CO 的物质的量之比为 1 时，CO 的转化率为多少？

(2) 当 H_2O 和 CO 的物质的量之比为 3 时，CO 的转化率为多少？

(3) 根据结果说明浓度对平衡的影响。

12. HI 分解反应 $2HI(g) \rightleftharpoons H_2(g)+I_2(g)$，开始时有 1mol HI，平衡时有 24.4% 的 HI 发生了分解，今欲将分解百分数降低到 10%，试计算应往此平衡体系中加多少 I_2？

13. N_2 和 O_2 在常温时不能作用，但在高温时能进行反应生成 NO。将等物质的量的 N_2 与 O_2 分别在 2033K 或 3000K 时混合，在这两种不同温度时的平衡混合物中 NO 的体积分数分别为 0.80% 或 4.5%。试分别计算在 2033K 或 3000K 时平衡体系 $N_2+O_2 \rightleftharpoons 2NO$ 的 K_p，并根据所得 K_p 值，判断上述反应是放热反应还是吸热反应。

14. 在 1L 的容器中含有 H_2、N_2 和 NH_3 的平衡混合物，其中含 N_2 0.30mol、H_2 0.40mol 和 NH_3 0.10mol。如果温度保持不变，需要向容器中加入多少摩尔 H_2 才能使 NH_3 的平衡浓度增大一倍？

15. 在 5L 容器中，含有等物质的量的 PCl_3 和 Cl_2。其合成反应 $PCl_3(g)+Cl_2(g) \rightleftharpoons PCl_5(g)$ 在 250℃达平衡后，PCl_5 的分压恰好是 101.325kPa，问原来含有的 PCl_3 和 Cl_2 的物质的量各为多少？（$K^{\ominus}=0.533$）

16. 在 627℃和 101.325kPa 下，SO_3 离解为 SO_2 和 O_2，即

$$SO_3(g) \rightleftharpoons SO_2(g) + \frac{1}{2}O_2(g)$$

平衡混合物的密度为 0.925g/L，求 SO_3 的分解率。

17. 合成氨原料气中，N_2 和 H_2 的物质的量之比为 1∶3，在 400℃和 1013.25kPa 下达平衡时，生成的 NH_3 占 3.85%（体积分数）。求：

(1) 反应 $N_2(g) + 3H_2(g) \rightleftharpoons 2NH_3(g)$ 的平衡常数 K_p；

(2) 当把混合物的总压增到 5066.25kPa 时，NH_3 的体积分数是多少？

18. 反应 $H_2(g) + Br_2(g) \rightleftharpoons 2HBr(g)$，在 1297K 时，$K_c$ 为 1.6×10^5；在 1495K 时，K_c 为 3.5×10^4。

(1) 试问该反应是放热反应还是吸热反应？

(2) 求反应 $\frac{1}{2}H_2(g) + \frac{1}{2}Br_2(g) \rightleftharpoons HBr(g)$ 在 1495K 时的 K_c。

(3) 若反应从纯 HBr 开始，在 1495K 达到平衡，试求 HBr 的分解百分数。

19. 高炉炼铁反应

$$Fe_2O_3(s) + 3CO(g) \rightleftharpoons 2Fe(s) + 3CO_2(g)$$

在 1000K 时，K_c 为 24.2。求：

(1) 该反应在相同条件下的 K_p；

(2) 该平衡混合物中 CO 和 CO_2 的体积比。

20. 在 1.00L 密闭容器中，放入 0.01mol NH_3 和 0.01mol NH_4Cl，加热至 603K 时，使 NH_4Cl 全部气化。当反应

$$NH_4Cl(g) \rightleftharpoons NH_3(g) + HCl(g)$$

达到平衡时，体系中有 4.3×10^{-3} mol HCl。试计算此反应的 K_c 和 K_p 及标准平衡常数。

第三章

酸碱平衡和酸碱滴定法

学习目标

1. 了解电离理论和质子理论中酸碱概念的重要区别，明确两种理论的应用范围。
2. 掌握弱电解质的离解平衡及有关计算。
3. 掌握缓冲溶液的作用原理及应用。
4. 掌握各类溶液的酸碱性及有关计算。
5. 熟悉酸碱滴定过程中氢离子浓度的变化规律，理解滴定突跃的含义。
6. 掌握酸碱指示剂的变色原理、指示剂的选择原则、常用指示剂的变色范围。
7. 掌握弱酸、弱碱能被准确滴定的判据及多元酸能实现分步滴定的判据。
8. 学会用酸碱平衡知识解决酸碱滴定的应用问题，并能正确计算分析结果。

许多化学反应是在水溶液中进行的，参加反应的物质主要是酸、碱和盐类。这些物质的特点是在水溶液中，能够离解成自由移动的离子，所以都是电解质。本章将应用化学平衡的原理重点讨论水溶液中弱电解质的离解平衡及移动的基本规律、酸碱缓冲溶液；并运用酸碱平衡的理论，讨论酸碱滴定法及其应用。

第一节　酸碱理论

酸和碱都是重要的化学物质。人们对于酸、碱概念的讨论经过了 200 多年。近代产生了下列几种酸碱理论：①1887 年，瑞典科学家阿仑尼乌斯（S. A. Arrhenius）从他的电离学说观点出发，提出了酸碱电离理论，这是人类对酸碱认识的一次飞跃；②1905 年，富兰克林（E. C. Franklin）提出了酸碱溶剂理论；③ 1923 年，丹麦物理化学家布朗斯特（J. N. Brönsted）和英国化学家劳里（T. M. Lowry）共同提出了酸碱质子理论；④1923 年，路易斯（G. N. Lewis）提出酸碱电子理论。这些理论中，酸碱溶剂理论在配位化学和有机化学中应用较广；酸碱质子理论既适用于水溶液系统，也适用于非水溶液系统和气体间反应系统，并且可定量处理。为此，本章将重点讨论酸碱质子理论。

一、酸碱电离理论

阿仑尼乌斯的酸碱电离理论，在化学的发展过程中发挥了重大的作用，至今仍被普遍使用。电离理论的基本要点如下。

1. 酸碱定义

酸是在水溶液中离解出的阳离子全部是 H^+ 的化合物；碱是在水溶液中离解出的阴离子全部是 OH^- 的化合物。

例如，HCl、H_2SO_4、HNO_3、H_3PO_4、CH_3COOH、HCN 等都是酸；NaOH、

KOH、$Ca(OH)_2$、$Ba(OH)_2$、$Fe(OH)_3$、$Cu(OH)_2$ 等都是碱。

2. 酸碱反应的实质

根据酸碱电离理论对酸碱的定义，**酸碱的性质主要是 H^+ 或 OH^- 的性质，酸碱中和反应的实质就是 H^+ 和 OH^- 结合成 H_2O 的反应**，即

$$H^+ + OH^- \longrightarrow H_2O$$

除中和反应外，凡是在水溶液中酸或碱参与的反应，都可认为是 H^+ 或 OH^- 参与的反应。

3. 酸碱强度

酸、碱均为电解质，其相对强弱由它们在水溶液中离解出 H^+ 或 OH^- 强度的大小来衡量。因此，可将酸或碱分为强、中强、弱三类，举例如下。

强酸：HCl、H_2SO_4、HNO_3、HI、HBr、$HClO_4$ 等。

强碱：$NaOH$、KOH、$Ba(OH)_2$ 等。

在水溶液中，强酸、强碱是完全离解的，因此，属于强电解质。

中强酸：H_3PO_4、HNO_2、H_2SO_3、$H_2C_2O_4$ 等。这些酸在水溶液中的离解程度比强酸要小，仅部分离解。

弱酸：CH_3COOH、H_2CO_3、HCN、H_2S 等。

弱碱：$NH_3 \cdot H_2O$ 等。

弱酸、弱碱在水溶液中的离解程度更小，其离解过程是可逆的，因此，属于弱电解质。

酸碱电离理论从物质的组成上揭示了酸碱的本质，明确指出 H^+ 是酸的特征，OH^- 是碱的特征。揭示了酸碱中和反应的实质，提供了描述溶液酸碱强度的定量标度，利用一定的实验手段（如滴定、测定溶液的导电程度或用 pH 计等）就可以测出溶液中的 H^+ 浓度，并可以比较各种酸碱的相对强弱。由于水溶液中 H^+ 和 OH^- 浓度是可以测量的，所以这种理论第一次从定量的角度描写酸碱的性质和它们在化学反应中的行为。酸碱电离理论适用于 pH 计算，电离度计算，缓冲溶液计算，溶解度计算等，而且计算的精密度相对较高。因此，酸碱电离理论是人类对酸碱的认识由表观到本质的一次飞跃，对化学学科的发展起到了积极作用。

4. 酸碱电离理论的局限性

阿仑尼乌斯在他 28 岁时因提出了完整的酸碱电离理论而成名，于 1903 年获诺贝尔化学奖。然而随着科学的发展，人们逐渐认识到这一理论的局限性。

① 酸碱电离理论把酸和碱限制在以水为溶剂的系统中。近几十年来，科学实验中越来越多地使用非水溶剂（如液氨、乙醇、醋酸、苯、丙酮等），酸碱电离理论无法说明物质在非水溶剂中的酸碱性。

② 酸碱电离理论按其酸碱定义无法说明一些物质的水溶液呈现的酸碱性。如 NH_4Cl 水溶液具有酸性；Na_2CO_3、Na_3PO_4 等物质的水溶液呈碱性。此外，对氨水表现碱性这一事实也无法说明，曾使人们长期错误地认为氨溶于水生成强电解质 NH_4OH。但实验证明，氨水是一种弱碱。这些事实说明了酸碱电离理论尚不完善，为此，又产生了其他的酸碱理论。

二、酸碱质子理论

酸碱质子理论是在酸碱电离理论基础上发展起来的。它克服了阿仑尼乌斯酸碱电离理论的局限性，既适用于以水为溶剂的系统，也适用于非水溶剂系统和无溶剂的系统，大大地扩展了酸碱的范围。酸碱质子理论的基本要点如下。

1. 酸碱定义

酸碱质子理论认为：凡能提供质子（H^+）的任何分子或离子就是酸；能与质子结合的任何分子或离子就是碱。按此定义，酸又叫质子酸，碱又叫质子碱。例如，HCl、CH_3COOH、NH_4^+、HCO_3^-、$H_2PO_3^-$ 等都能提供质子，所以都是酸；OH^-、NH_3、HSO_4^-、SO_4^{2-}、S^{2-} 等都能结合质子，所以都是碱。

酸碱质子理论离开溶剂而从物质的组成来定义酸碱概念，它强调的是有质子参加反应的物质。因此酸碱质子理论的酸碱范围广，这是它与阿仑尼乌斯酸碱电离理论的一个重要区别。

2. 酸碱共轭关系

根据酸碱质子理论的定义，酸和碱可以是分子，还可以是阳离子或阴离子。酸给出质子后余下的部分就是碱，碱接受质子后就生成酸，所以酸和碱不应是孤立的。它们的相互关系表示如下：

$$\text{酸} \rightleftharpoons \text{质子} + \text{碱}$$

$$HCl \rightleftharpoons H^+ + Cl^-$$

$$HAc \rightleftharpoons H^+ + Ac^-$$

$$NH_4^+ \rightleftharpoons H^+ + NH_3$$

$$H_2CO_3 \rightleftharpoons H^+ + HCO_3^-$$

$$HCO_3^- \rightleftharpoons H^+ + CO_3^{2-}$$

$$[Fe(H_2O)_6]^{3+} \rightleftharpoons H^+ + [Fe(H_2O)_5OH]^{2+}$$

酸和碱之间的这种对应关系称为酸碱共轭关系。上面式子中左边的酸是右边碱的共轭酸，右边的碱又是左边酸的共轭碱。相应的一对酸碱称为共轭酸碱对。共轭的酸和碱必定同时存在。酸给出质子的倾向愈强，则其共轭碱接受质子的倾向愈弱。即酸越强，它的共轭碱就越弱。从上面的式子中还可看出，HCO_3^- 在某一共轭酸碱对中是碱，但在另一个共轭酸碱对中却是酸，这类分子或离子称为两性物质。两性物质当遇到比它更强的酸时，它就接受质子，表现出碱的特性；而遇到比它更强的碱时，它就放出质子，表现出酸的特性。

酸碱电离理论把物质分为酸、碱和盐，而酸碱质子理论把物质分为酸、碱和非酸非碱物质。例如，酸碱电离理论认为 K_2CO_3 是盐；酸碱质子理论则认为 CO_3^{2-} 是碱，而 K^+ 是非酸非碱物质，它既不给出质子，又不接受质子。根据酸碱质子理论的酸碱定义，酸碱的关系可归纳为：有酸必有碱，有碱必有酸，酸可变碱，碱可变酸。所以酸、碱是互相依存的，又是可以相互转化的，彼此之间通过质子相互联系。

3. 酸碱反应的实质

根据酸碱质子理论，酸碱反应的实质就是两个共轭酸碱对之间质子传递的反应。其通式可表示如下：

$$\text{酸}(1) + \text{碱}(2) \rightleftharpoons \text{碱}(1) + \text{酸}(2)$$

下面从酸碱质子理论来分析阿仑尼乌斯酸碱电离理论中的酸与碱的中和反应、酸或碱的离解过程以及盐类的水解反应等，并定性地讨论这些酸碱反应进行的程度。

(1) 中和反应　例如，HAc 与 NaOH 溶液反应可写成下式：

$$HAc + OH^- \rightleftharpoons Ac^- + H_2O$$

$$\underbrace{HAc \longrightarrow OH^-}_{H^+}$$

由于 HAc 比 H_2O 容易给出质子，故 HAc 比 H_2O 的酸性强；而 OH^- 比 Ac^- 容易接受

质子，故 OH^- 比 Ac^- 的碱性强。所以，该反应是较强的酸与较强的碱反应，生成较弱的酸和较弱的碱，反应向右进行的程度很大。

码 3-1　酸的离解

（2）酸或碱的离解　例如，在水溶液中，HAc 的离解可表示为

$$HAc+H_2O \rightleftharpoons Ac^- + H_3O^+$$

H^+

从分析可知，HAc 比 H_3O^+ 给出质子的能力弱，故 HAc 比 H_3O^+ 的酸性弱；而 H_2O 比 Ac^- 接受质子的能力弱，故 H_2O 比 Ac^- 的碱性弱。由于该反应是弱酸与弱碱反应生成较强酸、较强碱，故反应向右进行的程度较小。

码 3-2　碱的离解

在水溶液中，NH_3 的离解可表示为

$$NH_3 + H_2O \rightleftharpoons NH_4^+ + OH^-$$

H^+

由于 H_2O 比 NH_4^+ 给出质子的能力弱，故 H_2O 比 NH_4^+ 的酸性弱；而 NH_3 比 OH^- 接受质子的能力弱，故 NH_3 比 OH^- 碱性弱，反应向右进行的程度较小。

常见共轭酸碱对的相对强弱见表 3-1。

表 3-1　常见共轭酸碱对的相对强弱

	酸 $\rightleftharpoons$ 质子＋碱		pK_a
↑	$HCl \rightleftharpoons H^+ + Cl^-$	↓	
	$H_3O^+ \rightleftharpoons H^+ + H_2O$		
	$HSO_4^- \rightleftharpoons H^+ + SO_4^{2-}$		1.92
	$H_3PO_4 \rightleftharpoons H^+ + H_2PO_4^-$		2.12
	$HNO_2 \rightleftharpoons H^+ + NO_2^-$		3.34
	$HAc \rightleftharpoons H^+ + Ac^-$		4.74
酸性增强	$H_2CO_3 \rightleftharpoons H^+ + HCO_3^-$	碱性增强	6.36
	$H_2PO_4^- \rightleftharpoons H^+ + HPO_4^{2-}$		7.20
	$H_2S \rightleftharpoons H^+ + HS^-$		7.24
	$NH_4^+ \rightleftharpoons H^+ + NH_3$		9.26
	$HCN \rightleftharpoons H^+ + CN^-$		9.31
	$HCO_3^- \rightleftharpoons H^+ + CO_3^{2-}$		10.30
	$HPO_4^{2-} \rightleftharpoons H^+ + PO_4^{3-}$		12.32
	$HS^- \rightleftharpoons H^+ + S^{2-}$		14.15
	$H_2O \rightleftharpoons H^+ + OH^-$		15.7

由上述分析可知，在酸的离解中，H_2O 作为碱接受质子；在碱的离解中，H_2O 作为酸给出质子，所以水是两性物质。在水的自偶离解过程中也体现了这种关系，即

$$H_2O+H_2O \rightleftharpoons OH^- + H_3O^+$$

H^+

因为 H_3O^+ 是强酸，OH^- 是强碱，反应向右进行的程度很小，也就是说水的自偶离解的程度很小。

（3）盐类的水解反应　例如 NH_4Cl 的水解反应可表示为

$$NH_4^+ + H_2O \rightleftharpoons NH_3 + H_3O^+$$

H^+

码 3-3　弱电解质的离解

由于 NH_4^+ 比 H_3O^+ 的酸性弱，H_2O 比 NH_3 的碱性弱，因此，反应向右

进行的程度较小。

上述讨论的酸碱中和反应、酸或碱的离解过程及盐的水解反应，从酸碱质子理论来分析，都是广义的酸碱反应，其实质都是两个共轭酸碱对之间的质子传递过程。而酸碱反应进行的程度大小，则取决于两对共轭酸碱给出质子和接受质子能力的大小。

酸碱质子理论最明显的优点是将阿仑尼乌斯酸碱电离理论推广到所有能发生质子传递的系统，无论有无溶剂、物理状态如何。例如：

在液 NH_3 中　　$NH_4^+ + NH_2^- \longrightarrow NH_3 + NH_3$

H^+

气相中的反应　　$HCl(g) + NH_3(g) \longrightarrow NH_4^+Cl^-(s)$

H^+

上述两个反应都是酸碱质子理论范畴中的酸碱反应。

根据酸碱质子理论，任何一个酸碱反应都是质子的传递反应，质子传递的最终结果是较强碱夺取较强酸放出的质子而转化为它的共轭酸；较强酸放出质子转变为它的共轭碱。总之，酸碱反应总是由较强的酸与较强的碱作用，并向着生成较弱的酸和较弱的碱的方向进行；参加反应的酸、碱越强，反应进行得越完全。

综上所述，酸碱质子理论扩大了酸碱的范围，解释了一些非水溶剂或气体间的酸碱反应，并把水溶液中进行的各种离子反应都归结为质子传递的酸碱反应，既阐明了物质的特征，又表现出一定的相对性。另外，酸碱质子理论也能应用平衡常数定量地衡量在某溶剂中酸或碱的强度，从而使酸碱质子理论得到广泛应用。

但是，酸碱质子理论只限于质子的给出和接受，对于无质子参加的酸碱反应仍不能解释，因此，酸碱质子理论仍具有局限性。

第二节　水的离解和溶液的 pH

水是最重要最常用的溶剂。电解质在水溶液中建立的离子平衡都与水的离解平衡相关，本节将讨论水的离解和溶液的酸碱性所遵循的规律。

一、水的离解平衡与水的离子积

当用精密仪器测定纯水时，发现纯水有微弱的导电能力，说明水能离解出极少量的 H^+ 和 OH^-，因此水是一种极弱的电解质，其离解过程可表示为

$$H_2O + H_2O \rightleftharpoons H_3O^+ + OH^-$$

也可简化为

$$H_2O \rightleftharpoons H^+ + OH^-$$

25℃时由实验数据得知纯水中 H^+ 和 OH^- 的浓度均为 10^{-7} mol/L，所以 $c(H^+) = c(OH^-) = 10^{-7}$ mol/L。其标准平衡常数为

$$K^{\ominus} = \frac{[c(H^+)/c^{\ominus}][c(OH^-)/c^{\ominus}]}{c(H_2O)/c^{\ominus}} = \frac{c'(H^+)c'(OH^-)}{c'(H_2O)}$$

需指出，式中 c' 为系统中物种的浓度 c 与标准浓度 $c^{\ominus}$ 的比值，即 $c'(A) = c(A)/c^{\ominus}$。由于 $c^{\ominus} = 1$mol/L，故 c 和 c' 数值完全相等，只是量纲不同，c 量纲为 mol/L，c' 量纲为 1，因此 $K^{\ominus}$ 的量纲也为 1。请注意 c 与 c' 的异同。因为水的离解程度极小，已离解的水分子与总

的水分子相比可忽略不计，因此 $c'(H_2O)$ 可看作是常数，合并到 $K^{\ominus}$ 项中，可得

$$c'(H^+)c'(OH^-)=K^{\ominus}c'(H_2O)=K_w^{\ominus}=10^{-14} \tag{3-1}$$

$K_w^{\ominus}$ 称为水的离子积常数，简称水的离子积。$K_w^{\ominus}$ **的意义是在一定温度下，水溶液中** $c'(H^+)$ **和** $c'(OH^-)$**的乘积为一常数。**

水的离子积是一个很重要的常数。$K_w^{\ominus}$ 反映了水溶液中 H^+ 浓度和 OH^- 浓度间相互制约的关系，对于电解质的稀溶液同样适用。如在水溶液中加入少量酸或少量碱，其水溶液中都同时存在 H^+ 和 OH^-。

$$c'(H^+)c'(OH^-)=K_w^{\ominus}$$

这一关系仍然存在。根据该关系式，若已知 H^+ 浓度，便可求出 OH^- 的浓度，反之亦然。

水的离解是吸热反应，温度升高，$K_w^{\ominus}$ 增大，但常温时一般不考虑温度的影响，认为 $K_w^{\ominus}=1.0\times10^{-14}$。$K_w^{\ominus}$ 可从实验得到，也可由热力学计算求得。

二、溶液的酸碱性与 pH

根据 H^+ 和 OH^- 相互依存、相互制约的关系，可以用 $c(H^+)$ 或 $c(OH^-)$ 来表示溶液的酸碱性，在室温范围内，存在如下关系：

① 当 $c(H^+)>c(OH^-)$，即 $c(H^+)>10^{-7}$ mol/L 时，溶液呈酸性；

② 当 $c(H^+)=c(OH^-)$，即 $c(H^+)=c(OH^-)=10^{-7}$ mol/L 时，溶液呈中性；

③ 当 $c(H^+)<c(OH^-)$，即 $c(H^+)<10^{-7}$ mol/L 时，溶液呈碱性。

许多化学反应和几乎全部生物化学反应，都是在弱酸或弱碱性溶液中进行的，$c(H^+)$ 或 $c(OH^-)$ 很小，直接用 $c(H^+)$ 表示溶液的酸碱性在使用和记忆时，十分不便。1909 年素伦森（Sörensen）提出采用 pH 来表示溶液的酸碱性。将 pH 定义为

$$pH=-\lg c'(H^+) \tag{3-2}$$

式(3-2) 中，"p" 用来作为负对数 "$-\lg$" 的符号。也可以用 pOH 来表示溶液的酸碱性：

$$pOH=-\lg c'(OH^-)$$

因为 $c'(H^+)c'(OH^-)=10^{-14}$，两边取负对数：

$$-\lg c'(H^+)-\lg c'(OH^-)=14$$

即
$$pH+pOH=14$$

因此，pH 也间接地表示了 OH^- 的浓度。如 pH=4 的溶液，pOH=10，则其 $c(OH^-)=1.0\times10^{-10}$ mol/L。

【例 3-1】 0.10mol/L HAc 溶液的 $c(H^+)=1.33\times10^{-3}$ mol/L，求该溶液的 pH。

解
$$c'(H^+)=\frac{c(H^+)}{c^{\ominus}}=1.33\times10^{-3}$$

$$pH=-\lg c'(H^+)$$
$$=-\lg(1.33\times10^{-3})=2.88$$

【例 3-2】 已知某溶液的 pH 为 4.35，求该溶液的 $c(H^+)$。

解
$$-\lg c'(H^+)=pH=4.35$$
$$\lg c'(H^+)=-4.35$$

故
$$c(H^+)=4.5\times10^{-5}\ \text{mol/L}$$

由以上计算可以看出，pH 是溶液酸碱性的量度。一定温度下溶液的酸碱性与 pH 的关系如下：

① 酸性溶液　$c'(H^+)>10^{-7}$，$pH<7$。

② 中性溶液　$c'(H^+)=10^{-7}$，$pH=7$。

③ 碱性溶液　$c'(H^+)<10^{-7}$，$pH>7$。

可见，pH 越小，溶液的酸性越强；反之，pH 越大，溶液的碱性越强。

$c'(H^+)$、pH 与溶液酸碱性的关系可以用图 3-1 表示。

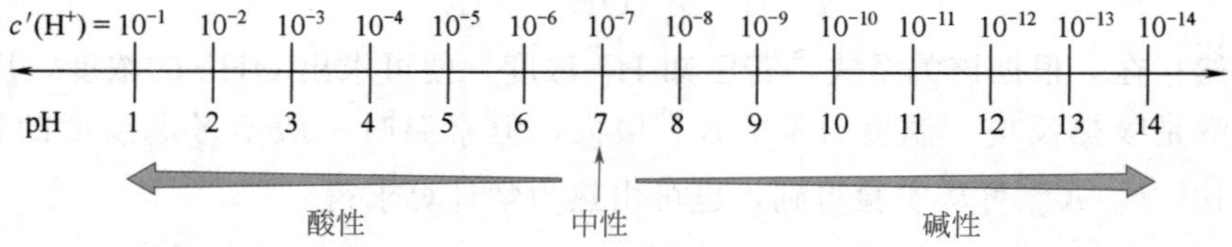

图 3-1　$c'(H^+)$、pH 与溶液酸碱性的关系

还需指出，pH 通常用于 H^+ 浓度在 $1\sim10^{-14}$ mol/L 之间的溶液，当溶液的 H^+ 或者 OH^- 浓度大于 1mol/L 时，用 pH 表示溶液酸碱性的强弱反而不方便，可直接用 H^+ 或 OH^- 的物质的量浓度来表示。

人体内的各种体液都有一定的酸碱性，这是维持正常生理活动的重要条件之一。体内酸性物质主要来源于糖、脂类、蛋白质及核糖核酸的代谢产物；碱性物质主要来自蔬菜、水果和碱性药物。机体通过一系列的生理调节作用将多余的酸性物质排出体外，使体内的 pH 维持在一定范围内，达到酸碱平衡。表 3-2 列出了一些常见饮品和体液的 pH。

表 3-2　一些常见饮品和体液的 pH

饮　品	pH	饮　品	pH	体　液	pH
柠檬汁	2.2～2.4	番茄汁	3.5	小肠液	7.6
葡萄酒	2.8～3.8	牛　奶	6.3～6.6	人的血液	7.3～7.5
食　醋	3.0	乳　酪	4.8～6.4	人的唾液	6.5～7.5
啤　酒	4～5	饮用水	6.5～8.0	人　　尿	4.8～8.4
咖　啡	5			胃　　酸	约 2.8

pH 的测定和控制在工农业生产、科学研究和医疗卫生中具有重要意义。测定溶液 pH 的方法很多。酸度计是最常用的准确测定溶液 pH 的仪器。如只需粗略地估计溶液的 pH，则使用 pH 试纸或酸碱指示剂更为方便。

第三节　酸碱平衡中有关浓度的计算

酸度是水溶液最基本和最重要的参数之一。为了判断酸或碱能否用酸碱滴定法进行测定，首先必须了解水溶液中酸碱的离解平衡和滴定过程中溶液酸碱度的变化规律。

一、酸的浓度和酸度

1. 离子的活度

在电解质溶液中，由于离子间存在相互作用力，影响了离子在溶液中的活动性，使得离子参加化学反应的有效浓度要比它的实际浓度低。将离子在化学反应中起作用的有效浓度称为离子的活度，以 a 表示。活度与浓度 c 之间存在下列关系：

$$a=\gamma c \tag{3-3}$$

式中，γ 称为离子活度系数，它反映了溶液中离子间相互牵制作用的大小，是衡量实际溶液与理想溶液之间差别的尺度。一般稀溶液中，$\gamma<1$，所以 $a<c$；在极稀的强电解质溶液（浓度在 10^{-4} mol/L 以下）和不太浓的弱电解质溶液中，离子间相距很远，作用力小，可以认为活度系数 γ 接近于 1。

在实际工作中，测得的浓度数值常是离子活度，而不是离子浓度。例如用仪器测得的 H^+ 浓度，实际上是 H^+ 活度 a_{H^+}。

在有关化学平衡的计算中，严格地说应当用活度而不是用浓度。在一般化学计算中，当离子的浓度较低，对数据的准确度要求不高时，为简化计算，用浓度代替活度也可得到满意的结果。在以后各章节中多用浓度进行计算。

2. 酸的浓度和酸度

酸的浓度是指某种酸的物质的量浓度 c，酸的浓度又称酸的分析浓度。酸度是指溶液中 H^+ 的活度。当溶液浓度不太大时，用浓度近似地代替活度。因此，酸度可认为是溶液中 H^+ 的浓度，以 $c(H^+)$ 表示。当溶液的酸度数值较小时，常用 pH 表示；碱度则用 pOH 表示。

强酸和强碱在水溶液中完全离解，因此酸的浓度（或碱的浓度）就等于 H^+ 浓度（或 OH^- 浓度）。浓度的单位均为 mol/L。

二、酸碱强弱和酸碱离解常数

根据阿仑尼乌斯的酸碱电离理论，弱酸和弱碱在水溶液中只有少部分离解，其离解过程是可逆的。离解平衡的方向和程度可运用化学平衡的一般原理予以解决。

一定温度下，弱电解质离解程度的大小可用离解平衡常数来衡量。若用 HA 表示一元弱酸，离解平衡关系的一般式为

$$HA \rightleftharpoons H^+ + A^-$$

其标准平衡常数 $K_a^\ominus$ 为

$$K_a^\ominus=\frac{[c(H^+)/c^\ominus][c(A^-)/c^\ominus]}{c(HA)/c^\ominus}=\frac{c'(H^+)c'(A^-)}{c'(HA)} \tag{3-4}$$

以 BOH 表示一元弱碱，离解平衡关系的一般式为

$$BOH \rightleftharpoons B^+ + OH^-$$

其标准平衡常数 $K_b^\ominus$ 为

$$K_b^\ominus=\frac{[c(B^+)/c^\ominus][c(OH^-)/c^\ominus]}{c(BOH)/c^\ominus}=\frac{c'(B^+)c'(OH^-)}{c'(BOH)} \tag{3-5}$$

$K_a^\ominus$ 和 $K_b^\ominus$ 分别表示弱酸、弱碱的离解常数。离解常数的大小表示弱电解质的离解程度，$K^\ominus$ 值越大，弱电解质的离解程度越大。例如，298K 时，$K_a^\ominus(HAc)=1.75\times10^{-5}$，$K_a^\ominus(HCN)=6.2\times10^{-10}$，所以醋酸的酸性较氢氰酸为强。

共轭酸碱对中的酸在水溶液中的离解常数为 $K_a^\ominus$，它的共轭碱的离解常数为 $K_b^\ominus$。那么，共轭酸碱对中酸和碱两种物质的 $K_a^\ominus$ 和 $K_b^\ominus$ 之间有什么关系呢？例如，在水溶液中，共轭酸碱对 HAc/Ac^- 中 HAc 的 $K_a^\ominus=1.75\times10^{-5}$，则 Ac^- 的 $K_b^\ominus=5.71\times10^{-10}$，这可从下列推导看出这一结果：

① $HAc+H_2O \rightleftharpoons H_3O^+ + Ac^-$　$K_a^\ominus=\dfrac{c'(H_3O^+)c'(Ac^-)}{c'(HAc)}$

② $H_2O + Ac^- \rightleftharpoons HAc + OH^-$ $\quad K_b^{\ominus} = \dfrac{c'(HAc)c'(OH^-)}{c'(Ac^-)}$

$$K_a^{\ominus}K_b^{\ominus} = \frac{c'(H_3O^+)c'(Ac^-)}{c'(HAc)} \times \frac{c'(HAc)c'(OH^-)}{c'(Ac^-)} = c'(H_3O^+)c'(OH^-) = K_w^{\ominus}$$

即

$$K_a^{\ominus}K_b^{\ominus} = K_w^{\ominus} \tag{3-6}$$

式(3-6) 在处理酸碱平衡时是一个很重要的公式。由上式可知：

① 一种酸越强，其共轭碱越弱；一种碱越强，其共轭酸越弱。

② 对于共轭酸碱对，可通过 $K_a^{\ominus}$ 求 $K_b^{\ominus}$，或通过 $K_b^{\ominus}$ 求 $K_a^{\ominus}$。

对于多元弱酸或多元弱碱，它们的共轭酸碱对之间的关系依然成立，但应明确每一步离解平衡的关系。

【例 3-3】 求 CO_3^{2-} 作为 HCO_3^- 的共轭碱的离解常数。

解 在共轭酸碱对 HCO_3^-/CO_3^{2-} 中，HCO_3^- 作为酸，其离解常数为 H_2CO_3 的 $K_{a2}^{\ominus}$，CO_3^{2-} 作为 HCO_3^- 的共轭碱，其离解常数为 $K_{b1}^{\ominus}$。

$HCO_3^- + H_2O \rightleftharpoons H_3O^+ + CO_3^{2-}$ $\quad K_{a2}^{\ominus} = \dfrac{c'(H_3O^+)c'(CO_3^{2-})}{c'(HCO_3^-)}$

$CO_3^{2-} + H_2O \rightleftharpoons HCO_3^- + OH^-$ $\quad K_{b1}^{\ominus} = \dfrac{c'(HCO_3^-)c'(OH^-)}{c'(CO_3^{2-})}$

$$K_{a2}^{\ominus}K_{b1}^{\ominus} = \frac{c'(H_3O^+)c'(CO_3^{2-})}{c'(HCO_3^-)} \times \frac{c'(HCO_3^-)c'(OH^-)}{c'(CO_3^{2-})} = K_w^{\ominus}$$

查表可知，HCO_3^- 的 $K_{a2}^{\ominus} = 4.7 \times 10^{-11}$，则

$$K_{b1}^{\ominus} = \frac{K_w^{\ominus}}{K_{a2}^{\ominus}} = \frac{1.0 \times 10^{-14}}{4.7 \times 10^{-11}} = 2.1 \times 10^{-4}$$

即 CO_3^{2-} 作为 HCO_3^- 的共轭碱的离解常数为 2.1×10^{-4}。

通常，弱酸或弱碱的 $K^{\ominus}$ 在 $10^{-7} \sim 10^{-4}$ 之间；中强酸或中强碱的 $K^{\ominus}$ 在 $10^{-3} \sim 10^{-2}$ 之间；而 $K^{\ominus} < 10^{-7}$ 的则称为极弱酸或极弱碱。

离解常数与弱酸、弱碱的浓度无关，只随温度变化而变化。由于离解过程热效应较小，温度对离解常数的影响不大，因此，在室温范围内可忽略温度对离解常数的影响。

实际工作中也常用离解度 α 表示弱酸和弱碱的离解能力。离解度是离解平衡时弱电解质的离解百分数：

$$\alpha = \frac{c_{离解}}{c_{初始}} \times 100\% \tag{3-7}$$

α、$K^{\ominus}$ 与 c 的简化关系（推导从略）为

$$\alpha = \sqrt{\frac{K^{\ominus}}{c'}} \tag{3-8}$$

式(3-8) 称为稀释定律。α 和 $K^{\ominus}$ 都能反映弱酸或弱碱离解能力的大小。$K^{\ominus}$ 是化学平衡常数的一种形式，只与温度有关，不随浓度而变化；离解度 α 是转化率的一种表示形式，不仅与温度有关，还与溶液的浓度有关。因此，用离解度比较弱电解质的相对强弱时，必须指

出弱酸或弱碱的浓度。如同一弱电解质随着溶液的稀释，其离解度 α 增大。

三、弱酸和弱碱的离解平衡计算

1. 一元弱酸或一元弱碱溶液

应用离解平衡关系，就可求得弱酸的 H^+ 浓度或弱碱的 OH^- 浓度以及离解度。例如，起始浓度为 c 的一元弱酸 HA 的离解平衡为

$$H_2O \rightleftharpoons H^+ + OH^-$$

$$HA \rightleftharpoons H^+ + A^-$$

可见，HA 溶液中的 H^+ 有两个来源。在进行这类计算时，如能合理地忽略水的离解，则可使计算得以简化。当酸离解出的 H^+ 浓度远大于 H_2O 离解出的 H^+ 浓度时，水的离解可以忽略。通常以 $K_a^{\ominus}c > 20K_w^{\ominus}$ 作为能忽略水的离解的判别式。本书涉及的问题均可忽略水的离解。

设平衡时 $c(H^+) = x\,\text{mol/L}$，则有

	HA ⇌	H^+ +	A^-
起始浓度/(mol/L)	c	0	0
平衡浓度/(mol/L)	$c-x$	x	x

$$K_a^{\ominus} = \frac{c'(H^+)c'(A^-)}{c'(HA)} = \frac{x^2}{c-x}$$

求解上面的二次方程仍较繁，一般认为，当 $c'/K_a^{\ominus} \geqslant 500$❶ 时，$c \gg x$，此时 $c - x \approx c$，则上式可进一步简化为

$$K_a^{\ominus} = \frac{x^2}{c}$$

则

$$c'(H^+) = \sqrt{K_a^{\ominus}c'} \quad (c'/K_a^{\ominus} \geqslant 500) \tag{3-9}$$

对于一元弱碱，则有

$$c'(OH^-) = \sqrt{K_b^{\ominus}c'} \quad (c'/K_b^{\ominus} \geqslant 500) \tag{3-10}$$

【例 3-4】 （1）已知 25℃时，$K_a^{\ominus}(HAc) = 1.75 \times 10^{-5}$。计算该温度下 0.10mol/L HAc 溶液的 H^+ 浓度，并计算该浓度下 HAc 的离解度。

（2）如将此溶液稀释至 0.010mol/L，求此时溶液的 H^+ 浓度及离解度。

解 （1）HAc 为弱电解质，离解平衡式为

	HAc ⇌	H^+ +	Ac^-
起始浓度/(mol/L)	0.10	0	0
平衡浓度/(mol/L)	$0.10-x$	x	x

$$K_a^{\ominus} = \frac{c'(H^+)c'(Ac^-)}{c'(HAc)}$$

$$1.75 \times 10^{-5} = \frac{x^2}{0.10-x}$$

❶ 按照 $c'/K_a^{\ominus} \geqslant 500$ 进行简化计算时，其相对误差约为 2%，这在通常情况下是允许的。也有将 $c'/K_a^{\ominus} \geqslant 400$ 作为标准的情况，这时简化计算的相对误差约为 5%。

$c'/K_a^{\ominus}>500$，可近似认为 $0.10-x\approx0.10$，故可采用最简式(3-9) 计算：

$$x=\sqrt{1.75\times10^{-5}\times0.10}=1.3\times10^{-3}$$

$$c(H^+)=c(Ac^-)=1.3\times10^{-3}\,mol/L$$

$$\alpha=\frac{1.3\times10^{-3}}{0.10}\times100\%=1.3\%$$

(2) $c'(H^+)=\sqrt{1.75\times10^{-5}\times0.010}=4.2\times10^{-4}$

$$c(H^+)=4.2\times10^{-4}\,mol/L$$

$$\alpha=\frac{4.2\times10^{-4}}{0.010}\times100\%=4.2\%$$

由上例可以看出，当弱电解质溶液稀释时，它的离解度虽然增大，但 H^+ 浓度反而有所下降。这是因为溶液中离子浓度不仅与弱电解质的离解度 α 有关，而且也与弱电解质的浓度 c 有关。如溶液离解出的 $c(H^+)=c\alpha$，当溶液稀释时，α 增大，但 c 却减小。一般来说，总是溶液浓度的减小占主导地位，使得 $c\alpha$ 值变小。即溶液越稀，离子浓度一般越小。

【例 3-5】 计算 0.10mol/L NH_4Cl 溶液的 pH。

解 查表得 $K_b^{\ominus}(NH_3)=1.8\times10^{-5}$。

NH_4Cl 溶液中，决定溶液酸度的是 NH_4^+，NH_4^+ 是 NH_3 的共轭酸，它在水溶液中的离解平衡为

$$NH_4^+ + H_2O \rightleftharpoons H_3O^+ + NH_3$$

由式(3-6) 可得

$$K_a^{\ominus}(NH_4^+)=\frac{K_w^{\ominus}}{K_b^{\ominus}(NH_3)}=\frac{1.0\times10^{-14}}{1.8\times10^{-5}}=5.6\times10^{-10}$$

$c'/K_a^{\ominus}>500$，因此可用式(3-9) 计算：

$$c'(H^+)=\sqrt{K_a^{\ominus}c'}=\sqrt{5.6\times10^{-10}\times0.10}=7.5\times10^{-6}$$

$$pH=5.12$$

【例 3-6】 计算 0.10mol/L 氨水溶液的 pH。

解 查表得 $K_b^{\ominus}(NH_3)=1.8\times10^{-5}$。$c'/K_b^{\ominus}>500$，因此可用式(3-10) 计算：

$$c'(OH^-)=\sqrt{K_b^{\ominus}c'}=\sqrt{1.8\times10^{-5}\times0.10}=1.34\times10^{-3}$$

$$pOH=2.87$$

$$pH=11.13$$

【例 3-7】 计算 0.10mol/L $NaNO_2$ 溶液的 pH。

解 查表得 $K_a^{\ominus}(HNO_2)=7.2\times10^{-4}$。

溶液中 Na^+ 并不参与酸碱平衡，决定溶液酸度的是 NO_2^-。NO_2^- 是 HNO_2 的共轭碱，它在水溶液中的离解平衡式为

$$NO_2^- + H_2O \rightleftharpoons HNO_2 + OH^-$$

由式(3-6) 可得

$$K_b^{\ominus} = \frac{K_w^{\ominus}}{K_a^{\ominus}} = \frac{1.0 \times 10^{-14}}{7.2 \times 10^{-4}} = 1.4 \times 10^{-11}$$

$c'/K_a^{\ominus} > 500$，因此可用式(3-10) 计算：

$$c'(OH^-) = \sqrt{K_b^{\ominus} c'} = \sqrt{1.4 \times 10^{-11} \times 0.10} = 1.2 \times 10^{-6}$$

$$pOH = 5.92$$

$$pH = 14 - pOH = 8.08$$

需要注意的是，对于离子型酸碱平衡，应分清共轭酸碱对及其相应的 $K_a^{\ominus}$、$K_b^{\ominus}$ 的关系。

2. 多元弱酸或多元弱碱溶液

多元弱酸（如 H_2CO_3、H_2S、H_3PO_4、$H_2C_2O_4$ 等）在水溶液中是分步离解的，每一步都有相应的离解平衡，其离解常数是逐步减小的，而且数量级相差甚大。因此溶液中的 H^+ 主要来自多元酸的第一步离解，可将多元酸看作是一元弱酸来计算溶液的 H^+ 浓度。

码 3-4　多元弱酸的离解

【例 3-8】　室温下，饱和 H_2S 水溶液中，H_2S 的浓度为 0.10mol/L。求该溶液中 H^+、HS^- 及 S^{2-} 的浓度。

解　查表得 H_2S 的 $K_{a1}^{\ominus} = 1.3 \times 10^{-7}$，$K_{a2}^{\ominus} = 7.1 \times 10^{-15}$。

第一步离解	$H_2S \rightleftharpoons$	H^+	$+HS^-$
起始浓度/(mol/L)	0.10	0	0
平衡浓度/(mol/L)	$0.10 - x$	x	x

因为 $K_{a1}^{\ominus} \gg K_{a2}^{\ominus}$ 且 $c'/K_{a1}^{\ominus} > 500$，则

$$c'(H^+) = \sqrt{K_{a1}^{\ominus} c'} = \sqrt{1.3 \times 10^{-7} \times 0.10} = 1.1 \times 10^{-4}$$

$$c(H^+) = 1.1 \times 10^{-4} \text{mol/L}$$

第二步离解　　$HS^- \rightleftharpoons H^+ + S^{2-}$

$$K_{a2}^{\ominus} = \frac{c'(H^+)c'(S^{2-})}{c'(HS^-)} = 7.1 \times 10^{-15}$$

由于第二步离解程度非常小，$c'(H^+) \approx c'(HS^-)$，所以 $c'(S^{2-}) \approx K_{a2}^{\ominus} = 7.1 \times 10^{-15}$，则平衡时各离子浓度为

$$c(H^+) \approx c(HS^-) = 1.1 \times 10^{-4} \text{mol/L},\ c(S^{2-}) = 7.1 \times 10^{-15} \text{mol/L}$$

由上例可见，对于多元弱酸溶液：

① 如 $K_{a1}^{\ominus} \gg K_{a2}^{\ominus} \gg K_{a3}^{\ominus} \gg \cdots$，求算其 $c(H^+)$ 时，可将多元酸视为一元酸处理，$K_{a1}^{\ominus}$ 可作为衡量多元弱酸强度的标志。

② 在二元弱酸溶液中，其酸根的浓度与该酸的起始浓度无关，数值近似地等于 $K_{a2}^{\ominus}$。

多元弱碱的计算原则与多元弱酸相似，只是计算时需用相应的碱离解常数。

【例 3-9】 计算 0.050mol/L Na_2CO_3 溶液的 pH。

解 查表得 H_2CO_3 的 $K_{a1}^{\ominus}=4.4\times10^{-7}$，$K_{a2}^{\ominus}=4.7\times10^{-11}$。

溶液中 Na^+ 并不参与酸碱平衡，决定溶液酸度的是 CO_3^{2-}。CO_3^{2-} 是 HCO_3^- 的共轭碱，它在水溶液中的离解平衡为

$$CO_3^{2-}+H_2O \rightleftharpoons HCO_3^-+OH^-$$

因此，CO_3^{2-} 的 $K_{b1}^{\ominus}=\frac{K_w^{\ominus}}{K_{a2}^{\ominus}}=\frac{1.0\times10^{-14}}{4.7\times10^{-11}}=2.1\times10^{-4}$。

HCO_3^- 是 H_2CO_3 的共轭碱，在水溶液中的离解平衡为

$$HCO_3^-+H_2O \rightleftharpoons H_2CO_3+OH^-$$

因此，HCO_3^- 的 $K_{b2}^{\ominus}=\frac{K_w^{\ominus}}{K_{a1}^{\ominus}}=\frac{1.0\times10^{-14}}{4.4\times10^{-7}}=2.3\times10^{-8}$。

因为 $K_{b1}^{\ominus}\gg K_{b2}^{\ominus}$，溶液中的 OH^- 主要来源于 CO_3^{2-} 的第一步离解，所以

$$c'(OH^-)=\sqrt{K_{b1}^{\ominus}c'}=\sqrt{2.1\times10^{-4}\times0.050}=3.2\times10^{-3}$$

则 $$c(OH^-)=3.2\times10^{-3}\text{mol/L}$$

$$pOH=2.49$$

$$pH=11.51$$

3. 两性物质的溶液

两性物质在溶液中，既能给出质子又能接受质子。酸式盐、弱酸弱碱盐和氨基酸等都是两性物质。较重要的两性物质有：多元酸的酸式盐，如 $NaHCO_3$、NaH_2PO_4、Na_2HPO_4；弱酸弱碱盐，如 NH_4Ac、NH_4CN。

下面以 $NaHCO_3$ 溶液为例，讨论酸式盐溶液 $c(H^+)$ 的计算。在 $NaHCO_3$ 溶液中，能够给出质子的组分有 HCO_3^- 和 H_2O。HCO_3^- 给出质子的能力比 H_2O 强得多；溶液中能够接受质子的组分还是 HCO_3^- 和 H_2O。HCO_3^- 接受质子的能力比 H_2O 强得多。因此，溶液中最主要的酸碱平衡为 HCO_3^- 与 HCO_3^- 之间的质子传递。

$$HCO_3^-+HCO_3^- \rightleftharpoons H_2CO_3+CO_3^{2-}$$

上述平衡是解决问题的关键。平衡时

$$c'(H_2CO_3)=c'(CO_3^{2-})$$

HCO_3^- 具有两性，既能给出质子，又能接受质子。$NaHCO_3$ 在水溶液中存在如下平衡：

$$HCO_3^- \rightleftharpoons H^+ +CO_3^{2-}$$

$$K_{a2}^{\ominus}=\frac{c'(H^+)c'(CO_3^{2-})}{c'(HCO_3^-)} \tag{3-11}$$

$$HCO_3^-+H_2O \rightleftharpoons H_2CO_3+OH^-$$

$$K_{b2}^{\ominus}=\frac{c'(H_2CO_3)c'(OH^-)}{c'(HCO_3^-)} \tag{3-12}$$

$K_{b2}^{\ominus}$ 与 H_2CO_3 的 $K_{a1}^{\ominus}$ 有关，则

$$K_{a1}^{\ominus}=\frac{K_{w}^{\ominus}}{K_{b2}^{\ominus}}=\frac{c'(H^{+})c'(HCO_3^{-})}{c'(H_2CO_3)} \tag{3-13}$$

将式(3-11)、式(3-13) 代入 $c'(H_2CO_3)=c'(CO_3^{2-})$式中，则

$$\frac{c'(H^{+})c'(HCO_3^{-})}{K_{a1}^{\ominus}}=\frac{K_{a2}^{\ominus}c'(HCO_3^{-})}{c'(H^{+})}$$

整理后，可得到

$$c'(H^{+})=\sqrt{K_{a1}^{\ominus}K_{a2}^{\ominus}} \tag{3-14}$$

式(3-14) 为计算两性物质溶液 $c(H^{+})$ 的简化式，当 $c'/K_{a1}^{\ominus}>25$ 时，可用此简化式计算。

【例 3-10】 计算 0.10mol/L $NaHCO_3$ 溶液的 pH。

解 查表得 H_2CO_3 的 $K_{a1}^{\ominus}=4.3\times10^{-7}$，$K_{a2}^{\ominus}=4.8\times10^{-11}$。因 $c'/K_{a1}^{\ominus}>25$，故可采用最简式(3-14) 计算：

$$c'(H^{+})=\sqrt{K_{a1}^{\ominus}K_{a2}^{\ominus}}=\sqrt{4.3\times10^{-7}\times4.8\times10^{-11}}=4.5\times10^{-9}$$

$$c(H^{+})=4.5\times10^{-9}\text{mol/L}$$

$$pH=8.35$$

【例 3-11】 计算 0.10mol/L NaH_2PO_4 溶液的 pH。

解 查表得 H_3PO_4 的 $K_{a1}^{\ominus}=6.9\times10^{-3}$，$K_{a2}^{\ominus}=6.2\times10^{-8}$，$K_{a3}^{\ominus}=4.8\times10^{-13}$。因 $c'/K_{a1}^{\ominus}>25$，故可采用式(3-14) 计算：

$$c'(H^{+})=\sqrt{K_{a1}^{\ominus}K_{a2}^{\ominus}}=\sqrt{6.9\times10^{-3}\times6.2\times10^{-8}}=2.1\times10^{-5}$$

$$c(H^{+})=2.1\times10^{-5}\text{mol/L}$$

$$pH=4.68$$

弱酸弱碱盐也是一种两性物质，也可用同样的公式计算。

【例 3-12】 计算 0.10mol/L NH_4Ac 溶液的 pH。

解 Ac^{-} 的共轭酸 HAc 的 $K_{a1}^{\ominus}=1.75\times10^{-5}$；$NH_4^{+}$ 的共轭碱 NH_3 的 $K_{b}^{\ominus}=1.8\times10^{-5}$；$NH_4^{+}$ 的 $K_{a}^{\ominus}=\frac{K_{w}^{\ominus}}{K_{b}^{\ominus}}=\frac{1.0\times10^{-14}}{1.8\times10^{-5}}=5.6\times10^{-10}$。

因 $c'/K_{a}^{\ominus}>25$，故可采用式(3-14) 计算：

$$c'(H^{+})=\sqrt{K_{a1}^{\ominus}K_{a2}^{\ominus}}=\sqrt{1.75\times10^{-5}\times5.6\times10^{-10}}=0.99\times10^{-7}$$

$$c(H^{+})=0.99\times10^{-7}\text{mol/L}$$

$$pH\approx7.00$$

第四节　酸碱缓冲溶液

一、酸碱平衡的移动——同离子效应

酸碱平衡和其他化学平衡一样，当改变平衡离子的浓度时，会破坏酸碱平衡，从而引起

离解平衡的移动，在新的条件下建立新的平衡。例如，在 HAc 溶液中加入 HCl 或 NaAc，都会使 HAc 的离解平衡向左移动，从而降低了 HAc 的离解度。

$$HAc \rightleftharpoons H^+ + Ac^-$$

$$HCl \longrightarrow H^+ + Cl^-$$

这种在弱电解质溶液中由于加入具有共同离子的易溶强电解质，而使弱电解质的离解度降低的作用，称为同离子效应。下面通过计算说明。

【例 3-13】 在 0.10mol/L HAc 溶液中加入少量 NaAc，使其浓度为 0.10mol/L，求该溶液的 H^+ 浓度和离解度。

解 忽略水离解产生的 H^+，由于同离子效应，HAc 的离解度很小，可作近似处理。设 $c(H^+)=x\,mol/L$

	HAc	$\rightleftharpoons H^+$	$+Ac^-$
起始浓度/(mol/L)	0.10	0	0.10
平衡浓度/(mol/L)	$0.10-x$	x	$0.10+x$
	≈ 0.10		≈ 0.10

$$K_a^\ominus = \frac{c'(H^+)c'(Ac^-)}{c'(HAc)}$$

$$1.75\times10^{-5} = \frac{c'(H^+)\times0.10}{0.10}$$

解得

$$c'(H^+) = 1.75\times10^{-5}$$

$$c(H^+) = 1.75\times10^{-5}\,mol/L$$

$$\alpha = \frac{c'(H^+)}{c'(HAc)}\times100\% = \frac{1.75\times10^{-5}}{0.10}\times100\% = 0.0175\%$$

由例 3-4 可知，0.10mol/L HAc 溶液的 $c(H^+)=1.3\times10^{-3}mol/L$，$\alpha=1.3\%$。比较计算结果可知，加入 NaAc 后，HAc 的离解度大大降低。

二、缓冲溶液

缓冲溶液是一种对溶液的酸度起稳定作用的溶液。这种溶液能调节和控制溶液的酸度，当溶液中加入少量强酸或强碱，或稍加稀释时，其 pH 不发生明显的变化。

缓冲溶液在工农业生产和生物化学、分析化学中有着广泛的应用。如金属器件电镀就是利用缓冲溶液使电镀液维持在一定的 pH 范围内。土壤中含有的 $CO_2 \cdot H_2O\text{-}HCO_3^-$ 缓冲体系可使 pH 保持在 4～7.5 之间，以利于植物生长。又如人体的血液中，依赖于缓冲作用，使血液的 pH 保持在 7.35～7.45 之间。当 pH<7.2 或 pH>7.6 时，人就会有生命危险。那么，缓冲溶液为什么会有缓冲能力呢？如何配制缓冲溶液？

1. 缓冲溶液的作用原理

缓冲溶液通常是由弱酸及其共轭碱组成的。例如 HAc-NaAc、$NH_4Cl\text{-}NH_3$、$H_2CO_3\text{-}NaHCO_3$、$Na_2CO_3\text{-}NaHCO_3$ 等[1]。它们通过弱酸的离解平衡起控制溶液 H^+ 浓度的作用。另

[1] 很多酸碱反应过程中也会形成共轭酸碱对，因而组成缓冲溶液。

外，高浓度的强酸、强碱溶液，由于 H^+ 或 OH^- 浓度很大，加入少量强碱或强酸时，pH 也不会有明显的变化。在这种情况下，强酸（pH<2）、强碱（pH>12）也可作为缓冲溶液。

现以 HAc-NaAc 体系为例说明其缓冲作用原理。HAc-NaAc 在水溶液中按下式离解：

$$HAc \rightleftharpoons H^+ + Ac^-$$

$$NaAc \longrightarrow Na^+ + Ac^-$$

由于 NaAc 完全离解，所以溶液中存在着大量的 Ac^-。该缓冲体系中产生的同离子效应，使 HAc 的离解度变小，因此，溶液中也存在着大量 HAc 分子。这种在溶液中同时存在大量弱酸及其共轭碱的成分是缓冲溶液组成上的特点。

当向缓冲溶液中加入少量强酸时，H^+ 与 Ac^- 结合生成难离解的 HAc 分子，平衡向左移动，溶液的 H^+ 浓度增加不大；当向缓冲溶液中加入少量强碱时，由于溶液中的 H^+ 与 OH^- 结合生成 H_2O，使平衡向右移动，使 HAc 继续离解，溶液中 H^+ 浓度降低不多，pH 变化很小；如果将缓冲溶液有限度地稀释时，HAc 和 NaAc 的浓度相应降低，HAc 的离解度也相应增大，pH 变化很小。

缓冲溶液是一个具有同离子效应的体系。因此，具有共轭酸碱对的物质都可以组成缓冲溶液。在缓冲溶液中加入少量的酸、少量的碱或用少量水稀释时，溶液中离子浓度变化很小，因此，能保持溶液的 pH 相对稳定。

2. 缓冲溶液的 pH 计算

由于缓冲溶液的浓度都较大，所以计算其 pH 时，一般不要求十分准确，故可以用近似方法处理。以 HAc-NaAc 缓冲溶液为例，溶液的 pH 计算如下。

设 HAc 及 NaAc 的浓度分别为 $c(HAc)$ 及 $c(Ac^-)$，两者在溶液中离解如下：

$$HAc \rightleftharpoons H^+ + Ac^-$$

$$NaAc \longrightarrow Na^+ + Ac^-$$

平衡浓度/(mol/L)　　$c(HAc)-x$　　x　　$c(Ac^-)+x$

$$K_a^{\ominus} = \frac{c'(H^+)c'(Ac^-)}{c'(HAc)} = \frac{x[c'(Ac^-)+x]}{c'(HAc)-x}$$

$$x = K_a^{\ominus} \times \frac{c'(HAc)-x}{c'(Ac^-)+x}$$

由于 $K_a^{\ominus}$ 值较小，且存在同离子效应，此时 x 很小，因而 $c'(Ac^-)+x \approx c'(Ac^-)$，$c'(HAc)-x \approx c'(HAc)$，则

$$c'(H^+) = x = K_a^{\ominus} \times \frac{c'(\text{酸})}{c'(\text{共轭碱})} \tag{3-15}$$

$$pH = pK_a^{\ominus} - \lg \frac{c'(\text{酸})}{c'(\text{共轭碱})}$$

这就是计算缓冲溶液中 pH 的简单公式，也是常用的公式。

【例 3-14】 计算由 0.100mol/L HAc 和 0.100mol/L NaAc 组成的缓冲溶液的 pH。若在此溶液中加入 0.001mol/L 的 HCl 或 NaOH，则溶液的 pH 又是多少？

解 查表得 $K^{\ominus}(HAc) = 1.8 \times 10^{-5}$，按式(3-15) 计算：

$$c'(H^+) = K_a^{\ominus} \times \frac{c'(HAc)}{c'(Ac^-)} = 1.8 \times 10^{-5} \times \frac{0.100}{0.100} = 1.8 \times 10^{-5}(mol/L)$$

$$pH = -\lg c'(H^+) = 4.74$$

若加入 0.001mol/L 的 HCl 溶液，则

$$c'(HAc)=0.100+0.001=0.101$$

$$c'(Ac^-)=0.100-0.001=0.099$$

$$c'(H^+)=K_a^\ominus\times\frac{c'(HAc)}{c'(Ac^-)}=1.8\times10^{-5}\times\frac{0.101}{0.099}$$

$$pH=-\lg c'(H^+)=4.73$$

若加入 0.001mol/L 的 NaOH 溶液，则

$$c'(HAc)=0.100-0.001=0.099$$

$$c'(Ac^-)=0.100+0.001=0.101$$

$$c'(H^+)=K_a^\ominus\times\frac{c'(HAc)}{c'(Ac^-)}=1.8\times10^{-5}\times\frac{0.099}{0.101}$$

$$pH=-\lg c'(H^+)=4.75$$

由缓冲溶液的 pH 计算可以看出以下几点。

① 缓冲溶液的 pH 主要取决于组成缓冲溶液的弱酸或弱碱的离解常数。

② 缓冲溶液的 pH 与 c(酸)/c(共轭碱)的浓度比值有关。当加入少量酸或碱时，比值改变不大，故溶液的 pH 变化不大。

③ 对于同一种缓冲溶液，适当地改变缓冲组分浓度比，就可以在一定范围内配制不同 pH 的缓冲溶液。

3. 缓冲溶液的配制

（1）一般缓冲溶液　常用缓冲溶液的配制，可根据要求利用有关的公式，计算出各组分的用量之后进行配制。

【例 3-15】 欲配制 pH＝5.0 的 HAc-NaAc 缓冲溶液，$c(HAc)/c(NaAc)$是多少？若用 6mol/L HAc 溶液 30mL，需要多少克 $NaAc\cdot3H_2O$ 可制成 500mL 缓冲溶液？[$K^\ominus(HAc)=1.8\times10^{-5}$]

解　由 pH＝5.0 得 $c(H^+)=10^{-5}$mol/L。

$$c'(H^+)=K_a^\ominus\times\frac{c'(HAc)}{c'(Ac^-)}$$

$$\frac{c'(H^+)}{K_a^\ominus}=\frac{c'(HAc)}{c'(Ac^-)}=\frac{10^{-5}}{1.8\times10^{-5}}=0.56$$

$$c(HAc)=\frac{6\times30}{500}=0.36(mol/L)$$

$$c(Ac^-)=\frac{c(HAc)}{0.56}=\frac{0.36}{0.56}=0.64(mol/L)$$

需 $NaAc\cdot3H_2O$ 的质量为

$$\frac{0.64\times136.1}{1000}\times500=43.6(g)$$

【例 3-16】 制备 200mL pH=8.00 的缓冲溶液，应取 0.500mol/L NH_4Cl 和 0.500mol/L NH_3 溶液各多少毫升？

解 设需 NH_4Cl 溶液 xmL，则需 NH_3 溶液 $(200-x)$mL，则

$$c(NH_4Cl)=\frac{0.500x}{200}$$

$$c(NH_3)=\frac{0.500\times(200-x)}{200}$$

已知 NH_3 的 $K_b^\ominus=1.8\times10^{-5}$，则其

$$K_a^\ominus=\frac{K_w^\ominus}{K_b^\ominus}=\frac{1.0\times10^{-14}}{1.8\times10^{-5}}=5.6\times10^{-10}$$

$$c'(H^+)=K_a^\ominus\times\frac{c'(NH_4^+)}{c'(NH_3)}$$

$$10^{-8}=5.6\times10^{-10}\times\frac{\frac{0.500x}{200}}{\frac{0.500\times(200-x)}{200}}$$

解得 $x=189$mL

因此需 NH_4Cl 溶液 189mL，NH_3 溶液 200-189=11(mL)。

表 3-3 列出了常用的缓冲溶液。

表 3-3 常用的缓冲溶液

缓冲溶液	酸存在的物种	碱存在的物种	$pK_a^\ominus$
氨基乙酸-HCl	$H_3\overset{+}{N}CH_2COOH$	$H_3\overset{+}{N}CH_2COO^-$	2.35
一氯乙酸-NaOH	$CH_2ClCOOH$	CH_2ClCOO^-	2.86
甲酸-NaOH	HCOOH	$HCOO^-$	3.74
HAc-NaAc	HAc	Ac^-	4.74
六亚甲基四胺-HCl	$(CH_2)_6N_4H^+$	$(CH_2)_6N_4$	5.13
NaH_2PO_4-Na_2HPO_4	$H_2PO_4^-$	HPO_4^{2-}	7.20
三羟乙胺-HCl	$H\overset{+}{N}(CH_2CH_2OH)_3$	$N(CH_2CH_2OH)_3$	7.76
三羟甲基甲胺-HCl	$H_3\overset{+}{N}C(CH_2OH)_3$	$H_2NC(CH_2OH)_3$	8.08
$Na_2B_4O_7$-HCl	H_3BO_3	$H_2BO_3^-$	9.24
NH_3-NH_4Cl	NH_4^+	NH_3	9.26
氨基乙酸-NaOH	$H_3\overset{+}{N}CH_2COO^-$	$H_2NCH_2COO^-$	9.78
$NaHCO_3$-Na_2CO_3	HCO_3^-	CO_3^{2-}	10.33
Na_2HPO_4-NaOH	HPO_4^{2-}	PO_4^{3-}	12.35

（2）标准缓冲溶液 标准缓冲溶液是指准确知其 pH 的缓冲溶液，其数值是在一定温度下经过实验准确测得的。标准缓冲溶液可用作测量某溶液的参比溶液，如校正酸度计。标准缓冲溶液的配制，按相关的国家标准（GB）中的有关规定进行。表 3-4 列出了几种常用的标准缓冲溶液。

表 3-4　常用的标准缓冲溶液

标准缓冲溶液	pH（25℃实验值）①	标准缓冲溶液	pH（25℃实验值）①
饱和酒石酸氢钾（0.034mol/L）	3.56	KH_2PO_4（0.025mol/L）-Na_2HPO_4（0.025mol/L）	6.86
邻苯二甲酸氢钾（0.05mol/L）	4.01	硼砂（0.01mol/L）	9.18

① 用活度计算时可得此值。

在实际工作中选择合适的缓冲溶液的一般原则是：

① 缓冲溶液对实验过程无干扰。

② 缓冲溶液 pH 应在所要求控制的酸度范围内，即选择缓冲体系的酸（碱）的 $pK_a^{\ominus}$（$pK_b^{\ominus}$）应等于或接近所要求控制的 pH。

③ 缓冲溶液应廉价易得，避免对环境造成污染。

④ 缓冲组分的浓度要大一些，一般在 0.01～1.0mol/L 之间；组分浓度比 c(酸)/c(共轭碱)等于 1 时，缓冲溶液的缓冲能力最大，所以组分浓度比接近 1 较合适。

应当指出，任何缓冲溶液的缓冲作用是有一定限度的，即缓冲作用有一定的有效范围，简称缓冲范围。缓冲溶液的缓冲范围如下式：

$$pH = pK_a^{\ominus} \pm 1$$

例如，HAc-NaAc 缓冲溶液，$pK_a^{\ominus}=4.74$，其缓冲范围为 pH＝4.74±1，即 3.74～5.74；NH_4Cl-NH_3 缓冲溶液，$pK_a^{\ominus}=9.26$，其缓冲范围为 pH＝8.26～10.26。

第五节　滴定分析法概述

滴定分析法是化学分析法中重要的分析方法之一，它包括酸碱滴定法、配位滴定法、氧化还原滴定法、沉淀滴定法。这四种滴定分析法是以平衡理论为基础的常量分析方法。滴定分析法在工农业生产中有着广泛的应用。下面先介绍一下滴定分析法的一些基本概念。

一、基本概念

滴定分析是将一种已知准确浓度的溶液，滴加到一定量被测物质溶液中，直到所加试剂与被测物质定量反应为止，然后根据试剂溶液的浓度和用量，利用化学反应的计量关系，计算出被测物质的含量。

1. 基本术语

（1）标准溶液　已知准确浓度的试剂溶液（或称滴定剂）。

（2）滴定　用滴定管将标准溶液滴加到被测物质溶液中的操作。

（3）化学计量点　在滴定过程中，当所加入的标准溶液与被测组分恰好按照化学计量关系反应时，称反应达到了化学计量点。

（4）指示剂　借助于颜色的变化确定化学计量点的辅助试剂。

（5）滴定终点　在滴定过程中，根据指示剂发生突变而停止滴定时，称为滴定终点。

（6）终点误差　由于指示剂不一定在化学计量点时变色，使滴定终点与化学计量点不一致所引起的误差。终点误差是滴定分析误差的主要来源之一，所以选择合适的指示剂使滴定终点尽可能接近化学计量点是十分重要的。

2. 滴定分析对滴定反应的要求

（1）反应必须按反应式的化学计量关系定量地进行，其反应的完全程度≥99.9%，这是定量计算的基础。

（2）反应速率要快。对于反应速率较慢的反应，可通过加热或催化剂等措施来加快反应速率。

（3）必须有简便的方法确定滴定终点。

3. 滴定方式

滴定分析采用直接滴定法最简便。对于某些不能完全符合滴定分析要求的反应，无法直接滴定，可以采用其他的方法。按照分析操作方式的不同，滴定方式有以下几类。

（1）直接滴定法　用标准溶液直接滴定被测溶液的方法称为直接滴定法。凡能满足滴定分析要求的化学反应，都可应用直接滴定法进行测定。

（2）返滴定法　当被测物与滴定剂反应速率缓慢或被测物是固体，反应不能瞬间完成，或没有合适的指示剂时，均可采用返滴定法。操作时，可在被测物（溶液或固体）中加入定量过量的滴定剂，待反应完全后，再用另一种标准溶液滴定剩余的滴定剂。这种通过测定剩余滴定剂的量来测定被测物质的滴定方式称为返滴定法，俗称“回滴”。例如，Al^{3-} 与 EDTA 的反应速率很慢，不能直接滴定 Al^{3+}。测定时，可加入一定量过量的 EDTA 标准溶液，加热促使反应进行完全。待溶液冷却后，再用 Zn^{2+} 标准溶液滴定剩余的 EDTA。根据两种标准溶液的浓度和体积，间接地求得 Al^{3+} 含量。又如测定固体 $CaCO_3$，可加入过量的 HCl 标准溶液，反应完全后，用 NaOH 标准溶液滴定剩余的 HCl 来求得 $CaCO_3$ 的含量。

（3）置换滴定法　当某些滴定剂与被测物之间的反应不按计量关系进行或伴随有副反应时，不能直接滴定待测物质，可先用某种试剂与被测物质反应，定量地生成另一种可以直接滴定的物质，然后再用滴定剂滴定。这种滴定方式称为置换滴定法。例如，用 $Na_2S_2O_3$ 不能直接滴定 $K_2Cr_2O_7$，因为在酸性溶液中，$Na_2S_2O_3$ 被 $K_2Cr_2O_7$ 氧化成 $S_4O_6^{2-}$ 及 SO_4^{2-} 等混合物，反应没有一定的计量关系。但是 $Na_2S_2O_3$ 可作为滴定 I_2 的标准溶液。若在 $K_2Cr_2O_7$ 的酸性溶液中加入过量 KI，则 $K_2Cr_2O_7$ 氧化 I^- 生成一定量的 I_2，可用 $Na_2S_2O_3$ 滴定生成的 I_2。这就是用 $K_2Cr_2O_7$ 标定 $Na_2S_2O_3$ 溶液浓度的方法。

（4）间接滴定法　对不能与滴定剂直接反应的物质，有时可通过另外的化学反应将其转变成可被滴定的物质，用间接的方法进行测定。例如，石灰石中氧化钙含量的测定，由于 Ca^{2+} 在溶液中没有可变价态，不能直接用 $KMnO_4$ 溶液测定。可将试样处理成溶液后，将 Ca^{2+} 沉淀为 CaC_2O_4，过滤洗净后，用 H_2SO_4 将 CaC_2O_4 溶解，再用 $KMnO_4$ 标准溶液滴定生成的 $H_2C_2O_4$，从而间接测定 CaO 含量。

由于返滴定法、置换滴定法、间接滴定法的应用，大大扩展了滴定分析法的适用范围。

二、标准溶液和基准物质

1. 标准溶液

标准溶液也称滴定剂，是一种已知准确浓度的用于滴定分析的溶液。它的浓度均采用物质的量浓度。在常量分析中，一般要求四位有效数字。在滴定分析中，不论采用何种滴定方法，都必须使用标准溶液，并通过标准溶液的浓度和用量来计算待测组分的含量。对于配制好的标准溶液，应注意以下几点：

① 配制好的标准溶液应贴标签，标明溶液的名称、浓度、配制日期和有效截止期。

② 各种标准溶液有效期可根据规程要求以及溶液的性质确定，但最长不得超过两个月。标准溶液一旦发现浑浊、沉淀或颜色变化等异常，应停止使用。

③ 各分析室无配制标准溶液资格和条件的人员，不得用稀释方法改变标准溶液原有的浓度。

④ 超过有效期的标准溶液应停止使用，重新标定或改作非标准溶液使用。

⑤ 配制好的标准溶液应贮存在阴凉、干燥、通风良好的贮藏室内分类摆放，取拿方便，避免阳光直射。

2. 基准物质

为确定标准溶液的浓度，需要有一种"基准"来作为滴定分析定量测定的依据。这种作为"基准"的物质就称为基准物质。基准物质必须符合下列条件。

① 纯度高，其质量分数在99.9%以上。

② 实际组成（包括结晶水）与化学式完全符合。

③ 化学性质稳定。在贮存时不与空气中的O_2、CO_2、H_2O等组分作用，不吸湿，不风化；在烘干时不分解。

④ 具有较大的摩尔质量，减小称量误差。

基准物质可用于直接配制标准溶液。基准物质通常都含有不定量的水，使用前需作适当的干燥处理。需要指出，用来配制标准溶液的物质大多数不能满足上述条件，需采用间接法配制。关于标准溶液的配制方法将在《化学实验技术》课程中学习。滴定分析中常用的基准物质见表3-5。

表3-5 常用基准物质

基准物质	化学式	干燥后组成	干燥条件	标定对象
碳酸氢钠	$NaHCO_3$	Na_2CO_3	270～300℃	酸
十水合碳酸钠	$Na_2CO_3 \cdot 10H_2O$	Na_2CO_3	270～300℃	酸
硼砂	$Na_2B_4O_7 \cdot 10H_2O$	$Na_2B_4O_7 \cdot 10H_2O$	放在装有NaCl和蔗糖饱和溶液的干燥器中	酸
二水合草酸	$H_2C_2O_4 \cdot 2H_2O$	$H_2C_2O_4 \cdot 2H_2O$	室温空气干燥	碱和$KMnO_4$
邻苯二甲酸氢钾	$KHC_8H_4O_4$	$KHC_8H_4O_4$	110～120℃	碱
重铬酸钾	$K_2Cr_2O_7$	$K_2Cr_2O_7$	140～145℃	还原剂
铜	Cu	Cu	室温干燥器中保存	还原剂
三氧化二砷	As_2O_3	As_2O_3	室温干燥器中保存	氧化剂
草酸钠	$Na_2C_2O_4$	$Na_2C_2O_4$	130℃	氧化剂
碳酸钙	$CaCO_3$	$CaCO_3$	110℃	EDTA
锌	Zn	Zn	室温干燥器中保存	EDTA
氯化钠	NaCl	NaCl	500～600℃	$AgNO_3$
硝酸银	$AgNO_3$	$AgNO_3$	220～250℃	氯化物

三、滴定分析中的计算

1. 物质基本单元的确定

在滴定分析中，滴定剂A与被测组分B之间的反应是按化学计量关系进行的：

$$aA + bB \longrightarrow cC + dD$$

在确定基本单元后，可根据被滴定组分的物质的量n_B与滴定剂的物质的量n_A相等的原则进行计算。应用法定计量单位时，对物质B的物质的量 n_B、浓度 c_B、摩尔质量 M_B 均需指明基本单元。不同物质有不同的化学反应，其基本单元不同；同一物质在不同化学反应中，化学计量关系不同，其基本单元也不同。如在酸碱滴定中，基本单元按所转移的质子数来确定；在氧化还原滴定中，基本单元按转移的电子数来确定。

在滴定分析反应中，待测物质的基本单元将根据与标准物质的化学反应关系来确定。一般情况下，标准溶液的基本单元均有规定，见表 3-6。

表 3-6　常用标准溶液的基本单元

滴定分析方法	标准滴定溶液	基本单元
酸碱滴定法	NaOH	NaOH
配位滴定法	EDTA	EDTA
沉淀滴定法	$AgNO_3$	$AgNO_3$
氧化还原滴定法	$K_2Cr_2O_7$	$\frac{1}{6}K_2Cr_2O_7$
	$KMnO_4$（酸性介质）	$\frac{1}{5}KMnO_4$
	$Na_2S_2O_3$	$Na_2S_2O_3$
	$KBrO_3$	$\frac{1}{6}KBrO_3$

下面举例说明基本单元的推算。

（1）用 NaOH 标准溶液标定 HCl 溶液，推算 HCl 的基本单元。

反应为 $NaOH+HCl \longrightarrow NaCl+H_2O$，则待测物质 HCl 与标准物质的计量关系为

$$NaOH \sim HCl \qquad HCl\text{的基本单元为} HCl$$

（2）用 Na_2CO_3 基准物质标定 HCl，分别用甲基橙、酚酞作指示剂，推算 Na_2CO_3 的基本单元。

① 用甲基橙作指示剂　反应为 $Na_2CO_3+2HCl \longrightarrow 2NaCl+CO_2\uparrow+H_2O$，规定氢氧化钠标准溶液的基本单元为 NaOH，$Na_2CO_3$ 的基本单元可通过与 HCl 反应的计量关系间接求得。

$$Na_2CO_3 \sim 2HCl \sim 2NaOH \qquad Na_2CO_3\text{的基本单元为}\frac{1}{2}Na_2CO_3$$

② 用酚酞作指示剂　反应为 $Na_2CO_3+HCl \longrightarrow NaCl+NaHCO_3$

$$Na_2CO_3 \sim HCl \sim NaOH \qquad Na_2CO_3\text{的基本单元为} Na_2CO_3$$

（3）用 NaOH 标准溶液滴定 H_2SO_4 溶液。

反应为 $2NaOH+H_2SO_4 \longrightarrow Na_2SO_4+2H_2O$，则待测的 H_2SO_4 与 NaOH 的计量关系为

$$2NaOH \sim H_2SO_4 \qquad NaOH \sim \frac{1}{2}H_2SO_4$$

H_2SO_4 的基本单元为$\frac{1}{2}H_2SO_4$

2. 滴定分析计算

在滴定分析计算中，经常要使用以下两个重要的关系式：

$$n=\frac{m}{M}$$

$$c=\frac{n}{V}$$

从滴定的全过程看，计算问题包括基准物的称量范围、标准溶液的配制与标定、滴定分析结果的计算。下面介绍两种计算方法。

（1）根据“等物质的量规则”计算

等物质的量规则：在滴定反应中，当达到化学计量点时，待测物质的物质的量与标准溶液的物质的量相等。它是滴定分析计算的基础。

【例 3-17】 用草酸标定 NaOH 溶液的准确浓度。称取 0.2012g $H_2C_2O_4 \cdot 2H_2O$ 溶于水后，用 NaOH 溶液滴定，消耗 27.60mL 时到达滴定终点，求该 NaOH 溶液的准确浓度 $c(NaOH)$。

解

$$H_2C_2O_4+2NaOH \longrightarrow Na_2C_2O_4+2H_2O$$

由于反应中草酸和氢氧化钠间转移两个质子，草酸的基本单元为$\frac{1}{2}(H_2C_2O_4)$。

在化学计量点时，$n(NaOH)=n\left(\frac{1}{2}H_2C_2O_4\right)$。

$$M\left[\frac{1}{2}(H_2C_2O_4 \cdot 2H_2O)\right]=63.05g/mol$$

$$c(NaOH)V(NaOH)=\frac{m(H_2C_2O_4 \cdot 2H_2O)}{M\left[\frac{1}{2}(H_2C_2O_4 \cdot 2H_2O)\right]}$$

$$c(NaOH)=\frac{m(H_2C_2O_4 \cdot 2H_2O)}{M\left[\frac{1}{2}(H_2C_2O_4 \cdot 2H_2O)\right]V(NaOH)}$$

$$=\frac{0.2012}{63.05\times27.60\times10^{-3}}=0.1156\ (mol/L)$$

【例 3-18】 配制 0.1mol/L NaOH 溶液 500mL，应称取氢氧化钠固体多少克？

解 由 $cV=m/M$ 计算。已知 $M(NaOH)=40.0g/mol$，则

$$m(NaOH)=c(NaOH)V(NaOH)M(NaOH)=0.1\times500\times10^{-3}\times40.0=2.0\ (g)$$

【例 3-19】 标定 0.1mol/L HCl 及 0.1mol/L NaOH 溶液，分别用 Na_2CO_3（甲基橙作指示剂）、邻苯二甲酸氢钾（酚酞作指示剂）作基准试剂，计算基准物质的称量范围。

解 ① 以 Na_2CO_3 作基准试剂，标定盐酸溶液的反应为

$$2HCl+Na_2CO_3 \longrightarrow 2NaCl+CO_2\uparrow+H_2O$$

碳酸钠的基本单元为$\frac{1}{2}Na_2CO_3$，$M\left(\frac{1}{2}Na_2CO_3\right)=53.00g/mol$

$$c(HCl)V(HCl)=\frac{m(Na_2CO_3)}{M\left(\frac{1}{2}Na_2CO_3\right)}$$

为保证标定的准确度，消耗盐酸的体积通常控制在 20～30mL 之间。

$$m_1=0.1\times20\times10^{-3}\times53.00=0.11\ (\text{g})$$

$$m_2=0.1\times30\times10^{-3}\times53.00=0.16\ (\text{g})$$

故基准物质 Na_2CO_3 的称量范围为 0.11～0.16g。

② 以邻苯二甲酸氢钾（$C_8H_5O_4K$）作基准试剂，标定氢氧化钠溶液的反应为

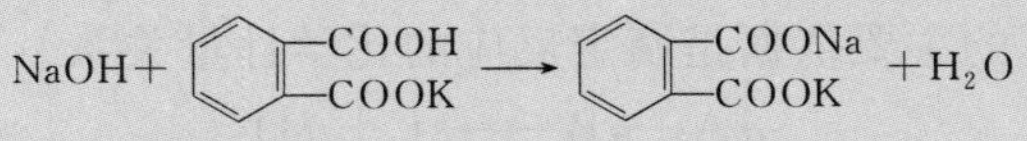

邻苯二甲酸氢钾的基本单元为 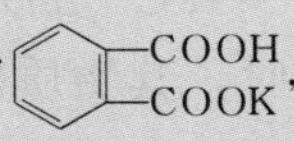，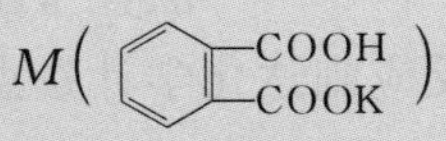 =204.2g/mol

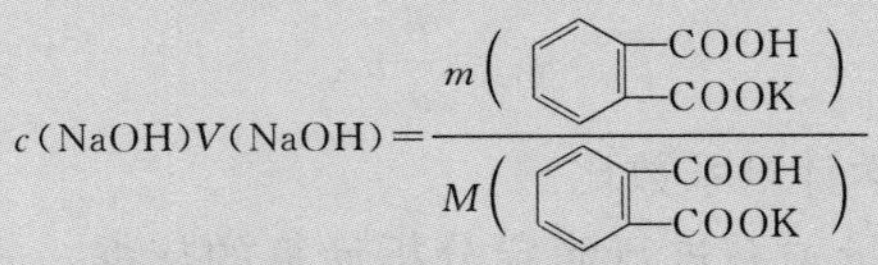

为保证标定的准确度，消耗氢氧化钠的体积通常控制在 20～30mL 之间。

$$m_1=0.1\times20\times10^{-3}\times204.2=0.4\ (\text{g})$$

$$m_2=0.1\times30\times10^{-3}\times204.2=0.6\ (\text{g})$$

故基准物质邻苯二甲酸氢钾的称量范围为 0.4～0.6g。

【例 3-20】 称取碳酸钙试样 0.1800g，加入 50.00mL $c(\text{HCl})$ 为 0.1020mol/L 的 HCl 溶液，反应完全后，用 $c(\text{NaOH})$ 为 0.1002mol/L 的 NaOH 溶液滴定剩余的 HCl，消耗 18.10mL。求碳酸钙的含量。

解 根据题意可知，碳酸钙含量的测定采用返滴定法。其反应式为

$$CaCO_3+2HCl \longrightarrow CaCl_2+H_2O+CO_2\uparrow$$

$$HCl+NaOH \longrightarrow NaCl+H_2O$$

碳酸钙的基本单元为 $\frac{1}{2}CaCO_3$，$M\left(\frac{1}{2}CaCO_3\right)=50.04\text{g/mol}$

$$n\left(\frac{1}{2}CaCO_3\right)=c(\text{HCl})V(\text{HCl})-c(\text{NaOH})V(\text{NaOH})$$

$$w(CaCO_3)=\frac{(0.1020\times50.00-0.1002\times18.10)\times\frac{50.04}{1000}}{0.1800}\times100\%$$

$$=91.36\%$$

【例 3-21】 称取重铬酸钾试样 0.1500g 溶于水后，在酸性条件下加过量 KI，待反应完全后，稀释，用 $c(Na_2S_2O_3)$ 为 0.1040mol/L 的 $Na_2S_2O_3$ 溶液滴定，消耗 29.20mL。求试样中 $K_2Cr_2O_7$ 的含量。

解 根据题意可知，重铬酸钾含量的测定采用置换滴定法。其反应式为

$$K_2Cr_2O_7+6KI+7H_2SO_4 \longrightarrow Cr_2(SO_4)_3+4K_2SO_4+3I_2+7H_2O$$

$$I_2+2Na_2S_2O_3 \longrightarrow Na_2S_4O_6+2NaI$$

$K_2Cr_2O_7$ 的基本单元为 $\frac{1}{6}K_2Cr_2O_7$，$M\left(\frac{1}{6}K_2Cr_2O_7\right)=49.03\text{g/mol}$

$$w(K_2Cr_2O_7)=\frac{0.1040\times 29.20\times \frac{49.03}{1000}}{0.1500}\times 100\%=99.26\%$$

（2）根据化学反应计量系数关系进行计算

化学计量系数比规则：被测组分 B 与滴定剂 A 的物质的量之比等于其化学反应式计量系数之比。滴定分析计算的主要依据是滴定反应的化学计量关系。根据反应式

$$aA+bB \longrightarrow cC+dD$$

滴定剂 A 与被测组分 B 反应到达化学计量点时，其物质的量有下列关系：

$$n_B=\frac{b}{a}n_A \tag{3-16}$$

式中　b/a——B 与 A 的化学计量系数比。

这就是采用化学反应计量关系进行滴定分析计算的依据。式(3-16）是一个最基本的公式，由此可推导出如下其他公式：

$$c_BV_B=\frac{b}{a}c_AV_A \tag{3-17}$$

$$\frac{m_B}{M_B}=\frac{b}{a}c_AV_A \tag{3-18}$$

$$w_B=\frac{\frac{b}{a}c_AV_AM_B}{m}\times 100\% \tag{3-19}$$

【例 3-22】 称取重铬酸钾试样 0.1500g，溶解后在酸性条件下加入过量的 KI 溶液，反应析出的 I_2 用 0.1040mol/L 的 $Na_2S_2O_3$ 溶液滴定，消耗 29.20mL。计算试样中 $K_2Cr_2O_7$ 的含量。已知 $M(K_2Cr_2O_7)=294.18g/mol$。

解　反应式为

$$K_2Cr_2O_7+6KI+7H_2SO_4 \longrightarrow Cr_2(SO_4)_3+4K_2SO_4+3I_2+7H_2O$$

$$I_2+2Na_2S_2O_3 \longrightarrow Na_2S_4O_6+2NaI$$

则有　　$1mol\ Cr_2O_7^{2-} \sim 3mol\ I_2 \sim 6mol\ S_2O_3^{2-}$

故

$$w(K_2Cr_2O_7)=\frac{\frac{1}{6}\times c(Na_2S_2O_3)V(Na_2S_2O_3)M(K_2Cr_2O_7)}{m}\times 100\%$$

$$=\frac{\frac{1}{6}\times 0.1040\times 29.20\times 10^{-3}\times 294.18}{0.1500}\times 100\%=99.26\%$$

第六节　酸碱滴定法

酸碱滴定法是以酸碱反应为基础的滴定分析方法。该法是从法国产生和发展起来的，它是滴定分析中应用最广的方法。

酸碱反应的特点是：

① 反应速率快，瞬时即可完成；

② 反应过程简单，副反应少；

③ 有较多的酸碱指示剂可供选择。

这些特点都符合滴定分析对反应的要求。一般的酸碱以及能与酸碱直接或间接发生反应的物质，几乎都可以用酸碱滴定法进行测定。

滴定分析是通过指示剂的颜色变化来判断滴定终点，从而获得准确的分析结果。因此，了解酸碱指示剂的性质、变色原理及变色范围，正确地选择指示剂是非常重要的。

一、酸碱指示剂

1. 酸碱指示剂的变色原理

1894 年德国物理化学家奥斯特瓦尔德第一次对酸碱指示剂的变色机理，依据酸碱电离理论进行解释。酸碱指示剂大多是结构复杂的有机弱酸或有机弱碱，其酸式和碱式的结构不同，因此具有不同的颜色。在滴定过程中，当溶液 pH 变化时，指示剂由酸式结构变为碱式结构或发生相反的变化，由于结构的变化而引起颜色的改变。以甲基橙和酚酞为例来说明。

甲基橙（MO）是双色指示剂。它在水溶液中发生如下离解：

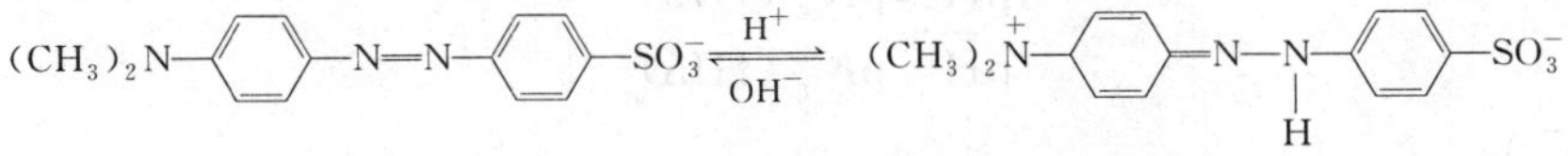

增大溶液酸度，甲基橙主要以醌式结构存在，溶液呈红色；反之，甲基橙主要以偶氮式结构存在，溶液由红色变为黄色。

酚酞（PP）是一种无色的有机弱酸（$K_a^\ominus=6\times10^{-10}$），它是 1877 年第一个人工合成的变色指示剂。在水溶液中发生如下离解：

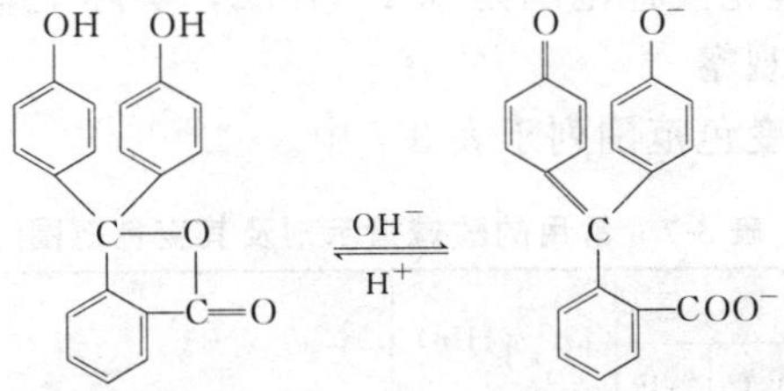

酚酞在酸性溶液中无色，在碱性溶液中平衡向右移动，溶液由无色变为红色；反之，则溶液由红色变为无色。

由此可见，酸碱指示剂的作用原理是由于溶液 pH 的变化，导致指示剂的结构发生变化，从而引起溶液颜色的变化。

2. 酸碱指示剂的变色范围

现以弱酸型指示剂 HIn 为例说明指示剂变色与溶液 pH 的关系。设 HIn 为酸色型，In^- 为碱色型。HIn 在溶液中的离解平衡如下：

$$\underset{\text{(酸色型)}}{\mathrm{HIn}} \rightleftharpoons \mathrm{H^+} + \underset{\text{(碱色型)}}{\mathrm{In^-}}$$

$$K_a^\ominus(\mathrm{HIn})=\frac{c'(\mathrm{H^+})c'(\mathrm{In^-})}{c'(\mathrm{HIn})}$$

$$\frac{K_a^\ominus(\mathrm{HIn})}{c'(\mathrm{H^+})}=\frac{c'(\mathrm{In^-})}{c'(\mathrm{HIn})}$$

式中，$K_a^\ominus(HIn)$ 为指示剂的标准离解常数；$c(In^-)$ 和 $c(HIn)$ 分别为指示剂的碱色型结构和酸色型结构的浓度。

显然，溶液的颜色是由$\frac{c(In^-)}{c(HIn)}$值所决定的。该比值则与 $K_a^\ominus(HIn)$ 和 $c(H^+)$ 有关，在一定温度下，对于某种指示剂，$K_a^\ominus(HIn)$ 为一定值，$\frac{c(In^-)}{c(HIn)}$值仅取决于溶液的 H^+ 浓度。即在不同 pH 介质中，指示剂呈现不同的颜色。

当$\frac{c(In^-)}{c(HIn)}=1$，即两种结构的浓度各占 50%时，$pH=pK_a^\ominus(HIn)$，此时的 pH 称为理论变色点。pH 的微小变化，都会引起某一结构浓度超过另一结构的浓度，从而发生颜色变化。由于人眼对颜色的感觉有一定的限度，一般来说，当一种浓度超过另一种浓度的 5～10 倍时，看到的是浓度大的那种颜色，即$\frac{c(In^-)}{c(HIn)}\geqslant 10$ 时，看到的是碱色型 In^- 结构的颜色；当$\frac{c(In^-)}{c(HIn)}\leqslant\frac{1}{10}$时，看到的是酸色型 HIn 结构的颜色。它们所对应的 pH 分别为

$$pH\geqslant pK_a^\ominus(HIn)+1$$
$$pH\leqslant pK_a^\ominus(HIn)-1$$

当 $10>\frac{c(In^-)}{c(HIn)}>\frac{1}{10}$时，指示剂呈混合色。因此，指示剂的变色范围是指示剂在某一较低 pH 以下时呈酸色；在某一较高 pH 以上时呈碱色；从酸色到碱色逐渐变化的过程中，呈两者的混合色。相应的 pH 区间，即 $pH=pK_a^\ominus(HIn)\pm1$ 就是指示剂的变色范围。

由于人眼对各种颜色的敏感程度不同，实际变色范围并非恰好是 $pK_a^\ominus(HIn)\pm1$。例如，酚酞的 $pK_a^\ominus(HIn)=9.1$，理论变色范围是 8.1～10.1，实际上却是 8.0～9.6，酚酞由无色变为红色时较为明显，易于观察。

常用的酸碱指示剂及其变色范围列于表 3-7 中。

表 3-7　常用的酸碱指示剂及其变色范围

指示剂	变色范围	颜色		$pK_a^\ominus(HIn)$	组　成	用量/(滴/10mL 试液)
		酸色	碱色			
百里酚蓝(第一次变色)	1.2～2.8	红	黄	1.65	1g/L 的酒精溶液	1～2
甲基黄	2.9～4.0	红	黄	3.25	1g/L 的 90%酒精溶液	1
甲基橙	3.1～4.4	红	黄	3.45	1g/L 的水溶液	1
溴酚蓝	3.0～4.6	黄	紫	4.1	0.4g/L 的酒精溶液或其钠盐水溶液	1
溴甲酚绿	3.8～5.4	黄	蓝	4.9	1g/L 酒精溶液或 1g/L 水溶液加 0.05mol/L NaOH 溶液 2.9mL	1～3
甲基红	4.4～6.2	红	黄	5.0	酒精溶液或其钠盐的水溶液	1
溴酚蓝	6.2～7.6	黄	蓝	7.3	1g/L 的 20%酒精溶液或其钠盐的水溶液	1
中性红	6.8～8.0	红	黄橙	7.4	1g/L 的 60%酒精溶液	1
酚红	6.8～8.0	黄	红	8.0	1g/L 的 60%酒精溶液或其钠盐水溶液	1～3
酚酞	8.0～9.6	无色	红	9.1	10g/L 的酒精溶液	1～3
百里酚酞	9.4～10.6	无色	蓝	10.0	1g/L 的酒精溶液	1～2

关于指示剂要明确以下几点。

① 表 3-7 中的指示剂变色范围为实验值。变色范围是指示剂由酸色变为碱色对应的 pH 范围。

② 各种指示剂的标准离解常数不同，所以指示剂的变色范围也不同。

③ 指示剂的变色范围越窄越好，pH 稍有变化，就可观察到溶液颜色的改变，这将有利于提高测定结果的准确度。

3. 酸碱指示剂的选择

终点误差是滴定分析误差的主要来源之一。因此，正确选择指示剂，可以减少这类误差，使滴定终点尽可能接近化学计量点，从而获得准确的分析结果。酸碱指示剂的选择有以下几种方法。

（1）定性选择酸性范围或碱性范围内变色的指示剂　例如，用氢氧化钠标准溶液测定工业醋酸的含量，应选择何种指示剂？反应式为

$$NaOH + HAc \longrightarrow NaAc + H_2O$$

因化学计量点的组分是 NaAc、H_2O，溶液呈弱碱性，可选酚酞指示剂。这种定性选择指示剂的方法简单易行。通过化学计量点溶液组成判断溶液的酸碱性，一般情况下，酸性范围内变色的指示剂可选甲基橙、甲基红，碱性范围内变色的指示剂可选酚酞、百里酚酞。

（2）计算化学计量点溶液的 pH，定量选择指示剂　计算化学计量点溶液的 pH 与选择指示剂的变色点 pH 接近。例如，用 0.1000mol/L 的 NaOH 溶液滴定等浓度的 HAc 溶液，应选择哪种指示剂？反应式为

$$NaOH + HAc \longrightarrow NaAc + H_2O$$

计算化学计量点时产物 NaAc 的 pH：

$$K_b^{\ominus} = \frac{K_w^{\ominus}}{K_a^{\ominus}} = \frac{1.0\times10^{-14}}{1.8\times10^{-5}} = 5.6\times10^{-10}$$

$$c'(OH^-) = \sqrt{c'K_b^{\ominus}} = \sqrt{0.1000\times5.6\times10^{-10}} = 7.48\times10^{-6}$$

$$c(OH^-) = 7.48\times10^{-6}\,mol/L$$

$$pOH = 5.13 \qquad pH = 8.87$$

酚酞的理论变色值为 9.1，应选择酚酞指示剂。

再如，若用 0.1000mol/L 的 HCl 溶液滴定等浓度的 $NH_3 \cdot H_2O$，应选择何种指示剂？计算化学计量点时产物 NH_4Cl 的 pH：

$$K_a^{\ominus} = \frac{K_w^{\ominus}}{K_b^{\ominus}} = \frac{1.0\times10^{-14}}{1.8\times10^{-5}} = 5.6\times10^{-10}$$

$$c'(H^+) = \sqrt{c'K_a^{\ominus}} = \sqrt{0.1000\times5.6\times10^{-10}} = 7.48\times10^{-6}$$

$$c(H^+) = 7.48\times10^{-6}\,mol/L$$

$$pH = 5.13$$

甲基红的理论变色值为 5.0，应选择甲基红指示剂。另外，还可根据酸碱滴定曲线的突跃范围来选择指示剂。

二、酸碱滴定曲线及指示剂的选择

运用酸碱滴定法进行分析测定时，必须了解滴定过程中溶液 pH 的变化规律，才能根据滴定突跃范围选择合适的指示剂，以准确地确定化学计量点。以加入滴定剂的体积 V 或中和百分数（%）为横坐标，溶液的 pH 为纵坐标，描述滴定过程溶液 pH 的变化情况的曲线称为酸碱滴定曲线。下面讨论各种类型的酸碱滴定曲线和选择指示剂的原则。

1. 强碱滴定强酸或强酸滴定强碱

以 0.1000mol/L 的 NaOH 溶液滴定 20.00mL 0.1000mol/L 的 HCl 溶液为例，讨论各

不同滴定阶段pH的计算及指示剂的选择。各不同滴定阶段溶液的组成是计算的关键。

（1）滴定前溶液的pH　滴定前溶液的pH由HCl溶液的初始浓度决定。

$$c(H^+)=c(HCl)=0.1000mol/L \qquad pH=1.00$$

（2）滴定开始到化学计量点前溶液的pH　溶液的组成为HCl、NaCl、H_2O，由剩余HCl溶液的浓度决定溶液的pH。

例如，当滴入18.00mL NaOH溶液时：

$$c(H^+)=\frac{20.00-18.00}{20.00+18.00}\times 0.1000=5.26\times 10^{-3}(mol/L) \qquad pH=2.28$$

当加入19.98mL NaOH溶液（化学计量点前0.1%处）时，溶液中只剩下0.02mL HCl未被中和，此时有

$$c(H^+)=\frac{20.00-19.98}{20.00+19.98}\times 0.1000=5.00\times 10^{-5}(mol/L) \qquad pH=4.30$$

（3）化学计量点时溶液的pH　溶液的组成为NaCl水溶液，由水的离解决定溶液的pH。

$$c(H^+)=c(OH^-)=\sqrt{K_w^\ominus}=1.0\times 10^{-7}(mol/L) \qquad pH=7.00$$

（4）化学计量点后溶液的pH　溶液的组成为NaCl、NaOH水溶液，pH由过量的NaOH溶液决定。当加入20.02mL NaOH溶液（化学计量点后0.1%处）时，NaOH已过量了0.02mL。

$$c(OH^-)=\frac{20.02-20.00}{20.02+20.00}\times 0.1000=5.00\times 10^{-5}\ (mol/L)$$

$$pOH=4.30 \qquad pH=9.70$$

如继续加入NaOH溶液则仍然呈碱性。根据上述方法计算可以得到各不同滴定点的pH，将计算结果列于表3-8中，并绘制滴定曲线图3-2。

表3-8　0.1000mol/L NaOH溶液滴定0.1000mol/L HCl溶液的pH变化

加入NaOH量 /%	加入NaOH量 /mL	过量NaOH/mL	$c(H^+)/(mol/L)$	pH
0.00	0.00		1.00×10^{-1}	1.00
90.00	18.00		5.26×10^{-3}	2.28
99.00	19.80		5.02×10^{-4}	3.30
99.80	19.96		1.00×10^{-4}	4.00
99.90	19.98		5.00×10^{-5}	4.30 突跃范围
100.0	20.00		1.00×10^{-7}	7.00 突跃范围
100.1	20.02	0.02	2.00×10^{-10}	9.70 突跃范围
100.2	20.04	0.04	1.00×10^{-10}	10.00
101.0	20.20	0.20	2.00×10^{-11}	10.70
110.0	22.00	2.00	2.10×10^{-12}	11.70
200.0	40.00	20.00	3.00×10^{-13}	12.50

从表3-8中的数据和图3-2的滴定曲线可以看出，从滴定开始到加入19.80mL NaOH溶液时，溶液的pH只改变2.3个单位，变化缓慢；当加入19.98mL NaOH溶液（即又加入0.18mL）时，pH就改变了一个单位，变化速度加快了。再加入0.02mL（约半滴，共滴入20.00mL）NaOH溶液，到达了化学计量点，此时pH迅速增至7.00。若再滴入0.02mol/L NaOH溶液，pH变为9.70。如再加入NaOH溶液，所引起的pH变化又越来越小。

由此可见，在化学计量点前后，从剩余0.02mL HCl到过量0.02mL NaOH，即滴定由NaOH不足0.1%到过量0.1%（在滴定允许相对误差范围内）的过程中，溶液的pH从

4.30 增加到 9.70，变化 5.4 个 pH 单位，实现了由量变到质变的过程，形成滴定曲线中的“突跃”部分。将化学计量点前后各 0.1%处对应的 pH 范围称为滴定突跃范围。

滴定突跃是选择指示剂的依据。选择指示剂的一般原则是使指示剂的理论变色点 $pK_a^\ominus$(HIn) 处于滴定突跃范围内，或指示剂变色范围全部或大部分落在滴定突跃范围内的均可选用。此时滴定误差小于 0.1%。

在本例中，甲基红（pH 4.4～6.2）、酚酞（pH 8.0～10.0）都是适用的指示剂。若以甲基橙作指示剂（pH 3.1～4.4），应滴定至溶液呈黄色才能确保滴定误差不超过 0.1%。反之，若以 HCl 滴定 NaOH 溶液，滴定曲线形状与图 3-2 相同，但方向相反。此时，甲基红和酚酞都可用作指示剂。当用甲基红时，应从黄色滴定到橙色（pH≈4），如果滴定到红色，将有+0.2%以上的误差。

由滴定突跃的计算可以看出，强酸强碱滴定突跃范围还与溶液的酸碱浓度有关，如图 3-3、表 3-9 所示。

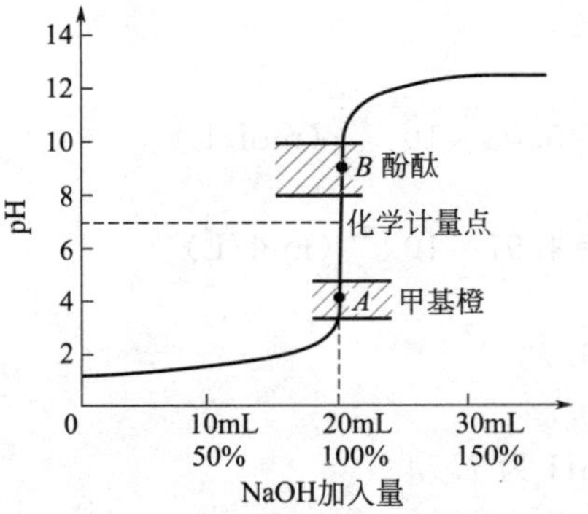

图 3-2　0.1000mol/L NaOH 溶液滴定 20.00mL 0.1000mol/L HCl 溶液的滴定曲线

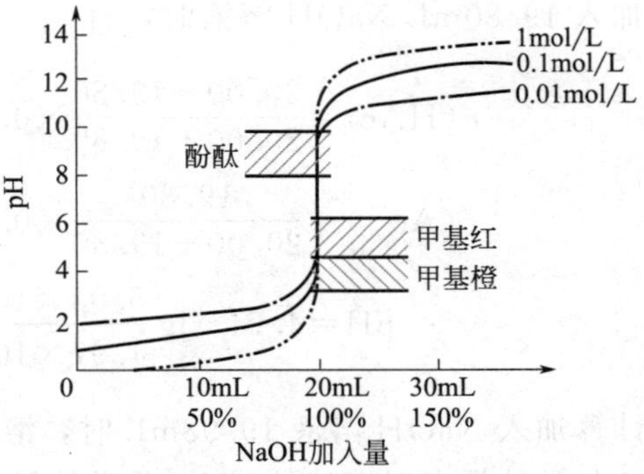

图 3-3　不同浓度 NaOH 溶液滴定不同浓度 HCl 溶液的滴定曲线

表 3-9　不同浓度 NaOH 溶液滴定不同浓度 HCl 溶液的突跃范围

c(NaOH)/(mol/L)	1.0	0.10	0.01	0.001	10^{-8}
c(HCl)/(mol/L)	1.0	0.10	0.01	0.001	10^{-8}
突跃范围	3.3～10.7	4.3～9.7	5.3～8.7	6.3～7.7	10.3～10.42
ΔpH	7.4	5.4	3.4	1.4	0.12

可见，酸碱浓度越大，滴定突跃范围越大。实验室用滴定剂的浓度一般为 0.05～0.5mol/L，工厂例行分析[1]一般为 0.02～1.0mol/L。

当滴定突跃为 3.3～10.7 时，选甲基橙作指示剂，滴定误差仍小于 0.1%。当滴定突跃为 5.3～8.7 时，选甲基橙作指示剂，则误差将高达 1%，此时只有选择甲基红（变色范围 4.4～6.2），才能使滴定误差小于 0.1%。

2. 强碱滴定一元弱酸

一些一元弱酸如甲酸、醋酸和乳酸等可用 NaOH 滴定。这一类型的反应完全程度较强酸强碱滴定类型差。其基本反应为

---

[1] 例行分析是指配合生产的日常分析，也称常规分析。

$$HA+OH^- \longrightarrow A^- + H_2O$$

现以浓度为 0.1000mol/L 的 NaOH 溶液滴定 20.00mL 0.1000mol/L 的 HAc 溶液为例绘制滴定曲线，讨论指示剂的选择。

(1) 滴定前溶液的 pH　滴定前溶液的 H^+ 浓度主要由 0.1000mol/L HAc 溶液的酸度决定。

$$c'(H^+)=\sqrt{K_a^{\ominus}c'}=\sqrt{1.8\times10^{-5}\times0.1000}=1.34\times10^{-3}$$

$$c(H^+)=1.34\times10^{-3}\,\text{mol/L}$$

$$pH=2.87$$

(2) 滴定开始至化学计量点前溶液的 pH　溶液的组成为 HAc、NaAc、H_2O。溶液的 H^+ 浓度由 HAc 与 NaAc 组成的缓冲体系来决定，其 pH 可按式(3-15) 进行计算：

$$pH=pK_a^{\ominus}-\lg\frac{c'(HAc)}{c'(Ac^-)}$$

当加入 19.80mL NaOH 溶液时，有

$$c(HAc)=\frac{20.00-19.80}{20.00+19.80}\times0.1000=5.03\times10^{-4}\ \ (\text{mol/L})$$

$$c(Ac^-)=\frac{19.80}{20.00+19.80}\times0.1000=4.97\times10^{-2}\ \ (\text{mol/L})$$

$$pH=4.74-\lg\frac{5.03\times10^{-4}}{4.97\times10^{-2}}=6.73$$

同样可计算加入 NaOH 溶液 19.98mL 时，溶液的 pH 为 7.74。

(3) 化学计量点时溶液的 pH　化学计量点时体系产物为 NaAc 和 H_2O，溶液的 pH 由 NaAc 的离解决定。化学计量点时，溶液体积增大一倍，NaAc 浓度为 $c/2=0.05000$mol/L。

$$c'(OH^-)=\sqrt{K_b^{\ominus}c'}=\sqrt{\frac{K_w^{\ominus}}{K_a^{\ominus}}c'}=\sqrt{\frac{1.00\times10^{-14}}{1.8\times10^{-5}}\times0.05000}=5.27\times10^{-6}$$

$$c(OH^-)=5.27\times10^{-6}\,\text{mol/L}$$

$$pOH=5.28\qquad pH=8.72$$

溶液呈碱性。

(4) 化学计量点后溶液的 pH　溶液的组成为 NaOH、NaAc，由于 NaAc 的碱性很弱，溶液中的 OH^- 主要由 NaOH 提供，所以由过量 NaOH 的浓度决定溶液的 pH。计算方法与强碱滴定强酸时的情况相同。

当加入 20.02mL NaOH 溶液时，有

$$c(OH^-)=\frac{20.02-20.00}{20.02+20.00}\times0.1000$$

$$=5.00\times10^{-5}\ \ (\text{mol/L})$$

$$pOH=4.30\qquad pH=9.70$$

将滴定过程中 pH 变化的数据列于表 3-10 中，并给出滴定曲线图 3-4。

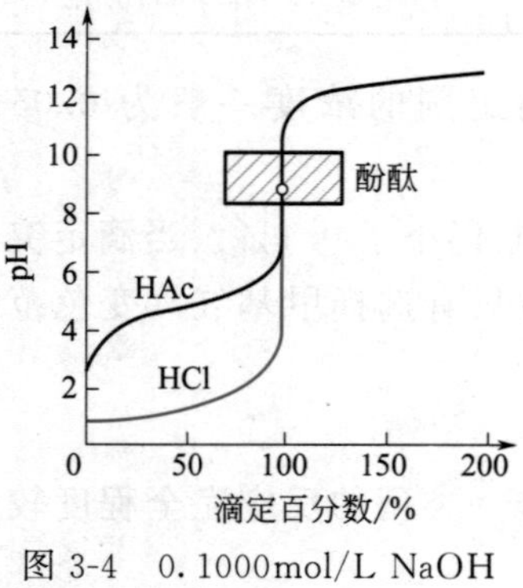

图 3-4　0.1000mol/L NaOH 溶液滴定 0.1000mol/L HAc 溶液的滴定曲线

比较 NaOH 滴定 HAc 的滴定曲线与 NaOH 滴定 HCl 的滴定曲线，可以看出有如下几点不同。

① NaOH-HAc 滴定曲线起点的 pH 比 NaOH-HCl 的起点高约两个单位。这是因为 HAc 是弱酸，离解度比 HCl 小，H^+ 浓度小，pH 则高于同浓度的 HCl 溶液。

② 化学计量点前 pH 的变化为较快—平缓—较慢的趋势。这是由于滴定开始后，系统由 HAc 变为 HAc-NaAc 缓冲溶液。生成的 Ac^- 产生同离子效应，即 Ac^- 抑制了 HAc 的电离，H^+ 浓度较快降低，使滴定初期 pH 增长较快。随着滴定剂 NaOH 的加入，由于 NaAc 的不断生成，$c(HAc)/c(Ac^-)$ 值逐渐降低，渐趋于 1，缓冲容量随之增大，使 pH 增加缓慢，曲线较平坦，当加入 NaOH 量为 50%时曲线最为平坦，此时 $c(HAc)/c(Ac^-)=1$，缓冲容量最大。

表 3-10　0.1000mol/L NaOH 溶液体系滴定 20.00mL 0.1000mol/L HAc 溶液体系的 pH 变化

加入 NaOH 量		过量 NaOH/mL	pH	计算式
/%	/mL			
0	0.00		2.87	$c'(H^+)=\sqrt{K_a^\ominus c'(HAc)}$
90	18.00		5.70	
99	19.80		6.73	$c'(H^+)=K_a^\ominus \times \frac{c'(HAc)}{c'(NaAc)}$
99.9	19.98		7.74 突跃范围	
100.0	20.00		8.72	$c'(OH^-)=\sqrt{\frac{K_w^\ominus}{K_a^\ominus}c'(NaAc)}$
100.1	20.02	0.02	9.70	
101	20.20	0.20	10.70	
110	22.00	2.00	11.70	$c'(OH^-)=\frac{V_{过量}}{V_{总量}}\times c'(NaOH)$
200	40.00	20.00	12.50	

③ 继续滴加 NaOH 溶液，$c(HAc)/c(Ac^-)$ 值愈来愈小，溶液的缓冲能力减弱，pH 变化又逐渐加快。计量点时，由于生成 NaAc，溶液呈弱碱性。

④ 计量点后，滴定系统变为 NaAc-NaOH 混合溶液，由于 NaAc 的碱性较弱，溶液的 pH 取决于过量的 NaOH，所以，滴定曲线与 NaOH 滴定 HCl 的情况相同。

⑤ 强碱滴定弱酸的突跃范围比同浓度强酸的滴定小得多，且滴定突跃范围位于碱性区域内，pH 为 7.74～9.70。对这类滴定，宜选用酚酞和百里酚酞作指示剂，而在酸性范围内变色的指示剂如甲基橙和甲基红则不适用。

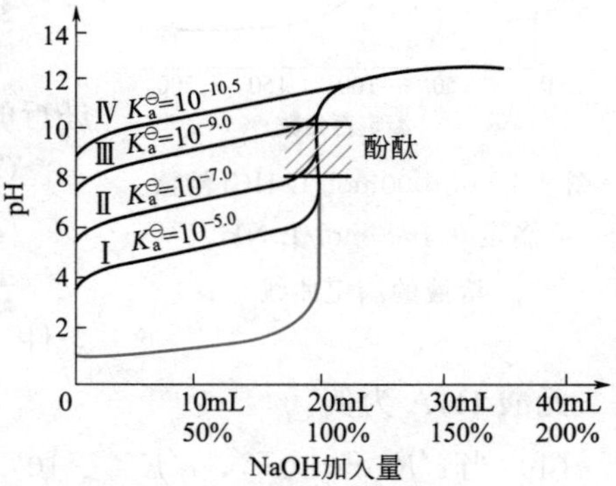

图 3-5　NaOH 溶液滴定不同 $K_a^\ominus$ 弱酸溶液的滴定曲线

用 NaOH 滴定不同的一元弱酸，滴定突跃的大小不仅与溶液的浓度有关，还与酸的强度（$K_a^\ominus$）有关。如图 3-5 所示，弱酸浓度一定时，弱酸 $K_a^\ominus$ 值越小，滴定突跃范围越小。滴定突跃范围的大小反映了反应的完全程度。当滴定终点与化学计量点相差有 0.3pH 单位（滴定突跃为 0.6pH 单位）时，人眼才能借助指示剂颜色的变化判断滴定终点，此时滴定误差在 0.2%以下。只有当 $c'K_a^\ominus \geqslant 10^{-8}$ 时，才能满足这个要求。因此，$c'K_a^\ominus \geqslant 10^{-8}$ 就是判断一元弱酸能否直接准确滴定的依据。

3. 强酸滴定弱碱

强酸滴定弱碱的情况与强碱滴定弱酸很相似，但 pH 的变化方向是相反的。例如，0.1000mol/L HCl 溶液滴定 20.00mL 0.1000mol/L NH_3 溶液，其反应为

$$NH_3+H^+ \longrightarrow NH_4^+$$

化学计量点时是 NH_4Cl 的水溶液，呈酸性。表 3-11 及图 3-6 为滴定过程中 pH 变化的数据和滴定曲线。

表 3-11　0.1000mol/L HCl 溶液体系滴定 20.00mL 0.1000mol/L NH_3 溶液体系的 pH 变化

加入 HCl 量		过量 HCl/mL	pH	计 算 式
/%	/mL			
0	0.00		11.13	$c'(OH^-)=\sqrt{K_b^{\ominus}c'(NH_3)}$
90	18.00		8.30	$c'(H^+)=K_a^{\ominus}\times\frac{c'(NH_4^+)}{c'(NH_3)}$
99	19.80		7.27	
99.9	19.98		6.25（突跃范围）	
100.0	20.00		5.28（突跃范围）	$c'(H^+)=\sqrt{\frac{K_w^{\ominus}}{K_b^{\ominus}}c'(NH_4^+)}$
100.1	20.02	0.02	4.30（突跃范围）	$c'(H^+)=\frac{V_{过量}}{V_{总量}}\times c'(HCl)$
101	20.20	0.20	3.30	
110	22.00	2.00	2.30	
200	40.00	20.00	1.48	

由表 3-11 和图 3-6 可以看出，用 HCl 溶液滴定 NH_3 溶液时，化学计量点的 pH=5.28，滴定突跃范围为 pH=6.25～4.30。因此需选择在酸性范围内变色的指示剂。甲基红（pH=4.4～6.2）和溴甲酚绿（pH=3.8～5.4）等都是比较合适的指示剂。

关于强酸滴定弱碱，可得出以下结论。

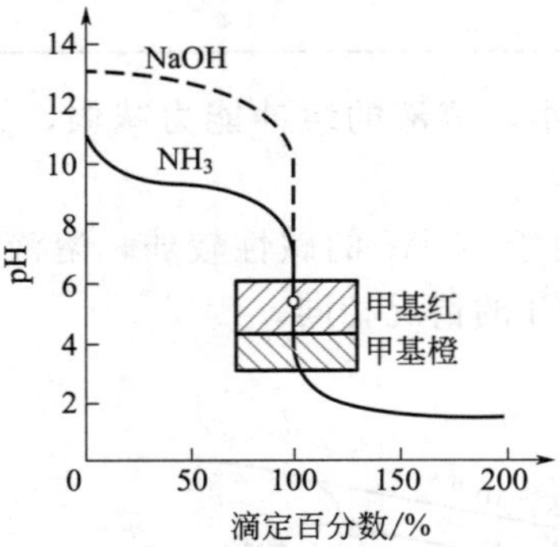

图 3-6　0.1000mol/L HCl 溶液滴定 0.1000mol/L NH_3 溶液的滴定曲线

① 用强酸滴定弱碱到达化学计量点时，pH<7，溶液呈酸性。

② 化学计量点附近 pH 突跃处在酸性范围内，应选用在酸性范围内变色的指示剂。

③ 滴定突跃范围的大小与碱的强度（$K_b^{\ominus}$）及碱的浓度有关。一般当弱碱 $c'K_b^{\ominus}\geqslant10^{-8}$ 时，可直接进行滴定。

4. 多元酸和多元碱的滴定

常见的多元酸大多为弱酸，在水溶液中的离解是分级进行的。因此多元酸的滴定需要解决的主要问题是：

① 能否准确分步滴定；

② 如何选择指示剂。

一般来说，实现分步滴定，需满足 $K_{a1}^{\ominus}/K_{a2}^{\ominus}\geqslant10^5$ 的条件，这是多元酸能否实现分步滴定的可行性判断标准。以二元酸 H_2A 为例。

（1）当 $c'K_{a1}^{\ominus}\geqslant10^{-8}$，$c'K_{a2}^{\ominus}\geqslant10^{-8}$ 且 $K_{a1}^{\ominus}/K_{a2}^{\ominus}\geqslant10^5$ 时，可分步滴定，产生两个滴定突跃，得到两个滴定终点。

（2）当 $c'K_{a1}^{\ominus}\geqslant10^{-8}$，$c'K_{a2}^{\ominus}<10^{-8}$ 且 $K_{a1}^{\ominus}/K_{a2}^{\ominus}\geqslant10^5$ 时，第一级离解的 H^+ 可被滴定，第二级离解的 H^+ 不能滴定，产生一个滴定突跃，得到一个滴定终点。

（3）当 $c'K_{a1}^{\ominus}\geqslant10^{-8}$，$c'K_{a2}^{\ominus}\geqslant10^{-8}$，$K_{a1}^{\ominus}/K_{a2}^{\ominus}<10^5$ 时，第一级、第二级离解的 H^+ 均被滴定，产生一个滴定突跃，得到一个滴定终点。

例如，用 NaOH 标准溶液滴定 $H_2C_2O_4$，$H_2C_2O_4$ 的 $K_{a1}^{\ominus}=5.4\times10^{-2}$，$K_{a2}^{\ominus}=5.4\times10^{-5}$，若 $H_2C_2O_4$ 的浓度为 0.1mol/L，则 $c'K_{a1}^{\ominus}>10^{-8}$，$c'K_{a2}^{\ominus}>10^{-8}$，但 $K_{a1}^{\ominus}/K_{a2}^{\ominus}<10^5$，不能分步滴定。但能一步滴定到 $C_2O_4^{2-}$，中和全部 H^+，得到一个滴定突跃、一个终点，测

得总酸量。

对于多元弱酸的滴定，应用判断标准时，首先判断有几级 H^+ 能被直接滴定，再判断是否能分步滴定，有几个突跃。

多元碱用强酸滴定，其情况与多元酸的滴定相似。例如，用 0.10mol/L 的 HCl 溶液滴定 0.10mol/L 的 Na_2CO_3 溶液，其反应分为两步：

$$CO_3^{2-} + H^+ \longrightarrow HCO_3^-$$

$$HCO_3^- + H^+ \longrightarrow CO_2 \uparrow + H_2O$$

H_2CO_3 的 $K_{a1}^{\ominus} = 4.4 \times 10^{-7}$，$K_{a2}^{\ominus} = 4.7 \times 10^{-11}$；$Na_2CO_3$ 的 $K_{b1}^{\ominus} = 2.1 \times 10^{-4}$，$K_{b2}^{\ominus} = 2.3 \times 10^{-8}$。则

$$\frac{K_{b1}^{\ominus}}{K_{b2}^{\ominus}} = \frac{2.1 \times 10^{-4}}{2.3 \times 10^{-8}} \approx 10^4 < 10^5$$

因此滴定到 HCO_3^- 的准确度不是很高。第一化学计量点按照 $c'(H^+) = \sqrt{K_{a1}^{\ominus} K_{a2}^{\ominus}}$ 计算，pH=8.31。由于 $K_{b1}^{\ominus}/K_{b2}^{\ominus} \approx 10^4$，又有 HCO_3^- 的缓冲作用，突跃不太明显，若选用酚酞作指示剂，滴定误差达±1%，可以用 $NaHCO_3$ 溶液作参比。若用甲基红与百里酚蓝混合指示剂，可提高准确度，误差约为 0.5%。

第二化学计量点时，溶液是 CO_2 的饱和溶液，其浓度为 0.04mol/L，按 $c'(H^+) = \sqrt{c' K_{a1}^{\ominus}}$ 计算，pH=3.89。由于 Na_2CO_3 的 $K_{b2}^{\ominus}$ 不够大，所以第二个计量点也不够理想。一般采用甲基橙作指示剂。这时在室温下易形成 CO_2 的过饱和溶液，而使溶液的酸度稍有增大，致使终点出现过早。因此，临近终点时，应激烈摇动溶液以加快 H_2CO_3 的分解；或加热煮沸使 CO_2 逸出，冷却后再继续滴定至终点。滴定曲线如图 3-7 所示。

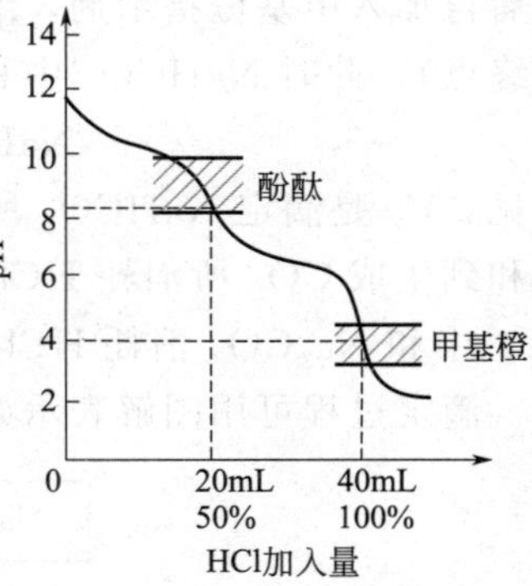

图 3-7 0.10mol/L HCl 溶液滴定 0.10mol/L Na_2CO_3 溶液的滴定曲线

三、酸碱滴定法的应用

酸碱滴定法能测定一般的酸、碱以及能与酸碱直接或间接发生定量反应的各种物质。因此，它是滴定分析法中应用最广的。

1. 直接滴定法

各种强酸、强碱都可以用标准碱溶液或标准酸溶液直接进行滴定。由于这类反应在化学计量点附近有较大的 pH 突跃，因此，可供选择的指示剂较多。如盐酸、硫酸、烧碱等含量的测定。

无机弱酸或弱碱、能溶于水的有机弱酸或弱碱，只要 $c'K_a^{\ominus} \geqslant 10^{-8}$ 或 $c'K_b^{\ominus} \geqslant 10^{-8}$，都可用碱、酸的标准溶液直接滴定。

滴定弱酸，在化学计量点时溶液呈碱性，pH 突跃处于碱性范围内，应选择在碱性范围内变色的指示剂。例如，食醋中总酸量的测定。食醋中含醋酸 3%～5%，另外还含有如乳酸等少量的有机酸。以 NaOH 为标准溶液可测定其总酸量，选用酚酞指示剂。在食品工业中，测定酸味剂总酸度，啤酒总酸度，蜂蜜蜂王浆总酸度，饼干、面粉、淀粉、奶油、蛋类制品的酸度等，均可采用酚酞作指示剂，用 NaOH 标准溶液滴定。在药物分析中，有机羧酸类药物如阿司匹林（乙酰水杨酸）、苯甲酸、乳酸等也可用酚酞作指示剂，NaOH 为标准

溶液测其含量。

滴定弱碱，在化学计量点时，溶液呈酸性，pH 突跃处于酸性范围内，应选择在酸性范围内变色的指示剂。

应用案例

混合碱的分析

在制碱工业中经常遇到 NaOH、Na_2CO_3 混合碱或 Na_2CO_3、$NaHCO_3$ 混合碱的分析问题，现介绍常用的双指示剂法。双指示剂法是利用两种指示剂进行连续滴定，根据两个终点所消耗酸标准溶液的体积，计算各组分含量。

(1) 烧碱中 NaOH 和 Na_2CO_3 含量的测定　准确称取一定量试样，溶解后以酚酞为指示剂，用 HCl 标准溶液滴定至近于无色，消耗的体积为 V_1（第一终点）。此时，NaOH 将全部中和成 NaCl，而 Na_2CO_3 将中和至 $NaHCO_3$。

$$NaOH + HCl \longrightarrow NaCl + H_2O$$

$$Na_2CO_3 + HCl \longrightarrow NaHCO_3 + NaCl$$

然后再加入甲基橙指示剂，继续用 HCl 滴定至黄色变为橙色，又用去 HCl 的体积为 V_2（第二终点）。此时 $NaHCO_3$ 中和至 NaCl。

$$NaHCO_3 + HCl \longrightarrow NaCl + CO_2\uparrow + H_2O$$

可见，V_2 是滴定 $NaHCO_3$ 所消耗 HCl 的体积。将 Na_2CO_3 中和到 $NaHCO_3$ 和将 $NaHCO_3$ 中和到生成 CO_2 所消耗 HCl 的体积是相同的。因此，中和 NaOH 消耗 HCl 的体积是V_1-V_2，中和 Na_2CO_3 消耗 HCl 的体积是 $2V_2$。

滴定过程可用图解表示如下：

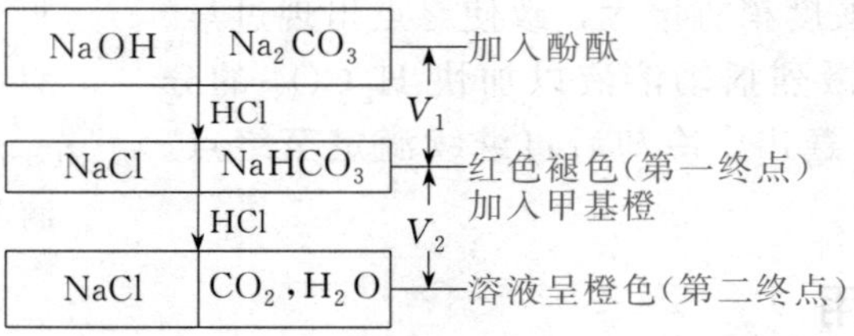

如试样质量为 m，根据反应式可得

$$w(Na_2CO_3) = \frac{c(HCl)\times 2V_2 M\left(\frac{1}{2}Na_2CO_3\right)}{m}\times 100\%$$

$$w(NaOH) = \frac{c(HCl)(V_1-V_2)M(NaOH)}{m}\times 100\%$$

(2) 纯碱中 Na_2CO_3 和 $NaHCO_3$ 含量的测定　纯碱俗称苏打，由 $NaHCO_3$ 转化而得，所以 Na_2CO_3 中常含有少量 $NaHCO_3$。其测定方法与烧碱的测定方法相同。

以酚酞为指示剂时，Na_2CO_3 被中和到 $NaHCO_3$，消耗 HCl 的体积为 V_1（第一终点）。

$$Na_2CO_3 + HCl \longrightarrow NaHCO_3 + NaCl$$

再加入甲基橙指示剂，继续用 HCl 滴定至橙色，此时，混合物中原有的 $NaHCO_3$ 和 Na_2CO_3 生成的 $NaHCO_3$ 都被中和至 H_2CO_3，消耗 HCl 的体积是 V_2（第二终点）。

$$NaHCO_3 + HCl \longrightarrow NaCl + CO_2\uparrow + H_2O$$

用于 Na_2CO_3 消耗 HCl 的体积是 $2V_1$；用于 $NaHCO_3$ 消耗 HCl 的体积是 V_2-V_1。

滴定过程可用图解表示如下：

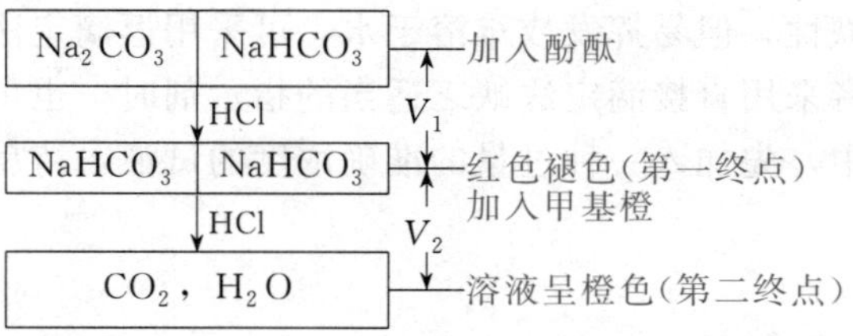

如试样质量为 m，则计算式为

$$w(Na_2CO_3)=\frac{c(HCl)\times 2V_1M\left(\frac{1}{2}Na_2CO_3\right)}{m}\times 100\%$$

$$w(NaHCO_3)=\frac{c(HCl)(V_2-V_1)M(NaHCO_3)}{m}\times 100\%$$

【例 3-23】 称取混合碱试样 1.200g 溶于水，用 $c(HCl)$为 0.5000mol/L 的 HCl 溶液滴定至酚酞恰好褪色，消耗 15.00mL。然后加入甲基橙指示剂，继续用 HCl 溶液滴定至橙色，又消耗 22.00mL，判断混合碱试样中的组分是什么，并计算各组分含量。

分析 由反应式可知，在同一份混合碱溶液中：

当 $V_1>0$、$V_2=0$ 时，其组分是 NaOH；

当 $V_1=0$、$V_2>0$ 时，其组分是 $NaHCO_3$；

当 $V_1=V_2>0$ 时，其组分是 Na_2CO_3；

当 $V_1>V_2$、$V_2>0$ 时，其组分是 NaOH 和 Na_2CO_3；

当 $V_1<V_2$、$V_1>0$ 时，其组分是 Na_2CO_3 和 $NaHCO_3$。

解 本题中 $V_1<V_2$、$V_1>0$，说明试样是由 Na_2CO_3 和 $NaHCO_3$ 组成的混合碱。

$$M\left(\frac{1}{2}Na_2CO_3\right)=53.00g/mol \qquad M(NaHCO_3)=84.01g/mol$$

Na_2CO_3 消耗 HCl 的体积为 $2V_1$，$NaHCO_3$ 消耗 HCl 的体积为 V_2-V_1，则

$$w(Na_2CO_3)=\frac{c(HCl)\times 2V_1M\left(\frac{1}{2}Na_2CO_3\right)}{m}\times 100\%$$

$$=\frac{0.5000\times 2\times 15.00\times 10^{-3}\times 53.00}{1.200}\times 100\%$$

$$=66.25\%$$

$$w(NaHCO_3)=\frac{c(HCl)(V_2-V_1)M(NaHCO_3)}{m}\times 100\%$$

$$=\frac{0.5000\times(22.00-15.00)\times 10^{-3}\times 84.01}{1.200}\times 100\%$$

$$=24.50\%$$

双指示剂法简单快速，生产中经常使用。但用酚酞作指示剂时，第一个化学计量点不明显，有较大误差，只适用于准确度要求不高的分析。

2. 返滴定法

有些物质虽具有酸碱性，但易挥发或难溶于水，可采用返滴定法。另外，某些反应的速率较慢，需要加热，或者采用直接滴定法缺乏适当的指示剂时，也可采用返滴定法。

在被测物质的溶液中，先加入一种过量的准确浓度的试液，待反应完全后，再用另一种标准溶液回滴。

应用案例

石灰石的分析

碳酸钙难溶于水，不能用直接滴定法测定。但碳酸钙能溶于酸，可用返滴定法测定。

【例 3-24】 准确称取 2.500g 石灰石试样溶于 50.00mL $c(HCl)=1.000mol/L$ 的 HCl 溶液中，充分反应后，用 $c(NaOH)=0.1000mol/L$ 的 NaOH 标准溶液滴定反应剩余的 HCl，消耗 NaOH 溶液 30.00mL。计算试样中 $CaCO_3$ 的含量。

解 反应式为

$$CaCO_3+2HCl \longrightarrow CaCl_2+CO_2\uparrow+H_2O$$

$$HCl+NaOH \longrightarrow NaCl+H_2O$$

$$M\left(\frac{1}{2}CaCO_3\right)=50.04g/mol$$

$$w(CaCO_3)=\frac{[c(HCl)V(HCl)-c(NaOH)V(NaOH)]M\left(\frac{1}{2}CaCO_3\right)}{m}\times 100\%$$

$$=\frac{(1.000\times 50.00-0.1000\times 30.00)\times 10^{-3}\times 50.04}{2.500}\times 100\%$$

$$=94.08\%$$

3. 置换滴定法

某些物质的酸碱性很弱，不能直接滴定，但是可以利用某些化学反应使其转化为相当量的酸或碱，再用标准碱或标准酸溶液进行滴定。

应用案例

铵盐的测定（甲醛法）

常见的铵盐有硫酸铵、硝酸铵、氯化铵和碳酸氢铵等。其中，NH_4HCO_3 可以用酸标准溶液直接滴定；其他铵盐是强酸弱碱盐，其对应的弱碱 NH_3 的电离常数 $K_b^{\ominus}=1.8\times 10^{-5}$，不具备 $c'K_a^{\ominus}\geq 10^{-8}$ 的条件，不能用碱标准溶液直接滴定，可采用甲醛法置换滴定。

甲醛与铵盐反应生成质子化六亚甲基四胺和酸，用碱标准溶液滴定。反应式为

$$4NH_4^++6HCHO \longrightarrow (CH_2)_6N_4H^++3H^++6H_2O$$

$$(CH_2)_6N_4H^++3H^++4OH^- \longrightarrow (CH_2)_6N_4+4H_2O$$

六亚甲基四胺是一种有机弱碱，$K_b^{\ominus}=1.4\times 10^{-9}$，化学计量点时溶液呈微碱性，应选用酚酞作指示剂。

4. 间接滴定法

一些有机物质通过某些化学反应能释放出相当量的酸或碱，便可间接地测定其含量。如

肟化法、亚硫酸钠法测定醛、酮等。

应用案例

醛和酮的测定

醛或酮与过量亚硫酸钠反应，生成加成化合物和 NaOH，可用酸标准溶液滴定，应选用百里酚酞作指示剂。

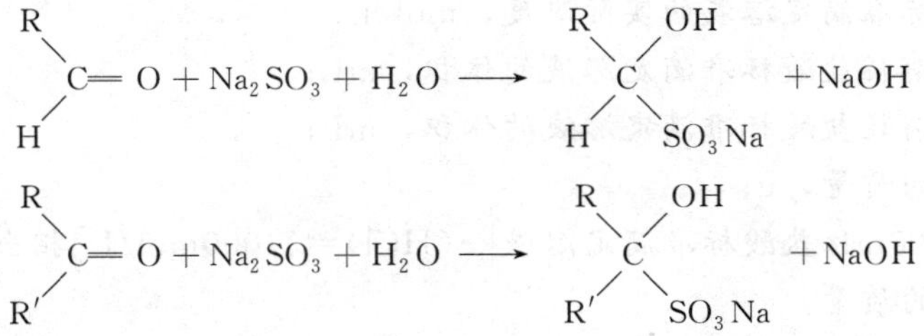

这是测定工业甲醛常用的方法。

阅读材料

食品防腐剂山梨酸钾的测定

食品防腐剂是指为食品防腐、加工、储运的需要，加入食品中的化学合成物质或天然物质。山梨酸钾是很常用的食品防腐剂，有防止变质发酸、延长保质期的效果，目前在世界各国均被广泛地用于食品、饮料、烟草、医药、化妆品、农产品、饲料等行业中。山梨酸钾是国际粮农组织和卫生组织推荐的高效安全的防腐保鲜剂，国标有限量规定，为 1g/kg。

山梨酸钾的防腐效果随 pH 的升高而减弱，pH =3 时防腐效果最佳。pH 值达到 6 时仍有抑菌能力，但最低浓度不能低于 0.2%。在我国可用于酱油、醋、面酱类，饮料、果酱类中。

山梨酸钾的化学式为 $C_6H_7KO_2$，又名 2,4-己二烯酸钾，是一种不饱和脂肪酸（盐），易溶于水。它可以在体内参与新陈代谢，最终被分解成二氧化碳和水，在体内无残留，几乎没有毒性。山梨酸钾对霉菌、酵母菌及需氧菌有一定的抑制作用。常温下密封保存不会分解。

目前，我国山梨酸盐类不仅国内销售旺盛，而且已销往国外，特别是西欧、巴西、沙特阿拉伯、法国、韩国以及东南亚各国。所以山梨酸盐不仅国内市场较好，而且在国际市场上也有一席之地。测定山梨酸钾的方法有紫外分光光度法、气相色谱法、硫代巴比妥酸比色法、非水滴定法（仲裁法）、双相滴定法等。下面介绍双相滴定法。

1. 测定原理

山梨酸钾用水溶解，加入与水不相溶的乙醚，用盐酸标准滴定溶液滴定。由于在滴定过程中反应生成的山梨酸在水中的溶解度小，而在乙醚中的溶解度大，这样可以将滴定生成的山梨酸不断地萃取到有机相中，从而降低山梨酸的离解，使滴定反应进行完全。

2. 试剂和溶液

(1) 乙醚

(2) 盐酸标准滴定溶液：$c(HCl)=0.500mol/L$

(3) 溴甲酚绿-甲基橙混合指示剂水溶液（1+1）

3. 试验步骤

将实验室样品干燥后准确称取 1.5g（精确至 0.0002g）于 250mL 锥形瓶中，加 25mL

水溶解，加50mL乙醚、10滴混合指示剂水溶液，用盐酸标准滴定溶液滴定，充分振摇，水层由蓝绿色经淡黄绿色、黄色至呈明显橙红色为终点。同时做空白试验。山梨酸钾的质量分数按下式计算：

$$w=\frac{c(V-V_0)\times 0.1502}{m}\times 100$$

式中 w——山梨酸钾的质量分数，%；

c——盐酸标准滴定溶液的实际浓度，mol/L；

V——试样消耗盐酸标准滴定溶液的体积，mL；

V_0——空白消耗盐酸标准滴定溶液的体积，mL；

m——试样的质量，g；

0.1502——与1.00mL盐酸标准滴定溶液[c(HCl)=1.000mol/L]相当的以g表示的山梨酸钾的质量。

注：所得结果应表示至一位小数。

允许差：两次平行测定结果差值不大于0.2%，取其算术平均值为试验结果。

本章小结

一、酸碱质子理论

(1) 凡能给出质子的物质都是酸；凡能接受质子的物质都是碱。酸碱质子理论扩大了酸碱的范围。

(2) 酸与碱的共轭关系

$$酸 \rightleftharpoons 质子+碱$$

(3) 酸碱反应的实质是质子的传递，可用以下通式表示：

$$酸(1)+碱(2) \rightleftharpoons 碱(1)+酸(2)$$

反应从较强酸与较强碱开始，向生成较弱的酸与较弱的碱的方向进行。

(4) 共轭酸碱对 $K_a^\ominus$ 和 $K_b^\ominus$ 的关系：

$$K_a^\ominus K_b^\ominus = K_w^\ominus（酸或碱在水溶液中离解时）$$

酸的强度可用 $K_a^\ominus$ 值衡量，$K_a^\ominus$ 值越大，则酸性越强；碱的强度可用 $K_b^\ominus$ 值衡量，$K_b^\ominus$ 值越大，则碱性越强。酸越强，其共轭碱越弱；否则反之。

二、水的离子积

水是弱电解质，纯水有微弱的导电能力。

$$K_w^\ominus = c'(H^+)c'(OH^-) = 1.0\times 10^{-14} \quad (25℃)$$

$K_w^\ominus$ 的意义：

(1) 一定温度时，水溶液中 $c'(H^+)$ 与 $c'(OH^-)$ 之积为一常数。

(2) $K_w^\ominus$ 反映了水溶液中 H^+ 浓度和 OH^- 浓度间相互制约的关系。

三、弱电解质的离解平衡

1. 弱电解质离解程度的表示方法

离解常数（K）：衡量一定温度下弱电解质离解程度的大小。K 是化学平衡常数的一种形式。K 只与温度有关。

电离度 α：衡量弱电解质离解程度的大小。离解度是转化率的一种表示形式。α 与温度、浓度有关。

2. K 与 α 的定量关系

$$\alpha=\sqrt{\frac{K^\ominus}{c'}}$$

3.酸碱平衡中有关浓度的计算

各种类型的 $c(H^+)$ 计算公式见表 3-12。

表 3-12 各种类型的 $c(H^+)$ 计算公式

溶液类型	$c(H^+)$ 或 $c(OH^-)$ 计算公式	备注
强酸 强碱	$c(酸)=c(H^+)$ $c(碱)=c(OH^-)$	$c(酸)>10^{-6}$ mol/L $c(碱)>10^{-6}$ mol/L
一元弱酸 一元弱碱	$c'(H^+)=\sqrt{K_a^{\ominus}c'}$ $c'(OH^-)=\sqrt{K_b^{\ominus}c'}$	$c'/K_a^{\ominus}\geqslant 500$ $c'/K_b^{\ominus}\geqslant 500$
多元酸 多元碱	$c'(H^+)=\sqrt{K_{a1}^{\ominus}c'}$ $c'(OH^-)=\sqrt{K_{b1}^{\ominus}c'}$	$K_{a1}^{\ominus}\gg K_{a2}^{\ominus}$ $K_{b1}^{\ominus}\gg K_{b2}^{\ominus}$
两性物质溶液	$c'(H^+)=\sqrt{K_{a1}^{\ominus}K_{a2}^{\ominus}}$	近似公式 两性物质举例 多元酸的酸式盐：$NaHCO_3$、NaH_2PO_4、Na_2HPO_4 弱酸弱碱盐：NH_4Ac、NH_4CN 氨基酸

四、酸碱缓冲溶液

缓冲溶液是一种能调节和控制溶液酸度的溶液。

1.缓冲溶液的组成

(1)浓度较大的强酸、强碱溶液，即 $pH<2$ 的酸溶液和 $pH>12$ 的碱溶液。

(2)弱酸及其共轭碱，如 HAc-NaAc、NH_4Cl-NH_3，它们通过弱酸或弱碱的离解平衡起到控制溶液 H^+ 浓度的作用。

2.缓冲作用

缓冲溶液组分的总浓度越大，缓冲能力越大。缓冲组分浓度相同时，缓冲组分浓度比越接近于1，缓冲能力越强。

3.缓冲溶液 pH 的计算

$$c'(H^+)=K_a^{\ominus}\frac{c'(HA)}{c'(A^-)} \quad 或 \quad pH=pK_a^{\ominus}-\lg\frac{c'(HA)}{c'(A^-)}$$

4.缓冲范围

$$pH=pK_a^{\ominus}\pm 1$$

五、酸碱指示剂

(1) 酸碱指示剂的变色原理：pH 变化→结构变化→颜色变化。

(2) 酸碱指示剂的变色范围：$pH=pK_a^{\ominus}\pm 1$。

(3) 指示剂的变色范围越窄越好。

(4) 指示剂在使用时，要按规定用量，否则会影响滴定分析的准确度。

(5) 指示剂的选择方法如下：

① 根据化学计量点时溶液组分的酸碱性定性选择酸性范围内或碱性范围内变色的指示剂。

② 根据化学计量点时溶液的 pH 定量选择指示剂，使指示剂的变色点接近化学计量点的 pH。

③ 根据滴定曲线的突跃范围选择指示剂。指示剂的变色范围全部或大部分落在滴定突跃范围内。

另外，指示剂应在终点时有明显的颜色变化。

六、影响滴定突跃范围的因素

酸碱滴定中化学计量点前后各 0.1%滴定剂所引起的溶液 pH 的变化范围称为滴定突跃范围。突跃范围的大小实际上反映了滴定反应的完全程度。

1. 强碱滴定强酸或强酸滴定强碱

滴定突跃范围的大小与溶液的浓度有关。溶液越浓，突跃范围越大；否则反之。

2. 强碱滴定一元弱酸或强酸滴定一元弱碱

滴定突跃范围的大小与弱酸或弱碱的强度和浓度有关。

① $c'K_a^\ominus \geqslant 10^{-8}$，弱酸能被直接准确滴定；

② $c'K_b^\ominus \geqslant 10^{-8}$，弱碱能被直接准确滴定。

3. 多元酸碱的滴定

以二元酸为例。

当 $c'K_{a1}^\ominus \geqslant 10^{-8}$，$c'K_{a2}^\ominus \geqslant 10^{-8}$，$K_{a1}^\ominus / K_{a2}^\ominus \geqslant 10^5$ 时，能实现分步滴定，有两个滴定突跃、两个终点。

当 $c'K_{a1}^\ominus \geqslant 10^{-8}$，$c'K_{a2}^\ominus < 10^{-8}$，$K_{a1}^\ominus / K_{a2}^\ominus \geqslant 10^5$ 时，只有第一级离解的 H^+ 可被滴定，有一个滴定突跃、一个终点。

当 $c'K_{a1}^\ominus \geqslant 10^{-8}$，$c'K_{a2}^\ominus > 10^{-8}$，$K_{a1}^\ominus / K_{a2}^\ominus < 10^5$ 时，可一步滴定到第二级离解的 H^+，有一个滴定突跃、一个终点。

思 考 题

1. 根据酸碱质子理论，下列分子或离子哪些是酸？哪些是碱？哪些既是酸又是碱？

HS^-，CO_3^{2-}，$H_2PO_4^-$，NH_3，H_2S，HAc，OH^-，H_2O，NO_2^-

2. 回答下列问题：

（1）为什么 Al_2S_3 在水溶液中不能存在？

（2）配制 $SnCl_2$、$FeCl_3$ 溶液为什么不能用蒸馏水而要用盐酸溶液配制？

（3）为什么 $Al_2(SO_4)_3$ 和 Na_2CO_3 溶液混合立即产生 CO_2 气体？

3. 欲配制 pH＝3 的缓冲溶液。现有下列物质，选择哪种合适？

（1）HCOOH（$K_a^\ominus = 1.8\times10^{-4}$）；

（2）HAc（$K_a^\ominus = 1.76\times10^{-5}$）；

（3）$NH_3 \cdot H_2O$（$K_b^\ominus = 1.77\times10^{-5}$）。

4. 什么是酸碱滴定法？此法能测定哪些物质？

5. 什么是活度？它和浓度有何不同？在什么情况下应使用活度而不能用浓度？

6. 什么是缓冲溶液的缓冲范围？缓冲范围与什么因素有关？

7. 试判断下列三种缓冲溶液的缓冲能力（缓冲容量）有什么不同？加入稍多的酸或碱时，哪种溶液仍具有较好的缓冲作用？

（1）1.0mol/L HAc＋1.0mol/L NaAc

（2）1.0mol/L HAc＋0.01mol/L NaAc

（3）0.01mol/L HAc＋1.0mol/L NaAc

8. 根据什么原则选择指示剂？为什么在同属一种类型的滴定中，选择的指示剂却有不同？例如：

（1）0.1mol/L HCl 溶液滴定 0.1mol/L NaOH 溶液可以选用甲基橙，但 0.01mol/L HCl 溶液滴定 0.01mol/L NaOH 溶液则选用甲基红而不用甲基橙；

（2）用 NaOH 溶液滴定 HCl 溶液时选用酚酞而不用甲基橙。

9. 有某溶液，对酚酞无色，对甲基红显黄色，指出该溶液的 pH 范围。

10. 某溶液，使甲基橙显黄色，使甲基红显红色，指出该溶液的 pH 范围。

11. 何谓酸碱滴定的 pH 突跃范围？影响强酸（碱）和一元弱酸（碱）滴定突跃范围的因素有哪些？

12. 为什么 NaOH 溶液可以直接滴定 HAc 而不能直接滴定硼酸？为什么 HCl 溶液能直接滴定硼砂而不能直接滴定蚁酸钠？

13. 有一碱液，可能是 K_2CO_3、KOH、$KHCO_3$ 或其中两者的混合物。当用 HCl 溶液滴定、以酚酞作指示剂时，消耗 HCl 的体积为 V_1；继续加入甲基橙作指示剂，再用 HCl 溶液滴定，又消耗 HCl 的体积为 V_2。根据下列情况，分别判断溶液由哪些物质组成。

(1) $V_1>0$，$V_2=0$；

(2) $V_1=V_2\neq0$；

(3) $V_1=0$，$V_2>0$；

(4) $V_1>0$，$V_1<V_2$；

(5) $V_1>V_2$，$V_2>0$。

14. 相同浓度的 HCl 和 HAc 溶液的 pH 是否相同？pH 相同的 HCl 和 HAc 溶液其浓度是否相同？若用 NaOH 中和 pH 相同的 HCl 和 HAc，用量是否相同？若用 NaOH 中和浓度相同的 HCl 和 HAc 溶液，用量是否相同？为什么？

15. 在氨水中加入下列物质时，氨水的离解度及溶液的 pH 有何变化？

(1) HCl；(2) H_2O；(3) NaOH；(4) NH_4Cl

16. 静脉血中由于溶解了 CO_2 而建立了平衡 $H_2CO_3 \rightleftharpoons H^+ + HCO_3^-$。假如血的 pH=7.4，那么，其中 $c(HCO_3^-)/c(H_2CO_3)$ 值为多少？

17. 在配制一些试剂如 $SnCl_2$ 以及 $FeCl_3$、$Bi(NO_3)_3$、$AlCl_3$ 的溶液时，常用加有相应酸的蒸馏水，为什么？

18. 下列说法是否正确？若有错误请纠正，并说明理由。

(1) 将 NaOH 和 NH_3 的溶液各稀释一倍，两者的 OH^- 浓度均减少到原来的 1/2；

(2) 设盐酸的浓度为醋酸的二倍，则前者的 H^+ 浓度也是后者的二倍；

(3) 将 1×10^{-6}mol/L 的 HCl 冲稀 1000 倍后，溶液中的 $c(H^+)=1\times10^{-9}$mol/L；

(4) 使甲基橙显黄色的溶液一定是碱性的。

习　题

1. 0.01mol/L HAc 溶液的离解度为 4.2%，求 HAc 的离解常数和该溶液的 $c(H^+)$。

2. 0.1mol/L HAc 溶液 50mL 和 0.1mol/L NaOH 溶液 25mL 混合后，溶液的 $c(H^+)$ 有何变化？

3. 写出下列离子水解反应的离子方程式：

CO_3^{2-}，HPO_4^{2-}，F^-，Fe^{3+}

4. 在 100mL 0.1mol/L 的氨水中加入 1.07g 氯化铵，溶液的 pH 为多少？在此溶液中再加入 100mL 水，pH 有何变化？

5. 已知 25℃时某一元弱酸 0.010mol/L 溶液的 pH 为 4.0，求：

(1) 该酸的 $K_a^{\ominus}$；

(2) 该浓度下酸的离解度 α；

(3) 稀释一倍后的 $K_a^{\ominus}$ 及 α；

(4) 与等体积 0.010mol/L 的 NaOH 溶液混合后溶液的 pH。

6. 现有等浓度的盐酸和氨水，①两种溶液以 2∶1 的体积混合；②两种溶液以 1∶2 的体积混合。分别计算两种情况下溶液的 pH。

7. 0.10mol/L 的 HAc 溶液冲稀一倍后，溶液中的 H^+ 浓度和 pH 各是多少？

8. 欲配制 pH=10.0 的缓冲溶液 1L，用 16mol/L 的氨水 420mL，还需加 NH_4Cl 多少克？

9. 现有 125mL 0.10mol/L 的 NaAc 溶液，欲配制 250mL pH=5.00 的缓冲溶液，需加入 6.0mol/L 的 HAc 溶液多少毫升？

10. 用 0.1000mol/L 的 NaOH 溶液滴定 20.00mL 0.1000mol/L 的蚁酸（HCOOH）。计算化学计量点的 pH 及突跃范围，并说明选用何种指示剂。

11. 用 Na_2CO_3 标定 HCl 溶液，若要消耗 0.10mol/L 的 HCl 溶液约 30mL，应称取 Na_2CO_3 多少克？

12. 有 7.6521g 硫酸试样，在容量瓶中稀释成 250mL。吸取 25.00mL，滴定时用去 0.7500mol/L 的 NaOH 溶液 20.00mL。计算试样中 H_2SO_4 的含量。

13. 称取 0.2815g 石灰石，加入 0.1175mol/L 的 HCl 溶液 20.00mL，滴定过量的酸时用去 5.60mL NaOH 溶液，而 HCl 溶液对 NaOH 溶液的体积比为 0.975。计算石灰石中 CO_2 的含量。

14. 含有 NaOH 和 Na_2CO_3 的试样 1.179g，溶解后用酚酞作指示剂，滴加 0.3000mol/L 的 HCl 溶液 48.16mL，溶液变为无色。再加甲基橙作指示剂，继续用该盐酸滴定，则需 24.04mL。计算试样中 NaOH 和 Na_2CO_3 的含量。

15. 已知试样中含 NaOH 或 $NaHCO_3$ 或 Na_2CO_3，或为此三种化合物中两种成分的混合物。称取 1.100g 试样，用甲基橙作指示剂，需用 31.40mL HCl 溶液。同质量的试样，若用酚酞作指示剂，需用 13.30mL HCl 溶液。已知 1.00mL HCl 溶液相当于 0.01400g CaO，计算试样中各成分的含量。

第四章

沉淀溶解平衡和沉淀滴定法

学习目标

1. 掌握溶度积 $K_{sp}^{\ominus}$ 的意义及有关计算。

2. 熟悉溶度积规则，能运用溶度积规则判断沉淀的生成或溶解。掌握在定性和定量分析中对离子沉淀完全的浓度要求。

3. 掌握分步沉淀和沉淀转化的原理。

4. 掌握沉淀滴定法的原理、测定条件、测定对象。学会用沉淀溶解平衡知识解决沉淀滴定中的应用问题

在实际工作中，经常会遇到利用沉淀反应来制取某些物质，或鉴定和分离某些离子，那么，如何判断沉淀反应是否会发生？什么条件下沉淀可以溶解？怎样才能使沉淀更完全？如果溶液中同时存在几种离子，如何控制条件实现指定的离子产生沉淀？本章将针对上述有关问题讨论难溶电解质在溶液中建立的沉淀溶解平衡。运用沉淀溶解平衡理论学习沉淀滴定法。

第一节　沉淀溶解平衡

一、溶度积常数

各种不同的物质在水中的溶解度是不同的。严格地讲，在水中没有绝对不溶解的物质，物质的溶解度只有大小之分。例如，AgCl、$CaCO_3$、$BaSO_4$ 等物质虽然溶解度很小，但溶解的部分是完全离解的，溶液中不存在未离解的分子，因此常将这些物质称为难溶强电解质或简称难溶盐。一定温度下，将 $BaSO_4$ 固体放入水中，在水分子的作用下，一部分 Ba^{2+} 和 SO_4^{2-} 由固体表面进入溶液，成为水合离子，这个过程称为溶解。另一方面，溶液中水合的 Ba^{2+} 和 SO_4^{2-} 处于无序的运动中，其中有些离子相互碰撞到固体 $BaSO_4$ 的表面时，受到固体表面的吸引力，又会重新析出或回到固体表面上来，这个过程称为沉淀。

溶解和沉淀是相互矛盾的两个过程。初期，由于溶液中水合 Ba^{2+} 和 SO_4^{2-} 浓度很小，$BaSO_4$ 的溶解速率较大，这时溶液是未饱和的；随着溶解作用的进行，Ba^{2+} 和 SO_4^{2-} 浓度逐渐增大，相互碰撞再返回固体 $BaSO_4$ 表面的机会增多，使沉淀的速率增大。当溶解的速率和沉淀的速率相等时，就建立了固体难溶电解质与溶液中相应离子间的动态平衡，这时的溶液是饱和溶液。因此，沉淀溶解平衡是一种多相平衡，简称溶解平衡。它可表示为

$$BaSO_4(s) \underset{\text{沉淀}}{\overset{\text{溶解}}{\rightleftharpoons}} Ba^{2+}(aq) + SO_4^{2-}(aq)$$

按照化学平衡表达式，则有

$$K_{sp}^{\ominus}(BaSO_4)=[c(Ba^{2+})/c^{\ominus}][c(SO_4^{2-})/c^{\ominus}]=c'(Ba^{2+})c'(SO_4^{2-})$$

$K_{sp}^{\ominus}$ 称为溶度积常数或溶度积。溶度积是难溶电解质沉淀溶解平衡的常数，它的大小反映了难溶电解质溶解能力的大小。如同其他平衡常数一样，$K_{sp}^{\ominus}$ 只与难溶电解质的本性和温度有关，与溶液浓度无关。

对于一般的难溶强电解质的溶解平衡可表示为

$$A_nB_m(s) \rightleftharpoons nA^{m+}+mB^{n-}$$

$$K_{sp}^{\ominus}(A_nB_m)=[c(A^{m+})/c^{\ominus}]^n[c(B^{n-})/c^{\ominus}]^m=[c'(A^{m+})]^n[c'(B^{n-})]^m \quad (4\text{-}1)$$

式(4-1) 中，n 和 m 分别代表离子 A^{m+} 和 B^{n-} 的系数，例如：

$$Ag_2CrO_4(s) \rightleftharpoons 2Ag^{+}+CrO_4^{2-}$$

$$K_{sp}^{\ominus}=[c'(Ag^{+})]^2[c'(CrO_4^{2-})]$$

也就是说，一般沉淀反应，不管进行得如何完全，溶液中总存在着相应的离子，它们的关系符合溶度积表达式，只是溶解能力不同，$K_{sp}^{\ominus}$ 值不同而已。常见难溶电解质的 $K_{sp}^{\ominus}$ 值列于附录的表 2。

现举例说明温度对 $K_{sp}^{\ominus}$ 的影响。从表 4-1 可知，$BaSO_4$ 的溶解度和溶度积 $K_{sp}^{\ominus}$ 是随温度的升高而增大的。但温度对 $K_{sp}^{\ominus}$ 的影响一般不大，在实际工作中，常用室温 25℃时的常数。

表 4-1 $BaSO_4$ 溶解度和溶度积随温度的变化

温度/℃	0	10	25	50	100
$BaSO_4$ 的溶解度/(mol/L)	8.2×10^{-6}	9.4×10^{-6}	1.2×10^{-5}	1.5×10^{-5}	1.7×10^{-5}
$BaSO_4$ 的溶度积 $K_{sp}^{\ominus}$	6.7×10^{-11}	8.9×10^{-11}	1.4×10^{-10}	2.1×10^{-10}	2.8×10^{-10}

严格地说，溶度积应为溶解平衡时离子活度的乘积。但因难溶电解质的溶解度很小，离子浓度很低，离子间相互作用甚微，浓度近似于活度，故在不需要精确计算时，用离子浓度代替离子活度不会引起太大的误差。

二、溶度积与溶解度的相互换算

溶度积和溶解度的大小都能用来衡量难溶电解质的溶解能力，所以它们之间必然有着密切的联系，即溶度积和溶解度之间可以互相换算❶。对于相同类型的电解质，可以通过溶度积数据直接比较其溶解度的大小；对于不同类型的电解质，可通过溶度积数据换算成溶解度后再进行比较。换算时应注意所采用的浓度单位为 mol/L，而从一些手册上查出的溶解度常以 g/100g 水表示。由于难溶电解质的溶解度很小，可以认为它们饱和溶液的密度近似等于纯水的密度，由此可使计算简化。

【例 4-1】 已知 25℃时，$BaSO_4$ 的溶解度为 0.000242g/100g H_2O，求 $BaSO_4$ 的溶度积。(已知 $BaSO_4$ 的相对分子质量为 233.4。)

解 将 $BaSO_4$ 的溶解度换算成物质的量浓度：

$$c(BaSO_4)=0.000242\times\frac{1000}{100}\times\frac{1}{233.4}=1.04\times10^{-5} \quad (mol/L)$$

$$BaSO_4(s) \rightleftharpoons Ba^{2+}(aq)+SO_4^{2-}(aq)$$

❶ 不适用于发生显著水解和配合的难溶电解质。

按照化学平衡表达式，则有

$$K_{sp}^{\ominus}=c'(Ba^{2+})c'(SO_4^{2-})=(1.04\times10^{-5})^2=1.1\times10^{-10}$$

【例 4-2】 已知 25℃时，AgCl 的 $K_{sp}^{\ominus}=1.8\times10^{-10}$，$Ag_2CrO_4$ 的 $K_{sp}^{\ominus}=1.1\times10^{-12}$，通过计算说明哪一种银盐在水中的溶解度较大。

解 ① AgCl 的溶解平衡为

$$\underset{}{AgCl(s)}\rightleftharpoons \underset{S}{Ag^+(aq)}+\underset{S}{Cl^-(aq)}$$

设 AgCl 在水中的溶解度为 S(mol/L)，则平衡时有

$$K_{sp}^{\ominus}=c'(Ag^+)c'(Cl^-)=S^2$$

$$S=\sqrt{K_{sp}^{\ominus}}=\sqrt{1.8\times10^{-10}}=1.3\times10^{-5}\ (mol/L)$$

② Ag_2CrO_4 的溶解平衡为

$$Ag_2CrO_4(s)\rightleftharpoons \underset{2S'}{2Ag^+(aq)}+\underset{S'}{CrO_4^{2-}(aq)}$$

设 Ag_2CrO_4 在水中的溶解度为 S'(mol/L)，则平衡时有

$$K_{sp}^{\ominus}=[c'(Ag^+)]^2[c'(CrO_4^{2-})]=(2S')^2S'=4S'^3$$

$$S'=\sqrt[3]{\frac{K_{sp}^{\ominus}}{4}}=\sqrt[3]{\frac{1.1\times10^{-12}}{4}}=6.5\times10^{-5}\ (mol/L)$$

计算表明，Ag_2CrO_4 在水中的溶解度比 AgCl 大。

对于相同类型的难溶电解质相互比较时，$K_{sp}^{\ominus}$ 值愈小，其溶解度也愈小。但对不同类型的难溶电解质，不能直接比较它们的 $K_{sp}^{\ominus}$ 值的大小来判断溶解度的大小，而需要进行换算，如上述例 4-2 中的情况。

第二节 溶度积规则及其应用

一、溶度积规则

在实际工作中，应用沉淀溶解平衡可以判断某难溶电解质在一定条件下能否生成沉淀，已有的沉淀能否发生溶解。为了说明这个问题，引入了离子积的概念。将溶液中两种离子实际浓度的乘积，称为离子积，用 Q_i 表示。溶度积 $K_{sp}^{\ominus}$ 与离子积 Q_i 进行比较，就可判断沉淀产生和溶解进行的方向。

(1) 若 $Q_i>K_{sp}^{\ominus}$，过饱和溶液，沉淀析出，直到溶液呈饱和状态。

(2) 若 $Q_i=K_{sp}^{\ominus}$，饱和溶液，无沉淀析出，沉淀和溶解处于动态平衡。

(3) 若 $Q_i<K_{sp}^{\ominus}$，不饱和溶液，无沉淀析出，若原来有沉淀存在，则沉淀溶解，直至溶液呈饱和状态。

以上情况是难溶电解质多相离子平衡移动的规律，称为溶度积规则。从中不难看出，通过控制离子的浓度，便可使沉淀溶解平衡发生移动，从而使平衡向着人们需要的方向转化。

二、溶度积规则的应用

1. 判断沉淀的生成或溶解

【例 4-3】 将等体积的 0.020mol/L 的 $CaCl_2$ 溶液与 0.020mol/L 的 Na_2CO_3 溶液混合，判断能否析出 $CaCO_3$ 沉淀。

解 两种溶液等体积混合后，体积增大一倍，浓度各自减小至原来的 1/2。

混合后 $$c(Ca^{2+})=\frac{0.020}{2}=0.010\ (mol/L)$$

$$c(CO_3^{2-})=\frac{0.020}{2}=0.010\ (mol/L)$$

$$Q_i=c'(Ca^{2+})c'(CO_3^{2-})=0.010\times0.010=1.0\times10^{-4}$$

查表得 $$K_{sp}^{\ominus}(CaCO_3)=2.8\times10^{-9}$$

$Q_i>K_{sp}^{\ominus}$，则有沉淀生成。

在化工生产中，利用沉淀的生成除去某些杂质离子。如在无机盐工业中，Fe^{3+} 杂质常利用调节溶液 pH 的方法，使 Fe^{3+} 生成 $Fe(OH)_3$ 沉淀而被除去。

根据溶度积规则，要使沉淀溶解，需降低难溶电解质饱和溶液中离子的浓度，即满足 $Q_i<K_{sp}^{\ominus}$ 的条件。例如，$CaCO_3$ 溶于盐酸的反应可表示如下：

$$\begin{array}{lllll} CaCO_3(s) \rightleftharpoons & Ca^{2+} & + & CO_3^{2-} & \\ & & & + & \\ 2HCl \longrightarrow & 2Cl^- & + & 2H^+ & \\ & & & \Updownarrow & \\ & & & H_2CO_3 \longrightarrow & CO_2\uparrow+H_2O \end{array}$$

由于 H^+ 与 CO_3^{2-} 结合生成易分解的弱酸 H_2CO_3，使得 CO_3^{2-} 浓度降低，导致 $Q_i<K_{sp}^{\ominus}$，结果 $CaCO_3$ 溶解。实验室中常利用此反应制取 CO_2。

除了利用生成弱电解质使沉淀溶解，还可以通过发生氧化还原反应，生成难离解的配离子等途径，使沉淀溶解。例如：

$$3CuS+8HNO_3 \longrightarrow 3Cu(NO_3)_2+3S\downarrow+2NO\uparrow+4H_2O$$

$$AgCl+2S_2O_3^{2-} \longrightarrow [Ag(S_2O_3)_2]^{3-}+Cl^-$$

AgCl 溶于 $Na_2S_2O_3$ 溶液的反应广泛用于照相术中。

2. 判断沉淀的完全程度

当用沉淀反应制备产品或分离杂质时，沉淀是否完全是人们最关心的问题。由于难溶电解质溶液中存在着沉淀溶解平衡，一定温度下 $K_{sp}^{\ominus}$ 为常数，因此，没有任何一种沉淀反应是绝对完全的。所谓“沉淀完全”并不是说溶液中某种离子完全不存在，而是其含量极少。在定性分析中一般要求离子浓度小于 **1.0×10^{-5}mol/L**，在定量分析中通常要求离子浓度小于 **10^{-6}mol/L**，就可以认为沉淀完全了。

【例 4-4】 欲分析溶液中 Ba^{2+} 的含量，常加入 SO_4^{2-} 作沉淀剂。判断下列两种情况下溶液中的 Ba^{2+} 是否沉淀完全。

（1）将 0.010mol/L 的 $BaCl_2$ 溶液与 0.010mol/L 的 Na_2SO_4 溶液等体积混合；

（2）将 100mL 0.020mol/L 的 $BaCl_2$ 溶液与 100mL 0.040mol/L 的 Na_2SO_4 溶液混合。

解 （1）$BaSO_4(s) \rightleftharpoons Ba^{2+} + SO_4^{2-}$ 　　查表知 $K_{sp}^{\ominus}(BaSO_4) = 1.1\times10^{-10}$

$$K_{sp}^{\ominus}(BaSO_4) = c'(Ba^{2+})c'(SO_4^{2-})$$

$$c'(Ba^{2+}) = c'(SO_4^{2-}) = \sqrt{K_{sp}^{\ominus}(BaSO_4)} = 1.1\times10^{-5}$$

$$c(Ba^{2+}) = c(SO_4^{2-}) = 1.1\times10^{-5}\,mol/L$$

求得离子浓度大于 1.0×10^{-5}mol/L，说明此时 Ba^{2+} 未能沉淀完全。

（2）此题 Na_2SO_4 溶液过量。过量的 SO_4^{2-} 会对沉淀溶解平衡产生影响。

剩余的 SO_4^{2-} 浓度为

$$c(SO_4^{2-}) = \frac{0.040\times0.10 - 0.020\times0.10}{0.20} = 0.010\ (mol/L)$$

$$BaSO_4(s) \rightleftharpoons Ba^{2+} + SO_4^{2-}$$

平衡浓度/(mol/L)　　　x　　$x+0.010$

$$K_{sp}^{\ominus}(BaSO_4) = c'(Ba^{2+})c'(SO_4^{2-}) = x(x+0.010)$$

由题（1）的计算可知，x 值很小，可认为 $x+0.010\approx0.010$，则

$$c'(Ba^{2+}) = \frac{K_{sp}^{\ominus}(BaSO_4)}{c'(SO_4^{2-})} = \frac{1.1\times10^{-10}}{0.010} = 1.1\times10^{-8}$$

$$c(Ba^{2+}) = 1.1\times10^{-8}\,mol/L$$

求得离子浓度小于 1.0×10^{-5}mol/L，说明此时 Ba^{2+} 已沉淀完全。

从例 4-4 的（2）可见，当溶液中 SO_4^{2-} 过量时，残留的 Ba^{2+} 浓度减小。其结果导致 $BaSO_4$ 溶解度降低。这种因加入与沉淀离子含有共同离子的易溶强电解质而使沉淀溶解度降低的效应，叫做沉淀溶解平衡中的同离子效应。

在生产上欲使某种离子沉淀完全，可将另一种离子（即沉淀剂）过量。例如，由硝酸银和盐酸为原料生产 AgCl，由于硝酸银来自金属银，银为贵重金属，应充分利用，因此常加入过量的盐酸促使 Ag^+ 沉淀完全。又如，在重量分析法中，从溶液中析出的沉淀因吸附杂质而需洗涤，为了减少洗涤时沉淀的溶解损失，根据同离子效应，常利用含有相同离子的溶液代替纯水洗涤沉淀。例如，洗涤 CaC_2O_4 沉淀常用稀 $(NH_4)_2C_2O_4$ 作为洗涤液。

从同离子效应的角度来看，加入过量的沉淀剂，会使沉淀反应进行得更完全。那么，加入的沉淀剂是否愈多愈好呢？实验证明，在难溶电解质如 $PbSO_4$ 的饱和溶液中，加入过量的沉淀剂 Na_2SO_4，开始时 Na_2SO_4 对 $PbSO_4$ 产生同离子效应，使 $PbSO_4$ 的溶解度减小。但当 Na_2SO_4 浓度超过 0.04mol/L 时，$PbSO_4$ 的溶解度却随着 Na_2SO_4 浓度的增大而增大，见表 4-2 和图 4-1。

表 4-2　$PbSO_4$ 在 Na_2SO_4 溶液中的溶解度（25℃）

Na_2SO_4/(mol/L)	0	0.001	0.01	0.02	0.04	0.10	0.20
$PbSO_4$/(mol/L)	1.5×10^{-4}	2.4×10^{-5}	1.6×10^{-5}	1.4×10^{-5}	1.3×10^{-5}	1.5×10^{-5}	2.3×10^{-5}

再如，$PbSO_4$ 和 AgCl 在 KNO_3 溶液中的溶解度都大于纯水中的溶解度，而且 KNO_3 溶液愈浓，沉淀的溶解度愈大。这种因加入易溶强电解质而使难溶电解质溶解度增大的效应，称为盐效应。如果加入的物质是强酸或强碱，只要不发生反应，也称为盐效应。

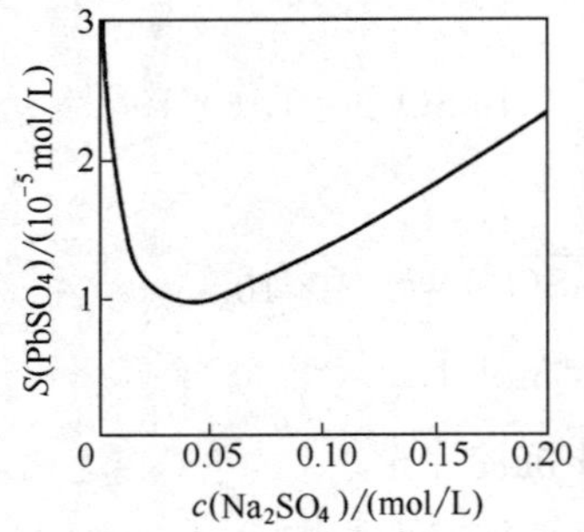

图 4-1 $PbSO_4$ 在 Na_2SO_4 溶液中的溶解度

产生盐效应的原因是由于易溶强电解质的存在，溶液中阴、阳离子的浓度增大，离子间的相互吸引和相互牵制作用加强，阻碍了离子的自由运动，使离子与沉淀表面相互碰撞的次数减少，导致沉淀速率减慢，破坏了原来的沉淀溶解平衡，使平衡向溶解方向移动。当建立起新的平衡时，沉淀的溶解度必然有所增大。

盐效应常会减弱同离子效应对降低沉淀溶解度的效果。因此，欲使沉淀完全，沉淀剂的加入量必须适当，但并非沉淀剂加入越多，沉淀越完全。在分析工作中，不少沉淀剂都是强电解质，因此在进行沉淀反应时，沉淀剂不可过量太多，以防止盐效应、酸效应及配位效应等副反应对溶解度的影响。此外，加入过多的沉淀剂不仅浪费试剂，而且易造成试剂中杂质的污染。一般而言，对在烘干或灼烧时易挥发除去的沉淀剂可过量 50%～100%，对不易挥发除去的沉淀剂以过量 20%～30%为宜。

实际上盐效应普遍存在。在无机试剂的制备中，若在浓溶液中欲使杂质沉淀，往往得不到预期的效果。例如，在硝酸盐溶液中以 Ba^{2+} 沉淀 SO_4^{2-} 时，留在溶液中的 Ba^{2+} 和 SO_4^{2-} 浓度之积远远大于 $BaSO_4$ 的溶度积。

盐效应的大小与外加电解质的浓度和离子电荷有关。外加电解质的浓度越大，离子所带电荷越多，盐效应就越显著。当外加可溶性强电解质的总浓度不超过 0.01mol/L 时，可以忽略盐效应的影响。

三、分步沉淀和沉淀的转化

1. 分步沉淀

以上讨论的沉淀反应是溶液中只存在一种能生成沉淀的离子。在科学实验和生产中，常常会遇到溶液中同时存在几种离子，当加入某种沉淀剂时，各种沉淀会相继生成。由于不同沉淀的溶解度不同，沉淀反应将按照一定顺序进行。例如，在含有相同浓度的 Cl^- 和 I^- 的溶液中，逐滴加入 $AgNO_3$ 溶液，刚开始时仅生成黄色的 AgI 沉淀，加入一定量的 $AgNO_3$ 溶液之后，才出现白色的 AgCl 沉淀。**这种由于难溶电解质的溶解度不同而出现先后沉淀的现象称为分步沉淀。**

那么，为什么 AgI 沉淀在先，而 AgCl 沉淀在后？当 AgI 沉淀进行到什么程度才出现 AgCl 沉淀？这些问题都可以运用溶度积规则来说明。

设溶液中含有 0.01mol/L I^- 和 0.01mol/L Cl^-，通过计算定量说明上述实验结果。

根据溶度积理论，求出开始沉淀 I^- 和 Cl^- 所需要的 Ag^+ 浓度，哪种离子沉淀时所需的 Ag^+ 浓度小，哪种离子就首先沉淀出来。

$$AgI(s) \rightleftharpoons Ag^+ + I^- \qquad K_{sp}^{\ominus}(AgI) = 8.3 \times 10^{-17}$$

$$AgCl(s) \rightleftharpoons Ag^+ + Cl^- \qquad K_{sp}^{\ominus}(AgCl) = 1.8 \times 10^{-10}$$

AgI 开始沉淀时所需 Ag^+ 浓度：

$$c'(Ag^+)=\frac{K_{sp}^{\ominus}(AgI)}{c'(I^-)}=\frac{8.3\times10^{-17}}{0.01}=8.3\times10^{-15}$$

$$c(Ag^+)=8.3\times10^{-15}\,mol/L$$

AgCl 开始沉淀时所需 Ag^+ 浓度：

$$c'(Ag^+)=\frac{K_{sp}^{\ominus}(AgCl)}{c'(Cl^-)}=\frac{1.8\times10^{-10}}{0.01}=1.8\times10^{-8}$$

$$c(Ag^+)=1.8\times10^{-8}\,mol/L$$

计算结果表明，在滴加 Ag^+ 的过程中，I^- 沉淀时所需最低的 Ag^+ 浓度小，AgI 首先达到其溶度积，故 AgI 首先沉淀。那么，待 AgCl 开始析出时，溶液中的 I^- 是否已经沉淀完全了呢?

由前面的计算可知，AgI 沉淀开始析出时，Ag^+ 浓度为 8.3×10^{-15} mol/L，随着 $AgNO_3$ 的不断加入，AgI 不断析出，此时，溶液中 I^- 浓度不断减小，而 Ag^+ 浓度不断增大。当 Ag^+ 浓度增大至 1.8×10^{-8} mol/L 时，AgCl 开始析出。此时，溶液中 I^- 的浓度为

$$c'(I^-)=\frac{K_{sp}^{\ominus}(AgI)}{1.8\times10^{-8}}=\frac{8.3\times10^{-17}}{1.8\times10^{-8}}=4.6\times10^{-9}$$

$$c(I^-)=4.6\times10^{-9}\,mol/L$$

可见，当 AgCl 开始沉淀时，I^- 浓度已由原来的 0.01mol/L 降低到 4.6×10^{-9} mol/L，大大低于离子沉淀完全所要求的浓度 1.0×10^{-5} mol/L，所以当 AgCl 开始沉淀时，溶液中的 I^- 早已沉淀完全了。

由此例可看出，在混合离子的溶液中，先达到溶度积的离子先沉淀，这就是分步沉淀的原理。利用分步沉淀的原理，可使两种离子分离。对于那些同一类型的难溶电解质，溶度积相差越大，离子分离的效果就越好。

【例 4-5】 已知某溶液中含有 0.10mol/L 的 Ni^{2+} 和 0.10mol/L 的 Fe^{3+}，试问能否通过控制 pH 的方法达到分离这两种离子的目的。

解 $Ni(OH)_2(s) \rightleftharpoons Ni^{2+}+2OH^-$ $\quad K_{sp}^{\ominus}[Ni(OH)_2]=2.0\times10^{-15}$

$Fe(OH)_3(s) \rightleftharpoons Fe^{3+}+3OH^-$ $\quad K_{sp}^{\ominus}[Fe(OH)_3]=4\times10^{-38}$

欲使 Ni^{2+} 开始沉淀，所需的最低 OH^- 浓度为

$$c'(OH^-)=\sqrt{\frac{K_{sp}^{\ominus}[Ni(OH)_2]}{c'(Ni^{2+})}}=\sqrt{\frac{2.0\times10^{-15}}{0.10}}=1.4\times10^{-7}$$

$$c(OH^-)=1.4\times10^{-7}\,mol/L$$

$$pOH=6.9 \qquad pH=7.1$$

欲使 Fe^{3+} 开始沉淀，所需的最低 OH^- 浓度为

$$c'(OH^-)=\sqrt[3]{\frac{K_{sp}^{\ominus}[Fe(OH)_3]}{c'(Fe^{3+})}}=\sqrt[3]{\frac{4\times10^{-38}}{0.10}}=7.37\times10^{-13}$$

$$c(OH^-)=7.37\times10^{-13}\,mol/L$$

$$pOH=12.1 \qquad pH=1.9$$

可见，当在混合溶液中加入 OH^- 时，Fe^{3+} 沉淀时所需的最低 OH^- 浓度小，故 Fe^{3+} 首先沉淀。

当 Fe^{3+} 沉淀完全时，溶液中 OH^- 的浓度为

$$c'(OH^-)=\sqrt[3]{\frac{K_{sp}^{\ominus}[Fe(OH)_3]}{1.0\times10^{-5}}}=\sqrt[3]{\frac{4\times10^{-38}}{1.0\times10^{-5}}}=1.6\times10^{-11}$$

$$c(OH^-)=1.6\times10^{-11}\ mol/L$$

$$pOH=10.8 \qquad pH=3.2$$

由此可见，当 Fe^{3+} 沉淀完全时，溶液中的 OH^- 浓度小于 Ni^{2+} 沉淀时所需的最低 OH^- 浓度，不能使 $Ni(OH)_2$ 生成。因此溶液的 pH 只要控制在 3.2～7.1，就能使两者实现分离。

2. 沉淀的转化

将一种难溶电解质转化为另一种难溶电解质的现象，称为沉淀的转化。在实际工作中，常遇到沉淀的转化问题。例如，锅炉的水垢中含有不溶于酸的 $CaSO_4$。由于锅垢不易传热，不仅消耗能源，还可能造成局部过热，引起锅炉爆炸。因此，应除去 $CaSO_4$。$CaSO_4$ 不溶于酸，但用 Na_2CO_3 溶液处理后，可使 $CaSO_4$ 转化为疏松的可溶于酸的 $CaCO_3$，这样水垢的清除就易于实现了。$CaSO_4$ 转化为 $CaCO_3$ 的反应过程为

$$\begin{array}{rcl} CaSO_4(s) \rightleftharpoons SO_4^{2-} & + & Ca^{2+} \\ & & + \\ Na_2CO_3 \longrightarrow 2Na^+ & + & CO_3^{2-} \\ & & \Downarrow \\ & & CaCO_3(s) \end{array}$$

由于 $K_{sp}^{\ominus}(CaCO_3)=2.8\times10^{-9}$，小于 $K_{sp}^{\ominus}(CaSO_4)=9.1\times10^{-6}$，在饱和的 $CaSO_4$ 溶液中加入 Na_2CO_3 后，Ca^{2+} 与 CO_3^{2-} 结合生成更难溶的 $CaCO_3$，从而降低了溶液中 Ca^{2+} 的浓度。这时，对于 $CaSO_4$ 来说变为不饱和溶液，故 $CaSO_4$ 逐渐溶解。只要加入足量的 Na_2CO_3，保持 Ca^{2+} 沉淀时所需要的 CO_3^{2-} 浓度，就能使 $CaSO_4$ 全部转化成 $CaCO_3$。$CaCO_3$ 是一种弱酸盐，极易溶于强酸中。

由此可见，借助适当的试剂，可将许多难溶电解质转化为更难溶的电解质。沉淀转化的难易程度取决于这两种沉淀物溶解度的相对大小。一般来说，由一种难溶电解质转化为另一种更难溶的电解质的过程容易实现。但是将溶解度较小的电解质转化为溶解度较大的电解质也并非是不可能的，不过这要困难得多。对于两种化合物溶解度相差不大的沉淀，采取一定措施，可实现这种转化。例如，$K_{sp}^{\ominus}(BaSO_4)=1.1\times10^{-10}$，$K_{sp}^{\ominus}(BaCO_3)=5.1\times10^{-9}$，加入 Na_2CO_3 试剂时，重复操作几次，$BaSO_4$ 可以转化为 $BaCO_3$。其条件是

$$\frac{c'(CO_3^{2-})}{c'(SO_4^{2-})}=\frac{K_{sp}^{\ominus}(BaCO_3)}{K_{sp}^{\ominus}(BaSO_4)}=\frac{5.1\times10^{-9}}{1.1\times10^{-10}}=46$$

上式表明，如将 $BaSO_4$ 转化为 $BaCO_3$，溶液中 $c(CO_3^{2-})$ 应超过 $c(SO_4^{2-})$ 的 46 倍以上。由于 $c(SO_4^{2-})$ 很低，所以可满足这一条件。应注意的是，在反应进行中，$c(CO_3^{2-})$ 随着反应的进行而逐渐降低，$c(SO_4^{2-})$ 则不断增大。当 $c(CO_3^{2-})/c(SO_4^{2-})=46$ 时，反应趋于平衡，转化不能继续进行。此时，可将上层清液倒掉，再加入新的 Na_2CO_3 溶液，转化反应重新发生。如此反复处理 3～4 次，就能将 $BaSO_4$ 全部转化为 $BaCO_3$。其反应式为

$$BaSO_4(s)+CO_3^{2-} \rightleftharpoons BaCO_3(s)+SO_4^{2-}$$

第三节 沉淀滴定法

沉淀滴定法是建立在沉淀溶解平衡基础上的滴定分析方法。沉淀滴定法产生于18世纪末期，以创立了准确的测定氯的银量法而奠定了沉淀滴定法的基础。然而，迄今并未有很大的发展。主要是因为沉淀反应为多相反应，或因其反应速率缓慢，尤其是一些晶状沉淀，易产生过饱和现象；沉淀的溶解度较大，计量点时沉淀不完全；副反应及共沉淀现象；缺乏适当的指示剂等都限制了沉淀滴定法的应用范围。能用于滴定分析的沉淀反应必须符合下列条件。

① 沉淀反应按一定的化学计量关系进行，生成沉淀的溶解度要小。对于1∶1型沉淀，其 $K_{sp}^{\ominus} \leqslant 10^{-10}$。

② 反应速率要快，不易形成过饱和溶液。

③ 沉淀的吸附现象不影响滴定终点。

④ 有确定化学计量点的简单方法。

能符合以上条件，并在分析上应用最为广泛的是银量法。银量法是利用生成难溶性银盐的反应进行滴定的分析方法。银量法主要用于测定 Cl^-、Br^-、I^-、SCN^-、Ag^+ 等以及一些含卤素的有机化合物，在化学工业、环境监测、水质分析、农药检验及冶金工业中具有重要的意义。

除银量法之外，还有一些利用其他沉淀反应的滴定分析方法。例如四苯硼酸钠滴定分析法测钾肥中的钾含量，Zn^{2+} 与 $K_4[Fe(CN)_6]$ 生成 $K_2Zn_3[Fe(CN)_6]_2$ 沉淀的反应等。本章主要讨论银量法。根据滴定终点所采用的指示剂不同，银量法分为莫尔法、福尔哈德法和法扬司法。

一、莫尔法

1. 测定原理

莫尔法是1856年由莫尔创立的。莫尔法是在中性或弱碱性溶液中以铬酸钾（K_2CrO_4）作指示剂，用 $AgNO_3$ 标准溶液滴定的一种银量法。下面以测定 Cl^- 为例，说明莫尔法的测定原理。

滴定反应

$$Ag^+ + Cl^- \longrightarrow AgCl\downarrow(白) \qquad K_{sp}^{\ominus}(AgCl) = 1.8\times10^{-10}$$

终点反应

$$2Ag^+ + CrO_4^{2-} \longrightarrow Ag_2CrO_4\downarrow(砖红) \quad K_{sp}^{\ominus}(Ag_2CrO_4) = 1.1\times10^{-12}$$

由于 Ag_2CrO_4 沉淀的溶解度（6.5×10^{-5} mol/L）比 AgCl 沉淀的溶解度（1.3×10^{-5} mol/L）大，根据分步沉淀的原理，当用 $AgNO_3$ 溶液滴定时，溶液中将首先析出 AgCl 沉淀。当 AgCl 定量沉淀后，稍微过量的 Ag^+ 与 CrO_4^{2-} 反应生成砖红色的 Ag_2CrO_4 沉淀，即为滴定终点。

2. 滴定条件

（1）指示剂用量　在化学计量点时，溶液中的 Ag^+ 浓度应为

$$c'(Ag^+) = \sqrt{K_{sp}^{\ominus}(AgCl)} = \sqrt{1.8\times10^{-10}} = 1.3\times10^{-5}$$

$$c(Ag^+) = 1.3\times10^{-5}\,mol/L$$

Ag_2CrO_4 的砖红色恰好在此时出现，则溶液中的 $c(CrO_4^{2-})$ 为

$$c'(CrO_4^{2-})=\frac{K_{sp}^{\ominus}(Ag_2CrO_4)}{[c'(Ag^+)]^2}=\frac{1.1\times10^{-12}}{(1.3\times10^{-5})^2}=6.5\times10^{-3}$$

$$c(CrO_4^{2-})=6.5\times10^{-3}\,mol/L$$

计算表明，在化学计量点时，恰好析出 Ag_2CrO_4 沉淀所需的 $c(CrO_4^{2-})$ 为 6.5×10^{-3} mol/L。这时，Ag_2CrO_4 溶液刚刚饱和，若要析出 Ag_2CrO_4 沉淀，$c(CrO_4^{2-})$ 应稍大些。由于 K_2CrO_4 溶液呈黄色，要在黄色背景下观察到微量的砖红色 Ag_2CrO_4 沉淀，是比较困难的。实验表明，CrO_4^{2-} 浓度保持在 5×10^{-3} mol/L（相当于每 50～100mL 溶液中加入 5% 的 K_2CrO_4 溶液 0.5～1.0mL）为宜，在此浓度下，才能从浅黄色中辨别出砖红色终点。滴定误差小于 0.1%。

（2）溶液酸度　莫尔法要求溶液的 **pH** 控制在 **6.5～10.5** 之间。当 pH<6.5 时，CrO_4^{2-} 将有如下反应：

$$2CrO_4^{2-}+2H^+\rightleftharpoons 2HCrO_4^-\rightleftharpoons Cr_2O_7^{2-}+H_2O$$

因而降低了 CrO_4^{2-} 的浓度，造成 Ag_2CrO_4 沉淀出现过迟，甚至不生成沉淀。当 pH>10.5 时，将有褐色的 Ag_2O 沉淀析出，影响滴定的准确度。

$$2Ag^+ + 2OH^- \longrightarrow \underset{(褐色)}{Ag_2O}\downarrow + H_2O$$

因此，莫尔法要求在中性或弱碱性溶液中进行滴定。若溶液酸性太强，可用 $Na_2B_4O_7\cdot10H_2O$、$NaHCO_3$ 或 $CaCO_3$ 中和；若溶液碱性太强，可用稀 HNO_3 溶液中和。

当溶液中有铵盐存在时，pH 较高易形成 NH_3，使 Ag^+ 与 NH_3 形成 $[Ag(NH_3)_2]^+$ 而多消耗 $AgNO_3$ 标准溶液。因此滴定时，溶液的酸度应控制在 6.5～7.2 为宜。

（3）应注意的问题

① 莫尔法要求在室温下滴定，以防止 Ag_2CrO_4 沉淀溶解度增大并降低指示剂的灵敏度。

② 在滴定过程中生成的 AgCl 沉淀易吸附溶液中尚未反应的 Cl^-，滴定终点将过早出现，而产生较大误差。因此滴定时必须剧烈摇动锥形瓶，使被吸附的 Cl^- 释放出来。

③ 若试样中含有能与 Ag^+ 和 CrO_4^{2-} 生成沉淀或配位的离子，以及在中性或弱碱性溶液中易水解的离子，可采用掩蔽和分离的方法处理后再进行滴定。

3. 应用范围

莫尔法可用于直接测定 Cl^-、Br^- 的含量。当两者共存时，测定的是其总量。莫尔法不适宜测定 I^- 和 SCN^-，因为 AgI 和 AgSCN 沉淀吸附现象严重，使滴定终点过早出现，造成较大的滴定误差。

测定 Ag^+ 时，需利用返滴定法。即向待测溶液中加入过量的 NaCl 标准溶液，然后再用 $AgNO_3$ 标准溶液滴定剩余的 NaCl。若直接滴定，由于指示剂已与 Ag^+ 生成 Ag_2CrO_4 沉淀，Ag_2CrO_4 转化为 AgCl 的速率较慢，滴定终点难以确定。

二、福尔哈德法

1. 测定原理

福尔哈德法是由福尔哈德于 1898 年创立的，是在酸性溶液中，以铁铵矾 [$\mathbf{NH_4Fe(SO_4)_2\cdot12H_2O}$] 作指示剂来确定滴定终点的一种银量法。根据滴定方式不同，福尔哈德法分为直接滴定法和返滴定法。

（1）直接滴定法　在稀 HNO_3 溶液中，以铁铵矾作指示剂，用 NH_4SCN 标准溶液直接滴定被测物质。当滴定至化学计量点时，稍微过量的 SCN^- 与 Fe^{3+} 生成稳定的 $[FeSCN]^{2+}$ 配离子，溶液呈红色，即为滴定终点。如 Ag^+ 的测定，反应如下：

滴定反应　$Ag^+ + SCN^- \longrightarrow AgSCN\downarrow$（白色）

终点反应　$Fe^{3+} + SCN^- \longrightarrow [FeSCN]^{2+}$（红色）

由于生成的 AgSCN 沉淀能吸附溶液中的 Ag^+，而少消耗 NH_4SCN 标准溶液使终点提前出现，因此在滴定过程中需剧烈摇动锥形瓶，使被吸附的 Ag^+ 释放出来。

直接滴定法可用于直接测定 Ag^+，优于莫尔法。

（2）返滴定法　在待测试液中，加入过量的准确体积的 $AgNO_3$ 标准溶液，待 $AgNO_3$ 与被测物质反应完全后，以铁铵矾为指示剂，用 NH_4SCN 标准溶液滴定剩余的 Ag^+。滴定至溶液出现浅红色时，即为终点。如 Cl^- 的测定，反应如下：

Ag^+（过量）$+ Cl^- \longrightarrow AgCl\downarrow$（白色）　$K^{\ominus}_{sp}(AgCl) = 1.8\times10^{-10}$

滴定反应

Ag^+（剩余量）$+ SCN^- \longrightarrow AgSCN\downarrow$（白色）　$K^{\ominus}_{sp}(AgSCN) = 1.0\times10^{-12}$

终点反应

$Fe^{3+} + SCN^- \longrightarrow [FeSCN]^{2+}$（红色）

返滴定法可测定 Cl^-、Br^-、I^-、SCN^-。

2. 滴定条件

（1）指示剂用量　实验证明，终点时要观察到明显的微红色，$[FeSCN]^{2+}$ 的最低浓度应达到 6×10^{-6}mol/L 左右，此时 $c(Fe^{3+}) = 0.04$mol/L，由于 Fe^{3+} 在浓度较高时使溶液呈较深的橙黄色，妨碍终点的观察。因此，Fe^{3+} 的浓度应保持在 0.015mol/L，可以得到满意的结果，滴定误差为 0.2%。

（2）溶液酸度　福尔哈德法适用于在 0.1～1mol/L 的 HNO_3 溶液介质中进行。溶液的酸度不宜过高（HSCN 的 $K^{\ominus}_a = 0.13$），否则会使 SCN^- 浓度降低；在中性或弱碱性溶液中，Fe^{3+} 将水解生成褐色的 $Fe(OH)_3$ 沉淀，降低了 Fe^{3+} 的浓度。Ag^+ 在碱性溶液中会生成褐色的 Ag_2O 沉淀，影响终点的确定。由于福尔哈德法要求在酸性介质中进行，许多弱酸根离子如 PO_4^{3-}、SO_3^{2-}、CO_3^{2-}、CrO_4^{2-}、$C_2O_4^{2-}$ 等都不会与 Ag^+ 生成沉淀，也可免除某些能形成氢氧化物的阳离子的干扰。此方法的选择性较高。

（3）应注意的问题

① 用福尔哈德法测定 I^- 时，应先加入过量的 $AgNO_3$，待 AgI 定量沉淀后，再加入铁铵矾指示剂，以避免 Fe^{3+} 将 I^- 氧化为 I_2，导致测定结果偏低。

② 用福尔哈德法测定 Cl^- 时，因为 AgCl 的溶解度比 AgSCN 大，临近终点时，微过量的 SCN^- 能与 AgCl 沉淀发生反应，使 AgCl 转化为 AgSCN，红色消失。

$$AgCl + SCN^- \longrightarrow AgSCN\downarrow + Cl^-$$

（白色）

继续滴加 NH_4SCN，形成的红色又随着摇动而消失，这种转化作用将继续进行到 Cl^-

与 SCN^- 浓度之间建立一定的平衡关系，才会出现持久的红色，但这样必然会多消耗 NH_4SCN 溶液，从而使测得的 Cl^- 含量偏低，造成较大的测定误差。因此，应设法将 AgCl 沉淀与溶液分开。方法之一是在返滴定前将 AgCl 沉淀过滤除去，但操作麻烦。另一方法是加入有机溶剂，如硝基苯(有毒!)或邻苯二甲酸二丁酯，用力摇动，使 AgCl 沉淀颗粒被包裹起来，使之与溶液隔离，阻止 AgCl 沉淀与 NH_4SCN 发生转化。该方法简便，效果好。

AgBr 和 AgI 的溶解度都比 AgSCN 的溶解度小，所以测定 Br^- 和 I^- 不存在沉淀的转化问题。

三、法扬司法

1. 测定原理

1923 年法扬司提出了一种采用吸附指示剂的银量法，故称为法扬司法。吸附指示剂是一类有色的有机化合物，一般为有机弱酸。它们在水溶液中离解为具有一定颜色的阴离子，被带正电荷的沉淀胶粒吸附后，其结构发生变化，从而引起颜色的变化。现以 $AgNO_3$ 标准溶液滴定 NaCl 溶液为例，说明荧光黄指示剂的作用原理。

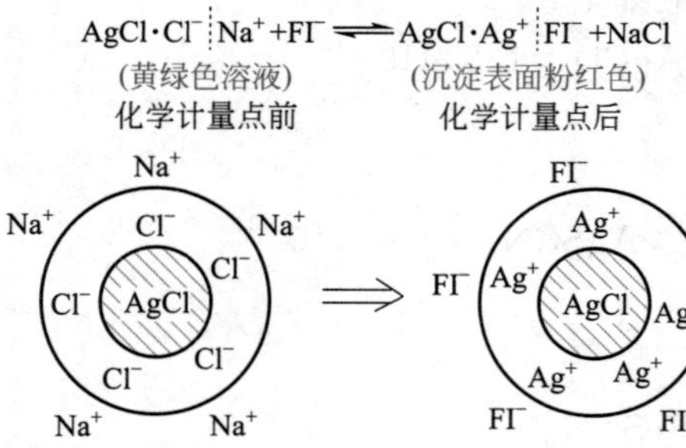

图 4-2 AgCl 沉淀表面吸附示意图

荧光黄是一种有机弱酸，用 HFI 表示。在水溶液中，荧光黄离解成黄绿色的 FI^-。

$$HFI \rightleftharpoons H^+ + FI^-$$

在化学计量点前，生成的 AgCl 沉淀吸附溶液中尚未反应的 Cl^-，形成 $AgCl \cdot Cl^-$ 而带负电荷。荧光黄阴离子不被吸附，溶液仍为黄绿色。达到化学计量点，微过量的 $AgNO_3$ 可使 AgCl 沉淀吸附 Ag^+，形成 $AgCl \cdot Ag^+$ 而带正电荷，$AgCl \cdot Ag^+$ 吸附荧光黄阴离子 FI^-，生成 AgCl · AgFI，使结构发生变化而呈现粉红色，即到达了终点，如图 4-2 所示。也可用下式表示这一变化过程：

$$Cl^- \xrightarrow{AgNO_3} AgCl(s) \xrightarrow{\text{吸附 } Cl^-} AgCl \cdot Cl^- \xrightarrow[\text{化学计量点}]{AgNO_3} AgCl \xrightarrow{AgNO_3\text{ 微过量}} AgCl \cdot Ag^+$$

$$\xrightarrow{\text{吸附 } FI^-} AgCl \cdot Ag \cdot FI(\text{粉红色终点})$$

如果用 NaCl 溶液滴定 Ag^+，则滴定终点颜色的变化正好相反，即由粉红色变为黄绿色。

2. 滴定条件

(1) 保持沉淀呈胶体状态　由于吸附指示剂确定终点是发生在沉淀的表面上，为了使终点变色明显，应尽可能使卤化银沉淀呈胶体状态，以拥有较大的沉淀表面积。滴定之前，可加入糊精或淀粉作胶体保护剂，防止卤化银沉淀凝聚。此外，在滴定前将待测溶液适当稀释，也有利于沉淀保持胶体状态。

(2) 控制溶液酸度　常用的吸附指示剂大多是有机弱酸，而且与指示剂作用的是阴离子。酸度大时，H^+ 与指示剂阴离子结合成不被吸附的分子，无法指示终点。常用吸附指示剂的酸度范围见表 4-3。

吸附指示剂种类较多，性质各异。由于它们的离解常数不同，适用的酸度范围也不同。

(3) 避免强光照射　卤化银胶体对光极其敏感，见光分解并析出金属银而变为灰黑色，影响滴定终点的观察。因此，不要在强光直射下进行滴定。

表 4-3 常用吸附指示剂的酸度范围

被测离子	指示剂	滴定 pH 条件	终点颜色变化
Cl^-	荧光黄	7～10	黄绿⟶粉红
Cl^-	二氯荧光黄	4～10	黄绿⟶红
Br^-、I^-、SCN^-	曙红	2～10	黄红⟶红紫
I^-	二甲基二碘荧光黄	中性	黄红⟶红紫
SCN^-	溴甲酚绿	4～5	黄⟶蓝
Ag^+	甲基紫	酸性	蓝⟶紫

在银量法中，常用的两种标准溶液是 $AgNO_3$ 和 NH_4SCN。$AgNO_3$ 标准溶液可采用基准试剂直接配制；也可采用间接方法配制，用 NaCl 基准试剂标定。用于配制 $AgNO_3$ 标准溶液的蒸馏水应不含 Cl^-，配好的 $AgNO_3$ 标准溶液应贮存于棕色瓶中，避光保存。NH_4SCN 不易提纯，而且易潮解，故不能用直接法配制，可配成近似浓度的溶液后，用 $AgNO_3$ 标准溶液标定。

阅读材料

沉淀的类型和沉淀的条件

沉淀可分为晶形沉淀和非晶形沉淀（又称无定形沉淀）两大类型。$BaSO_4$ 是典型的晶形沉淀，$Fe_2O_3 \cdot nH_2O$ 是典型的非晶形沉淀。AgCl 是一种凝乳状沉淀，按其性质来说，介于两者之间。它们的最大差别是沉淀颗粒的大小不同。颗粒最大的是晶形沉淀，其直径为 0.1～1.0μm；无定形沉淀的颗粒很小，直径一般小于 0.02μm；凝乳状沉淀的颗粒大小介于两者之间。

晶形沉淀内部排列较规则，从整个沉淀外形来看，由于晶形沉淀是由较大的沉淀颗粒组成，结构紧密，所以整个沉淀所占的体积是比较小的，易于沉降和过滤。

非晶形沉淀是由许多疏松聚集在一起的微小沉淀颗粒组成的，没有明显的晶格，沉淀颗粒的排列杂乱无章，其中又包含大量数目不定的水分子，结构疏松，整个沉淀体积庞大，易吸附杂质，难以洗干净，也难以沉降和过滤。

晶体类型和颗粒大小，既取决于物质的本性，又取决于沉淀的条件以及沉淀预处理方法。在实际工作中，需根据不同的沉淀类型选择不同的沉淀条件，以获得合乎要求的沉淀。

对晶形沉淀，要在热的稀溶液中，在搅拌下慢慢加入稀沉淀剂进行沉淀。沉淀以后，将沉淀与母液一起放置，使其“陈化”，目的是使不完整的晶粒转化变得较完整，小晶粒转化为大晶粒。陈化过程中，随着小晶粒的溶解，被吸附、保留或包藏在沉淀内部的杂质重新进入溶液，可提高沉淀的纯度。

对非晶形沉淀，则在热的浓溶液中进行沉淀，同时加入大量电解质以加速沉淀微粒凝聚，防止形成胶体溶液。沉淀完毕，立即过滤，不必陈化。

本章小结

本章学习两部分内容：一是运用化学平衡原理，讨论难溶电解质的溶解平衡规律及应用；二是运用沉淀溶解平衡原理，讨论沉淀滴定法的测定原理及方法。

一、沉淀溶解平衡

（1）难溶强电解质的沉淀溶解平衡具有以下特点：

① 是一种多相平衡，可表示为 $A_mB_n(s) \rightleftharpoons mA^{n+} + nB^{m-}$；

② 是一种动态平衡，且是暂时的、相对的、有条件的。

（2）溶度积常数 $K_{sp}^{\ominus}$ 的大小反映了难溶电解质的溶解能力。对于同一类型的难溶电解质，可直接用 $K_{sp}^{\ominus}$ 衡量其溶解程度的大小；对于不同类型的难溶电解质，可换算成溶解度后再进行比较。

（3）利用溶度积规则可判断沉淀的生成或溶解、沉淀的完全程度、沉淀生成的次序以及沉淀转化的难易程度。

（4）同离子效应和盐效应对溶解度的影响恰好相反。

① 同离子效应是因加入与沉淀离子含有共同离子的易溶强电解质而使沉淀溶解度降低的效应。

② 盐效应是因加入易溶强电解质而使难溶电解质溶解度增大的效应。

二、沉淀滴定法

常用的银量法可测定 Cl^-、Br^-、I^-、SCN^-、Ag^+ 以及一些含卤素的有机化合物。根据滴定终点时采用的指示剂不同，银量法分为莫尔法、福尔哈德法和法扬司法，见表 4-4。

表 4-4　三种银量法的比较

银量法	指示剂	标准溶液	测定时的酸度 pH 范围	滴定方式	测定对象
莫尔法	铬酸钾	$AgNO_3$	6.5～10.5 6.5～7.2（铵盐存在时）	直接滴定法 返滴定法	Cl^-、Br^- Ag^+
福尔哈德法	铁铵矾	KSCN $AgNO_3$	0～1 （0.1～1mol/L 的 HNO_3 溶液）	直接滴定法 返滴定法	Ag^+ Cl^-、Br^-、I^-、SCN^-
法扬司法	荧光黄 曙红	$AgNO_3$	7～10 2～10	直接滴定法	Cl^-、Br^-、I^-、SCN^-

思考题

1. 讨论溶度积和溶解度的区别和联系。

2. 何谓溶度积规则？沉淀的溶解有几种方法？

3. 欲使沉淀完全，可加适当过量的沉淀剂。为何不是加入的沉淀剂越多越好呢？

4. 某金属硫化物开始沉淀和沉淀完全时，其金属离子的浓度有何不同？

5. 分步沉淀的顺序与哪些因素有关？

6. 沉淀转化的难易程度由什么因素来决定？

7. 同离子效应和盐效应有何区别？

8. 什么是沉淀滴定法？用于沉淀滴定的反应必须符合哪些条件？

9. 试述莫尔法、福尔哈德法和法扬司法指示剂的作用原理及反应条件。

10. 为什么福尔哈德法只能在酸性溶液中进行测定？测定氯化物时，为什么 NH_4SCN 标准溶液容易过量？怎样进行才能得到准确结果？

11. 在下列情况下，分析结果是准确的，还是偏低或偏高？并说明原因。

（1）pH＝4 时，用莫尔法测定 Cl^-；

（2）pH＝8 时，用莫尔法测定 I^-；

（3）莫尔法测定 Cl^- 时，指示剂 K_2CrO_4 溶液浓度过稀；

（4）福尔哈德法测定 Cl^- 时，没有将 AgCl 沉淀滤去或加热促其凝聚，也没有加硝基苯或邻苯二甲酸二丁酯；

（5）福尔哈德法测定 I^- 时，先加铁铵矾作指示剂，再加入过量的 $AgNO_3$ 标准溶液。

12. 解释下列问题：

（1）在洗涤 $BaSO_4$ 沉淀时，不用蒸馏水而用稀 H_2SO_4；

（2）CuS 不溶于 HCl，但可溶于 HNO_3；

(3) 虽然 $K_{sp}^{\ominus}(PbCO_3)=7.4\times10^{-14}$，$K_{sp}^{\ominus}(PbSO_4)=1.6\times10^{-8}$，但 $PbCO_3$ 能溶于 HNO_3，而 $PbSO_4$ 不溶；

(4) $Mg(OH)_2$ 可溶于铵盐，而 $Fe(OH)_3$ 不溶；

(5) CaF_2 和 $BaCO_3$ 的溶度积常数很接近（分别为 5.3×10^{-9} 和 5.1×10^{-9}），两者的饱和溶液中 Ca^{2+} 和 Ba^{2+} 的浓度是否也很接近？为什么？

(6) AgCl 可溶于弱碱氨水，却不溶于强碱氢氧化钠。

13. 选择题

(1) 莫尔法采用 $AgNO_3$ 标准溶液测定 Cl^- 时，其滴定的条件是（　　）。

A. pH=2　　B. pH=6.5　　C. pH=4　　D. pH=10　　E. pH=12

(2) 莫尔法测定 Cl^- 时，若酸度过高，则为（　　）。

A. AgCl 沉淀不完全　　B. AgCl 沉淀易胶溶　　C. Ag_2CrO_4 沉淀不易形成

D. AgCl 沉淀吸附 Cl^- 增强　　E. 形成 Ag_2O 沉淀

习　题

1. 写出下列难溶电解质的溶度积常数表达式。

Ag_2S、$Ca_3(PO_4)_2$、$PbCl_2$、$Mg(OH)_2$

2. 下列溶液混合时，写出能发生沉淀反应的离子反应方程式。

(1) $CaCl_2$ 与 Na_2CO_3；　　(2) $Al(NO_3)_3$ 与 KOH；

(3) $Ni(NO_3)_2$ 与 KCl；　　(4) $Ba(OH)_2$ 与 $FeSO_4$。

3. 在 25℃时，$Zn(OH)_2$ 的溶度积 $K_{sp}^{\ominus}=1.8\times10^{-14}$，求其溶解度。

4. 已知 $Mg(OH)_2$ 的 $K_{sp}^{\ominus}=1.2\times10^{-11}$，在 0.050mol/L 的 $MgCl_2$ 溶液中加入等体积的 0.50mol/L 氨水。问有无 $Mg(OH)_2$ 沉淀生成？

5. 已知 $BaSO_4$ 的 $K_{sp}^{\ominus}=1\times10^{-10}$，在 10mL 0.010mol/L 的 $BaCl_2$ 溶液中，加入 50mL 0.020mol/L 的 Na_2SO_4 溶液。问有无 $BaSO_4$ 沉淀生成？

6. 说明下列事实：

(1) $CaCO_3$ 能溶于稀 HAc；

(2) ZnS 不溶于 HAc，而溶于稀 HCl；

(3) CaC_2O_4 不溶于 HAc，而溶于 HCl；

(4) $BaSO_4$ 不溶于 HCl。

7. 说明为什么 $CaSO_4$ (1) 在纯水中比在 H_2SO_4 中更易溶解；(2) 在 KNO_3 溶液中比在纯水中溶解得稍多。

8. 某溶液中含有 Pb^{2+} 和 Ba^{2+} 的浓度分别为 0.01mol/L 和 0.1mol/L，当逐滴加入 K_2SO_4 溶液（认为溶液体积不变）时，问哪种离子先沉淀？Pb^{2+} 和 Ba^{2+} 有无分离的可能？

9. AgI 用 K_2CrO_4 溶液处理，能不能转化为 Ag_2CrO_4 沉淀？若用 $(NH_4)_2S$ 处理，能不能转化为 Ag_2S 沉淀？

10. 硬水中的 Ca^{2+} 可以用加入 CO_3^{2-} 的方法使其沉淀为 $CaCO_3$ 而除去。问使 Ca^{2+} 沉淀完全，CO_3^{2-} 浓度应至少保持多少？

11. 某溶液中含有 Fe^{3+} 和 Fe^{2+}，两离子的浓度都为 0.050mol/L。如果只要求 $Fe(OH)_3$ 沉淀，而不产生 $Fe(OH)_2$ 沉淀，溶液的 pH 应控制在什么范围？

12. 将 $AgNO_3$ 溶液逐滴加到含有 Cl^- 和 CrO_4^{2-} 浓度都是 0.10mol/L 的溶液中，并忽略溶液体积的变化，已知 $K_{sp}^{\ominus}(AgCl)=1.8\times10^{-10}$，$K_{sp}^{\ominus}(Ag_2CrO_4)=1.1\times10^{-12}$。问：

(1) AgCl 与 Ag_2CrO_4 哪一种先沉淀？

(2) 当 Ag_2CrO_4 开始沉淀时，溶液中 Cl^- 的浓度是多少？

13. NaCl 试液 20.00mL，用 0.1023mol/L 的 $AgNO_3$ 溶液 27.00mL 滴定至终点。求每升溶液中含 NaCl 多少克？

14. 氯化物试样 0.2266g，溶解后加入 0.1121mol/L 的 $AgNO_3$ 溶液 30.00mL，过量的 $AgNO_3$ 以 0.1155mol/L 的 NH_4SCN 溶液滴定，用去 6.50mL。计算试样中氯的含量。

15. 将 0.3000g 银合金溶于 HNO_3，滴定 Ag^+ 时用去 23.30mL 0.1000mol/L 的 NH_4SCN 溶液。计算合金中银的含量。

16. 烧碱试样 4.850g 溶于水，用 HNO_3 调为酸性，定容于 250mL 容量瓶中，摇匀。吸取 25mL，加入 0.05140mol/L 的 $AgNO_3$ 溶液 30.00mL，回滴时用去 0.05290mol/L 的 NH_4SCN 溶液 21.30mL。计算烧碱中 NaCl 的含量。

第五章

氧化还原平衡和氧化还原滴定法

学习目标

1. 掌握原电池的组成、原理、电极反应及原电池符号。
2. 掌握氧化还原反应方程式的配平方法。
3. 掌握能斯特方程式的应用和电极电势的应用。
4. 掌握直接法和间接法配制标准溶液对试剂性质的要求。
5. 掌握 $KMnO_4$ 法、$K_2Cr_2O_7$ 法和碘量法的测定原理，测定条件及相关计算。
6. 学会用氧化还原平衡知识，解决氧化还原滴定中的应用问题。

氧化还原反应是一类很广泛又很重要的反应，如金属的制备和精炼、金属的腐蚀和防腐、化学电池等都涉及氧化还原反应。此类反应在生物系统中为生命体提供能量转换机制。氧化还原反应又是氧化还原滴定法的基础。

第一节　氧化还原反应的基本概念

一、元素的氧化数

1. 元素氧化数概念的引入

最初人们认为氧化反应和还原反应是两类不同的反应，自从化合价的概念被人们充分接受后，人们认识到氧化反应是引起化合物中某元素化合价升高的过程，而还原反应是引起化合物中某元素化合价降低的过程。化合价升高的物质是还原剂，化合价降低的物质是氧化剂。在一个化学反应中，若有元素的化合价升高，必定有元素的化合价降低，所以氧化反应和还原反应必定同时发生。随着人们对原子结构认识的加深，弄清了在化学反应中，原子失去电子化合价升高，得到电子化合价降低。因此氧化反应是物质失去电子的过程，还原反应是物质得到电子的过程。氧化还原反应的本质是电子的得失或转移。失去电子的物质称为还原剂，得到电子的物质称为氧化剂。

但对于一些组成复杂的特殊化合物，常会遇到其组成元素的化合价不易确定的困难。为了统一说明氧化还原反应，人们在化合价的基础上，引入了元素氧化数的概念。

2. 氧化数

1970 年，国际纯粹与应用化学联合会（IUPAC）定义元素的氧化数为：氧化数是指某元素一个原子的形式电荷。这种形式电荷由假设把每个键中的电子指定给电负性较大的原子而求得。

原子相互化合时，若原子失去电子或电子发生偏离，规定该原子具有正氧化数；若原子得到电子或有电子偏近，规定该原子具有负氧化数。

（1）具体确定氧化数的方法

① 任何形态的单质中元素的氧化数等于零。

② 在化合物中各元素氧化数的代数和等于零。

③ 单原子离子的氧化数等于它所带的电荷数；多原子离子中所有元素的氧化数之和等于该离子所带的电荷数。

④ 氧的氧化数在正常氧化物中均为-2；在过氧化物中为-1，如 H_2O_2、BaO_2 等；在氟氧化物中为$+2$，如 OF_2。氢在化合物中的氧化数一般为$+1$，但在活泼金属的氢化物中，氢的氧化数为-1，如 NaH、CaH_2 等。

⑤ 在共价化合物中，将属于两原子的共有电子对指定给两原子中电负性较大的原子以后，在两原子上的“形式”电荷就是它们的氧化数。

⑥ 氟在化合物中的氧化数均为-1。

一种元素在化合物中的氧化数，通常在该元素符号上方用带正号或负号的阿拉伯数字表示，如 $K_2\overset{+6}{Cr}O_4$，$Ca\overset{-1}{Br_2}$；有时也用罗马数字加上括号紧随元素符号之后表示，如 Fe(Ⅱ)、Fe(Ⅲ)。

（2）使用氧化数时应注意的问题

① 在共价化合物中氧化数和化合价两者常不一致。例如，在 CH_4、$CHCl_3$、CH_3Cl 和 CCl_4 中，碳的化合价（共价数）为 4，而氧化数分别为-4、$+2$、-2 和$+4$。

② 氧化数可为整数，也可为分数或小数。如 Fe_3O_4 中 Fe 的平均氧化数为$+8/3$；$Na_2S_4O_6$ 中 S 的平均氧化数为$+2.5$。而化合价指元素在化合态时原子的个数比，只能是整数。

③ 在离子化合物中，元素的氧化数等于离子的电荷数。

【例 5-1】 计算 $K_2Cr_2O_7$ 中铬的氧化数。

解 设铬的氧化数为 x。已知氧的氧化数为-2，钾的氧化数为$+1$，则

$$2\times1+2x+7\times(-2)=0$$

解得 $x=+6$

即铬的氧化数为$+6$。

二、氧化剂和还原剂

氧化还原反应的本质是电子的得失或转移，元素氧化数的变化是电子得失的结果。失去电子的物质称为还原剂，获得电子的物质称为氧化剂。还原剂具有还原性，它在反应中因失去电子而被氧化，所以其中必有元素的氧化数升高；氧化剂具有氧化性，它在反应中因获得电子而被还原，所以其中必有元素的氧化数降低。

一般来说，作为氧化剂的物质应含有高氧化数的元素，如 $KMnO_4$ 中 Mn 的氧化数为$+7$，处于 Mn 元素的最高氧化数；作为还原剂的物质应含有低氧化数的元素，如 H_2S 中 S 的氧化数为-2，处于 S 元素的最低氧化数，视反应条件，可被氧化为单质 S、SO_2、SO_4^{2-}。含有处于中间氧化数元素的物质，视反应条件不同，可能作氧化剂，也可能作还原剂。例如，在 H_2O_2 中 O 的氧化数为-1，是 O 元素的中间氧化数。H_2O_2 与 Fe^{2+} 反应时，H_2O_2 作氧化剂；但当 H_2O_2 与 $KMnO_4$ 反应时，H_2O_2 作还原剂。

需要指出的是，一种氧化剂的氧化性或还原剂的还原性强弱，与物质的本性有关，元素的

氧化数只是必要的条件，但不是决定因素。例如，H_3PO_4 中 P 的氧化数为+5，为该元素的最高氧化数，但 H_3PO_4 不具有氧化性。F^- 是处于 F 元素的最低氧化数，但它并不是还原剂。

在无机反应中，常见的氧化剂一般是活泼的非金属单质，如卤素和氧气，以及高氧化数的化合物，如 HNO_3、$KMnO_4$、$K_2Cr_2O_7$、$KClO_3$、PbO_2、$FeCl_3$ 等；还原剂一般是活泼的金属单质，如 K、Na、Ca、Mg、Zn、Al 等，以及低氧化数的化合物，如 H_2S、KI、$SnCl_2$、$FeSO_4$、CO 及某些非金属单质如 H_2、C；具有中间氧化数的物质，如 SO_2、HNO_2、H_2O_2、H_2SO_3 等既有氧化性，又具有还原性。

第二节　氧化还原反应方程式的配平

氧化还原反应方程式一般比较复杂，除氧化剂和还原剂，常有酸或碱作为介质参加反应(介质在反应过程中氧化数不发生变化)。此外，反应物和生成物的计量系数有时较大，用直接法往往不易配平，需按一定的方法配平。最常用的配平方法有氧化数法和离子-电子法。

一、氧化数法

氧化数法配平氧化还原反应方程式的原则：

(1) 氧化剂中元素氧化数降低的总数等于还原剂中元素氧化数升高的总数；

(2) 方程式两边各种元素的原子总数相等。

下面用实例说明氧化数法配平氧化还原反应方程式的具体步骤。

【例 5-2】 配平高锰酸钾氧化盐酸制备氯气的反应方程式。

解 (1) 写出反应物和生成物的化学式。

$$KMnO_4 + HCl \longrightarrow MnCl_2 + KCl + Cl_2\uparrow$$

(2) 找出氧化剂和还原剂，标出元素有变化的氧化数，并计算出反应前后氧化数变化的数值。

Cl 的氧化数升高 2

$$K\overset{+7}{Mn}O_4 + 2H\overset{-1}{Cl} \longrightarrow \overset{+2}{Mn}Cl_2 + KCl + \overset{0}{Cl_2}\uparrow$$

Mn 的氧化数降低 5

(3) 根据氧化剂中氧化数降低的数值应与还原剂中氧化数升高的数值相等的原则，在相应的化学式之前乘以适当的系数。

Cl 的氧化数升高 2×5

$$2KMnO_4 + 10HCl \longrightarrow 2MnCl_2 + KCl + 5Cl_2\uparrow$$

Mn 的氧化数降低 5×2

反应物有 2 个 K^+，必生成 2 个 KCl。产物多 6 个 Cl^-，故反应物需加 6 个 HCl，则

$$2KMnO_4 + 16HCl \longrightarrow 2MnCl_2 + 2KCl + 5Cl_2\uparrow$$

(4) 配平反应前后氧化数没有变化的原子个数。一般先配平除氢和氧以外的其他原子个数，然后再检查两边的氢原子数。必要时可加水进行平衡。上式中因右边没有氢原子，

左边有 16 个氢原子，所以右边应加上 8 个水分子使氢和氧的原子数平衡，并将箭号改成等号：

$$2KMnO_4 + 16HCl \xlongequal{} 2MnCl_2 + 2KCl + 5Cl_2\uparrow + 8H_2O$$

（5）核对氧原子数。该等式两边的氧原子数相等，说明方程式已配平。

该反应的离子方程式为

$$2MnO_4^- + 10Cl^- + 16H^+ \xlongequal{} 2Mn^{2+} + 5Cl_2\uparrow + 8H_2O$$

【例 5-3】 配平铜和稀硝酸反应的方程式。

解 （1）反应式为 $Cu + HNO_3 \longrightarrow Cu(NO_3)_2 + NO\uparrow$

（2）标出元素有变化的氧化数，计算反应前后氧化数变化的数值。

Cu 的氧化数升高 2

$$\overset{0}{Cu} + H\overset{+5}{N}O_3 \longrightarrow \overset{+2}{Cu}(NO_3)_2 + \overset{+2}{N}O\uparrow$$

N 的氧化数降低 3

（3）使反应前后元素氧化数的升降值相等。

Cu 的氧化数升高 2 × 3

$$Cu + HNO_3 \longrightarrow Cu(NO_3)_2 + NO\uparrow$$

N 的氧化数降低 3 × 2

$$3Cu + 2HNO_3 \longrightarrow 3Cu(NO_3)_2 + 2NO\uparrow$$

（4）配平反应前后氧化数未发生变化的原子数。

生成物中除 2 个 NO 外，尚有 6 个 NO_3^-，需在左边再加上 6 个 HNO_3。这样方程式的左边应有 8 个 H 原子，右边加上 4 个水分子，得到方程式

$$3Cu + 8HNO_3 \xlongequal{} 3Cu(NO_3)_2 + 2NO\uparrow + 4H_2O$$

（5）核对方程式两边的氧原子数都是 24，说明该方程式已配平。

二、离子-电子法

离子-电子法配平的基本原则：

① 反应中氧化剂得到电子的总数与还原剂失去电子的总数必须相等；

② 方程式两边各种元素的原子总数相等，方程式两边的离子电荷总数也应相等。

现以高锰酸钾和亚硫酸钾在稀硫酸溶液中的反应为例，说明离子-电子法的配平步骤。反应式为

$$KMnO_4 + K_2SO_3 + H_2SO_4 \longrightarrow MnSO_4 + K_2SO_4 + H_2O$$

（1）先将反应物和产物写成离子式：

$$MnO_4^- + SO_3^{2-} \longrightarrow Mn^{2+} + SO_4^{2-}$$

（2）将上面离子反应式分写成氧化和还原半反应式：

还原半反应 $MnO_4^- \longrightarrow Mn^{2+}$

氧化半反应 $SO_3^{2-} \longrightarrow SO_4^{2-}$

(3) 将两个半反应式配平，使半反应式两边的原子数和电荷数相等。首先配平原子数，然后在半反应式的左边或右边加上适当电子数来配平电荷数。

MnO_4^- 还原为 Mn^{2+} 时，要减少 4 个氧原子，在酸性介质中，4 个氧原子与 8 个 H^+ 结合成 4 个 H_2O 分子。

$$MnO_4^- + 8H^+ \longrightarrow Mn^{2+} + 4H_2O$$

上式中反应物 MnO_4^- 和 8 个 H^+ 的总电荷数为 +7，而产物 Mn^{2+} 的总电荷数只有 +2，故反应物中应加 5 个电子，使还原半反应式两边的原子数和电荷数均相等。

$$MnO_4^- + 8H^+ + 5e = Mn^{2+} + 4H_2O$$

SO_3^{2-} 氧化为 SO_4^{2-} 时，增加的 1 个氧原子可由 H_2O 分子提供，同时生成 2 个 H^+：

$$SO_3^{2-} + H_2O \longrightarrow SO_4^{2-} + 2H^+$$

上式中反应物的总电荷数为 −2，产物的总电荷数为 0，所以右边应加 2 个电子，使氧化半反应式配平。

$$SO_3^{2-} + H_2O = SO_4^{2-} + 2H^+ + 2e$$

(4) 根据氧化剂得到电子的总数和还原剂失去电子的总数相等的原则，在两个半反应式中乘上适当系数，然后两式相加，可得到配平的离子方程式：

$$\begin{array}{rl|l} & MnO_4^- + 8H^+ + 5e = Mn^{2+} + 4H_2O & \times 2 \\ + & SO_3^{2-} + H_2O = SO_4^{2-} + 2H^+ + 2e & \times 5 \\ \hline & 2MnO_4^- + 5SO_3^{2-} + 6H^+ = 2Mn^{2+} + 5SO_4^{2-} + 3H_2O & \end{array}$$

(5) 将配平的离子方程式改写成分子反应式：

$$2KMnO_4 + 5K_2SO_3 + 3H_2SO_4 = 2MnSO_4 + 6K_2SO_4 + 3H_2O$$

最后检查方程式两边的氧原子数相等，可证实该反应方程式已配平。

氧化数法和离子-电子法各有优缺点。氧化数法不仅适用于在水溶液中进行的反应，在非水溶液中和高温下进行的反应及熔融态物质间的反应更为适用，也可用于有机化合物参与氧化还原反应的配平。因此，氧化数法配平适用范围较广。

离子-电子法突出了化学计量数的变化是电子得失的结果，能反映出水溶液中反应的实质，特别是对于有介质参加的复杂反应的配平比较方便。但是，离子-电子法仅适用于配平水溶液中的反应。

第三节　原电池和电极电势

氧化还原反应的本质是伴随有电子的得失或转移，那么，能否通过电子的转移产生电流而服务于人类呢？

一、原电池的组成

将一块锌片放入 $CuSO_4$ 溶液中，立即会发生如下反应：

$$Zn + Cu^{2+} \longrightarrow Zn^{2+} + Cu$$

在该反应中，Zn 失去电子，为还原剂；Cu^{2+} 得到电子，为氧化剂；Zn 将电子直接传递给 Cu^{2+}。在反应过程中，溶液的温度有所上升，这是化学能变成了热

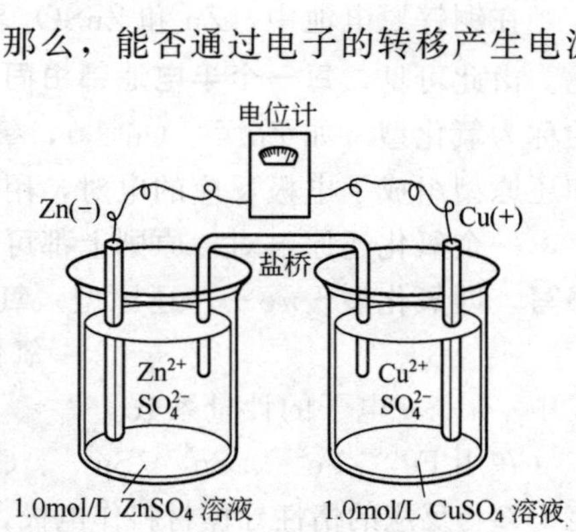

图 5-1　铜锌原电池

能的结果。由于分子的热运动没有一定的方向，因此不会形成电子的定向运动——电流。

如果设计一种装置，使还原剂失去的电子通过导体间接地传递给氧化剂，那么在外电路中就可以观察到电流的产生。如图 5-1 所示，在一个烧杯中装有 $ZnSO_4$ 溶液，并插入锌片，另一个烧杯中装有 $CuSO_4$ 溶液，插入铜片。两个烧杯的溶液之间以盐桥相连。盐桥管中装有饱和的 KCl 溶液（也可以是其他电解质溶液，如 NH_4NO_3 溶液）和琼脂做成的胶冻，胶冻的作用是防止管中的溶液流出，而溶液中的正、负离子又可以在管内定向迁移。将铜片和锌片以导线相连，中间串联一电位计。

当电路接通时，电位计指针即发生偏转，证明有电流产生。这种借助氧化还原反应产生电流，使化学能转变为电能的装置，称为原电池。

原电池由两个半电池组成，如上述铜锌原电池中，$CuSO_4$ 溶液和铜片组成铜半电池，$ZnSO_4$ 溶液和锌片组成锌半电池。铜锌原电池之所以能产生电流，主要是由于 Zn 比 Cu 活泼，Zn 易失去电子成为 Zn^{2+} 而进入溶液，组成原电池的负极。电子沿金属导线移向铜片，溶液中的 Cu^{2+} 从铜片上获得电子生成金属铜而沉积下来，组成原电池的正极。**在原电池中，放出电子的一极称为负极，负极上发生氧化反应；接受电子的一极称为正极，正极上发生还原反应。**一般来说，由两种金属电极构成的原电池，较活泼的金属作负极，另一金属作正极。负极金属失去电子，因此逐渐溶解，成为离子进入溶液。

半电池所发生的反应称为半电池反应或电极反应。如铜锌原电池的电极反应：

锌极（负极）　　$Zn \longrightarrow Zn^{2+} + 2e$　（氧化反应）

铜极（正极）　　$Cu^{2+} + 2e \longrightarrow Cu$　（还原反应）

电池总反应　　$Zn + Cu^{2+} \longrightarrow Zn^{2+} + Cu$

随着反应的进行，Zn^{2+} 不断进入溶液，过剩的 Zn^{2+} 将使电极附近的 $ZnSO_4$ 溶液带正电，这样就会阻止锌的继续溶解；另一方面，由于铜的析出，将使铜电极附近的 $CuSO_4$ 溶液因 Cu^{2+} 减少而带负电。这样，就会阻碍铜的继续析出，从而使电流中断。盐桥的作用就是使整个装置形成一个回路，使锌盐和铜盐溶液一直维持电中性，从而使电子不断地从锌极流向铜极而产生电流，直到锌片完全溶解或 $CuSO_4$ 溶液中的 Cu^{2+} 完全沉积为止。

可见，原电池的装置证明了氧化还原反应的实质是在氧化剂和还原剂之间发生了电子转移。铜锌原电池是原电池（又称化学电源）中最简单的一种。通过化学能转变为电能，还可制造出一些其他的应用电池，如干电池、铅蓄电池等。

二、原电池的表示方法

在铜锌原电池中，Zn 和 $ZnSO_4$ 溶液形成了锌半电池，Cu 和 $CuSO_4$ 溶液形成了铜半电池。由此可见，**每一个半电池都由同一元素而氧化数不同的两种物质组成。**其中，氧化数高的称为氧化型（如 Zn^{2+}、Cu^{2+}），氧化数低的称为还原型（如 Zn、Cu）。半电池中氧化型和还原型组成了电极反应的电对，用符号“氧化型/还原型”表示为 Zn^{2+}/Zn、Cu^{2+}/Cu。

一个氧化还原电对，原则上都可构成一个半电池，其半反应一般都采用还原反应的形式书写，即氧化型 $+ne \longrightarrow$ 还原型。氧化型和还原型在一定条件下可以相互转化：

$$\text{氧化型} + ne \rightleftharpoons \text{还原型}$$

式中　n——电子的计量系数。

在用 Fe^{3+}/Fe^{2+}、Sn^{4+}/Sn^{2+}、Cl_2/Cl^-、O_2/OH^- 等电对作半电池时，可用金属铂或其他不参与反应的惰性导体材料作电极，以使反应在电极表面进行，并能由它引出金属导线。

原电池装置可用符号来表示。例如，铜锌电池符号可表示为

$$(-)Zn|ZnSO_4(c_1) \parallel CuSO_4(c_2)|Cu(+)$$

其中"|"表示半电池中两相之间的界面,"‖"表示盐桥,c_1、c_2 分别表示 $ZnSO_4$ 和 $CuSO_4$ 的浓度。习惯上把负极写在左边,正极写在右边。对于有气体参加的反应,还需说明气体的分压。若溶液中含有两种离子参与电极反应,可用逗号将它们分开。若使用惰性电极也要在符号中加以注明。例如,H^+/H_2 电对和 Fe^{3+}/Fe^{2+} 电对组成的原电池,电池符号可表示为

$$(-)Pt,H_2(p)|H^+(c_1) \parallel Fe^{3+}(c_2),Fe^{2+}(c_3)|Pt(+)$$

负极反应　　$H_2 \rightleftharpoons 2H^+ + 2e$

正极反应　　$Fe^{3+} + e \rightleftharpoons Fe^{2+}$

原电池反应　　$H_2 + 2Fe^{3+} \rightleftharpoons 2H^+ + 2Fe^{2+}$

由此可见,电池反应中的还原剂在负极发生氧化反应,氧化剂在正极发生还原反应,这就是原电池及电池反应的一般规律。

原电池的两极当用导线连接时就有电流通过,这说明两电极之间存在电势差,而且正极的电势一定比负极的电势高。由正极的电极电势减去负极的电极电势即可求得在外电路电流趋于零的情况下的电池电动势❶,用符号 $E^\ominus$ 表示,即 $E^\ominus = \varphi^\ominus_{正} - \varphi^\ominus_{负}$。电池电动势可以通过精密电位计测得。

三、电极电势

将原电池的两极用导线连接起来,就有电流通过,这表明两电极之间存在着电势差。那么,电极反应的电势是如何产生的呢?为什么不同的电极反应有不同的电极电势?

1. 电极电势的产生

早在 1889 年,德国物理化学家能斯特(H. W. Nernst)就提出了一个双电层理论。这个理论认为,当金属放入它的盐溶液中,由于金属晶体中处于热运动的金属离子受到极性水分子的作用,有离开金属进入溶液的趋势,温度越高,金属越活泼,溶液越稀,这种倾向越大;另一方面,溶液中的金属离子由于受到金属表面电子的吸引,有从溶液向金属表面沉积的趋势,金属越不活泼,溶液中金属离子的浓度愈大,这种趋势也愈大。当这两种倾向的速率相等时,就建立了动态平衡。在一定浓度的溶液中,如果前一种趋势大于后一种趋势,当达到平衡时,金属带负电,而溶液带正电。因为正、负电荷互相吸引,金属离子就不是均匀地分布在整个溶液中,而主要聚集在金属表面的附近,形成双电层,见图 5-2(a),因此,金属和溶液之间产生了电势差。

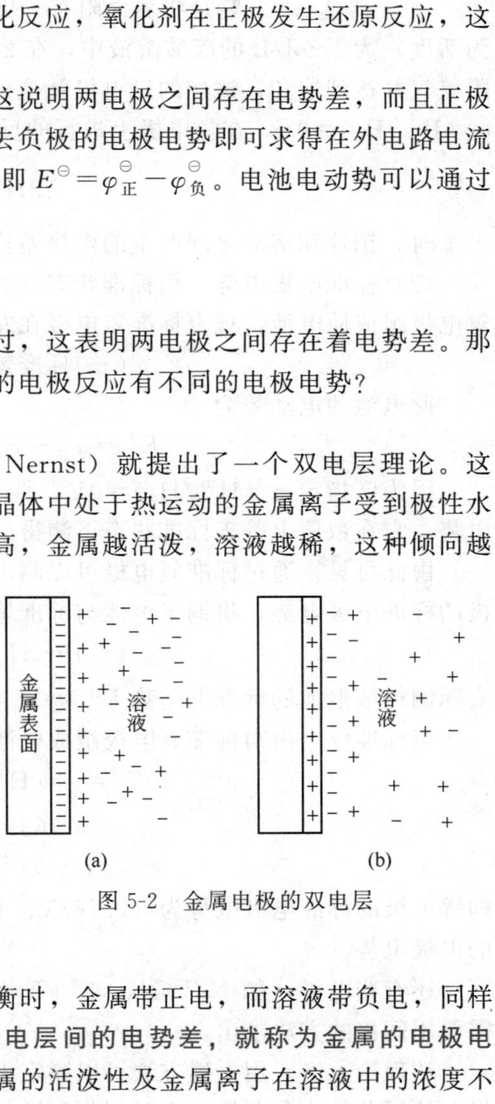

图 5-2　金属电极的双电层

如果前一种趋势小于后一种趋势,则在达到动态平衡时,金属带正电,而溶液带负电,同样可形成双电层,产生电势差,见图 5-2(b)。这种双电层间的电势差,就称为金属的电极电势,并以此描述电极得失电子能力的相对强弱。金属的活泼性及金属离子在溶液中的浓度不同,则金属的电极电势不同。

---

❶ 在物理学中规定,电流方向由正极到负极,实际电子流动方向为负极到正极。

2. 标准电极电势

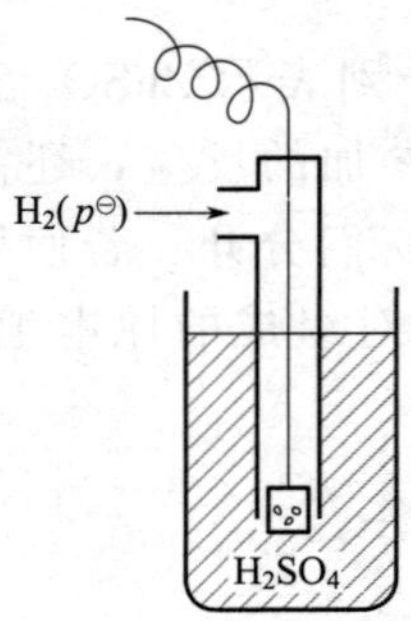

图 5-3　标准氢电极示意图

电极电势可以用来衡量氧化剂和还原剂的相对强弱，判断氧化还原反应自发进行的方向和程度。因此，它是一个非常重要的物理量。但是，迄今为止，单个电极的电极电势的绝对值是无法测定的，而只能测得由两个电极组成电池的电动势。如果选择某种电极作为基准，规定它的电极电势为零，将该电极与待测电极组成一个原电池，通过测定该电池的电动势，就可求出待测电极的电极电势的相对值。

1953 年，国际纯粹与应用化学联合会建议采用标准氢电极作为标准电极。

(1) 标准氢电极　标准氢电极的形式较多，图 5-3 是其中的一种。它是将表面附有一层海绵状铂黑的铂片，浸入氢离子浓度（严格地说应为活度）为 1mol/L 的硫酸溶液中，在 25℃时，通入压力为 100kPa 的纯净氢气，使铂黑吸附氢气并达到饱和，这样的氢电极就是标准氢电极。**规定标准氢电极的电极电势为零，记作 $\boldsymbol{\varphi^\ominus(H^+/H_2)=0V}$。**在氢电极上进行的反应为

$$2H^+ + 2e \rightleftharpoons H_2$$

平衡时，铂片和溶液之间产生的电势差称为标准氢电极的电极电势。

(2) 标准电极电势　用标准状态（298.15K，各物质的活度为 1）下的各种电极与标准氢电极组成原电池，规定标准氢电极在左边，待测电极在右边，即

$$(-)\text{标准氢电极} \parallel \text{待测电极}(+)$$

此电池的电动势为

$$E^\ominus = \varphi^\ominus_{正} - \varphi^\ominus_{负} = \varphi^\ominus_{待测} - \varphi^\ominus(H^+/H_2)$$

因为已指定 $\varphi^\ominus(H^+/H_2)=0V$，所以 $E^\ominus=\varphi^\ominus_{待测}$。$\varphi^\ominus_{待测}$ 就称为该电极的电极反应的标准电势。它在数值上等于标准状态下测得的电池的标准电动势，其单位为 V。

由此可见，通过标准氢电极可以测定一系列其他电极的标准电极电势。例如，测定铜电极的标准电极电势，将铜半电池与标准氢电极组成原电池：

$$(-)Pt,H_2|H^+ \parallel Cu^{2+}|Cu(+)$$

实际测得该电池的标准电动势 $E^\ominus$ 为 0.34V，故 $\varphi^\ominus(Cu^{2+}/Cu)=0.34V$。

当标准锌电极与标准氢电极组成电池时，实测标准电动势为 0.763V，则

$$E^\ominus = \varphi^\ominus(H^+/H_2) - \varphi^\ominus(Zn^{2+}/Zn)$$

$$0.763 = 0 - \varphi^\ominus(Zn^{2+}/Zn)$$

$$\varphi^\ominus(Zn^{2+}/Zn) = -0.763V$$

即锌电极的标准电极电势为 −0.763V。也就是说，锌电极的标准电极电势小于标准氢电极的电极电势。

还有些电极，如 Na^+/Na、F^-/F_2、Pt 电极等，它们的标准电极电势不能直接测定，需要用间接的方法求出。

从理论上讲，用上述方法可以测定出各种电对的标准电极电势，但是氢电极作为标准电极，使用条件十分严格，而且制作和纯化也比较复杂，因此在实际测定时，常采用甘汞电极作为参比电极。这种电极不但使用方便，而且工作稳定。甘汞电极的构造如图 5-4 所示。

(3) 标准电极电势表　将所测得（或从理论上计算的）各电极的标准电极电势连同电极反应，按代数值从小到大的顺序排列成表，便组成了标准电极电势表。本书采用的是电极反

应的还原电势。下面对该表（见附录表 3）的使用作几点说明。

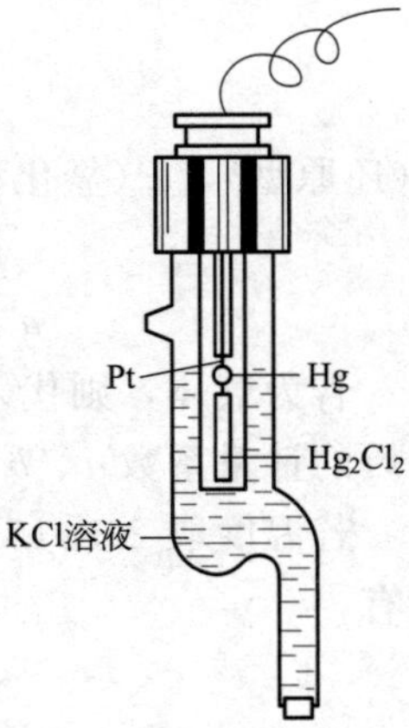

图 5-4 甘汞电极的构造

① 按照国际惯例，每一电极的电极反应均写成还原反应形式，即氧化型$+ne \rightleftharpoons$还原型，用电对“氧化型/还原型”表示电极的组成。

② 标准电极电势代数值的大小反映物质氧化还原能力的强弱。电极电势的代数值越大，表示其氧化型物质得电子的趋势越大，其氧化性越强，而对应的还原型物质则越难失去电子，其还原性越弱。与此相反，电极电势代数值越小，表示其氧化型物质得电子的趋势越小，其氧化性越弱，而对应的还原型物质越易失去电子，其还原性越强。

③ 标准电极电势值与电极反应的计量系数无关。例如：

$$\frac{1}{2}Cl_2 + e \longrightarrow Cl^- \qquad \varphi^{\ominus} = 1.36V$$

$$Cl_2 + 2e \longrightarrow 2Cl^- \qquad \varphi^{\ominus} = 1.36V$$

④ 有些电极在不同介质（酸、碱）中，电极反应和电极电势值是不同的。例如 ClO_3^-/Cl^-，在酸性溶液中的电极反应及标准电极电势值为

$$ClO_3^- + 6H^+ + 6e \longrightarrow Cl^- + 3H_2O \qquad \varphi_a^{\ominus} = 1.451V$$

在碱性溶液中的电极反应及标准电极电势值为

$$ClO_3^- + 3H_2O + 6e \longrightarrow Cl^- + 6OH^- \qquad \varphi_b^{\ominus} = 0.62V$$

⑤ 标准电极电势仅适用于水溶液，对非水溶液、固相反应不适用。

另外，关于电极反应的写法，当一电极尚未明确是作正极还是作负极时，其电极反应可以按还原方向书写，也可以按氧化方向书写。例如电极 Zn^{2+}/Zn，其电极反应可以写成 $Zn \longrightarrow Zn^{2+} + 2e$，也可以写成 $Zn^{2+} + 2e \longrightarrow Zn$。但如果具体指定该电极作正极或作负极，则电极反应的写法是：作正极时只能按还原方向书写，作负极时只能按氧化方向书写。

四、影响电极电势的因素

电极电势值的大小首先取决于电对的本性。如活泼金属的电极电势值一般都很小，而活泼非金属的电极电势值则较大。此外，电对的电极电势还与温度和浓度有关。通常实验是在常温下进行的，所以对某指定的电极，浓度的变化往往是影响电极电势的主要因素。电极电势与温度和浓度的关系可用能斯特（H. W. Nernst）❶ 方程式来表示。若氧化还原电对的电极反应简写为

$$a\ \text{氧化型} + ne \rightleftharpoons b\ \text{还原型}$$

则能斯特方程式为

$$\varphi = \varphi^{\ominus} - \frac{RT}{nF}\ln\frac{[c'(\text{还原型})]^b}{[c'(\text{氧化型})]^a} \tag{5-1}$$

式中 φ——电对在任一温度、任一浓度时的电极电势；

$\varphi^{\ominus}$——电对的标准电极电势；

R——气体常数［8.314J/(mol·K)］；

F——法拉第常数（96485C/mol）；

❶ 能斯特（H. W. Nernst），德国物理化学家。1864 年 6 月生于德国，1887 年在柯尔劳什（F. Kohlrausch）的指导下，取得哲学博士学位，后来成为哥丁根大学和柏林大学的教授。能斯特 24 岁时开始发表有关电化学方面的论文，25 岁时发表了著名的电极电势计算方程式并建立了金属双电层理论。由于阐述了热力学第三定律和在电化学方面取得的巨大成就，1920 年获诺贝尔化学奖。他一生著书 14 本，其中最著名的是《理论化学》。

T——热力学温度；

n——电极反应式中转移的电子数；

c'(还原型)，c'(氧化型)——分别表示电极反应中还原型一侧和氧化型一侧各物种浓度与标准浓度的比值；

a，b——分别表示电极反应中氧化型和还原型物质的计量系数。

若为气体，则代入分压与标准压力的比值。各物质c'或p'的指数等于电极反应中相应物质的计量系数a、b。若是固态物质或纯液体，则它们的浓度不包括在能斯特方程中。

若温度取 298.15K，将上述各种数据代入式（5-1）中，并将自然对数换为常用对数，则有

$$\varphi=\varphi^{\ominus}-\frac{0.0592}{n}\lg\frac{[c'(\text{还原型})]^b}{[c'(\text{氧化型})]^a} \tag{5-2}$$

或

$$\varphi=\varphi^{\ominus}+\frac{0.0592}{n}\lg\frac{[c'(\text{氧化型})]^a}{[c'(\text{还原型})]^b} \tag{5-3}$$

由能斯特方程式可知，氧化型物质浓度增大或还原型物质浓度减小，都会使电极电势值增大；相反，电极电势值则减小。

利用能斯特方程可以计算电对在各种浓度下的电极电势，在实际应用中非常重要。下面举例说明如何正确地表示能斯特方程，并通过计算进一步说明氧化型物质和还原型物质的浓度对电极电势的影响。

【例 5-4】 试写出下列电对的能斯特方程：

（1）Zn^{2+}/Zn　（2）Cl_2/Cl^-　（3）MnO_4^-/Mn^{2+}（酸性介质）　（4）AgBr/Ag

解　（1）电极反应 $Zn^{2+}+2e \rightleftharpoons Zn$

$$\varphi(Zn^{2+}/Zn)=\varphi^{\ominus}(Zn^{2+}/Zn)+\frac{0.0592}{2}\lg c'(Zn^{2+})$$

（2）电极反应 $Cl_2+2e \rightleftharpoons 2Cl^-$

$$\varphi(Cl_2/Cl^-)=\varphi^{\ominus}(Cl_2/Cl^-)+\frac{0.0592}{2}\lg\frac{p'(Cl_2)}{[c'(Cl^-)]^2}$$

（3）电极反应 $MnO_4^-+8H^++5e \rightleftharpoons Mn^{2+}+4H_2O$

$$\varphi(MnO_4^-/Mn^{2+})=\varphi^{\ominus}(MnO_4^-/Mn^{2+})+\frac{0.0592}{5}\lg\frac{c'(MnO_4^-)\cdot[c'(H^+)]^8}{c'(Mn^{2+})}$$

（4）电极反应 $AgBr(s)+e \rightleftharpoons Ag(s)+Br^-$

$$\varphi(AgBr/Ag)=\varphi^{\ominus}(AgBr/Ag)+0.0592\lg\frac{1}{c'(Br^-)}$$

【例 5-5】 已知 $Fe^{3+}+e \rightleftharpoons Fe^{2+}$，$\varphi^{\ominus}(Fe^{3+}/Fe^{2+})=0.771V$。试计算下列条件下的电极电势。

（1）$c(Fe^{3+})=1.0mol/L$，$c(Fe^{2+})=1.0\times10^{-3}mol/L$；

（2）$c(Fe^{3+})=1.0\times10^{-3}mol/L$，$c(Fe^{2+})=1.0mol/L$。

解　根据式(5-3)，有

(1) $\varphi(Fe^{3+}/Fe^{2+})=\varphi^{\ominus}(Fe^{3+}/Fe^{2+})+\frac{0.0592}{1}\lg\frac{c'(Fe^{3+})}{c'(Fe^{2+})}$

$$=0.771+0.0592\lg\frac{1.0}{1.0\times10^{-3}}=0.949\ (V)$$

(2) $\varphi(Fe^{3+}/Fe^{2+})=0.771+0.0592\lg\frac{1.0\times10^{-3}}{1.0}=0.593\ (V)$

【例 5-6】 计算 MnO_4^-/Mn^{2+} 电对在 298.15K 时，当 $c(H^+)$ 分别为 1mol/L 和 0.001mol/L 时的电极电势。设 $c(MnO_4^-)=c(Mn^{2+})=1mol/L$。

解 电极反应 $MnO_4^-+8H^++5e \rightleftharpoons Mn^{2+}+4H_2O$

查表得 $\varphi^{\ominus}(MnO_4^-/Mn^{2+})=1.51V$，则

$$\varphi(MnO_4^-/Mn^{2+})=\varphi^{\ominus}(MnO_4^-/Mn^{2+})+\frac{0.0592}{5}\lg\frac{c'(MnO_4^-)\cdot[c'(H^+)]^8}{c'(Mn^{2+})}$$

$$=1.51+\frac{0.0592}{5}\lg[c'(H^+)]^8$$

当 $c(H^+)=1mol/L$ 时

$$\varphi(MnO_4^-/Mn^{2+})=1.51+\frac{0.0592}{5}\lg1^8=1.51V$$

当 $c(H^+)=0.001mol/L$ 时

$$\varphi(MnO_4^-/Mn^{2+})=1.51+\frac{0.0592}{5}\lg0.001^8=1.23\ (V)$$

由例 5-6 说明，随着溶液酸度的增加，其电极电势值增大，氧化型物质 MnO_4^- 的氧化性增强。因此，在使用 MnO_4^-、$Cr_2O_7^{2-}$ 等含氧酸作氧化剂时，要将溶液酸化，以增大氧化型物质的氧化能力。

第四节 电极电势的应用

标准电极电势是化学中重要的数据之一，它可以将物质在水溶液中进行的氧化还原反应系统化。本节再从以下几个方面说明电极电势的应用。

一、判断氧化剂和还原剂的相对强弱

根据标准电极电势表中 $\varphi^{\ominus}$ 值的大小，可以判断氧化剂和还原剂的相对强弱。

【例 5-7】 根据标准电极电势，在下列电对中找出最强的氧化剂和最强的还原剂，并列出各氧化型物质氧化能力和各还原型物质还原能力强弱的顺序：

MnO_4^-/Mn^{2+} Fe^{3+}/Fe^{2+} I_2/I^-

解 由附录表 3 中查出各电对的标准电极电势为

$MnO_4^-+8H^++5e \rightleftharpoons Mn^{2+}+4H_2O$ $\varphi^{\ominus}=1.51V$

$$Fe^{3+} + e \rightleftharpoons Fe^{2+} \qquad \varphi^{\ominus} = 0.771V$$

$$I_2 + 2e^- \rightleftharpoons 2I^- \qquad \varphi^{\ominus} = 0.535V$$

电对 MnO_4^-/Mn^{2+} 的 $\varphi^{\ominus}$ 值最大，说明其氧化型 MnO_4^- 是最强的氧化剂。电对 I_2/I^- 的 $\varphi^{\ominus}$ 最小，说明其还原型 I^- 是最强的还原剂。

各氧化型物质氧化能力的顺序为：$MnO_4^- > Fe^{3+} > I_2$

各还原型物质还原能力的顺序为：$I^- > Fe^{2+} > Mn^{2+}$

【例 5-8】 分析化学中，从含有 Cl^-、Br^-、I^- 的混合溶液中进行 I^- 的定性鉴定时，常用 $Fe_2(SO_4)_3$ 将 I^- 氧化为 I_2，再用 CCl_4 将 I_2 萃取出来（呈紫红色）。说明其原理。

解

$$I_2 + 2e \rightleftharpoons 2I^- \qquad \varphi^{\ominus} = 0.535V$$

$$Br_2 + 2e \rightleftharpoons 2Br^- \qquad \varphi^{\ominus} = 1.065V$$

$$Cl_2 + 2e \rightleftharpoons 2Cl^- \qquad \varphi^{\ominus} = 1.36V$$

$$Fe^{3+} + e \rightleftharpoons Fe^{2+} \qquad \varphi^{\ominus} = 0.771V$$

由标准电极电势值可看出，$\varphi^{\ominus}(Fe^{3+}/Fe^{2+})$ 大于 $\varphi^{\ominus}(I_2/I^-)$，而小于 $\varphi^{\ominus}(Br_2/Br^-)$ 和 $\varphi^{\ominus}(Cl_2/Cl^-)$，因此 Fe^{3+} 可将 I^- 氧化成 I_2，而不能将 Br^- 和 Cl^- 氧化，Br^- 和 Cl^- 仍留在溶液中。其原理就是选择了一个合适的氧化剂 $Fe_2(SO_4)_3$，只能氧化 I^-，而不能氧化 Cl^-、Br^-，从而达到定性鉴定 I^- 的目的。其反应为 $2Fe^{3+} + 2I^- = 2Fe^{2+} + I_2$。

二、判断氧化还原反应进行的方向

根据电极电势值的大小，可以预测氧化还原反应进行的方向。

【例 5-9】 判断反应 $2Fe^{3+} + Cu = 2Fe^{2+} + Cu^{2+}$ 在标准状态下的反应方向。

解 查表得

$$Fe^{3+} + e \rightleftharpoons Fe^{2+} \qquad \varphi^{\ominus} = 0.771V$$

$$Cu^{2+} + 2e \rightleftharpoons Cu \qquad \varphi^{\ominus} = 0.34V$$

由于 $\varphi^{\ominus}(Fe^{3+}/Fe^{2+}) > \varphi^{\ominus}(Cu^{2+}/Cu)$，所以其氧化能力 $Fe^{3+} > Cu^{2+}$，还原能力 $Fe^{2+} < Cu$，因此，Fe^{3+} 是比 Cu^{2+} 更强的氧化剂，Cu 是比 Fe^{2+} 更强的还原剂。故 Fe^{3+} 能将 Cu 氧化，该反应自发向右进行。

通常电动势大于零的反应，都可以自发进行。电动势越大，反应自发进行的程度越大。因此，可根据反应电动势是否大于零，来判断氧化还原反应能否自发进行。

例 5-9 是用标准电极电势来判断氧化还原反应进行的方向。如果参加反应的物质的浓度不是 1.0mol/L，需按能斯特方程计算出正极和负极的电极反应的电势，然后再判断反应进行的方向。当对反应方向作粗略判断时，也可直接用 $\varphi^{\ominus}$ 数据。因为在一般情况下，标准电动势 $E^{\ominus} > 0.5V$ 时，不会因浓度变化而使电动势 $E^{\ominus}$ 改变符号。当两个电对的标准电极电势之差 $E^{\ominus} < 0.2V$ 时，离子浓度的改变可能会改变氧化还原反应的方向。

【例 5-10】 试判断反应

$$Pb^{2+}+Sn \rightleftharpoons Pb+Sn^{2+}$$

在标准状态下和 $c(Sn^{2+})=1mol/L$、$c(Pb^{2+})=0.1mol/L$ 时，能否自发向右进行？已知 $\varphi^{\ominus}(Pb^{2+}/Pb)=-0.126V$，$\varphi^{\ominus}(Sn^{2+}/Sn)=-0.136V$。

解 在标准状态下，即 $c(Pb^{2+})=c(Sn^{2+})=1mol/L$ 时，$E^{\ominus}=\varphi^{\ominus}(Pb^{2+}/Pb)-\varphi^{\ominus}(Sn^{2+}/Sn)=-0.126-(-0.136)=0.01V$，因此反应可以自发向右进行。

当 $c(Sn^{2+})=1mol/L$、$c(Pb^{2+})=0.1mol/L$ 时，则

$$\varphi(Pb^{2+}/Pb)=\varphi^{\ominus}(Pb^{2+}/Pb)+\frac{0.0592}{2}\lg c'(Pb^{2+})$$

$$=-0.126+\frac{0.0592}{2}\lg 0.1=-0.156\ (V)$$

$$E^{\ominus}=\varphi(Pb^{2+}/Pb)-\varphi^{\ominus}(Sn^{2+}/Sn)=-0.156-(-0.136)$$
$$=-0.02\ (V)<0$$

所以正反应不能自发进行，而逆反应可自发进行。

三、判断氧化还原反应进行的程度

任意一个化学反应完成的程度可以用平衡常数的大小来衡量。氧化还原反应的平衡常数可以通过两个电对的标准电极电势求得。

【例 5-11】 计算铜锌原电池反应的平衡常数。

解 铜锌原电池反应为

$$Zn+Cu^{2+} \rightleftharpoons Zn^{2+}+Cu$$

反应开始时 $$\varphi(Zn^{2+}/Zn)=\varphi^{\ominus}(Zn^{2+}/Zn)+\frac{0.0592}{2}\lg c'(Zn^{2+})$$

$$\varphi(Cu^{2+}/Cu)=\varphi^{\ominus}(Cu^{2+}/Cu)+\frac{0.0592}{2}\lg c'(Cu^{2+})$$

随着反应的进行，溶液中 $c(Cu^{2+})$ 逐渐降低，$c(Zn^{2+})$ 不断增大。当 $\varphi(Zn^{2+}/Zn)=\varphi(Cu^{2+}/Cu)$ 时，反应达到平衡状态，则可得以下关系式：

$$\varphi^{\ominus}(Zn^{2+}/Zn)+\frac{0.0592}{2}\lg c'(Zn^{2+})=\varphi^{\ominus}(Cu^{2+}/Cu)+\frac{0.0592}{2}\lg c'(Cu^{2+})$$

$$\frac{0.0592}{2}\lg\frac{c'(Zn^{2+})}{c'(Cu^{2+})}=\varphi^{\ominus}(Cu^{2+}/Cu)-\varphi^{\ominus}(Zn^{2+}/Zn)$$

该反应的平衡常数为 $K^{\ominus}=\dfrac{c'(Zn^{2+})}{c'(Cu^{2+})}$，所以

$$\lg K^{\ominus}=\frac{2[\varphi^{\ominus}(Cu^{2+}/Cu)-\varphi^{\ominus}(Zn^{2+}/Zn)]}{0.0592}=\frac{2\times[0.34-(-0.763)]}{0.0592}=37.3$$

$$K^{\ominus}=1.95\times10^{37}$$

可见，$K^{\ominus}$ 值很大，说明反应进行得很完全。

推广到一般，298.15K 时，任一氧化还原反应的平衡常数和对应电对的 $\varphi^{\ominus}$ 值的关系可写成如下通式：

$$\lg K^{\ominus}=\frac{n[\varphi^{\ominus}(\text{氧化})-\varphi^{\ominus}(\text{还原})]}{0.0592} \tag{5-4}$$

氧化还原反应平衡常数 $K^{\ominus}$ 值的大小，是直接由氧化剂和还原剂两电对的标准电极电势差决定的。电势差愈大，$K^{\ominus}$ 值愈大，反应也愈完全。

从氧化还原滴定分析的要求来看，两个电对的标准电极电势值相差多少或 $K^{\ominus}$ 值多大时才可用于定量分析呢？这可按滴定分析的反应完全程度不低于 99.9%、允许误差为 0.1%的要求来推算（推算过程略）。

当两电对的半反应中电子转移数 $n_1=n_2=1$ 时，两电对的标准电极电势差 $\Delta\varphi^{\ominus}\geqslant 0.4\text{V}$，或 $\lg K^{\ominus}\geqslant 6$，滴定终点时，反应的完全程度可达到 99.9%。对于电子转移数为 n_1、n_2 的反应，$\lg K^{\ominus}\geqslant 3(n_1+n_2)$，滴定终点时，反应的完全程度可达到 99.9%。

以上讨论说明，由电极电势可以判断氧化还原反应进行的方向和程度。但需指出，由电极电势的大小不能判断反应速率的快慢。一般来说，氧化还原反应的速率比中和反应和沉淀反应的速率要小一些，特别是结构复杂的含氧酸盐参加的反应更是如此。有的氧化还原反应，两电对的电极电势差值足够大，反应似乎应该进行得很完全，但由于速率很小，几乎观察不到反应的发生。例如，在酸性 $KMnO_4$ 溶液中，加纯 Zn 粉，虽然电池反应的标准电动势为 2.27V，但 $KMnO_4$ 的紫色却不容易褪掉。这是由于该反应的反应速率非常慢。只有在溶液中加入少量的 Fe^{3+} 作催化剂，反应才能迅速进行，其反应如下：

$$2MnO_4^-+5Zn+16H^+\xrightleftharpoons{Fe^{3+}}2Mn^{2+}+5Zn^{2+}+8H_2O$$

工业生产上选择化学反应时，不但要考虑反应进行的方向和程度，还要考虑反应的速率问题。

四、元素电势图及其应用

如果一种元素有几种氧化态，就可形成多种氧化还原电对。例如，Cu 具有 0、+1、+2 三种氧化数，就有下列三种电对及相应的标准电极电势：

$$Cu^{2+}+2e\rightleftharpoons Cu \qquad \varphi^{\ominus}=0.34\text{V}$$

$$Cu^{2+}+e\rightleftharpoons Cu^{+} \qquad \varphi^{\ominus}=0.17\text{V}$$

$$Cu^{+}+e\rightleftharpoons Cu \qquad \varphi^{\ominus}=0.52\text{V}$$

为了直观地表示一种元素各种氧化数状态之间标准电极电势的关系，常把同一种元素不同氧化数的物质，按氧化数由大到小的顺序排列成一横行，在相邻两种物质间用直线连接表示一个电对，并在直线上标明此电对的标准电极电势值。

$$\varphi_a^{\ominus}/\text{V}: \quad Cu^{2+}\overset{0.17}{\text{——}}Cu^{+}\overset{0.52}{\text{——}}Cu \quad (Cu^{2+}\text{—}Cu: 0.34)$$

这种表示一种元素各种氧化数之间标准电极电势关系的图解叫做元素电势图或拉铁摩（W. M. Latimer）图。元素电势图在化学中有重要的应用。

1. 判断氧化剂的强弱

因为元素电势图将分散在标准电极电势表中同种元素不同价态的电极电势表示在同一图中，使用起来更加方便。以氯元素在酸性介质和碱性介质中的元素电势图为例：

$$\varphi_a^\ominus/V:\quad ClO_4^- \xrightarrow{+1.19} ClO_3^- \xrightarrow{+1.21} HClO_2 \xrightarrow{+1.64} HClO \xrightarrow{+1.63} Cl_2 \xrightarrow{+1.36} Cl^-\quad (ClO_3^- \to Cl_2:\ 1.47)$$

$$\varphi_b^\ominus/V:\quad ClO_4^- \xrightarrow{+0.36} ClO_3^- \xrightarrow{+0.33} ClO_2^- \xrightarrow{+0.66} ClO^- \xrightarrow{+0.42} Cl_2 \xrightarrow{+1.36} Cl^-\quad (ClO_3^- \to Cl_2:\ +0.48)$$

可见，在酸性介质中氯元素的标准电极电势均为较大的正值，说明氯的氧化数为+7、+5、+3、+1、0 时，各氧化态物质具有较强的氧化能力，都是较强的氧化剂。而在碱性介质中，氯元素的氧化数为+7、+5、+3、+1 时，各氧化态物质的氧化能力都很小。只有 Cl_2/Cl^- 电对的电极电势不受溶液酸碱性的影响，因此，氯气仍为较强的氧化剂。在选用氯的含氧酸盐作为氧化剂时，反应最好是在酸性介质中进行；但欲使低氧化数的氯氧化，反应则应在碱性介质中进行。

2. 判断是否发生歧化反应

当一种元素处于中间氧化数时，可同时向较高氧化数和较低氧化数转化，这种反应称为歧化反应。由元素电势图可以判断元素处于何种氧化数时，可以发生歧化反应。

同一元素不同氧化数的任何三种物质组成的两个电对按氧化数由高到低排列如下：

$$A \xrightarrow{\varphi_{左}^\ominus} B \xrightarrow{\varphi_{右}^\ominus} C$$
$$\xrightarrow[\text{氧化数降低}]{}$$

假设物质 B 能发生歧化反应，生成氧化数较低的物质 C 和氧化数较高的物质 A。B 转化为 C 时，B 作氧化剂；B 转化为 A 时，B 作还原剂。由于 $\varphi^\ominus$（氧化）$-\varphi^\ominus$（还原）>0 时反应才能进行，因此，从元素电势图来看，当 $\varphi_{右}^\ominus > \varphi_{左}^\ominus$ 时，处于中间氧化数的 B 可以发生歧化反应，生成 A 和 C：

$$B \longrightarrow A + C$$

例如，在碱性介质中，Cl_2 能发生歧化反应生成 ClO^- 和 Cl^-。

$$\varphi_b^\ominus/V:\quad ClO^- \xrightarrow{+0.42} Cl_2 \xrightarrow{+1.36} Cl^-$$

反应式为 $$Cl_2 + 2OH^- \longrightarrow ClO^- + Cl^- + H_2O$$

若 $\varphi_{右}^\ominus < \varphi_{左}^\ominus$，B 不能发生歧化反应；相反，A 和 C 能发生逆歧化反应生成 B：

$$B \longleftarrow A + C$$

例如，在酸性介质中，Cl_2 不能歧化为 HClO 和 Cl^-；相反，可发生逆歧化反应。

$$\varphi_a^\ominus/V:\quad HClO \xrightarrow{+1.63} Cl_2 \xrightarrow{+1.36} Cl^-$$

反应式为 $$HClO + Cl^- + H^+ \longrightarrow Cl_2 + H_2O$$

【例 5-12】 欲保存 Fe^{2+} 溶液，通常加入数枚铁钉，为什么？说明作用原理。

解 此作用可从元素电势图得到解释。铁的元素电势图为

$$\varphi_a^\ominus/V:\quad Fe^{3+} \xrightarrow{+0.771} Fe^{2+} \xrightarrow{-0.44} Fe$$

由元素电势图可见，Fe^{2+} 溶液易被空气中的 O_2 氧化成 Fe^{3+}。由于 $\varphi_{左}^\ominus > \varphi_{右}^\ominus$，所以 Fe^{2+} 能发生逆歧化反应。因此配制亚铁盐溶液时，放入少许铁钉，只要溶液中有铁钉存在，即使有 Fe^{2+} 被氧化成 Fe^{3+}，Fe^{3+} 立即与 Fe 发生逆歧化反应，重新生成 Fe^{2+}。反应式为 $2Fe^{3+} + Fe \longrightarrow 3Fe^{2+}$，由此保持了 Fe^{2+} 溶液的稳定性。

【例 5-13】 汞的电势图为：$\varphi_a^\ominus/V$ $Hg^{2+}\xrightarrow{0.907}Hg_2^{2+}\xrightarrow{0.792}Hg$。

试说明：(1) Hg_2^{2+} 在溶液中能否歧化；(2) 反应 $Hg+Hg^{2+}\longrightarrow Hg_2^{2+}$ 能否进行？

解 (1) 由汞的电势图可看出，Hg_2^{2+} 的 $\varphi_{右}^\ominus<\varphi_{左}^\ominus$，所以在热力学标准状态下，$Hg_2^{2+}$ 在溶液中不会发生歧化反应。

(2) 在反应 $Hg+Hg^{2+}\longrightarrow Hg_2^{2+}$ 中

Hg^{2+} 作氧化剂　　　　$\varphi^\ominus(Hg^{2+}/Hg_2^{2+})=0.907V$

Hg 作还原剂　　　　　$\varphi^\ominus(Hg_2^{2+}/Hg)=0.792V$

则　　$E^\ominus=\varphi^\ominus(氧化)-\varphi^\ominus(还原)=0.907-0.792=0.115(V)>0$

所以上述反应能按正方向进行。即电势图中 $\varphi_{右}^\ominus<\varphi_{左}^\ominus$，$Hg_2^{2+}$ 可发生逆歧化反应。

第五节　氧化还原滴定法

氧化还原滴定法是以氧化还原反应为基础的滴定分析方法，应用范围很广。

氧化还原反应是基于电子转移的反应，较酸碱反应、配位反应复杂，不仅存在氧化还原平衡，实现反应还受反应进度的制约。因此，在应用氧化还原反应进行滴定分析时，要选择合适的滴定条件，使它符合滴定分析的基本要求。

氧化还原滴定法不仅可以测定许多具有氧化还原性质的金属离子，而且某些非变价元素也可以通过与氧化剂或还原剂形成沉淀等间接地进行测定。尤其是对有机物质的测定其应用广泛。氧化还原滴定法根据滴定剂的不同，分为高锰酸钾法、重铬酸钾法、碘量法、溴酸盐法、铈量法等。

一、条件电极电势

当溶液中离子强度[❶]较大且有副反应存在时，能斯特方程中的浓度应采用相应的活度表示，否则，会产生较大的偏差。

在一定的条件下，氧化型和还原型物质的分析浓度均为 1mol/L 时，用实验方法测得的实际电极电势称为条件电极电势，用 $\varphi^{\ominus\prime}$表示。它反映了离子强度和各种副反应对电极电势影响的总结果，即条件电极电势是校正了离子强度和副反应后的实际电势。

条件电极电势 $\varphi^{\ominus\prime}$和标准电极电势 $\varphi^\ominus$ 的关系同配合物的条件稳定常数 K'与稳定常数 K 的关系一样。当条件不变时，$\varphi^{\ominus\prime}$为一常数。

用条件电极电势处理氧化还原平衡问题，既简单又符合实际情况。部分氧化还原电对的条件电极电势列于表 5-1，$\varphi^{\ominus\prime}$均为实验测得值。目前尚缺乏各种条件下的条件电极电势，因此用条件电极电势处理氧化还原平衡受到限制。当缺少所需条件下的条件电极电势时，可采用相近条件下的条件电极电势，或采用标准电极电势。

在氧化还原滴定中，氧化剂电对的条件电极电势和还原剂电对的条件电极电势相差愈

❶ 存在于溶液中的每种离子的浓度乘以该离子的电荷数的平方所得诸项之和的一半称为离子强度，即 $I=\frac{1}{2}\sum Z_i^2 m_i$。它是衡量溶液中电场强度大小的尺度。

大，化学计量点附近电势的滴定突跃范围越大，滴定的准确度也就愈高。

表 5-1 一些氧化还原电对的条件电极电势（298.15K）

半 反 应	条件电极电势 $\varphi^{\ominus\prime}$/V	介 质
$Ag^+ + e \rightleftharpoons Ag$	0.792	1mol/L $HClO_4$
	0.228	1mol/L HCl
	0.59	1mol/L NaOH
$Cr_2O_7^{2-} + 14H^+ + 6e \rightleftharpoons 2Cr^{3+} + 7H_2O$	0.93	0.1mol/L HCl
	0.97	0.5mol/L HCl
	1.00	1mol/L HCl
	1.05	2mol/L HCl
	1.08	3mol/L HCl
	1.15	4mol/L HCl
	1.08	0.5mol/L H_2SO_4
	1.10	2mol/L H_2SO_4
	1.15	4mol/L H_2SO_4
$Fe^{3+} + e \rightleftharpoons Fe^{2+}$	0.73	0.1mol/L HCl
	0.70	1mol/L HCl
	0.68	3mol/L HCl
	0.68	0.2mol/L H_2SO_4
	0.46	2mol/L H_3PO_4
I_2(水)$+2e \rightleftharpoons 2I^-$	0.6276	0.5mol/L H_2SO_4
$MnO_4^- + 8H^+ + 5e \rightleftharpoons Mn^{2+} + 4H_2O$	1.45	1mol/L $HClO_4$
$Sn^{2+} + 2e \rightleftharpoons Sn$	−0.20	1mol/L HCl,1mol/L H_2SO_4
	−0.16	1mol/L $HClO_4$
Sb(Ⅴ)$+2e \rightleftharpoons$ Sb(Ⅲ)	0.75	3.5mol/L HCl
$Mo^{6+} + e \rightleftharpoons Mo^{5+}$	0.53	2mol/L HCl
$Ti^+ + e \rightleftharpoons Ti$	−0.551	1mol/L HCl
Ti(Ⅲ)$+2e \rightleftharpoons$ Ti(Ⅰ)	1.23～1.26	1mol/L HNO_3
	1.21	0.05mol/L H_2SO_4
	0.78	0.6mol/L HCl
U(Ⅳ)$+e \rightleftharpoons$ U(Ⅲ)	−0.63	1mol/L HCl,1mol/L $HClO_4$
	−0.85	0.5mol/L H_2SO_4
$Zn^{2+} + 2e \rightleftharpoons Zn$	−1.36	CN^-配合物

二、氧化还原指示剂

氧化还原滴定法的终点可以用测量电池电动势变化的方法来确定，也可以用指示剂在化学计量点附近发生颜色变化来确定。根据作用机理不同，氧化还原指示剂可分为以下三类。

1. 自身指示剂

有些标准溶液或被滴定物质本身具有较深的颜色，而滴定产物的颜色很浅或无色，这时可不必另加指示剂，而利用滴定剂自身的颜色确定滴定终点。例如 $KMnO_4$ 具有很深的紫红色，在酸性溶液中，其还原产物 Mn^{2+} 几乎无色。用 $KMnO_4$ 滴定 Fe^{2+}、$C_2O_4^{2-}$ 等溶液时，产物 Fe^{3+}、CO_2 等颜色很浅或无色，在化学计量点后稍过量的 $KMnO_4$ 就能使溶液呈现明显的淡红色，指示滴定终点的到达。终点时，$KMnO_4$ 的颜色愈浅，相对误差愈小。

2. 专属指示剂

有些物质本身并不具有氧化还原性质，但能与滴定剂或被滴定物质产生特有的颜色，以指示滴定终点。例如，在碘量法中，可溶性淀粉与碘生成蓝色的吸附配合物，由蓝色的出现或消失来确定滴定终点，反应极为灵敏，颜色十分鲜明。又如，以 Fe^{3+} 滴定 Sn^{2+} 时，可用 KSCN 为指示剂，当溶液出现配合物 $[Fe(SCN)_x]^{3-x}$ 的红色时，即为终点。这种能与氧化剂或还原剂产生特有颜色以确定滴定终点的试剂称为专属指示剂。

3. 氧化还原指示剂

氧化还原指示剂本身具有氧化还原性质。这类指示剂的氧化型和还原型具有不同的颜色。在滴定至化学计量点后，指示剂被氧化或还原，同时伴随有颜色变化，从而指示滴定终点。表 5-2 列举了一些常用的氧化还原指示剂。

表 5-2 常用的氧化还原指示剂

指示剂	$\varphi^{\ominus\prime}(\mathrm{In})/\mathrm{V}$ $[c(\mathrm{H^+})=1\mathrm{mol/L}]$	颜色变化	
		氧化型	还原型
亚甲基蓝	0.36	蓝	无色
二苯胺	0.76	紫	无色
二苯胺磺酸钠	0.84	紫红	无色
邻氨基苯甲酸	0.89	紫红	无色
邻二氮菲亚铁	1.06	浅蓝	红
硝基邻二氮菲亚铁	1.25	浅蓝	紫红

一般在选择氧化还原指示剂时，应选其条件电极电势尽量接近化学计量点时的电势。

此外，氧化还原指示剂本身会消耗少量的滴定剂。

三、氧化还原滴定法的应用

（一）高锰酸钾法

高锰酸钾法是用高锰酸钾作滴定剂的氧化还原滴定法。高锰酸钾是一种强氧化剂，它的氧化能力和还原产物与溶液的酸度有关。

在强酸性溶液中，由于 $\varphi^{\ominus}(\mathrm{MnO_4^-/Mn^{2+}})=1.51\mathrm{V}$，$KMnO_4$ 氧化能力很强。所以一般都是在强酸性溶液中使用 $KMnO_4$ 作滴定剂进行滴定。所用的强酸通常是 H_2SO_4。因盐酸具有还原性，能与 MnO_4^- 作用；而 HNO_3 本身具有氧化性，也可能氧化待滴定的物质。

在强碱性条件下（大于 2mol/L 的 NaOH 溶液中），$KMnO_4$ 与有机物反应比在酸性条件下更快，所以常用 $KMnO_4$ 在强碱性溶液中与有机物反应来测定有机物。

在微酸性、中性或弱碱性溶液中，MnO_4^- 则被还原为 MnO_2，由于生成褐色沉淀而影响滴定终点的观察，故很少在中性条件下使用。

1. 高锰酸钾法的特点

（1）$KMnO_4$ 氧化能力强，可直接或间接测定多种无机物和有机物，应用广泛。

（2）$KMnO_4$ 自身可作为指示剂，而不需再选择指示剂。

（3）$KMnO_4$ 法的主要缺点是试剂含有少量杂质，作为标准溶液不够稳定，反应历程比较复杂，易发生副反应，滴定的选择性较差。但若标准溶液按要求配制并存放得法，严格控制滴定条件，这些缺点是可以克服的。

2. 高锰酸钾标准溶液

由于市售 $KMnO_4$ 含有 MnO_2 及其他杂质，所以采用间接法配制。

标定 $KMnO_4$ 溶液的基准物较多，有 $H_2C_2O_4 \cdot 2H_2O$、$Na_2C_2O_4$、$NH_4Fe(SO_4)_2 \cdot 12H_2O$ 和纯铁丝等。其中 $Na_2C_2O_4$ 因不含结晶水、性质稳定、容易提纯，故较为常用，在 105～110℃烘 2h 即可使用。

标定反应　$2MnO_4^- + 5C_2O_4^{2-} + 16H^+ \longrightarrow 2Mn^{2+} + 10CO_2\uparrow + 8H_2O$

在 H_2SO_4 溶液中，为使反应定量进行，应注意以下滴定条件：

（1）温度　70～80℃。在室温下或低于此温度，反应速率缓慢；温度超过 90℃，$H_2C_2O_4$ 部分分解，导致标定结果偏高。

$$H_2C_2O_4 \xrightarrow{>90℃} H_2O + CO_2\uparrow + CO\uparrow$$

（2）酸度　在滴定开始时，酸度为 0.5～1mol/L；滴定终了时，为 0.2～0.5mol/L。酸度低容易生成 MnO_2；酸度过高，会使 $H_2C_2O_4$ 分解。

（3）滴定速度　先慢后快。MnO_4^- 与 $C_2O_4^{2-}$ 的反应，开始很慢，当有 Mn^{2+} 生成作为催化剂时，反应速率开始加快。因此开始滴定时，加入第一滴溶液褪色后，再加入第二滴，待滴入 $KMnO_4$ 溶液迅速褪色时，可以加快滴定速度。否则，在热的酸性溶液中，滴入的 $KMnO_4$ 来不及与 $C_2O_4^{2-}$ 反应而发生分解，导致标定结果偏低。

$$4MnO_4^- + 12H^+ \longrightarrow 4Mn^{2+} + 6H_2O + 5O_2\uparrow$$

（4）滴定终点　用 $KMnO_4$ 溶液滴定至溶液呈淡粉红色 30s 不褪色即为滴定终点。这是由于空气中还原性气体及尘埃等杂质落入溶液中使 MnO_4^- 缓慢分解，会使粉红色消失。

标定好的 $KMnO_4$ 溶液在使用和放置一段时间后，若发现有 $MnO(OH)_2$ 沉淀析出，重新过滤并标定。

3. 高锰酸钾法的应用

（1）直接滴定法　$KMnO_4$ 能直接滴定许多还原性物质，如 Fe^{2+}、$C_2O_4^{2-}$、H_2O_2、As(Ⅲ)、Sb(Ⅲ)、NO_2^- 等。现以过氧化氢含量的测定为例。H_2O_2 的水溶液俗称双氧水，市售双氧水按其质量分数不同，有 6%、12%和 30%三种。

H_2O_2 在酸性溶液中，可用 $KMnO_4$ 标准溶液直接滴定，滴定反应为

$$2MnO_4^- + 5H_2O_2 + 6H^+ \longrightarrow 2Mn^{2+} + 5O_2\uparrow + 8H_2O$$

此滴定在室温下进行，反应开始时进行缓慢，但不能加热，否则会引起 H_2O_2 分解。

$$2H_2O_2 \xrightarrow{\triangle} 2H_2O + O_2\uparrow$$

（2）返滴定法　有机物质测定、软锰矿及溶解氧测定等，以及一些不能直接与 $KMnO_4$ 溶液反应的物质均可用返滴定法测定。现以软锰矿中 MnO_2 含量的测定为例。

软锰矿的主要成分是 MnO_2，此外还有少量锰的低价氧化物及氧化铁等，其中只有 MnO_2 具有氧化能力。

测定 MnO_2 的方法是在酸性溶液中，与已知过量的 $Na_2C_2O_4$ 加热溶解，待作用完全后，剩余的 $Na_2C_2O_4$ 用 $KMnO_4$ 标准溶液滴定。其反应为

$$MnO_2 + C_2O_4^{2-} + 4H^+ \longrightarrow Mn^{2+} + 2H_2O + 2CO_2\uparrow$$

$$2MnO_4^- + 5C_2O_4^{2-} + 16H^+ \longrightarrow 2Mn^{2+} + 8H_2O + 10CO_2\uparrow$$

滴定完毕时，溶液的温度应不低于 60℃。

【例 5-14】　准确称取软锰矿试样 0.5000g，与 0.7500g 的 $Na_2C_2O_4$ 在稀 H_2SO_4 溶液中加热溶解至反应完全后，过量的 $Na_2C_2O_4$ 用 $c\left(\frac{1}{5}KMnO_4\right)=0.1000mol/L$ 的 $KMnO_4$ 标准溶液回滴，消耗 25.00mL。计算试样中 MnO_2 的含量。

解 $c\left(\frac{1}{5}KMnO_4\right)=0.1000mol/L$

$$M\left(\frac{1}{2}Na_2C_2O_4\right)=67.00g/mol \quad M\left(\frac{1}{2}MnO_2\right)=43.47g/mol$$

$$n\left(\frac{1}{2}MnO_2\right)=n\left(\frac{1}{2}Na_2C_2O_4\right)-n\left(\frac{1}{5}KMnO_4\right)$$

$$w(MnO_2)=\frac{\left(\frac{0.7500}{67.00}-0.1000\times\frac{25.00}{1000}\right)\times43.47}{0.5000}\times100\%$$

$$=75.75\%$$

(3) 间接滴定法　间接滴定法可以测定非氧化还原性物质。现以石灰石中氧化钙含量的测定为例。

石灰石试样溶于酸后，在弱碱性条件下 Ca^{2+} 与 $C_2O_4^{2-}$ 生成 CaC_2O_4 沉淀，经过滤洗涤后，将沉淀溶于热的稀 H_2SO_4 中，然后再用 $KMnO_4$ 标准溶液滴定生成的 $H_2C_2O_4$，即可间接地测定氧化钙的含量。其反应如下：

$$Ca^{2+}+C_2O_4^{2-}\longrightarrow \underset{(白色)}{CaC_2O_4}\downarrow$$

$$CaC_2O_4+2H^+\longrightarrow Ca^{2+}+H_2C_2O_4$$

$$2MnO_4^-+5H_2C_2O_4+6H^+\longrightarrow 2Mn^{2+}+10CO_2\uparrow+8H_2O$$

为了获得纯净和粗粒的晶形沉淀，应在酸性的 Ca^{2+} 溶液中，加入过量的 $(NH_4)_2C_2O_4$ 沉淀剂，然后再滴加稀氨水慢慢中和试液，使 pH 控制在 3.5～4.5 之间，使草酸钙沉淀完全，并需放置陈化。

$KMnO_4$ 间接滴定法还用于药物分析中，如葡萄糖酸钙、氯化钙、乳酸钙等钙盐的测定。

【例 5-15】　准确称取石灰石试样 0.5000g，溶于稀酸中，将 Ca^{2+} 沉淀为 CaC_2O_4，经过滤洗涤后，将沉淀溶于稀 H_2SO_4 中，用 $c\left(\frac{1}{5}KMnO_4\right)=0.1920mol/L$ 的溶液滴定，消耗 35.94mL。计算石灰石中 CaO 的含量。

解　由前面的反应式可看出

$$M\left(\frac{1}{2}CaO\right)=28.04g/mol$$

$$w(CaO)=\frac{c\left(\frac{1}{5}KMnO_4\right)V(KMnO_4)M\left(\frac{1}{2}CaO\right)}{m}\times100\%$$

$$=\frac{0.1920\times35.94\times10^{-3}\times28.04}{0.5000}\times100\%$$

$$=38.70\%$$

(二) 重铬酸钾法

重铬酸钾是一种常用的强氧化剂，在酸性溶液中还原为 Cr^{3+}，反应式为

$$Cr_2O_7^{2-}+14H^++6e\longrightarrow 2Cr^{3+}+7H_2O \qquad \varphi^\ominus=1.33V$$

由于其氧化能力比 $KMnO_4$ 低，因此选择性较高，应用不及 $KMnO_4$ 广泛；但重铬酸钾法有其独特的优点。

1. 重铬酸钾法的特点

（1）$K_2Cr_2O_7$ 易制成高纯试剂，在150℃下烘干后即可作为基准物质，直接配制标准溶液。

（2）$K_2Cr_2O_7$ 溶液非常稳定，密闭保存，其浓度甚至可数年不变，即使煮沸也不分解。

（3）室温下 $K_2Cr_2O_7$ 不与 Cl^- 作用，可在 HCl 溶液中滴定 Fe^{3+}。

（4）用 $K_2Cr_2O_7$ 作滴定剂，不仅操作简单，而且与大多数有机化合物反应速率很慢，一般不会发生干扰。

重铬酸钾法常用的指示剂是二苯胺磺酸钠或邻氨基苯甲酸。$K_2Cr_2O_7$ 最大的缺点是 Cr(Ⅵ) 为致癌物，其废水应处理后再排放，防止污染环境。

2. 重铬酸钾法的应用

重铬酸钾法可直接测定铁矿石中的全铁量；还可用返滴定法测定 NO_3^-、ClO_4^-；在水质分析中，用于化学需氧量（COD）的测定等。其中最重要的是铁矿石（或钢铁）中全铁的测定，被公认为标准方法。

铁矿石全铁量的测定方法是用热的浓 HCl 溶解试样，用 $SnCl_2$ 将 Fe^{3+} 还原为 Fe^{2+}，过量的 $SnCl_2$ 用 $HgCl_2$ 除去稀释后，加入 H_2SO_4-H_3PO_4 混酸，以二苯胺磺酸钠为指示剂，用 $K_2Cr_2O_7$ 标准溶液滴定至浅绿色变为紫红色为终点。

此法准确度高，测定速度快，但氯化汞为剧毒物质。近年来多采用三氯化钛-重铬酸钾法，分析准确度较高，且无毒。

三氯化钛-重铬酸钾法是将试样用酸溶解后，趁热用 $SnCl_2$ 还原大部分 Fe^{3+}，以钨酸钠为指示剂，再用 $TiCl_3$ 还原剩余的 Fe^{3+}。当 Fe^{3+} 全部还原为 Fe^{2+} 后，过量一滴 $TiCl_3$ 溶液，使钨酸钠还原为 W(Ⅴ) 的化合物（俗称钨蓝）而使溶液呈蓝色，指示 Fe^{3+} 已定量还原。滴入 $K_2Cr_2O_7$ 溶液使钨蓝恰好褪色。溶液中的 Fe^{2+}，以二苯胺磺酸钠为指示剂，用 $K_2Cr_2O_7$ 标准溶液滴定至紫色为终点。

【例 5-16】 准确称取 $K_2Cr_2O_7$ 基准物 2.9420g，溶于水后转移至 1L 容量瓶中，稀释至刻度。计算此溶液的 $c\left(\frac{1}{6}K_2Cr_2O_7\right)$。

解 已知 $M\left(\frac{1}{6}K_2Cr_2O_7\right)=49.03\text{g/mol}$

根据
$$\frac{m}{M\left(\frac{1}{6}K_2Cr_2O_7\right)}=c\left(\frac{1}{6}K_2Cr_2O_7\right)V(K_2Cr_2O_7)$$

得
$$c\left(\frac{1}{6}K_2Cr_2O_7\right)=\frac{2.9420}{49.03\times1}=0.06000(\text{mol/L})$$

【例 5-17】 测定褐铁矿中铁的含量时，称取褐铁矿 0.2800g，用 HCl 溶解，经预先还原后，用 0.01663mol/L $K_2Cr_2O_7$ 标准溶液滴定，消耗 30.10mL。求褐铁矿中铁的含量。

解 $Cr_2O_7^{2-}+6Fe^{2+}+14H^+ \longrightarrow 2Cr^{3+}+6Fe^{3+}+7H_2O$

利用反应物间化学计量系数关系的方法进行计算

在反应中 1mol $Cr_2O_7^{2-}$ ~6mol Fe^{2+}　　$M(Fe)=55.85g/mol$

$$w(Fe)=\frac{6c(K_2Cr_2O_7)V(K_2Cr_2O_7)M(Fe)}{m}\times 100\%$$

$$=\frac{6\times 0.01663\times 30.10\times 10^{-3}\times 55.85}{0.2800}\times 100\%$$

$$=59.91\%$$

（三）碘量法

碘量法是利用 I_2 的氧化性和 I^- 的还原性进行滴定的分析方法。其半反应为

$$I_2+2e \rightleftharpoons 2I^- \qquad \varphi^{\ominus}=0.535V$$

固体碘在水中的溶解度很小（0.00133mol/L）且易挥发，通常将 I_2 溶解在 KI 溶液中，此时碘以 I_3^- 形式存在，一般仍简写为 I_2。由电极电势可知，I_2 是较弱的氧化剂，因此只能测定一些较强的还原剂，如 S^{2-}、SO_3^{2-}、$S_2O_3^{2-}$、Sn(Ⅱ)、As(Ⅲ)、Sb(Ⅲ) 等；而 I^- 是中等强度的还原剂，能与许多氧化剂作用，采用置换滴定法测定其含量。因此，碘量法可分为直接碘量法和间接碘量法。

直接碘量法又称碘滴定法，是在微酸性或近中性溶液中，用碘标准溶液直接滴定较强的还原性物质。

间接碘量法又称滴定碘法，是利用 I^- 的还原性与待测的氧化性物质作用，定量析出 I_2，再用 $Na_2S_2O_3$ 标准溶液滴定析出的 I_2，从而测得氧化剂的含量。此法的应用范围很广，如测定 Cu^{2+}、ClO_3^-、ClO^-、H_2O_2、MnO_4^-、MnO_2、BrO_3^-、IO_3^- 等；还可测定能与 CrO_4^{2-} 生成沉淀的 Pb^{2+}、Ba^{2+} 等。

1. 碘量法的特点

（1）应用范围广。利用 I_2 的氧化性可测定还原性物质的含量；利用 I^- 的还原性可测定许多氧化性物质的含量。

（2）I_2/I^- 电对可逆性好，副反应少，电势在 pH<9 酸度范围内不受酸度和其他配合剂的影响。

（3）碘量法采用淀粉作指示剂。在有 I^- 存在下，淀粉与 I_2 作用生成蓝色吸附配合物，灵敏度很高，即使在 5×10^{-5}mol/L 的溶液中也能显现出蓝色。

2. 反应条件

在间接碘量法中，为了获得准确的分析结果，必须注意以下两点。

（1）控制溶液的酸度　在间接碘量法中，析出的 I_2 用 $Na_2S_2O_3$ 标准溶液滴定，其反应必须在中性或弱酸性溶液中进行。因为在碱性溶液中，I_2 与 $S_2O_3^{2-}$ 会发生下列副反应：

$$S_2O_3^{2-}+4I_2+10OH^- \longrightarrow 2SO_4^{2-}+8I^-+5H_2O$$

$$3I_2+6OH^- \longrightarrow IO_3^-+5I^-+3H_2O$$

在强酸性溶液中，$Na_2S_2O_3$ 会发生分解，I^- 也容易被空气中的 O_2 所氧化。

$$S_2O_3^{2-}+2H^+ \longrightarrow SO_2+S\downarrow+H_2O$$

$$4I^-+4H^++O_2 \longrightarrow 2I_2+2H_2O$$

（2）防止 I_2 挥发和 I^- 被氧化　碘量法的误差来源主要是碘的挥发与 I^- 被空气氧化。

为防止碘挥发，可采取下列措施：

① 加入过量的KI使I_2生成易溶的I_3^-。

② 反应在室温下，并于碘量瓶中密闭进行。

③ KI与被测氧化性物质反应完全后，立即用$Na_2S_2O_3$标准溶液滴定。在滴定I_2时，不要剧烈摇动。

为防止I^-被空气氧化，可采取下列措施：

① 溶液的酸度不宜过高，否则会增加O_2氧化I^-的速率。

② 某些杂质如Cu^{2+}、NO_2^-等能催化O_2对I^-的氧化，因此所用的蒸馏水和试剂不应含有杂质离子。日光也有催化作用，析出I_2的反应瓶应置于暗处。

③ 滴定速度适当地快些。

3. 标准溶液

（1）硫代硫酸钠标准溶液　市售$Na_2S_2O_3 \cdot 5H_2O$容易风化，且一般含有少量的S、Na_2CO_3、Na_2SO_4、NaCl等，所以应采用间接法配制。

因为水中溶解的CO_2可使$Na_2S_2O_3$分解；$Na_2S_2O_3$能被空气中的O_2氧化，水中微量的Cu^{2+}或Fe^{3+}能促进$S_2O_3^{2-}$的氧化；水中的细菌会促进$Na_2S_2O_3$的分解；光线促进$Na_2S_2O_3$的分解，所以$Na_2S_2O_3$溶液应用新煮沸并冷却的蒸馏水配制，以除去水中溶解的CO_2、O_2并杀死微生物。加入少量的Na_2CO_3使溶液呈弱碱性，抑制细菌生长。溶液贮于棕色瓶中，置于暗处，放置两周后再进行标定。

标定$Na_2S_2O_3$溶液的基准物质有$K_2Cr_2O_7$、KIO_3、$KBrO_3$等。由于$K_2Cr_2O_7$价廉、易纯制，故最为常用。标定反应如下：

$$Cr_2O_7^{2-} + 6I^- + 14H^+ \longrightarrow 2Cr^{3+} + 3I_2 + 7H_2O$$

$$I_2 + 2S_2O_3^{2-} \longrightarrow 2I^- + S_4O_6^{2-}$$

以淀粉为指示剂。淀粉指示剂应在近终点时加入，以减少指示剂吸附误差。溶液由碘-淀粉蓝色变为Cr^{3+}绿色为终点。

（2）碘标准溶液　用升华法制得的纯碘，可直接用来配制碘标准溶液。但一般市售的碘易升华，不宜直接配制。碘在水中的溶解度很小，20℃时为0.3g/L，所以配制时，应将I_2、KI与少量水一起研磨溶解，再用水稀释配制成近似浓度的溶液。配制的碘标准溶液贮于棕色瓶中，放于暗处，防止见光、遇热和与橡胶等有机物接触，以免浓度发生变化。

碘溶液可用$Na_2S_2O_3$标准溶液进行“比较”，测其浓度。也可用As_2O_3（As_2O_3为剧毒物品！）作基准物质标定，使用前应在硫酸干燥器中干燥至质量恒定。As_2O_3难溶于水，但易溶于碱性溶液中生成亚砷酸盐。

$$As_2O_3 + 6OH^- \longrightarrow 2AsO_3^{3-} + 3H_2O$$

用I_2溶液滴定时，反应为

$$AsO_3^{3-} + I_2 + H_2O \rightleftharpoons AsO_4^{3-} + 2I^- + 2H^+$$

此反应是可逆的。为使反应完全，可加固体$NaHCO_3$中和反应生成的H^+，保持溶液pH在8～9之间。

4. 碘量法的应用

（1）直接碘量法　I_2作为氧化剂可直接用来测定还原性物质的含量。如在污染源分析中，用于测定废水、废气、烟气中的SO_2、SO_3^{2-}污染物；在钢铁分析中，测定钢样中的含硫量；在药物分析中，测定维生素C的含量等。直接碘量法既可采用直接滴定方式，又可采用返滴定方式进行测定。返滴定方式是在被测试样中，加入一定量过量的 I_2 标准溶液，待反应完成后，以 $Na_2S_2O_3$ 标准溶液滴定剩余的 I_2。例如，SO_2、H_2S、葡萄糖的测定就是采用直接碘量法的返滴定方式。下面举例说明维生素 C 含量的测定。

维生素 C 又名抗坏血酸，化学式为 $C_6H_8O_6$，其结构式为

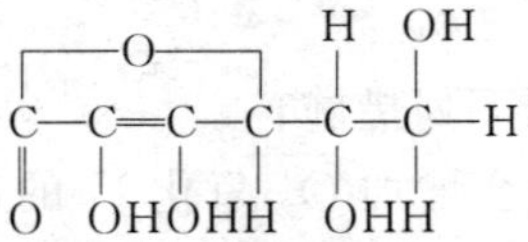

维生素 C 是预防和治疗坏血病及促进身体健康的药物❶，也是化学分析中常用的掩蔽剂。维生素 C 为白色或略带淡黄色的结晶或粉末，溶于水呈酸性，在空气中易被氧化而变黄。

维生素 C 分子中的烯二醇基（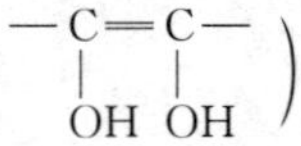）具有还原性，可被 I_2 氧化成二酮基（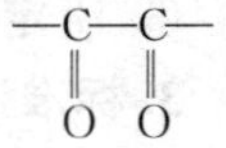），因此可以用 I_2 标准溶液直接滴定，其反应式为

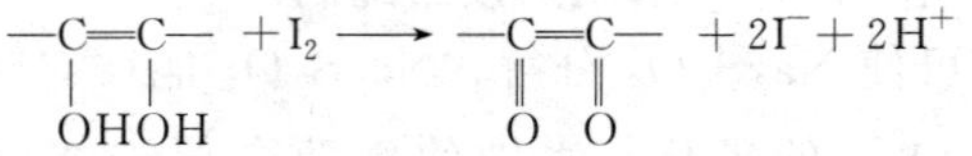

以淀粉作指示剂，直接法滴定终点时溶液由无色变为蓝色。

试样应用煮沸后冷却的蒸馏水溶解，并加入稀醋酸，使溶液保持微酸性，防止水中的氧或空气中的氧将维生素 C 氧化，造成分析结果偏低。

（2）间接碘量法　间接碘量法的应用十分广泛。很多具有氧化性的物质均可用间接碘量法测定。下面以铜的测定为例。

碘量法测定铜是基于 Cu^{2+} 与过量 KI 反应定量析出 I_2，用 $Na_2S_2O_3$ 标准溶液滴定 I_2。其反应式为

$$2Cu^{2+} + 4I^- \longrightarrow 2CuI\downarrow + I_2$$

$$I_2 + 2S_2O_3^{2-} \longrightarrow 2I^- + S_4O_6^{2-}$$

$$I_2 + I^- \longrightarrow I_3^-$$

在反应中，KI 是还原剂，将 Cu(Ⅱ) 还原为 Cu(Ⅰ)；KI 又是沉淀剂，生成 CuI；KI 还是配位剂，将 I_2 溶解形成 I_3^-。

因 CuI 沉淀表面易吸附 I_2，将使分析结果偏低。为此当大部分的 I_2 被 $Na_2S_2O_3$ 还原后，可加入 NH_4SCN（或 KSCN），使 CuI 转化为溶解度更小的 CuSCN 沉淀，因 CuSCN 吸附 I_2 的倾向小，可以减小误差。同时，在转化过程中将包藏在 CuI 沉淀中的 I_2 释放出来。

$$CuI + SCN^- \longrightarrow CuSCN\downarrow + I^-$$

需要指出的是，NH_4SCN 只能在接近终点时加入，否则 SCN^- 可能被氧化而使测定结果偏低。

例如，胆矾中 $CuSO_4 \cdot 5H_2O$ 含量的测定。工业胆矾的主要成分是 $CuSO_4 \cdot 5H_2O$，是一种无机农药，为蓝色结晶，在空气中易风化。工业品中常含有亚铁、高铁、锌、镁等硫酸盐杂质。

测定时，为防止铜盐水解，反应一般控制 pH 在 3～4 之间，在 H_2SO_4 酸性溶液中进

❶ 柠檬酸中含有大量的维生素 C。18 世纪，英国海员中曾经出现过因缺乏维生素 C 而引起的坏血病，先后死亡约 1 万人。其实，只要每天一杯柠檬汁就可防止海员得坏血病。另外，大枣中也含有丰富的维生素 C。

行。酸度过高，I^- 易被氧化为 I_2，使测定结果偏高；酸度过低，Cu^{2+} 将水解生成沉淀，使测定结果偏低。

间接碘量法也可用于铜矿、铜合金、铜电镀液中铜的测定。碘量法测定 Cu^{2+} 准确而简便，是生产上常用的方法。

间接碘量法还可用于漂白粉中有效氯的测定、水中溶解氧的测定等。

【例 5-18】 称取某含铜试样 0.3500g，溶解后用碘量法测定铜的含量。测定时消耗 0.1003mol/L $Na_2S_2O_3$ 标准溶液 29.11mL。求试样中铜的含量。已知 $M(Cu)=63.55g/mol$。

解 反应为

$$2Cu^{2+}+4I^- \longrightarrow 2CuI\downarrow+I_2$$

$$I_2+2S_2O_3^{2-} \longrightarrow 2I^-+S_4O_6^{2-}$$

利用反应物间化学计量系数的关系进行计算，有

$$2mol\ Cu^{2+} \backsim 1mol \quad I_2 \backsim 2mol\ S_2O_3^{2-}$$

$$w(Cu)=\frac{c(Na_2S_2O_3)V(Na_2S_2O_3)M(Cu)}{m}\times 100\%$$

$$=\frac{0.1003\times 29.11\times 10^{-3}\times 63.55}{0.3500}\times 100\%=53.01\%$$

间接碘量法采用淀粉作指示剂，终点时溶液由蓝色变为无色。但淀粉应在滴定到近终点时加入，以防止 I_2 被淀粉胶粒包裹，影响终点的确定。

阅读材料

氧化还原反应在生产生活中的应用

在生产生活中所需要的各种各样的金属，都是通过氧化还原反应从矿石中提炼而得到的。例如，制造活泼的有色金属要用电解或置换的方法；制造黑色金属和其他有色金属都是在高温条件下用还原的方法；制备贵重金属常用湿法还原等。许多重要化工产品的制造，如合成氨、合成盐酸、接触法制硫酸、氨氧化法制硝酸、电解食盐水制烧碱等，主要反应也是氧化还原反应。石油化工中的催化去氢、催化加氢、链烃氧化制羧酸、环氧树脂的合成等也都是氧化还原反应。

在农业生产中，植物光合作用的反应原理是 $6H_2O+6CO_2 \longrightarrow C_6H_{12}O_6+6O_2$，植物呼吸作用的反应原理是 $C_6H_{12}O_6+6O_2 \longrightarrow 6CO_2+6H_2O+$能量，它们都是典型的氧化还原反应。施入土壤的肥料的变化，如铵态氮转化为硝态氮等，虽然需要有细菌起作用，但就其实质来说，也是氧化还原反应。

土壤中铁或锰的氧化态的变化直接影响着作物的营养，晒田和灌田主要就是为了控制土壤中氧化还原反应的进行。

人们通常应用的干电池、蓄电池以及在空间技术上应用的高能电池都发生着氧化还原反应，否则就不可能把化学能变成电能，或把电能变成化学能。

人和动物的呼吸，把葡萄糖氧化为二氧化碳和水。通过呼吸把贮藏在食物分子内的能量，转变为存在于三磷酸腺苷（ATP）的高能磷酸键的化学能，这种化学能再供给人和动物进行机械运动、维持体温、合成代谢、细胞的主动运输等，成为所需要的能量。

另外，人体血红蛋白中含有 Fe^{2+}，如果误食亚硝酸盐，会使人中毒，因为亚硝酸盐会使 Fe^{2+} 转变为 Fe^{3+}，生成高铁血红蛋白而丧失与 O_2 结合的能力。服用维生素C可缓解亚硝酸盐的中毒，因为维生素C具有还原性，这也是氧化还原反应的作用。

在交通中，司机酒后驾车成为事故发生的重要因素。判断司机是否酒后驾车，常采用 $K_2Cr_2O_7$ 氧化剂进行判断。$K_2Cr_2O_7$ 是一种橙红色具有强氧化性的化合物，当它在酸性条件下被还原成三价铬时，颜色变为绿色。据此，当交警发现汽车行驶不正常时，就可上前阻拦，并让司机对填充了吸附有 $K_2Cr_2O_7$ 的硅胶颗粒的装置吹气。若发现硅胶变色达到一定程度，即可证明司机是酒后驾车。这时酒精被氧化为醋酸，反应如下：

$$2K_2Cr_2O_7 + 3CH_3CH_2OH + 8H_2SO_4 \longrightarrow 2K_2SO_4 + 2Cr_2(SO_4)_3 + 3CH_3COOH + 11H_2O$$

可见，氧化还原反应在科学技术和工农业生产以及人们的日常生活中被广泛应用。

本章小结

一、氧化还原反应

1.氧化还原反应的特征

外部特征是反应前后某些元素的氧化数发生变化；内部特征即变化的实质是反应物之间电子的转移或得失。

失去电子使元素的氧化数升高，将失去电子的物质称为还原剂；得到电子使元素的氧化数降低，将得到电子的物质称为氧化剂。

2.氧化还原反应的配平依据

（1）氧化数法　氧化剂和还原剂氧化数的变化数值相等。

（2）离子-电子法　氧化剂和还原剂得失电子的总数相等。

二、原电池和电极电势

1.电极电势

电极电势是金属与其盐溶液之间产生的电势差，用符号 φ 表示。

标准电极电势是当溶液中离子浓度为1mol/L，有关气体分压为100kPa，在298.15K时，即在标准状态下的电极电势，用 $\varphi^{\ominus}$ 表示。

电极电势值是与标准氢电极的电势 $\varphi^{\ominus}(H^+/H_2)$ 相比较而测得的相对值。

2.标准电极电势表

在标准电极电势表中，$\varphi^{\ominus}$ 值越大的电对，其氧化型物质的氧化能力越强；$\varphi^{\ominus}$ 值越小的电对，其还原型物质的还原能力越强。

3.影响电极电势的因素

影响电极电势的因素主要有电极的本性、氧化型物质和还原型物质的浓度（或分压）、温度。对于给定电极，在298.15K时，浓度对电极电势的影响可用能斯特方程式表示：

$$\varphi = \varphi^{\ominus} + \frac{0.0592}{n}\lg\frac{[c'(\text{氧化型})]^a}{[c'(\text{还原型})]^b}$$

上式是用离子浓度代替活度的近似公式。

4.电极电势的应用

（1）判断氧化剂和还原剂的相对强弱。

（2）判断氧化还原反应进行的方向　电动势 $E^{\ominus}>0$，表示氧化还原反应能自发进行。

（3）判断氧化还原反应进行的程度

$$\lg K^{\ominus} = \frac{n[\varphi^{\ominus}(\text{氧化}) - \varphi^{\ominus}(\text{还原})]}{0.0592}$$

$K^{\ominus}$ 值越大，反应进行得越完全。对于 $n_1 = n_2 = 1$ 的反应，若两电对的标准电极电势之差 $\Delta\varphi^{\ominus} \geqslant 0.4V$，或 $\lg K^{\ominus} \geqslant 6$，氧化还原反应可定量进行，反应的完全程度可达到99.9%。

（4）元素电势图　元素电势图表示同一元素不同氧化数物质的氧化还原性质。在元素电势图中，如 $\varphi^{\ominus}_{右}>\varphi^{\ominus}_{左}$，可判断发生歧化反应。

三、条件电极电势 $\varphi^{\ominus'}$

$\varphi^{\ominus'}$ 是指在给定条件下，电对中氧化型和还原型物质总浓度均为 1mol/L 时，用实验的方法测得的实际电极电势值。它是校正了离子强度和副反应影响后的电极电势。

在缺乏 $\varphi^{\ominus'}$ 数据时，可用标准电极电势 $\varphi^{\ominus}$ 代替进行计算。

四、氧化还原滴定法

1. 高锰酸钾法

高锰酸钾的氧化能力强，可直接或间接测定多种无机物和有机物。其特点是利用自身作指示剂。

$KMnO_4$ 标准溶液用间接方法配制。标定时，最常用的基准物质是 $Na_2C_2O_4$。应注意滴定的温度、酸度、速度及终点的判断。

2. 重铬酸钾法

重铬酸钾法的独特优点是 $K_2Cr_2O_7$ 易制成高纯试剂，在 150℃下烘干后即可作为基准物质，用直接法配制标准溶液。

重铬酸钾法最重要的应用是测定铁矿石（或钢铁）中全铁的含量。

3. 碘量法

碘量法是利用 I_2 的氧化性和 I^- 的还原性测定物质含量的一种氧化还原滴定法。直接碘量法和间接碘量法的对比见表 5-3。

表 5-3　直接碘量法和间接碘量法的对比

项　目	直接碘量法	间接碘量法
反应原理	$I_2+2e \longrightarrow 2I^-$	$2I^- \longrightarrow I_2+2e$ $I_2+2S_2O_3^{2-} \longrightarrow 2I^-+S_4O_6^{2-}$
标准溶液及配制方法	I_2(间接法配制) 基准物质常用 As_2O_3	$Na_2S_2O_3$(间接法配制) 基准物质常用 $K_2Cr_2O_7$
指示剂	淀粉	淀粉
终点现象	蓝色	蓝色消失
测定对象	还原性较强的物质	氧化性物质

思考题

1. 配平氧化还原反应方程式的依据是什么？

2. 有人因铜不易被腐蚀而在某钢铁设备上装铜质阀门，你认为合适否？为什么？

3. 为什么盐酸只能将铁氧化成 Fe^{2+}，而硝酸可将铁氧化成 Fe^{3+}？

4. 什么是氧化还原滴定法？与酸碱滴定法比较有什么相同点和不同点？

5. 何谓条件电极电势？它与标准电极电势有什么区别？使用条件电极电势有什么优点？

6. 如何判断一个氧化还原反应能否进行完全？

7. 平衡常数大的氧化还原反应，是否都可以应用于氧化还原滴定中？为什么？

8. MnO_4^- 与 $C_2O_4^{2-}$ 在酸性溶液中反应时，Mn^{2+} 的存在与否对反应速率有何影响？怎样解释？

9. 常用的氧化还原滴定法有哪些？说明各种方法的原理和特点。

10. 选择题

（1）根据下列反应

$$2FeCl_3+Cu \longrightarrow 2FeCl_2+CuCl_2$$

$$2Fe^{3+}+Fe \longrightarrow 3Fe^{2+}$$

$$2KMnO_4 + 10FeSO_4 + 8H_2SO_4 \longrightarrow 2MnSO_4 + 5Fe_2(SO_4)_3 + K_2SO_4 + 8H_2O$$

判断电极电势最大的电对为（　）。

A. Fe^{3+}/Fe^{2+}　B. Cu^{2+}/Cu　C. MnO_4^-/Mn^{2+}　D. Fe^{2+}/Fe

（2）在含有 Cl^-、Br^-、I^- 的混合溶液中，欲使 I^- 氧化成 I_2，而 Br^-、Cl^- 不被氧化，根据 $\varphi^{\ominus}$ 值大小，应选择下列氧化剂中的（　）。

A. $KMnO_4$　B. $K_2Cr_2O_7$　C. $(NH_4)_2S_2O_8$　D. $FeCl_3$

（3）在酸性溶液中和标准状态下，下列各组离子可以共存的是（　）。

A. MnO_4^- 和 Cl^-　B. Fe^{3+} 和 Sn^{2+}　C. NO_3^- 和 Fe^{2+}　D. I^- 和 Sn^{4+}

（4）下列各半反应中，发生还原过程的是（　）。

A. $Fe \longrightarrow Fe^{2+}$　B. $Co^{3+} \longrightarrow Co^{2+}$　C. $NO \longrightarrow NO_3^-$　D. $H_2O_2 \longrightarrow O_2$

11. 填充题

（1）高锰酸钾法是以________作标准溶液的氧化还原滴定法，该法通常在________酸介质中，以________作指示剂进行滴定。

（2）碘量法是利用________的氧化性和________的还原性测定物质含量的一种氧化还原滴定法。该法又分为________和________两种方法。维生素 C 可利用________碘量法进行测定。

习　题

1. 指出下列物质中各元素的氧化态。

Na_3PO_4，NaH_2PO_4，$Cr_2O_7^{2-}$，O_2^{2-}，PbO_2，HClO，K_2MnO_4

2. 指出下列物质中哪些只能作氧化剂或还原剂，哪些既能作氧化剂又能作还原剂。

Na_2S，$HClO_4$，$KMnO_4$，I_2，Na_2SO_3，Zn，HNO_2，As_2O_3，$FeSO_4$

3. 配平下列反应方程式（必要时可自加反应物或生成物）。

（1）$Cu + HNO_3$(稀)$\longrightarrow Cu(NO_3)_2 + NO\uparrow + H_2O$

（2）$S + H_2SO_4$(浓)$\longrightarrow SO_2\uparrow + H_2O$

（3）$KClO_3 + KI + H_2SO_4 \longrightarrow I_2 + KCl + K_2SO_4 + H_2O$

（4）$H_2O_2 + KI + H_2SO_4 \longrightarrow K_2SO_4 + I_2 + H_2O$

（5）$KMnO_4 + H_2O_2 + H_2SO_4 \longrightarrow K_2SO_4 + MnSO_4 + O_2\uparrow + H_2O$

（6）$K_2Cr_2O_7 + KI + H_2SO_4 \longrightarrow Cr_2(SO_4)_3 + I_2$

（7）$HNO_3 + Cu \longrightarrow Cu(NO_3)_2 + NO_2\uparrow + H_2O$

4. 下列物质在一定条件下可作为氧化剂。在标准状态下，根据电极电势，将其氧化能力的大小排成顺序，并写出它们的还原产物（设在酸性溶液中）。

$KMnO_4$，$KClO_3$，$FeCl_3$，HNO_3，I_2，Cl_2

5. 下列物质在一定条件下可作为还原剂。在标准状态下，根据电极电势，将其还原能力的大小排成顺序，并写出它们的氧化产物。

Zn，HI，Cr^{3+}，$SnCl_2$，H_2，$FeSO_4$

6. 把镁片和铁片分别放入浓度均为 1mol/L 的镁盐和亚铁盐的溶液中，组成一个原电池。写出原电池的电池符号，指出正极和负极。写出正、负极的电极反应及电池反应，并指出哪种金属会溶解。

7. 从铁、镍、铜、银四种金属及其盐中选出两种，组成一个具有最大电动势的原电池，写出电池符号。

8. 查出下列各电对的标准电极电势，判断各组中哪一种物质是最强的氧化剂？哪一种是最强的还原剂？并写出它们之间能够自发进行反应的方程式。

（1）MnO_4^-/Mn^{2+}　Fe^{3+}/Fe^{2+}

（2）Br_2/Br^-　Fe^{3+}/Fe^{2+}　I_2/I^-

（3）O_2/H_2O_2　H_2O_2/H_2O　O_2/H_2O

9. 根据标准电极电势，指出下列各组物质中哪些可以共存，哪些不能共存。说明理由。

(1) Fe^{3+} 和 I^-　　(2) Fe^{3+} 和 Br^-　　(3) Fe^{2+} 和 Sn^{4+}

(4) $Cr_2O_7^{2-}$ 和 I^-　　(5) Ag^+ 和 Fe^{2+}　　(6) BrO_3^- 和 Br^-（酸性介质）

(7) MnO_4^- 和 Sn^{2+}　　(8) HNO_3 和 H_2S

10. 在下列电对中，离子浓度的变化对电极电势有何影响？单质的氧化还原能力如何改变？

(1) $Fe^{2+}+2e \rightleftharpoons Fe$

(2) $I_2+2e \rightleftharpoons 2I^-$

11. 试计算下列反应的平衡常数，并说明此反应进行的程度。

$$MnO_4^- + 5Fe^{2+} + 8H^+ \longrightarrow Mn^{2+} + 5Fe^{3+} + 4H_2O$$

12. 配制 $c\left(\frac{1}{5}KMnO_4\right)=0.10mol/L$ 的 $KMnO_4$ 溶液 700mL，应称取 $KMnO_4$ 多少克？若以草酸为基准物质标定，用该浓度的 $KMnO_4$ 溶液滴定时消耗 37.20mL，应称取 $H_2C_2O_4 \cdot 2H_2O$ 多少克？

13. 纯 $Na_2C_2O_4$ 0.1133g，在酸性溶液中滴定，需消耗 19.74mL $KMnO_4$ 溶液。计算该 $KMnO_4$ 溶液的浓度$c\left(\frac{1}{5}KMnO_4\right)$。

14. 取双氧水 2.00mL（相对密度为 1.010），在 250mL 容量瓶中稀释至刻度。吸取 25.00mL，酸化后用 $c\left(\frac{1}{5}KMnO_4\right)=0.1200mol/L$ 的 $KMnO_4$ 溶液 29.28mL 滴定至终点。计算双氧水中 H_2O_2 的含量。

15. 石灰石试样 0.1602g 溶于 HCl，将 Ca^{2+} 沉淀为 CaC_2O_4，经洗涤后再将沉淀溶于稀 H_2SO_4，滴定至终点时用去 20.70mL $KMnO_4$ 标准溶液。已知 $KMnO_4$ 对 $CaCO_3$ 的滴定度为 0.006020g/L，计算石灰石中 $CaCO_3$ 的含量。

16. 以 500mL 容量瓶配制 $c\left(\frac{1}{6}K_2Cr_2O_7\right)=0.05000mol/L$ 的 $K_2Cr_2O_7$ 标准溶液，应称取 $K_2Cr_2O_7$ 基准物多少克？

第六章 原子结构

学习目标

1. 掌握四个量子数描述核外电子的运动状态的方法；掌握元素的原子半径等元素基本性质的周期性变化。

2. 掌握基态原子中电子分布的三原则，正确书写核外电子分布式，价层电子构型。

3. 掌握元素性质周期性变化的规律。通过本章的讨论，为分子结构、元素、化合物性质及学习后续课程有机化学打下结构方面的理论基础。

丰富多彩的世界是由物质构成的。自然界中1100多万种天然的或人工合成的化合物，其形态各异，性质千差万别，而这些差别是由于物质的内部结构不同所造成的。因此，从微观的角度研究物质，了解原子结构，特别是核外电子的运动规律，才能认识物质内部的原子和分子等是如何相互作用而结合的，从而认识物质世界。

人们对物质世界的认识是随生产实践和科学实验而不断深入的。1913年，丹麦年轻的物理学家尼尔斯·玻尔（N. Bohr）将量子论引入原子体系，提出了一种氢原子模型。

第一节 原子的玻尔模型

原子的玻尔模型对于解释氢原子光谱、建立能级的概念及推动原子结构理论的发展起着重要的作用。

一、氢原子光谱

自然界的物质受到激发后均可发出辐射能。滋润万物的太阳光、驱走黑暗的白炽灯发光、物质燃烧发光等是最常见的辐射能。原子、分子、离子受激发也可发光。将物质所发出的光线经棱镜折射后投射到屏幕上，得到的图像称为光谱。不同物质的光谱各有特色。有的是连续的，称为连续光谱；有的是不连续的，称为不连续光谱或线状光谱，简称线光谱。原子光谱都是线光谱。氢原子光谱是原子光谱中最简单的线光谱，对它的研究既早又详尽。当以火焰、电火花、电弧或其他方法灼热气体或蒸气时，原子就能发出不同波长的光线。产生氢原子光谱的实验装置如图6-1所示。

在可见光范围内，氢原子光谱有比较明显的4条谱线，即 H_α、H_β、H_γ 和 H_δ，如图6-2所示。

二、量子论

1900年，普朗克首先提出了著名的、当时被誉为物理学上一次革命的量子化理论。其主要内容如下。

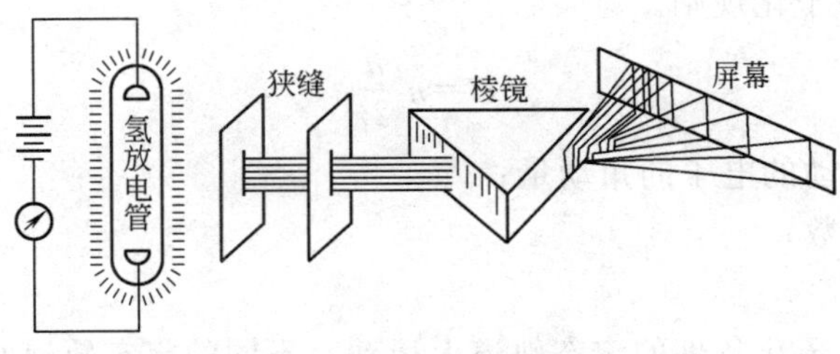

图 6-1　产生氢原子光谱的实验装置

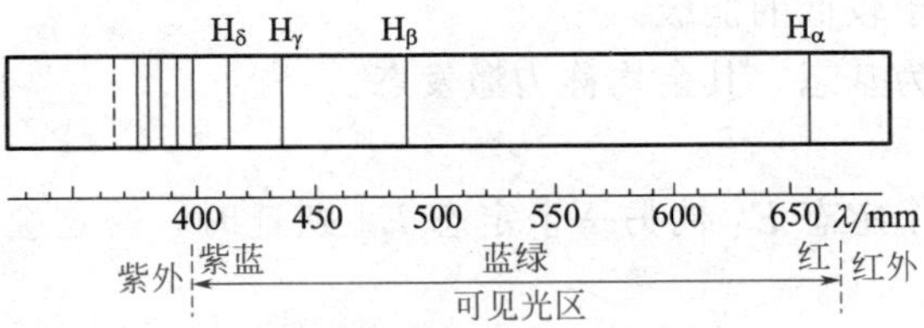

图 6-2　氢原子的可见光谱示意图

微观粒子的能量是量子化的，只能以某一最小单位的整数倍发生变化，即其变化是不连续的。这种物理量的不连续变化称为量子化。把不连续变化的物理量的最小单位称为量子。如能量变化的最小单位称为能量子，光的最小能量单位称为光量子，简称光子。如光子的能量为

$$E=h\nu$$

式中　h——普朗克常数，$h=6.626\times10^{-34}$ J·s；

ν——光子的特征频率。

在微观领域，不仅能量的变化是量子化的，其他许多物理量的变化也是量子化的。微观粒子只能存在于符合量子化条件的某种状态（如能量量子化条件），而不能存在于任意状态。

微观粒子由一种状态变化到另一状态时，可以通过吸收或发射电磁波（即光波）来实现。吸收或发射的电磁波的频率是确定的，并服从下列关系式：

$$h\nu=E_2-E_1$$

式中　E_2，E_1——分别表示微观粒子处于两个不同状态时的能量。

根据能量量子化条件，E_2、E_1 是确定的值，因此式中的频率也是确定的值。

由量子论可知，原子光谱中辐射波频率的不连续性是能量量子化的必然结果。

以氢原子光谱为实验基础，量子论为理论依据，玻尔提出了他的原子模型即玻尔模型。

三、玻尔模型

玻尔理论基本思想可归纳为三点。

1. 定态轨道的概念

玻尔认为，电子在核外绕核做圆周运动时，只能在符合一定量子化条件的轨道上运动，这些轨道称为稳定轨道或定态轨道，具有固定的能量。电子在定态轨道上运动时，既不吸收能量也不辐射能量。

2. 轨道能级的概念

玻尔认为，原子中电子可能存在的定态并不连续。电子运动的角动量必须等于$\dfrac{h}{2\pi}$的整

数倍。这就是玻尔的量子化规则。

$$P=n\frac{h}{2\pi}$$

式中　P——做圆周运动的电子的角动量；

　　　h——普朗克常数；

　　　n——正整数。

电子在符合上述量子化条件的定态轨道上运动，不同的定态轨道有不同的能量，轨道的这些能量状态称为能级。电子离核越近能级越低，离核越远能级越高。正常状态下，电子总是尽量靠近原子核，处于较低的能级。

能级最低的定态称为基态，其余均称为激发态。

3. 能量辐射

原子中，电子由一个定态 E_1 向另一个定态 E_2 跃迁时，一定会吸收或释放辐射能，其频率满足下式：

$$h\nu=E_2-E_1$$

根据玻尔理论，电子通常在定态轨道上运动，此时若没有诱因，电子不会吸收或发射辐射能。因此，正常状态下，原子不会发光，更不可能自行毁灭。当受到激发时（高温火焰、电火花、电弧等作用），电子可以跃迁到激发态。而处于激发态的电子极不稳定，会立刻跃回基态，并以光的形式将吸收的能量辐射出来，发射出的光的频率取决于两轨道间的能级差。由于各轨道能级是不连续的，因此，由电子跃迁所发出的光频率也是不连续的，这就解释了氢原子光谱为线状的原因。

玻尔理论成功地解释了氢原子光谱和类氢原子（He^{+}、Li^{2+}、Be^{3+} 等）光谱现象，并较准确地计算出了氢原子的半径。

玻尔提出的能级和能级不连续的概念无疑是正确的。但是，玻尔理论也存在严重的局限性，它只能解释单电子原子光谱的一般现象，对多电子原子只能“望谱兴叹”，即使对氢原子也不能很好地解释其光谱的精细结构。其不成功的根本原因在于，玻尔的原子模型是建立在牛顿经典力学基础上的。一方面，他承认微观粒子与宏观物体的运动不同，其物理量的变化是量子化的；另一方面，又用经典力学的方法描述微观粒子的运动状态。在这样的矛盾下，自然产生不完善的理论。

但是，在当时的历史条件下，玻尔的观点是划时代的，是他把不连续的概念引入到原子结构的描述中。由于历史的局限，人们并不知道微观粒子的运动特征究竟是什么。在玻尔理论的启示下，科学家们对微观粒子的运动特征进行了更深入的研究。

第二节　核外电子运动状态的近代描述

一、核外电子的运动特征

很难想象，像电子这样微小、运动速度又极快的粒子在极小的原子体积内是以怎样的方式在运动。但玻尔理论的局限性告诉人们，它不遵循经典力学的运动规律。

1924 年，法国物理学家德布罗意提出了一个更为合理的假设。既然光波的行为在某些时候表现得像实物粒子，那么实物粒子，如电子或原子核，是否会在某些时候表现出波的性质呢？为验证这一假设，可做一个类似于光波的双缝干涉实验来观察电子流通过双缝后是否会出现干涉现象。但这个实验却是难以实现的。因为，根据德布罗意的假设，电子流的波长非常短，这样的干涉条纹会靠得太紧而无法被区分出来。

然而，在德布罗意提出这个设想后不久，1927 年，美国物理学家戴维逊（C. J. Davisson）等通过电子衍射实验证实了电子运动确实具有波动性。当高速运动着的电子束穿过晶体光栅投射到感光底片上时，得到的不是一个个感光点，而是明暗相间的衍射环纹，与光的衍射极为相似，如图 6-3 所示。

实验得到的衍射现象，以及由实验得到的电子波的波长与德布罗意计算的波长相符，都证实了德布罗意的预言是合理的，从而得到了承认。

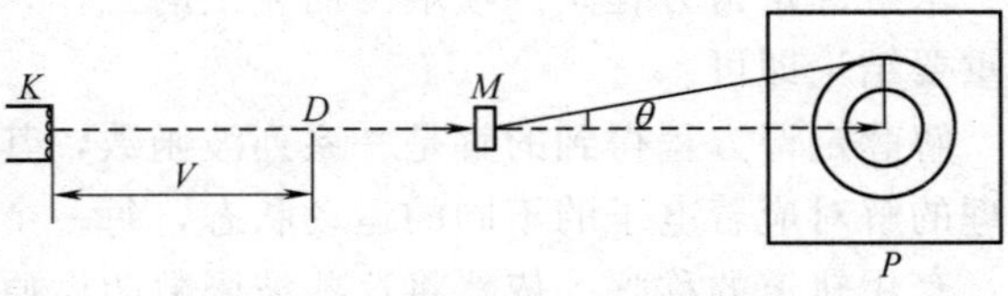

图 6-3　电子衍射实验示意图

1928 年后，实验又证实了质子、中子、α 粒子、原子、分子等微观粒子的运动都具有波动性，也都符合德布罗意的假设。

因此，德布罗意对关于物质波的假设具有普遍意义，说明了波粒二象性是电子及所有微观粒子的运动特征。

波粒二象性所导致的一个必然结果就是在任何时候，都不可能得到一个量子体系的全部信息。德国物理学家海森伯（W. K. Heisenberg）最先认识到这一问题。他认为，不能同时测量电子等微观粒子的动量和位置。即微观粒子的运动没有固定的轨迹，因此，根本不能用经典力学的方法来描述电子微观粒子的运动状态。

由于电子运动具有波粒二象性，导致其位置和动量不能同时测准，但其运动状态并非无法描述。

当一束电子通过狭缝时，可得到衍射环纹。若让电子一个个地通过狭缝，开始时电子落在感光底片上的位置是无法预料的，说明电子的运动是没有确定的轨道的，但是当通过狭缝的电子足够多时，在感光底片上，得到了与强电子束相同的衍射环纹。这证实了电子运动具有统计性规律。

由此可见，核外电子的运动状态只能用统计的方法来描述。用什么物理量来描述电子等微观粒子的运动状态呢？量子力学作了一个基本假设：任何微观体系的运动状态都可以用一个波函数来描述。

二、波函数与原子轨道

在德布罗意的假设未被证实之前，1926 年，奥地利物理学家薛定谔在物质波想法的启示下，也将光的波动方程引申来描述原子中单电子的运动规律，建立了薛定谔方程。薛定谔方程并不是从数学上推导出来的，它之所以正确，是因为由它所推得的大量结论和实验结果相符，从而得到了人们的承认。薛定谔方程是量子力学的基本方程，它反映了微观粒子运动的基本规律，其形式如下：

$$\frac{\partial^2 \Psi}{\partial x^2}+\frac{\partial^2 \Psi}{\partial y^2}+\frac{\partial^2 \Psi}{\partial z^2}+\frac{8\pi^2 m_e}{h^2}(E-V)\Psi=0$$

式中　Ψ——波函数；

h——普朗克常数；

m_e——微粒的质量；

x, y, z——微粒的空间坐标；

E——总能量；

V——势能。

其中描述电子粒子性的物理量是电子的位置坐标、电子的质量、总能量和势能，表征电子波动性的是波函数。因此，薛定谔方程体现了电子运动的波粒二象性的特征。

求解薛定谔方程是一项艰巨而复杂的工作，不是本课程的教学内容，只需要知道它的一些重要结论即可。

解薛定谔方程得到的解是一系列波函数，其中满足一定量子化条件的解是合理的，这些合理的解对应着电子的不同的运动状态，每一个合理解对应电子的一种可能的运动状态。因此，套用轨道的称呼，依然将这些波函数叫做原子轨道，但已经全没了玻尔模型的轨道的概念，它只反映电子在核外运动的某个空间范围。为了与玻尔的原子轨道区别，有时也称为原子轨函。量子化学中，波函数、原子轨道、原子轨函是同义词。

用波函数的数学形式描述核外电子的运动状态不如用其图像更直观，因此，在讨论原子结构时，许多时候是用原子轨道的角度分布图来描述核外电子的运动状态。图 6-4 为波函数的角度分布图。

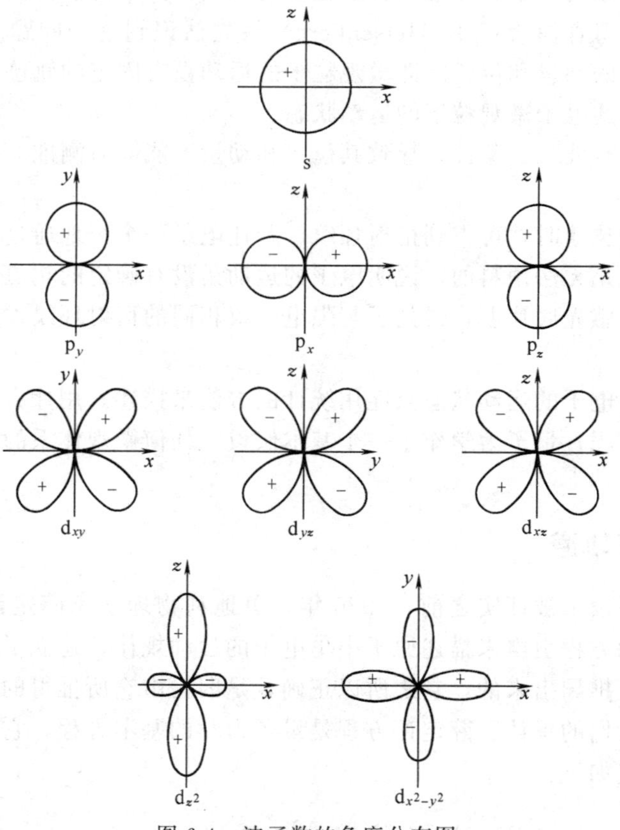

图 6-4　波函数的角度分布图

s 轨道为球形对称的。

p 轨道为无柄哑铃形，在三个轴上有极值分布，每一个极值分布称为一个伸展方向，共有三个伸展方向，据极值分布对称轴的不同分别称为 p_x、p_y、p_z。

d 轨道为四瓣花形，有五个伸展方向。

f 轨道有七个伸展方向，其形状较为复杂，本课程不作介绍。

习惯上，将波函数的角度分布图作为原子轨道的直观形象。原子轨道在讨论化学键的形成时非常有用。对其极值的分布及“+”、“−”号应予以特别的关注。

为了更形象地说明原子核外电子的运动状态，有时还借用电子云的概念。

三、几率密度与电子云

由于电子的运动具有波动性，它们不同于经典的质点。1926 年，德国物理学家玻恩类比光的强度，将单个电子在空间某处出现的几率密度与其波函数的振幅的平方（$|\Psi|^2$）联系起来，他将 $|\Psi|^2$ 解释为该电子在核外空间某处单位体积内出现的几率，即几率密度。于是就将 $|\Psi|^2$ 的图形称为电子云。图 6-5 是电子云的轮廓图。

原子结构
及电子云

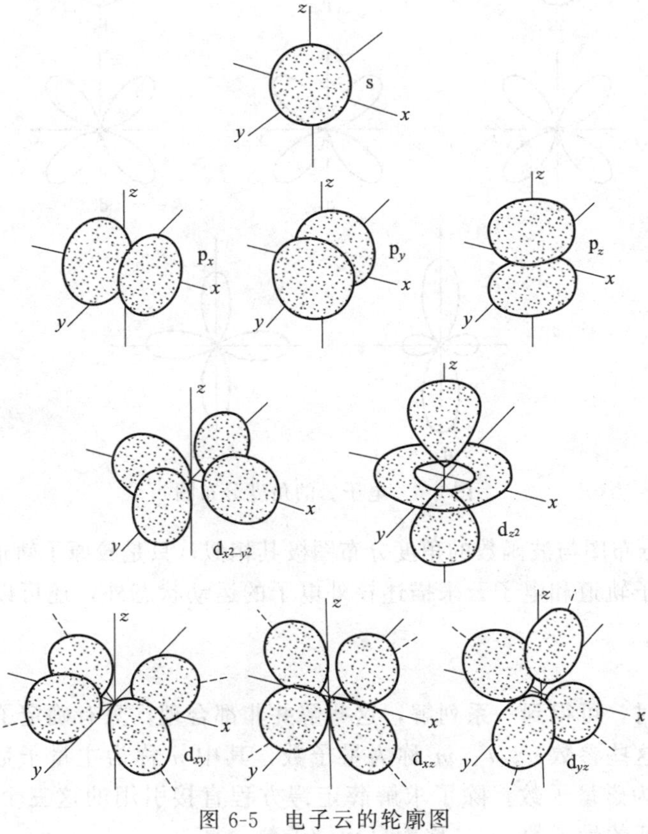

图 6-5　电子云的轮廓图

图中，用小黑点表示电子在核外空间出现的几率。这些小黑点密密麻麻得像一团带负电的云把原子核包围起来，如同天空中的云雾一样，所以人们就形象地称之为电子云。

s 电子云是球形对称的。凡处于 s 状态的电子，在核外空间中半径相同的各个方向上出现的几率相同。

p 电子云沿着某一轴的方向上电子出现的几率密度最大，电子云主要集中在这样的方向上。在另两个轴上出现的几率几乎为零，在核附近也几乎为零，所以，p 电子云的形状为无柄哑铃形。它在空间有三种不同的取向，根据其极值的分布分别为 p_x、p_y 和 p_z。

d 电子云为四瓣花形，在核外空间有五种不同的分布。

虽然不能确定电子某一时刻处于什么位置，但由电子云可以形象地知道电子在核外空间的某一区域单位体积内出现的机会。除此之外，还可作出电子云的角度分布图，其形状如图 6-6 所示。

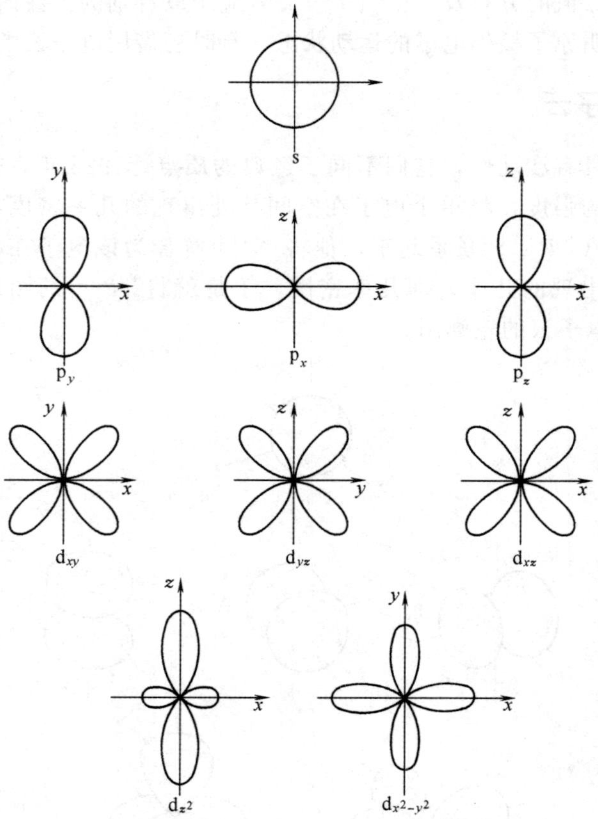

图 6-6　电子云的角度分布图

电子云的角度分布图与波函数的角度分布图极其相似，只是较原子轨道瘦些，且全为正。

除了可以用原子轨道和电子云来描述核外电子的运动状态外，还可以用量子数。

四、四个量子数

解薛定谔方程时，可得到一系列解，这些解并非都合理，只有确定了某些参数后，得到的解才是合理的。这些参数 n、l、m 称为量子数，其中 n 称为主量子数，l 称为角量子数或副量子数，m 称为磁量子数。除了求解薛定谔方程直接引用的这三个量子数外，还有一个描述电子自旋特征的量子数 m_s，称为自旋量子数。

用以上四个量子数可以简单明了地描述原子中核外电子运动的能级、轨道的形状、轨道的空间伸展方向及电子的自旋状态。

1. 主量子数（n）

主量子数（n）描述的是原子中电子出现几率最大的区域离核的远近，通常将其称为电子层，即主层。

离核最近的为第一层，稍远为第二层，依此类推。n 越大，离核越远。n 可以取正整数，$n=1,2,3,\cdots,n$。

在光谱学上常用符号来表示电子所处的主层数。

n 的取值	1	2	3	4	5	6
光谱符号	K	L	M	N	O	P

主量子数的另一个重要意义在于：n 是决定电子能量的主要因素。对于单电子原子或离子，n 越大，电子的能量越高。对于多电子原子，在原子轨道形状相同时，n 越大，电子的能量越高。

可见，多电子原子中电子的能级还与轨道的形状有关。

2. 角量子数（l）

角量子数（l）描述的是电子在核外运动时所处的轨道的形状。l 的取值不同，轨道的形状各异。

l 的取值为：$n=1$ 时，l 只能取 0；$n=2$ 时，l 可以取 0、1；依此类推。$l=0,1,2,\cdots,(n-1)$，即 l 的最大值为 $n-1$。

l 的每个取值对应着轨道的一种形状。

l 的取值	0	1	2	3	4
谱符号	s	p	d	f	g

$l=0$ 的轨道称为 s 轨道，呈球形分布；$l=1$ 的轨道称为 p 轨道，呈哑铃形分布；$l=2$ 的轨道为 d 轨道，呈四瓣花形分布。

角量子数也可看作同一主层的不同亚层（分层）。量子数与主层、亚层的关系见表 6-1。

表 6-1　量子数与主层、亚层的关系

主量子数 n	电子层数	角量子数 l	亚　层
1	1	0	1s
2	2	0 1	2s 2p
3	3	0 1 2	3s 3p 3d
4	4	0 1 2 3	4s 4p 4d 4f

多电子原子中，由于电子之间的相互作用，当主量子数相同而角量子数不同时，处于不同形状轨道的电子的能级不同。角量子数越大，电子能级越高。

$$E_{4s}<E_{4p}<E_{4d}<E_{4f}$$

由此可见，多电子原子中，电子的能级由主量子数和角量子数共同决定。

3. 磁量子数（m）

原子的光谱实验表明，在外加磁场的作用下，线状光谱可以发生分裂。例如，$l=1$ 的能级，在磁场强度为 0 时，其谱线只有一条；在外加磁场的作用下，$l=1$ 的能级分裂成三条谱线，与其特征参数 m 的取值 0、+1、−1 相对应。因此称该参数为磁量子数。

磁量子数描述了原子轨道或电子云在空间的伸展方向。

m 的取值为 $|m|\leqslant l$。$l=0$ 时，$m=0$；$l=1$ 时，$m=0$、+1、−1；依此类推。

n 和 l 相同时，磁量子数的每一个取值对应一个轨道的一个伸展方向。如 $l=1$ 时，m 有三个取值，分别描述 p 轨道的三个伸展方向 p_x、p_y、p_z。

磁量子数与轨道的能级无关，因此，主量子数相同、角量子数也相同的轨道其能级相同，量子力学上将这些轨道叫做等价轨道或简并轨道。简并轨道的数目取决于 m 的取值数。

$l=1$ 的 p 轨道，有 3 个取值，因此有 3 个等价轨道，即 3 个伸展方向；

$l=2$ 的 d 轨道，有 5 个取值，因此有 5 个等价轨道，即 5 个伸展方向；

$l=3$ 的 f 轨道，有 7 个等价轨道，即 7 个伸展方向。

4. 自旋量子数（m_s）

同一主层、同一亚层的轨道能级是相同的，若磁量子数再相同，处于这种情况下的电子的运动状态理应完全相同，但事实并非如此。

实验发现，即使氢原子中 $l=0$ 的一个电子的 m 只有一个取值（$m=0$），但是当氢原子射线通过一个不均匀磁场时，射线束还是发生了分裂，它同等程度地向两边偏折，形成两条对称的分立的谱线，而且仅有两条。

为了解释上述事实，1925 年乌仑贝克（G. Uhlenbeck）和哥德密特（S. Goudsmit）提出了电子自旋运动的假设。他们认为，电子除绕核运动外，还有自身的自旋运动。由于氢原子中电子在不均匀磁场中的偏折方向只有两种，且偏折程度相同，由此推断电子的自旋运动也只有两种。用电子的自旋量子数 m_s 来描述，其取值为 $+\frac{1}{2}$ 和 $-\frac{1}{2}$。

同年，奥地利物理学家泡利（W. Pauli）根据光谱实验的结果，总结出一条规律：在同一原子中最多只能有两个电子处于同一轨道中，且自旋相反。同一轨道即 3 个量子数相同，自旋相反即自旋量子数不同。因此可以认为，同一原子中没有四个量子数完全相同的电子存在。这就是著名的泡利不相容原理。

至此，可以推算出各电子层、各亚层和各轨道中所能容纳的电子数。表 6-2 给出了电子层、亚层、原子轨道及电子运动状态与四个量子数之间的关系。

表 6-2 电子层、亚层、原子轨道及电子运动状态与四个量子数之间的关系

电子层	量子数	n	1	2	3	$\cdots,n$
	符号		K	L	M	
亚层（能级）	量子数	n	1	2	3	$\cdots,n$
		l	0	0,1	0,1,2	$0,1,2,\cdots,(n-1)$
	亚层数		1	2	3	n
	符号		1s	2s,2p	3s,3p,3d	$ns,np,nd,\cdots$
原子轨道（波函数）	量子数	n	1	2	3	n
		l	0	0,1	0,1,2	$0,1,2,\cdots,(n-1)$
		m	0	$0;0,\pm1$	$0;0,\pm1;0,\pm1,\pm2$	$0,\pm1,\pm2,\cdots,\pm l$
	每层轨道数		1	4	9	n^2
	符号		1s	$2s,2p_x$ $2p_y,2p_z$	$3p_x,3d_{xy},3d_{yz}$ $3s,3p_y,3d_{xz},3d_{z^2}$ $3p_z,3d_{x^2-y^2}$	
运动状态	量子数	n	1	2	3	n
		l	0	0,1	0,1,2	$0,1,2,\cdots,(n-1)$
		m	0	$0;0,\pm1$	$0;0,\pm1;0,\pm1,\pm2$	$0,\pm1,\pm2,\cdots\pm l$
		m_s	$\pm\frac{1}{2}$	$\pm\frac{1}{2};\pm\frac{1}{2}$	$\pm\frac{1}{2};\pm\frac{1}{2};\pm\frac{1}{2}$	$\pm\frac{1}{2}$
	每层状态数		2	8	18	$2n^2$
	符号①		$1s^2$	$2s^2,2p^6$	$3s^2,3p^6,3d^{10}$	

① 各符号右上角的数字代表各原子轨道中不同运动状态的数目。

以上讨论了核外电子的运动状态及其描述方法。电子是微观粒子，其运动状态与宏观物体的运动是截然不同的。宏观物体可用经典力学的方法准确地知道其在某一时刻的动量及位置，因此可以清晰地描绘其运动轨迹。而电子的运动具有波粒二象性，某一时刻，其动量和位置不能同时测准，因此电子的运动状态不能用经典力学的方法，只能用量子力学的方法来描述。

由玻尔将不连续的概念引入原子结构中后才逐渐建立了原子的量子力学模型。

量子力学用波函数描述核外电子的运动状态，虽然仍沿用原子轨道的概念，但测不准关系决定了此处的轨道绝不可能是电子的运动轨迹，它只代表电子的某一种运动状态，由此仅可知电子在核外空间的某一区域内出现的几率、几率密度或电子的能量状态、离核远近等信息。原子轨道的角度分布图、电子云的形状也绝不是电子运动的轨迹。

能称之为原子轨道的波函数必须满足一定的量子化条件，即量子数 n、l、m 要有合理的取值；实验表明，处于同一轨道上的电子其自旋运动有两种可能的形式。因此，描述电子在核外的运动状态需用四个量子数：主量子数 n（主层数）、角量子数 l（亚层）、磁量子数 m（轨道的伸展方向）和自旋量子数 m_s（电子自旋运动）。

以上了解了某一电子的运动状态，但在多电子原子中，各个电子是如何合理地分布于原子中的？即分布有无一定的规律，这是研究原子结构最为关心的问题之一。

第三节　原子中核外电子的分布

一、基态原子中电子的分布原则

根据光谱实验的结果，人们总结出核外电子排布应遵从以下原则。

1. 能量最低原则

由于自然界的普遍规律是能量最低，体系最稳定。因此，基态原子中电子的分布首先要满足能量最低原则，**即无论电子在核外如何分布，必须使原子体系的能量最低。**

在不违背能量最低原则的前提下，电子在各能级上的分布还必须遵从泡利不相容原理和洪德规则。

2. 泡利不相容原理

泡利指出，在同一个原子中没有四个量子数完全相同的电子，即同一原子中没有运动状态完全相同的电子。如 2s 上的电子可用 n、l、m、m_s 描述其运动状态，分别为 2、0、0、$+\frac{1}{2}$，另一个电子为 2、0、0、$-\frac{1}{2}$。若再有一个电子，将无法用四个量子数描述，因此泡利不相容原理规定了一个轨道中最多只能充填 2 个电子，即处于同一原子中的电子，其四个量子数中至少有一个是不同的，否则将违背泡利不相容原理。

泡利不相容原理给出了电子在同一轨道中的充填原则，解决了同一轨道中的电子容量问题。而洪德规则规定了电子在等价轨道中的充填方法。

3. 洪德规则

洪德认为，电子在等价轨道中充填时，应尽量以自旋平行的方式，分别占据不同的轨道。如 3p 轨道有 3 个等价轨道，填 3 个电子时，这 3 个电子应以自旋平行的方式占据 3 个轨道，即

$$3p\ \ (\uparrow)(\uparrow)(\uparrow)\quad 或写成\quad 3p_x^1 3p_y^1 3p_z^1$$

量子力学计算证明，以上排布可使体系能量最低。

此外，量子力学的计算表明，作为洪德规则的特例，等价轨道全充满、半充满或全空的状态较稳定。其表示为

全充满：　p^6　d^{10}　f^{14}

半充满：　p^3　d^5　f^7

全　空：　p^0　d^0　f^0

实验证实，多电子原子核外电子的分布遵从以上原则，其中能量最低原则是首要的，它决定了电子在轨道中充填时，按能级由低到高的顺序依次充填，因此必须知道多电子原子体系的能级。

二、多电子原子体系轨道的能级

根据光谱实验的结果，鲍林（Linus Pauling）总结出了多电子原子中原子轨道的近似能级图，见图 6-7。图中给出了电子充填时各能级的相对高低。

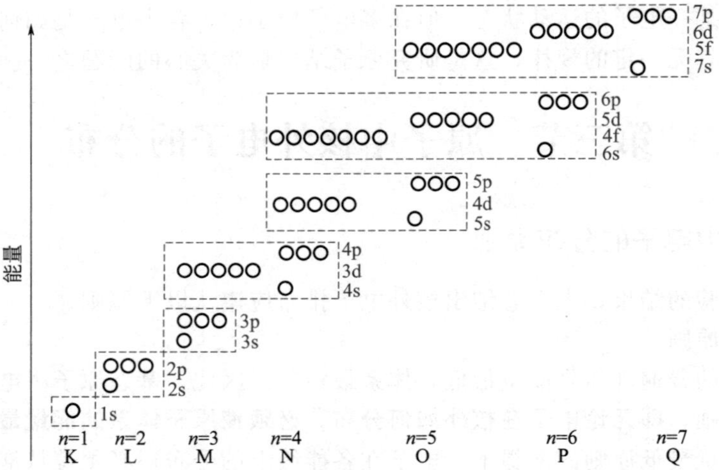

图 6-7　原子轨道的近似能级图

图 6-7 中，每个小圆圈代表一个原子轨道。s 层有一个圆圈，表示此亚层只有一个轨道；p 层有三个圆圈，表示此亚层有 3 个等价轨道；d 亚层有 5 个等价轨道；f 亚层有 7 个等价轨道。

图中，根据轨道能级的情况，将能级较接近的轨道划分成若干个能级组，通常分为 7 个能级组。能级组之间的能量差较大，能级组内的能量差较小。

第一能级组　1s

第二能级组　2s，2p

第三能级组　3s，3p

第四能级组　4s，3d，4p

第五能级组　5s，4d，5p

第六能级组　6s，4f，5d，6p

第七能级组　7s，5f，6d，7p

从鲍林的近似能级图可以得出以下结论。

1. 轨道能级的相对高低

(1) 角量子数相同时，轨道的能级取决于主量子数 n，n 越大，其能级越高。例如：

$$E_{1s}<E_{2s}<E_{3s}<E_{4s}$$

(2) 主量子数相同时，角量子数越大，轨道的能级越高。此现象称为同层能级分裂。例如：

$$E_{ns}<E_{np}<E_{nd}<E_{nf}$$

(3) 主量子数、角量子数均不相同时，出现能级交错现象。例如：

$$E_{ns}<E_{(n-2)f}<E_{(n-1)d}<E_{np}$$

2. 能级分裂及能级交错的原因

由鲍林能级图可知，同一主层的轨道出现能级分裂，不同主层不同亚层的轨道出现能级交错，其原因可归结为电子的屏蔽效应和钻穿效应。

(1) 屏蔽效应　**在多电子原子体系中，核外电子受原子核的吸引，同时也受到其他电子的排斥，这种排斥相当于抵消了部分核电荷的作用，使作用于某一电子上的有效核电荷数降低，此效应称为屏蔽效应。**

屏蔽效应的大小取决于起屏蔽效应的电子的数目和电子的运动状态。内层起屏蔽效应的电子数目越多，外层电子受到的屏蔽效应越强；主量子数越小的电子对外层电子的屏蔽效应越强，即

$$\text{K}>\text{L}>\text{M}>\text{N}$$

主量子数相同，即同一主层，角量子数越小的电子对外层电子的屏蔽效应越强，即

$$ns>np>nd>nf$$

主量子数越大，电子受到的屏蔽效应越强，即

$$\text{K}<\text{L}<\text{M}<\text{N}$$

同一主层，角量子数大的电子受到的屏蔽效应强，即

$$ns<np<nd<nf$$

由此可见，离核越近的电子对外层电子的屏蔽效应越强；离核越远的电子受到其他电子的屏蔽效应越强。

(2) 钻穿效应　**由于电子运动的波动性，离核较远的电子可以钻到离核较近的空间，从而靠近原子核，这种效应称为钻穿效应。**

钻穿能力的大小取决于电子的运动状态。一般地，钻穿能力的相对大小为 $ns>np>nd>nf$。

由此可以分析能级分裂和能级交错现象。由于钻穿能力的大小为 $ns>np>nd>nf$，电子受到的屏蔽效应大小的顺序为 $ns<np<nd<nf$，因此导致 ns 电子受核的吸引较强而较靠近原子核，nf 电子受核的引力较弱而较远离原子核，这样就造成了同层能级分裂的现象。

$$E_{ns}<E_{np}<E_{nd}<E_{nf}$$

由于 s 电子的钻穿能力强于 d 电子、f 电子，因此，造成了 $(n-1)$d 的能级高于 ns，即 $E_{(n-1)d}>E_{ns}$。

电子在核外排布时，依电子分布三原则，按鲍林能级图给出的能级高低的顺序，由低到高依次充填。

在讨论周期表中副族元素的性质时发现，电子丢失的顺序与电子充填的顺序有些出入。如鲍林能级图给出，由于能级交错使 $(n-1)$d 的能级高于 ns，因此电子充填时应先填 ns 后填 $(n-1)$d。失电子顺序与此相同，这一现象可由科顿（F. A. Cotton）原子轨道能级图给予很好的说明，见图 6-8。

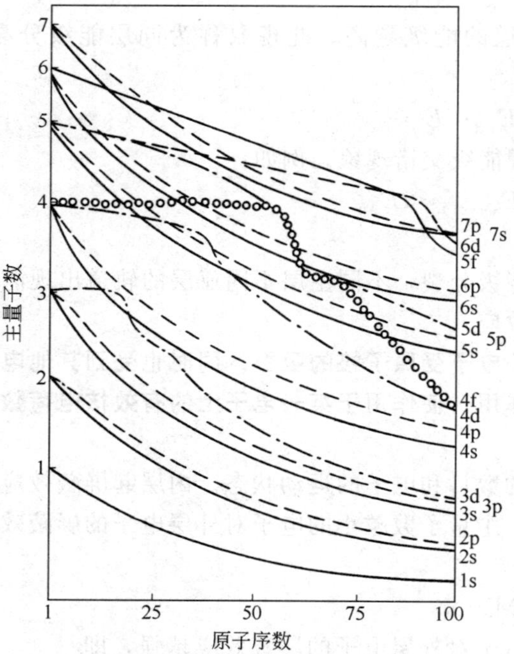

图 6-8　科顿原子轨道能级图

3. 科顿能级图

科顿能级图是科顿等总结光谱实验的结果，考虑到电子之间的相互影响，注意到有电子充填的轨道与空轨道的差别，即不同元素能级的交错是有区别的，不是一成不变的，而是与原子序数及电子的充填情况有关。

如 ns 和 $(n-1)$d，ns 可高于 $(n-1)$d，也可低于 $(n-1)$d；当为空轨道时，$(n-1)$d 高于 ns，当 $(n-1)$d 上有电子充填时，由于核对电子的吸引导致 $(n-1)$d 低于 ns。因此填电子时先填 ns，失电子时也先失 ns。

由科顿能级图分析能级分裂现象时应注意图中的几个重要的转折点：一是 20 号元素的 3d 高于 4s，而从 21 号元素起 4s 高于 3d；另一是 38 号元素与 39 号元素间 4d 与 5s 能量高低的转变；再者为 56 号元素和 57 号元素间 5d 与 6s 能量高低的转变。这些能量高低顺序的变化正好说明了副族元素在反应中先失 ns 电子的原因。

科顿能级图与鲍林能级图在能级分裂上是一致的，即

$$E_{ns} < E_{np} < E_{nd} < E_{nf}$$

由科顿能级图可较好地反映电子失去的顺序，而鲍林能级图对说明电子的排布更为有用。

三、基态原子中核外电子的分布

1. 核外电子的充填顺序

电子在核外的分布依电子分布三原则，按鲍林能级图的能级顺序依次填充。顺序为

1s2s2p3s3p4s3d4p5s4d5p6s4f5d6p7s5f6d7p

按从左到右的顺序依次充填。

2. 核外电子分布式

将电子按上述顺序充填并在轨道符号的右上角标出电子的数目即为核外电子分布式。例如：

11 号元素 Na 的电子分布式为

$$1s^2 2s^2 2p^6 3s^1$$

19 号元素 K 的电子分布式为

$$1s^2 2s^2 2p^6 3s^2 3p^6 4s^1$$

26 号元素 Fe 的电子分布式为

$$1s^2 2s^2 2p^6 3s^2 3p^6 3d^6 4s^2$$

若元素的原子序数较大时，可用下式表示，例如：

19 号元素 K，$[Ar]4s^1$　　24 号元素 Cr，$[Ar]3d^5 4s^1$

11 号元素 Na，$[Ne]3s^1$　　29 号元素 Cu，$[Ar]3d^{10} 4s^1$

26 号元素 Fe，$[Ar]3d^6 4s^2$

其中方括弧中的稀有气体元素符号称为原子实。

3. 价层电子构型

电子分布式中，价层电子所在的亚层的电子分布称为价层电子构型（价层电子是指参与成键的电子，也称价电子）。例如：

$_{26}Fe$	$3d^6 4s^2$	$_{29}Cu$	$3d^{10} 4s^1$
$_{24}Cr$	$3d^5 4s^1$	$_{11}Na$	$3s^1$

由于化学反应中反应物向产物转化的实质是其构成元素的价层电子的运动状态发生了变化，因此，在讨论化学键的形成时，价层电子构型显得尤为重要；另外周期表中迄今为止所发现的所有元素的性质均呈周期性变化，这也与价层电子分布的规律性密不可分。

四、核外电子分布与元素周期律

1. 能级组与周期

随着原子序数的递增，元素的性质呈周期性变化。周期表很好地反映了元素性质周期性变化的规律。

周期表中共有七个周期，正好与鲍林近似能级图中的能级组相对应。可以认为，能级组的划分，是周期表划分成周期的本质原因。周期与能级组存在着一一对应的关系，见表 6-3。

由表 6-3 可以看出，元素在周期表中所处的周期数就是其电子充填的最高能级组数；而每一周期的元素数是最高能级组可充填的电子数。按周期中所含元素的多少，将周期表分为特短周期、短周期、长周期和超长周期。

表 6-3　周期与能级组对应关系

能级组		可填电子数	元素数	起止元素	周期数	
1	1s	2	2	$_1H \sim _2He$	1	特短周期
2	2s,2p	8	8	$_3Li \sim _{10}Ne$	2	短周期
3	3s,3p	8	8	$_{11}Na \sim _{18}Ar$	3	
4	4s,3d,4p	18	18	$_{19}K \sim _{36}Kr$	4	长周期
5	5s,4d,5p	18	18	$_{37}Rb \sim _{54}Xe$	5	
6	6s,4f,5d,6p	32	32	$_{55}Cs \sim _{86}Rn$	6	超长周期
7	7s,5f,6d,7p	32	32	$_{87}Fr \sim _{118}Og$	7	超长周期

2. 元素分区与族

（1）价层电子构型与族

周期表中的纵行称为族。根据价电子的充填形式不同，又分为主族（A）和副族（B)，共有 8 个主族，从ⅠA 到ⅧA；8 个副族，从ⅠB 到ⅧB。元素在周期表中的族数取决于元素的价层电子构型。

① 主族。最高能态电子充填在 s 轨道或 p 轨道，价层电子构型为 $ns^{1\sim2}np^{0\sim6}$。

价层电子总数，即 np＋ns 电子数，为该元素在周期表中所处的主族数。例如：

$_{11}Na$	$3s^1$	ⅠA	$_{17}Cl$	$3s^2 3p^5$	ⅦA
$_{12}Mg$	$3s^2$	ⅡA	$_{18}Ar$	$3s^2 3p^6$	ⅧA
$_{13}Al$	$3s^2 3p^1$	ⅢA			

② 副族。最高能态电子充填在 d 轨道或 f 轨道。

ⅢB～ⅦB 副族数等于价层电子总数，即 $(n-1)$d＋ns 电子数。例如：

$_{21}$Sc　$3d^1 4s^2$　ⅢB　　$_{25}$Mn　$3d^5 4s^2$　ⅦB

$_{24}$Cr　$3d^5 4s^1$　ⅥB

当 $(n-1)d+ns$ 电子数等于 8、9、10 时，均为第ⅧB族元素。例如：

$_{26}$Fe　$3d^6 4s^2$　　$_{28}$Ni　$3d^8 4s^2$

$_{27}$Co　$3d^7 4s^2$

若价层电子构型为 $(n-1)d^{10}+ns^{1\sim2}$，则副族数为 ns 电子数。例如：

29Cu　$3d^{10} 4s^1$　ⅠB　　30Zn　$3d^{10} 4s^2$　ⅡB

(2) 元素分区

元素分区取决于元素的价层电子构型。见表 6-4。

表 6-4　价层电子构型与元素分区

分　区	价层电子构型	包含的族	分　区	价层电子构型	包含的族
s	$ns^{1\sim2}$	ⅠA～ⅡA	ds	$(n-1)d^{10}ns^{1\sim2}$	ⅠB～ⅡB
p	$ns^2np^{1\sim6}$	ⅢA～ⅧA	f	$(n-2)f^{1\sim14}(n-1)d^{0\sim2}ns^2$	ⅢB(6～7周期)
d	$(n-1)d^{1\sim9}ns^{1\sim2}$	ⅢB～ⅧB			

根据最高能态电子充填的轨道，可将元素分为五个区。最高能态电子充填在 s 轨道，为 s 区；充填在 p 轨道，为 p 区；充填在 d 轨道，为 d 区或 ds 区；充填在 f 轨道，为 f 区。元素分区与周期表的关系见图 6-9。

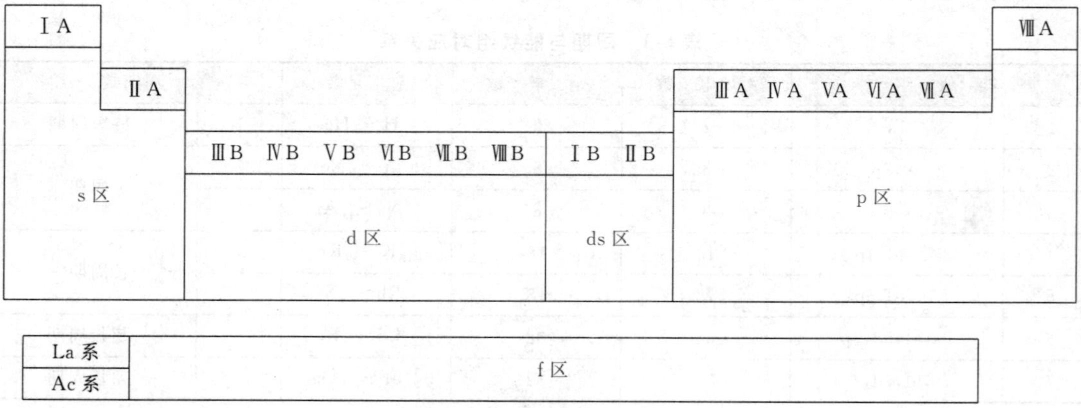

图 6-9　周期表中的元素分区

3. 元素在周期表中的位置

元素在周期表中的位置由周期数和族数决定。确定了周期数和族数，其分区也同时确定了。而周期、族、分区归根结底取决于元素的原子序数，原子序数决定了元素的价层电子构型，由价层电子构型可判断元素的位置。

(1) 周期数　由最大主量子数确定。

(2) 族数　元素在周期表中的位置不同，族数确定方法不完全相同。

① s 区、ds 区：s 电子数。

② p 区：s+p 电子数。

③ d 区：$ns+(n-1)d$ 电子数，当 $ns+(n-1)d=8$、9、10 时则为第ⅧB族元素。

④ f 区：为第ⅢB族元素。

(3) 分区　由最高能态电子充填的能级决定。

【例 6-1】 确定 25 号元素在周期表中的位置。

解： 25 号元素的价层电子构型为 $3d^5 4s^2$，由于 3d 未充满，即其最高能态电子充填在 d 轨道，因此为 d 区元素；3d+4s 电子数为 7，为第ⅦB 族；最大主量子数为 4，因而为第 4 周期元素。即该元素位于周期表 d 区，第 4 周期，第ⅦB 族。

【例 6-2】 某元素的价层电子构型为 $3s^2 3p^5$，确定该元素在周期表中的位置，并推断其原子序数。

解： 由于其最高能态电子充填在 p 轨道，因此为 p 区元素；s+p 电子数为 7，因而为第ⅦA 族；最大主量子数为 3，则为第 3 周期。故该元素的位置为 p 区，第 3 周期，第ⅦA 族。

元素的原子序数与其核外电子数相同，该元素的电子分布式为 $1s^2 2s^2 2p^6 3s^2 3p^5$，电子总数为 17 个，因而为 17 号元素。

以上讨论了元素的原子核外电子的分布及其周期性。事实上，原子核外电子的分布是客观事实，本不需要填充，但通过这部分内容的讨论可充分认识到核外电子分布的周期性，而这对元素性质的周期性的了解是十分必要的。按电子分布规则在核外充填电子时，会有一些不遵从规则的现象，但这是光谱实验的结果，当然要尊重实验事实，以实验为准。表 6-5 给出了元素周期表中所有元素的核外电子分布情况。

表 6-5 各周期元素的核外电子分布（电子层结构）

第 1 周期——特短周期			
周　期	原子序数	元　素	电子层结构
1	1	氢 H	$1s^1$
	2	氦 He	$1s^2$
第 2 周期——短周期			
周　期	原子序数	元　素	电子层结构(以[He]代 $1s^2$)
2	3	锂 Li	$1s^2 2s^1$ 或 [He] $2s^1$
	4	铍 Be	$1s^2 2s^2$ [He] $2s^2$
	5	硼 B	$1s^2 2s^2 2p^1$ [He] $2s^2 2p^1$
	6	碳 C	$1s^2 2s^2 2p^2$ [He] $2s^2 2p^2$
	7	氮 N	$1s^2 2s^2 2p^3$ [He] $2s^2 2p^3$
	8	氧 O	$1s^2 2s^2 2p^4$ [He] $2s^2 2p^4$
	9	氟 F	$1s^2 2s^2 2p^5$ [He] $2s^2 2p^5$
	10	氖 Ne	$1s^2 2s^2 2p^6$ [He] $2s^2 2p^6$
第 3 周期——短周期			
周　期	原子序数	元　素	电子层结构（以[Ne]代 $1s^2 2s^2 2p^6$）
3	11	钠 Na	[Ne] $3s^1$
	12	镁 Mg	[Ne] $3s^2$
	13	铝 Al	[Ne] $3s^2 3p^1$
	14	硅 Si	[Ne] $3s^2 3p^2$
	15	磷 P	[Ne] $3s^2 3p^3$
	16	硫 S	[Ne] $3s^2 3p^4$
	17	氯 Cl	[Ne] $3s^2 3p^5$
	18	氩 Ar	[Ne] $3s^2 3p^6$

第 4 周期——长周期			
周　　期	原子序数	元　　素	电子层结构（以[Ar]代 $1s^22s^22p^63s^23p^6$）
	19	钾 K	[Ar] $4s^1$
	20	钙 Ca	[Ar] $4s^2$
	21	钪 Sc	[Ar] $3d^14s^2$
	22	钛 Ti	[Ar] $3d^24s^2$
	23	钒 V	[Ar] $3d^34s^2$
	24	铬 Cr	[Ar] $3d^54s^1$
	25	锰 Mn	[Ar] $3d^54s^2$
	26	铁 Fe	[Ar] $3d^64s^2$
4	27	钴 Co	[Ar] $3d^74s^2$
	28	镍 Ni	[Ar] $3d^84s^2$
	29	铜 Cu	[Ar] $3d^{10}4s^1$
	30	锌 Zn	[Ar] $3d^{10}4s^2$
	31	镓 Ga	[Ar] $3d^{10}4s^24p^1$
	32	锗 Ge	[Ar] $3d^{10}4s^24p^2$
	33	砷 As	[Ar] $3d^{10}4s^24p^3$
	34	硒 Se	[Ar] $3d^{10}4s^24p^4$
	35	溴 Br	[Ar] $3d^{10}4s^24p^5$
	36	氪 Kr	[Ar] $3d^{10}4s^24p^6$

第 5 周期——长周期			
周　　期	原子序数	元　　素	电子层结构（以[Kr]代 $1s^22s^22p^63s^23p^63d^{10}4s^24p^6$）
	37	铷 Rb	[Kr] $5s^1$
	38	锶 Sr	[Kr] $5s^2$
	39	钇 Y	[Kr] $4d^15s^2$
	40	锆 Zr	[Kr] $4d^25s^2$
	41	铌 Nb	[Kr] $4d^45s^1$
	42	钼 Mo	[Kr] $4d^55s^1$
	43	锝 Tc	[Kr] $4d^55s^2$
	44	钌 Ru	[Kr] $4d^75s^1$
5	45	铑 Rh	[Kr] $4d^85s^1$
	46	钯 Pd	[Kr] $4d^{10}$
	47	银 Ag	[Kr] $4d^{10}5s^1$
	48	镉 Cd	[Kr] $4d^{10}5s^2$
	49	铟 In	[Kr] $4d^{10}5s^25p^1$
	50	锡 Sn	[Kr] $4d^{10}5s^25p^2$
	51	锑 Sb	[Kr] $4d^{10}5s^25p^3$
	52	碲 Te	[Kr] $4d^{10}5s^25p^4$
	53	碘 I	[Kr] $4d^{10}5s^25p^5$
	54	氙 Xe	[Kr] $4d^{10}5s^25p^6$

第 6 周期——超长周期

周期	原子序数	元素	电子层结构（以[Xe]代 $1s^2 2s^2 2p^6 3s^2 3p^6 3d^{10} 4s^2 4p^6 4d^{10} 5s^2 5p^6$）
	55	铯 Cs	[Xe] $6s^1$
	56	钡 Ba	[Xe] $6s^2$
	57	镧 La	[Xe] $4f^0 5d^1 6s^2$
	58	铈 Ce	[Xe] $4f^1 5d^1 6s^2$
	59	镨 Pr	[Xe] $4f^3 6s^2$
	60	钕 Nd	[Xe] $4f^4 6s^2$
	61	钷 Pm	[Xe] $4f^5 6s^2$
	62	钐 Sm	[Xe] $4f^6 6s^2$
	63	铕 Eu	[Xe] $4f^7 6s^2$
	64	钆 Gd	[Xe] $4f^7 5d^1 6s^2$
	65	铽 Tb	[Xe] $4f^9 6s^2$
	66	镝 Dy	[Xe] $4f^{10} 6s^2$
	67	钬 Ho	[Xe] $4f^{11} 6s^2$
	68	铒 Er	[Xe] $4f^{12} 6s^2$
	69	铥 Tm	[Xe] $4f^{13} 6s^2$
6	70	镱 Yb	[Xe] $4f^{14} 6s^2$
	71	镥 Lu	[Xe] $4f^{14} 5d^1 6s^2$
	72	铪 Hf	[Xe] $4f^{14} 5d^2 6s^2$
	73	钽 Ta	[Xe] $4f^{14} 5d^3 6s^2$
	74	钨 W	[Xe] $4f^{14} 5d^4 6s^2$
	75	铼 Re	[Xe] $4f^{14} 5d^5 6s^2$
	76	锇 Os	[Xe] $4f^{14} 5d^6 6s^2$
	77	铱 Ir	[Xe] $4f^{14} 5d^7 6s^2$
	78	铂 Pt	[Xe] $4f^{14} 5d^9 6s^1$
	79	金 Au	[Xe] $4f^{14} 5d^{10} 6s^1$
	80	汞 Hg	[Xe] $4f^{14} 5d^{10} 6s^2$
	81	铊 Tl	[Xe] $4f^{14} 5d^{10} 6s^2 6p^1$
	82	铅 Pb	[Xe] $4f^{14} 5d^{10} 6s^2 6p^2$
	83	铋 Bi	[Xe] $4f^{14} 5d^{10} 6s^2 6p^3$
	84	钋 Po	[Xe] $4f^{14} 5d^{10} 6s^2 6p^4$
	85	砹 At	[Xe] $4f^{14} 5d^{10} 6s^2 6p^5$
	86	氡 Rn	[Xe] $4f^{14} 5d^{10} 6s^2 6p^6$

续表

第7周期——超长周期			
周期	原子序数	元素	电子层结构(以[Rn]代 $1s^2 2s^2 2p^6 3s^2 3p^6 3d^{10} 4s^2 4p^6 4d^{10} 4f^{14} 5s^2 5p^6 5d^{10} 6s^2 6p^6$)
7	87	钫 Fr	[Rn] $7s^1$
	88	镭 Ra	[Rn] $7s^2$
	89	锕 Ac	[Rn] $5f^0 6d^1 7s^2$
	90	钍 Th	[Rn] $5f^0 6d^2 7s^2$
	91	镤 Pa	[Rn] $5f^2 6d^1 7s^2$
	92	铀 U	[Rn] $5f^3 6d^1 7s^2$
	93	镎 Np	[Rn] $5f^4 6d^1 7s^2$
	94	钚 Pu	[Rn] $5f^6 7s^2$
	95	镅 Am	[Rn] $5f^7 7s^2$
	96	锔 Cm	[Rn] $5f^7 6d^1 7s^2$
	97	锫 Bk	[Rn] $5f^9 7s^2$
	98	锎 Cf	[Rn] $5f^{10} 7s^2$
	99	锿 Es	[Rn] $5f^{11} 7s^2$
	100	镄 Fm	[Rn] $5f^{12} 7s^2$
	101	钔 Md	[Rn] $5f^{13} 7s^2$
	102	锘 No	[Rn] $5f^{14} 7s^2$
	103	铹 Lr	[Rn] $5f^{14} 6d^1 7s^2$
	104	𬬻 Rf	[Rn] $5f^{14} 6d^2 7s^2$
	105	𬭊 Db	[Rn] $5f^{14} 6d^3 7s^2$
	106	𬭳 Sg	[Rn] $5f^{14} 6d^4 7s^2$
	107	𬭛 Bh	[Rn] $5f^{14} 6d^5 7s^2$
	108	𬭶 Hs	[Rn] $5f^{14} 6d^6 7s^2$
	109	鿏 Mt	[Rn] $5f^{14} 6d^7 7s^2$
	110	𫟼 Ds	[Rn] $5f^{14} 6d^9 7s^1$
	111	𬬭 Rg	[Rn] $5f^{14} 6d^{10} 7s^1$
	112	鿔 Cn	[Rn] $5f^{14} 6d^{10} 7s^2$
	113	鿭 Nh	[Rn] $5f^{14} 6d^{10} 7s^2 7p^1$
	114	𫓧 Fl	[Rn] $5f^{14} 6d^{10} 7s^2 7p^2$
	115	镆 Mc	[Rn] $5f^{14} 6d^{10} 7s^2 7p^3$
	116	𫟷 Lv	[Rn] $5f^{14} 6d^{10} 7s^2 7p^4$
	117	石田 Ts	[Rn] $5f^{14} 6d^{10} 7s^2 7p^5$
	118	气奥 Og	[Rn] $5f^{14} 6d^{10} 7s^2 7p^6$

注：画框的为过渡元素。

由表6-5可清楚地看出元素的原子核外电子的周期性分布。每一周期从ns轨道开始充填电子到np电子充满（第1周期$1s^2$）结束，周而复始。这正是元素性质呈周期性变化的本质原因。

第四节　元素基本性质的周期性变化

由于元素原子的电子层结构呈周期性变化，导致了元素基本性质呈周期性变化。

元素的基本性质是指其原子半径、电离能和电负性等。

元素的基本性质是由元素原子的电子层结构所决定的，其本质是取决于核外电子的运动状态，即外层电子受核的引力大小。原子核对外层电子的引力大小可用有效核电荷数来衡量。

一、有效核电荷数

有效核电荷数（Z^*）是指作用于某一电子上的实际的核电荷数。

由于电子之间的相互排斥，内层电子对位于其外层的电子具有屏蔽作用，相当于抵消了部分核电荷对外层电子的作用，使实际作用于外层电子上的有效核电荷数降低。

电子受到的屏蔽效应越大，作用于该电子上的有效核电荷数越小。实验表明，有效核电荷数的变化具有以下规律。

1. 同周期元素

短周期元素的有效核电荷数随原子序数的增加，自左至右显著增加。长周期元素的核电荷数随原子序数的增加其变化不明显，这是由于副族元素增加的电子填在 d 轨道或 f 轨道，增加的核电荷数几乎被它们屏蔽掉了。

2. 同族元素

同族自上而下，原子序数跳跃变化，核电荷数的变化较大，因此有效核电荷数增加。

有效核电荷数的大小反映了核对外层电子的吸引力的强弱，也决定了元素的基本性质。有效核电荷数的周期性变化，导致元素的基本性质也呈周期性变化。

二、原子半径的周期性变化

除惰性元素外，其他任何元素的原子都是以键合的方式存在于单质或化合物中。由于电子运动的二象性，要确定单个原子在任何情况下都适用的原子半径是不可能的。通常是根据元素原子的化合情况给出不同的原子半径。常用的原子半径有共价半径、金属半径和范德华半径。

① 共价半径　同种元素的原子以共价单键相结合时，其核间距的一半称为共价半径。

② 金属半径　在金属晶体中，相邻两金属原子核间距的一半称为金属半径。

③ 范德华半径　稀有气体为单原子分子，两原子间没有化学键。它们相互靠近是靠范德华引力，其原子半径为相邻两原子核间距的一半。

同种元素三种原子半径中，范德华半径最大，因为以分子间力相结合时，结合力较小，原子不能紧密接触；共价半径较金属半径大，这是因为形成共价键时，轨道的重叠程度较大。

通常，讨论原子半径的变化规律一般采用其共价半径，但由于稀有气体不形成共价键，因此，稀有气体的半径为范德华半径。

原子半径的变化规律见表 6-6。由表中数据可总结出原子半径的变化具有以下规律。

表 6-6　原子半径　　单位：pm

ⅠA	ⅡA	ⅢB	ⅣB	ⅤB	ⅥB	ⅦB	Ⅷ B	ⅠB	ⅡB	ⅢA	ⅣA	ⅤA	ⅥA	ⅦA	ⅧA
H 32															He 93

续表

ⅠA	ⅡA	ⅢB	ⅣB	ⅤB	ⅥB	ⅦB	Ⅷ B			ⅠB	ⅡB	ⅢA	ⅣA	ⅤA	ⅥA	ⅦA	ⅧA
Li	Be											B	C	N	O	F	Ne
123	89											82	77	70	66	64	112
Na	Mg											Al	Si	P	S	Cl	Ar
154	136											118	117	110	104	99	154
K	Ca	Sc	Ti	V	Cr	Mn	Fe	Co	Ni	Cu	Zn	Ga	Ge	As	Se	Br	Kr
203	174	144	132	132	118	117	117	116	115	117	125	126	122	121	117	114	169
Rb	Sr	Y	Zr	Nb	Mo	Tc	Ru	Rh	Pd	Ag	Cd	In	Sn	Sb	Te	I	Xe
216	191	162	145	134	130	127	125	125	128	134	148	144	140	141	137	133	190
Cs	Ba	La	Hf	Ta	W	Re	Os	Ir	Pt	Au	Hg	Tl	Pb	Bi	Po	At	Rn
235	198	169	144	134	130	128	126	127	130	134	144	148	147	146	146	145	220
镧系元素：																	
	La	Ce	Pr	Nd	Pm	Sm	Eu	Gd	Tb	Dy	Ho	Er	Tm	Yb	Lu		
	169	165	164	164	163	162	185	162	161	160	158	158	158	170	158		

1. 同周期元素

元素的原子半径取决于电子层数、有效核电荷数和电子构型。

同周期元素的电子层数相同，有效核电荷数增加，因此总趋势是随原子序数的增加原子半径逐渐减小（第ⅧA 族半径较大，原因是其原子半径为范德华半径）。这种变化，短周期表现得较为突出。而长周期元素由于其有效核电荷数变化不明显，导致其原子半径的减小幅度较小。第ⅠB、ⅡB 族原子半径略有增大，这是因为第ⅠB、ⅡB 族 $(n-1)d^{10}$ 的电子构型对外层电子的斥力较大，对核电荷的屏蔽较强，所以，当 d 轨道充满电子时，半径增大。f 区元素也有类似的情况，如 f^7 和 f^{14} 时，原子半径有所增加。

2. 同族元素

（1）主族元素　同一主族随原子序数的增加，有效核电荷数增加，但电子层数的增加占主导，因此原子半径依次增大。

（2）副族元素　副族元素原子半径的变化较复杂。第 4 到第 5 周期同主族的变化相似，原子半径依次增大；自第ⅣB 族开始，第 5 到第 6 周期，原子半径接近。此现象是由镧系收缩造成的。

镧系收缩为随原子序数的增加，镧系元素的原子半径逐渐减小的现象。

事实上，其他各周期元素随原子序数的增加，原子半径也都呈现收缩的趋势，且其相邻两元素间的收缩量（短周期约 10pm，长周期平均约 1.5pm）较镧系相邻元素间的收缩量（不足 1pm）还大。但镧系收缩之所以特殊是由于镧系包含了 15 个元素，从 La 到 Lu 经历了 14 次收缩。虽然相邻两元素间的收缩量并不大，但总的收缩量较大，为 13pm。而镧系在周期表中只占一格，这势必造成与镧系相邻的元素的半径有较大幅度的减小，使之与本族上一周期的元素半径接近，进而影响到以后各族。例如：

元素(第 5 周期)	Zr	Nb	Mo
原子半径/pm	145	134	130
元素(第 6 周期)	Hf	Ta	W
原子半径/pm	144	134	130

镧系收缩造成镧以后同族元素原子半径接近，从而导致元素性质极为相似。

三、电离能

为定量地衡量元素的性质，常用一些物理量。电离能是其中较常用的物理量之一。

由基态的气态原子失去一个电子，形成+1价的气态阳离子所需要的能量称为该元素的第一电离能，用 I_1 表示，单位为 kJ/mol。

由+1价的气态原子再失去一个电子，形成+2价的气态阳离子所需要的能量称为该元素的第二电离能 I_2。同样地，元素也可以有第三、第四、……、第 n 电离能，分别用 I_3、I_4、…、I_n 表示。

电离能的大小表示元素失电子能力的强弱。电离能小，表明元素的原子失电子能力强，而失电子能力又体现了元素的金属性。失电子能力强，元素的金属性强。因此，电离能越小，元素的金属性越强。一般常用第一电离能进行比较。

表6-7给出了第一电离能的数据，由实验数据可总结出第一电离能变化的一般规律。

电离能的大小取决于原子核对外层电子的引力，引力强，电子难失去，电离能大；反之，电离能小。而核对外层电子的引力大小是由有效核电荷数、原子半径及价层电子构型决定的。若价层电子构型相同，有效核电荷数小、原子半径大的元素其核对外层电子的引力较小，第一电离能小；有效核电荷数大、原子半径小的元素，第一电离能大。价层电子构型对电离能也有较大的影响。当具有稳定的构型时，如半满、全满、全空时对应的 I_1 较大。

表6-7 元素的第一电离能 单位：kJ/mol

ⅠA	ⅡA	ⅢB	ⅣB	ⅤB	ⅥB	ⅦB	ⅧB			ⅠB	ⅡB	ⅢA	ⅣA	ⅤA	ⅥA	ⅦA	ⅧA
H																	He
1312																	2372
Li	Be											B	C	N	O	F	Ne
520	900											801	1086	1402	1314	1681	2081
Na	Mg											Al	Si	P	S	Cl	Ar
496	738											578	787	1012	1000	1251	1521
K	Ca	Sc	Ti	V	Cr	Mn	Fe	Co	Ni	Cu	Zn	Ga	Ge	As	Se	Br	Kr
419	590	631	658	650	653	717	759	758	737	746	906	579	762	944	941	1140	1351
Rb	Sr	Y	Zr	Nb	Mo	Tc	Ru	Rh	Pd	Ag	Cd	In	Sn	Sb	Te	I	Xe
403	550	616	660	664	685	702	711	720	805	731	868	558	709	832	869	1008	1170
Cs	Ba	La	Hf	Ta	W	Re	Os	Ir	Pt	Au	Hg	Tl	Pb	Bi	Po	At	Rn
376	503	538	654	761	770	760	840	880	870	890	1007	589	716	703	812	912	1037

La	Ce	Pr	Nd	Pm	Eu	Gd	Tb	Dy	Ho	Er	Tm	Yb	Lu
538	528	523	530	536	547	592	564	572	581	589	597	603	524

（数据录自：James E，Huheey. Inorganic Chemistry：Principles of Structure and Reactivity. 2nd ed.）

1. 同族元素

同族元素，第一电离能自上而下逐渐减小。

同族元素的价层电子构型相同。随原子序数的增加，核电荷数的增加虽然使有效核电荷数增加，但此时，原子半径的大幅度增大使核对外层电子的引力逐渐减小，因此，第一电离能自上而下逐渐减小。这一变化在主族表现得较为明显，所以，主族元素的金属性自上而下明显增强。副族元素的电离能变化不明显，且不规则，除第ⅢB外有减小的趋势。

2. 同周期元素

同一周期元素的电离能变化总趋势是增加的，但有曲折，如图6-10所示。

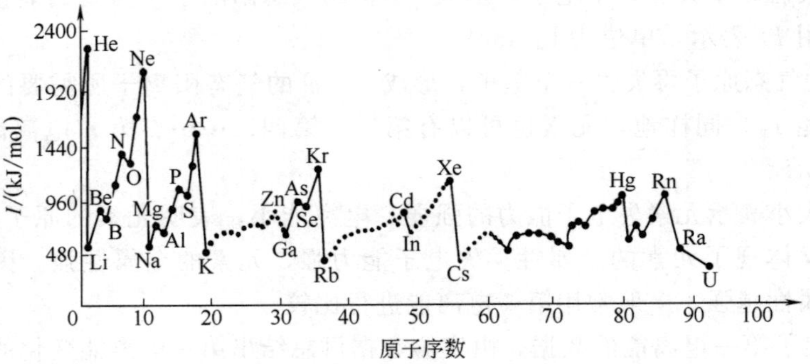

图6-10 元素第一电离能的周期性变化

从左到右，电离能总趋势增加是由于有效核电荷数增加而原子半径减小，导致核对外层电子的引力增强，使电子不易失去。而那些拐点则体现了电子构型对电离能的影响。

以第2周期元素的第一电离能为例，其电离能与电子构型的关系见表6-8。

表6-8 第2周期元素的电离能与电子构型的关系

元素	Li	Be	B	C	N	O	F	Ne
I_1/(kJ/mol)	520	900	801	1086	1402	1314	1681	2081
极值		极大	极小		极大	极小		最大
电子构型	$2s^1$	$2s^2$	$2s^22p^1$	$2s^22p^2$	$2s^22p^3$	$2s^22p^4$	$2s^22p^5$	$2s^22p^6$
特点		全满	失电子 全满		半满	失电子 半满		8电子 全满

由表6-8可知电离能出现曲折增加的原因。如Be，其价层电子构型为$2s^2$，为全充满的稳定构型，失去一个电子将破坏其稳定性，因而，第一电离能较高；N为半满的稳定构型，也出现极大值；而B、O却与之相反，失去电子得到全满或半满的稳定构型，故出现极小值；Ne达8电子稳定构型，因此出现最大值。其他周期情况与之类似。

3. 同一元素

比较同种元素的电离能可以发现，电离能的变化具有以下规律：

$$I_1 < I_2 < I_3 < \cdots < I_n$$

以列于表6-9的Mg的电离能数据为例。可以看出，同种元素的电离能变化规律以第一电离能最小，顺次增大。原因是原子失去一个电子后，作用于其他电子上的有效核电荷数增大，使电子再失去变得较困难。

表6-9 Mg的电离能

第n级电离能	I_1	I_2	I_3	I_4	I_5	I_6	I_7	I_8
I_n/(kJ/mol)	737.7	1450.7	7732.8	10540	13628	17995	21704	25656

Mg 的电离能变化 $I_1 < I_2 < I_3 < \cdots < I_8$ 表明，Mg 较易失去 2 个电子形成 Mg^{2+}，但第 3 个电子难以失去，因为 Mg^{2+} 已达 8 电子稳定构型。

四、元素的电负性

为全面衡量化合物中元素的原子拉电子的能力，1932 年，鲍林提出了电负性的概念。

元素的原子在分子中吸引电子的能力称为电负性。用 X 表示。并规定电负性最大的元素 F 的电负性为 $X_F = 4.0$，以此为度，标出其他元素的电负性。

表 6-10 中的数据为以 F 的 $X_F = 4.0$ 为基准的计算值。

电负性从吸引电子能力的强弱全面地描述了元素的金属性和非金属性的强弱。电负性越大，表示元素的原子在分子中吸引电子的能力越强，元素的非金属性越强，金属性越弱；电负性越小，表明元素的原子在分子中吸引电子的能力越弱，元素的非金属性越弱，金属性越强。一般地，$X > 2.0$ 为非金属元素；$X < 2.0$ 为金属元素。但不绝对。

表 6-10 中数据显示，元素的电负性呈周期性变化。同一周期，随原子序数的增加，自左至右，电负性增大；同一主族，自上而下，元素的电负性减小。副族元素的电负性变化不规律，因而，其金属性变化也不规律。

表 6-10　元素的电负性

s 区		d 区								ds 区		p 区				
H 2.1																
Li 1.0	Be 1.5											B 2.0	C 2.5	N 3.0	O 3.5	F 4.0
Na 0.9	Mg 1.2											Al 1.5	Si 1.8	P 2.1	S 2.5	Cl 3.0
K 0.8	Ca 1.0	Sc 1.3	Ti 1.5	V 1.6	Cr 1.6	Mn 1.5	Fe 1.8	Co 1.9	Ni 1.9	Cu 1.9	Zn 1.6	Ga 1.6	Ge 1.8	As 2.0	Se 2.4	Br 2.8
Rb 0.8	Sr 1.0	Y 1.2	Zr 1.4	Nb 1.6	Mo 1.8	Tc 1.9	Ru 2.2	Rh 2.2	Pd 2.2	Ag 1.9	Cd 1.7	In 1.7	Sn 1.8	Sb 1.9	Te 2.1	I 2.5
Cs 0.7	Ba 0.9	La～Lu 1.0～1.2	Hf 1.3	Ta 1.5	W 1.7	Re 1.9	Os 2.2	Ir 2.2	Pt 2.2	Au 2.4	Hg 1.9	Tl 1.8	Pb 1.8	Bi 1.9	Po 2.0	At 2.2
Fr 0.7	Ra 0.9	Ac 1.1	Th 1.3	Pa 1.4	U 1.4	Np～No 1.4～1.3										

阅读材料

化学家鲍林

美国化学家鲍林（Linus Pauling）1901 年生于俄勒冈州西北部的波特兰市，1922 年在俄勒冈州立大学获得化学工程理学士，1925 年获得哲学博士学位。此后曾在欧洲许多大学与当时的一些著名科学家如薛定谔、玻尔等共同工作过。1931 年，年仅 30 岁的鲍林在俄勒冈州立大学任教授，并于当年获得美国化学会纯化学奖——朗缪尔奖。

鲍林一生致力于结构化学的研究，共发表论文 500 多篇，出版专著 10 多部。鲍林提出的元素电负性标度、原子轨道杂化理论等概念为每一位学习和研究化学的人所熟悉，特别是鲍林所著《化学键的本质》更是化学结构理论的经典著作。由于鲍林对化学键的研究以及用化学键理论阐明复杂物质的结构获得成功，从而获得了1954年度的诺贝尔化学奖。

鲍林教授不仅是一位杰出的化学家，同时也是一位反对战争、倡导世界和平的社会活动家。第二次世界大战末期，美国在日本广岛和长崎投下了两颗原子弹，由此造成的后果惨不忍睹。世界各国的科学家包括参加过原子弹研制工作的科学家深知核武器对人类安全的威胁，1946年鲍林应爱因斯坦的请求，发起成立了“原子弹科学家紧急委员会”。1955年，针对美国和苏联相继爆炸氢弹的现实，鲍林等51名诺贝尔奖奖金获得者发表宣言，反对美苏核试验。1958年，鲍林向当时的联合国秘书长递交了一份经10000多名科学家签名的呼吁书，其中有2000多名美国科学家和另外49个国家的8000多名科学家。1962年鲍林亲自写信给当时的美苏领导人肯尼迪和赫鲁晓夫，要求这两位核大国停止核试验。1963年，美、苏、英三国领导人在莫斯科签署了《部分禁止核试验条约》。同年，诺贝尔委员会授予鲍林教授1962年度诺贝尔和平奖。

由于鲍林教授在科学研究和社会活动方面的巨大成功，全世界30多所著名大学授予他荣誉博士学位，其中有普林斯顿大学、耶鲁大学、牛津大学、伦敦大学、巴黎大学和柏林大学等。他还是十多个国家的名誉院士，如挪威、苏联、印度、意大利、比利时等。在国内，他得过十多项奖章。苏联授予他罗蒙诺索夫金质奖章、列宁国际和平奖金。

鲍林曾于1973年和1981年两次来我国访问讲学，受到我国广大科学工作者的热烈欢迎。

本章小结

一、基本概念

1.原子光谱

原子光谱是将原子发出的光经棱镜折射所得到的不连续的线状光谱。它揭示了电子能量变化的不连续性，即电子能量变化是量子化的。

2.波函数、原子轨函、原子轨道

波函数、原子轨函、原子轨道为同义词，表示电子在核外空间运动的一种状态。

每个确定的波函数对应电子的一种运动状态，可描述该电子在核外空间出现几率最大的区域离核的远近、电子的能级等。

通常也将波函数的角度分布图称为原子轨道，此分布图中的正负号对于原子轨道的重叠成键具有十分重要的意义。

3.电子云

电子在核外空间的某区域出现的几率密度。其角度分布图与原子轨道的角度分布图相似，但全为正值，一般在图中不标出；且较瘦。电子云在讨论共价分子的键型时较重要。

4.四个量子数

表征电子运动状态的一些特定物理量称为量子数。通常用主量子数、角量子数、磁量子数和自旋量子数这4个量子数来规定电子在核外的运动状态。

电子的运动状态多种多样，但都可用以上四个量子数来描述。因此掌握四个量子数的物理意义及合理取值是正确描述核外电子运动状态的关键。

(1) 主量子数 (n)　主层数是决定电子能量的主要因素，取正整数。见表6-11。

表6-11　主量子数取值与电子层

n	1	2	3	4	5	6	7
电子层	K	L	M	N	O	P	Q

（2）角量子数（l）　亚层描述轨道形状，与主量子数共同决定电子能量，取值 $l \leqslant n-1$。见表 6-12。

表 6-12　角量子数与原子轨道

l	0	1	2	3	4	…
符号	s	p	d	f	g	…
原子轨道形状	球形	哑铃形	花瓣形			…

（3）磁量子数（m）　确定电子所属的轨道在空间的伸展方向，取值为 $\|m\| \leqslant l$，其取值个数为等价轨道数目。见表 6-13。

表 6-13　磁量子数与等价轨道

l	0	1	2	3
m	0	0,±1	0,±1,±2	0,±1,±2,±3
轨道	s	p	d	f
等价轨道数	1	3	5	7

（4）自旋量子数（m_s）　描述电子的自旋，取值为 $\pm\frac{1}{2}$。

电子的自旋运动只有两种形式，因此只有两个取值。

5. 屏蔽效应

电子除受核的吸引外，还受其他电子的排斥，这种排斥相当于抵消了部分核电荷对指定电子的吸引，此效应称为屏蔽效应。

6. 钻穿效应

电子克服其他电子的屏蔽，由于电子运动的波动性，钻到离核较近的空间的效应称为钻穿效应。

7. 核外电子分布式

8. 价层电子构型

成键电子（价电子）所在的亚层的电子分布式。

二、基本规则、规律

1. 基态原子核外电子分布三原则

能量最低原则、泡利不相容原则、洪德规则。

2. 原子轨道近似能级图

（1）鲍林能级图　用于说明电子在轨道中的充填顺序。

（2）科顿能级图　用于解释过渡元素电子的丢失顺序。

3. 电子分布与周期系

（1）能级组与周期　能级组数＝周期数，共 7 个周期。

（2）价层电子构型与族、分区　据最高能态电子充填的轨道不同，将周期表分为 16 个族，其中 8 个主族、8 个副族；同样的道理将周期表分为 s、p、d、ds 和 f 五个区。s 区和 p 区为主族元素，d、ds 和 f 区为副族元素，d、ds 区也称为过渡元素，f 区称为内过渡元素。

4. 元素基本性质的变化规律

元素基本性质的变化趋势列于表 6-14。主族的变化规律性较强，副族的基本性质变化幅度较小，且规律性较差。

表 6-14　元素基本性质变化趋势

基本性质	有效核电荷数	原子半径	电离能	电负性
同周期($Z\uparrow$)	增大	减小	增大	增大
同族($Z\uparrow$)	增大	增大	减小	减小

思考题

1. 氢原子核外的电子，从等于 4 跳回等于 3 的能级时辐射的能量与从等于 3 跳回等于 2 的能级时辐射的能量相同吗？为什么？
2. 用玻尔理论解释氢原子光谱为什么是线状光谱。玻尔理论对原子结构理论的发展有何贡献？该理论有何局限性？
3. 波函数和原子轨道是同义词，因此，波函数可以理解为（　　）。
   A. 电子运动轨迹　　B. 电子运动的几率密度　　C. 电子运动状态
4. 角量子数没有独立性，必须受（　　）。
   A. 主量子数的制约　　B. 磁量子数的制约　　C. 主量子数和磁量子数的共同制约
5. 氢原子轨道的能量取决于（　　）。
   A. 主量子数　　B. 角量子数　　C. 主量子数和角量子数
6. n、l、m 三个量子数取值有何要求？
7. 元素周期表中的周期、族及区是如何划分的？族数是如何确定的？各分区的电子构型有何特点？
8. 试以第 2 周期元素的电离能变化为例说明电离能在周期中的变化规律。
9. 为什么$_{11}Na$的第一电离能比$_{12}Mg$的低，而其第二电离能比$_{12}Mg$的高？
10. 判断下列说法是否正确。
    (1) 原子半径越大的元素其电离能越大；
    (2) 电离能越小的元素其金属性越强；
    (3) 电负性越大的元素其非金属性越强。
11. 原子的共价半径、金属半径和范德华半径有何区别？为什么同一元素的范德华半径大于共价半径？
12. 周期表中元素的原子半径的变化规律是什么？这种变化与原子的有效核电荷数、核外电子构型有何关系？

习题

1. 指出与下列原子轨道相对应的主量子数及角量子数，并指出每种轨道所包含的轨道数。

   2p　3d　4f　5d

2. 判断下列说法是否正确。
   (1) 当主量子数 n 为 2 时，其角量子数 l 只能取 1，磁量子数 m 只能取 +1、−1 两个数值；
   (2) 波函数的径向分布图表示电子离核同距离的几率密度分布情况；
   (3) p 轨道的角度分布图为“8”字形，这表明电子是沿“8”字形轨道运动的；
   (4) 磁量子数为 0 的轨道均为 s 轨道。
3. 画出 s、p 各原子轨道的角度分布图，并说明这些图的含义。
4. 硫原子的一个 p 电子可用下列任何一套量子数描述。

	n	l	m	m_s
(1)	3	1	0	$+\frac{1}{2}$
(2)	3	1	0	$-\frac{1}{2}$
(3)	3	1	1	$+\frac{1}{2}$
(4)	3	1	−1	$+\frac{1}{2}$
(5)	3	−1	0	$+\frac{1}{2}$

(6) 3　−1　0　$-\frac{1}{2}$

若要同时描述硫的 4 个 p 电子，可以采用哪几套量子数？

5. 下列量子数哪些是不合理的？

	n	l	m		n	l	m
(1)	3	1	0	(4)	2	2	−1
(2)	3	0	0	(5)	3	1	1
(3)	3	0	−1	(6)	2	3	2

6. 下列符号各表示什么意思？

s，2s，$3s^1$，$4p^3$

7. 当原子被激发时，通常是它的最外层电子向更高的能级跃迁。在下列各电子排布中，哪种属于原子的基态？哪种属于原子的激发态？哪种纯属错误？

(1) $1s^2 2s^1$

(2) $1s^2 2s^2 2p^4 3s^1$

(3) $1s^2 2s^2 2d^1$

(4) $1s^2 2s^4 2p^2$

8. 下列轨道中哪些是等价轨道？

1s，3s，$3p_x$，$4p_x$，$2p_x$，$2p_y$，$2p_z$

9. 量子数 $n=4$ 的电子层，有几个亚层？各亚层有几个轨道？第四电子层最多能容纳多少个电子？

10. 写出具有下列原子序数的原子的电子分布式，并指出该元素在周期表中的位置、元素名称和元素符号。

(1) $Z=16$　(2) $Z=20$　(3) $Z=24$　(4) $Z=35$

11. 写出原子序数为 42、52、79 的元素的原子的核外电子分布式、价层电子构型。

12. 若元素最外层上仅有一个电子，该电子的量子数为 $n=4$，$l=0$，$m=0$，$m_s=\frac{1}{2}$。问：

(1) 符合上述条件的元素可能有几个？原子序数各为多少？

(2) 写出各元素的核外电子分布式及价层电子构型。

13. 完成下表：

价层电子构型	区	周期	族	电负性相对值	金属性、非金属性	单电子数
$4s^1$						
$3s^2 3p^5$						
$3d^6 4s^2$						
$5d^{10} 6s^2$						

14. 为什么任何原子的最外层上最多只能有 8 个电子，次外层上最多只能有 18 个电子？

15. 为什么周期表中 1～4 周期的元素数目分别是 2、8、8、18 个，而根据每层电子最大容量为 $2n^2$，元素数目应为 2、8、18、32？

16. 已知某些元素的原子序数，试完成下表：

原子序数	电子分布式	各层电子数	族	周期	区	金属性、非金属性
11						
21						
53						
60						
80						

17. 填充下表：

元　素	周　期	族	电子分布式	价层电子构型	区	原子序数
甲	3	ⅡA				
乙	6	ⅧB				
丙	4	ⅣA				
丁	5	ⅠB				

18. 有第 4 周期的元素 A、B、C 三种，其价电子数依次为 1、2、7，其原子序数按 A、B、C 顺序增大。已知 A、B 次外层电子数为 8 个，而 C 的次外层电子数为 18。根据结构判断：

(1) 哪些是金属元素？

(2) C 与 A 的简单离子是什么？

(3) 哪一元素的氢氧化物的碱性最强？

(4) B 与 C 两元素间能形成何种化合物？试写出化学式。

19. 试述元素的电离能、电负性。其数值大小与元素的金属性和非金属性有何关系？

20. 试根据元素电负性的大小，把下列元素按金属性、非金属性相对强弱重新排序：

Na　Cs　B　O　Al　F　Mg　Li　S　N

21. 指出下列叙述是否正确：

(1) 价层电子构型为 ns^1 的元素都是碱金属元素；

(2) ⅧB 族元素的价层电子构型是 $(n-1)d^6ns^2$；

(3) 第 4 周期过渡元素填充电子时是先填 4s 然后填 3d，所以失去电子时，也是按这个顺序；

(4) p 区元素的原子填充电子时是先填 ns 然后填 np，所以失去电子时，也是按这个顺序；

(5) 元素的第一电离能越大，其金属性也越强。

第七章

分子结构

学习目标

1. 掌握离子键、共价键的形成和基本特征，熟悉共价键的类型和共价键的性质。
2. 掌握分子的空间构型和轨道杂化的关系。
3. 掌握分子间的作用力与物质物理性质的关系。

通过本章的讨论，为以后章节及有机化学的学习掌握必备的结构化学的初步知识。

由原子结构理论的讨论可知，除稀有气体外，其他原子都未达到稳定构型，因此都不能以原子的形式孤立存在，而必须结合成分子使各自达到稳定构型方能在自然界存在。分子是构成物质的基本单元，是参加化学反应的最小单位，其内部结构直接关系到物质的性质和化学反应的结果。要想了解物质的性质，把握化学反应的规律，必须知道分子的内部结构。

本章就分子的内部结构展开讨论。由化学键理论描述分子的形成；由杂化轨道理论讨论分子的空间构型；范德华力给出的是分子与分子间的弱引力。

分子是由原子相互结合而形成的。当原子与原子相互靠近时，由于各自都处于不能独立存在的不稳定状态，想通过彼此的结合达到稳定构型。原子间的结合需要一定的作用力，这种作用力称为化学键。

1916 年，德国化学家科塞尔根据稀有气体稳定结构的事实提出了离子键理论。

第一节　离　子　键

码 7-1　离子键的形成

当电负性相差较大的两种元素的原子相互接近时，电子从电负性小的原子转移到电负性大的原子，从而形成了阴离子（负离子）和阳离子（正离子）。通过相邻的阴、阳离子之间的静电作用，形成离子键。

一、离子键的形成

离子键是阴、阳离子之间的作用力，因此必须有阴、阳离子形成。当原子失去电子时形成阳离子；当原子得到电子时形成阴离子。通过元素基本性质的讨论可知，电负性较小的元素的原子倾向于失去电子而形成阳离子；电负性较大的元素的原子则易于得到电子而形成阴离子。因此，当电负性相差较大的元素的原子相互靠近时，电负性小的元素的原子给出电子，形成阳离子；电负性较大的元素的原子获得电子，形成阴离子。通过静电引力，阴、阳离子互相靠近，体系能量降低，当达到一定的距离时，能量最低，此时引力最大，形成离子键。

以 NaCl 为例，当 Na 原子和 Cl 原子相互靠近时，电负性较小的 Na 原子失去电子，形成 Na^{+}；电负性较大的 Cl 原子得到电子，形成 Cl^{-}。

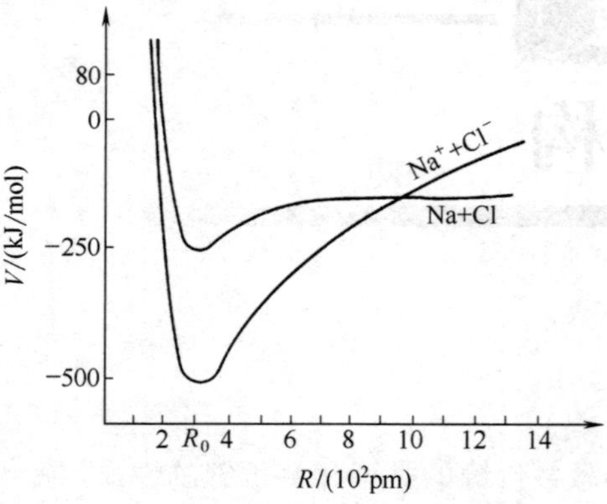

图 7-1　NaCl 的势能曲线

$$Na(3s^1) \xrightarrow{-e} Na^+ (2s^2 2p^6)$$

$$Cl(3s^2 3p^5) \xrightarrow{+e} Cl^- (3s^2 3p^6)$$

Na^+ 与 Cl^- 相互靠近时，阴、阳离子间相互吸引，当达到一定的距离时，体系出现能量最低点，此时形成 NaCl。是否可以认为，阴、阳离子靠得越近，结合力就越强呢？其实不然。当阴、阳离子相互接近时，除有静电引力外，还存在着两离子核外电子云间的斥力和两原子核间的斥力。因此，两离子距离较远时，吸引力是主要的，体系的能量（势能）随两离子间距的缩短而降低，当达到一定的距离时，体系能量最低。若再靠近，则斥力急剧增大。只有当吸引和排斥达平衡时，体系能量才达最低值，形成稳定的离子键。NaCl 的势能曲线如图 7-1 所示。

二、离子键的特点

由离子键的形成可以分析出离子键的特点。

1. 离子键的本质是静电引力

离子键是由原子得失电子形成阴、阳离子，阴、阳离子间靠静电引力结合在一起的，即离子键的本质是静电引力。若把离子的电荷分布视为球形对称的，其电荷分别为 q_+、q_-，离子间距为 R，则阴、阳离子间的静电引力 $f_{引力}$ 为

$$f_{引力} \propto \frac{q_+ q_-}{R^2}$$

由上式可知，电荷数越高，阴、阳离子间距越小（但不能小于平衡距离），离子键越强。

2. 离子键没有方向性

既然离子的电荷是球形对称的，因此，在条件允许的情况下，阴、阳离子可以从任何方向相互吸引，即离子键没有方向性。如 Na^+ 和 Cl^- 形成 NaCl 时，Na^+ 可以从任何方向靠近 Cl^-，Cl^- 也可以从不同角度吸引 Na^+，但形成的键是相同的。

3. 离子键没有饱和性

在离子型化合物中，离子间的相互吸引并不局限于几个离子间，而是每个离子都处于整个晶体的异号离子的电场中。如 NaCl 中，每个 Na^+ 的周围虽然只能容下 6 个 Cl^-，每个 Cl^- 的周围也只能容下 6 个 Na^+，只要空间允许，就会尽可能多地与异电离子相吸引而形成离子键。可见，离子键没有饱和性。

由以上讨论知，离子键是阴、阳离子间没有方向性和饱和性的静电吸引力。

原来的理论认为，离子键是纯粹的静电引力，即原子轨道间没有重叠。但近代的实验表明，没有百分之百的离子键，在电负性相差最大的氟化铯中，也存在着原子轨道的部分重叠。静电引力的部分称为离子性成分，轨道重叠部分称为共价性成分。表 7-1 为分子中元素的电负性差与单键的离子性成分间的关系。

表 7-1　元素的电负性差与单键的离子性成分

$X_A - X_B$	0.2	0.6	1.0	1.2	1.4	1.6	1.8	2.0	2.2	2.4	2.6	2.8	3.2
离子性成分/%	1	9	22	30	39	47	55	63	70	76	82	86	92

由表 7-1 可知，离子键不是绝对的，其中存在着共价性成分。电负性差越大，离子性成分越多，当电负性差超过 1.7 时，离子性成分多于 50％，此时的键归为离子键；离子性成分少于 50％时，归为共价键。可见典型的离子键与典型的共价键间并没有明显的界限，以离子键为主的结合力其中包含有共价性成分。同样，以共价键为主的结合力也有离子性成分。

既然以离子性成分为主的结合力为离子键，以该类结合力所形成的化合物则为离子型化合物。离子型化合物的性质取决于离子键的强弱，而离子键的强弱是由离子的特征来决定的。

三、离子的特征

离子的特征指的是离子的电子构型、离子的电荷数及离子的半径。

1. 离子的电子构型

离子的电子构型是指原子得到或失去电子后其外层的电子分布。根据电子分布情况，离子的电子构型可分为以下几类。

（1）惰气型（2 电子或 8 电子构型） 非金属元素的原子得到电子所形成的负离子，或金属元素的原子失去电子所形成的正离子，其外层具有与稀有气体的原子相同的电子构型，此类离子的电子构型称为惰气型。例如：

Cl	Cl^-	Ar
$3s^2 3p^5$	$3s^2 3p^6$	$3s^2 3p^6$
Na	Na^+	Ne
$3s^1$	$2s^2 2p^6$	$2s^2 2p^6$
Li	Li^+	He
$2s^1$	$1s^2$	$1s^2$

非金属元素的原子得到电子形成与同周期惰气元素的原子相同的构型，金属元素的原子失去电子形成与上周期惰气元素的原子相同的构型，因此称为惰气型或 8 电子构型（Li^+、Be^{2+} 为 2 电子构型）。

（2）不规则型（9～17 电子构型） d 区、ds 区元素的原子失去全部的 ns 电子和部分 $(n-1)$d 电子后形成的阳离子，其外层电子为 9～17 个，因此，此类离子称为不规则型或 9～17 电子构型。例如：

Mn^{2+}	$3s^2 3p^6 3d^5$	(13)	Fe^{2+}	$3s^2 3p^6 3d^6$	(14)
Ni^{2+}	$3s^2 3p^6 3d^8$	(16)	Cu^{2+}	$3s^2 3p^6 3d^9$	(17)

（3）18 电子构型 ds 区元素失去全部 ns 电子后，其外层电子数为 18 个，因此称为 18 电子构型。例如：

Cu^+	$3s^2 3p^6 3d^{10}$	Cd^{2+}	$4s^2 4p^6 4d^{10}$
Ag^+	$4s^2 4p^6 4d^{10}$	Hg^{2+}	$5s^2 5p^6 5d^{10}$
Zn^{2+}	$3s^2 3p^6 3d^{10}$		

（4）18＋2 电子构型 长周期中，第ⅣA 族、第ⅤA 族失去部分 p 电子后的电子构型为 18＋2 电子构型。例如：

Sn^{2+}	$4s^2 4p^6 4d^{10} 5s^2$	Sb^{3+}	$4s^2 4p^6 4d^{10} 5s^2$

Pb^{2+}　　$5s^2 5p^6 5d^{10} 6s^2$　　Bi^{3+}　　$5s^2 5p^6 5d^{10} 6s^2$

表 7-2 为离子的电子构型与其在周期表中的分布。

表 7-2　离子的电子构型与其在周期表中的分布

电子构型	惰气型	不规则型	18 电子构型	18+2 电子构型
位置	p 区负离子 ⅠA　+1、ⅡA　+2 ⅢA　+3、ⅢB　+3	d 区正离子 ds 区 Cu^{2+}	ds 区 ⅠB　+1 ⅡB　+2	p 区 5、6 周期 ⅣA　+2 ⅤA　+3

2. 离子的电荷数

离子的电荷数在数值上等于原子失去或得到的电子数，失去电子带正电荷，得到电子带负电荷。正离子的电荷数等于其原子失去的电子数；负离子的电荷数等于其原子得到的电子数。

3. 离子半径

离子半径是假定在离子晶体中相邻的离子彼此接触，其离子间距为正、负离子的半径之和。

若离子间距为 d，半径分别为 r_+ 和 r_-，则 $d=r_+ + r_-$。例如：

$$d(\text{NaF})=r(\text{Na}^+)+r(\text{F}^-)=230\text{pm},\ r(\text{F}^-)=133\text{pm}$$

则

$$r(\text{Na}^+)=230-133=97(\text{pm})$$

上述方法得到的离子半径是晶体中正、负离子相互作用时表现出的半径，这样测得的离子半径称为有效离子半径，简称离子半径。

离子半径可以测定，也可计算得到，不同的计算方法所得的半径稍有出入，一般用鲍林的半径数据，见表 7-3。由表中数据可总结出半径变化的规律。

表 7-3　离子半径　　单位：pm

			H^-	Li^+	Be^{2+}								B^{3+}	C^{4+}	N^{5+}		
			208	60	31								20	15	11		
C^{4-}	N^{3-}	O^{2-}	F^-	Na^+	Mg^{2+}								Al^{3+}	Si^{4+}	P^{5+}	S^{6+}	Cl^{7+}
260	171	140	136	95	65								50	41	34	29	26
Si^{4-}	P^{3-}	S^{2-}	Cl^-	K^+	Ca^{2+}	Sc^{3+}	Ti^{4+}	V^{5+}	Cr^{6+}	Mn^{7+}	Cu^+	Zn^{2+}	Ga^{3+}	Ge^{4+}	As^{5+}	Se^{6+}	Br^{7+}
271	212	184	181	133	99	81	68	59	52	46	96	74	62	53	47	42	39
Ge^{4-}	As^{3-}	Se^{2-}	Br^-	Rb^+	Sr^{2+}	Y^{3+}	Zr^{4+}	Nb^{5+}	Mo^{6+}	Tc^{7+}	Ag^+	Cd^{2+}	In^{3+}	Sn^{4+}	Sb^{5+}	Te^{6+}	I^{7+}
272	222	198	195	148	113	93	80	70	62	[97.9]	126	97	81	71	62	56	50
Sn^{4-}	Sb^{3-}	Te^{2-}	I^-	Cs^+	Ba^{2+}	La^{3+}	Hf^{4+}	Ta^{5+}	W^{6+}	Re^{7+}	Au^+	Hg^{2+}	Tl^{3+}	Pb^{4+}	Bi^{5+}	Po^{6+}	At^{7+}
294	245	221	216	169	135	115	[78]	[68]	[62]	[56]	137	110	95	84	74	[67]	[62]

（1）同周期　同周期非金属元素的负离子半径接近。例如：

	O^{2-}	F^-	S^{2-}	Cl^-
r/pm	140	136	184	181

同周期元素的正离子半径随原子序数的增加，正电荷数增加，而半径减小。例如：

	Na^{+}	Mg^{2+}	Al^{3+}
r/pm	97	66	51

同周期过渡元素的正离子若电荷数相等，则随原子序数的增加，半径减小。例如：

	Cr^{2+}	Mn^{2+}	Fe^{2+}	Co^{2+}	Ni^{2+}
r/pm	89	80	74	72	69

（2）同族元素　当电荷数相等时，同族元素的离子半径随原子序数的增大而增大。例如：

	Li^{+}	Na^{+}	K^{+}	Rb^{+}	Cs^{+}
r/pm	60	95	133	148	169
	F^{-}	Cl^{-}	Br^{-}	I^{-}	
r/pm	136	181	195	216	

（3）同一元素　同一元素的原子半径大于正离子半径，小于负离子半径。例如：

$$H^{+} < H < H^{-}$$

同一元素的原子形成不同电荷数的离子时，正离子随电荷数的升高，半径减小。例如：

	Fe^{3+}	$<Fe^{2+}$	Cu^{2+}	$<Cu^{+}$
r/pm	64	74	72	96

由上述讨论可知，离子半径呈规律性变化。其规律性变化与核电荷数、原子半径的规律性变化有着密切的关系。同周期元素随原子序数增加，有效核电荷数增加，原子半径减小，正离子失去电子后，使有效核电荷数进一步增大，因此正离子半径减小且比其原子半径小。同一元素的正离子电荷数越高，失去电子越多，有效核电荷数越大，半径越小。同族元素由于原子半径增大，虽然有效核电荷数也同时增大，但半径的增大起决定作用，因此离子半径逐渐增大。

离子电荷数、离子半径和离子的电子构型决定了离子键的强弱，而离子键的强弱可以由其晶格能来衡量。

四、晶格能

晶格能是用来衡量离子键强弱的参数。由气态正、负离子结合生成晶体所释放出的能量称为晶格能，用 U 表示，单位为 kJ/mol。

由于形成离子晶体时体系放热，因此，晶格能一般为负值。其绝对值越大，说明形成晶体时放热越多，则形成的离子键越稳定，与结合力大小有关的化合物的物理性质越强。如离子晶体一般有较高的熔沸点和较大的硬度等。因此常用晶格能的大小来衡量离子化合物物理性质的强弱。

晶格能的数据可以实验测定，也可理论计算，本章不作要求。一般地，离子的电荷数高、半径小、具有 8 电子构型的离子形成离子键越牢固。

离子键理论简单明了，成功地说明了电负性相差较大的元素间的成键情况。但当成键元素的电负性差不那么大或电负性差为零（同种元素的原子成键）时，没有电子的得失，当然没有正、负离子形成。这些原子形成的分子是靠什么力结合在一起的？对此离子键理论难以解释。

第二节　价键理论

为说明不能以离子键结合的分子的成键情况，1916 年，美国物理化学家路易斯（G. N. Lewis）提出了价键理论。其基本观点是：分子中的每个原子应具有稀有气体原子的稳定构型，为此原子间可通过共用电子对来实现。这种方式形成的化学键称为共价键。这一理论成功地解释了同种元素的原子的成键情况，如 N_2、H_2、O_2 等；以及性质相近的元素的原子的成键情况，如 H_2S、CO_2 等。但对于不具有稀有气体稳定构型的分子，如 BF_3、PCl_5 等分子也能稳定存在这一事实，路易斯的价键理论无法解释；另外，路易斯的价键理论虽然揭示了共价键与离子键的区别，但并未指明共用电子对所形成的化学键的本质。

1927 年，海特勒（Heitlei）和伦敦（Londen）把量子力学理论应用于 H_2 分子的结构，才使人们初步认识了共价键的本质。在此基础上，鲍林等发展了这一成果，逐步建立了现代价键理论、杂化轨道理论等，用以说明共价分子的形成及其空间构型。

一、共价键的形成

码 7-2 共价键的形成

价键理论又称电子配对法，简称 VB 法。其基本观点如下。

1. 电子配对原理

成键两元素具有自旋相反的成单电子，成单电子偶合（即配对）。

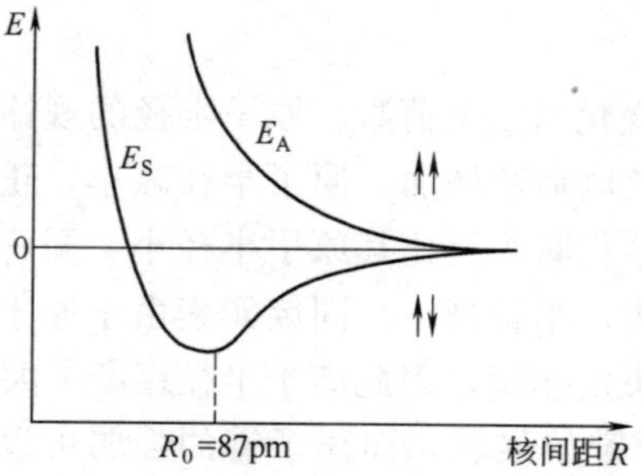

图 7-2 H_2 分子的能量与核间距的关系曲线

E_A—排斥态能量曲线；E_S—偶合态能量曲线

用量子力学的方法处理 H_2 分子的形成时，得到 H_2 分子的能量与核间距的关系曲线，如图 7-2 所示。H 的价层电子构型为 $1s^1$，每个氢原子有一个成单电子。当两个氢原子的单电子自旋相反时，体系的能量 E 随核间距 R 的减小而降低，即比两个氢原子单独存在时的能量低。当核间距达到平衡距离 R_0 时，体系能量最低，如图 7-2 中曲线 E_S 所示，此时称为氢分子的基态。若两个原子进一步靠近，体系的能量升高。由于具有成单电子的两个原子相互靠近时，每个原子核外的电子云将同时受两核的吸引，在平衡距离时引力最强，小于平衡距离时，核间的斥力逐渐增大。因此在平衡距离时形成稳定的共价键。若两个氢原子中的电子自旋平行，则两个氢原子相互靠近时，由于核间电子云的相互排斥，使体系的能量高于两个氢原子单独存在的能量之和，且体系能量随核间距减小而升高，此状态称为排斥态，如图 7-2 中曲线 E_A 所示，此时不能形成氢分子。

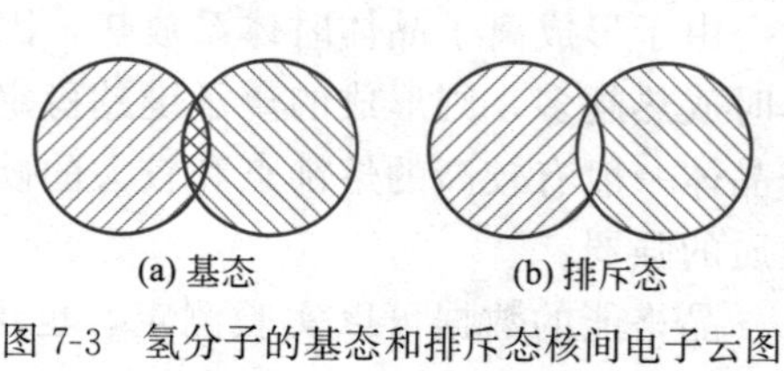

图 7-3 氢分子的基态和排斥态核间电子云图

量子力学的计算及有关实验表明，具有自旋相反的单电子的氢原子之所以能成键，是由于在氢分子的两核间出现了电子云密集区，而处于排斥态的氢分子不能稳定存在，原因是在其两核间有一电子云密度几乎为零的区域。图 7-3 是处于基态和排斥态氢分子的核间电子云图示。

上述情况，价键理论认为是原子轨道的重叠所致。

2. 最大重叠原理

成单电子所在的原子轨道实施最大程度的有效重叠。

据量子力学的观点，由于氢的 1s 轨道全为正，当具有自旋相反的单电子的氢原子靠近时，两个波函数相互叠加，即原子轨道重叠，使两核间出现电子云密集区。计算表明，基态的氢分子电子的几率密度远大于排斥态的几率密度。

基态氢分子中，两核间电子云的密集削弱了两原子核间的排斥，同时增强了核与核间电子云的吸引，使体系能量降低，形成了稳定的共价键。

排斥态之所以不能成键，是因为在两核间出现电子几率密度几乎为零的区域，使两核间的斥力增大，同时削弱了核对核间电子云的吸引，体系能量升高，因此不能形成稳定的氢分子。

由以上讨论可知，共价键的形成基本条件是：成键两原子需有自旋相反的成单电子，成键时单电子所在的原子轨道必须发生最大程度的有效重叠。

二、共价键的特点

由共价键的形成条件及形成过程可知共价键具有以下特点。

1. 结合力本质

在共价键的形成过程中，没有电子的得与失，因此其结合力显然不是正、负离子间的静电引力。

共价分子的形成是由于原子轨道的叠加，在核间出现电子云密集区，其作用力的本质是核对核间电子云的电性吸引。且结合力的大小与轨道的重叠程度有关，而轨道重叠程度取决于轨道重叠的方式和共用电子对数。一般地，共用电子对数越多，轨道重叠越多，结合力越强。如共价三键的结合力强于共价双键，共价双键又强于共价单键。

2. 共价键的方向性

共价键的形成需满足的条件之一，是成单电子所在的轨道要实施最大程度的有效重叠。由于除 s 轨道为球形对称外，其余轨道在空间都有不同的伸展，这就要求成键电子所在的轨道要选择合适的方向进行重叠，以满足最大重叠原理。如形成 HCl 分子时，其轨道的重叠如图 7-4 所示。由图 7-4 可以看出，氢原子的 1s 轨道与氯原子的 $3p_x$ 轨道沿 x 方向相互重叠才是最大程度的重叠，只有这样的重叠才是有效的，才能形成稳定的共价键。

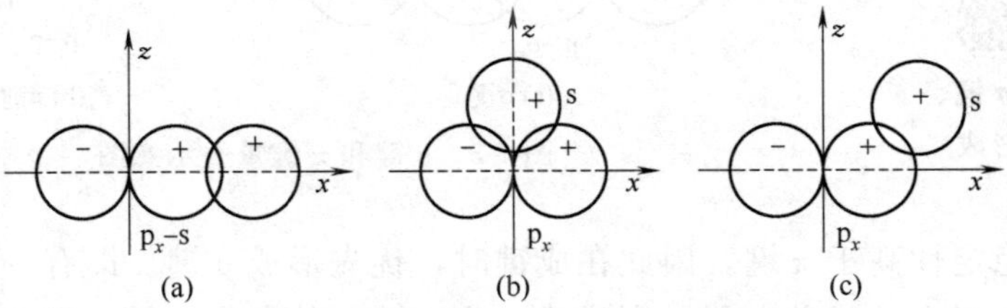

图 7-4　氯化氢分子的成键示意图

由此可见，最大重叠原理决定了共价键具有方向性。

3. 共价键的饱和性

形成共价键需满足的另一基本条件是成单电子配对。因此，成键两原子必须有自旋相反的成单电子。有成单电子可形成共价键，若成单电子已全部配对，则不能再成键。如氯化氢分子中，氯的价层 3p 轨道的一个成单电子与氢原子的一个 1s 电子成键形成 HCl 分子后，成单电子已成对，便不能再结合第三个原子。又如甲烷分子中的 C 原子其价层为 $2s^2 2p^2$，虽然其价层只有两个成单电子，但其 2s 电子可激发到空的 2p 轨道，形成四个成单电子，因此在与其他原子结合时，可形成四个共价单键、两个共价双键或一个共价三键和一个共价单键。

由上述讨论可知，电子配对原理决定了共价键具有饱和性。

三、共价键的类型

价键理论的最大重叠原理决定了成键电子所在的原子轨道要实施最大程度的有效重叠。而不同类型的轨道其形状及伸展方向不同，所以其重叠方式自然不完全相同，形成的共价键的稳定性及对称性等也有差异。根据轨道的重叠方式不同，可将共价键分为不同的类型，常见的有 σ 键和 π 键。

1. σ 键

成键轨道沿键轴（即两原子核间的连线）以“头碰头”的方式发生有效重叠，形成的共价键为 σ 键。σ 键的特点是原子轨道的重叠部分沿键轴呈圆柱形对称，即沿键轴旋转时，其重叠程度及符号不变。可以形成 σ 键的轨道有 s-s、s-p_x、p_x-p_x 等。

2. π 键

伸展方向相互平行的成键原子轨道以“肩并肩”的方式发生有效重叠，形成的键称为 π 键。与 σ 键不同的是，π 键的重叠部分以过键轴的一个平面为对称面呈镜面反对称。可形成 π 键的轨道有 p_y-p_y、p_z-p_z、p-d、d-d 等。

图 7-5 为 σ 键和 π 键的重叠情况。一般地，形成 σ 键时原子轨道的重叠程度比形成 π 键时的重叠程度高，因此，σ 键的稳定性高于 π 键。显然 π 键的反应性能高于 σ 键。

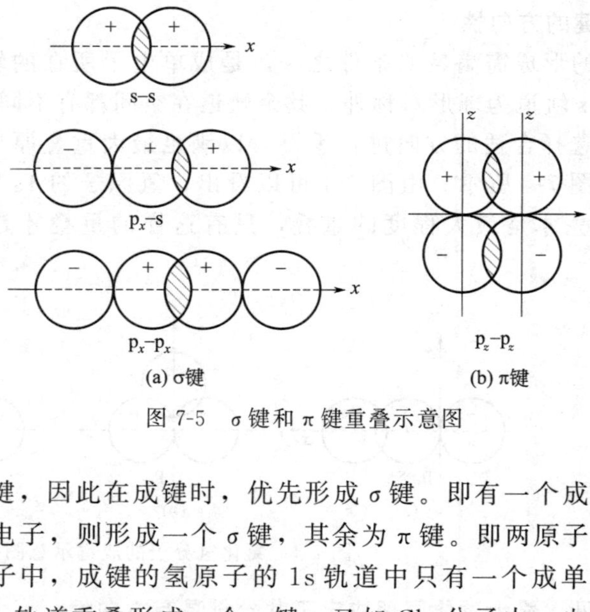

(a) σ键　　(b) π键

码 7-3　σ 键、π 键的形成

图 7-5　σ 键和 π 键重叠示意图

由于 σ 键的稳定性高于 π 键，因此在成键时，优先形成 σ 键。即有一个成单电子时形成 σ 键；若有两个以上的成单电子，则形成一个 σ 键，其余为 π 键。即两原子间形成的共价键只有一个是 σ 键。如氢分子中，成键的氢原子的 1s 轨道中只有一个成单电子，两个氢原子各提供一个 1s 电子，s-s 轨道重叠形成一个 σ 键。又如 Cl_2 分子中，也只形成一个 σ 键。因为 Cl 原子的价层电子构型为 $3s^2 3p^5$，p 轨道只有一个成单电子，因此其 p_z-p_z 轨道重叠形成一个 σ 键。N_2 分子中 N 的价层有三个成单电子，因此可形成一个 σ 键和两个 π 键。

价键理论成功地揭示了共价键与离子键的本质区别。共价键是成键两元素的原子核对核间电子云的电性吸引，共价键既有方向性又有饱和性。按成键电子所处轨道的重叠方式不同，将共价键分为 σ 键和 π 键。

按价键理论，成键两元素各提供一个成单电子，成单电子偶合形成共价键。但事实上，有一大类化合物，其结构中含有另一类共价键。

3. 配位键

在一些化合物中，所形成的共价键是由成键元素的一方提供共用电子对，另一方提供空轨道。这类共价键称为配位共价键，简称配位键。如 NH_4^+ 中，N 的价层电子构型为 $2s^2 2p^3$，有 3 个成单电子，H 的价层电子构型为 $1s^1$，3 个氢原子的 1s 电子与 N 的 3 个 p 电子形成 3 个 σ 键。若形成 NH_4^+，则 H 提供空的 1s 轨道，N 提供 2s 上的一对 s 电子，该电子对称为孤对电子，由两者共用，这种成键方式所形成的共价键称为配位键，用"→"表示。例如：

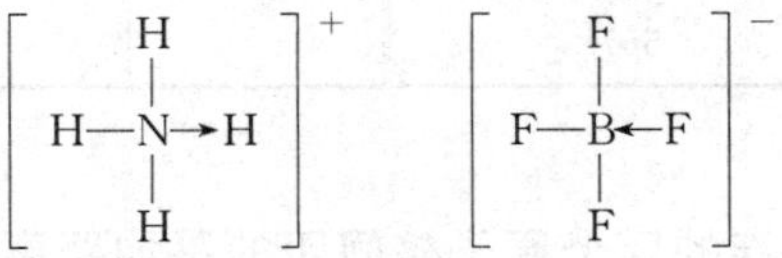

配位键的形成需满足下面两个条件：

(1) 成键原子的一方需有孤对电子；

(2) 成键原子的另一方需有接受电子对的价层空轨道。

配位键的本质仍是共价键，只是共用电子对由成键原子的一方单独提供，而另一方提供价层空轨道。

四、键参数

共价分子的性质取决于共价键的性质及共价分子的空间构型。共价键的性质及分子的空间构型可由一些物理量来描述，这些物理量称为键参数。本章重点介绍键能、键长和键角。

1. 键能

键能是用于衡量共价键强度的物理量。

绝对零度下，将处于基态的 AB 双原子分子拆开成为基态 A、B 原子时，所需要的能量称为该分子的键离解能，用 D(A—B) 表示。双原子分子的键离解能为其键能，用 E 表示。如 H 的离解能为 $D(\text{H—H})=432\text{kJ/mol}$，则其键能为 $E(\text{H—H})=432\text{kJ/mol}$。

多原子分子的键能为其平均键离解能。如 NH_3 分子中有 3 个 N—H 键，但每个键的离解能不同：

$$\begin{array}{ll} NH_3(g) \longrightarrow NH_2(g)+H & D_1=427\text{kJ/mol} \\ NH_2(g) \longrightarrow NH(g)+H & D_2=375\text{kJ/mol} \\ NH(g) \longrightarrow N(g)+H & D_3=356\text{kJ/mol} \\ \hline NH_3(g) \longrightarrow N(g)+3H & D_{总}=D_1+D_2+D_3=1158\text{kJ/mol} \end{array}$$

NH_3 分子中 N—H 的键能为 3 个 N—H 键的平均离解能：

$$E(\text{N—H})=\frac{D_1+D_2+D_3}{3}=386\text{kJ/mol}$$

键能的数据通常是由热化学方法测得的。若数据是在标准状态下获得的，为区别起见，将该键离解能称为键离解焓。双原子分子的键离解焓为其键焓，用 ΔH_E 表示，多原子分子的键焓为其平均离解焓。键能与键焓的数据相差不大。因此虽然键能、键焓意义不同，但使用时往往不分，将键焓也称为键能。

表 7-4 列出了某些键的键能和键焓数据。在描述共价分子的性质时，用键能、键焓均可。一般地，键能或键焓越大，化学键越强，由该键构筑的分子越稳定。

表 7-4　键能和键焓数据

分　子	E/(kJ/mol)	ΔH_E/(kJ/mol)	分　子	E/(kJ/mol)	ΔH_E/(kJ/mol)
H_2	432	436	HCl	428	431
F_2	154	159	HBr	363	366
Cl_2	240	242	HI	295	298
Br_2	190	193	CN	750	754
I_2	149	151	CO	1072	1077
HF	562	567			

2. 键长

共价分子中，以共价键相连的两个原子核间距的平均距离叫键长。理论上，键长可以用量子力学的方法近似求出。表 7-5 中给出了部分共价键的键长。

一般地，键长越短，键能越大。即键长越短，共价键越牢固。

表 7-5　部分共价键的键长和键能

键	键长/pm	键能/(kJ/mol)	键	键长/pm	键能/(kJ/mol)	键	键长/pm	键能/(kJ/mol)
H—H	74	436	O—O	148	142	S—H	136	368
C—C	154	347	O—H	96	464	Cl—Cl	199	244
C═C	134	611	N—N	145	159	Br—Br	228	192
C≡C	120	837	N≡N	110	946	I—I	267	150
C—N	147	305	N—H	101	389	H—Cl	127.4	431
C—H	109	414	S—S	205	264	H—Br	140.8	366

3. 键角

共价分子中键与键之间的夹角称为键角。键角是描述分子空间结构的重要参数之一。键角与键长一起可基本确定分子的空间几何构型。如 H_2O 分子中，两 H—O 键间的夹角为 104°45′。由此可确定 H_2O 分子为折线型，加上 H—O 的键长即可描述 H_2O 分子的空间构型。

甲烷分子中的化学键为四个 C—H 键，按价键理论的观点，由于参与成键的电子分布在一个 s 轨道和三个 p 轨道，这些轨道在空间的相对位置呈 90°的夹角，因此，甲烷分子的四个键应该是垂直的。但近代实验方法证实，其键角为 109°28′，在空间呈四面体构型。

为了说明甲烷分子的空间构型，鲍林提出了杂化轨道理论。

第三节　杂化轨道理论

1931 年，鲍林在价键理论的基础上，提出了杂化轨道理论，以解释分子的空间构型。该理论的基本思想如下。

一、杂化与杂化轨道

杂化轨道理论认为，形成共价分子时，由于原子轨道间的相互影响，若干能级相近、类型不同的原子轨道可相互混杂，此过程称为杂化。轨道杂化后形成了新的杂化轨道。

如 CH_4 分子中 C 的价层电子构型为 $2s^2 2p^2$，在形成甲烷分子的过程中，为结合四个 H，其 s 电子激发到 p 轨道中形成四个单电子，参与成键的 2s 轨道和 2p 轨道相互混杂形成新的杂化轨道。CH_4 的 sp^3 杂化如图 7-6 所示。

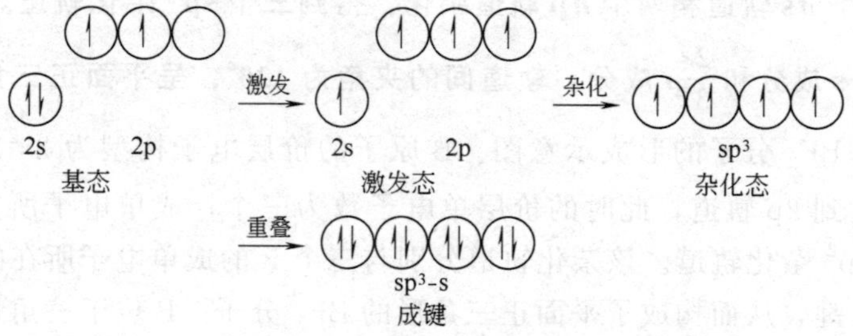

图 7-6　sp^3 杂化示意图

二、杂化轨道的成键能力

杂化轨道的成键能力均强于未杂化的原子轨道的成键能力。不同类型的杂化轨道的成键能力不同，大致有以下顺序：

$$sp < sp^2 < sp^3 < dsp^2 < sp^3d < sp^3d^2$$

三、杂化轨道的数目及类型

杂化轨道的数目等于参与杂化的轨道数目。如一个轨道与一个轨道参与杂化，形成两个杂化轨道；一个轨道与三个轨道参与杂化，则形成四个杂化轨道。

杂化轨道的类型取决于参与杂化的轨道的种类和数目。常见的杂化轨道有 sp 型杂化和 spd 型杂化等。sp 型杂化包括 sp、sp^2、sp^3 几种杂化方式；spd 型杂化包括 sp^3d^2、sp^3d、d^2sp^3、dsp^2 等杂化方式。

1. sp 杂化

sp 杂化是由一个 *n*s 轨道和一个 *n*p 轨道混杂，形成两个 sp 杂化轨道。每个杂化轨道含有 $\frac{1}{2}$s 成分和 $\frac{1}{2}$p 成分。两杂化轨道间的夹角为 180°，即呈直线型。如 $BeCl_2$ 分子中，Be 的价层电子构型为 $2s^2$，成键时其 2s 电子中的一个激发到 2p 轨道，形成两个单电子，成单电子所在的轨道实施 sp 杂化，得到两个 sp 杂化轨道。Be 的两个杂化轨道分别与两个 Cl 价层单电子所在的轨道重叠形成两个 σ 键。由于 sp 杂化轨道间的夹角为 180°，所以 $BeCl_2$ 分子的空间构型为直线型。$BeCl_2$ 的分子形成如图 7-7 所示。

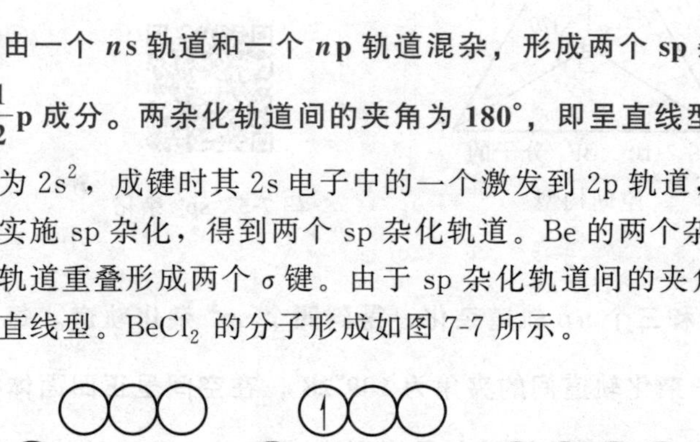

图 7-7　$BeCl_2$ 分子形成示意图

码 7-4　sp 杂化

2. sp^2 杂化

sp^2 杂化是一个 ns 轨道和两个 np 轨道杂化，得到三个 sp^2 杂化轨道。每个杂化轨道的成分相同，包含$\frac{1}{3}$s 成分和$\frac{2}{3}$p 成分。轨道间的夹角为 120°，呈平面正三角形，如图 7-8 所示。图 7-9 所示为 BF_3 分子的形成示意图。B 原子的价层电子构型为 $2s^2 2p^1$，成键时其 2s 电子中的一个激发到 2p 轨道，此时的价层单电子数为三个，成单电子所在的轨道实施 sp^2 杂化，得到三个 sp^2 杂化轨道。该杂化轨道分别与三个 F 的成单电子所在的 p 轨道重叠形成三个完全等同的 σ 键，从而构成了平面正三角形的 BF_3 分子。B 位于三角形的中心，键角是 120°，如图 7-10 所示。

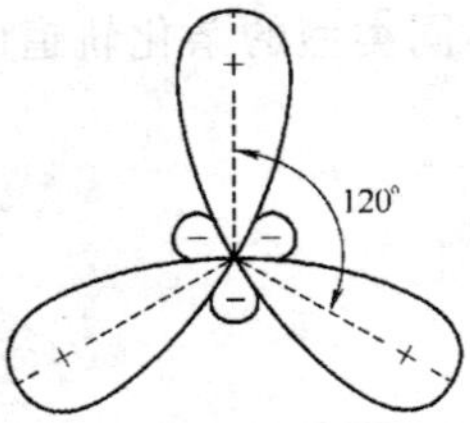

图 7-8　sp^2 杂化轨道示意图

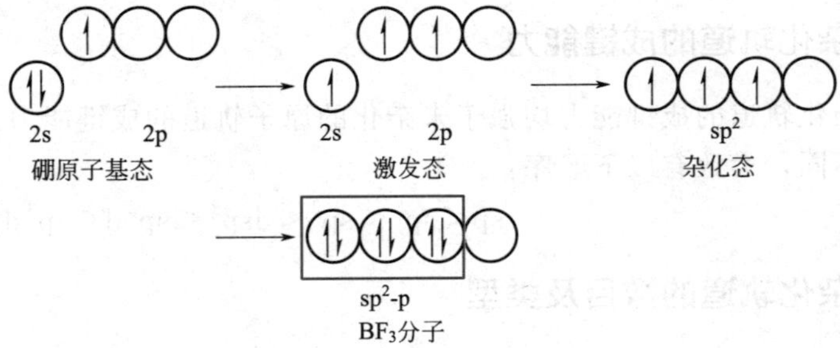

图 7-9　BF_3 分子的形成示意图

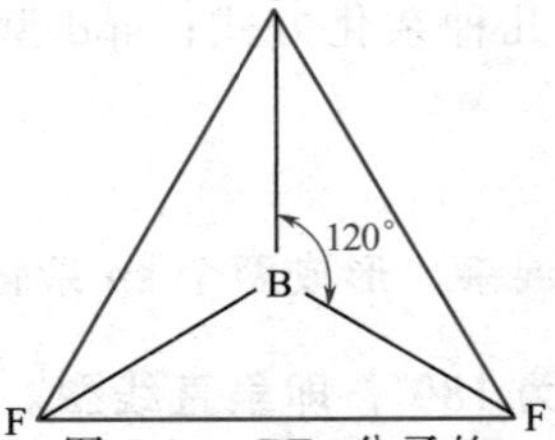

图 7-10　BF_3 分子的空间构型

码 7-5　sp^2 杂化

3. sp^3 杂化

sp^3 杂化是一个 ns 轨道和三个 np 轨道杂化，得到四个 sp^3 杂化轨道。每个杂化轨道包含$\frac{1}{4}$s 成分和$\frac{3}{4}$p 成分，四个杂化轨道间的夹角为 109°28′，在空间呈正四面体构型。如 CH_4 分子中 C 实施的是 sp^3 杂化。C 原子的价层电子构型为 $2s^2 2p^2$，成键时其 2s 电子中的一个激发到 2p 轨道，使其价层单电子数增为四个，成单电子所在的轨道实施 sp^3 杂化，得到四个 sp^3 杂化轨道。该杂化轨道分别与四个 H 的成单电子所在的 1s 轨道重叠形成四个完全等同的 σ 键，从而构成了正四面体的 CH_4 分子。C 位于正四面体的中心，键角是 109°28′。图 7-11 为 sp^3 杂化轨道示意图，图 7-12 为 CH_4 分子的空间构型。

H_2O 中的 O 实施的也是 sp^3 杂化。但其空间构型却为折线型，这是由于 O 的四个 sp^3 杂化轨道不完全等同所造成的。O 原子的价层电子构型为 $2s^2 2p^4$，成键时其一个 2s 轨道与三个 2p 轨道实施 sp^3 杂化。四个杂化轨道不完全等同，因其中两个杂化轨道被孤对电子占据，而另两个轨道分布着成单电子。孤对电子所在的轨道与单电子所在的轨道的成分不完全相同。这种由于孤对电子的存在使杂化轨道的成分不完全相同的杂化称为不等性杂化。即 H_2O 分子中实施的是不等性杂化。O 原子的成单电子所在的杂化轨道分别与两个 H 的成单电子所在的 1s 轨道重叠形成两个 σ 键。由于只结合了两个 H，因此分子在空间呈折线型，其键角为 104.5°，而不是 109°28′。这是由于孤对电子不参与成键，其电子云较密集于氧原子，对成键电子所占据轨道的排斥作用所造成的。水分子的结构如图 7-13 所示。

码 7-6　sp^3 杂化

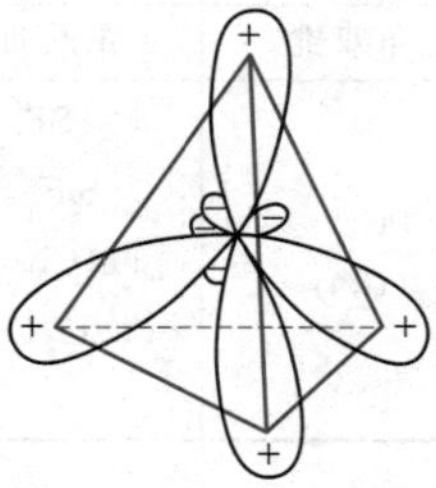

图 7-11　sp^3 杂化轨道示意图

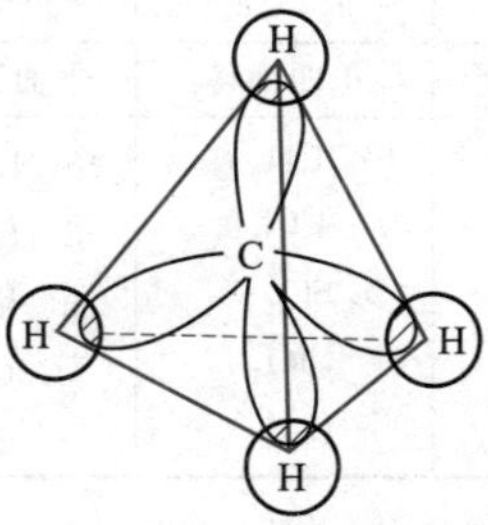

图 7-12　CH_4 分子的空间构型

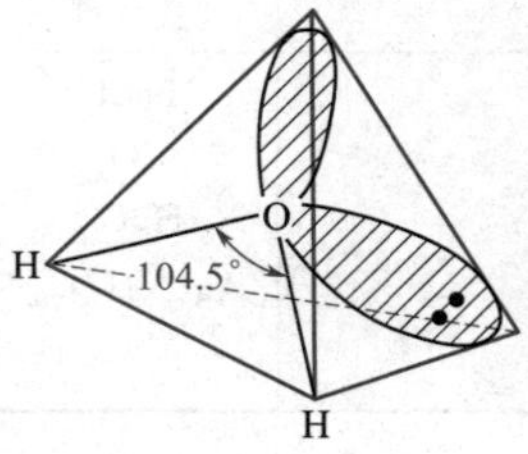

图 7-13　水分子的结构

不等性 sp^3 杂化使分子的空间构型不再是正四面体（见表 7-6），其构型与孤对电子对数有关。

表 7-6　孤对电子对数与分子空间构型的关系

孤对电子对数	0	1	2	3
空间构型	正四面体	三角锥	折线(V)型	直线型
举例	CH_4、CCl_4	NH_3	H_2O	HCl

4. sp^3d^2 和 d^2sp^3 杂化

sp^3d^2 杂化是由一个 *n*s 轨道、三个 *n*p 轨道和两个 *n*d 轨道杂化而成的，共形成六个 sp^3d^2 杂化轨道。六个轨道完全等同，轨道间的夹角为 90°或 180°，以这种方式杂化成键所构成的分子在空间呈正八面体的构型。杂化轨道示意图和空间构型如图 7-14、图 7-15 所示。

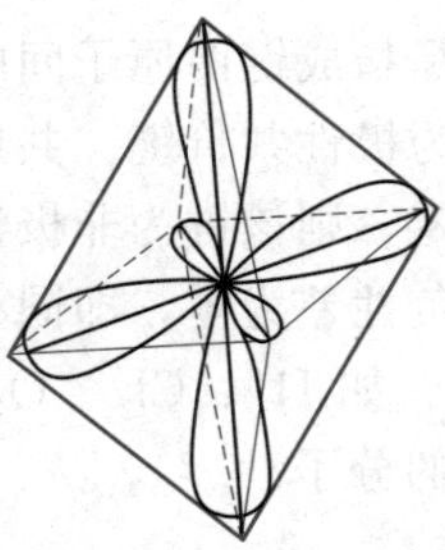
图 7-14　d^2sp^3（sp^3d^2）杂化轨道示意图

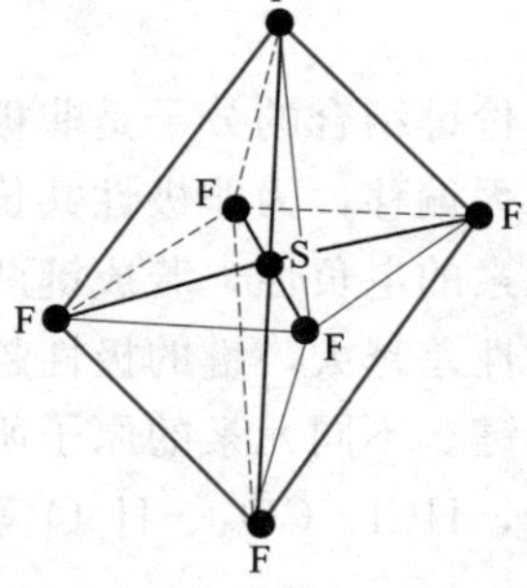

图 7-15　SF_6 分子的空间构型

d^2sp^3 杂化是由两个 $(n-1)$d 轨道、一个 *n*s 轨道和三个 *n*p 轨道混合，形成了空间位置相同的六个 d^2sp^3 杂化轨道。以杂化方式形成的分子空间构型也呈正八面体。

四、杂化方式与分子的空间构型

杂化轨道理论认为，杂化方式决定了分子的空间构型。

杂化轨道成键时，要满足化学键间的最小排斥原理。因此键与键之间要尽可能地保持最远的空间距离。键角越大，排斥能越小。这就规定了杂化轨道在空间的相对位置，从而使分子具有一定的几何构型。表 7-7 给出了常见杂化方式与空间构型的关系。

表 7-7　常见杂化方式与空间构型的关系

杂化类型	sp	sp^2	sp^3	dsp^2	sp^3d	sp^3d^2 或 d^2sp^3
杂化轨道数目	2	3	4	4	5	6
杂化轨道间的夹角	180°	120°	109°28′	90°,180°	120°,90°,180°	90°,180°
空间构型	直线型	平面正三角形	正四面体	平面正方形	三角双锥	正八面体
举例	$BeCl_2$ CO_2 $HgCl_2$ $[Ag(NH_3)_2]^+$	BF_3 BCl_3 NO_3^- CO_3^{2-}	CH_4 CCl_4 SO_4^{2-} ClO_4^- PO_4^{3-}	$[Ni(NH_3)_4]^{2+}$ $[Ni(H_2O)_4]^{2+}$ $[Cu(NH_3)_4]^{2+}$ $[CuCl_4]^{2-}$	PCl_5 $Fe(CO)_5$	SF_6 $[SiF_6]^{2-}$ $[Fe(CN)_6]^{3-}$ $[Fe(H_2O)_6]^{3+}$

利用杂化轨道理论可以较好地说明共价小分子的空间构型。

第四节　分子间作用力

共价键决定了分子的性质，而分子间作用力是决定物理性质的主要因素。

分子间的作用力与分子的性质有关，即与分子的极性有关。

一、分子的极性及可极化性

1. 分子的极性

每个分子中都有正电荷重心和负电荷重心，电荷重心也称电荷中心，是设想将电荷的电量集中于某一点上，像物体的重心一样。**根据正、负电荷中心是否重合将分子分为极性分子和非极性分子。若正、负电荷中心重合，则为非极性分子；正、负电荷中心不重合，则为极性分子。**

分子的正、负电荷中心是否重合，即分子是否有极性是由共价分子的结合力及空间构型决定的。

以非极性共价键结合的分子是非极性分子。键的极性是指成键两原子间的共用电子对有无偏移。电子对无偏移，为非极性共价键；若有偏移，则为极性共价键。共用电子对是否偏移取决于成键元素的电负性，若成键两元素的电负性差为零，则该键为非极性共价键，否则为极性键。电负性差越大，键的极性越强。同种元素的电负性差为零，即同种元素的原子形成的键为非极性键。不同元素的原子所形成的键为极性键。如 H_2、Cl_2、O_2 等均是以非极性键结合的分子，HCl、CO_2、H_2O 等则是以极性键结合的分子。

$$\xrightarrow[\text{电负性差减小，键的极性减弱}]{\text{HF}\quad \text{HCl}\quad \text{HBr}\quad \text{HI}}$$

图 7-16 是 H_2 分子和 HCl 分子的电荷分布示意图。

由分布图可知，H_2 的正负电荷中心重合，其分子为非极性分子；HCl 的正负电荷中心不重合，其分子为极性分子。

以非极性键结合的分子均为非极性分子，但以极性键结合的分子却不全是极性分子。如

CO_2、CS_2、CH_4 等都是以极性键结合的分子，但却是非极性分子。这是由于它们的空间构型是几何对称的，如 CO_2、CS_2 为直线型分子，CH_4 为正四面体。由于结构对称使其正、负电荷中心重合，因此结构对称的分子为非极性分子。即使以极性键结合，在空间若呈对称的几何构型的分子也是非极性分子。

由以上讨论可知：由非极性键结合的分子、以极性键结合但几何构型对称的分子为非极性分子；以极性键结合、几何构型不对称的分子为极性分子。

常见的对称几何构型有直线型、平面正三角形、平面正方形、正四面体、正八面体等。

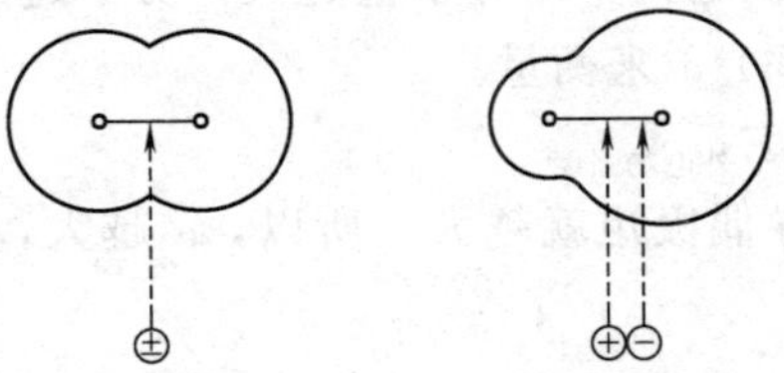

图 7-16　H_2 分子和 HCl 分子的电荷分布示意图

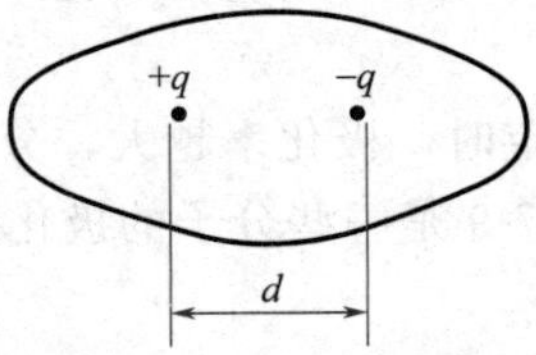

图 7-17　分子的偶极矩

分子的极性强弱可用偶极矩 μ 来衡量。如图 7-17 所示，偶极矩 μ 是指电荷中心（正或负电荷中心）上的电量 q 与正、负电荷中心的距离 d（也称为偶极长）的乘积：

$$\mu = qd$$

分子的偶极矩可以通过实验测得，表 7-8 为一些分子的偶极矩。偶极矩的单位为 C·m（库·米）。

偶极矩等于 0 的分子为非极性分子，偶极矩不等于 0 的分子为极性分子。偶极矩的数值越大，分子的极性越强。因此，可以根据偶极矩的大小判断分子极性的强弱。

此外，还可利用偶极矩的数据验证或推断分子的空间构型。如 NH_3 分子的偶极矩不等于 0，即其正、负电荷中心不重合，可以断定其几何构型是不对称的，即不可能是平面正三角形。由此可以验证 NH_3 分子为三角锥的构型。

表 7-8　一些分子的偶极矩

分　子	$\mu/(10^{-30}\text{C}\cdot\text{m})$	分　子	$\mu/(10^{-30}\text{C}\cdot\text{m})$	分　子	$\mu/(10^{-30}\text{C}\cdot\text{m})$
H_2	0	CO	0.33	HF	6.40
N_2	0	NO	0.53	H_2O	6.23
CO_2	0	HI	1.27	H_2S	3.67
CS_2	0	HBr	2.63	NH_3	4.33
CH_4	0	HCl	3.61	SO_3	5.33
CCl_4	0				

2. 分子的可极化性

偶极矩的大小可以衡量分子的极性，而分子的极性并不是一成不变的。如图 7-18 为分子在电场的作用下，其极性的变化。

将非极性分子［见图 7-18(a)］置于电场中，非极性分子在电场的作用下，其正、负电荷的中心将发生位移，此时正、负电荷中心不重合，即产生了偶极［见图 7-18(b)］。这种偶极称为诱导偶极。

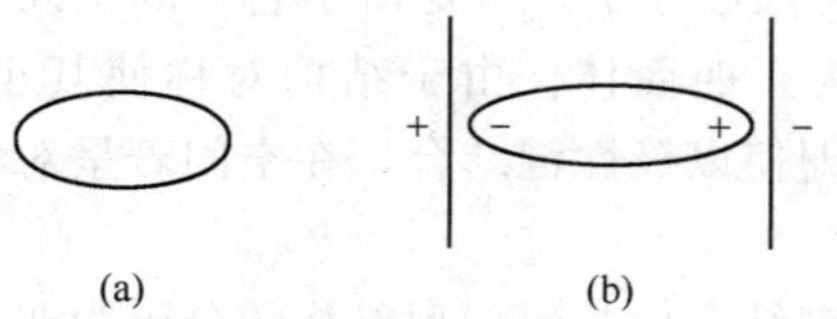

图 7-18 非极性分子在电场中的变形性

在电场的作用下，分子产生诱导偶极的过程称为分子的极化。分子能够产生诱导偶极的性质称为分子的可极化性或称分子的变形性。实际上，在产生诱导偶极的过程中，分子因电子云与核发生相对位移，使分子的外形发生了变化。故把可极化性又称为变形性。分子的变形性取决于外电场的强弱和分子体积的大小。外电场越强，分子变形越显著，产生的诱导偶极越大；分子的体积越大，即分子量越大，分子越易变形。

变形性的大小可用诱导极化率（简称极化率）α 来衡量。

$$\mu_{诱导偶极矩}=\alpha E_{外电场强度}$$

当外电场一定时，极化率越大，分子产生的诱导偶极矩就越大，所以，α 越大，分子的变形性越大。表 7-9 是一些分子的极化率。

表 7-9 一些分子的极化率

分 子	$\alpha/(10^{-30}\mathrm{C\cdot m})$	分 子	$\alpha/(10^{-30}\mathrm{C\cdot m})$	分 子	$\alpha/(10^{-30}\mathrm{C\cdot m})$
He	0.203	N_2	1.72	H_2S	3.64
Ne	0.392	Cl_2	4.50	CO	1.93
Ar	1.63	Br_2	6.43	CO_2	2.59
Kr	2.46	HCl	2.56	NH_3	2.34
Xe	4.01	HBr	3.49	CH_4	2.60
H_2	0.81	HI	5.20	C_2H_6	4.50
O_2	1.55	H_2O	1.59		

非极性分子和极性分子在电场的作用下，都可以产生诱导偶极，其分子发生不同程度的变形。极性分子本身就具有偶极，这种偶极称为固有偶极或永久偶极。极性分子在外电场中，也可产生诱导偶极，使原有的偶极进一步拉长。除此之外，极性分子在电场中还存在着取向作用，如图 7-19 所示。

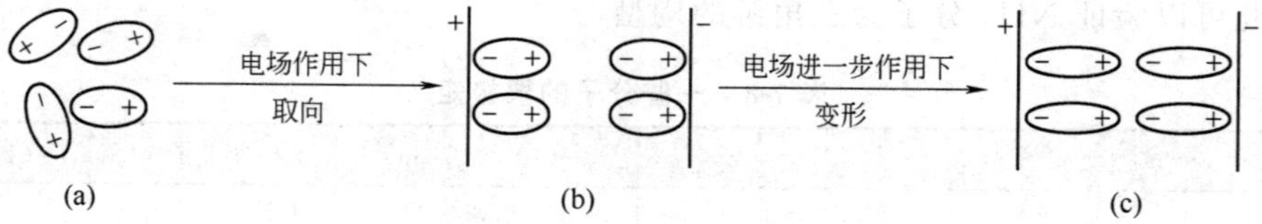

图 7-19 极性分子在电场中的行为

由于极性分子存在着固有偶极，在电场中其正电性的一端将朝向负极，而负电性的一端会朝向正极。这种作用称为极性分子的取向作用，或称定向极化。由此可见，极性分子在电场中存在着取向和变形两种作用，这对分子间的作用力非常重要。

二、分子间力

分子中，原子间是通过化学键相结合的，分子与分子之间也存在着结合力，范德华对这种作用力给予了描述，因此称之为范德华引力。

1. 取向力

当极性分子与极性分子距离较近时，由于极性分子存在着固有偶极，固有偶极的存在使极性分子产生取向。由取向而产生的作用力称为取向力。

显然，取向力是固有偶极间的作用力，只存在于极性分子与极性分子之间。取向力的本质是静电引力。

取向力的大小取决于分子的极性和分子之间的距离。分子的极性越强，即偶极矩越大，取向力越强；分子之间的距离越短，作用力越强。据静电理论可求出其具体数值。它与偶极矩的平方成正比，与分子间距的 7 次方成反比。此外，取向力还受温度的影响，温度越高，取向力越弱。

2. 诱导力

当极性分子与非极性分子相互靠近时，极性分子可作为非极性分子的外电场，使非极性分子产生诱导偶极。由此而产生的相互吸引称为诱导力。极性分子不仅能使非极性分子产生诱导偶极，也可使极性分子产生诱导偶极。

诱导力是固有偶极与诱导偶极间的相互作用，存在于极性分子与非极性分子间、极性分子与极性分子间。

诱导力的本质是静电引力，据静电理论可计算其数值。

诱导力的大小与极性分子偶极矩的平方成正比，与被诱导分子的变形性成正比，与分子间距的 7 次方成反比。极性分子的极性越强、分子越易变形，诱导力越强；分子间的距离越大，诱导力越弱，且诱导力随距离的增大迅速递减。诱导力与温度无关。

3. 色散力

非极性分子间不存在取向力和诱导力，但低温下，N_2、H_2、O_2、CO_2 等非极性分子甚至惰性气体可以液化，常温下碘、萘等固体可以升华的实验事实表明，非极性分子间也存在着作用力。另外，在极性分子间、极性分子和非极性分子间通过对取向力、诱导力的计算得到的数据与分子间由实验测得的力小得多。以上事实均表明分子间除前两种力外还存在着第三种作用力。

由于电子的运动和原子核的振动，可以发生瞬间的相对位移，即产生瞬时偶极，分子靠瞬时偶极相互吸引。这种瞬时偶极之间的作用力称为色散力。

色散力存在于极性分子之间、极性分子与非极性分子之间以及非极性分子与非极性分子之间。

通过计算可知，色散力的大小主要与下列因素有关：色散力与分子的变形性成正比，变形性越大，色散力越强；色散力与分子间距的 7 次方成反比。

以上三种力即范德华引力，是一种比共价键弱得多的分子间的近程作用力，其作用范围只有十几到几十皮米（pm）。它是永远存在于分子间的吸引力，包括取向力、诱导力和色散力三种力。除个别强极性分子（如 NH_3、H_2O 等）间的取向力较强外，其余分子以色散力为主。

一些物质的分子间力见表 7-10。

表 7-10　一些物质的分子间力　　单位：kJ/mol

物　质	取向力	诱导力	色散力	总　和
H_2	0	0	0.17	0.17
Ar	0.000	0.000	8.49	8.49
CO	0.003	0.0084	8.74	8.75
HI	0.589	0.31	60.54	61.44

续表

物　　质	取向力	诱导力	色散力	总　和
HBr	1.09	0.71	28.45	30.25
HCl	3.30	1.10	16.82	21.12
NH_3	13.30	1.55	14.73	29.58
H_2O	36.36	1.92	9.00	47.28

范德华引力是决定共价小分子的熔点、沸点等性质的重要因素。

要使固态物质熔化、液态物质沸腾，必须克服分子间的引力。因此，分子间的范德华引力越强，物质的熔点和沸点越高。由于色散力在范德华引力中占主要地位，因此可定性地用色散力比较物质熔点和沸点的高低。而色散力的大小主要由分子的变形性决定，因此，变形性越大的分子色散力越强。一般地，分子量越大，分子越易变形，这样的分子间的色散力就越强，其熔点和沸点越高。见表 7-11。

表 7-11　一些分子的熔点和沸点

物质	HF	HCl	HBr	HI
熔点/K	189.61	158.94	186.28	222.36
沸点/K	292.67	188.11	206.43	237.80

由表 7-11 的数据可知，从 HCl 到 HI 熔点和沸点依次升高，这是由于分子的体积依次增大使分子间力增大所造成的。但同时也发现，HF 的熔点和沸点反常地高。其反常的原因是，在 HF 分子间除范德华引力外，还存在着一种比范德华引力强的分子间作用力，这种作用力即氢键。

三、氢键

氢键是一种比范德华引力强的分子间作用力，其本质也是电性吸引力。

码 7-7　氢键的形成

1. 氢键的形成

当氢与电负性较大的元素结合成氢化物时，共用电子对强烈地偏向电负性较大的元素。如 HF 分子中，由于 F 的电负性较大，共用电子对强烈地偏向 F，而 H 的核外只有一个电子，成键时与 F 共用。共用电子对偏离 H 的结果使其看起来像一个裸露的 H 核。这个半径很小且带正电荷的氢核，将接受与之相邻的带部分负电荷的 F 的孤对电子，从而产生静电吸引。这种静电吸引力就是氢键。例如：

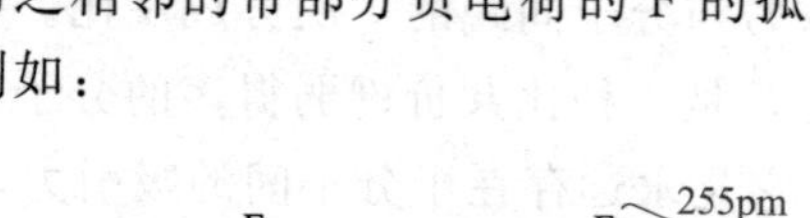

通常将 H---F—H 称为氢键，键长为 255pm，也可将 H---F 叫氢键，键长为 163pm。但氢键的键能指的是断开虚线部分所需要的能量。

由上例可总结出形成氢键的条件为：①有氢原子；②电负性很大，并带有孤对电子的元素的原子与氢形成强极性氢化物，且该元素的原子半径较小。

满足上述条件的元素并不多，一般为 N、O、F。如 NH_3、H_2O、HF 和 等分子均可形成氢键。氢键可以在同种分子间形成，也可在不同分子间形成。只要满足氢键的成键条件即可。如 NH_3 的水溶液中，存在着 NH_3 分子之间的氢键，N---H—N；也存在 NH_3 分子与 H_2O 分子间形成的氢键，N---H—O 或 N—H---O。因此氢键的通式可以写为X---H—Y，即氢同时和电负性较大、半径较小、带孤对电子的元素原子间的作用力。

形成氢键时，由于电负性较大的元素的原子带部分负电荷，为使彼此斥力最小，在空间要保持相对较远的距离。因此，X---H 尽可能地与 H—Y 的键轴在同一方向上，这样，既可使 Y 原子与氢原子间的引力最强，又可使 Y 原子与 X 原子间斥力最小。由此可见，氢键具有方向性。

氢键一旦形成氢原子就难以再与其他电负性较大的元素的原子充分接近，因为此时氢核对这个电负性较大的原子的吸引力远小于 X、Y 对该原子的斥力，故不能再形成氢键，即氢键具有饱和性。H—Y 只能和电负性较大、半径较小的一个原子形成氢键。

由上述讨论可知，氢键是强于范德华引力、弱于化学键的有方向性和饱和性的分子间力，其本质主要是静电引力。氢键存在于电负性较大、半径较小并带孤对电子的元素与氢形成的化合物中。

2. 氢键对物质性质的影响

（1）对熔点和沸点的影响　HF 在卤化氢中分子量最小，因此其熔沸点应该最低，但事实上却最高，这就是由于 HF 能形成氢键，而 HCl、HBr、HI 却不能。当液态 HF 汽化时，必须破坏氢键，需要消耗较多能量，所以沸点较高。水分子的沸点高也是这一原因。

（2）对溶解度的影响　如果溶质分子和溶剂分子间能形成氢键，将有利于溶质分子的溶解。例如乙醇和乙醚都是有机化合物，前者能溶于水，而后者则不溶，主要是乙醇分子中羟基（—OH）和水分子形成氢键，如 $CH_3—CH_2—OH---\ddot{O}H_2$；而在乙醚分子中不具有形成分子间氢键的条件。同样，NH_3 分子易溶于水也是形成氢键的结果。

（3）对黏度的影响　分子间形成氢键会使黏度增加。如甘油能和其他分子形成几个氢键，所以黏度较大。

水的特殊性质，如冰的体积比水大、以 4℃密度最大、冰的升华热大、冰的融化热较小、水的比热容较大、蒸发热也较大，都是氢键作用的结果。

3. 分子间氢键

以上讨论的是存在于分子之间的氢键，也称分子间氢键。在同一分子内，若满足氢键的形成条件，也可形成氢键，这种氢键称为分子内氢键。如前例中的 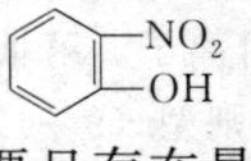 可形成分子内氢键。分子内氢键使物质的熔点和沸点降低。氢键是自然界中最主要且存在最广泛的分子间相互作用形式之一，对物质和生命有至关重要的影响。因为氢键的存在，水在常温下呈液态，冰才能浮在水面上；DNA 才会“扭”成双螺旋结构，很多药物也是通过和生命体内的生物大分子发生氢键相互作用而发挥效力。

阅读材料

范德华：从旁听生到世界级大师

范德华 15 岁中学毕业就当小学教师，用工资补贴家用。没上大学的范德华不甘平庸，他在赚钱养家的同时，还抽时间到当地知名学府莱顿大学旁听物理、数学和天文学讲座。通过几年自学，他的知识见闻就超过了正规大学生。

1865 年，范德华通过层层考试，被荷兰政府创立的哈佛商学院录用，成为该校的物理学教师。他兢兢业业教学，并从事物理学研究。后来，他在莱顿大学攻读物理博士和数学博士。

他的物理论文答辩选择了一块"硬骨头"作论文主题，那便是找出克拉佩龙物态方程在高压下失效的真正原因，并得出新的物态方程。在他的博士论文《论气态与液态之连续性》中，他介绍了分子体积和分子间作用力的概念，还提出了可同时解释气态和液态的"状态方程"。

经过多年研究，科学家们终于得知：无论是固体、液体还是气体，它们的分子或原子之间都存在吸引力。他们把这种吸引力称为"范德华力"。范德华力对物质的熔点、沸点、溶解度等物理性质都有决定性影响。科学家们将他提出的"状态方程"称为范德华方程。并对其进行了研究。荷兰皇家科学院院刊相继刊载了关于范德华方程的论文。这些论文还被翻译成其他国家的语言。范德华的名字很快就出现在分子科学的前沿，一跃成为欧洲科学界的知名人物。面对荣誉，他不骄不躁，继续向科学高峰攀登。后来，他用函数表示范德华方程，并将方程中的化合物用 a 或 b 来代替，这样更利于计算。由此，科学家先后制出液化氢、液化氦。再后来，范德华把他发现的方程与热力学第二定律相结合，用数学公式或图形来表示热力学的各种性质。

1877 年，范德华被任命为阿姆斯特丹市立大学的第一任物理学教授。10 多年后，荷兰皇家科学院聘请他为秘书。世界各国也给了他足够多的荣誉：他先后被授予英国剑桥大学荣誉博士、柏林皇家科学院通讯院士、美国国家科学院外籍院士等。卓越的贡献，让范德华获得了 1910 年度诺贝尔物理学奖。从旁听穷学生到世界级大师，他用亲身经历谱写了一曲自学成才励志的赞歌。

本章小结

一、基本概念

1. 离子键

电负性差较大元素的原子通过得失电子形成阴、阳离子，阴、阳离子间的静电引力称为离子键。

离子键无方向性、无饱和性，其本质是静电引力。

2. 离子的特征

（1）离子的电荷数　为离子得失电子数。

（2）离子半径　离子晶体中，相邻的正、负离子的核间距为正、负离子的半径之和。

$$d=r_{+}+r_{-}$$

（3）离子的电子构型　原子失去或得到电子后的外层电子分布。有以下几种。

① 惰气型（2 电子或 8 电子构型）：所有 p 区阴离子、第ⅠA 族的 +1 价离子（H^{+} 除外）、第ⅡA 族的 +2 价离子、第ⅢA 族的 +3 价离子、第ⅢB 族的 +3 价离子等。

② 不规则型（9～17 电子构型）：d 区元素的阳离子、Cu^{2+} 等。

③ 18 电子构型：第ⅠB 族的 +1 价离子、第ⅡB 族的 +2 价离子。

④ 18+2 电子构型：Sn^{2+}、Pb^{2+}、Sb^{3+}、Bi^{3+}。

3. 分子的极性

（1）键的极性　$\Delta X=0$ 为非极性键，$\Delta X\neq 0$ 为极性键。

（2）分子的极性　非极性分子 $\mu=0$，非极性键结合的分子、极性键结合的空间几何构型对称的分子。极性分子 $\mu\neq 0$，极性键结合、空间几何构型不对称的分子。

（3）偶极矩　$\mu=qd$，用于描述分子的极性强弱。μ 值大分子极性强。μ 值小分子极性弱。也可用 μ 值判断分子的空间构型。

4. 分子的可极化性

分子在外电场的作用下产生诱导偶极的现象，称为分子的极化；分子能被极化的性质称为分子的可极化性，由于此时电子云发生变形，故也称变形性。

5. 分子间力

分子间力也称范德华引力，永久存在于分子之间的静电引力包括三种力：取向力、诱导力和色散力。

(1) 取向力　固有偶极间的作用力（极性分子与极性分子间）。

(2) 诱导力　固有偶极与诱导偶极间的作用力（极性分子与极性分子间、极性分子与非极性分子间）。

(3) 色散力　瞬时偶极间的作用力（极性分子与极性分子间、极性分子与非极性分子间、非极性分子与非极性分子间）。

三种力中色散力最强，是决定物质熔点和沸点的主要因素。

6. 氢键

氢同时和两个电负性较大、半径较小且带有孤对电子的元素的原子间的作用力，其本质主要是静电引力。氢键具有方向性和饱和性，但比共价键弱得多，因此可以认为氢键是有方向性和饱和性的分子间力。

分子间氢键使物质的熔点和沸点升高。

二、基本理论

基本理论
- 离子键理论——离子键的形成是相邻阴、阳离子间的吸引作用
- 价键理论——电子配对原理；最大重叠原理
  - σ 键：沿键轴“头碰头”重叠
  - π 键：平行于键轴“肩并肩”重叠
- 杂化轨道理论——同一原子中能量相近的原子轨道重新组合成数目相同的等价新轨道，就是原子轨道的杂化

参与杂化的轨道和数目决定杂化轨道的类型和数目，杂化轨道的类型决定了共价小分子的空间构型。配位键：共用电子对由成键元素单方提供，另一元素提供空轨道而形成的共价键。

思　考　题

1. 原子结合成分子的最强的吸引力是（　　）。

A. 磁力　　B. 静电引力　　C. 色散力

2. 判断下列说法是否正确：

(1) 不存在离子性成分为100%的离子键；

(2) 由于离子键无饱和性，因此正、负离子的周围吸引带相反电荷的数目是任意的；

(3) 离子键的实质是正、负离子间的静电作用；

(4) 具有稀有气体的电子层构型的离子才能稳定存在。

3. 共价键为什么既有方向性又有饱和性？

4. 指出下列分子中的共价键，哪些是电子配对成键？哪些是激发电子后配对成键？

(1) CH_4　(2) PH_3　(3) CO_2　(4) BF_3

5. 说明 σ 键与 π 键的区别。

6. 下列哪一个分子中有 π 键？

(1) NH_3　(2) CO　(3) $CuCl_2$

7. 下列说法中正确的是哪一个？

(1) 成键原子的原子轨道沿电子云出现几率最大的方向重叠，才能形成稳定的共价键；

(2) 原子轨道重叠越多，形成的共价键越稳定；

(3) 成键原子的价电子层中无未成对电子就不能形成共价键；

(4) 成键原子有多少个价层轨道就能形成多少个共价键；

(5) 成键原子有多少个价电子就能形成多少个共价键。

8. 分析离子键与共价键的区别。

9. 举例说明下列名词：

(1) 杂化轨道　(2) 等性杂化　(3) 不等性杂化

10. 下列说法正确的是哪些？

(1) 键能是离解能的平均值；

(2) 键能越大，键越牢固，分子也越稳定；

(3) 共价键的键长等于成键原子共价半径之和；

(4) 杂化轨道的几何构型决定了分子的几何构型；

(5) 采用 sp^3 杂化轨道形成的共价分子，其构型为四面体；

(6) 采用 sp 杂化轨道形成的共价分子，其分子的构型为直线型；

(7) 采用 sp^2 杂化轨道形成的共价分子，其分子的构型为平面三角形。

11. 举例说明以下概念：

(1) 取向力　(2) 诱导力　(3) 色散力　(4) 氢键

12. 下列各键中，哪一种键的极性最小？

(1) H—F　(2) O—F　(3) C—F

13. 判断下列说法是否正确：

(1) 氢键的键能与分子间力相近，因此两者无差别；

(2) 氢键具有方向性和饱和性，因此氢键与共价键均属化学键；

(3) 氢键是具有方向性和饱和性的分子间力；

(4) 氢键和分子间力都是一种电性作用力。

习题

1. 为什么 MgO 的熔点高于 BaO？

2. 分别写出下列离子的电子排布式，并指出各属何种电子构型：

K^+　Mn^{2+}　I^-　Zn^{2+}　Bi^{3+}　Ag^+　Pb^{2+}　Li^+

3. 用价键理论分析下列哪些分子是可能存在的？

(1) CCl_4　(2) CH_3Cl_2　(3) H_3O

4. 什么是配位共价键？形成配位键的条件是什么？

5. BF_3 分子具有平面三角形的构型，而 NF_3 分子的构型却是三角锥型。试用杂化轨道理论解释之。

6. CH_4 分子中的 C 和 H_2O 分子中的 O 实施的都是 sp^3 杂化，其空间构型是否相同？为什么？

7. NH_3 分子中的 N 实施的是不等性 sp^3 杂化吗？其空间构型是什么？为什么其键角小于 $109°28'$？

8. 指出下列分子的空间构型及中心原子的杂化方式：

BBr_3　CCl_4　NH_3　H_2O

9. 根据电负性的数据判断下列分子中键的极性强弱：

HF　HCl　HBr　HI

10. 下列分子中哪些含有极性键？

Br_2　CO_2　H_2O　H_2S

11. 根据键的极性和分子的空间构型判断下列分子中，哪些是极性分子？哪些是非极性分子？

Br_2、HF、NO、H_2S、CS_2（直线型）、$CHCl_3$（四面体）、CCl_4（正四面体）、BF_3（平面正三角形）、NF_3（三角锥型）

12. 下列分子中，何者的偶极矩为 0？为什么？

CH_4　H_2O　CO_2　$SiCl_4$　$CHCl_3$　PH_3

13. 判断下列分子间存在哪些分子间力？

(1) Cl_2 和 CCl_4　(2) H_2O 和 CO_2　(3) H_2S 和 H_2O　(4) NH_3 和 H_2O

14. 形成氢键的条件是什么？下列分子中哪些可形成分子间氢键？

(1) HF 和 HF　(2) HCl 和 HF　(3) CH_4 和 HF　(4) H_2O 和 HF

(5) NH_3 和 HF　(6) NH_3 和 H_2O　(7) H_2O 和 H_2O　(8) NH_3 和 NH_3

15. 给出卤素的氢化物熔点和沸点的高低顺序，并解释之。

16. 为什么卤素的单质 Cl_2、Br_2、I_2 的聚集态分别为气态、液态、固态？

17. 为什么水的沸点比同族元素的氢化物高？

第八章

晶体结构

学习目标

1. 了解晶体和非晶体的区别。
2. 掌握离子晶体的特性，了解常见的离子型晶体的结构。
3. 了解原子晶体与分子晶体的内部结构及其特性。
4. 掌握金属键理论，并能用该理论解释金属晶体的一些共性。
5. 了解混合型晶体内部的作用力、结构和特性。
6. 了解离子极化作用对物质性质的影响。

物质通常有三种聚集状态：气态、液态和固态。固态又分为晶体和非晶体两大类。自然界中绝大多数固体都是晶体，有极少数是非晶体。

第一节　晶体的基本概念

一、晶体与非晶体

晶体与非晶体的区别主要有以下方面。

1. 几何外形

晶体有一定的几何外形，如图 8-1 所示。

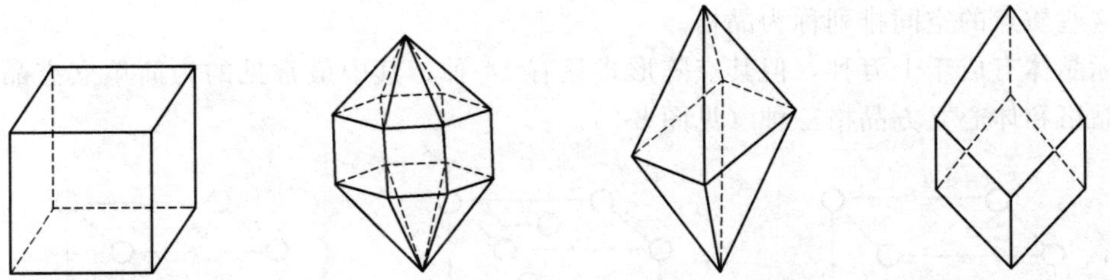

(a) NaCl(食盐)　(b) SiO_2(石英)　(c) $KAl(SO_4)_2\cdot 12H_2O$(明矾)　(d) $CaCO_3$(方解石)

图 8-1　几种晶体的几何外形

一块完整的晶体在显微镜下可观察到其整齐的几何外形，如食盐晶体是立方体，石英晶体是六角柱体，明矾晶体是八面体，方解石晶体是六面体等。

非晶体如玻璃、松香、橡胶、沥青等没有一定的几何外形，因此称为无定形体。

2. 熔点

在一定的压力下，晶体的熔点是一定的，即晶体有固定的熔点。如食盐晶体在标准压力下，加热到 801℃时开始熔化，在晶体全部熔化以前，温度始终不变。

非晶体没有固定的熔点。如加热玻璃时，玻璃从固态到软化至变成熔体的过程中温度始终在升高，无固定的熔点，只有一软化的温度范围。

3. 各向异性

晶体的某些性质，如导电性、导热性、光学性质、力学性质等，在不同的方向上各不相同，此性质称为各向异性。如石墨晶体平行于石墨层的导电性远强于垂直于石墨层方向的导电性，又如云母可以沿某一平面撕裂成薄片等。

非晶体在各个方向上的性质是相同的，此性质称为各向同性。

晶体的上述特性是由其内部结构决定的。

二、晶体的内部结构

1. 晶胞

X 射线的研究表明，晶体内部的微粒在空间都是按一定的规律排列的，且总是依某种规则重复排列。构成晶体的最小重复单位称为晶胞。

图 8-2 为氯化钠晶体的内部结构。氯化钠晶体就是由晶胞这一单位在空间重复排列而构成的。

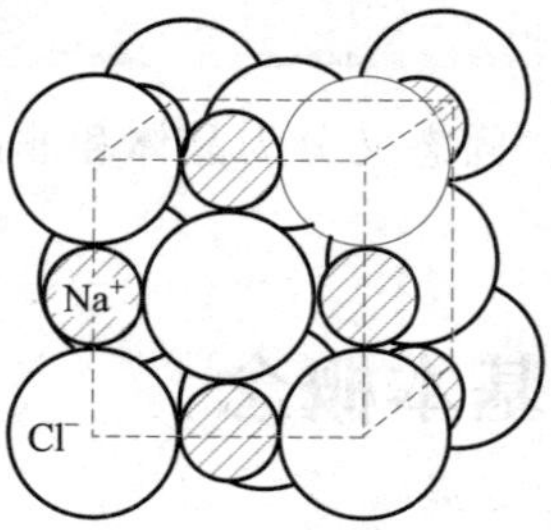

(a) 晶胞

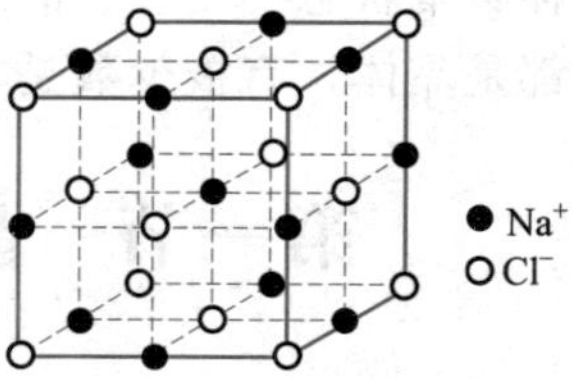

(b) 空间几何结构

图 8-2　氯化钠晶体的内部结构

2. 晶格

为了讨论问题方便，结晶学上，把晶体中的微粒抽象为几何点，这些几何点称为晶格结点，这些点的总和称为晶格（或点阵）。即构成晶体的质点以一定的规则排列在空间固定的点上，这些质点的空间排列称为晶格。

实际晶体有成千上万种，但其点阵形式只有 14 种，其中最常见的为简单立方晶格、面心立方晶格和体心立方晶格三种（见图 8-3）。

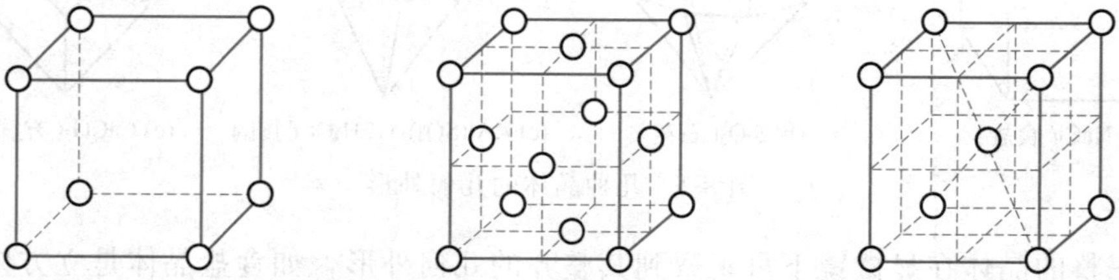
(a) 简单立方晶格　(b) 面心立方晶格　(c) 体心立方晶格

图 8-3　常见的三种晶格类型

按晶格结点上微粒的性质不同，可将晶体分为离子晶体、分子晶体、原子晶体、金属晶体等。

第二节　离子晶体

一、离子晶体的特征

离子晶体中，晶格结点上的微粒是离子，正、负离子有规则地交替排列。质点之间的作用力为离子键。

由于质点间是由离子键相结合的，此作用力远强于分子间力，因此晶格能较大，要破坏晶格需要较高的能量。故离子晶体有较高的熔点和较大的硬度，但较脆，延展性较差。晶格能越大，离子键越强，离子晶体的熔点越高。离子的电荷数越高、半径（r）越小，晶格能越大，离子晶体的熔点越高、硬度越大。如 $r(Mg^{2+})<r(Ca^{2+})$，因此有

	MgO	CaO
熔点/℃	2800	2592
硬度	6.5	4.5

离子晶体中不存在自由电子，晶体中的离子受到较强的静电吸引，只能在一定的位置上振动，因此离子晶体不导电。但当晶体溶于水或在熔融状态下，正、负离子可自由移动，迁移电荷，此时可导电。

离子晶体中没有独立的小分子，这是由离子键的特性所决定的。在离子晶体中，每个离子都被整个晶体中的异号离子所吸引，只是离得较近的作用力较强、较远作用力较弱而已。因此，离子型晶体是一巨型分子。通常写出的化学式只表明在离子晶体中正、负离子的比例。如 NaCl，只表示在 NaCl 晶体中 Na^+ 和 Cl^- 的个数比为 1∶1，并不表示该晶体中一个 Na^+ 结合一个 Cl^-。若离子晶体中正、负离子的个数比为 1∶1，则称之为 1∶1 型或 AB 型晶体；若正、负离子比为 2∶1，则为 2∶1 型晶体；依此类推。本章节主要介绍 1∶1 型离子晶体的结构。

二、常见的离子晶体结构

离子晶体中，1∶1 型的化合物很多，但其晶格类型常见的有三种，即 NaCl 型、CsCl 型和 ZnS 型，如图 8-4 所示。

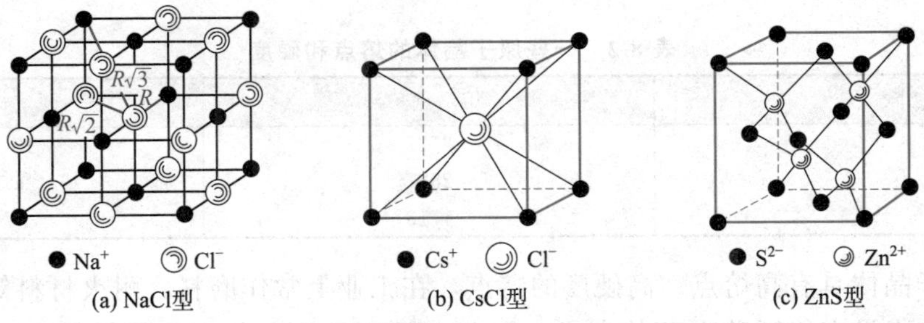

图 8-4　常见的 1∶1 型晶体的晶胞

NaCl 型晶体为面心立方晶格。在 NaCl 晶体中，每个 Na^+ 的周围有六个与之直接相连的 Cl^-；而每个 Cl^- 的周围有六个与其相连的 Na^+。离子晶体中，每个离子的周围有若干个与之直接相连的异号离子，其个数称为该离子晶体的配位数。因此，NaCl 晶体的配位数为 6。常见的 NaCl 型晶体有 NaF、CaS、MgO 等。

CsCl 型晶体的配位数为 8，其晶格类型为简单立方晶格。CsI、CsBr 等属于该类

型晶体。

ZnS 型晶体的晶格为面心立方晶格，其配位数为 4。如 ZnO、BeO、HgS 等属于此类型晶体。

NaCl 型、CsCl 型和 ZnS 型同是 1∶1 型离子晶体，但配位数不同。实验表明原因是多方面的。其中，离子半径的相对大小、离子间的相互影响及温度等对配位数均有影响。正、负离子的半径对配位数的影响大致符合表 8-1 所列的 AB 型离子晶体的半径比规则。此规则只是一近似规则。它只反映了半径比对配位数的影响，未充分考虑其他影响因素。因此，有一些例外的情况。

表 8-1　AB 型离子晶体的半径比、配位数及晶体结构的关系

半　径　比	配　位　数	构　　型
0.225	4	ZnS
0.414	6	NaCl
0.732	8	CsCl

第三节　原子晶体和分子晶体

一、原子晶体

原子晶体中晶格结点上的微粒是原子，微粒之间的作用力为共价键，故原子晶体也称共价晶体。

原子晶体中，质点之间以共价键相联结，整个晶体是一个大的分子。即在原子晶体中，没有小分子存在。如金刚石中，每个碳原子以 sp^3 杂化轨道成键，与周围的 4 个碳原子形成四个共价键，在空间呈正四面体分布，通过共用顶角的碳原子形成骨架结构。每个碳原子的配位数为 4。整个分子中分辨不出单个分子，换言之，整个晶体是一个大分子。通常用 C 表示金刚石，用 SiC 表示金刚砂，用 SiO_2 表示石英，这些并非分子式，而都是化学式。

原子晶体有很高的熔点和硬度。金刚石的熔点高达 3727℃，是所有单质中最高的。一些原子晶体的熔点和硬度见表 8-2。

表 8-2　一些原子晶体的熔点和硬度

物　　质	熔　点/℃	硬　　度
金刚石(C)	3727	10
金刚砂(SiC)	2827	9.5
石英(SiO_2)	1713	7

由于原子晶体具有高熔点、高硬度的特点，在工业上常作磨料、耐火材料等。

原子晶体中没有能迁移电荷的离子，因此在固态及熔融状态下均不导电，是电的绝缘体。原子晶体不溶于常见的溶剂。有些原子晶体的性质介于金属和非金属之间，可以有条件地导电，是优良的半导体材料。

二、分子晶体

分子晶体的特征是：构成晶体的质点是分子，分子之间靠微弱的范德华引力结合。

分子晶体的熔化、液体的汽化只需要克服分子间的范德华引力即可，因此分子晶体的熔点、沸点较低，硬度也较小，且易挥发。分子晶体的熔点、沸点也有差距，随分子间力的增大而升高。当分子间形成氢键时，其熔点、沸点较高。如常压下，冰的熔点为0℃，而干冰的熔点为−50.6℃[526.89kPa(5.2atm)]；卤化氢系列中由于氟化氢分子间存在氢键，因此其熔点、沸点比其他卤化氢的高。一般地，分子量越大，分子间力越强，则分子晶体的熔点、沸点越高；分子量大小相当时，分子的极性越大，则晶体的熔点、沸点越高；有氢键存在时，晶体的熔点、沸点较高。

与离子晶体和原子晶体不同，分子晶体中存在单个的共价小分子，分子间距较大，因此分子晶体中共价小分子的活动性较大。

分子晶体在固态和液态时都不导电，是电的不良导体。但某些分子晶体溶于水后可发生离解，产生正、负离子，此时可以导电。如氯化氢分子溶于水后即可导电。凡是能导电的分子晶体都是极性分子甚至是强极性分子。

第四节　金属键及金属晶体

在已知的元素中，金属元素约占80%，它们具有许多共同的特性。如在常态下除汞外均为固体，都有金属光泽，具有良好的导电和导热性能及优良的机械加工性能等。金属的这些共性是由其相似的内部结构所决定的。

在固态和液态时，金属原子间具有很强的结合力。金属单质是由同种元素的原子构成的，不存在正、负离子；金属周围相邻的原子数较多，一般配位数为8～12。上述事实表明，金属晶体内部存在着有别于离子键和共价键的另一种作用力，即金属键。

一、金属键

为了说明金属键的本质与特征，曾先后提出了金属的改性共价键理论及金属的能带理论两种金属键模型。本章介绍金属的改性共价键理论。

1. 改性共价键理论的基本思想

(1) 金属的电负性较小，电离能较低，价电子很容易脱落。

(2) 脱落下来的电子不再属于某一个金属原子，而为整个金属晶体共有，这些电子可以在金属晶体内部自由运动，故称之为“自由电子”。

(3) 金属原子失去电子后成为金属正离子，这些正离子与自由电子靠静电引力结合在一起，形成金属晶体。

2. 金属键的特征

由金属键的形成可知，金属键是由金属正离子与自由电子间的结合，因此，该结合力的本质是静电吸引。

金属晶体中，可以将自由电子看作是金属原子或离子的共用电子。而电子是自由的，它不局限于一个或两个金属原子或离子，而属于整个金属晶体。这种结合可以看作在金属晶体中，所有金属原子或离子共用所有的自由电子，自由电子像黏合剂一样将金属原子或离子“胶合”在一起。或者说，金属原子或离子沉浸在自由电子的海洋中。因此金属键是所有的金属原子都参与的特殊的共价键，故称为改性共价键。图8-5为金属键的模型。

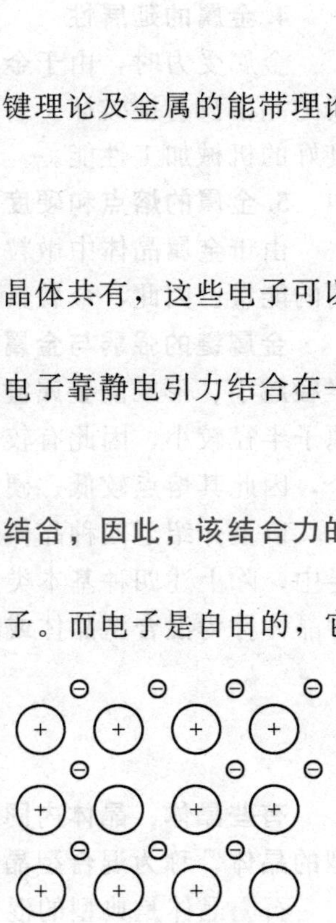

图8-5　金属键的模型

这种结合力不同于一般的共价键，它既没有方向性又没有饱和性，具有离域的特点。离域是相对于定域而言的，定域是局限于两原子间的共价键，如 H_2O 分子中，共用电子对被 H、O 共用，即共价键局限于 H、O 之间，这种共价键称为定域键。而苯分子中，存在着被六个碳原子共用的六个单电子所形成的 π 键，这种键称为离域键。金属晶体中的离域键与共价分子中的离域键也不相同，离域共价键参与成键的原子数目是一定的，而金属晶体中参与成键的原子数目巨大。显然该键中离域电子（自由电子）的活动范围是整个金属晶体。正是金属键的特性导致金属晶体具有特殊的性质。

二、金属晶体的性质

金属晶体中，晶格结点上的微粒是金属离子或金属原子，微粒之间靠金属键结合。金属通常表现出以下共性。

1. 金属的光泽

金属晶体中自由电子可以自由运动，由于特征的能量限制，可在较宽的范围内吸收可见光，并随即释放出来，使金属具有光泽。除少数金属外，绝大多数金属为银白色。

2. 金属的导电性

因金属晶体中有可以自由运动的电子，在电场的作用下可定向移动而导电。由于金属原子或离子的振动，金属离子对自由电子的吸引阻碍了电子的运动，使金属具有一定的电阻，且温度升高，电阻增大。

3. 金属的导热性

自由电子运动时与金属原子或离子不断发生碰撞，在碰撞的过程中发生能量交换。当金属的某一部分受热时，自由电子可迅速将热传至整个晶体。因此，金属具有良好的导热性。

4. 金属的延展性

金属受力时，由于金属键的特性，原子产生相对位移时，金属键并没有受损，当然，金属的晶格没有被破坏。所以将金属拉压时不至断裂，因此金属可以压成片、拉成丝，表现出良好的机械加工性能。

5. 金属的熔点和硬度

由于金属晶体中微粒间的结合力是金属键，是一种较强的作用力，破坏金属晶体需要较高的能量。因此，金属具有较高的熔点和较大的硬度。

金属键的强弱与金属元素的原子半径及价电子数有关。价电子数越多，金属元素的原子半径越小，形成的金属键越强，金属的熔点越高、硬度越大。如 Cr、W 等的价电子数较多，原子半径较小，因此有较高的熔点及较大的硬度。而碱金属的原子半径较大，价电子只有一个，因此其熔点较低、硬度较小。汞的熔点最低，只有 −38.4℃，因而常温下为液体。

以上介绍了四种晶体，其共同的特点是每种晶体中，微粒间的作用力只有一种。而自然界中，除上述四种基本类型的晶体外，还有许多晶体，其质点间的作用力并不限于一种，这种晶体称为混合型晶体或过渡型晶体。

第五节　混合型晶体

有些晶体，晶体内同时存在着若干种不同的作用力，这种内部结构有两种或两种以上键型的晶体，称为混合型晶体。

石墨晶体是典型的混合型晶体，图 8-6 为石墨的晶体结构示意图，图 8-7 为石墨晶体中同层的结构图。

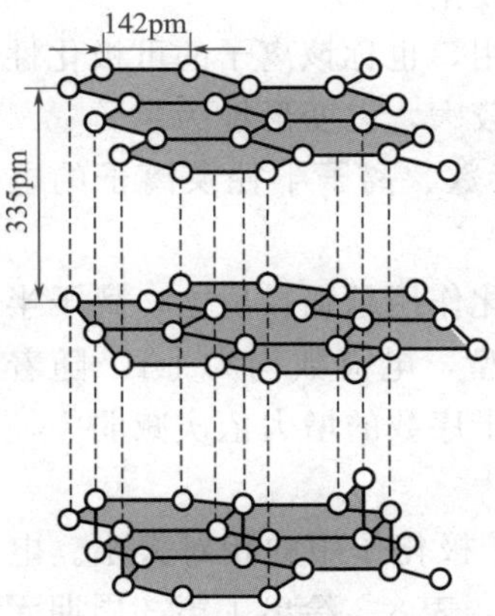

图 8-6　石墨的晶体结构示意图

在石墨晶体中，每个碳原子以杂化轨道与同层的与之相邻的三个碳原子形成三个 σ 键，构成一个正六边形的平面层状结构。该结构中，C—C 键的键长为 142pm，键角为 120°。由于碳原子的价层 2s 电子激发后有四个成单电子，在未参与杂化的 p 轨道中还有一个成单电子，这些平行的 p 轨道相互重叠形成离域的大键，类似于金属键。层与层之间的间距较大，为 335pm，显然不同于层中的作用力，此力为分子间作用力。因此在石墨晶体中既有同层的碳原子间的共价键，又有层与层间的范德华引力。因此石墨晶体为混合型晶体。

正是石墨晶体的结构导致了其特殊的性质。同层的碳原子间除共价键外，存在着与金属键相似的离域键，使石墨成为非金属中具有导电性的两种单质之一，常用石墨作电极材料。同时，金属键的存在使石墨具有金属光泽，并具有良好的导热性。同层的碳原子间的强结合力使石墨具有较高的熔点。层与层间的弱作用力使石墨易滑动，工业上常作润滑剂及铅笔芯等。

混合型晶体中除石墨的层状结构外，还有链状结构，如硅酸盐中的石棉是典型的链状结构的混合型晶体，见图 8-8。

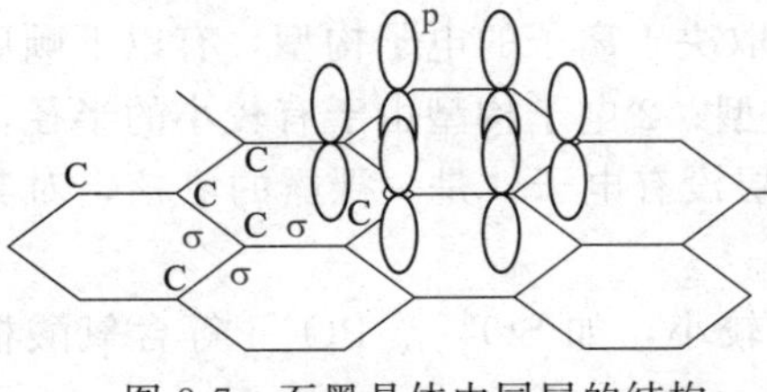

图 8-7　石墨晶体中同层的结构

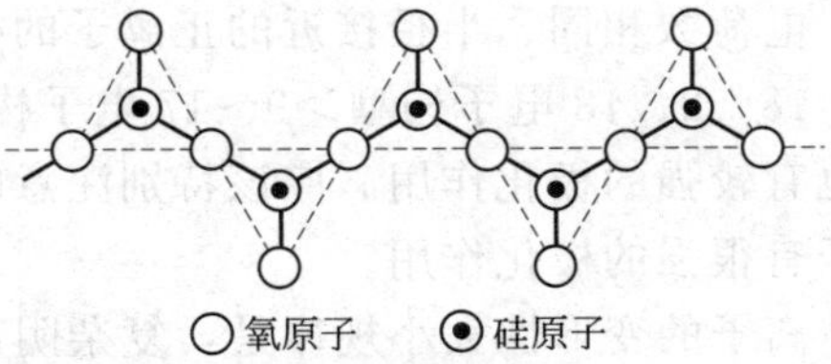

图 8-8　石棉的链状结构

石棉晶体中既有共价键，又有离子键，是离子型和原子型的混合型晶体。

除上述类型之外，还有介于离子型和分子型两种晶体之间的混合型晶体。如 AgBr，由于 Ag^+ 和 Br^- 间的相互作用使其键型介于离子键和共价键之间，形成的晶体为混合型或过渡型晶体。能使键型发生变化的这种离子之间的相互作用称为离子的极化。

第六节　离子极化

离子晶体中，正、负离子相互靠近时，会发生相互影响。离子可作为异号离子的外电场，使异号离子产生诱导偶极，导致正、负离子的电子云发生重叠，使化学键的性质发生变化，从而影响化合物的性质。

一、离子极化作用和变形性

离子的极化作用是指离子使异号离子产生诱导偶极的作用，其过程如图 8-9 所示。

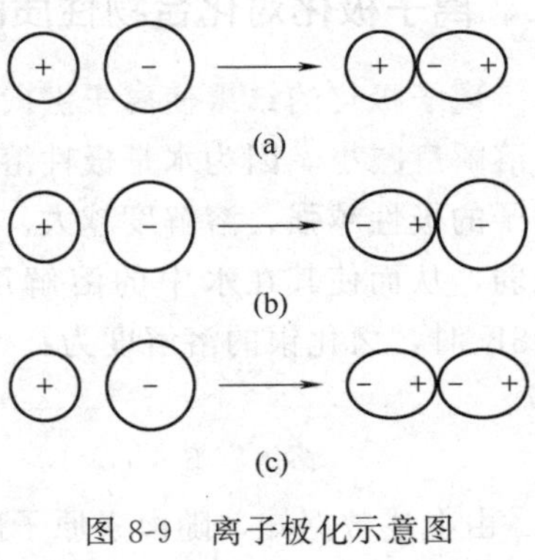

图 8-9　离子极化示意图

示意图中（a）表示正离子对负离子的极化作用；（b）

表示负离子对正离子的极化作用；（c）表示正、负离子的相互极化。

变形性是指在异号离子的作用下，离子产生诱导偶极的作用，也称该离子的可极化性。

一般地，正离子半径较小，以极化作用为主；负离子半径较大，以变形性为主。

正离子的极化作用大小与离子的特征有关，即离子的电荷数、离子半径及离子的电子构型。

电子构型相同、电荷数相等时，离子半径越小，离子的极化作用越强；反之，离子半径越大，极化作用越弱。如ⅠA族元素的电子构型同为8电子构型，电荷数均为+1，随着原子序数的增加，离子半径逐渐增大。因此，离子极化作用随原子序数的增大依次减弱。

电子构型相同，半径接近，电荷数越高，极化作用越强。

当离子的电子构型相同时，可以用离子势 $\varphi=z/r$ 衡量离子极化作用的相对大小。电荷数 z 越大，半径 r 越小，离子势 φ 越大，离子的极化作用越强。表8-3给出了第3周期元素正离子的离子势与离子的极化作用。

表8-3　第3周期元素正离子的离子势与离子的极化作用

离　子	Na^+	Mg^{2+}	Al^{3+}	Si^{4+}	P^{5+}
r/pm	95	65	50	41	34
φ/(×100)	1.1	3.1	6.0	9.8	14.2
极化作用	增　强 →				

电荷数相同、半径接近的正离子的极化作用强弱取决于离子的电子构型，有以下顺序。

18+2、18电子构型>9～17电子构型>8电子构型；2电子构型由于有较小的半径，因此也有较强的极化作用。应该特别注意的是 H^+，外层没有电子，是一裸露的氢核，对其他离子有很强的极化作用。

离子的变形性大小规律是：复杂阴离子的变形性较小，如 SO_4^{2-}、PO_4^{3-} 等含氧酸根离子的变形性比 I^- 的小。同是简单负离子，半径越大，变形性越大。如卤素离子的变形性大小顺序为：

$$I^- > Br^- > Cl^- > F^-$$

具有18+2和18电子构型的正离子除具有较强的极化作用外，也有较大的变形性。如CuCl中，Cu^+ 为18电子构型，可以作为 Cl^- 的外电场，使 Cl^- 的电子云发生变形；Cl^- 也可以使 Cu^+ 的电子云发生变形，使正、负离子的偶极进一步拉长，这一部分极化称为附加极化。附加极化的大小随原子半径的增大而增大，如ⅡB族Zn、Cd、Hg的化合物，当阴离子相同时，随着原子序数的增加，离子的附加极化增大。

二、离子极化对化合物性质的影响

离子极化的结果使离子键向共价键过渡，增加了化合物的共价性成分，使化合物在水中的溶解度减小。因为水是极性溶剂，根据相似相溶的规则，极性分子在水中的溶解度较大。分子的极性越强，溶解度越大。离子极化的结果导致键的共价性成分增加，使化合物的极性减弱，从而使其在水中的溶解度降低。如卤化银系列溶解度随离子极化的变化较典型。298K时，卤化银的溶解度为：

	AgF	AgCl	AgBr	AgI
溶解度 S/(mol/L)	0.15	2.0×10^{-4}	2.9×10^{-5}	2.7×10^{-7}

由上述数据知，随卤素原子序数的增加，溶解度逐渐降低。原因是正离子相同，正、负

离子的相互极化随负离子变形性的增大而增强。从F^-到I^-，离子半径依次增大，致使负离子变形性逐渐增强，导致键的共价性成分随之增加，键的极性削弱，溶解度降低。碱金属离子的半径大、电荷少，为8电子构型，因此其盐均溶于水。硫化物的离子半径较大，有较强的变形性，因而硫化物多数难溶于水。由此可见，离子的极化作用是影响物质溶解度的重要因素。极化作用越强，化合物的溶解度越低。

离子极化作用还可使物质的颜色加深，即极化作用越强，颜色越深。例如：

化合物	ZnI_2	CdI_2	HgI_2	AgF	AgCl	AgBr	AgI
颜色	无色	红色	黄绿色	无色	白色	淡黄色	黄色

阅读材料

碳的第三种同素异形体——富勒烯

碳是地球上储量最丰富的元素之一，也是组成自然界和人类本身的基本元素。长期以来，人们一直认为，晶态碳有两种同素异形体，即金刚石和石墨。直到20世纪80年代中期，发现了富勒烯碳原子簇，尤其是近几年来对富勒烯的结构、性质的深入研究，确认碳元素还存在第三种同素异形体——富勒烯。

1984年，Rohlfing等用质谱仪研究在超声氦气流中以激光蒸发石墨所得的产物时，发现碳可以形成$n<200$的C_n原子簇，而且当$n>40$时，簇中碳原子数仅为偶数，并且发现C_{60}具有较高的稳定性。

1985年，克罗托（Kroto）等用同样的仪器，严格控制实验条件，从而获得了以C_{60}为主的质谱峰。C_{60}的状态非常稳定，因此，克罗托等认为它不可能是链状结构，一定是球状结构。受建筑学家富勒（Buckminster Fuller）用五边形和六边形构成球形薄壳建筑结构的启发，克罗托等提出C_{60}是由60个碳原子构成的32面体，即由12个五边形和20个六边形组成，其中五边形彼此不相连接，只与六边形相邻，每个碳原子以sp^2杂化轨道和相邻的三个碳原子相连，剩余的p轨道在C_{60}分子的外围和内腔形成π键。并预言此分子有芳香性，随之命名为富勒烯，由于分子酷似足球，又称之为足球烯。

除了C_{60}外，具有封闭笼状结构的还可能有C_{28}、C_{32}、C_{50}、C_{60}、…、C_{540}等，如图8-10所示，统称为富勒烯。

C_{60}的发现曾被认为是近半个世纪以来材料科学最重要的成就，它具有最对称的结构，而且是最圆的分子，并具有优良的性能和诱人的应用前景。

（1）可能比金刚石还硬　正常情况下，C_{60}晶体同石墨一样柔软，这是由于其结构中两个碳球之间相隔约1000pm，空隙较大，但是，当把它挤压到小于原体积的70%时，预测它将变得比金刚石还坚硬。当挤压力释放时，它们经过弹性变形又回复其正常体积。如果将这些碳球以极快的速度射到钢质表面，它们会立刻沿着直线反弹回来。这种压缩了的晶体很可能被用于制造超硬切削刀具。

（2）最好的润滑剂　氟化碳-60（$C_{60}F_{60}$）是完全氟化的C_{60}，很可能是最好的固体润滑剂。

固体润滑剂一般在液体润滑剂使用困难或不方便的场合使用。过去人们曾用石墨、二硫化钼等作润滑剂，如胶体石墨被用作金属拉丝减摩润滑材料。前些年，人们用氟化石墨制造润滑剂性能很好，而氟化碳-60其润滑性能更好，磨损量更小，还能抑制摩擦温度上升，加工表面与工具损耗小。

（3）未来的超导体　1991年美国科学家把钾掺杂到C_{60}中，制成具有较高导电率的超

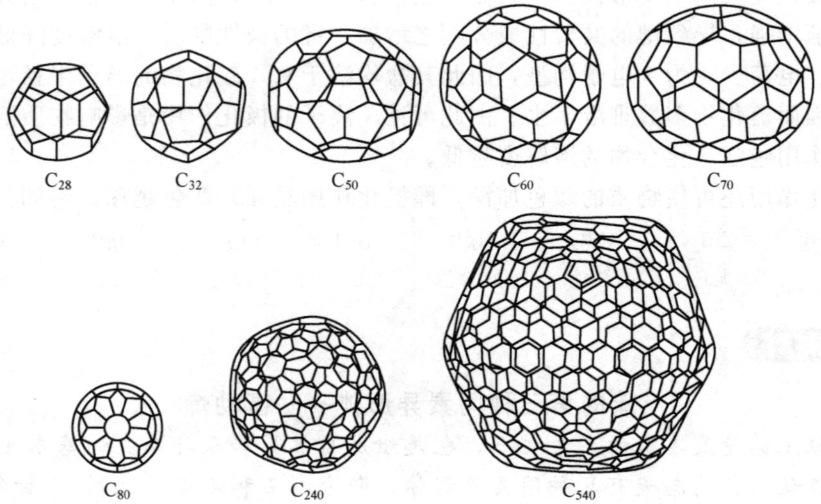

图 8-10　富勒烯的笼状结构系列

导体。如 K_6C_{60} 是一种体心立方结构的金属晶体，它在 18K 时会成为一种超导体；如果用铷代替钾，其超导临界温度在 30K 附近；如果将铊和铷一起掺入 C_{60}，其临界温度在 43K 附近，有可能成为实用超导体。

（4）理想的贮氢材料　K_6C_{60} 是个中空密封的球壳，因而其内部可以贮存一些直径小的原子。氢原子的直径最小，每个 C_{60} 分子可以贮存若干个氢原子，这就为未来的新能源开发带来了希望。因为氢是未来能源最重要的资源，燃烧氢效率高、无污染。如果用充满氢的 C_{60} 分子作贮氢罐，装在各种运输工具上，就可以利用燃烧氢来提供动力。而氢气燃烧后转变成水蒸气，再大的城市也不会为汽车放出的有害尾气而烦恼，市民将生活在无污染的优美环境中。

本章小结

本章主要讨论了晶体结构及离子极化对物质性质的影响。

一、晶体结构

晶体结构中主要介绍了晶体的基本类型及不同类型晶体的特征（见表 8-4）。

表 8-4　晶体的基本类型和性质

晶体性质	离子晶体	原子晶体	分子晶体	金属晶体
晶格结点上的微粒	正、负离子	原子	分子	金属正离子或金属原子
微粒间作用力	离子键	共价键	分子间力或氢键	金属键
熔点和沸点	较高	高	低	一般较高，部分低
硬度	较大	大	小	一般较大，部分小
延展性	差	差	差	好
导电性	绝缘体（熔融状态和水溶液中导电）	绝缘体（半导体）	绝缘体（极性分子的水溶液导电）	导电
溶解性	部分易溶，部分难溶	一般难溶	相似相溶	难溶，少数和水反应

二、离子极化作用和变形性

1. 极化作用和变形性

（1）极化作用　离子使异号离子产生诱导偶极的作用称为该离子的极化作用。

（2）变形性　离子在异号离子的作用下产生诱导偶极的性质称为该离子的变形性，也称该离子的可极化性。

2.极化作用和变形性大小

（1）极化作用大小　一般地，正离子以极化作用为主。正离子的电子构型相同时，电荷数越高、离子半径越小，极化作用越强；电荷数相同、离子半径接近时，极化作用强弱与电子构型的关系为：

$$18+2、18电子构型>9\sim17电子构型>8电子构型$$

（2）变形性大小　阴离子一般以变形性为主。阴离子的电荷数越高、半径越大，变形性越大。复杂阴离子的变形性一般小于简单阴离子的变形性。

（3）附加极化　具有18+2、18电子构型的正离子除有极化作用外还具有变形性，在负离子的作用下正离子发生变形，使双方的诱导偶极进一步拉长，这部分增加的极化称为附加极化。附加极化的大小随离子半径的增大而增大。

3.离子极化对化合物性质的影响

（1）键的离子性成分减少、共价性成分增加，即键的极性减弱；

（2）晶体的配位数降低，晶型发生变化；

（3）化合物的溶解度降低；

（4）化合物的颜色加深。

思考题

1. 比较下列各组离子晶体的晶格能大小和熔沸点高低。

（1）NaF、MgO　　（2）CaO、BaO　　（3）NaCl、$MgCl_2$

2. 金属键的本质是什么？它有哪些特性？

3. 试解释：

（1）金刚石和石墨都是碳的单质，为什么石墨很软而金刚石却很硬？

（2）SiO_2 和 SO_2 都是酸性氧化物，为什么 SiO_2 在常温下是难溶于水的固体，而 SO_2 却是易溶于水的气体？

4. 下列说法哪些正确？说明理由。

（1）离子晶体的导电性强；

（2）金属晶体熔点高；

（3）分子晶体难溶于水；

（4）原子晶体的硬度大。

5. 试解释：

（1）为什么 MgO 是离子晶体，而 SO_2 是分子晶体？

（2）为什么钾、钠的盐都易溶于水，而银的盐多难溶于水？

6. AgCl 在水中的溶解度大于 AgI，这主要是因为（　　）。

A. AgI 的晶格能比 AgI 的大　　B. 氯的电负性比碘的大

C. Cl^- 的变形性比 I^- 的小　　D. 氯的电离能比碘的大

7. 解释下列事实。

（1）MgO 可作耐火材料；

（2）石灰石敲打易碎，而金属能打成薄片；

（3）BaI_2 易溶于水，而 HgI_2 难溶于水。

习题

1. 根据半径比规则，判断下列 AB 型离子晶体的类型。

BeO　$AgCl$　RbI

2. 判断下列离子晶体熔点的高低，并说明判断依据。

NaF　$NaCl$　$NaBr$　NaI

3. 排出下列各组物质的熔点高低顺序。

（1）$NaCl$　$MgCl_2$　$AlCl_3$

（2）$FeCl_2$　$FeCl_3$

（3）Na_2CO_3　$MgCO_3$　$ZnCO_3$

4. CO_2 和 SiO_2 各属于什么类型的晶体？其晶体结构、物理性质有何不同？

5. 试推断下列物质熔点高低的顺序，并加以必要的说明。

Cl_2　NaF　$AgBr$　NH_3　CaO

6. 用金属键理论说明金属晶体导电导热的原因。

7. 为什么金属中 W 的熔点最高，而 Hg 的熔点最低？

8. 根据石墨晶体的结构说明其导电性。

9. 给出下列物质颜色由浅到深的变化顺序。

（1）$BiCl_3$、$BiBr_3$、BiI_3

（2）FeS、FeO

（3）As_2S_3、Sb_2S_3、Bi_2S_3

10. 试说明 ZnI_2、CdI_2、HgI_2 的颜色由浅变深的原因。

11. 比较下列物质的熔点高低。

（1）I_2 与 Cl_2　　（2）CaO 与 BaO

（3）KCl 与 $NaCl$　　（4）SiO_2 与 SO_2

12. 比较下列各组物质的性质。

（1）K_2CrO_4、Ag_2CrO_4 的溶解度

（2）$CaCl_2$、$ZnCl_2$ 的熔点

（3）PbO、PbS 的颜色

13. 填充下表。

物质	晶格结点上的微粒	微粒间的作用力	晶体类型	熔点高低	导电性
CO_2					
SiO_2					
Cr					
石墨					
NaCl					

第九章

配位平衡和配位滴定法

学习目标

1. 掌握配合物的定义、组成和命名。
2. 熟悉配位化合物的价键理论，掌握常见的杂化轨道与配合物的空间构型。
3. 掌握配位平衡的有关计算。
4. 掌握配位滴定法的基本原理及测定对象。
5. 明确酸效应系数和条件稳定常数的意义。
6. 掌握金属离子能被准确滴定的判据和最高允许酸度的计算。
7. 明确金属指示剂的作用原理和使用的酸度条件。
8. 熟悉配位滴定的方式及应用学会用配位平衡知识解决配位滴定中的应用问题。

配位化合物简称配合物。1893 年由瑞士无机化学家维尔纳（A. Werner）提出的配合物配位理论被视为化学历史中的重要里程碑。

然而，在很长时间内，建立在配位平衡基础上的配位滴定法并未得到很大的发展。这是因为大多数无机配合物的稳定性不高，并存在逐级配位现象，使得配位反应不存在确定的化学计量关系而无法进行定量。直到 1945 年后，瑞士化学家许伐岑巴赫（G. Schwarzenbach）提出了以乙二胺四乙酸（简称 EDTA）为代表的一系列氨羧配位剂，配位滴定法才得到迅速发展和广泛应用。

本章将对配合物的组成、结构作初步介绍，并从化学平衡的角度介绍配位平衡和建立在这一平衡基础上的配位滴定法。

第一节　配合物的组成和命名

一、配合物的定义

很多无机化合物如 HCl、$CaCO_3$、$CuSO_4$ 等，在其分子中，原子间都有确定的简单整数比，符合经典的化合价理论。另外，还有许多由简单化合物“加合”而成的物质。例如：

$$AgCl + 2NH_3 \longrightarrow [Ag(NH_3)_2]Cl$$

$$CuSO_4 + 4NH_3 \longrightarrow [Cu(NH_3)_4]SO_4$$

$$HgI_2 + 2KI \longrightarrow K_2[HgI_4]$$

在加合过程中，没有电子得失和价态的变化，也没有形成共用电子的共价键。因此，配合物的形成并不符合经典的化合价理论。在这类化合物中，都含有能稳定存在的复杂离子，如 $[Ag(NH_3)_2]^+$、$[Cu(NH_3)_4]^{2+}$、$[HgI_4]^{2-}$，称为配离子。凡是含有配离子的化合物称为配位化合物，简称配合物。习惯上，配离子也称配合物。

二、配合物的组成

配合物可分为两个组成部分，即内界和外界。在配合物内，提供电子对的分子或离子称为配位体；接受电子对的离子或原子称为配位中心离子（或原子），简称中心离子（或原子）。中心离子与配位体结合组成配合物的内界，这是配合物的特征部分，通常用方括号括起来。配合物中的其他离子构成配合物的外界，写在方括号外面。现以 $[Cu(NH_3)_4]SO_4$ 和 $K_4[Fe(CN)_6]$ 为例，说明配合物的组成，图示如下：

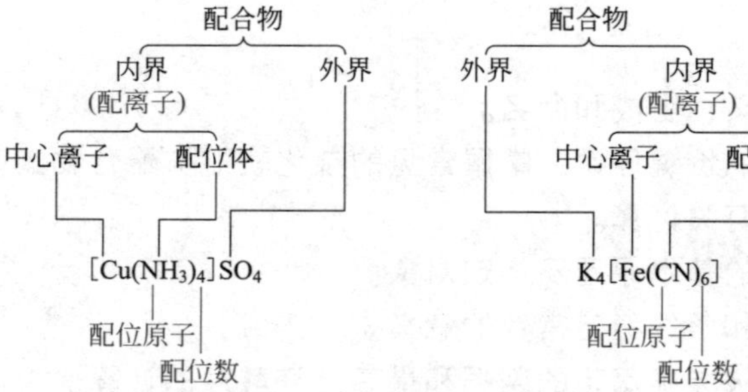

1. 中心离子（或原子）

中心离子是配合物的形成体，位于配合物的中心位置，是配合物的核心，通常是金属阳离子或某些金属原子以及高氧化数的非金属元素。如 Fe^{2+}、Fe^{3+}、Cu^{2+}、Co^{2+}、Ni^{2+}、Zn^{2+} 等金属离子，以及 $[Fe(CO)_5]$、$[Ni(CO)_4]$、$[SiF_6]^{2-}$ 中的 Fe 原子、Ni 原子和 Si(Ⅳ)。

2. 配位体

在配合物中，与中心离子（或原子）以配位键结合的负离子、原子或分子称为配位体，简称配体。配体位于中心离子（或原子）周围，它可以是中性分子，如 NH_3、H_2O 等；也可以是阴离子，如 Cl^-、CN^-、OH^- 等。配体中直接与中心原子配位的原子称为配位原子。如 NH_3 中的 N 原子，H_2O 和 OH^- 中的 O 原子以及 CO、CN 中的 C 原子等。一般常见的配位原子主要是周期表中电负性较大的非金属原子，如 N、O、S、C、F、Cl、Br、I 等原子。

根据配位体所含配位原子的数目，可分为单齿配位体和多齿配位体。单齿配体只含有一个配位原子且与中心离子（或原子）只形成一个配位键，其组成比较简单，如 F^-、Br^-、CN^-、NO_2^-、NH_3 和 H_2O 等。多齿配体含有两个或两个以上的配位原子，它们与中心离子（或原子）可以形成多个配位键，其组成常较复杂，多数是有机分子，如 $NH_2—CH_2—CH_2—NH_2$（乙二胺，简写为 en）、$C_2O_4^{2-}$ 等。

3. 配位数

直接和中心离子（或原子）配位的原子数目称为该中心离子（或原子）的配位数。一般中心离子的配位数为偶数，而最常见的配位数为 2、4、6，如 $[Ag(NH_3)_2]^+$、$[Cu(CN)_4]^{2-}$、$[Co(NH_3)_6]^{3+}$。如果是单齿配位体，则配位体的数目就是该中心离子（或原子）的配位数，即配位体的数目和配位数相等。对多齿配位体，如在 $[Cu(en)_2]^{2+}$ 配离子中，en 是双齿配位体，所以 Cu^{2+} 的配位数是 4 而不是 2。中心离子的实际配位数的多少与中心离子、配体的半径、电荷有关，也与配体的浓度、形成配合物的温度等因素有关。但对某一中心离子来说，常有一特征配位数。

4. 配离子的电荷数

配离子的电荷数等于中心离子和配位体总电荷的代数和。由于配合物作为整体是电中性的，因此，外界离子的电荷总数和配离子的电荷总数相等，而符号相反，因此由外界离子的电荷也可以推断出配离子的电荷数。例如在 $[Cu(NH_3)_4]^{2+}$ 中，由于配位体 NH_3 是中性分子，所以配离子的电荷数就等于中心离子的电荷数，为+2。再如，配合物 $K_3[Fe(CN)_6]$ 中配离子电荷为 3+6×(−1)=−3。

三、配合物的命名

由于配合物种类繁多，有些配合物的组成相对比较复杂，因此配合物的命名也较为复杂。这里仅简单介绍配合物命名的基本原则。

1. 配离子为阳离子的配合物

命名次序为：外界阴离子—配位体—中心离子。外界阴离子和配位体之间用“化”字连接，在配位体和中心离子之间加一“合”字，配体的数目用一、二、三、四等数字表示，中心离子的氧化数用罗马数字写在中心离子名称的后面，并加括弧。例如：

$[Ag(NH_3)_2]Cl$	氯化二氨合银(Ⅰ)
$[Cu(NH_3)_4]SO_4$	硫酸四氨合铜(Ⅱ)
$[Co(NH_3)_6](NO_3)_3$	硝酸六氨合钴(Ⅲ)

2. 配离子为阴离子的配合物

命名次序为：配位体—中心离子—外界阳离子。在中心离子和外界阳离子名称之间加一“酸”字。例如：

$K_2[PtCl_6]$	六氯合铂（Ⅳ）酸钾
$K_4[Fe(CN)_6]$	六氰合铁（Ⅱ）酸钾
$H_2[SiF_6]$	六氟合硅（Ⅳ）氢酸

3. 有多种配位体的配合物

如果含有多种配位体，不同的配位体之间要用“·”隔开。其命名顺序为：阴离子—中性分子。

若配位体都是阴离子，则按简单—复杂—有机酸根离子顺序排列。

若配位体都是中性分子，则按配位原子元素符号的拉丁字母顺序排列。例如：

$[CoCl_2(NH_3)_4]Cl$	氯化二氯·四氨合钴(Ⅲ)
$[PtCl_3(NH_3)]^-$	三氯·一氨合铂(Ⅱ)离子
$[Co(NH_3)_5(H_2O)]Cl_3$	氯化五氨·一水合钴(Ⅲ)

4. 没有外界的配合物

命名方法与前面的相同。例如：

$[Ni(CO)_4]$	四羰基合镍
$[PtCl_2(NH_3)_2]$	二氯·二氨合铂(Ⅱ)
$[CoCl_3(NH_3)_3]$	三氯·三氨合钴(Ⅲ)

另外，有些配合物有其习惯上沿用的名称。例如，$K_4[Fe(CN)_6]$ 称为亚铁氰化钾（俗称黄血盐）；$H_2[SiF_6]$ 称为氟硅酸。

四、螯合物

螯合物是多齿配体通过两个或两个以上的配位原子与同一中心离子形成的具有环状结构的配合物。可将配位体比作螃蟹的螯钳，牢牢地钳住中心离子，所以形象地称为螯合物。能与中心离子形成螯合物的配体称为螯合剂。最常见的螯合剂是一些胺、羧酸类的化合物。如乙二胺四乙酸及其二钠盐是最典型的螯合剂，可简写为 EDTA。乙二胺四乙酸的结构为

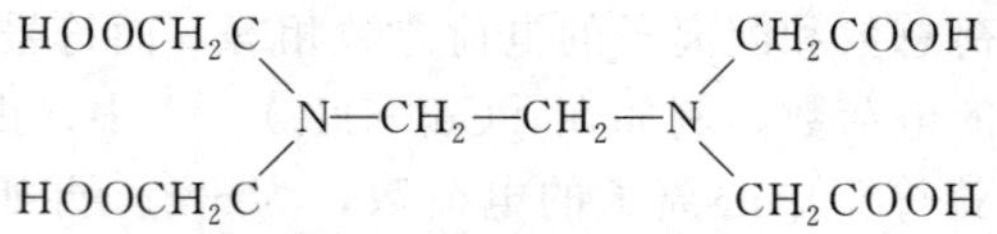

从结构上看，乙二胺四乙酸是一种四元酸，常用 H_4Y 表示。其溶解度很小，在室温下每 100mL 水中仅溶解 0.02g。因此，在分析工作中通常使用它的二钠盐 $Na_2H_2Y \cdot 2H_2O$（也称 EDTA 二钠）作滴定剂，它在 22℃时，每 100mL 水中溶解 11.1g，浓度约为 0.3mol/L，pH 约为 4.4。

环状结构是螯合物的特征。螯合物中的环一般是五元环或六元环；其他环则较少见到，也不稳定。螯合物中环数越多，其稳定性越强。在 EDTA 的分子中，可提供六个配位原子，其中 2 个氨基氮和 4 个羧基氧都可以提供电子对，与中心离子结合成六配位、5 个五元环的螯合物。例如，乙二胺四乙酸根（Y^{4-}）与 Ca^{2+} 配位生成 CaY^{2-} 型的配离子，空间结构如下：

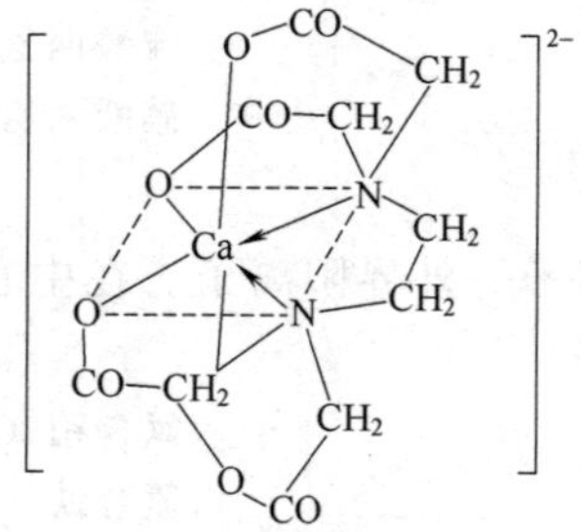

有些金属离子与螯合剂所形成的螯合物具有特殊的颜色，可用于金属元素的分离或鉴定。例如，1,10-二氮菲（一般称为邻二氮菲）与 Fe^{2+} 可生成橙红色螯合物，可用以鉴定 Fe^{2+} 的存在。

第二节　配合物的价键理论

在配合物的形成过程中，既没有电子得失而形成的离子键，也没有由两个原子相互提供单电子配对而形成的共价键。那么配合物中的化学键是如何形成的呢？其空间结构如何？这些都是配合物结构中所研究的问题。现代配合物化学键理论主要有价键理论、晶体场理论、配位场理论及分子轨道理论。这里只介绍价键理论。

一、中心离子价轨道的杂化

中心离子（或原子）与配位体形成配离子时，一般是配位体中的配位原子提供孤对电子，中心离子空的价轨道以一定的方式杂化，用杂化后的空轨道接受配位体的孤电子对而形成配位键。例如，$[Ag(NH_3)_2]^+$ 配离子的形成，Ag^+ 的价层电子结构为 $4d^{10}$，外层的 5s、5p、5d 都是空轨道。Ag^+ 用 1 个 5s 轨道和 1 个 5p 轨道经杂化而形成两个 sp 杂化轨道，接受两个 NH_3 分子中 N 原子提供的两对孤电子，由此形成了两个配位键。电子分布为

又如 $[FeF_6]^{3-}$ 的形成，配离子的电子分布为以上两例可见，中心离子 Ag^+ 和 Fe^{3+} 提供的空轨道都在外层，原有的电子层结构未发生变化，配位原子上的孤对电子进入中心离子的外层杂化轨道，这种配位键称为外轨配位键。由外轨配位键形成的配合物，称为外轨型配合物。外轨配位键的离子性较强，共价键较弱，所以配离子较易离解。

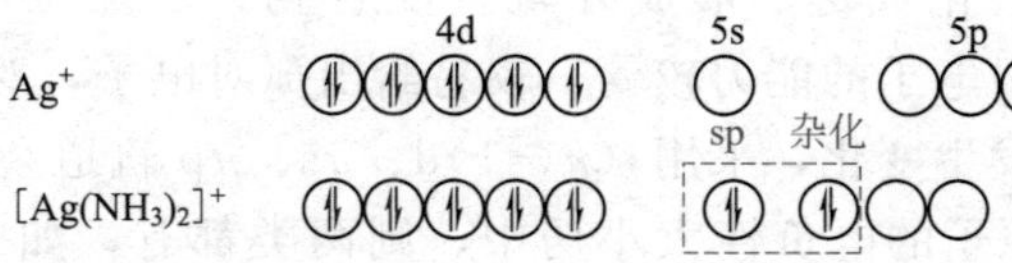

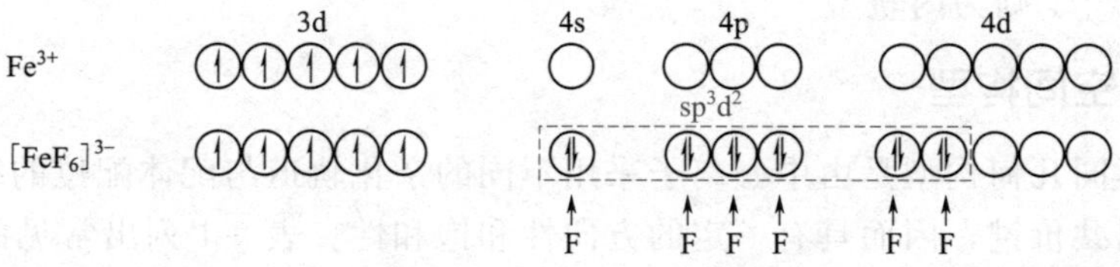

另外一种情况如 $[Fe(CN)_6]^{3-}$，由于 CN^- 中 C 的电负性较小，C 上的孤对电子（∶C ═ N∶）对中心离子 $(n-1)$d 轨道中的电子有较强的排斥力，将 Fe^{3+} 中未成对的 3d 电子挤入三个 d 轨道，空出 2 个 3d 轨道。在形成配位键时采用内层 2 个空的 3d 轨道与 1 个 4s 轨道、3 个 4p 轨道进行杂化，配体的电子好像"插入"了中心离子的内层轨道，这种配位键称为内轨配位键。由内轨配位键形成的配合物，称为内轨型配合物。$[Fe(CN)_6]^{3-}$ 配离子的电子分布为

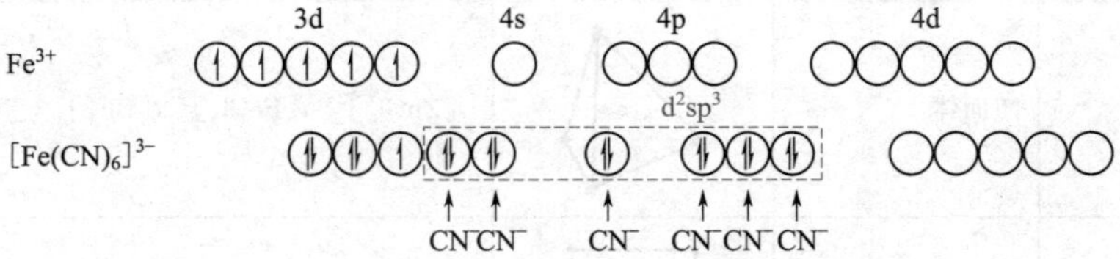

再举一个例子，$[Ni(CN)_4]^{2-}$ 配离子的电子分布为

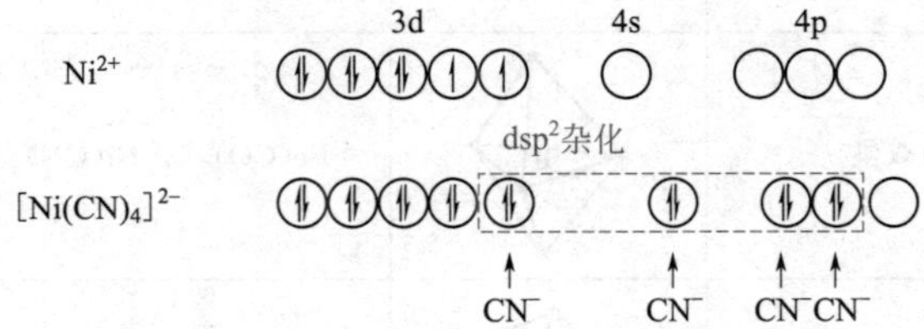

可见，$[Ni(CN)_4]^{2-}$ 配离子的形成，也是采用内层的 d 轨道进行杂化，形成 4 个 dsp^2 杂化轨道，接受 CN^- 的孤对电子，形成内轨配位键。

$[Fe(CN)_6]^{3-}$、$[Ni(CN)_4]^{2-}$ 两例说明由于配位体的影响，使中心离子的电子层结构发生重排，让出部分内层 d 轨道参与杂化成键，由于内轨配位键的共价性较强，所以配离子较难离解。

可见，配合物按中心离子使用 d 轨道的情况不同，分为内轨型、外轨型配合物。内轨型配合物均采用 $(n-1)$d、ns、np 杂化轨道成键；外轨型配合物则采用外层的 ns、np、nd 杂化轨道成键。

中心离子采用何种方式成键，这既与中心离子的电子层结构有关，又与配体中配位原子的电负性有关。具有 $(n-1)d^{10}$（全充满）电子构型的离子，只能用外层轨道形成外轨型配合物，如 Ag^+、Cu^{2+}、Cd^{2+}、Zn^{2+} 等。对于其他具有未充满 d 轨道的中心离子，如 Fe^{3+}、Ni^{2+}、Mn^{2+}、Co^{3+} 等既可形成内轨型配合物，也可形成外轨型配合物，这主要取决于配位原子电负性的大小。电负性大的原子，如 F、O 等，它们吸引电子的能力强，不易给出孤对电子，对中心离子的电子排布影响很小，因而中心离子的电子层结构并不发生变化，采用外

层的空轨道 ns、np、nd 杂化成键，形成外轨型配合物。若配位原子的电负性较小，如 CN^-、CO 中的 C 原子吸引电子的能力较弱，较易给出孤对电子，对中心离子的电子排布影响较大，使其电子层结构发生变化，采用 $(n-1)d$、ns、np 轨道杂化成键，形成内轨型配合物。NH_3、Cl^- 等配位原子的电负性大小居中，则两类都有，如 $[Co(NH_3)_6]^{2+}$ 为外轨型，$[Co(NH_3)_6]^{3+}$ 则为内轨型。

二、配离子的空间构型

配离子的不同几何构型是由中心离子采用不同的杂化轨道与配体配位的结果。根据价键理论，配位键属共价键，因而具有一定的方向性和饱和性。表 9-1 列出常见的杂化轨道类型及相应的配离子的空间构型。

表 9-1 杂化轨道与配离子空间构型的关系

配位数	轨道杂化类型	空间构型	结构示意图	举　例
2	sp	直线型	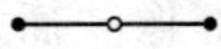	$[Ag(NH_3)_2]^+$,$[Cu(NH_3)_2]^+$,$[Cu(CN)_2]^-$
3	sp^2	平面三角形	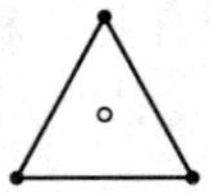	$[CO_3]^{2-}$,$[NO_3]^-$,$[CuCl_3]^{2-}$,$[HgI_3]^-$
4	sp^3	四面体	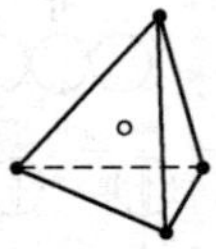	$[ZnCl_4]^{2-}$,$[FeCl_4]^-$,$[BF_4]^-$,$[Ni(NH_3)_4]^{2+}$
	$dsp^2(sp^2d)$	平面正方形	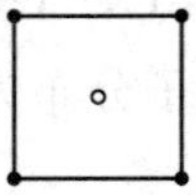	$[Pt(NH_3)_2Cl_2]$,$[Cu(NH_3)_4]^{2+}$,$[Ni(CN)_4]^{2-}$,$[PdCl_4]^{2-}$(为 sp^2d 型)
5	$dsp^3(d^3sp)$	三角双锥	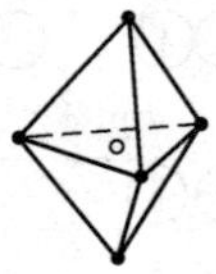	$[Fe(CO)_5]$,$[Ni(CN)_5]^{3-}$
	$d^2sp^2(d^4s)$	正方锥型	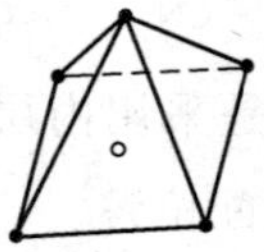	$[TiF_5]^{2-}$(为 d^4s 型),$[SbF_5]^{2-}$
6	$d^2sp^3(sp^3d^2)$	正八面体	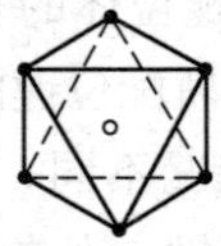	$[Fe(CN)_6]^{4-}$,$[Co(NH_3)_6]^{3+}$
	d^4sp	三方棱柱	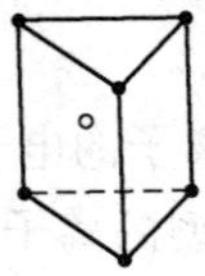	$[V(H_2O)_6]^{3+}$
7	d^3sp^3	五角双锥	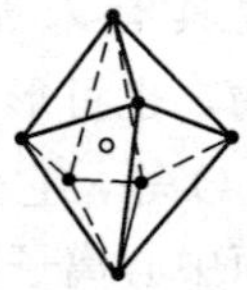	$[ZrF_7]^{3-}$,$[UO_2F_5]^{3-}$

续表

配位数	轨道杂化类型	空间构型	结构示意图	举　　例
8	d^4sp^3	正十二面体	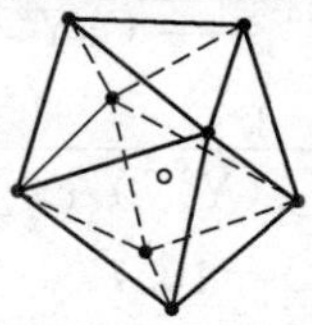	$[Mo(CN)_8]^{4-}$,$[W(CN)_8]^{4-}$

第三节　配合物在水溶液中的离解平衡

一般来说，配合物的配离子和外界是以离子键结合的。与强电解质相似，可认为配合物在水溶液完全离解为配离子和外界离子。如 $[Cu(NH_3)_4]SO_4$ 的离解：

$$[Cu(NH_3)_4]SO_4 \longrightarrow [Cu(NH_3)_4]^{2+} + SO_4^{2-}$$

离解出的配离子 $[Cu(NH_3)_4]^{2+}$ 在水溶液中则与弱电解质相似，会发生部分离解，存在着离解平衡，也称配位平衡。

$$[Cu(NH_3)_4]^{2+} \underset{\text{配位}}{\overset{\text{离解}}{\rightleftharpoons}} Cu^{2+} + 4NH_3$$

那么，如何衡量配离子在水溶液中离解的难易程度呢？

一、配合物的稳定常数

目前，常用配位平衡的平衡常数 $K^{\ominus}_{稳}$ 表示配合物的稳定性。$K^{\ominus}_{稳}$ 是配离子的特征常数。$K^{\ominus}_{稳}$ 或 $\lg K^{\ominus}_{稳}$ 值越大，说明配合物越稳定。表 9-2 列出了某些配离子的稳定常数。

表 9-2　某些配离子的稳定常数

配　离　子	$K^{\ominus}_{稳}$	$\lg K^{\ominus}_{稳}$	配　离　子	$K^{\ominus}_{稳}$	$\lg K^{\ominus}_{稳}$
1 : 1			$[Ni(en)_3]^{2+}$	3.9×10^{18}	18.6
$[NaY]^{3-}$	5.0×10	1.70	$[Fe(C_2O_4)_3]^{3-}$	1.6×10^{20}	20.2
$[AgY]^{3-}$	2.0×10^{7}	7.30	1 : 4		
$[MgY]^{2-}$	5.0×10^{8}	8.70	$[CdCl_4]^{2-}$	3.1×10^{2}	2.49
$[CaY]^{2-}$	5.0×10^{10}	10.7	$[Cd(SCN)_4]^{2-}$	3.8×10^{2}	2.58
$[FeY]^{2-}$	2.0×10^{14}	14.3	$[Co(SCN)_4]^{2-}$	1.0×10^{3}	3.00
$[CdY]^{2-}$	3.2×10^{16}	16.5	$[CdI_4]^{2-}$	3.0×10^{6}	6.48
$[NiY]^{2-}$	4.0×10^{16}	18.6	$[Cd(NH_3)_4]^{2+}$	1.0×10^{7}	7.00
$[CuY]^{2-}$	6.3×10^{18}	18.8	$[Zn(NH_3)_4]^{2+}$	2.9×10^{9}	9.46
$[HgY]^{2-}$	6.3×10^{21}	21.8	$[Cu(NH_3)_4]^{2+}$	4.8×10^{12}	12.7
$[FeY]^{-}$	1.2×10^{25}	25.1	$[HgCl_4]^{2-}$	1.2×10^{15}	15.1
$[CoY]^{-}$	1.0×10^{36}	36.0	$[Zn(CN)_4]^{2-}$	1.0×10^{16}	16.0
1 : 2			$[Cu(CN)_4]^{3-}$	2.0×10^{27}	27.3
$[Ag(NH_3)_2]^{+}$	1.6×10^{7}	7.20	$[HgI_4]^{2-}$	6.8×10^{29}	29.8
$[Ag(en)_2]^{+}$	7×10^{7}	7.8	$[Hg(CN)_4]^{2-}$	1.0×10^{41}	41.0
$[Ag(SCN)_2]^{-}$	4×10^{8}	8.6	1 : 6		
$[Cu(NH_3)_2]^{+}$	7.4×10^{10}	10.9	$[Co(NH_3)_6]^{2+}$	1.3×10^{5}	5.11
$[Cu(en)_2]^{2+}$	4×10^{19}	19.6	$[Cd(NH_3)_6]^{2+}$	1.4×10^{5}	5.15
$[Ag(CN)_2]^{-}$	1.0×10^{21}	21.0	$[Ni(NH_3)_6]^{2+}$	5.5×10^{8}	8.74
$[Cu(CN)_2]^{-}$	1.0×10^{24}	24.0	$[AlF_6]^{3-}$	6.9×10^{19}	19.8
$[Au(CN)_2]^{-}$	2.0×10^{38}	38.3	$[Fe(CN)_6]^{4-}$	1.0×10^{35}	35.0
1 : 3			$[Co(NH_3)_6]^{2+}$	1.4×10^{35}	35.1
$[Fe(SCN)_3]$	2.0×10^{3}	3.30	$[Fe(CN)_6]^{3-}$	1.0×10^{42}	42.0
$[Al(C_2O_4)_3]^{3-}$	2.0×10^{16}	16.3			

注：Y^{4-} 代表乙二胺四乙酸根。

(1) ML 型 (1∶1) 配合物

如 Ca^{2+} 与 EDTA 的配位反应为

$$Ca^{2+} + Y^{4-} \rightleftharpoons CaY^{2-}$$

$$K^{\ominus}_{稳} = \frac{c(CaY^{2-})/c^{\ominus}}{[c(Ca^{2+})/c^{\ominus}][c(Y^{4-})/c^{\ominus}]} = 5.0\times10^{10}$$

$$\lg K^{\ominus}_{稳} = 10.7$$

(2) ML_n 型 (1∶n) 配合物

如 M 与 L 逐级配位反应及其稳定常数为

$$M + L \rightleftharpoons ML \qquad K^{\ominus}_1 = \frac{c(ML)/c^{\ominus}}{[c(M)/c^{\ominus}][c(L)/c^{\ominus}]}$$

$$ML + L \rightleftharpoons ML_2 \qquad K^{\ominus}_2 = \frac{c(ML_2)/c^{\ominus}}{[c(ML)/c^{\ominus}][c(L)/c^{\ominus}]}$$

$$\vdots \qquad\qquad \vdots$$

$$ML_{n-1} + L \rightleftharpoons ML_n \qquad K^{\ominus}_n = \frac{c(ML_n)/c^{\ominus}}{[c(ML_{n-1})/c^{\ominus}][c(L)/c^{\ominus}]}$$

$K^{\ominus}_1$、$K^{\ominus}_2$、…、$K^{\ominus}_n$ 表示配离子的某一级平衡常数，称为逐级稳定常数。有时也用 β_1、β_2、…、β_n 表示配合物的累积稳定常数。如第一级累积稳定常数用 β_1，依此类推。

$$\beta_1 = K^{\ominus}_1$$

$$\beta_2 = K^{\ominus}_1 K^{\ominus}_2$$

$$\beta_3 = K^{\ominus}_1 K^{\ominus}_2 K^{\ominus}_3$$

$$\beta_n = K^{\ominus}_1 K^{\ominus}_2 K^{\ominus}_3 \cdots K^{\ominus}_n$$

一般将最高级的累积稳定常数 (β_n) 称为总稳定常数，可用 $K^{\ominus}_{稳}$ 表示。

二、配位平衡的移动

配位平衡遵循化学平衡移动的规律。当外界条件改变时，则平衡发生移动，在新的条件下建立起新的平衡。下面就溶液的酸碱性、沉淀反应、氧化还原反应对配位平衡的影响加以讨论。

1. 配位平衡与酸碱平衡

许多配位体如 F^-、CN^-、SCN^- 和 NH_3 以及有机酸根离子，都能与 H^+ 结合生成难离解的弱酸，从而使配位平衡发生移动。例如，在 $[FeF_6]^{3-}$ 溶液中存在着下列平衡：

$$[FeF_6]^{3-} \rightleftharpoons Fe^{3+} + 6F^-$$

当加入酸时，则 F^- 与 H^+ 结合生成弱酸 HF，而使 F^- 的浓度减小，平衡向离解的方向进行，甚至会全部离解。又如乙二胺四乙酸的二钠盐 $Na_2H_2Y \cdot 2H_2O$ 与金属离子的配位反应如下：

$$M^{n+} + H_2Y^{2-} \rightleftharpoons MY^{n-4} + 2H^+$$

如降低溶液的酸度，即提高溶液的 pH，平衡向右移动，配合物的稳定性相应增加，将有利于 EDTA 与金属离子的配位反应。反之，在配合物的溶液中，若增大溶液的酸度将导致配离子稳定性降低，这种现象称为配体的酸效应。

2. 配位平衡与沉淀溶解平衡

配位平衡与沉淀溶解平衡的关系，实质上是配位剂与沉淀剂对金属离子的争夺。如下列平衡：

$$AgCl(s)+2NH_3 \rightleftharpoons [Ag(NH_3)_2]^+ + Cl^-$$

在上述溶液中加入 KBr 溶液后，有淡黄色的 AgBr 沉淀生成，接着加入 $Na_2S_2O_3$ 溶液，AgBr 沉淀溶解；加入 KI 溶液，有黄色的 AgI 沉淀生成；再加入 KCN 溶液，AgI 沉淀消失，生成了可溶性的 $[Ag(CN)_2]^-$。其化学反应可简单表示如下：

$$[Ag(NH_3)_2]^+ + Br^- \longrightarrow AgBr\downarrow + 2NH_3$$

$$AgBr + 2S_2O_3^{2-} \longrightarrow [Ag(S_2O_3)_2]^{3-} + Br^-$$

$$[Ag(S_2O_3)_2]^{3-} + I^- \longrightarrow AgI\downarrow + 2S_2O_3^{2-}$$

$$AgI + 2CN^- \longrightarrow [Ag(CN)_2]^- + I^-$$

转化过程为 $$AgCl(s) \xrightarrow{NH_3} [Ag(NH_3)_2]^+ \xrightarrow{Br^-} AgBr(s) \xrightarrow{S_2O_3^{2-}}$$

$$[Ag(S_2O_3)_2]^{3-} \xrightarrow{I^-} AgI(s) \xrightarrow{CN^-} [Ag(CN)_2]^-$$

配离子与沉淀之间的转化，主要取决于沉淀的溶解度和配离子的稳定性。这要通过计算配离子的 $K^{\ominus}_{稳}$ 和难溶物的 $K^{\ominus}_{sp}$ 才能定量地阐明。计算出哪一种能使游离金属离子浓度降得更低，则平衡便向哪一方转化。即配合剂的配合能力大于沉淀剂的沉淀能力时，沉淀溶解，生成可溶性配合物；相反，若沉淀剂的沉淀能力大于配合剂的配合能力时，配合物被破坏，生成新的沉淀。

3. 配位平衡与氧化还原平衡

将金属铜放入 $HgCl_2$ 的溶液中，会发生下列反应：

$$Cu + Hg^{2+} \longrightarrow Cu^{2+} + Hg$$

但金属铜却不能从 $[Hg(CN)_4]^{2-}$ 的溶液中置换出汞。这是由于 $[Hg(CN)_4]^{2-}$ 溶液中 Hg^{2+} 浓度很低，其氧化能力大为降低，从而使 $[Hg(CN)_4]^{2-}/Hg$ 的电极电势随之下降。

$$Hg^{2+} + 2e \longrightarrow Hg \qquad \varphi^{\ominus}(Hg^{2+}/Hg) = 0.854V$$

$$[Hg(CN)_4]^{2-} + 2e \longrightarrow Hg + 4CN^- \qquad \varphi^{\ominus}\{[Hg(CN)_4]^{2-}/Hg\} = -0.37V$$

由此可见，金属配离子-金属组成的电对，其电极反应的标准电势比该金属离子-金属组成电对的电极反应的标准电势要低。配离子愈稳定，电极电势值降低得愈多。

【例 9-1】 已知 $\varphi^{\ominus}(Cu^{2+}/Cu) = +0.34V$，$K^{\ominus}_{稳}([Cu(NH_3)_4]^{2+}) = 4.8\times10^{12}$。计算反应 $[Cu(NH_3)_4]^{2+} + 2e \longrightarrow Cu + 4NH_3$ 的 $\varphi^{\ominus}$ 值。

解 由平衡 $Cu^{2+} + 4NH_3 \rightleftharpoons [Cu(NH_3)_4]^{2+}$，可得

$$K^{\ominus}_{稳}([Cu(NH_3)_4]^{2+}) = \frac{c([Cu(NH_3)_4]^{2+})/c^{\ominus}}{[c(Cu^{2+})/c^{\ominus}][c(NH_3)/c^{\ominus}]^4}$$

当 $c([Cu(NH_3)_4]^{2+})$ 和 $c(NH_3)$ 均为 1mol/L 时，得

$$\frac{1}{c'(Cu^{2+})} = 4.8\times10^{12}$$

根据能斯特方程式，当 $c'(Cu^{2+}) = \frac{1}{4.8\times10^{12}}$ 时，有

$$\varphi = \varphi^{\ominus} + \frac{0.0592}{n}\lg\frac{c'(氧化型)}{c'(还原型)}$$

$$=+0.34+\frac{0.0592}{n}\lg c'(Cu^{2+})$$

$$=+0.34-\frac{0.0592}{2}\lg(4.8\times10^{12})$$

$$=-0.035\ (V)$$

此电极反应的电势就是电对$[Cu(NH_3)_4]^{2+}/Cu$的电极反应的标准电势，即

$$\varphi^{\ominus}([Cu(NH_3)_4]^{2+}/Cu)=-0.035V$$

由计算可知，Cu^{2+}/Cu电对的$\varphi^{\ominus}$值较大，Cu不易被氧化，但Cu^{2+}形成$[Cu(NH_3)_4]^{2+}$后，$[Cu(NH_3)_4]^{2+}/Cu$电对的$\varphi^{\ominus}$较小，Cu易被氧化。因此，不能用铜制的器皿来盛装氨水，否则铜会被氧化而发生反应。

一般形成配合物后，金属离子的氧化能力减弱，而金属的还原能力增强。如工业上将含有Ag、Au等贵金属的矿粉用含CN^-的溶液处理，使Ag、Au易失去电子被氧化形成配合物进入溶液，然后加以富集提取，就是应用这一原理。

4. 配离子之间的平衡

定性检验Fe^{3+}常用的方法是在含有该离子的溶液中，加入KSCN溶液，会出现血红色。其反应式如下：

$$Fe^{3+}+xSCN^-\longrightarrow[Fe(SCN)_x]^{3-x}\qquad(x=1,2,\cdots,6)$$

如在上述溶液中逐滴加入NaF，则血红色会逐渐变浅最后褪去，这是由于生成了更稳定的$[FeF_6]^{3-}$的缘故。转化反应如下：

$$[Fe(SCN)_6]^{3-}+6F^-\longrightarrow[FeF_6]^{3-}+6SCN^-$$

转化平衡常数表达式为

$$K^{\ominus}=\frac{[c([FeF_6]^{3-})/c^{\ominus}][c(SCN^-)/c^{\ominus}]^6}{[c([Fe(SCN)_6]^{3-})/c^{\ominus}][c(F^-)/c^{\ominus}]^6}$$

$$Fe^{3+}+6F^-\longrightarrow[FeF_6]^{3-}$$

$$K^{\ominus}([FeF_6]^{3-})=\frac{c([FeF_6]^{3-})/c^{\ominus}}{[c(Fe^{3+})/c^{\ominus}][c(F^-)/c^{\ominus}]^6}\tag{9-1}$$

$$Fe^{3+}+6SCN^-\longrightarrow[Fe(SCN)_6]^{3-}$$

$$K^{\ominus}([Fe(SCN)_6]^{3-})=\frac{c([Fe(SCN)_6]^{3-})/c^{\ominus}}{[c(Fe^{3+})/c^{\ominus}][c(SCN^-)/c^{\ominus}]^6}\tag{9-2}$$

式(9-1)除以式(9-2)，即得以上的转化反应，根据多重平衡规则

$$K^{\ominus}=\frac{[c([FeF_6]^{3-})/c^{\ominus}][c(SCN^-)/c^{\ominus}]^6}{[c([Fe(SCN)_6]^{3-})/c^{\ominus}][c(F^-)/c^{\ominus}]^6}=\frac{K^{\ominus}([FeF_6]^{3-})}{K^{\ominus}([Fe(SCN)_6]^{3-})}$$

查表，将稳定常数代入，即可得到

$$K^{\ominus}=\frac{2\times10^{15}}{1.3\times10^{9}}=1.5\times10^{6}$$

从计算可知，配离子间转化反应的平衡常数等于转化后与转化前配离子的稳定常数之比。

在溶液中，配离子之间的转化总是向着生成更稳定配离子的方向进行，且两种配离子的

稳定常数相差愈大，转化愈完全。

第四节　EDTA 及其配合物的特点

配位滴定法是建立在配位反应基础上的滴定分析方法。这种分析方法中十分重要的问题是要找到合适的配位剂。在 1945 年以前，能用于滴定分析的配位反应很少，其根本原因是当时所知道的配位反应大都不能满足滴定分析对反应的定量要求，如反应不呈一定的计量关系、配合物不够稳定等。

随着科学技术水平的提高和生产的不断发展，有机配位剂的配位滴定得到迅速发展。目前使用最多的是氨羧配位剂。氨羧配位剂用于配位滴定是 20 世纪 40 年代以后滴定分析发展中最重要的成就。随着有机氨羧配位剂广泛用于滴定分析，配位滴定法已发展成为一种应用广泛而重要的分析方法。

氨羧配位剂是一类含有氨基二乙酸基团 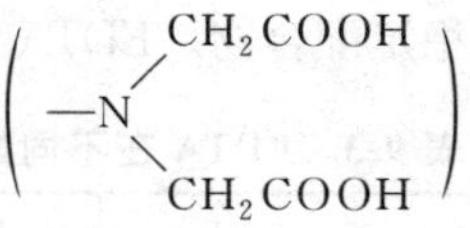 的有机化合物。其分子中含有氨氮（ 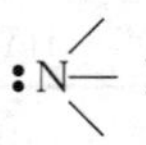 ）和羧氧 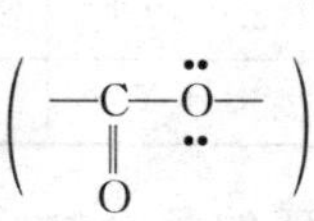 两种配位能力很强的配位原子。

由结构可知，它们是多齿配体，能与金属离子形成具有环状结构的螯合物。目前已合成和研究过的氨羧配位剂有几十种，其中应用最广的是乙二胺四乙酸及其二钠盐（简称 EDTA）。

一、乙二胺四乙酸的离解平衡

乙二胺四乙酸是一种四元酸，用 H_4Y 表示，为白色无水的结晶粉末。室温时的溶解度为 0.02g。不溶于酸，能溶于碱和氨水中。在水溶液中，EDTA 分子中两个羧基上的 H^+ 转移到氮原子上形成双偶极离子，其结构为

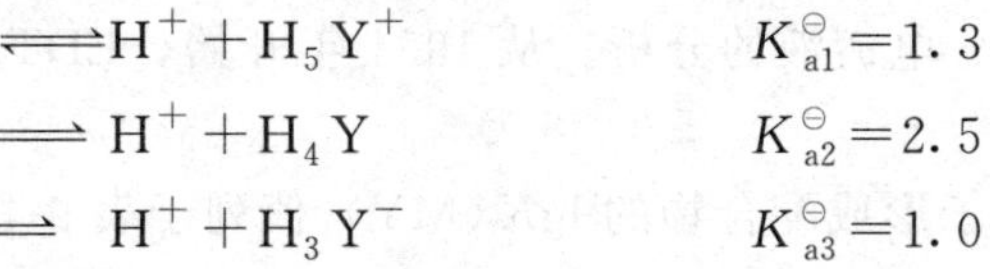

其中，在羧基上的两个氢离子容易离解而呈强酸性，与氮原子结合的两个氢离子不易离解。另外，两个羧酸根还可以接受质子。当溶液酸度很高时，EDTA 便以 H_6Y^{2+} 形式存在，这样，EDTA 就相当于六元酸，在水溶液中有六级离解平衡：

$$H_6Y^{2+} \rightleftharpoons H^+ + H_5Y^+ \qquad K_{a1}^{\ominus} = 1.3\times10^{-1}$$

$$H_5Y^+ \rightleftharpoons H^+ + H_4Y \qquad K_{a2}^{\ominus} = 2.5\times10^{-2}$$

$$H_4Y \rightleftharpoons H^+ + H_3Y^- \qquad K_{a3}^{\ominus} = 1.0\times10^{-2}$$

$$H_3Y^- \rightleftharpoons H^+ + H_2Y^{2-} \qquad K_{a4}^{\ominus} = 2.16\times10^{-3}$$

$$H_2Y^{2-} \rightleftharpoons H^+ + HY^{3-} \qquad K_{a5}^{\ominus} = 6.92\times10^{-7}$$

$$HY^{3-} \rightleftharpoons H^+ + Y^{4-} \qquad K_{a6}^{\ominus} = 5.5\times10^{-11}$$

与其他多元酸一样，EDTA 在水溶液中总是以上述七种形式存在的。当溶液的 pH 不同时，各种存在形式的浓度也不同。而在 pH 一定时，某种存在形式占优势。图 9-1 是 EDTA 各种存在形式在不同 pH 时的分布状况。

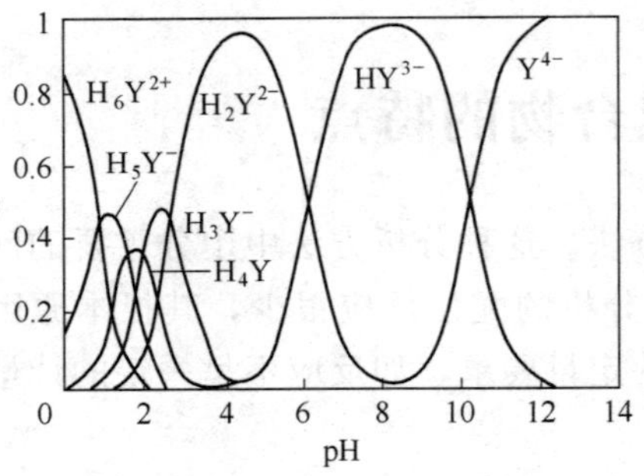

图 9-1 EDTA 各种存在形式的分布

由图 9-1 可看出，pH 不同时，EDTA 的主要存在形式也不同，见表 9-3 所示（为书写简便起见，EDTA 的各种存在形式均略去其电荷）。在这七种形式中，只有 Y 能与金属离子直接配位。因此，溶液的 pH 愈高，EDTA 的配位能力愈强。由此可见，溶液的酸度是影响 EDTA 配合物稳定性的重要因素。

二、 EDTA与金属离子的配位特点

由于 H_4Y 在水中的溶解度很小，不适于作滴定剂。在分析中，通常使用其二钠盐（$Na_2H_2Y \cdot 2H_2O$）作滴定剂。$Na_2H_2Y \cdot 2H_2O$ 可以精制成基准试剂，能直接配制成标准溶液。由于 EDTA 分子中有 6 个配位原子，能与金属离子形成配位键，可作为六基配位体。周期表中绝大多数金属离子均能与 EDTA 形成稳定配合物。EDTA 与金属离子的配位反应具有以下特点。

表 9-3 EDTA 在不同酸度下的主要存在形式

pH	<1	1～1.6	1.6～2.0	2.0～2.67	2.67～6.16	6.16～10.26	>10.26
EDTA 的主要存在形式	H_6Y	H_5Y	H_4Y	H_3Y	H_2Y	HY	Y

（1）EDTA 与金属离子反应形成具有 5 个五元环的螯合物，其立体结构如前所述。五元环和六元环的配合物均很稳定，而且形成环数越多越稳定。

（2）由于多数金属离子的配位数不超过 6，所以 EDTA 与不同价态的金属离子配位时，一般情况下形成 1∶1 配合物。这样在计算时均可取它们的化学式作为基本单元，从而使分析结果的计算比较简单。

（3）生成的配合物易溶于水。这是由于 EDTA 分子中含有 4 个亲水的羧氧基团，且形成的配合物多带有电荷，因而能溶于水中。因此，滴定反应能在水溶液中进行，而且大多数配位反应速率快，瞬时即可完成。

（4）EDTA 与无色的金属离子配位时，生成无色配合物，有利于用指示剂指示滴定终点。而与有色金属离子配位时，一般生成颜色更深的配合物，如 NiY^{2-} 为蓝绿色，CuY^{2-} 为深蓝色，CoY^{2-} 为紫红色等。在滴定这些离子时，试液浓度应低一些，有利于指示剂确定滴定终点。

（5）EDTA 与金属离子的配位能力与溶液的酸度密切相关，这是由于 EDTA 是弱酸的缘故。

EDTA 滴定法广泛地应用于黑色金属、有色金属、硬质合金、耐火材料、硅酸盐、炉渣、矿石、化工材料、水、电镀液的分析。从 1954 年开始，EDTA 配位滴定法已成为滴定分析中的一个重要分支。

EDTA 与部分金属离子形成配合物的 lg*K*(MY) 值列于表 9-4。

表 9-4 常见金属离子与 EDTA 所形成配合物的 lg*K*(MY) 值（25℃，I=0.1mol/L KNO_3 溶液）

金属离子	lg*K*(MY)	金属离子	lg*K*(MY)	金属离子	lg*K*(MY)
Ag^+	7.32	Co^{2+}	16.31	Mn^{2+}	13.87
Al^{3+}	16.30	Co^{3+}	36.00	Na^+	1.66①
Ba^{2+}	7.86①	Cr^{3+}	23.40	Pb^{2+}	18.40
Be^{2+}	9.20	Cu^{2+}	18.80	Pt^{3+}	16.40

续表

金属离子	$\lg K$(MY)	金属离子	$\lg K$(MY)	金属离子	$\lg K$(MY)
Bi^{3+}	27.94	Fe^{2+}	14.32①	Sn^{2+}	22.11
Ca^{2+}	10.69	Fe^{3+}	25.10	Sn^{4+}	34.50
Cd^{2+}	16.46	Li^{+}	2.79①	Zn^{2+}	8.37
Ce^{3+}	16.00	Mg^{2+}	8.70①	Zn^{2+}	16.50

① 表示在 0.1mol/L KCl 溶液中，其他条件相同。

第五节 影响配位平衡的主要因素

在配位滴定中，所涉及的配位平衡比较复杂。被测金属离子与配位剂（即滴定剂）之间除发生主反应外，还存在许多副反应。这些副反应的发生是由溶液的酸度、试样中共存其他金属离子、为掩蔽干扰组分加入的掩蔽剂或其他辅助试剂所引起的。EDTA 滴定中的主反应和副反应之间的平衡关系可以用下式表示：

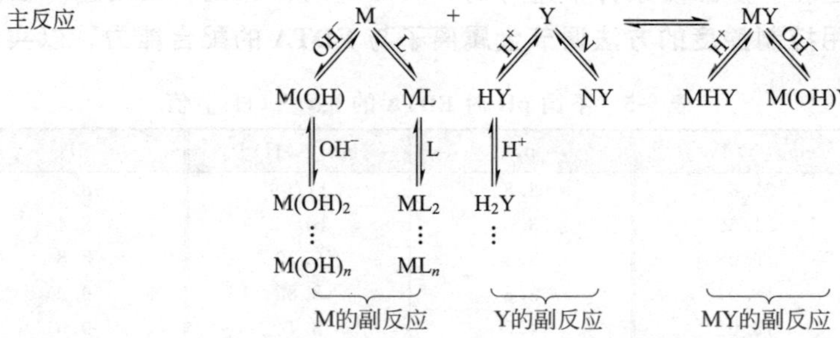

式中，L 为辅助试剂；N 为干扰离子。除主反应外，其他反应均为副反应。如果反应物 M 或 Y 发生了副反应，则不利于主反应的进行；如果反应产物 MY 发生了副反应，则有利于主反应的进行。

显然，处理如此复杂的化学平衡，有关的计算将十分繁杂。但从配位滴定的角度考虑，并不需要准确计算溶液中各物种的真实浓度，通常只需要考虑主反应即滴定反应进行的完全程度。下面着重讨论酸效应和金属离子 M 的副反应配位效应。

一、酸效应和酸效应系数

EDTA 是一种多元酸，在水溶液中存在着逐级平衡，每一步都有 H^+ 参加。如改变溶液的 pH，就会影响平衡，使配体各物种的浓度发生改变。酸度对 EDTA 配合物 MY 稳定性的影响，可用下式表示：

$$\mathrm{M} + \mathrm{Y} \rightleftharpoons \mathrm{MY}$$

$$\Big\Updownarrow \mathrm{H^+}$$

$$\mathrm{HY}$$

$$\Big\Updownarrow \mathrm{H^+}$$

$$\mathrm{H_2Y}$$

$$\vdots$$

显然，溶液的酸度升高、Y的浓度降低，不利于MY的形成。**这种由于H^+存在，使配位体Y参加主反应能力降低的现象称为酸效应，也称质子化效应。**由H^+引起副反应时的副反应系数称为酸效应系数，用$\alpha[Y(H)]$表示。$\alpha[Y(H)]$表示未参加与金属离子配位的EDTA滴定剂的各种型体总浓度与游离滴定剂$c(Y)$的比值。

$$\alpha[Y(H)]=\frac{c(Y')}{c(Y)} \tag{9-3}$$

式中，$c(Y')$为EDTA的总浓度，即

$$c(Y')=c(H_6Y)+c(H_5Y)+c(H_4Y)+c(H_3Y)+c(H_2Y)+c(HY)+c(Y)$$

可见，溶液的酸度越高，$\alpha[Y(H)]$值越大，有效浓度$c(Y)$越小，则副反应越严重，配位剂的配合能力越弱。因此，酸效应系数是判断EDTA能否滴定某金属离子的主要参数。为应用方便，常将不同pH时EDTA的$\lg\alpha[Y(H)]$值计算出来列表或制成$\lg\alpha[Y(H)]$-pH图备用。表9-5中列有不同pH时EDTA的$\lg\alpha[Y(H)]$值。

由表9-5可知，当溶液的pH>12时，EDTA基本上完全离解为Y^{4-}，此时，$c(Y')=c(Y)$，EDTA的配位能力最强，生成的配合物也最稳定。

配位反应总是在一定酸度条件下进行的，酸效应的存在也有其用途。在混合离子的连续测定中，常常利用控制酸度的方法调节金属离子与EDTA的配合能力，以实现分步滴定。

表9-5 不同pH时EDTA的$\lg\alpha[Y(H)]$值

pH	$\lg\alpha[Y(H)]$	pH	$\lg\alpha[Y(H)]$	pH	$\lg\alpha[Y(H)]$
0.0	23.64	2.8	11.09	8.0	2.27
0.4	21.32	3.0	10.60	8.4	1.87
0.8	19.08	3.4	9.70	8.8	1.48
1.0	18.01	3.8	8.85	9.0	1.28
1.4	16.02	4.0	8.44	9.5	0.83
1.8	14.27	4.4	7.64	10.0	0.45
2.0	13.51	4.8	6.84	11.0	0.07
2.4	12.19	5.0	6.45	12.0	0.00

二、配位效应和配位效应系数

在配位滴定中，溶液中除EDTA与被测金属离子的主反应外，如有另一能与金属离子反应的配位剂L存在，同样会对MY配合物的稳定性产生影响。这种由于其他配位剂的存在使金属离子参加主反应能力降低的现象称为配位效应。由于其他配位剂的存在而引起金属离子的副反应，其副反应系数称为配位效应系数，用$\alpha[M(L)]$表示。配位效应系数是金属离子总浓度$c(M')$与游离金属离子浓度$c(M)$的比值。

$$\alpha[M(L)]=\frac{c(M')}{c(M)}=\frac{c(M)+c(ML)+c(ML_2)+\cdots+c(ML_n)}{c(M)} \tag{9-4}$$

$\alpha[M(L)]$的大小可用来表示金属离子发生副反应的程度。

三、条件稳定常数

条件稳定常数是将各种副反应（如酸效应、配位效应、共存离子效应、羟基化效应等）因素考虑进去后的实际稳定常数。多数情况下，可不考虑MHY或MOHY的形成。若溶液中没有干扰离子（共存离子效应），金属离子不发生羟基化作用时，只考虑M的配位效应和

Y 的酸效应来讨论条件稳定常数。

当溶液具有一定酸度且有其他配位剂存在时，引起的副反应表示如下：

$$\begin{array}{ccc} M & + \ Y & \rightleftharpoons MY \\ \Vert L & \Vert H^+ & \\ ML & HY & \\ \Vert L & \Vert H^+ & \\ ML_2 & H_2Y & \\ \vdots & \vdots & \end{array}$$

由 H^+ 引起的酸效应使 $c(Y)$ 降低，平衡时，溶液中未形成 MY 配合物的 EDTA 的总浓度 $c(Y')$ 为

$$c(Y')=c(H_6Y)+c(H_5Y)+c(H_4Y)+c(H_3Y)+c(H_2Y)+c(HY)+c(Y)$$

同样，由配位剂 L 引起的配位效应使 $c(M)$ 降低，则平衡时，溶液中未形成 MY 配合物的金属离子总浓度 $c(M')$ 为

$$c(M')=c(M)+c(ML)+c(ML_2)+\cdots+c(ML_n)$$

$$K^{\ominus\prime}(MY)=\frac{c'(MY)}{c(M')c(Y')} \tag{9-5}$$

$K^{\ominus\prime}$(MY) 就是该条件下的条件稳定常数。它能反映有副反应存在时主反应进行的程度。

根据酸效应系数和配位效应系数：

$$\alpha[M(L)]=\frac{c(M')}{c(M)} \qquad \alpha[Y(H)]=\frac{c(Y')}{c(Y)}$$

$$K^{\ominus\prime}(MY)=\frac{c'(MY)}{c'(M)\alpha[M(L)]c'(Y)\alpha[Y(H)]}=\frac{K^{\ominus}(MY)}{\alpha[M(L)]\alpha[Y(H)]}$$

若用对数式表示，则为

$$\lg K^{\ominus\prime}(MY)=\lg K^{\ominus}(MY)-\lg\alpha[Y(H)]-\lg\alpha[M(L)] \tag{9-6}$$

这是处理配位平衡的重要公式。

当溶液中只有配位剂 Y 与 H^+ 的副反应时，$\lg\alpha[M(L)]=0$，则条件稳定常数可表示为

$$\lg K^{\ominus\prime}(MY)=\lg K^{\ominus}(MY)-\lg\alpha[Y(H)] \tag{9-7}$$

条件稳定常数的大小，说明配合物 MY 在一定条件下的实际稳定程度。只有在温度一定、pH 不变的条件下，$K^{\ominus\prime}(MY)$ 才是常数。这是由于 $\alpha[Y(H)]$ 随溶液的 pH 不同而变化，所以 $K^{\ominus\prime}(MY)$ 也随 pH 而变化。通常 $\alpha[Y(H)]$ 总是大于 1，$K^{\ominus\prime}(MY)$ 总是小于 $K^{\ominus}(MY)$。这说明酸效应的存在，降低了配合物 MY 的稳定性和主反应进行的完全程度。

配位化合物条件稳定常数在配位滴定中用于计算化学计量点 pM、滴定误差、滴定介质 pH、对单一离子或混合离子滴定可行性的判断。

【例 9-2】 计算 pH=10 和 pH=5 时，CaY 的条件稳定常数。已知 $\lg K^{\ominus}(CaY)=10.7$。

解 查表 9-5 可知，pH=10 时 $\lg\alpha[Y(H)]=0.45$

pH=5 时 $\lg\alpha[Y(H)]=6.45$

pH=10 时，$\lg K^{\ominus\prime}(CaY)=\lg K^{\ominus}(CaY)-\lg\alpha[Y(H)]=10.7-0.45=10.3$

pH=5 时，$\lg K^{\ominus\prime}(CaY)=\lg K^{\ominus}(CaY)-\lg\alpha[Y(H)]=10.7-6.45=4.3$

通过计算可以看出，溶液的酸度越大，pH 越小，配合物的条件稳定常数越小，副反应越严重，配合物的稳定性和主反应的完全程度越低。

第六节　配位滴定的基本原理

在配位滴定中，随着滴定剂的加入，溶液中金属离子的浓度不断减小，在化学计量点附近 $c(M)$ 发生突变，实现了由量变到质变的过程。将配位滴定过程中金属离子的浓度（以 pM 值表示）随滴定剂加入量不同而变化的规律绘制成滴定曲线，根据滴定曲线选择适当的滴定条件，并为选择指示剂提供一个大概的范围。

一、配位滴定曲线

以滴定剂 EDTA 的加入量为横坐标、pM 为纵坐标作图，即可得配位滴定曲线。现以 pH=12 时，用 0.01000mol/L 的 EDTA 标准溶液滴定 20.00mL 0.01000mol/L 的 Ca^{2+} 溶液为例进行讨论。

$$Ca^{2+} + H_2Y^{2-} \longrightarrow CaY^{2-} + 2H^+$$

已知 $\lg K^{\ominus}(CaY)=10.7$，pH=12 时，$\lg\alpha[Y(H)]=0$，此时 EDTA 在溶液中主要以 Y^{4-} 形式存在。此滴定体系可视为无副反应的滴定体系，计算时用绝对稳定常数即可。不同阶段的金属离子浓度要根据溶液的组成进行计算。

1. 滴定前（溶液组成：Ca^{2+}）

$$c(Ca^{2+})=0.01000\text{mol/L} \qquad pCa=2.00$$

2. 滴定开始至化学计量点前（溶液组成：Ca^{2+}、CaY）

溶液中的 Ca^{2+} 来自未被滴定的 Ca^{2+} 和生成的 CaY 离解出来的 Ca^{2+} 两部分组成。由于 $\lg K^{\ominus}(CaY)$ 值较大，且溶液中的 Ca^{2+} 对 CaY 的离解又有抑制作用，因此可忽略 CaY 的离解，近似地用剩余 Ca^{2+} 的浓度代替 $c(Ca^{2+})$。

当加入 19.98mL EDTA 溶液时，即 EDTA 不足 0.1%时：

$$c(Ca^{2+})=0.01000\times\frac{20.00-19.98}{20.00+19.98}=5.00\times10^{-6}\ (\text{mol/L})$$

$$pCa=5.30$$

3. 化学计量点时（溶液组成：CaY）

当加入 20.00mL EDTA 溶液时，Ca^{2+} 与 EDTA 均无过剩，溶液中的 $c(Ca^{2+})$ 由 CaY 的离解计算。

$$c(CaY)=0.01000\times\frac{20.00}{20.00+20.00}=5.00\times10^{-3}\ (\text{mol/L})$$

此时溶液中 $c(Ca^{2+})=c(Y)$。查表得，$\lg K^{\ominus}(CaY)=10.7$，则

$$K^{\ominus}(CaY)=\frac{c(CaY)/c^{\ominus}}{[c(Ca^{2+})/c^{\ominus}][c(Y)/c^{\ominus}]}=\frac{c(CaY)/c^{\ominus}}{[c(Ca^{2+})/c^{\ominus}]^2}=10^{10.7}$$

$$c'(Ca^{2+})=\sqrt{\frac{c'(CaY)}{K^{\ominus}(CaY)}}=\sqrt{\frac{5.00\times10^{-3}}{10^{10.7}}}\doteq3.20\times10^{-7}$$

$$c(Ca^{2+})=3.20\times10^{-7}\text{mol/L}$$

$$pCa=6.49$$

4. 化学计量点后（溶液组成：CaY、Y）

当加入 20.02mL EDTA 溶液，即过量 0.1%时，溶液中 $c(\mathrm{Y})$ 决定于 EDTA 的过量浓度。

$$c(\mathrm{Y})=0.01000\times\frac{20.02-20.00}{20.00+20.02}=5.00\times10^{-6}\ (\mathrm{mol/L})$$

$$K^{\ominus}(\mathrm{CaY})=\frac{c(\mathrm{CaY})/c^{\ominus}}{[c(\mathrm{Ca^{2+}})/c^{\ominus}][c(\mathrm{Y})/c^{\ominus}]}=\frac{5.00\times10^{-3}}{[c(\mathrm{Ca^{2+}})/c^{\ominus}]\times5.00\times10^{-6}}=10^{10.7}$$

$$c'(\mathrm{Ca^{2+}})=10^{-7.7}=2.0\times10^{-8}$$

$$c(\mathrm{Ca^{2+}})=2.00\times10^{-8}\,\mathrm{mol/L}$$

$$\mathrm{pCa}=7.70$$

滴定突跃范围 pCa 为 5.30～7.70，将计算所得数据列于表 9-6，根据表中的数据绘制滴定曲线如图 9-2 所示。

表 9-6　pH＝12 时用 0.01000mol/L 的 EDTA 滴定 20.00mL 0.01000mol/L 的 Ca^{2+} 溶液时 pCa 值的变化

滴入 EDTA 溶液		剩余 Ca^{2+} 溶液	过量 EDTA 溶液	pCa
/mL	/%	/mL	/mL	
0.00	0.0	20.00		2.00
18.00	90.0	2.00		3.30
19.80	99.0	0.20		4.30
19.98	99.9	0.02		5.30
20.00	100.0	0.00		6.49
20.02	100.1		0.02	7.70

二、影响滴定突跃的因素

1. 影响滴定突跃的主要因素

（1）MY 的稳定性用条件稳定常数 $K^{\ominus\prime}(\mathrm{MY})$ 来衡量，在金属离子浓度 $c(\mathrm{M})$ 一定的条件下，配合物的条件稳定常数越大，MY 越稳定，滴定突跃也越大，如图 9-3、图 9-4 所示。

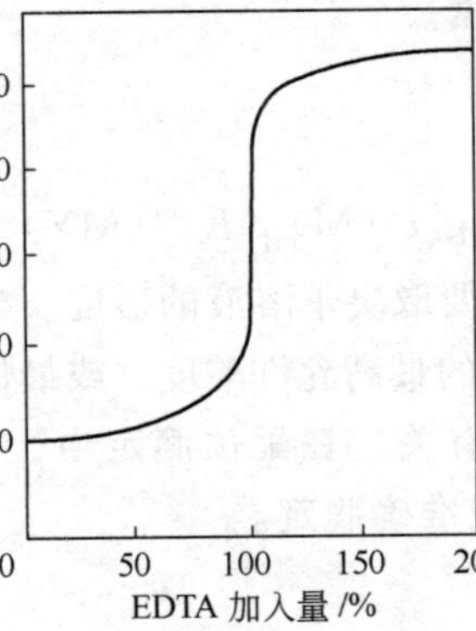

图 9-2　0.01000mol/L 的 EDTA 滴定 0.01000mol/L 的 Ca^{2+} 溶液的滴定曲线

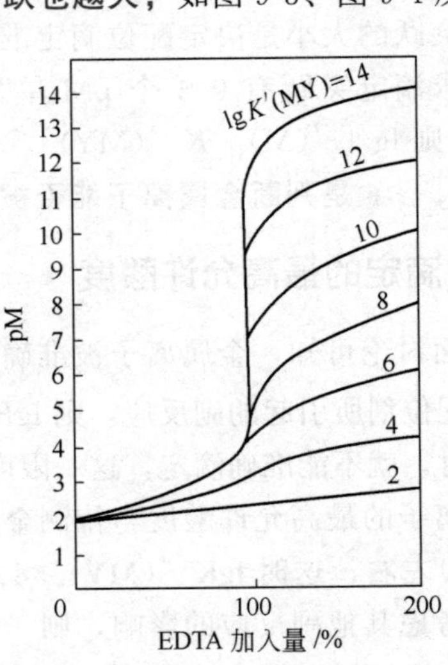

图 9-3　0.01mol/L 的 EDTA 滴定 0.01mol/L 的 M，$\lg K^{\ominus\prime}(\mathrm{MY})$ 不同时的滴定曲线

由式(9-6)

$$\lg K^{\ominus\prime}(MY)=\lg K^{\ominus}(MY)-\lg\alpha[Y(H)]-\lg\alpha[M(L)]$$

可见影响配合物条件稳定常数的因素，首先是配合物的绝对稳定常数，其次是溶液的酸度及其他配位剂的作用等。

对稳定性高的配合物，溶液的 pH 低一些，仍可滴定；而对于稳定性差的配合物，若溶液 pH 低，就不能滴定。由于 EDTA 滴定金属离子会释放出 H^+，使溶液酸度增大，从而造成 $K^{\ominus\prime}(MY)$ 在滴定过程中逐渐减小。因此，在配位滴定中都需使用缓冲溶液，以稳定溶液的 pH。

(2) 在条件稳定常数 $K^{\ominus\prime}(MY)$ 一定的条件下，金属离子浓度越大，滴定突跃越大；反之，滴定突跃就越小。见图 9-5。

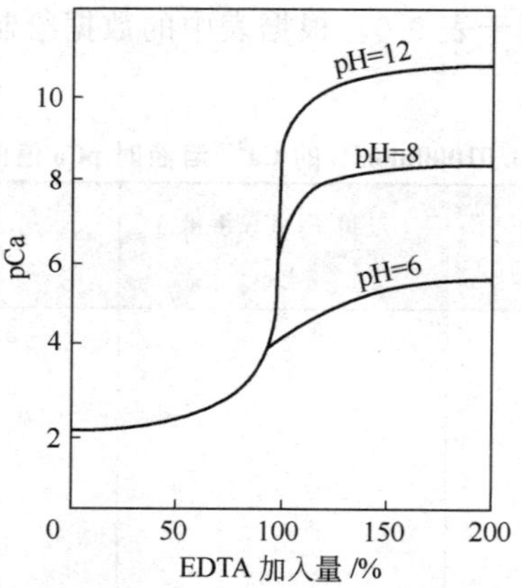

图 9-4 不同 pH 时 0.01mol/L 的 EDTA 滴定 0.01mol/L 的 Ca^{2+} 溶液的滴定曲线

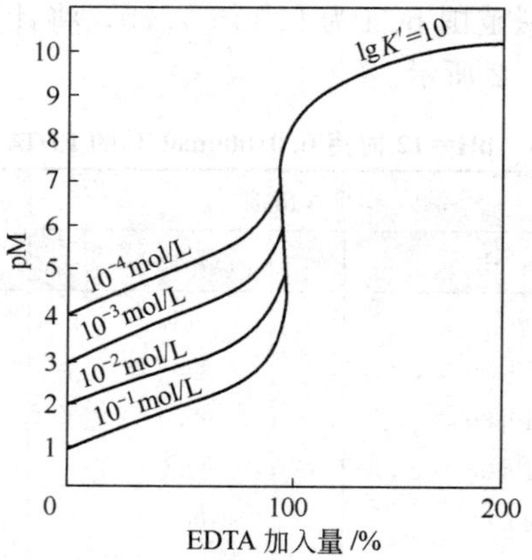

图 9-5 不同浓度 EDTA 与 M 配位的滴定曲线

综上所述，$\lg c'(M)K^{\ominus\prime}(MY)$ 越大，滴定反应进行得越完全，滴定突跃越大，否则相反。

2. 金属离子能被准确滴定的判据

滴定突跃的大小是决定配位滴定准确度的重要依据。在配位滴定中，采用指示剂目测终点时，要求滴定突跃有 0.4 个 pM 单位的变化。根据滴定突跃的要求，若终点误差低于 ±0.1%，则 $\lg[c'(M)_{计} K^{\ominus\prime}(MY)]\geqslant 6$，金属离子就能够被准确滴定。因此，**$\lg[c'(M)_{计} K^{\ominus\prime}(MY)]\geqslant 6$ 是判断金属离子能否被准确滴定的判据。**

三、配位滴定的最高允许酸度

由上面讨论可知，金属离子被准确滴定的条件是 $\lg[c'(M)_{计} K^{\ominus\prime}(MY)]\geqslant 6$。如果不考虑其他配位剂所引起的副反应，则 $\lg K^{\ominus\prime}(MY)$ 值主要取决于溶液的酸度。当溶液酸度高于某一限度时，就不能准确滴定，这一限度就是配位滴定的最高允许酸度（或最低允许 pH）。

金属离子的最高允许酸度与待测金属离子的浓度有关。在配位滴定中，**一般 $c(M)_{计}=0.01mol/L$ 左右，这时 $\lg K^{\ominus\prime}(MY)\geqslant 8$，金属离子可被准确滴定。**

若不考虑其他副反应的影响，则

$$\lg K^{\ominus\prime}(MY)=\lg K^{\ominus}(MY)-\lg\alpha[Y(H)]$$

$$\lg\alpha[Y(H)]=\lg K^{\ominus}(MY)-8 \tag{9-8}$$

按式(9-8) 计算出 $\lg\alpha[Y(H)]$，它所对应的酸度就是滴定该金属离子的最高允许酸度。

【例 9-3】 求用 0.02mol/L 的 EDTA 滴定 0.02mol/L 的 Zn^{2+} 溶液的最高允许酸度。

解 查表得 $\lg K^{\ominus}(ZnY)=16.50$

化学计量点时 $c(Zn^{2+})_{计}=\frac{0.02}{2}=0.01(mol/L)$

$$\lg\alpha[Y(H)]=\lg K^{\ominus}(ZnY)-8$$
$$=16.50-8=8.50$$

查表 9-5 得 $pH=3.89$

即滴定 Zn^{2+} 时的最低 pH 为 4 左右。

用上述方法可计算出滴定各种金属离子时的最低 pH，见表 9-7。

表 9-7 部分金属离子被 EDTA 滴定时的最低 pH

金属离子	$\lg K^{\ominus}(MY)$	最低 pH	金属离子	$\lg K^{\ominus}(MY)$	最低 pH
Mg^{2+}	8.70	约 9.7	Pb^{2+}	18.04	约 3.2
Ca^{2+}	10.96	约 7.5	Ni^{2+}	18.62	约 3.0
Mn^{2+}	13.87	约 5.2	Cu^{2+}	18.80	约 2.9
Fe^{2+}	14.32	约 5.0	Hg^{2+}	21.80	约 1.9
Al^{3+}	16.30	约 4.2	Sn^{2+}	22.11	约 1.7
Co^{2+}	16.31	约 4.0	Cr^{3+}	23.40	约 1.4
Cd^{2+}	16.46	约 3.9	Fe^{3+}	25.10	约 1.0
Zn^{2+}	16.50	约 3.9	ZrO^{2+}	29.50	约 0.4

若以金属离子 $K^{\ominus}(MY)$ 的对数值为横坐标，pH 为纵坐标，绘制 pH-$\lg\alpha[Y(H)]$ 曲线，此曲线称为酸效应曲线，如图 9-6 所示。

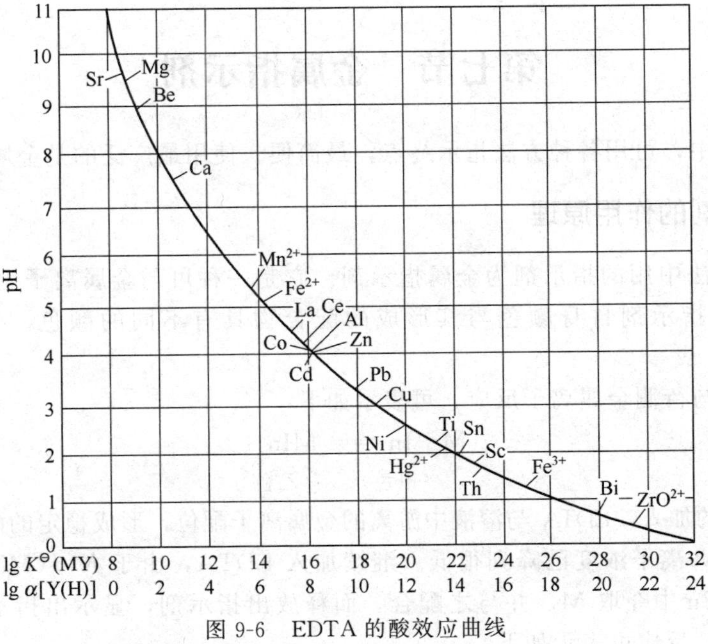

图 9-6 EDTA 的酸效应曲线

酸效应曲线的应用有以下几点。

1. 选择滴定金属离子的酸度条件

从图 9-6 曲线上找出被测金属离子的位置，由此作水平线，所得 pH 就是滴定单一金属离子的最低允许 pH，如果小于该 pH，就不能配位或配位不完全，滴定就不能定量进行。例如，滴定 Fe^{3+} 时，pH 必须大于 1；滴定 Zn^{2+} 时，pH 必须大于 4。如果曲线上没有直接标明被测的金属离子，可由被测离子的 $\lg K^{\ominus}(MY)$ 处作垂线，由曲线的交点作水平线，所得的 pH 即为被测离子的最低允许 pH。

2. 判断干扰情况

一般酸效应曲线上被测金属离子以下的离子都干扰测定。例如，在 pH＝4 时滴定 Zn^{2+}，若溶液中存在 Pb^{2+}、Cu^{2+}、Ni^{2+}、Fe^{3+} 等，都能与 EDTA 配位而干扰 Zn^{2+} 的测定。位于 Zn^{2+} 上面的金属离子是否干扰，这要看它们与 EDTA 形成的配合物的稳定常数相差多少及所选的酸度是否适应而确定。经验表明，当 M 和 N 两种离子浓度相近时，$\lg K^{\ominus}(MY)-\lg K^{\ominus}(NY)\geqslant 5$，就可连续滴定两种离子而互不干扰。在横坐标上，从 $\lg K^{\ominus}(NY)+5$ 处作垂线，与曲线相交于一点，再从这点作水平线，所得的 pH 就是滴定 M 的最低酸度（即最高 pH）。如低于此酸度，N 开始干扰。

3. 控制酸度进行连续测定

在滴定 M 后，如欲连续滴定 N 离子，可从 N 离子的位置作水平线，所得的 pH 就是滴定 N 离子的最高允许酸度。例如，溶液中含有 Bi^{3+}、Zn^{2+}，可在 pH＝1.0 时滴定 Bi^{3+}，然后调 pH＝5.0～6.0 时滴定 Zn^{2+}。

4. 兼作 pH-lgα［Y(H)］表用

图 9-6 中横坐标第二行是用 $\lg\alpha[Y(H)]$ 表示的，它与 $\lg K^{\ominus}(MY)$ 之间相差 8 个单位，可代替表 9-5 使用。

应注意，滴定时实际上所使用的 pH 要比允许的最低 pH 适当高一些，这样可以保证被滴定的金属离子配位更完全。

第七节　金属指示剂

在配位滴定中，可用各种方法指示终点，最简便、使用最广泛的是金属指示剂。

一、金属指示剂的作用原理

EDTA 滴定法中用的指示剂为金属指示剂。它是一种可与金属离子生成配合物的有机染料。利用金属指示剂自身颜色与其形成的配合物具有不同的颜色，来指示配位滴定终点。

金属指示剂与待测金属离子反应，可表示如下：

$$\underset{(甲色)}{M+In} \rightleftharpoons \underset{(乙色)}{MIn}$$

随着滴定剂的加入，EDTA 与溶液中游离的金属离子配位，形成稳定的配合物 M-EDTA。在临近终点时，M 离子浓度已降到很低。继续加入 EDTA，由于 $K^{\ominus\prime}(MY)>K^{\ominus\prime}(MIn)$，EDTA 就会从 MIn 中夺取 M，并与之配合，而释放出指示剂，显示出指示剂自身的颜色，指示终点的到达。反应可表示如下：

$$\underset{(乙色)}{MIn}+Y \rightleftharpoons MY+\underset{(甲色)}{In}$$

从配位滴定曲线的讨论可知，在化学计量点附近被滴定金属离子的pM发生突跃。因而要求指示剂变色的pM应在突跃范围内，其pM可由配合物MIn的稳定常数求得。MIn在溶液中有如下离解平衡：

$$M+In \rightleftharpoons MIn$$

其条件稳定常数为

$$K^{\ominus\prime}(MIn)=\frac{c'(MIn)}{c'(M)c'(In)}$$

$$\lg K^{\ominus\prime}(MIn)=pM+\lg\frac{c'(MIn)}{c'(In)}$$

指示剂的变色点时，$c(MIn)=c(In)$，此时

$$\lg K^{\ominus\prime}(MIn)=pM$$

即指示剂变色点的pM等于其配合物的$\lg K^{\ominus\prime}(MIn)$。

金属指示剂一般为有机弱酸，它与金属离子所形成配合物的稳定常数$K^{\ominus}$(MIn)随溶液酸度的变化而变化。在选择指示剂时，必须要考虑体系的酸度，使指示剂变色点的pM与化学计量点的pM一致，或在化学计量点附近的pM突跃范围内。现以铬黑T为例加以说明。

铬黑T属偶氮染料，简称EBT，化学名称是1-(1-羟基-2-萘偶氮基)-6-硝基-2-萘酚-4-磺酸钠。其结构式及与金属离子形成配合物的结构如下：

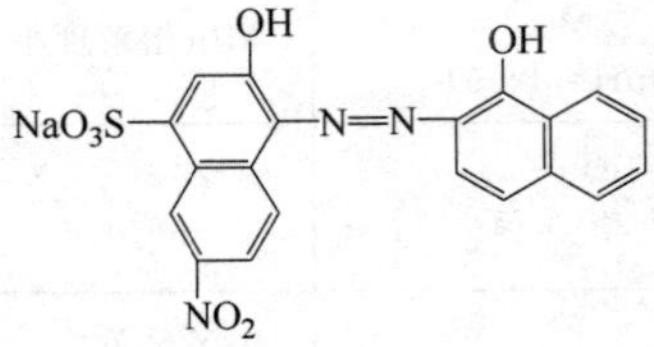

EBT

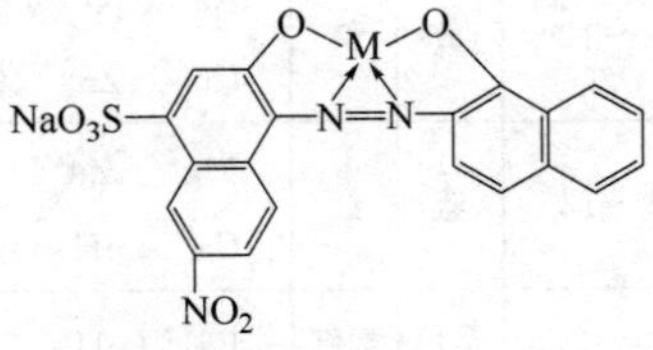

M-EBT

铬黑T溶于水时，磺酸基上的Na^+全部离解。铬黑T为二元弱酸，以H_2In^-表示，在水溶液中有如下平衡：

$$\underset{\substack{pH<6.3\\(紫红色)}}{H_2In^-}\ \underset{H^+}{\overset{pK_{a1}^{\ominus}=6.3}{\rightleftharpoons}}\ \underset{\substack{pH=6.3\sim11.6\\(蓝色)}}{HIn^{2-}}\ \underset{H^+}{\overset{pK_{a2}^{\ominus}=11.6}{\rightleftharpoons}}\ \underset{\substack{pH>11.6\\(橙色)}}{In^{3-}}$$

铬黑T与二价金属离子所形成的配合物都显红色。由于指示剂在pH<6.3和pH>11.6的溶液中呈现的颜色与MY颜色接近，滴定终点时颜色变化不明显，所以使用铬黑T作指示剂的最适宜的酸度为pH=9～11。在pH=10的缓冲溶液中用EDTA可直接滴定Mg^{2+}、Zn^{2+}、Cd^{2+}、Pb^{2+}和Hg^{2+}等离子，终点由红色变为纯蓝色。对滴定Ca^{2+}不够灵敏，但在有Mg^{2+}存在时可改善滴定终点。

滴定时，在二价金属离子M^{2+}溶液中加入铬黑T，溶液呈现MIn的红色。

$$M^{2+}+\underset{(蓝色)}{HIn^{2-}} \rightleftharpoons \underset{(红色)}{MIn^-}+H^+$$

终点时：

$$\underset{(红色)}{MIn^-}+H_2Y^{2-} \longrightarrow MY^{2-}+\underset{(蓝色)}{HIn^{2-}}+H^+$$

二、常用金属指示剂

由于金属指示剂与金属离子所形成配合物的有关常数不齐全，所以多数都采取实验的方法来选择指示剂。即先试验滴定终点时颜色变化是否敏锐，再检查滴定结果是否准确，这样就可以确定该指示剂是否符合要求。常用金属指示剂及其应用范围列于表 9-8。

表 9-8 常用金属指示剂及其应用范围

指示剂	使用 pH 范围	颜色变化		直接滴定的离子	备注
		In	MIn		
铬黑 T(EBT)	8～10	蓝	红	Mg^{2+}、Zn^{2+}、Cd^{2+}、Pb^{2+}、Hg^{2+}、稀土(pH=10)	Fe^{3+}、Al^{3+}、Cu^{2+}、Ni^{2+} 等离子封闭 EBT
钙指示剂(NN)	12～13	蓝	红	Ca^{2+}(pH=12～13)	Fe^{3+}、Al^{3+}、Ti^{3+}、Cu^{2+}、Co^{2+}、Ni^{2+}等离子封闭 NN
二甲酚橙(XO)	<6	黄	红紫	ZrO^{2+}(pH<1) Bi^{3+}(pH=1～2) Th^{4+}(pH=2.5～3.5) Pb^{2+}、Zn^{2+}、Cd^{2+}、Hg^{2+}、Tl^{3+}、稀土(pH=5～6)	Fe^{2+}、Al^{3+}、Ni^{2+}、Ti^{4+} 等离子封闭 XO
PAN	2～12	黄	红	Bi^{3+}、Th^{4+}(pH=2～3) Cu^{2+}、Zn^{2+}、Cd^{2+}、Pb^{2+}(pH=4～5)	MIn 溶解度小
酸性铬蓝 K	8～13	蓝	红	Mg^{2+}、Zn^{2+}、Mn^{2+}(pH=10) Ca^{2+}(pH=13)	
磺基水杨酸	1.5～2.5	无色	紫红	Fe^{3+}(pH=1.5～2.5)	FeY 呈黄色

第八节 提高配位滴定选择性的方法

在分析工作中，遇到的实际样品的组成大多是比较复杂的，其分析试液多数是几种金属离子共存的。由于 EDTA 具有相当强的配位能力，能与多种金属离子作用，而得到了广泛应用。同时也带来了多种金属离子共存时进行滴定，互相干扰的问题。如何消除干扰，便成为配位滴定中要解决的重要问题。提高配位滴定选择性，就是要设法消除共存离子（N）的干扰，以便准确地滴定待测金属离子（M）。

一、混合离子准确滴定的条件

由前面讨论可知，在配位滴定中，一种金属离子被准确滴定，必须满足 $\lg[c'(M)K^{\ominus\prime}(MY)]\geqslant 6$ 的条件，其误差≤±0.1%。当溶液中有两种以上的金属离子共存时，是否存在干扰与两者的 $K^{\ominus\prime}$ 值和浓度 c 有关。一般情况下，若使 N 不干扰 M 的测定，则要求：

$$\frac{c'(M)K^{\ominus\prime}(MY)}{c'(N)K^{\ominus\prime}(NY)}\geqslant 10^5$$

或

$$\lg[c'(M)K^{\ominus\prime}(MY)]-\lg[c'(N)K^{\ominus\prime}(NY)]\geqslant 5 \qquad (9\text{-}9)$$

因此，在离子M与N的混合溶液中，要准确滴定M，又要求N不干扰，必须同时满足下列两个条件：

$$\lg[c'(\mathrm{M})K^{\ominus\prime}(\mathrm{MY})]\geqslant 6$$

$$\lg[c'(\mathrm{N})K^{\ominus\prime}(\mathrm{NY})]\leqslant 1$$

由此可知，提高配位滴定选择性的途径主要是降低干扰离子N的浓度或降低NY的稳定性。

二、消除干扰的主要途径

1. 控制溶液的酸度

若溶液中有M与N两种离子，通过控制溶液的酸度可使M的 $\lg[c'(\mathrm{M})K^{\ominus\prime}(\mathrm{MY})]\geqslant 6$，N的 $\lg[c'(\mathrm{N})K^{\ominus\prime}(\mathrm{NY})]\leqslant 1$，这样就可以准确滴定M，而不受N的干扰，或进行M和N的连续滴定。

在连续滴定M与N过程中，可根据

$$\lg\alpha[\mathrm{Y(H)}]=\lg K^{\ominus}(\mathrm{MY})-8$$

计算出准确滴定M的最高允许酸度（最低允许pH）。将上式代入 $\lg K^{\ominus}(\mathrm{MY})-\lg K^{\ominus}(\mathrm{NY})\geqslant 5$ 中得

$$\lg\alpha[\mathrm{Y(H)}]\geqslant \lg K^{\ominus}(\mathrm{NY})-3$$

可以计算出滴定M的最低允许酸度（最高允许pH）。也可以利用酸效应曲线，找出滴定M时的最高允许酸度及N存在下滴定M的最低允许酸度，从而确定滴定M的pH范围。

【例 9-4】 溶液中同时存在 Bi^{3+}、Pb^{2+}，当 $c(Bi^{3+})=c(Pb^{2+})=0.01\mathrm{mol/L}$ 时，已知 $\lg K^{\ominus}(\mathrm{PbY})=18.04$，要选择滴定 Bi^{3+} 而 Pb^{2+} 不干扰，问溶液的酸度应控制在什么范围？

解 从图9-6酸效应曲线图查得滴定 Bi^{3+} 的允许最高酸度的pH为0.7，若要使 Pb^{2+} 完全不与EDTA反应，其条件是 $\lg[c'(\mathrm{Pb^{2+}})K^{\ominus\prime}(\mathrm{PbY})]\leqslant 1$，即 $\lg K^{\ominus\prime}(\mathrm{PbY})\leqslant 3$。

又 $\lg K^{\ominus\prime}(\mathrm{PbY})=\lg K^{\ominus}(\mathrm{PbY})-\lg\alpha[\mathrm{Y(H)}]$

$$\lg K^{\ominus}(\mathrm{PbY})-\lg\alpha[\mathrm{Y(H)}]\leqslant 3$$

$$\lg\alpha[\mathrm{Y(H)}]\geqslant \lg K^{\ominus}(\mathrm{PbY})-3$$

$$\lg\alpha[\mathrm{Y(H)}]\geqslant 18.04-3=15.04$$

查图9-6酸效应曲线，当 $\lg\alpha[\mathrm{Y(H)}]=15.04$ 时，pH=1.6。即在pH<1.6时，Pb^{2+} 不与EDTA配位。所以在 Pb^{2+} 存在下滴定 Bi^{3+} 的酸度范围为pH=0.7～1.6。实际测定中，溶液的酸度控制在pH=1。

2. 使用掩蔽剂

若被测金属离子和干扰离子与EDTA形成配合物的稳定常数相差不多，$\Delta\lg(c'K')<5$，就不能用控制酸度的方法准确滴定。此时可利用掩蔽剂来降低干扰离子的浓度以消除干扰。

这种利用化学反应不经分离消除干扰的方法称为掩蔽。实质上是加入一种试剂，使干扰离子失去正常的性质，使其以另一种形式存在于体系中，从而降低了该体系中干扰物质的浓度。常用的掩蔽方法有配位掩蔽法、沉淀掩蔽法和氧化还原掩蔽法。

（1）配位掩蔽法　配位掩蔽法是利用干扰离子与掩蔽剂生成更为稳定的配合物。此法在

配位滴定中应用很广泛。例如，测定水中的 Ca^{2+}、Mg^{2+} 含量时，Fe^{3+}、Al^{3+} 对测定有干扰。若先加入三乙醇胺与 Fe^{3+}、Al^{3+} 生成更稳定的配合物，就可在 pH＝10 时直接测定水的总硬度。

（2）沉淀掩蔽法　沉淀掩蔽法是利用干扰离子与掩蔽剂形成沉淀，以降低干扰离子的浓度，消除干扰。例如，用 EDTA 配位滴定法测定水中的钙硬度时，可加入 NaOH 溶液，使 pH＞12，则 Mg^{2+} 生成 $Mg(OH)_2$ 沉淀，而不干扰 EDTA 滴定 Ca^{2+}。

（3）氧化还原掩蔽法　氧化还原掩蔽法是利用氧化还原反应改变干扰离子价态以消除干扰。例如，测定 Bi^{3+}、Fe^{3+} 混合溶液中的 Bi^{3+} 含量。由于 $\lg K^{\ominus}(BiY^{-})=27.94$，$\lg K^{\ominus}(FeY^{-})=25.1$，其两者的稳定常数相差很小，因此，$Fe^{3+}$ 干扰 Bi^{3+} 的测定。若在溶液中加入抗坏血酸或盐酸羟胺，将 Fe^{3+} 还原为 Fe^{2+}，由于 $\lg K^{\ominus}(FeY^{2-})$ 比 $\lg K^{\ominus}(FeY^{-})$ 要小得多 [$\lg K^{\ominus}(FeY^{2-})=14.3$，$\lg K^{\ominus}(FeY^{-})=25.1$]，所以能消除干扰。配位滴定中常用的配位掩蔽剂及沉淀掩蔽剂分别列于表 9-9 及表 9-10 中。

表 9-9　常用的配位掩蔽剂

掩蔽剂	pH 范围	被掩蔽的离子	备　注
KCN	＞8	Cu^{2+}、Ni^{2+}、Co^{2+}、Zn^{2+}、Hg^{2+}、Cd^{2+}、Ag^{+}	
NH_4F	4～6	Al^{3+}、Ti(Ⅳ)、Sn^{4+}、Zr^{4+}、W(Ⅳ)	
	10	Al^{3+}、Mg^{2+}、Ca^{2+}、Sr^{2+}、Ba^{2+}	
三乙醇胺	10	Al^{3+}、Sn^{4+}、Ti(Ⅳ)、Fe^{3+}	与 KCN 并用，可提高掩蔽效果
	11～12	Fe^{3+}、Al^{3+}、少量 Mn^{2+}	
二巯基丙醇	10	Hg^{2+}、Cd^{2+}、Zn^{2+}、Pb^{2+}、Bi^{3+}、Ag^{+}、As^{3+}、Sn^{4+} 及少量 Cu^{2+}、Co^{2+}、Ni^{2+}、Fe^{3+}	
铜试剂(DDTC)	10	与 Cu^{2+}、Hg^{2+}、Pb^{2+}、Cd^{2+} 生成沉淀	
邻二氮菲	5～6	Cu^{2+}、Ni^{2+}、Co^{2+}、Zn^{2+}、Cd^{2+}、Hg^{2+}、Mn^{2+}	
硫脲	5～6	Cu^{2+}、Hg^{2+}、Tl^{+}	
酒石酸	1.5～2	Sb^{3+}、Sn^{4+}	
	5.5	Fe^{3+}、Al^{3+}、Sn^{4+}、Ca^{2+}	在抗坏血酸存在下
	6～7.5	Fe^{3+}、Al^{3+}、Mg^{2+}、Cu^{2+}、Mo^{4+}	
	10	Al^{3+}、Sn^{4+}、Fe^{3+}	
乙酰丙酮	5～6	Fe^{3+}、Al^{3+}、Be^{2+}	

当利用控制酸度进行分步滴定或掩蔽干扰离子都有困难时，可采用分离的方法或选用其他的滴定剂。

表 9-10　常用的沉淀掩蔽剂

掩蔽剂	被掩蔽离子	被滴定离子	pH 范围	指示剂
NH_4F	Ca^{2+}、Sr^{2+}、Ba^{2+}、Mg^{2+}、Ti^{4+}、稀土	Zn^{2+}、Cd^{2+}、Mn^{2+}（在还原剂存在下）	10	铬黑 T
		Cu^{2+}、Ni^{2+}、Co^{2+}	10	紫脲酸铵
K_2CrO_4	Ba^{2+}	Sr^{2+}	10	Mg-EDTA＋铬黑 T

续表

掩蔽剂	被掩蔽离子	被滴定离子	pH 范围	指示剂
Na_2S 或铜试剂	微量重金属	Ca^{2+}、Mg^{2+}	10	铬黑 T
H_2SO_4	Pb^{2+}	Bi^{3+}	1	二甲酚橙
$K_4[Fe(CN)_6]$	微量	Pb^{2+}	5～6	二甲酚橙
KI	Cu^{2+}	Zn^{2+}	5～6	PAN

第九节　配位滴定方式及应用

在配位滴定中，采用不同的滴定方式，可以扩大配位滴定应用范围，并能提高配位滴定的选择性。现结合具体应用阐述如下。

一、直接滴定法

金属离子与 EDTA 的配位反应如能满足滴定分析对反应的要求并有合适的指示剂，就可以用 EDTA 标准溶液直接进行滴定。这种方法是将待测组分的溶液调节至所需要的酸度，加入必要的辅助试剂和指示剂，用 EDTA 标准溶液滴定。然后根据标准溶液的浓度和所消耗的体积，计算试液中待测组分的含量。直接滴定法操作简单，准确度较高。

应用实例

水的硬度的测定

水的硬度是指水中除碱金属外的全部金属离子浓度的总和。由于 Ca^{2+} 和 Mg^{2+} 含量远比其他金属离子含量高，所以水的硬度通常以 Ca^{2+}、Mg^{2+} 的含量表示。Ca^{2+}、Mg^{2+} 主要以碳酸氢盐、硫酸盐、氯化物等形式存在，含有这类盐的水称为硬水。

水的硬度对工业及生活用水影响很大，如使锅炉产生锅垢，使印染中的织物变脆，洗衣时多消耗肥皂等。所以水的硬度是衡量生活用水和工业用水水质的一项重要指标，测定水的硬度具有很重要的实际意义。

按我国《生活饮用水卫生标准》（GB 5479—2006）的规定，总硬度（以碳酸钙计）不得超过 450mg/L。各种工业用水是根据工艺过程对硬度的要求而定。

水的硬度是把 Ca^{2+}、Mg^{2+} 总量折合成 $CaCO_3$ 或 CaO 的量来表示。目前有两种表示方法，一种是以每升水中含 $CaCO_3$（或 CaO）的质量来表示，单位是 mg/L；另一种是用"度"来表示，即每升水中含有 10mg CaO 为 1°（1 度）。

水的硬度可分为：钙盐含量表示水的钙硬度，镁盐含量表示水的镁硬度，Ca^{2+}、Mg^{2+} 总量表示水的总硬度。

1. 总硬度测定

利用氨缓冲溶液控制水样 pH＝10，以铬黑 T 作指示剂，由于 $K^{\ominus}(MgIn) > K^{\ominus}(CaIn)$，这时水中的 Mg^{2+} 与铬黑 T 指示剂生成红色配合物。反应式为

$$Mg^{2+} + HIn^{2-} \longrightarrow MgIn^{-} + H^{+}$$

用 EDTA 标准溶液滴定时，由于 $K^{\ominus}(CaY) > K^{\ominus}(MgY)$，因此 EDTA 先与水中的 Ca^{2+} 配位，再与 Mg^{2+} 配位。反应式为

$$Ca^{2+} + H_2Y^{2-} \longrightarrow CaY^{2-} + 2H^{+}$$

$$Mg^{2+} + H_2Y^{2-} \longrightarrow MgY^{2-} + 2H^+$$

到达化学计量点时，由于 $K^{\ominus}(MgY) > K^{\ominus}(MIn)$，EDTA 夺取 $MgIn^-$ 中的 Mg^{2+}，使指示剂游离出来而显纯蓝色。

$$\underset{(红色)}{MgIn^-} + H_2Y^{2-} \longrightarrow MgY^{2-} + \underset{(蓝色)}{HIn^{2-}} + H^+$$

根据 EDTA 的用量计算水的总硬度为

$$总硬度(mg/L) = \frac{c(EDTA)V(EDTA)M(CaCO_3)}{V_{水}} \times 1000$$

$$总硬度(度) = \frac{c(EDTA)V(EDTA)M(CaO)}{V_{水} \times 10} \times 1000$$

式中 $c(EDTA)$——EDTA 标准溶液的浓度（基本单元以 Na_2H_2Y 计），mol/L；

$V(EDTA)$——测总硬度时消耗的 EDTA 体积，L；

$V_{水}$——测定时水样体积，L；

$M(CaCO_3)$——$CaCO_3$ 的摩尔质量，g/mol；

$M(CaO)$——CaO 的摩尔质量，g/mol。

水样中含有 Fe^{3+}、Cu^{2+} 时，对铬黑 T 有封闭作用，可加入 Na_2S 使 Cu^{2+} 成为 CuS 沉淀；在碱性溶液中加入三乙醇胺掩蔽 Fe^{3+}、Al^{3+}。Mn^{2+} 存在时，在碱性条件下可被空气氧化成 Mn(Ⅳ)，它能将铬黑 T 氧化褪色，可在水样中加入盐酸羟胺以防止指示剂被氧化。

2. 钙硬度测定

用 NaOH 调节水样 pH＝12，Mg^{2+} 形成 $Mg(OH)_2$ 沉淀，以钙指示剂确定终点，用 EDTA 标准溶液滴定，终点时溶液由红色变为蓝色。其各步反应为

$$Ca^{2+} + HIn^{2-} \longrightarrow CaIn^- + H^+$$

$$Ca^{2+} + H_2Y^{2-} \longrightarrow CaY^{2-} + 2H^+$$

$$\underset{(红色)}{CaIn^-} + H_2Y^{2-} \longrightarrow CaY^{2-} + \underset{(蓝色)}{HIn^{2-}} + H^+$$

水样中含有 $Ca(HCO_3)_2$，当加碱调节 pH＝12 时，$Ca(HCO_3)_2$ 形成 $CaCO_3$ 而使测定结果偏低，应先加入 HCl 酸化并煮沸使 $Ca(HCO_3)_2$ 完全分解。

$$Ca(HCO_3)_2 + 2NaOH \longrightarrow CaCO_3 \downarrow + Na_2CO_3 + 2H_2O$$

$$Ca(HCO_3)_2 + 2HCl \longrightarrow CaCl_2 + 2H_2O + 2CO_2 \uparrow$$

以 NaOH 调节溶液酸度时，用量不宜过多，否则一部分 Ca^{2+} 被 $Mg(OH)_2$ 吸附，致使钙硬度测定结果偏低。

3. 镁硬度

由总硬度减去钙硬度，即为镁硬度。

直接滴定法可用于 pH＝2～3 时，滴定 Fe^{3+}、Bi^{3+}、Ti^{4+}、Hg^{2+}；pH＝10 时，滴定 Mg^{2+}、Co^{2+}、Ni^{2+}、Zn^{2+}、Ca^{2+} 等。配位滴定法可直接滴定约 40 种以上金属离子。

二、返滴定法

如果被测金属离子与 EDTA 的反应速率太慢；在滴定条件下被测离子发生副反应；采用直接滴定法缺乏符合要求的指示剂；待测离子对指示剂有封闭作用等情况下，通常采用返滴定法进行测定。

返滴定法是在试液中先加入一定量过量已知准确浓度的 EDTA 标准溶液，待与金属离子完全反应后，再用另一种金属离子标准溶液滴定剩余的 EDTA，根据两种标准溶液的浓度和用量，即可求得待测物质的含量。

【例 9-5】 测定铝盐中铝含量时，称取试样 0.2500g，溶解后加入 0.05000mol/L 的 EDTA 溶液 25.00mL，煮沸后调节溶液的 pH 为 5～6，加入二甲酚橙指示剂，用 0.02000mol/L 的 $Zn(Ac)_2$ 溶液回滴至红色，消耗 $Zn(Ac)_2$ 溶液 21.50mL，求铝的含量。已知 $M(Al)=26.98g/mol$。

解 此例是返滴定法。根据反应式，可得

$$w(Al)=\frac{[c(EDTA)V(EDTA)-c(Zn^{2+})V(Zn^{2+})]M(Al)}{m}\times 100\%$$

$$=\frac{(0.05000\times 25.00-0.02000\times 21.50)\times 10^{-3}\times 26.98}{0.2500}\times 100\%$$

$$=8.85\%$$

三、置换滴定法

利用置换反应从配合物中置换出等物质的量的另一种金属离子或 EDTA，然后用标准溶液进行滴定，这就是置换滴定法。置换滴定法的方式灵活多样，不仅能扩大配位滴定的应用范围，同时还可以提高配位滴定的选择性。

1. 置换出金属离子

当待测离子 M 与 EDTA 反应不完全，或形成的配合物不稳定时，可使 M 置换出另一配合物 NL 中的 N，再用 EDTA 滴定 N，从而求得 M 的含量。

$$M+NL \longrightarrow ML+N$$

例如，Ag^+ 与 EDTA 生成的配合物不稳定，不能用 EDTA 直接滴定。若将 Ag^+ 加入到 $[Ni(CN)_4]^{2-}$ 溶液中，则

$$2Ag^+ +[Ni(CN)_4]^{2-} \longrightarrow 2[Ag(CN)_2]^- +Ni^{2+}$$

在 pH=10 的氨性溶液中，以紫脲酸胺作指示剂，用 EDTA 滴定置换出来的 Ni^{2+}，即可求得 Ag^+ 的含量。

2. 置换出 EDTA

将待测离子 M 与干扰离子全部用 EDTA 配位，加入选择性高的配位剂 L 以夺取 M，并放出 EDTA。

$$MY+L \longrightarrow ML+Y$$

再用另一标准溶液滴定释放出来的 EDTA，可测出 M 的含量。

例如测定锡青铜中的 Sn 时，可于试液中加入过量的 EDTA，将可能存在的 Pb^{2+}、Zn^{2+}、Cd^{2+}、Bi^{3+} 等与 Sn^{4+} 一起配位，再用 Zn^{2+} 标准溶液滴定剩余的 EDTA。然后加入 NH_4F，选择性地将 SnY 中的 EDTA 释放出来。最后用 Zn^{2+} 标准溶液滴定释放出来的 EDTA，从而求得 Sn^{4+} 的含量。

利用置换滴定的原理，还可以改善指示剂检测滴定终点的敏锐性。例如，铬黑 T 与 Mg^{2+} 显色很灵敏，但与 Ca^{2+} 显色的灵敏度较差。为此，在 pH=10 的溶液中用 EDTA 滴定 Ca^{2+} 时，常于溶液中先加入少量 MgY，此时发生如下置换反应：

$$MgY + Ca^{2+} \longrightarrow CaY + Mg^{2+}$$

置换出的 Mg^{2+} 与铬黑 T 显很深的红色。滴定时 EDTA 先与 Ca^{2+} 配位，当此配位反应完成后，EDTA 再夺取 Mg-铬黑 T 配合物中的 Mg^{2+}，形成 MgY，指示剂游离出来显蓝色即为终点。滴定前加入的 MgY 和最后生成的 MgY 的量是相等的，因此不影响滴定结果。

四、间接滴定法

有些金属离子（如 Li^+、Na^+、K^+ 等）和非金属离子（如 SO_4^{2-}、PO_4^{3-} 等）不能和 EDTA 配位，或与 EDTA 生成的配合物不稳定，不便于配位滴定，这时可采用间接滴定法。

例如 Na^+ 的测定，是将 Na^+ 沉淀为醋酸铀酰钠[$NaAc \cdot Zn(Ac)_2 \cdot 3UO_2(Ac)_2 \cdot 9H_2O$]分离沉淀，洗净并将它溶解。然后用 EDTA 标准溶液滴定 Zn^{2+}，从而求得试样中 Na^+ 的含量。

间接滴定法手续较繁，引入误差的机会也较多，不是一种理想的方法。

第十节　配位化合物的一些应用

由于配位化学的迅速发展，现已成为一门独立的学科。配位化学无论在基础理论研究方面还是在实际应用方面都具有十分重要的意义，其应用范围极其广泛。下面作一简单介绍。

一、在生物、医药方面的应用

人体中的血红蛋白与氧经配合反应而生成 O_2Hb，它也能和 CO 配合而生成 COHb，后者的配合能力很强，稳定性高，为 O_2 的 230～270 倍。血红蛋白是生物体在呼吸过程中传送氧的物质，所以又称为氧的载体。当有 CO 气体存在时，血红蛋白中的氧很快被 CO 置换，从而失去输送氧的功能。当空气中的 CO 浓度达到 O_2 浓度的 0.5%时，血红蛋白中的氧就可能被 CO 取代，生物体就会因为得不到氧而窒息，这就是煤气中毒致死的原因。

又如植物进行光合作用是靠叶绿素进行的，而叶绿素是以 Mg^{2+} 为中心的复杂配合物，所以镁是植物生长中必不可少的元素。

铅中毒的病人可以用柠檬酸钠（俗称枸橼酸钠）来治疗，它和积聚在骨骼中的 $Pb_3(PO_4)_2$ 作用，生成难离解的可溶的$[Pb(C_6H_5O_7)]^-$配离子，经肾脏从尿中排出。柠檬酸钠和 Ca^{2+} 也能配合，可防止血液的凝结，这是医药上常用的血液抗凝剂。

二、在电镀工业方面的应用

在电镀工业中，应用普通的盐作电镀液时，由于电镀液中金属离子浓度较大，使镀层粗糙，厚薄不均，并且镀层与被镀金属粘接不牢，容易脱落。为了获得光滑、均匀、附着力强的金属镀层，需要降低电镀液中金属离子的浓度，可使用配合剂 KCN、酒石酸、柠檬酸钠与金属离子形成配合物而达到目的。

用过的电镀液中含有的 CN^- 是剧毒物质，可在电镀液中加入 $FeSO_4$ 与 CN^- 配位，形成无毒的 $[Fe(CN)_6]^{4-}$ 然后排放。当前电镀液大多尽量采用无毒电镀液。

三、在贵金属湿法冶金方面的应用

所谓湿法冶金，就是用水直接从矿石中将金属以化合物的形式浸取出来，然后再进一步还原成金属的方法。对于稀有金属的提取，湿法冶金最有效。例如，通过形成配合物可以从矿石中提取金。将黄金含量很低的矿石用 NaCN 溶液浸渍，并通入空气，可以将矿石中的金几乎完全浸出。反应如下：

$$4Au+8CN^{-}+2H_2O+O_2 \longrightarrow 4[Au(CN)_2]^{-}+4OH^{-}$$

再将含有 $[Au(CN)_2]^{-}$ 的浸出液用 Zn 还原成单质金：

$$Zn+2[Au(CN)_2]^{-} \longrightarrow 2Au+[Zn(CN)_4]^{2-}$$

再如，电解铜的阳极泥中含有 Au、Pt 等贵金属，可用王水使其生成配合物而溶解：

$$Au+4HCl+HNO_3 \longrightarrow HAuCl_4+NO+2H_2O$$

$$Pt+6HCl+4HNO_3 \longrightarrow H_2PtCl_6+4NO_2+4H_2O$$

然后再从溶液中分离回收贵金属。

阅读材料

配合物在医药上的应用

配合物对人体生命活动有着重要的意义，现已证明对人体有特殊生理功能的微量元素有 Mn、Fe、Co、Mo、Zn、Mg、V、Cr、Si、Cu、Sn、Se 等，它们均以配合物的形式存在于人体中，并且有特殊的生理功能。

配合剂能与细菌生存所必需的金属离子，结合为稳定的配合物，使细菌不能生长繁殖。另外，许多药物本身就是配合物。例如：治疗贫血病的枸橼酸铁铵，治疗血吸虫病的酒石酸锑钾，治疗糖尿病的胰岛素（Zn 的配合物）。中药方面，天然药物中的双甾体类、黄酮类、蒽醌类、三萜类、各种苷、生物碱、糖类及氨基酸等有机分子在结构上多数能满足形成配合物的条件，可作为配合物的配体和过渡金属离子或某些金属离子形成配合物，从中可能得到新的活性药物，而这些新的成分大多具有一定的药理作用，具有一定的临床开发价值。

配位化合物是一类广泛存在、组成较为复杂、在理论和应用上都十分重要的化合物。目前对配位化合物的研究已远远超出了无机化学的范畴。它涉及有机化学、分析化学、生物化学、催化动力学、电化学、量子力学等一系列学科。

本章小结

一、配位化合物

配位化合物是中心离子（或原子）与阴离子或中性分子以配位共价键相结合而成的复杂离子，称为配离子。凡含有配离子的化合物都称为配合物。

1. 配合物的结构

配合物的结构
- 化学键
  - 内界与外界之间（离子键）
  - 中心离子与配体之间（配位键）
- 空间构型　由中心离子所采用的杂化轨道类型决定

2. 配合物的类型

（1）由单齿配体与中心原子形成的配合物　大量的水合物实际上是以水为配体的简单配合物。

（2）螯合物　由多齿配体与中心原子形成的配合物。螯合物具有环状结构，其稳定性很高。配合物按中心离子采用 d 轨道的情况不同，可分为内轨型和外轨型配合物。

① 内轨型配合物　中心离子采用 $(n-1)$d、ns、np 杂化轨道成键形成的化合物。

② 外轨型配合物　中心离子采用外层的 ns、np、nd 杂化轨道成键形成的化合物。

二、配合物在水溶液中的离解平衡

1. 稳定常数

用稳定常数 $K^{\ominus}_{稳}$ 的大小定量衡量配离子在水溶液中的稳定程度。$K^{\ominus}_{稳}$ 值越大，配离子在水溶液中越稳定。

2. 配位平衡的移动

（1）在配位平衡中，若增大溶液的酸度将降低配离子的稳定性。如 F^-、CN^-、SCN^-、NH_3 及有机酸根离子。

（2）配离子与沉淀之间的转化，主要取决于沉淀的溶解度和配离子的稳定性。

若配位剂的配位能力大于沉淀剂的沉淀能力，则沉淀溶解；若沉淀剂的沉淀能力大于配合剂的配合能力，则生成新的沉淀。

（3）金属离子形成配合物后，金属离子的氧化能力减弱，而金属的还原性增强。

（4）要实现配离子之间的转化，反应应向着生成更稳定配离子的方向进行。

三、配位滴定法

本部分内容是以酸效应为典型的例子，着重讨论了反应条件对配位滴定的影响，介绍了一种定量处理复杂平衡的方法，即通过副反应系数推导出主反应的条件稳定常数。

1. M-EDTA 的条件稳定常数 $\lg K^{\ominus\prime}(MY)$

由于配位滴定总是在一定酸度条件下进行的，所以有关配位滴定的定量依据，如配位反应的完全程度、最高允许酸度的计算，均应采用条件稳定常数来衡量配合物的稳定性。

配位滴定所发生的副反应以溶液的酸度及其他配位剂 L 的影响尤为重要，即酸效应和配位效应。此时的条件稳定常数为

$$\lg K^{\ominus\prime}(MY)=\lg K^{\ominus}(MY)-\lg\alpha[Y(H)]-\lg\alpha[M(L)]$$

若只考虑酸度的影响，则

$$\lg K^{\ominus\prime}(MY)=\lg K^{\ominus}(MY)-\lg\alpha[Y(H)]$$

2. 金属离子能被准确滴定的条件

对于配位滴定，滴定突跃大于 0.4 个 pM 单位，误差在 ±0.1% 以内，就认为“能够准确滴定”。其判别式为

$$\lg[c'(M)_{计}\ K^{\ominus\prime}(MY)]\geqslant 6$$

在离子 M 与 N 的混合溶液中，要准确滴定 M，而使 N 不干扰，必须同时具备以下两个条件：

$$\lg[c'(M)_{计}\ K^{\ominus\prime}(MY)]\geqslant 6$$

$$\lg[c'(N)_{计}\ K^{\ominus\prime}(NY)]\leqslant 1$$

3. 准确滴定金属离子的最高允许酸度

当 $c(M)=0.02mol/L$，$c(M)_{计}=\dfrac{c(M)}{2}=0.01mol/L$ 时，$\lg\alpha[Y(H)]\leqslant\lg K^{\ominus}(MY)-8$

每一种可测定的金属离子，都有其滴定所允许的最高酸度，查 $\lg\alpha[Y(H)]$-pH 酸效应曲线，即可得到对应的 pH。

思考题

1. 什么叫配合物？配合物与简单化合物有什么不同？简单化合物与螯合物有什么不同？

2. 为什么 EDTA 能作 Pb^{2+}、Hg^{2+} 等重金属离子的解毒剂？写出有关离子方程式。

3. 配合物的内界和外界的化学键属何种类型？

4. 内轨配位键和外轨配位键有何区别？

5. 何谓酸效应？$\alpha[Y(H)]$ 与 H^+ 浓度有何关系？

6. EDTA 滴定过程中，影响滴定突跃范围大小的主要因素是什么？讨论配位滴定曲线的目的是什么？

7. Pb^{2+} 和 Bi^{3+} 的浓度均为 1.0mol/L，在 pH=1.0 时用 EDTA 滴定 Bi^{3+}，计算 $K^{\ominus\prime}(BiY)$ 值，并判断能否进行滴定。

8. 提高配位滴定选择性的方法有哪些？根据什么情况来确定使用哪种方法？

9. 配位滴定中，为什么常使用缓冲溶液？

10. 两种金属离子 M 和 N 共存时，什么条件下才可能利用控制酸度的方法进行分别滴定？

11. 试解释下列事实：

(1) $[Ni(CN)_4]^{2-}$ 配离子为平面正方形，$[Zn(NH_3)_4]^{2+}$ 配离子为正四面体；

(2) $[Cu(NH_3)_4]SO_4$ 的深蓝色溶液中加入 H_2SO_4，溶液的颜色变浅；

(3) Hg^{2+} 能氧化 Sn^{2+}，但在过量 I^- 存在下，Sn^{2+} 不能被氧化；

(4) 用 NH_4SCN 溶液检出 Co^{2+} 时，如有少量 Fe^{3+} 存在，需加入 NH_4F；

(5) 铜片在 HCl 中不会溶解，但却不能用铜器来盛放氨水。

习 题

1. 写出下列配合物的化学式，并指出中心离子的配位体、配位原子和配位数。

(1) 氯化二氯·三氨·一水合钴（Ⅲ）　　(2) 硫酸四氨合镍（Ⅱ）

(3) 四硫氰·二氨合铬（Ⅲ）酸铵　　(4) 六氰合铁（Ⅱ）酸钾

2. $PtCl_4$ 和氨水反应，生成的化合物化学式为 $[Pt(NH_3)_4]Cl_4$。将 1mol 此化合物用 $AgNO_3$ 处理，得到 2mol AgCl。试推断配合物的结构式。

3. 有一配合物，经分析其组成的元素含量为钴 21.4%、氢 5.4%、氮 25.4%、氧 23.2%、硫 11.6%、氯 13%。在该配合物的水溶液中滴入 $AgNO_3$ 无沉淀生成，但滴入 $BaCl_2$ 溶液，则有白色沉淀生成。它与稀碱溶液也无反应。若其摩尔质量为 275.5g/mol，试写出该化合物的结构式。

4. 在 1L 1×10^{-3} mol/L 的$[Cu(NH_3)_4]^{2+}$和 1mol/L 的 NH_3 水处于平衡状态的溶液中，用计算说明：

(1) 加入 0.001mol NaOH（忽略体积变化），有无 $Cu(OH)_2$ 沉淀生成？

(2) 加入 0.001mol Na_2S（忽略体积变化），有无 CuS 沉淀生成？

5. 已知下列原电池：

$$Zn|Zn^{2+}(1mol/L)\parallel Cu^{2+}(1mol/L)|Cu$$

(1) 先向左半电池中通入过量的 NH_3（忽略体积变化），使游离 $c(NH_3)=1.00$mol/L，测得电动势为 1.38V，求 $[Zn(NH_3)_4]^{2+}$ 的 $K^{\ominus}_{稳}$ 值。

(2) 然后在右半电池中加入过量的 Na_2S（忽略体积变化），使 $c(S^{2-})=1.00$mol/L，求此时原电池的电动势。

(3) 用原电池符号表示经（1）、（2）处理后的新原电池，并标出正负极。

(4) 写出新原电池的电极反应和电池反应。

(5) 计算新电池的平衡常数。

6. 根据配合物的稳定常数及难溶盐的溶度积常数解释：

(1) AgCl 沉淀不溶于 HNO_3，但能溶于过量氨水；

(2) AgCl 沉淀溶于氨水，但 AgI 不溶；

(3) AgI 沉淀不溶于氨水，但可溶于 KCN 溶液；

(4) AgBr 沉淀可溶于 KCN 溶液，但 Ag_2S 却不溶。

7. 填写下列转化过程的产物，并说明原因。

$$AgNO_3 \xrightarrow{NaCl溶液} ? \xrightarrow{浓NH_3\cdot H_2O} ? \xrightarrow{KBr溶液} ? \xrightarrow{Na_2S_2O_3溶液} ? \xrightarrow{KI溶液} ? \xrightarrow{KCN溶液} ? \xrightarrow{Na_2S溶液} ?$$

8. 测定水的总硬度时，取 100.0mL 水样，以铬黑 T 作指示剂，用 0.01000mol/L 的 EDTA 溶液滴定，共消耗 3.00mL。计算水样中含有以 CaO 表示的钙、镁总量为多少（以 mg/L 表示）？

9. 取 100.0mL 水样，以铬黑 T 为指示剂，在 pH＝10 时用 0.01060mol/L 的 EDTA 溶液滴定，消耗 31.30mL。另取 100.0mL 水样，加 NaOH 使呈碱性，Mg^{2+} 生成 $Mg(OH)_2$ 沉淀，用 EDTA 溶液 19.20mL 滴定至钙指示剂变色为终点。计算水的总硬度［以 CaO(mg/L) 表示］及水中钙和镁的含量［以 CaO(mg/L) 和 MgO(mg/L) 表示］。

10. 取氯化锌试样 0.2500g，溶于水后控制溶液的酸度 pH=6，以二甲酚橙为指示剂，用 0.1024mol/L 的 EDTA 溶液 17.90mL 滴定至终点。计算 $ZnCl_2$ 的含量。

11. 测定硫酸盐中 SO_4^{2-}，称取试样 3.0000g，溶解后用 250mL 容量瓶稀释至刻度。吸取 25.00mL，加入 0.05000mol/L 的 $BaCl_2$ 溶液 25.00mL，过滤后用 0.05000mol/L 的 EDTA 溶液 17.15mL 滴定剩余的 Ba^{2+}。计算试样中 SO_4^{2-} 的含量。

12. 称取 1.032g 氧化铝试样，溶解后移入 250mL 容量瓶中并稀释至刻度。吸取 25.00mL，加入 $T(Al_2O_3/EDTA)=1.505mg/mL$ 的 EDTA 溶液 10.00mL，以二甲酚橙为指示剂，用 $Zn(Ac)_2$ 标准溶液 12.20mL 滴定至终点。已知 20.00mL $Zn(Ac)_2$ 溶液相当于 13.62mL 的 EDTA 溶液。计算试样中 Al_2O_3 的含量。

13. 用有关离子方程式解释下列过程：

(1) 用浓 HCl 酸化含 $[Cu(NH_3)_4]^{2+}$ 的溶液时，溶液的颜色变化；

(2) 用过量 NaOH 溶液将 Zn^{2+} 从含 Mg^{2+} 的溶液中分离出来；

(3) 用过量的 $NH_3 \cdot H_2O$ 溶液，将 Zn^{2+} 与 Al^{3+} 分离。

第十章

p区元素（一）

学习目标

1. 熟悉卤素的通性和氟的特殊性；掌握卤素单质的性质，并了解其用途。
2. 掌握卤化氢及氢卤酸的性质、制备，了解其用途。
3. 掌握氯的重要含氧酸及其盐的性质，了解其用途；掌握 ROH 规则。
4. 熟悉氯离子、溴离子、碘离子的鉴定。
5. 熟悉氧族元素的通性；掌握氧、臭氧、过氧化氢的重要性质。熟知 SO_2 对大气环境污染的危害。
6. 熟悉硫化氢的性质；了解硫化物的分类及溶解性。
7. 掌握亚硫酸、硫酸、硫代硫酸及其盐的性质；熟悉过二硫酸盐的性质。
8. 熟悉 S^{2-} 、SO_3^{2-} 、$S_2O_3^{2-}$ 、SO_4^{2-} 的鉴定。

物质世界变幻万千，多姿多彩，种类无穷，它们是由人类已发现的 118 种化学元素所组成的，其中 90 余种存在于自然界，其余 10 多种由人工合成。从本章起将以元素周期表为基础，依次介绍 p 区元素、s 区元素、d 区元素及 ds 区元素。对其中典型的且在国民经济中有重要意义的化合物作重点讨论。

p 区元素指周期表中第ⅢA～ⅧA 族元素。本章着重讨论第ⅦA 族和第ⅥA 族元素。

第一节　p 区元素概述

一、 p 区元素氧化值的特征

p 区元素原子价电子层结构通式为 $ns^2np^{1\sim6}$，它们的原子半径在同一族中从上到下逐渐增大，金属性逐渐增强，非金属性逐渐减弱。尤其对于ⅢA～ⅤA 族，这种变化更为明显，每一族都是从典型的非金属元素开始过渡到典型的金属元素。

大多数 p 区元素具有多种氧化值，其最高正氧化值等于其最外层电子数。除最高正氧化值外，还可显示可变氧化值，而且正氧化值彼此之间的差值多数为 2（这与过渡元素可变氧化值的变化规律不同）。例如，Cl 的正氧化值分别为＋1、＋3、＋5、＋7，S 的正氧化值分别为＋2、＋4、＋6 等，N 分别为＋1、＋2、＋3、＋4、＋5。p 区元素的同一族中，随着原子序数的增加，元素的低氧化值的稳定性逐渐增强。例如，ⅢA 族中，B、Al、Ga 的主要氧化值是＋3，而 Tl 则是＋1 氧化值较稳定，这是由于惰性电子对效应的缘故。p 区元素的同一周期中，ⅢA～ⅦA 族元素（除第 2 周期外）随着原子序数的增加，元素形成多种氧化值的趋势也增加。例如，第 3 周期中的 Al，其主要氧化值是＋3，而 Cl 的主要氧化值可有＋1、＋3、＋5、＋7 等。

二、 p区元素性质的递变

(1) 每一族的第一种元素，其性质与同族其他元素相比差别较大　例如，B是ⅢA族的第一种元素，其性质与同族其他元素相比，差异很大，而与Si相似。处于ⅣA族第一种元素的C不仅与同族其他元素不相似，而且与其他任何元素的性质差异都很大。N、O、F与同族元素之间性质差别也较大，例如，NH_3比较稳定，而同族的As、Sb、Bi的氢化物都不稳定。又如，卤族元素中Cl、Br、I性质变化较有规律，而F则有很多反常的性质。N、O、F的很多氢化物能形成氢键。

它们与同族元素之间性质差别较大的共同原因是原子半径在同一族中最小，价电子层只有2s、2p轨道，无d轨道可利用。

(2) 同一主族中，第4周期元素的性质稍微特殊　p区第4周期元素Ga、Ge、As、Se、Br的性质比较特殊。例如，ⅤA族元素中，$AsCl_5$并不存在，而同族中的P和Sb却能形成最高氧化态的氯化物；ⅦA族元素的含氧酸中，$HBrO_4$的氧化性比$HClO_4$、HIO_4略强等。

p区第4周期元素呈特殊性的原因是由于第3周期的元素原子次外层为8个电子，而第4周期的元素原子次外层为18个电子（中间插入10种过渡元素）。由于18电子层结构的屏蔽效应比8电子结构的小，因此，使得第4周期p区元素原子的Z^*显著增大，对核外电子吸引力增强，原子半径增加的幅度明显减小。这种性质的缓慢递变，也使p区各同族的下面三种元素（即位于第4、5、6周期的元素）在性质上较为接近。例如，ⅣA族中Ge、Sn、Pb和ⅤA族中的As、Sb、Bi就是如此，因而常放在一起讨论。

第二节　卤　素

元素周期表中第ⅦA族的元素氟、氯、溴、碘、砹和鿬通称为卤素（通常以X表示）。卤素是成盐元素的意思。氯、溴、碘的化合物是盐卤的主要成分。砹是自然界中含量很少的放射性元素，具有其他卤素的一般特性，但其半衰期短，因此本节只讨论前四种元素。它们的原子结构和主要性质列于表10-1。

表10-1　卤素的原子结构和主要性质

基本性质	氟(F)	氯(Cl)	溴(Br)	碘(I)
原子序数	9	17	35	53
价层电子构型	$2s^2 2p^5$	$3s^2 3p^5$	$4s^2 4p^5$	$5s^2 5p^5$
氧化数	−1	−1，+1，+3，+5，+7	−1，+1，+3，+5，+7	−1，+1，+3，+5，+7
共价半径 r_{cor}/pm	64	99	114	133
第一电离能 I_1/(kJ/mol)	1681	1251	1140	1008
电负性	4.0	3.0	2.8	2.5
$\varphi^{\ominus}(X_2/X^-)$/V	2.87	1.36	1.065	0.535

卤素是各周期中原子半径最小、有效核电荷数最大且电负性最大的元素，它们的非金属性是同周期元素中最强的。

卤素原子的价层电子构型为ns^2np^5，再得到一个电子便可达到8电子稳定结构。因此，卤素单质具有强的得电子能力，表现出明显的氧化性。从标准电极电势（见表10-1）看，单质的氧化性按F_2、Cl_2、Br_2、I_2的次序递减。

卤素在化合物中最常见的氧化数是−1。当它们与电负性更大的元素（如氧）化合时，便呈现+1、+3、+5、+7的氧化数。氟的电负性最大，不能出现正的氧化数。

一、卤素单质

1. 物理性质

卤素单质均为非极性的双原子分子。随相对分子质量的增大，分子间色散力逐渐增强，因此，卤素单质的一些物理性质呈规律性变化（见表10-2）。

表10-2 卤素单质的物理性质

物理性质	F_2	Cl_2	Br_2	I_2
聚集状态	气	气	液	固
颜色	浅黄	黄绿	红棕	紫黑
熔点 t_m/℃	−220	−101	−7.3	113
沸点 t_b/℃	−188	−34.5	59	183
溶解度 $S/[g/(100gH_2O)]$	分解水	0.732	3.58	0.029

卤素单质的颜色随着相对分子质量的增大而逐渐加深。这是由于从氟至碘，卤素单质分子的半径递增，核对外层电子的引力减弱，外层电子激发所需要的能量降低，故使物质的颜色变深。

卤素单质为非极性分子，它们的溶解性符合“相似相溶”原则。除氟与水剧烈反应外，其他卤素在水中的溶解度较小，而易溶于有机溶剂。溴在有机溶剂中的颜色随溴浓度的增加而逐渐加深（从黄到红棕）。碘溶在不同的有机溶剂中，其溶液的颜色各有不同，如在介电常数较大的溶剂（如酒精、乙醚等）中，溶液呈棕色或红棕色，而在介电常数较小的溶剂（如四氯化碳、二硫化碳）中，则呈紫红色。

碘难溶于水，但易溶于碘化物溶液（如KI）中。盐的浓度越大，溶解的碘越多，溶液的颜色越深。这是由于 I_2 与 I^- 形成了易溶于水的 I_3^-：

$$I_2+I^- \rightleftharpoons I_3^-$$

由于上述平衡的存在，所以多碘化物溶液的性质实际上与碘溶液相类似。

卤素单质都具有毒性，从氟至碘毒性减轻。气态卤素单质具有强烈的刺激气味，吸入较多的蒸气会导致中毒，甚至死亡。液溴会使皮肤严重灼伤，且难以治愈，因此在使用时应特别小心。

2. 化学性质

卤素是很活泼的非金属元素，其单质最突出的化学性质是氧化性。各单质氧化性的强弱顺序是

$$F_2>Cl_2>Br_2>I_2$$

（1）与金属、非金属作用　氟的化学活泼性极高，除氦、氖、氩、氪以外，能与几乎所有的金属或非金属直接化合，而且反应十分剧烈。氟与氢在低温暗处即能化合，并放出大量热甚至引起爆炸。

氯的活泼性较氟稍差，但也能与所有的金属及大多数非金属（除氮、氧、碳和稀有气体外）直接化合，只是反应不如氟剧烈。

溴、碘的活泼性与氯相比则更差，溴、碘只能与活泼金属化合，与非金属的反应性更弱。

(2) 卤素间的置换反应　卤素单质在水溶液中的氧化性强弱可用 $\varphi^{\ominus}(X_2/X^-)$ 来度量。从表 10-1 可知，$\varphi^{\ominus}(F_2/F^-) > \varphi^{\ominus}(Cl_2/Cl^-) > \varphi^{\ominus}(Br_2/Br^-) > \varphi^{\ominus}(I_2/I^-)$，故卤素单质的氧化能力由 F_2 至 I_2 逐渐减弱。因此，位于前面的卤素单质可从后面的卤化物中置换出卤素单质。例如：

$$Cl_2 + 2Br^- \longrightarrow 2Cl^- + Br_2$$

$$Br_2 + 2I^- \longrightarrow 2Br^- + I_2$$

(3) 卤素与水、碱的反应　卤素与水可发生两类重要反应。第一类反应是卤素置换水中的氧：

$$2X_2 + 2H_2O \longrightarrow 4X^- + 4H^+ + O_2\uparrow$$

第二类反应是卤素的水解，即卤素的歧化反应：

$$X_2 + H_2O \rightleftharpoons H^+ + X^- + HXO$$

F_2 与水只能发生第一类反应，且剧烈地放出 O_2。Cl_2 与水的反应主要按第二类反应进行，生成盐酸和次氯酸：

$$Cl_2 + H_2O \longrightarrow HCl + HClO$$

Br_2 和 I_2 与水虽然也可进行第二类反应，但可逆反应的平衡常数很小（$K^{\ominus}$ 分别为 7.2×10^{-9}、2.0×10^{-13}），说明反应极不明显。

当溶液的 pH 增大时，卤素的歧化反应平衡向右移动，在不同温度下，卤素在碱性溶液中发生如下的歧化反应：

$$X_2 + 2OH^- \longrightarrow X^- + OX^- + H_2O$$

$$3OX^- \longrightarrow 2X^- + XO_3^-$$

常温下氯与碱作用主要是生成次氯酸盐，当温度升高至 70℃时，后一个反应才进行得很快。溴与碱作用只有在 0℃时才能得到次溴酸盐。碘与碱反应只能得到碘酸盐。

3. 制备与用途

(1) 制备　卤素在自然界中均以化合物的形式存在。卤素单质的制备一般是采用氧化其相应的卤化物的方法。根据不同卤素的氧化还原性的差别，可以利用电解法或化学法制备卤素单质。

对于 F^-，由于其还原性最弱，用一般氧化剂是不能将其氧化的。一个多世纪以来，制取氟通常采用电解法。多年来化学家们在不断探索制取 F_2 的化学方法。直至 1986 年，化学家克里斯蒂根据路易斯酸碱理论用化学法成功地制得 F_2。这一研究成果虽然目前尚不能取代电解法制 F_2，但是化学家们不畏惧困难所作出的不懈努力，推动了基础科学的向前发展。

工业上采用电解氯化钠水溶液的方法来制取氯气。除氟之外，其他卤素单质的制备可用氧化剂与氢卤酸或卤化物反应制得。例如，实验室可用 MnO_2 作氧化剂，与浓盐酸反应制取氯气：

$$4HCl(浓) + MnO_2 \longrightarrow MnCl_2 + Cl_2\uparrow + 2H_2O$$

溴和碘的制备，实验室常用氯化法。例如：

$$Cl_2 + 2Br^- \longrightarrow 2Cl^- + Br_2$$

$$Cl_2 + 2I^- \longrightarrow 2Cl^- + I_2$$

制碘时 Cl_2 需控制适量，否则过多的 Cl_2 会将 I_2 进一步氧化为 IO_3^-：

$$I_2 + 5Cl_2 + 6H_2O \longrightarrow 2IO_3^- + 10Cl^- + 12H^+$$

(2) 用途　氟主要用来制备有机氟化物，如杀虫剂 CCl_3F、制冷剂 CCl_2F_2（氟利昂-12）。氟在高科技领域也得到日益广泛的应用。例如，氟在原子能工业用于制造六氟化铀

UF_6，液态氟也是航天工业中所用的高能燃料的氧化剂；含 C—H 键的全氟烃，被广泛用于炒锅、铲雪车铲的防粘涂层和人造血液；由 ZrF_4、BaF_2 和 NaF 组成的氟化物光导纤维，对光的透明度显著提高，从而有望大大改善光纤通信的品质。

氯是重要的化工产品和原料，除了用于合成盐酸外，还广泛用于生产农药、医药、染料、炸药，以及纺织品和纸张的漂白、饮水消毒等。

溴主要用于药物、染料、感光材料、汽车抗震添加剂和催泪剂的生产。

碘在医药上用作消毒剂，如碘酒、碘仿 CHI_3 等。碘化物有预防和治疗甲状腺肥大的功能。在食用盐中加入 KIO_3，形成了含碘食用盐。

二、卤化氢与氢卤酸

卤素的氢化物称为卤化氢，即 HF、HCl、HBr、HI 等，以通式 HX 表示。它们的主要性质列于表 10-3。

表 10-3　卤化氢的主要性质

性　　质	HF	HCl	HBr	HI
相对分子质量	20.01	36.46	80.91	127.91
键长 l/pm	91.8	127.4	140.8	160.8
键能 E/(kJ/mol)	568.6	431.8	365.7	298.7
分子偶极矩 μ/(10^{-30}C·m)	6.40	3.61	2.63	1.27
熔点 t_m/℃	−83.1	−114.8	−88.5	−50.8
沸点 t_b/℃	−19.5	−84.9	−67	−35.4

1. 物理性质

卤化氢均为无色气体，具有刺激性气味。液态卤化氢（不含水）不导电，这表明它们是共价化合物。**卤化氢在固态时为分子晶体，熔点、沸点都很低，但随相对分子质量增大，按 HCl、HBr、HI 顺序递增。**这是由于从 HCl 至 HI 分子间范德华力依次增大，致使其熔点、沸点递增。而 HF 具有反常高的熔点、沸点，是由于在 HF 分子间还存在着氢键，分子发生了缔合所致。

2. 化学性质

（1）热稳定性　卤化氢的热稳定性是指其受热是否易分解为单质。

$$2HX \longrightarrow H_2 + X_2$$

卤化氢的稳定性可用键能的大小来说明。键能越大，卤化氢越稳定。从表 10-3 中的数据可见，HF、HCl、HBr、HI 的键能依次减小，故它们的热稳定性按 HF 至 HI 的顺序急剧下降。

（2）氢卤酸的酸性　卤化氢溶于水，其水溶液称为氢卤酸。纯的氢卤酸都是无色液体，具有挥发性。**氢卤酸的酸性按 HF、HCl、HBr、HI 的顺序依次增强。**其中除氢氟酸为弱酸外，其他的氢卤酸都是强酸。氢氟酸虽是弱酸，但它能与 SiO_2 或硅酸盐反应，而其他的氢卤酸则不能。浓氢氟酸会将皮肤灼伤，且难于痊愈，使用时应特别小心。

（3）氢卤酸的还原性　**氢卤酸还原性的强弱可由它们的电极电势来衡量。**从表 10-1 可见，它们的标准电极电势是按 $\varphi^\ominus(F_2/F^-)$ 至 $\varphi^\ominus(I_2/I^-)$ 顺序递减的，因此，卤化氢还原性的强弱次序是 $F^- < Cl^- < Br^- < I^-$。其中 F^- 的还原性最弱，Cl^- 也较难被氧化，只有与一些强氧化剂，如 $KMnO_4$、$K_2Cr_2O_7$、PbO_2、MnO_2 等作用时才能体现出其还原性。Br^-、I^- 易被氧化为单质。溴化氢溶液在日光、空气的作用下就可变为棕色，而碘化氢溶液

即使在暗处也会逐渐变为棕色。因此在制备卤化氢时应分别采用不同的方法。

3. 制备

卤化氢的制备可采用由单质合成、复分解反应和水解反应等方法。

直接合成法只能用于氯化氢的合成。工业上由氯气和氢气直接反应生成氯化氢，冷却后用水吸收制得盐酸。由于 F_2 与 H_2 反应剧烈而无法控制，Br_2、I_2 与 H_2 反应的平衡常数小，产率低，因此直接合成法不能用于 HF、HBr、HI 的制备。

由卤化物与高沸点的浓酸通过复分解反应可以制取卤化氢。例如，氟化钙与浓硫酸作用放出 HF，用水吸收得到氢氟酸：

$$CaF_2 + H_2SO_4(\text{浓}) \longrightarrow CaSO_4 + 2HF\uparrow$$

溴化氢和碘化氢不能用浓硫酸与溴化物和碘化物作用的方法来制取。因为 Br^- 和 I^- 有显著的还原性，它们将被浓硫酸氧化，得到的产物不是 HBr 和 HI，而是 Br_2 和 I_2：

$$2NaBr + 3H_2SO_4(\text{浓}) \longrightarrow 2NaHSO_4 + SO_2\uparrow + Br_2 + 2H_2O$$

$$8NaI + 9H_2SO_4(\text{浓}) \longrightarrow 8NaHSO_4 + H_2S\uparrow + 4I_2 + 4H_2O$$

如果采用高沸点的非氧化性酸如浓 H_3PO_4 代替浓 H_2SO_4，则可以制得 HBr 和 HI：

$$NaX + H_3PO_4(\text{浓}) \xrightarrow{\triangle} NaH_2PO_4 + HX$$

HBr 和 HI 的制备更适宜采用非金属卤化物水解的方法。PBr_3、PI_3 分别与水作用时，由于强烈水解而生成亚磷酸和相应的卤化物：

$$PBr_3 + 3H_2O \longrightarrow H_3PO_3 + 3HBr$$

$$PI_3 + 3H_2O \longrightarrow H_3PO_3 + 3HI$$

利用上述反应制取 HBr 和 HI 时，实验上并不需要预先制备卤化磷。若把溴滴在磷和少许水的混合物中，或把水滴在磷和碘的混合物中，即可分别产生 HBr 和 HI：

$$2P + 3Br_2 + 6H_2O \longrightarrow 2H_3PO_3 + 6HBr\uparrow$$

$$2P + 3I_2 + 6H_2O \longrightarrow 2H_3PO_3 + 6HI\uparrow$$

三、卤化物

卤素和电负性比它小的元素生成的化合物叫做卤化物。卤化物根据组成元素的不同，可分为金属卤化物和非金属卤化物；根据它们的键型不同，又可分为离子型卤化物和共价型卤化物。

卤化物化学键的类型与成键元素的电负性、原子或离子半径以及金属离子的电荷有关。卤素与第ⅠA 族、第ⅡA 族和第ⅢB 族的绝大多数金属元素形成离子型卤化物；与非金属则形成共价型卤化物。随着金属离子半径的减小、离子电荷的增加以及 X 半径的增大，键型由离子型向共价型过渡。当卤化物组分不同或键型有别时，它们的性质各异。

1. 卤化物的性质

(1) 溶解性　大多数氟化物难溶于水，只有少数易溶，如 AgF、PbF_2、Hg_2F_2 及第ⅠA 族（Li 除外）的氟化物易溶于水。与之相反，大多数氯、溴、碘的卤化物易溶于水，而它们的银盐（AgX）、铅盐（PbX_2）、亚汞盐（Hg_2X_2）、亚铜盐（CuX）则难溶。

(2) 水解性　大多数金属卤化物在溶于水的同时，都会发生不同程度的水解，且随金属离子的碱性减弱，水解程度增强。大部分非金属卤化物遇水发生强烈水解，生成相应的含氧酸和氢卤酸。例如：

$$PCl_3 + 3H_2O \longrightarrow H_3PO_3 + 3HCl$$

$$SiCl_4 + 3H_2O \longrightarrow H_2SiO_3 + 4HCl$$

2. 卤素离子的鉴定

对常见无机离子的鉴定是元素化学学习的重要内容，其目的包括两方面：一是对未知物成分的确定；二是对已知成分的验证。根据离子的性质，选择离子的特征反应，就可对其加以确证。

（1）Cl^- 的鉴定　氯化物溶液中加入硝酸银，即有白色沉淀生成，可初步确定 Cl^- 的存在。此沉淀在稀氨水中溶解，再加入硝酸，如有沉淀重新析出，证明 Cl^- 确实存在。

$$Cl^- + Ag^+ \longrightarrow \underset{(白色)}{AgCl\downarrow}$$

$$AgCl + 2NH_3 \cdot H_2O \longrightarrow [Ag(NH_3)_2]^+ + Cl^- + 2H_2O$$

$$[Ag(NH_3)_2]^+ + Cl^- + 2H^+ \longrightarrow AgCl\downarrow + 2NH_4^+$$

（2）Br^- 的鉴定

① 与硝酸银作用　溴化物溶液中加入硝酸银，即有浅黄色 AgBr 沉淀生成，此沉淀微溶于氨水，不溶于硝酸。

$$Br^- + Ag^+ \longrightarrow \underset{(浅黄色)}{AgBr\downarrow}$$

② 与氯水作用　溴化物溶液中加入氯水产生 Br_2，再加入 CCl_4 萃取，若有机层显橙黄色（或橙红色），证明有 Br^- 存在。

$$2Br^- + Cl_2 \longrightarrow Br_2 + 2Cl^-$$

（3）I^- 的鉴定

① 与硝酸银作用　碘化物溶液中加入硝酸银，即有黄色沉淀生成，此沉淀不溶于氨水及硝酸。

$$I^- + Ag^+ \longrightarrow \underset{(黄色)}{AgI\downarrow}$$

② 与氯水作用　碘化物溶液中加入少量氯水，再加入 CCl_4，若 CCl_4 层出现紫色，证明有 I^- 存在。

$$2I^- + Cl_2 \longrightarrow I_2 + 2Cl^-$$

四、氯的含氧酸及其盐

氯、溴、碘能形成多种含氧酸及其盐，其中卤素的氧化态都是正值。氟不形成含氧酸及其盐。近年来曾报道制成了 HOF，但很不稳定。卤素的含氧化合物中以氯的含氧化合物最为重要。氯能形成次氯酸 HClO、亚氯酸 $HClO_2$、氯酸 $HClO_3$ 和高氯酸 $HClO_4$。在此重点讨论氯的含氧酸及其盐。

卤素含氧酸及其盐最突出的性质是氧化性。含氧酸的氧化性强于其盐。处于中间氧化数的某些物质还可能发生歧化反应。它们的这些性质和变化规律可通过元素电势图进行讨论。氯的元素电势图如下：

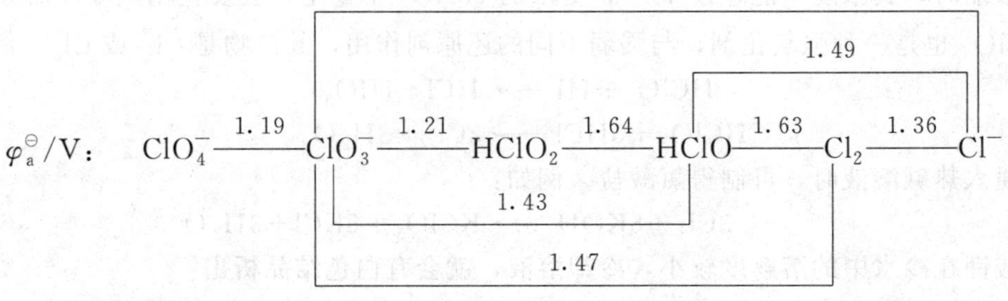

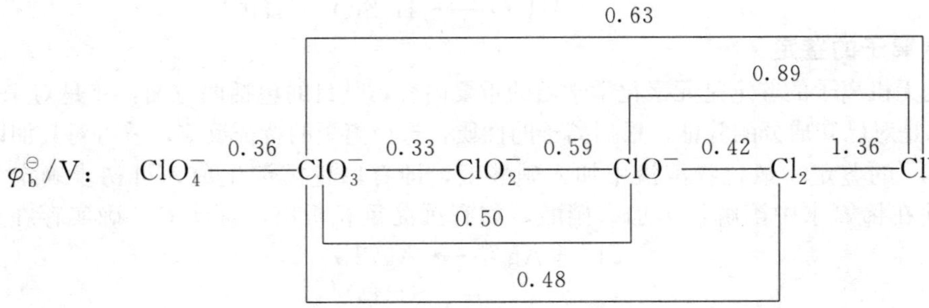

1. 次氯酸及其盐

将氯气通入水中，即发生下列可逆反应而生成次氯酸和盐酸：

$$Cl_2+H_2O \rightleftharpoons HClO+HCl$$

氯在水中的溶解度不大，反应中又有强酸生成，所以上述反应进行不完全，所得到的次氯酸浓度很低。

次氯酸是很弱的酸（$K_a^\ominus=2.9\times10^{-8}$），且很不稳定，只存在于稀溶液中，当见光或受热时，会以不同方式分解：

$$2HClO \xrightarrow{光} 2HCl+O_2\uparrow$$

$$3HClO \xrightarrow{\triangle} 2HCl+HClO_3$$

因此，只有将氯气通入冷水才能获得次氯酸。

次氯酸作氧化剂时，本身被还原为 Cl^-。从元素电势图可见，次氯酸具有很强的氧化性。当 HClO 见光分解后，产生原子状态的氧，具有强烈的氧化、漂白和杀菌的能力。

将氯气通入冷的碱溶液中，便生成次氯酸盐：

$$Cl_2+2OH^- \longrightarrow ClO^-+Cl^-+H_2O$$

次氯酸盐具有氧化性和漂白作用。

2. 亚氯酸及其盐

在氯的含氧酸中，亚氯酸很不稳定，很容易分解出 ClO_2 和 O_2，它只能存在于稀溶液中。亚氯酸的酸性稍强于次氯酸。

亚氯酸盐比亚氯酸稳定得多。工业级 $NaClO_2$ 为白色结晶。亚氯酸盐的水溶液具有强氧化性，可作漂白剂。当加热或敲击固体亚氯酸盐时，立即发生爆炸。它与有机物混合也能发生爆炸，因此，使用和保存亚氯酸盐应格外小心。

3. 氯酸及其盐

用氯酸钡与稀硫酸作用可制得氯酸：

$$Ba(ClO_3)_2+2H_2SO_4 \longrightarrow BaSO_4\downarrow+2HClO_3$$

氯酸是强酸，其强度接近于盐酸和硝酸。氯酸仅存在于水溶液中。当将 $HClO_3$ 的水溶液蒸发浓缩时，其浓度不能超过 40%，更浓的 $HClO_3$ 不稳定，会发生剧烈爆炸而分解。

$HClO_3$ 也是一种强氧化剂，与强弱不同的还原剂作用，其产物是 Cl^- 或 Cl_2。例如：

$$HClO_3+HI \longrightarrow HCl+HIO_3$$

$$HClO_3+5HCl \longrightarrow 3Cl_2+3H_2O$$

当氯气通入热碱溶液时，可制得氯酸盐。例如：

$$3Cl_2+6KOH \longrightarrow KClO_3+5KCl+3H_2O$$

氯酸钾在冷水中的溶解度较小，冷却溶液，就会有白色结晶析出。

氯酸盐比氯酸稳定，重要的氯酸盐有氯酸钾和氯酸钠。氯酸盐在中性或碱性溶液中氧化性很弱，只有在酸性溶液中才具有较强的氧化性。

加热氯酸钾固体，在有无催化剂时，分解温度不同，分解的产物也不同。例如：

$$2KClO_3 \xrightarrow[200℃]{MnO_2} 2KCl + 3O_2\uparrow$$

$$4KClO_3 \xrightarrow{400℃} 3KClO_4 + KCl$$

当 $KClO_3$ 被加热至 600℃以上时会变为 KCl 且放出全部的氧。可见固体氯酸盐在高温时是很强的氧化剂，和各种易燃物（硫、碳、磷）混合，在受热撞击时剧烈燃烧或爆炸，因此氯酸盐被用来制造火柴、烟火及炸药等。**$KClO_3$ 有毒，内服 2～3g 就会致命。**

4. 高氯酸及其盐

用高氯酸钾同浓硫酸反应，即可得到高氯酸：

$$KClO_4 + H_2SO_4(浓) \longrightarrow KHSO_4 + HClO_4$$

高氯酸是无机酸中的最强酸，可与水以任意比例相混合。浓溶液不稳定，受热易分解产生 Cl_2 及 O_2；稀溶液则比较稳定，但冷的 $HClO_4$ 稀溶液无明显的氧化性。

无水高氯酸为无色液体，具有较强的氧化性，与有机物接触会引起爆炸，并有极强的腐蚀性，因此贮存和使用时应格外当心。

高氯酸盐大多数是无色晶体，一般的高氯酸盐可溶于水，但 K^+、Rb^+、Cs^+、NH_4^+ 的高氯酸盐溶解度很小。工业上用电解 $KClO_3$ 水溶液的方法制备 $KClO_4$。

高氯酸盐是氯的含氧酸盐中最稳定的。高氯酸盐的水溶液几乎没有氧化性，但其固体在高温下能分解产生氧气：

$$KClO_4 \longrightarrow KCl + 2O_2\uparrow$$

故高氯酸盐具有强氧化性，但其氧化性比氯酸盐弱，所以高氯酸盐可用于制备较为安全的炸药。高氯酸镁和高氯酸钙由于具有较强的水合作用，是很好的吸水剂和干燥剂。

5. 氯的含氧酸及其盐性质的递变规律

现将氯的含氧酸及其盐的酸性、热稳定性及氧化性变化的规律总结如下：

氧化性增强（←）

酸性增强 氧化性减弱 热稳定性增强（↓）	酸		盐	热稳定性增强 氧化性减弱（↓）
	HClO	（弱酸）	MClO	
	$HClO_2$	（中强酸）	$MClO_2$	
	$HClO_3$	（强酸）	$MClO_3$	
	$HClO_4$	（最强酸）	$MClO_4$	

热稳定性增强（→）

其中，$HClO_2$ 的氧化性表现不规则。

（1）酸性　含氧酸的酸性可用 ROH 规则作判断。

元素氧化物的水合物形成酸或碱，其组成可用通式 R—O—H 表示，其中，R 代表成酸元素或成碱元素，称为中心离子或原子。根据 R 与 O 及 O 与 H 结合力的相对大小，ROH 可有不同的离解方式，即产生酸、碱两类不同的物质。若 R 与 O 的结合力大于 O 与 H 的结合力，则电离时在 O—H 键处断裂，按酸式电离：

R—O┼H　酸式电离，产生 H^+，呈酸性

若 R 与 O 的结合力小于 O 与 H 的结合力，则电离时在 R—O 键处断裂，按碱式电离：

R┼O—H　碱式电离，产生 OH^-，呈碱性

R电荷的多少、半径的大小是决定 R—O 键与 O—H 键相对强弱的主要因素，也导致了 ROH 不同的离解方式。当 R 的电荷越多、半径越小时，R 对 O 的吸引力及对 H^+ 的排斥力越强，越容易发生酸式电离，ROH 的酸性越强；反之，若 R 的电荷越少、半径越大，则 R 对 O 的吸引力及对 H^+ 的排斥力越弱，越容易发生碱式电离，ROH 的碱性越强。例如，在氯的含氧酸 HClO、$HClO_2$、$HClO_3$ 及 $HClO_4$ 系列中，随着中心原子氯的氧化数增大，R 的电荷增多，半径减小，R 对 O 的吸引力及对 H^+ 的排斥力都增大，因此酸性依次增强。

同一周期中，不同元素含氧酸的酸性自左向右逐渐增强。例如：

$$H_2SiO_3 < H_3PO_4 < H_2SO_4 < HClO_4$$

同一族中，不同元素含氧酸的酸性从上而下逐渐减弱。例如：

$$HClO_3 > HBrO_3 > HIO_3$$

它们含氧酸的递变规律也都可以用 ROH 规则说明。

（2）氧化性和热稳定性　氯的含氧酸及其盐的氧化性与热稳定性之间有一定的关系。随着氯的氧化数增加，氯和氧之间的化学键数目增加，因此热稳定性增强，氧化性减弱。而热稳定性越弱，越易分解并引起中心原子氧化数降低，从而使氧化性增强。

氯含氧酸的热稳定性不及其相应的含氧酸盐强，这是由于 H^+ 半径特别小，对氧原子的极化力比含氧酸盐中金属离子（M^{n+}）强，因此减小了 O 与 Cl 的结合力，从而使含氧酸的热稳定性减弱，氧化性增强。

6. 氰化物与含氰废水的处理

某些非金属元素形成的原子，因它们能自相结合形成分子，如氰$(CN)_2$、氧氰$(OCN)_2$和硫氰$(SCN)_2$，这些物质的性质由于与卤素相似，故称为拟卤素或类卤素。

$(CN)_2$ 与 H_2 能形成氰化氢 HCN，其水溶液称氢氰酸，氢氰酸的盐又称为氰化物。

常见的氰化物有氰化钠 NaCN 和氰化钾 KCN。它们都是易潮解的白色晶体，易溶于水，并因水解而使溶液呈强碱性。CN^- 具有很强的配位能力，与过渡金属特别是 Cu^{2+}、Ag^+、Au^+ 等离子形成稳定的配离子。因此 NaCN 和 KCN 广泛用于矿石中提炼金、银以及用于电镀。氰化物在医药、农药、染料、有机合成中也被大量地应用。

氰化物及其衍生物均属剧毒品，0.05g 即可使人致死，可通过呼吸、误食以及接触皮肤等途径中毒。因此使用时应特别小心，且应有严格的安全措施。

国家对工业废水中氰化物的含量有严格的控制，规定其排放标准在 0.05mg/L 以下。对含氰工业废水的处理主要有以下几种方法。

（1）酸化曝气——碱液吸收法　先往含氰废水中加入硫酸，产生 HCN 气体，再用 NaOH 吸收：

$$2NaCN + H_2SO_4 \longrightarrow 2HCN\uparrow + Na_2SO_4$$

$$HCN + NaOH \longrightarrow NaCN + H_2O$$

生成的 NaCN 可回收。

（2）化学氧化法　CN^-具有还原性，因此可选用氯气、双氧水、臭氧及漂白粉等作氧化剂与之反应，将其破坏。例如，在 pH>8.5 时用氯气氧化：

$$CN^- + Cl_2 + 2OH^- \longrightarrow CNO^- + 2Cl^- + H_2O$$

$$2CNO^- + 3Cl_2 + 4OH^- \longrightarrow 2CO_2 + N_2 + 6Cl^- + 2H_2O$$

（3）配位法　利用 CN^- 的强配位性，可在废水中加入 $FeSO_4$，使之转化为无毒的铁氰配合物，再加入消石灰，控制 pH 在 7.5～10.5 范围内，可使之转化为难溶物除去：

$$Fe^{2+} + 6CN^- \longrightarrow [Fe(CN)_6]^{4-}$$
$$2Fe^{2+} + [Fe(CN)_6]^{4-} \longrightarrow Fe_2[Fe(CN)_6] \downarrow$$
$$2Ca^{2+} + [Fe(CN)_6]^{4-} \longrightarrow Ca_2[Fe(CN)_6] \downarrow$$

第三节　氧族元素

周期表第ⅥA族包括氧、硫、硒、碲、钋和鉝六种元素，通称为氧族元素。其中氧和硫是典型的非金属元素，在地壳中，很多金属以氧化物或硫化物的形式存在，故这两种元素又称为成矿元素。硒和碲是分散稀有的非金属元素，钋和鉝则是放射性金属元素。氧族元素从上而下随着原子序数的增加，元素的非金属性依次减弱，而金属性逐渐增强。

氧族元素的价层电子构型为 ns^2np^4，其原子有获得两个电子达到稀有气体稳定电子层结构的趋势，因此它们存在氧化数为−2的化合物。氧在第ⅥA族中的半径最小，电负性最大（仅次于氟），所以，氧除了与氟化合时显正氧化数外，一般在化合物中其氧化数表现为−2，在过氧化物中为−1。其他氧族元素在与电负性大的元素化合时，可形成+2、+4、+6的化合物。

氧与大多数金属元素可形成二元离子型化合物。硫、硒、碲与大多数金属元素化合时主要形成共价化合物。氧族元素与金属性较弱的元素或非金属元素化合时均形成共价化合物。

一、氧、臭氧、过氧化氢

1. 氧

氧是地壳中分布最广、含量最多的元素，约占地壳总质量的一半，广泛分布于大气和江、河、湖、海以及地壳岩石中。

氧原子的价层电子构型为 $2s^22p^4$，氧分子 O_2 的形成其内部结构被认为是两个氧原子通过一个σ键和两个三电子π键结合：

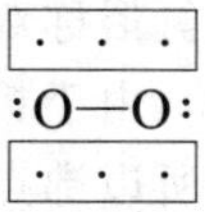

式中，[· · ·]表示由3个电子构成的三电子π键。每个三电子π键中有1个未成对电子，因此在 O_2 中有两个未成对电子，且自旋平行，致使 O_2 表现出顺磁性。

O_2 是无色、无臭的气体，在−183℃时，凝结为淡蓝色液体。常温下1L水中只能溶解49.1mL氧气，但这是水中各种生物赖以生存的重要条件。因此，**防止水的污染，维持水中正常的含氧量，形成良好的生态环境，正日益为人们所重视。**

常温下，氧的化学性质不很活泼，只能将某些还原性较强的物质如NO、KI、$SnCl_2$、H_2SO_3 等氧化。在加热条件下，除卤素、少数贵金属（Pt、Au等）以及稀有气体外，氧几乎能与所有的元素直接化合生成相应的氧化物。

氧具有广泛的用途。氢氧焰和氧炔焰用于切割和焊接金属。富氧大气或纯氧用于医疗。木屑、煤粉浸泡在液氧中可制成“液态炸药”。液氧作为低温液体推进剂，能焓较高，常用在运载火箭上。

2. 臭氧

臭氧 O_3 是浅蓝色气体，因它有特殊的鱼腥臭味，故称臭氧。**O_3 是 O_2 的同素异形体。**

臭氧在地面附近的大气层中含量极少，而在距地面 20～40km 的大气层最上层，由于太阳对大气中氧气的强烈辐射作用，产生较多的臭氧，称为臭氧层。臭氧层能吸收太阳光的紫外辐射，是保护生物体免受太阳过强辐射的天然屏障。现已发现大气上空臭氧锐减，甚至在南极和北极上空形成了臭氧空洞。研究表明，能使臭氧层遭到破坏的污染物很多，例如 NO、CO、SO_2、H_2S 和 CCl_2F_2，其中 NO 和 CCl_2F_2 被公认为是最大的臭氧消耗剂。**大气中臭氧含量降低会使照射到地球表面的紫外线增加，这不仅造成皮肤癌患者增多，而且还会损害人的免疫系统。因此如何保护臭氧层免遭破坏，已成为全球关注和研究的问题。**1995 年 1 月 23 日，联合国大会通过决议，确定从 1995 年开始，每年的 9 月 16 日为“国际保护臭氧层日”。

O_3 是比 O_2 更强的氧化剂，有关的标准电极电势如下：

酸性溶液中　$O_3+2H^++2e \rightleftharpoons O_2+H_2O$　　$\varphi^\ominus=2.07V$

$O_2+4H^++4e \rightleftharpoons 2H_2O$　　$\varphi^\ominus=1.229V$

碱性溶液中　$O_3+H_2O+2e \rightleftharpoons O_2+2OH^-$　　$\varphi^\ominus=1.24V$

$O_2+2H_2O+4e \rightleftharpoons 4OH^-$　　$\varphi^\ominus=0.401V$

基于臭氧的强氧化性以及不容易导致二次污染的优点，可用臭氧来净化废气和废水，还可用于纸浆、棉麻、油脂、面粉等的漂白。用臭氧作饮水消毒剂，不仅杀菌快，而且消毒后无味。将臭氧发生器产生的 O_3 导入洗衣机的水桶，可提高水对污渍的溶解与去除，起到杀菌、除臭、节省洗涤剂和减少污水的作用。空气中微量的臭氧有益于人体健康，它不但能杀菌，还能刺激中枢神经，加速血液循环。但当空气中臭氧含量较高时，则对人体产生危害。

3. 过氧化氢

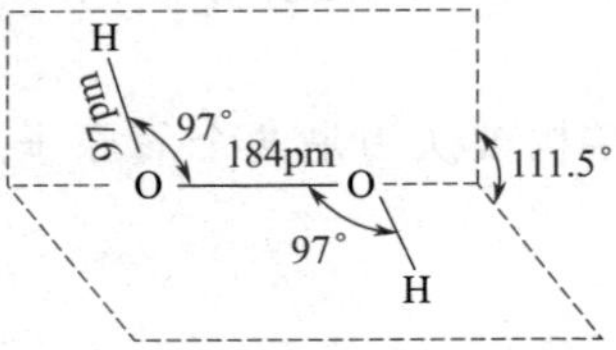

图 10-1　H_2O_2 的分子结构

过氧化氢分子式为 H_2O_2，其结构式可表示为 H—O—O—H。其中—O—O—称为过氧键，每个 O 原子又各与一个氢原子相连于不同平面，使分子具有立体结构。H_2O_2 的分子结构如图 10-1 所示。

过氧化氢俗称双氧水，纯品是近无色的黏稠液体，分子间存在氢键，由于极性比水强，在液态和固态时分子缔合程度比水大，所以沸点比水高，为 150℃。H_2O_2 与水能以任意比例相混溶。市售品是 3％或 30％的水溶液。

（1）过氧化氢的化学性质

① 不稳定性　由于过氧键—O—O—的键能较小，因此 H_2O_2 不稳定，易发生分解：

$$2H_2O_2 \longrightarrow 2H_2O+O_2\uparrow \qquad \Delta H^\ominus=-198kJ/mol$$

纯态 H_2O_2 在避光和低温时较稳定，常温下分解也并不明显，但光照、加热或增大溶液的碱度都能加速其分解。当温度高于 150℃时，分解反应猛烈地进行而发生爆炸。微量的 Mn^{2+}、Cr^{3+}、Fe^{2+}、Fe^{3+}、MnO_2 等对 H_2O_2 的分解有催化作用。为防止其分解，H_2O_2 应保存于棕色瓶中，置于阴凉处，也可加入一些稳定剂，如微量的锡酸钠、焦磷酸钠或尿素等以增加它的稳定性，增长其存放和使用时间。

② 弱酸性　常温下 H_2O_2 在水中可微弱地离解出 H^+：

$$H_2O_2 \rightleftharpoons H^++HO_2^- \qquad K_1^\ominus=2.2\times10^{-12}\ (25℃)$$

$K_2^\ominus$ 值更小，约为 10^{-25}，因此 H_2O_2 为极弱的酸，H_2O_2 可与碱反应生成盐（过氧化物）。例如：

$$H_2O_2 + Ba(OH)_2 \longrightarrow BaO_2 + 2H_2O$$

③ 氧化性和还原性　过氧化氢中的氧处于中间氧化数−1，因此 H_2O_2 既具有氧化性又具有还原性。其还原产物和氧化产物分别是 H_2O(或 OH^-)和 O_2。氧的元素电势图如下：

$$\varphi_a^{\ominus}/V: \quad O_2 \xrightarrow{0.682} H_2O_2 \xrightarrow{1.77} H_2O$$

$$\varphi_b^{\ominus}/V: \quad O_2 \xrightarrow{-0.076} H_2O_2 \xrightarrow{0.88} OH^-$$

从氧的电势图可知，无论是在酸性溶液中还是在碱性溶液中，H_2O_2 均具有氧化性，尤其在酸性溶液中其氧化性更为突出。例如：

$$2I^- + H_2O_2 + 2H^+ \longrightarrow I_2 + 2H_2O$$

$$Sn^{2+} + H_2O_2 + 2H^+ \longrightarrow Sn^{4+} + 2H_2O$$

$$PbS + 4H_2O_2 \longrightarrow PbSO_4 + 4H_2O$$

最后一个反应能使黑色的 PbS 氧化为白色的 $PbSO_4$，因而 H_2O_2 可用于油画和壁画的漂白。在碱性溶液中，H_2O_2 可将 $[Cr(OH)_4]^-$ 氧化为 CrO_4^{2-}：

$$2[Cr(OH)_4]^- + 3H_2O_2 + 2OH^- \longrightarrow 2CrO_4^{2-} + 8H_2O$$

H_2O_2 的还原性较弱，尤其是在酸性介质中，只有当它与强氧化剂作用时，才能表现出还原性。例如：

$$Cl_2 + H_2O_2 \longrightarrow 2HCl + O_2\uparrow$$

$$MnO_2 + H_2O_2 + 2H^+ \longrightarrow Mn^{2+} + O_2\uparrow + 2H_2O$$

$$2MnO_4^- + 5H_2O_2 + 6H^+ \longrightarrow 2Mn^{2+} + 5O_2\uparrow + 8H_2O$$

第一个反应在工业上常用于除氯；第二个反应用于清洗黏附有 MnO_2 污迹的器皿；最后一个反应可用来测定 H_2O_2 的含量。

（2）过氧化氢的制备与应用　实验室中用冷的稀硫酸或盐酸与过氧化钠反应以制备过氧化氢：

$$Na_2O_2 + H_2SO_4(稀) + 10H_2O \xrightarrow{低温} Na_2SO_4 \cdot 10H_2O + H_2O_2$$

工业上制取 H_2O_2 采用乙基蒽醌法。乙基蒽醌法是以 H_2 和 O_2 为原料，苯作溶剂，在2-乙基蒽醌和钯的催化作用下制得过氧化氢。总反应如下：

$$H_2 + O_2 \xrightarrow[Pd]{2\text{-乙基蒽醌}} H_2O_2$$

过氧化氢的主要用途是基于它的氧化性。实验室用稀的（3%）和30%的 H_2O_2 作氧化剂。H_2O_2 作氧化剂或还原剂都很“洁净”，因为它反应的生成物不会留下杂质，而且过量部分很容易在加热时分解为 H_2O 和 O_2，O_2 可从体系中逸出而不增加新的物种。随着绿色化学研究的不断深入，H_2O_2 已成为一个重要的化学品，其用途在我国不断扩大，由原来主要用于纺织品和纸浆的漂白，进而发展到在化工合成及其他领域也有了许多重要应用。

如以 H_2O_2 为原料，加入石灰或 $CaCl_2$，经冷冻结晶便得到过氧化钙（CaO_2）。CaO_2 是高密度水产养殖鱼虾最理想的供氧剂、池塘消毒剂和自洁剂，它还可用于拌稻种而直接播种水稻，使种子发芽时获得 O_2 的供应。此外，CaO_2 还可用作沤肥料的催熟剂、食品和饲料的添加剂。又如 H_2O_2 与 HAc 反应制得过乙酸，此产品可作消毒剂，尤其是农副产品消毒、水处理、医疗卫生灭菌将会代替当前常用的消毒剂，对环保节能均具有重要意义。由于过氧化氢能将有色物质氧化为无色，因此可用来作漂白剂，以此取代“氯漂”，并能保持漂白物的鲜艳色泽。将氮芥溶于乙醚，在乙酸作用下以 H_2O_2 氧化可制得盐酸氧氮芥，此即癌得平，用于癌治疗。在治理环境污染中，采用化学氧化的新技术——高级氧化过程，H_2O_2 起着重要作用。在此过程中它产生的大量自由基 OH· 非常活泼，可诱发后续的链反应，自由基无选择地直接与废水中的污染物反应，将其降解为 CO_2、H_2O 和无害盐类，不会产生二次污染。H_2O_2 在医学上也有重要应用，如治疗不孕症。

H_2O_2 浓溶液及其蒸气对人体会产生危害。30%的 H_2O_2 会灼伤皮肤，H_2O_2 蒸气对眼睛黏膜有强烈的刺激作用。因此使用时应格外小心。

二、硫的重要化合物

硫在自然界中以单质和化合物形式存在。以化合物形式存在的硫分布较广，主要有硫化物（如黄铁矿 FeS_2 和某些有色金属铜、镍、铅、锌、钴的硫化物矿）和硫酸盐（如石膏 $CaSO_4 \cdot 2H_2O$、芒硝 $Na_2SO_4 \cdot 10H_2O$ 等硫酸盐矿）。矿物燃料如煤、石油和天然气中也含有硫。在动植物体内，硫以化合物形式存在，成为组成细胞的元素之一。

1. 硫化合物关联图

硫能形成多种氧化数（如−2、0、+2、+4、+6 等）的物质。在硫的化合物中，除氧化数为−2 的硫化氢、硫化物及多硫化物外，其氧化数为+4 和+6 的氧化物 SO_2 和 SO_3，可分别形成它们相应的含氧酸及其盐。此外，由于含氧酸的组成和结构的不同，硫还可形成“焦”、“代”、“连”、“过”等酸及其相应的盐。

物质以不同形态存在，决定于其存在条件，当条件改变时，就会从一种存在形态转化为另一种存在形态。因此，不同物质可以条件为纽带，将它们联系起来，使其融合为一个整体，并可用关联图表示它们之间的相互转化关系。硫及其化合物的关联图如图 10-2 所示。

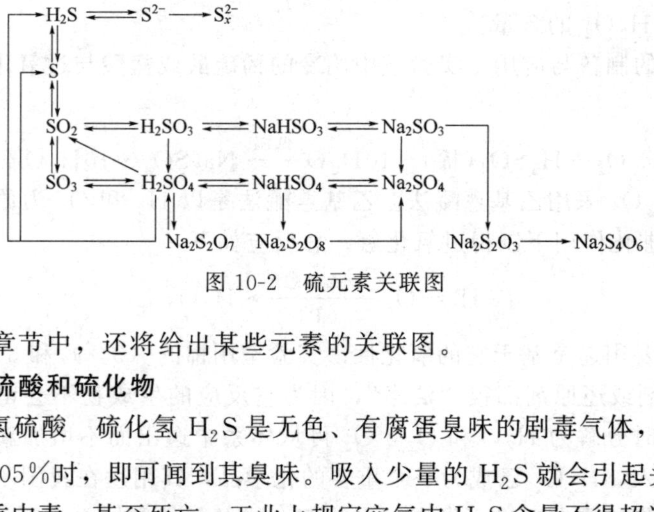

图 10-2　硫元素关联图

在后面的不同章节中，还将给出某些元素的关联图。

2. 硫化氢、氢硫酸和硫化物

(1) 硫化氢和氢硫酸　硫化氢 H_2S 是无色、有腐蛋臭味的剧毒气体，为大气污染物。大气中 H_2S 含量达 0.05%时，即可闻到其臭味。吸入少量的 H_2S 就会引起头痛、眩晕和恶心，大量吸入会引起严重中毒，甚至死亡。工业上规定空气中 H_2S 含量不得超过 0.01mg/L。

H_2S 的分子结构与水相似，呈 V 形，为极性分子，但其极性比水弱。H_2S 分子间不能形成氢键，因此其熔点（−86℃）、沸点（−71℃）均比水低。

实验室中常用硫化亚铁与稀盐酸反应制备硫化氢：

$$FeS + 2H^+ \longrightarrow Fe^{2+} + H_2S\uparrow$$

由于硫化氢有毒，存放和使用不方便，因此实验室中还利用对硫代乙酰胺水溶液加热使其水解的方法制取硫化氢：

$$CH_3CSNH_2 + 2H_2O \longrightarrow CH_3COONH_4 + H_2S\uparrow$$

产生的硫化氢在溶液中可即时反应，减少对空气的污染。

硫化氢最主要的化学性质是具有还原性、弱酸性以及能与许多金属离子发生沉淀反应。

① 硫化氢的还原性　硫化氢中 S 的氧化数最低，为−2，因此硫化氢只具有还原性。

硫化氢在空气中燃烧产生蓝色火焰，其产物因空气提供得充足与否而有所不同。当空气不足，或与不太强的氧化剂作用时，生成硫和水。

$$2H_2S + O_2 \longrightarrow 2S\downarrow + 2H_2O$$

$$H_2S + I_2 \longrightarrow S\downarrow + 2HI$$

$$2H_2S + SO_2 \longrightarrow 3S\downarrow + 2H_2O$$

在充足的空气中或与过量强氧化剂反应时，可生成 S^{+4} 或 S^{+6} 化合物。例如：

$$2H_2S + 3O_2 \longrightarrow 2SO_2\uparrow + 2H_2O$$

$$H_2S + 3H_2SO_4(\text{浓}) \longrightarrow 4SO_2\uparrow + 4H_2O$$

$$H_2S + 4Cl_2 + 4H_2O \longrightarrow H_2SO_4 + 8HCl$$

② 氢硫酸的弱酸性及沉淀反应　H_2S 气体能溶于水，室温下饱和 H_2S 溶液的浓度约为 0.1mol/L。H_2S 的水溶液称为氢硫酸，为二元弱酸，在水溶液中分两级离解：

$$H_2S \rightleftharpoons H^+ + HS^- \qquad K_{a1}^{\ominus} = 1.1\times10^{-7}$$

$$HS^- \rightleftharpoons H^+ + S^{2-} \qquad K_{a2}^{\ominus} = 1.3\times10^{-13}$$

氢硫酸溶液中 S^{2-} 浓度的大小，很大程度取决于溶液的酸度。随酸度降低，S^{2-} 浓度增加。

大多数金属离子与 S^{2-} 作用可形成难溶于水的硫化物，它们的溶解度差异甚大，表明各种金属离子生成沉淀所需的 S^{2-} 浓度各有不同。通过改变溶液酸度对 S^{2-} 浓度的控制作用，能使金属离子在不同条件下沉积出来。利用此方法可达到使金属离子分离的目的。

(2) 硫化物　氢硫酸为二元酸，可形成正盐（硫化物）和酸式盐（硫氢化物）。酸式盐均易溶于水，而正盐中碱金属（包括 NH_4^+）的硫化物和 BaS 易溶于水，其他碱土金属硫化物微溶于水（BeS 难溶），除此以外，大多数金属硫化物难溶于水，且有特征颜色（见表 10-4）。同一种硫化物，由于制备的工艺条件不同，使硫化物的结构、颗粒大小产生差异，或由于某种微量杂质存在于其中，也可能使其产生不同颜色。

表 10-4　硫化物的颜色和溶解性

溶于水		不溶于水及稀盐酸					
化学式	颜色	溶于浓盐酸		不溶于浓盐酸			
		化学式	颜色	溶于浓硝酸		仅溶于王水	
				化学式	颜色	化学式	颜色
Na_2S	白	SnS	褐	CuS	黑	HgS	黑
K_2S	白	SnS_2	黄	Cu_2S	黑	Hg_2S	黑
BaS	白	PbS	黑	Ag_2S	黑		
$(NH_4)_2S$	黄	Sb_2S_3	橙	As_2S_3	浅黄		
不溶于水而溶于稀盐酸(0.3mol/L)		Sb_2S_5	橙	As_2S_5	浅黄		
化学式	颜色	Bi_2S_3	黑				
MnS	肉色	CdS	黄				
ZnS	白						
FeS	黑						
CoS	黑						
NiS	黑						

硫化物在酸中的溶解情况与其溶度积大小有关。根据溶度积规则，当反应商 $Q<K_{sp}^{\ominus}$ 时沉淀将会溶解，因此设法降低难溶硫化物在溶液中硫离子或金属离子的浓度，使 Q 减小，才有可能使沉淀溶解。降低硫离子浓度的方法可以是：其一，提高溶液酸度，抑制 H_2S 的离解；其二，加入氧化剂，将 S^{2-} 氧化。使金属离子浓度降低的方法，则是加入配位剂与之生成难离解的配合物。根据硫化物溶解性的不同，可采取不同的方法将其溶解。下面以 MS 型硫化物为例，分四种溶解类型进行讨论。

① 用稀盐酸溶解　对于溶度积较大的硫化物（$K_{sp}^{\ominus}>10^{-24}$），加入稀盐酸，由于 H^+ 浓度增大，使 S^{2-} 的浓度降低，便可使硫化物溶解。例如：

$$ZnS+2H^+ \longrightarrow Zn^{2+}+H_2S\uparrow$$

② 用浓盐酸溶解　对于溶度积不太大的硫化物（$K_{sp}^{\ominus}$ 在 $10^{-25}\sim10^{-30}$），则需加入浓盐酸使之溶解。因为高浓度的 H^+ 能显著降低 S^{2-} 的浓度；高浓度的 Cl^- 又可与 M^{2+} 形成配离子。例如：

$$CdS+4Cl^-+2H^+ \longrightarrow [CdCl_4]^{2-}+H_2S\uparrow$$

③ 用硝酸溶解　对于溶度积更小的硫化物（$K_{sp}^{\ominus}<10^{-30}$），即使加入浓盐酸也不能有效降低 S^{2-} 和 M^{2+} 的浓度，因此需用硝酸将 S^{2-} 氧化，从而使硫化物溶解。例如：

$$3CuS+8HNO_3 \longrightarrow 3Cu(NO_3)_2+3S\downarrow+2NO\uparrow+4H_2O$$

④ 用王水溶解　对溶度积极小的硫化物如 HgS，必须用王水将其溶解。因为组成王水的 HNO_3 提供了氧化剂，而王水的另一成分 HCl 又提供了配位剂，它们共同与 HgS 作用，有效地降低了 S^{2-} 和 Hg^{2+} 的浓度，使 HgS 得以溶解。反应式为

$$3HgS+2HNO_3+12HCl \longrightarrow 3H_2[HgCl_4]+3S\downarrow+2NO\uparrow+4H_2O$$

由于氢硫酸是弱酸，故所有硫化物都有不同程度的水解性。且随着金属离子电荷数的增多，硫化物的水解程度增大。例如，Al_2S_3、Cr_2S_3 等在水中发生完全水解：

$$Al_2S_3+6H_2O \longrightarrow 2Al(OH)_3\downarrow+3H_2S\uparrow$$

$$Cr_2S_3+6H_2O \longrightarrow 2Cr(OH)_3\downarrow+3H_2S\uparrow$$

用 Al^{3+} 或 Cr^{3+} 的盐溶液与可溶性硫化物作用，得到的并不是硫化物，而是氢氧化物，因此制备这类硫化物只能用“干法”。

硫化物与盐酸或稀硫酸作用，放出 H_2S 气体，它可使醋酸铅试纸变黑，用此方法可检验 S^{2-} 的存在：

$$S^{2-}+2H^+ \longrightarrow H_2S\uparrow$$

$$Pb(Ac)_2+2H_2S \longrightarrow \underset{(黑色)}{PbS\downarrow}+2HAc$$

金属硫化物用途很广。Na_2S 因水解使溶液呈碱性，故称其为“硫化碱”，它价格便宜，在工业上常代替 NaOH 作为碱使用。Na_2S 广泛用于染料、印染、涂料、制革、食品等工业。Ca、Sr、Ba、Zn、Cd 等的硫化物是良好的发光材料，广泛用于夜光仪表和黑白或彩色电视中。

3. 硫的氧化物

硫的氧化物主要有两种，即二氧化硫和三氧化硫。

除焙烧多硫化物可产生 SO_2 外，硫在空气中燃烧也可以生成 SO_2：

$$S+O_2 \longrightarrow SO_2$$

SO_2 是无色具有强烈刺激性的气体，其沸点为－10.02℃，较易液化。液态 SO_2 作制冷剂，能使体系的温度降至－50℃。

SO_2 易溶于水，常温下 1L 水能溶解 40L SO_2，相当于10%的溶液。若加热可将溶解的 SO_2 完全赶出。SO_2 具有漂白性，这是由于 SO_2 或 H_2SO_3 能与某些有机物发生加成反应，生成无色加成物而使有机物褪色。

SO_2 中，S 处于中间氧化数，为＋4，所以 SO_2 既有氧化性又有还原性，但其还原性较为显著，而只有与强还原性物质作用时，SO_2 才可表现出氧化性。例如：

$$2SO_2 + O_2 \xrightarrow[450℃]{V_2O_5} 2SO_3$$

$$SO_2 + 2CO \xrightarrow[500℃]{\text{铝矾土}} S + 2CO_2$$

$$SO_2 + 2H_2S \longrightarrow 3S + 2H_2O$$

SO_2 主要用于生产硫酸和亚硫酸盐，还大量用于生产合成洗涤剂、食品防腐剂，在漂染、消毒和制冷等方面也有广泛应用。

SO_2 是造成大气环境污染的重要污染物。它对人体的呼吸系统和消化系统危害极大，尤其是高浓度的 SO_2，会使人呼吸困难，甚至死亡。大气中由于 SO_2 的存在所形成的酸雨（pH＜5.6 的雨水）会使农作物大面积减产、毁坏森林、腐蚀建筑物。目前硫化矿冶炼厂、火力发电厂是产生 SO_2 的主要污染源。工业上所允许的空气中 SO_2 含量不得超过 0.02mg/L。

对 SO_2 污染的治理方法很多。例如焦炉气中的 SO_2，可用 CO 作还原剂，在高温下用铝矾土作催化剂，使其还原为单质硫。冶炼硫化矿的烟道气中 SO_2 的含量较高，可先将其氧化为 SO_3，再制成 H_2SO_4。如果 SO_2 的含量较少，则可用石灰水 $Ca(OH)_2$ 溶液或 Na_2CO_3 溶液吸收除去：

$$Ca(OH)_2 + SO_2 \longrightarrow CaSO_3\downarrow + H_2O$$
$$2Na_2CO_3 + SO_2 + H_2O \longrightarrow Na_2SO_3 + 2NaHCO_3$$

纯净的 SO_3 是无色易挥发的固体，具有很强的氧化性。例如，SO_3 与磷接触时会引起燃烧；可将碘化物氧化为单质碘：

$$10SO_3 + 4P \longrightarrow 10SO_2 + P_4O_{10}$$
$$SO_3 + 2KI \longrightarrow K_2SO_3 + I_2$$

4. 硫的含氧酸及其盐

硫的含氧酸种类繁多，硫酸和亚硫酸是硫的含氧酸两大系列的母体。根据无机含氧酸组成和结构的不同，可分为“焦”、“代”、“连”、“过”等类型。表 10-5 列出了硫的一些主要类型的含氧酸及其盐。

表 10-5　硫的含氧酸及其盐

硫的氧化数	酸的名称	化学式	结构式	存在形式（代表物）
+2	硫代硫酸	$H_2S_2O_3$	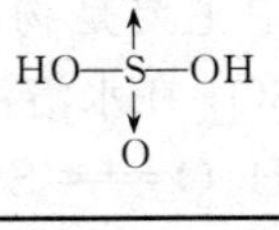	盐（$Na_2S_2O_3$）

续表

硫的氧化数	酸的名称	化学式	结构式	存在形式（代表物）
+2.5	连四硫酸	$H_2S_4O_6$	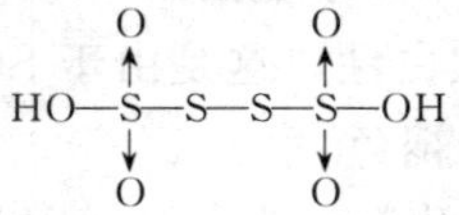	盐（$Na_2S_4O_6$）
+4	亚硫酸	H_2SO_3	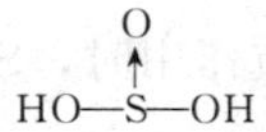	酸溶液 盐（Na_2SO_3）
+6	硫酸	H_2SO_4	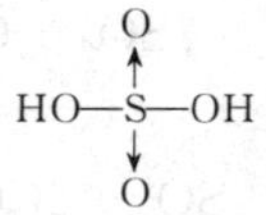	酸 盐（Na_2SO_4）
+6	焦硫酸	$H_2S_2O_7$	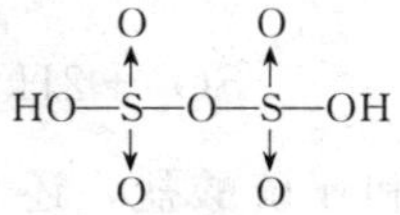	酸 盐（$Na_2S_2O_7$）
+7	过二硫酸	$H_2S_2O_8$	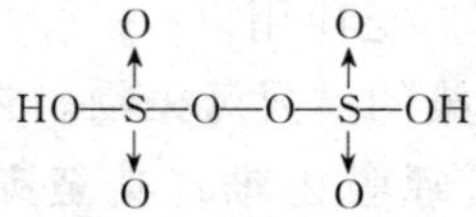	酸 盐（$Na_2S_2O_8$）

“焦酸”是指两个含氧酸分子失去一分子水所得的产物，如焦硫酸 $H_2S_2O_7$ 即是由两个 H_2SO_4 脱去一分子水形成的。

“代酸”是指氧原子被其他原子所取代的含氧酸，如硫代硫酸 $H_2S_2O_3$ 是 H_2SO_4 中的一个 O 原子被一个 S 原子所代替而产生的。

“连酸”是指中心原子连在一起的含氧酸，如 4 个 S 原子连在一起的连四硫酸 $H_2S_4O_6$。

“过酸”是指含有过氧键的含氧酸，如过二硫酸 $H_2S_2O_8$。

硫的含氧酸中除硫酸、过硫酸和焦硫酸外，大多数不存在相应的自由酸，而只能存在于溶液中，其盐比相应的含氧酸稳定。硫的含氧酸及其盐的氧化还原特性可由电极电势讨论，硫的元素电势图如下。

$$\varphi_a^{\ominus}/V: \quad S_2O_8^{2-} \xrightarrow{2.0} SO_4^{2-} \xrightarrow{0.2} H_2SO_3 \xrightarrow{0.40} H_2S_2O_3 \xrightarrow{0.50} S \xrightarrow{0.14} H_2S \qquad (H_2SO_3 \xrightarrow{0.45} S)$$

$$\varphi_b^{\ominus}/V: \quad S_2O_8^{2-} \xrightarrow{2.0} SO_4^{2-} \xrightarrow{-0.93} SO_3^{2-} \xrightarrow{-0.58} S_2O_3^{2-} \xrightarrow{-0.74} S \xrightarrow{-0.48} S^{2-} \qquad (SO_3^{2-} \xrightarrow{-0.66} S)$$

下面讨论硫的几种主要的含氧酸及其盐。

（1）亚硫酸及其盐　二氧化硫溶于水生成很不稳定的亚硫酸（H_2SO_3），它只能存在于水溶液中，自由状态的亚硫酸尚未制得。H_2SO_3 是二元中强酸，在溶液中分两步离解：

$$H_2SO_3 \rightleftharpoons H^+ + HSO_3^- \quad K_{a1}^{\ominus} = 1.3 \times 10^{-2}$$

$$HSO_3^- \rightleftharpoons H^+ + SO_3^{2-} \quad K_{a2}^{\ominus} = 6.2 \times 10^{-8}$$

光谱实验证明，SO_2 在水中主要是物理溶解，它是以 $SO_2 \cdot nH_2O$ 形式存在于水和酸性溶液中的，因此有人指出，SO_2 在水溶液中的离解可表示如下：

$$SO_2 + nH_2O \rightleftharpoons SO_2 \cdot nH_2O$$

$$SO_2 \cdot nH_2O \rightleftharpoons H^+ + HSO_3^- + (n-1)H_2O$$

$$HSO_3^- \rightleftharpoons H^+ + SO_3^{2-}$$

H_2SO_3 中 S 的氧化数为+4，它既有氧化性又有还原性，但从硫的元素电势图可知，H_2SO_3 的还原性突出，氧化性较弱。例如，它可被空气中的氧氧化为 H_2SO_4；可将 I_2 还原为 I^-：

$$2H_2SO_3 + O_2 \longrightarrow 2H_2SO_4$$

$$H_2SO_3 + I_2 + H_2O \longrightarrow H_2SO_4 + 2HI$$

只有当遇到较强的还原剂时，H_2SO_3 才表现出氧化性。例如：

$$H_2SO_3 + 2H_2S \longrightarrow 3S\downarrow + 3H_2O$$

亚硫酸可形成正盐和酸式盐。酸式盐的溶解度大于正盐，且易溶于水。绝大多数的正盐（K^+、Na^+、NH_4^+ 除外）都不溶于水。

通常在金属氢氧化物的水溶液中通入 SO_2，可得到相应的亚硫酸盐。例如：

$$NaOH + SO_2 \longrightarrow NaHSO_3$$

$$NaHSO_3 + NaOH \longrightarrow Na_2SO_3 + H_2O$$

亚硫酸盐或亚硫酸氢盐遇强酸发生分解，放出二氧化硫，利用此性质可在实验室中制备少量的 SO_2。例如：

$$Na_2SO_3 + H_2SO_4(\text{稀}) \longrightarrow Na_2SO_4 + SO_2\uparrow + H_2O$$

$$2NaHSO_3 + H_2SO_4(\text{稀}) \longrightarrow Na_2SO_4 + 2SO_2\uparrow + 2H_2O$$

从硫的元素电势图可看出，亚硫酸盐的还原性强于亚硫酸。正因为如此，Na_2SO_3 更易被空气中的氧所氧化变成 Na_2SO_4。所以，保存亚硫酸或亚硫酸盐时，应防止空气进入。此外，在纺织、印染工业上，亚硫酸盐用作织物的去氯剂，也是利用其还原性：

$$SO_3^{2-} + Cl_2 + H_2O \longrightarrow SO_4^{2-} + 2Cl^- + 2H^+$$

亚硫酸盐有多种用途，如亚硫酸钠是工业上重要的还原剂，在照相业中用作显影保护剂，制革业中用作去钙剂，食品业中用于防腐、脱水蔬菜保鲜。另外，亚硫酸钠还用于染料及医药合成等。

(2) 硫酸及其盐　纯硫酸是无色透明的油状液体，工业品因含杂质而呈浅黄色。98%的硫酸沸点为338℃，是常用的高沸点酸，这是硫酸分子间形成氢键的缘故。浓 H_2SO_4 具有吸水性和脱水性。

在浓硫酸中，主要以 H_2SO_4 形式存在，因其结构对称性差，易和还原剂反应，表现出氧化性。尤其在加热的情况下，氧化性更为显著。如热的浓硫酸几乎能氧化所有的金属和一些非金属，其还原产物一般为 SO_2；若与活泼金属作用，还能同时析出 S，甚至产生 H_2S 气体。例如：

$$Cu + 2H_2SO_4(\text{浓}) \longrightarrow CuSO_4 + SO_2\uparrow + 2H_2O$$

$$C + 2H_2SO_4(\text{浓}) \xrightarrow{\text{加热}} CO_2\uparrow + 2SO_2\uparrow + 2H_2O$$

$$Zn + 2H_2SO_4(\text{浓}) \longrightarrow ZnSO_4 + SO_2\uparrow + 2H_2O$$

$$3Zn + 4H_2SO_4(\text{浓}) \longrightarrow 3ZnSO_4 + S + 4H_2O$$

$$4Zn + 5H_2SO_4(\text{浓}) \longrightarrow 4ZnSO_4 + H_2S\uparrow + 4H_2O$$

浓硫酸具有氧化性，体现于成酸元素 S 的氧化性，而稀硫酸的氧化作用则是由于 H_2SO_4 中 H^+ 夺电子所致，因此，稀硫酸只能与电位顺序在氢以前的金属如 Mg、Zn、Fe 等反应放出 H_2。

冷的浓硫酸会使 Fe、Al 表面生成一层致密的氧化膜，保护了内部金属不继续与酸作用，这种现象称为“钝化”。这就是可以用铁罐贮运浓硫酸（浓度必须在92.5%以上）的缘故。

硫酸是最主要的化工产品之一。它主要用于化肥生产，此外，硫酸还与硝酸一起大量用于炸药的生产、石油和煤焦油产品的精炼，以及各种矾、染料、颜料和农药制造。利用浓硫酸高沸点的性质，使其与某些挥发性酸的盐共热，可生产较易挥发的酸，如盐酸和硝酸。

硫酸能形成两种类型的盐，即正盐（硫酸盐）和酸式盐（硫酸氢盐）。

硫酸盐在硫的含氧酸盐中种类最多，它们有如下一些典型性质。

① 一般硫酸盐大多易溶于水。Ag_2SO_4 微溶于水，$PbSO_4$、$CaSO_4$、$SrSO_4$、$BaSO_4$ 难溶于水。其中 $BaSO_4$ 不仅难溶于水，而且也不溶于酸和王水。当向某溶液中加入可溶性钡盐（如 $BaCl_2$），而有不溶于酸（如 HNO_3）的白色沉淀生成时，说明该溶液中有 SO_4^{2-} 存在，借此反应可以鉴定或分离 SO_4^{2-} 或 Ba^{2+}。

② 大多数硫酸盐易形成复盐。将两种硫酸盐按比例混合，即可得到硫酸复盐。如硫酸亚铁铵 $(NH_4)_2SO_4 \cdot FeSO_4 \cdot 6H_2O$，又称摩尔盐；十二水合硫酸铝钾 $KAl(SO_4)_2 \cdot 2H_2O$，俗称明矾或白矾。

③ 硫酸盐受热分解。如过渡元素硫酸盐在高温下分解为三氧化硫和金属氧化物（或金属单质和氧气）：

$$CuSO_4 \xrightarrow{加热} CuO + SO_3 \uparrow$$

$$2Ag_2SO_4 \xrightarrow{加热} 4Ag + 2SO_3 \uparrow + O_2 \uparrow$$

硫酸铵最不稳定，稍受热即能分解：

$$(NH_4)_2SO_4 \xrightarrow{100℃} NH_3 \uparrow + NH_4HSO_4$$

第ⅠA 族和第ⅡA 族元素的某些硫酸盐加热到 1000℃也不分解。

在碱金属硫酸盐溶液中加入过量的硫酸，即可得到酸式硫酸盐，如 $NaHSO_4$、$KHSO_4$ 等。它们都可溶于水，并使溶液呈酸性。

固态的酸式硫酸盐受热脱水，生成焦硫酸盐：

$$2KHSO_4 \xrightarrow{加热} K_2S_2O_7 + H_2O$$

焦硫酸盐遇水会因水解作用又生成酸式硫酸盐，因此需密闭保存。

（3）硫代硫酸及其盐　亚硫酸盐与硫作用生成硫代硫酸盐。例如，将硫粉溶于沸腾的亚硫酸钠溶液中可制得硫代硫酸钠 $Na_2S_2O_3$：

$$Na_2SO_3 + S \xrightarrow{加热} Na_2S_2O_3$$

在传统工艺的基础上，已研究出微波照射下亚硫酸钠合成硫代硫酸钠的清洁生产工艺。其基本原理是，以微波照射代替传统加热，由于微波辐射除有热效应外，还有非热效应起作用，因而使反应速率显著加快。在相同原料摩尔比和反应温度的条件下，当达到相同产率（如 82%）时，利用微波照射时的反应速率比传统加热快 15 倍，因而大大降低了能耗。

硫代硫酸钠商品名为海波，俗称大苏打，是无色透明的晶体。它易溶于水，其水溶液呈弱碱性。

$Na_2S_2O_3$ 在中性或碱性溶液中很稳定，在酸性溶液中生成的硫代硫酸（$H_2S_2O_3$）不稳定，立即分解为 S 和 H_2SO_3，后者又分解为 SO_2 和 H_2O：

$$S_2O_3^{2-} + 2H^+ \longrightarrow S \downarrow + SO_2 \uparrow + H_2O$$

$Na_2S_2O_3$ 中两个 S 原子的平均氧化数为 +2，因此 $S_2O_3^{2-}$ 具有还原性，其氧化产物因反应条件而异。与强氧化剂如氯、溴等作用，被氧化成硫酸钠；与较弱的氧化剂如碘作用，被氧化成连四硫酸钠（$Na_2S_4O_6$）：

$$S_2O_3^{2-}+4Cl_2+5H_2O \longrightarrow 2SO_4^{2-}+8Cl^-+10H^+$$

$$2S_2O_3^{2-}+I_2 \longrightarrow S_4O_6^{2-}+2I^-$$

前一反应可用来除氯，在纺织和造纸工业上作脱氯剂；后一反应在定量分析中可定量测定碘。

$Na_2S_2O_3$ 的另一个重要性质是具有配位性，$S_2O_3^{2-}$ 可与一些金属离子如 Ag^+、Cd^{2+} 等形成稳定配离子。基于此性质，在照相技术中 $Na_2S_2O_3$ 用作定影剂，以除去胶片上未起作用的溴化银（AgBr）：

$$AgBr+2S_2O_3^{2-} \longrightarrow [Ag(S_2O_3)_2]^{3-}+Br^-$$

重金属的硫代硫酸盐难溶且不稳定。例如，Ag^+ 与少量 $S_2O_3^{2-}$ 作用时，生成白色硫代硫酸银（$Ag_2S_2O_3$）沉淀，此沉淀迅速分解，颜色由白色经过黄色、棕色，最后变成黑色 Ag_2S 沉淀。此反应可用来鉴定 $S_2O_3^{2-}$：

$$S_2O_3^{2-}+2Ag^+ \longrightarrow Ag_2S_2O_3\downarrow$$

$$Ag_2S_2O_3+H_2O \longrightarrow Ag_2S\downarrow+H_2SO_4$$

硫代硫酸钠除以上所涉及的应用外，在化工生产中可用作还原剂，还可用于电镀、鞣革等行业。

阅读材料

二氧化氯——新型高效多功能水处理消毒剂

随着科学技术的进步和人类对生活环境要求的提高，20 世纪初二氧化氯开始受到广泛关注和深入研究。目前，二氧化氯是公认的一种高效、低毒、广谱的第四代新型杀菌消毒剂，其安全性被世界卫生组织列为 AI 级，应用几乎涉及各行各业和人们生活的许多方面。二氧化氯在水中溶解成黄绿色的溶液，与氯气不同，它在水中不水解，也不聚合，在 pH＝2～9 范围内以一种溶解的气体存在，具有一定的挥发性。二氧化氯的消毒特点如下：

① 二氧化氯作为高效杀菌、杀病毒、灭藻、高效氧化剂。与氯气相比，杀菌效果好，持续时间长，而且用量少，更有效。

② 二氧化氯在很大 pH 范围内（pH＝4～9）有很强的杀菌能力。

③ 二氧化氯不与氨及氨基化合物反应，其杀菌效果不受氨的影响。

④ 二氧化氯与酚类反应不产生氯苯酚，与有机物、无机物的反应具有很强的选择性，这使二氧化氯与腐殖质及有机物反应几乎不产生发散性有机卤化物，不产生有致癌作用的三卤甲烷（THMs）。

⑤ 二氧化氯不仅能杀死微生物，而且能分解残留的细胞结构，具有杀孢子和杀病毒的作用，从而可以有效地控制细菌和藻类及黏泥。

⑥ 温度升高，二氧化氯的杀菌能力增强。这一优点，弥补了因温度升高使二氧化氯在水中溶解度下降的缺点。

⑦ 和氯气不同，二氧化氯不与水反应生成次氯酸和盐，大大降低了对设备和管道的腐蚀性。

氯气是饮用水的传统消毒剂，在应用过程中易产生三氯甲烷等致癌物质，已引起世界各国的高度重视。用二氧化氯替代液氯、次氯酸钠等对饮用水进行消毒，不仅不生成有害物质，而且可以使致癌的稠环化合物降解成无致癌作用的物质，并可除去水中的无机物和异味。二氧化氯水处理消毒剂的综合效果比氯气好得多，综合效益大大优于氯气。因此二氧化氯作为饮用水消毒剂的换代产品，受到世界发达国家的普遍重视。

目前，仅在美国就有400多家水厂、在欧洲已有数千家水厂在使用二氧化氯消毒。二氧化氯在冷却水系统中的使用只是在20世纪70年代中期才开始的，随着二氧化氯生产工艺的日益改进和它具有高效杀菌的优势，逐渐获得了广泛的应用。

本章小结

1. 卤素单质的一些物理性质呈规律性变化。氧化性是卤素单质突出的化学性质。由于它们的氧化性强弱不同，在与不同物质作用时，其反应性能有较大差异。

2. 卤化氢分子中，HF分子具有反常高的熔沸点。从HF到HI，由于键能依次减小，热稳定性急剧下降，它们的水溶液除HF为弱酸外，其余均为强酸，且酸性逐渐增强；卤化物因类型不同，其熔沸点、溶解性和水解性差异明显。

3. 除氟外，氯、溴、碘能形成多种含氧酸及其盐，其中以氯的含氧化合物最为重要。

其氧化物的水合物酸碱性可由ROH规则作判断。氯的含氧酸及其盐具有氧化性，含氧酸的氧化性强于其盐，且随氯的氧化数升高，氧化性逐渐减弱（$HClO_2$ 例外）。氯的含氧酸及其盐的氧化性与其热稳定性有关，随热稳定性的增强，氧化性逐渐减弱。

4. H_2O_2 是含有过氧键的极性分子，不稳定，易分解，其水溶液呈弱酸性。分子间由于有氢键存在，沸点比水高。过氧化氢具有氧化性及还原性，氧化性更为突出，尤其在酸性溶液中。

5. H_2S 为极性分子，水溶液显弱酸性。溶液pH不同，S^{2-} 浓度也不同。通过改变溶液酸度对 S^{2-} 浓度的控制，可使金属离子在不同条件下沉积。还原性是 H_2S 的另一重要性质，氧化产物取决于氧化剂的强弱或浓度。

6. 硫可形成硫化物及硫氢化物。硫氢化物均易溶于水，大多数硫化物难溶，且有特征颜色。由可溶性硫化物可生成多硫化物。

7. 亚硫酸是很不稳定的二元弱酸，具有氧化性及还原性，尤以还原性突出。它可形成正盐及酸式盐。亚硫酸盐也具有还原性，且强于其酸。

8. H_2SO_4 是二元强酸，具有吸水性和脱水性。浓硫酸具有氧化性，还原产物一般为 SO_2，若与活泼金属作用，还可同时产生S及 H_2S。硫酸也可形成正盐及酸式盐。酸式盐受热脱水生成焦硫酸盐；正盐的热稳定性因相应阳离子的电荷、半径及电子构型不同有较大差异。

9. 由亚硫酸盐可生成硫代硫酸盐，它易溶于水，具有配位性及还原性，氧化产物决定于氧化剂的强弱。

思 考 题

1. 举例说明卤素 X_2 的氧化性和 X^- 的还原性强弱的递变规律。

2. 用电极电势说明在实验室中用不同的氧化剂制备氯气时，对盐酸的要求何以有以下差异：

（1）MnO_2 要求用浓盐酸；

（2）$K_2Cr_2O_7$ 至少要用中等浓度的盐酸；

（3）$KMnO_4$ 使用较稀的盐酸也可。

3. 解释下列现象：

（1）I_2 难溶于纯水却易溶于KI溶液；

（2）I_2 在 CCl_4 中呈现紫色，而在水或乙醇中呈现红棕色；

（3）KI溶液中通入氯气时，开始溶液呈现红棕色，继续通入氯气，颜色褪去。

4. 为什么单质氟不易制取？通常用什么方法从氟化物制取单质氟？

5. 试述氢卤酸HX的还原性、热稳定性和酸性的递变规律。

6. 有三支试管，分别盛有HCl、HBr和HI溶液，如何鉴别它们？

7. 氯的含氧酸的酸性、氧化性、热稳定性的相对强弱与氯的氧化数有何关系？

8. 在下图各箭号处填入合适的化学试剂或反应条件，以实现各物质之间的转变。

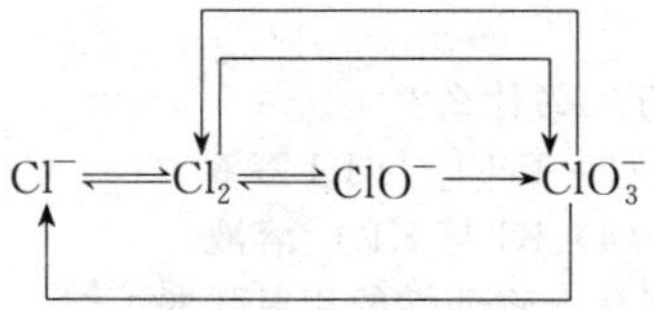

9. 比较 O_2 和 O_3 的性质。

10. 实验室中如何制备 H_2S 气体？为什么不用 HNO_3 或 H_2SO_4 与 FeS 作用以制取 H_2S?

11. 硫有哪些主要含氧酸？这些含氧酸的氧化性、还原性如何？

12. 为什么亚硫酸盐溶液中往往含有硫酸根离子？如何检查？

13. 解释下列事实：

（1）实验室内不能长久保存 H_2S、Na_2S 和 Na_2SO_3 溶液。

（2）用 Na_2S 溶液分别作用于含 Cr^{3+} 或 Al^{3+} 的溶液，得不到相应的硫化物 Cr_2S_3 或 Al_2S_3。若想制备 Cr_2S_3、Al_2S_3，必须采用“干法”。

（3）H_2S 通入 Fe^{3+} 盐溶液中得不到 Fe_2S_3 沉淀。

（4）H_2S 气体通入 $MnSO_4$ 溶液中不产生 MnS 沉淀。若 $MnSO_4$ 溶液中含有一定量的氨水，再通入 H_2S 气体时即有 MnS 沉淀产生。

14. 从安全的角度出发，浓 H_2SO_4 有哪些性质需要特别重视？

15. 下列各组物质能否共存？为什么？

H_2S 与 H_2O_2　　　　MnO_2 与 H_2O_2

H_2SO_3 与 H_2O_2　　　　PbS 与 H_2O_2

16. 如何鉴定 S^{2-}、SO_3^{2-}、SO_4^{2-}、$S_2O_3^{2-}$。

17. 选择题

（1）有关元素氟、氯、溴、碘的共性，错误的描述是（　　）。

A. 都可生成共价型化合物　　B. 都可作为氧化剂使用

C. 都可生成离子型化合物　　D. 都可溶于水放出氧气

（2）下列各组一元酸，酸性强弱顺序正确的是（　　）。

A. $HClO > HClO_3 > HClO_4$　　B. $HClO > HClO_4 > HClO_3$

C. $HClO_4 > HClO > HClO_3$　　D. $HClO_4 > HClO_3 > HClO$

（3）下列关于氢氟酸的说法中，错误的是（　　）。

A. 实验室中不可以用玻璃瓶盛装 HF 而应用塑料瓶　　B. 0.1mol/L HF 酸性比 0.1mol/L HCl 强

C. HF 是非氧化性酸　　D. HF 在溶液中可形成缔合分子

（4）将 H_2O_2 加到用 H_2SO_4 酸化的 $KMnO_4$ 溶液中，放出氧气，H_2O_2 的作用是（　　）。

A. 氧化 $KMnO_4$　　B. 氧化 H_2SO_4　　C. 还原 $KMnO_4$　　D. 还原 H_2SO_4

（5）实验室制备卤化氢，正确的叙述是（　　）。

A. 直接合成法不只限于生产 HCl，其他卤化氢也可以用直接合成法生产

B. 浓 H_2SO_4 与卤化物发生复分解反应可以制取所有的卤化氢

C. 非金属卤化物水解制取卤化氢只限于 HBr 和 HI，这是因为氟、氯的非金属化合物不能发生水解

D. 将水滴在红磷和碘的固态混合物上，HI 会顺利地产生

（6）在照相业中，$Na_2S_2O_3$ 常用作定影剂，在这里 $Na_2S_2O_3$ 的作用是（　　）。

A. 氧化剂　　B. 还原剂　　C. 配位剂　　D. 漂白剂

（7）含有下列各组离子的溶液与 Na_2S 溶液反应，不生成黑色沉淀的是（　　）。

A. Fe^{2+}、Bi^{3+}　　B. Cd^{2+}、Zn^{2+}　　C. Al^{3+}、Cu^{2+}　　D. Mn^{2+}、Pb^{2+}

习　题

1. 从卤化物制取各种 HX（X=F、Cl、Br、I），各应采用什么酸？为什么？

2. 润湿的 KI-淀粉试纸遇到 Cl_2 显蓝紫色，但该试纸继续与 Cl_2 接触，蓝紫色又会褪去。用相关的反应式

解释上述现象。

3. 下列各对物质在酸性溶液中能否共存？为什么？

（1）$FeCl_3$ 与 Br_2 水　　（2）$FeCl_3$ 与 KI 溶液

（3）NaBr 与 $NaBrO_3$ 溶液　　（4）KI 与 KIO_3 溶液

4. 根据 ROH 规则，分别比较下列各组化合物酸性的相对强弱。

（1）HClO　$HClO_2$　$HClO_3$　$HClO_4$

（2）H_3PO_4　H_2SO_4　$HClO_4$

（3）HClO　HBrO　HIO

5. 完成并配平下列反应方程式：

（1）$Cl_2 + KOH(冷) \longrightarrow$　　（2）$Cl_2 + KOH(热) \longrightarrow$

（3）$HCl + KMnO_4 \longrightarrow$　　（4）$KClO_3 \xrightarrow[\triangle]{MnO_2}$

（5）$KI + I_2 \longrightarrow$　　（6）$I_2 + H_2O_2 \longrightarrow$

6. 若排放少量 KCN 溶液，应采取什么措施以消除污染？写出反应方程式。

7. 有两种白色晶体 A 和 B，它们均为钠盐且溶于水。A 的水溶液呈中性，B 的水溶液呈碱性。A 溶液与 $FeCl_3$ 溶液作用呈红棕色，与 $AgNO_3$ 溶液作用出现黄色沉淀。晶体 B 与浓盐酸反应产生黄绿色气体，该气体同冷 NaOH 溶液作用得到含 B 的溶液。向 A 溶液中开始滴加 B 溶液时，溶液呈红棕色，若继续滴加过量 B 溶液，则溶液的红棕色消失。问 A 和 B 各为何物？写出上述有关的反应式。

8. 过氧化氢在酸性介质中，分别与 $K_2Cr_2O_7$ 和 $KMnO_4$ 反应，在这两个反应中，根据标准电极电势来判断何者为氧化剂？写出反应式。

9. 举例说明 S(Ⅳ) 既有氧化性，也有还原性，且以还原性为主；何以 SO_3^{2-} 比 H_2SO_3 更易被氧化。

10. 金属硫化物在颜色、溶解性（溶剂分别为 H_2O、稀盐酸、浓盐酸以及 HNO_3、王水等）和水解性等方面有很大差异。试对其进行归纳分类。

11. 用一简便方法，将下列五种固体加以鉴别，并写出有关反应式。

Na_2S　Na_2S_2　Na_2SO_3　Na_2SO_4　$Na_2S_2O_3$

12. $AgNO_3$ 溶液中加入少量 $Na_2S_2O_3$，与 $Na_2S_2O_3$ 溶液中加入少量 $AgNO_3$，反应有何不同？分别写出有关反应式。

13. 浓硫酸能干燥下列何种气体？

H_2S　NH_3　H_2　Cl_2　CO_2

14. 完成并配平下列反应方程式（尽可能写出离子反应方程式）：

（1）$H_2O_2 \xrightarrow{\triangle}$　　（2）$H_2O_2 + KI + H_2SO_4 \longrightarrow$

（3）$H_2O_2 + KMnO_4 + H_2SO_4 \longrightarrow$　　（4）$H_2S + FeCl_3 \longrightarrow$

（5）$Na_2S_2O_3 + I_2 \longrightarrow$　　（6）$Na_2S_2O_3 + Cl_2 + H_2O \longrightarrow$

（7）$AgBr + Na_2S_2O_3 \longrightarrow$　　（8）$H_2S + H_2SO_3 \longrightarrow$

（9）$Na_2S_2O_8 + MnSO_4 + H_2O \longrightarrow$

15. 某物质水溶液 A 既有氧化性又有还原性：

（1）向此溶液加入碱时生成盐；

（2）将(1)所得溶液酸化，加入适量 $KMnO_4$，可使 $KMnO_4$ 褪色；

（3）在(2)所得溶液中加入 $BaCl_2$，得白色沉淀。

判断 A 是什么溶液。

16. 一种无色透明的盐 A 溶于水，在水溶液中加入稀 HCl 有刺激气体 B 产生，同时有淡黄色沉淀 C 析出。若通 Cl_2 于 A 溶液中，并加入可溶性钡盐，则产生白色沉淀 D。问 A、B、C、D 各为何物？并写出有关反应方程式。

17. 有一白色固体 A，加入油状无色液体 B，可得紫黑色固体 C；C 微溶于水，加入 A 后，C 的溶解度增大，得一棕色溶液 D。将 D 分成两份，一份加入一种无色溶液 E，另一份通入气体 F，都褪成无色透明溶液；E 溶液遇酸则有淡黄色沉淀产生；将气体 F 通入溶液 E，在所得溶液中加入 $BaCl_2$ 溶液有白色沉淀，该沉淀难溶于 HNO_3。问 A、B、C、D、E、F 各代表何物？并写出有关反应方程式。

第十一章
p区元素（二）

学习目标

1. 熟悉氮族元素的通性；了解惰性电子对效应；掌握氨的结构及性质和铵盐的性质。

2. 了解 NO、NO_2 的性质；掌握亚硝酸及其盐、硝酸及其盐的性质。

3. 了解 P_4、P_4O_6、P_4O_{10} 之间的关系；熟悉各种磷酸之间的关系；掌握三类磷酸盐的水解性和溶解性。

4. 熟悉砷、锑、铋含氧化合物性质的递变规律；了解砷、锑、铋硫化物的生成和溶解；了解砷、锑硫代酸盐的性质。了解砷及其化合物对人体的危害及废水中含砷量的排放标准。

5. 熟悉 NH_4^+、NO_2^-、NO_3^-、PO_4^{3-}、Sb^{3+}、Bi^{3+} 的鉴定。

6. 熟悉碳族元素的通性；掌握碳酸盐的溶解性、水解性和热稳定性及其性质递变规律。

7. 掌握锡、铅氢氧化物的酸碱性及其递变规律；掌握 Sn(Ⅱ) 的还原性和 Pb(Ⅳ) 的氧化性；掌握难溶性铅盐的溶解方法及锡硫化物的溶解方法。了解铅及其化合物对人体的危害及废水中含铅量的排放标准。

8. 熟悉硼族元素的通性；了解缺电子原子概念；掌握硼酸及硼酸盐的性质；熟悉氢氧化铝及铝盐的性质。

9. 熟悉 Sn^{2+}、Pb^{2+}、Al^{3+} 的鉴定。

本章重点讨论第ⅤA、第ⅣA 和第ⅢA 族元素的单质及其化合物。

第一节　氮族元素

氮族元素为周期表中第ⅤA 族元素，包括氮、磷、砷、锑、铋和镆六种元素。氮族元素从上而下，原子半径递增，电负性递减，因此该族元素从典型的非金属元素氮和磷，经过性质上介于非金属与金属之间的准金属砷和锑，过渡到典型的金属元素铋和放射性金属元素镆。

氮族元素的价层电子构型为 ns^2np^3，它们主要形成氧化数为－3、＋3 和＋5 的化合物。当与电负性较小的元素结合时，只形成氧化数为－3 的化合物；当与电负性较大元素（如氟、氯、氧）结合时，主要形成氧化数为＋3 和＋5 的化合物。由于惰性电子对效应，氮族元素从上而下氧化数为＋3 的化合物稳定性增强，而氧化数为＋5（除氮外）的化合物稳定性减弱。

氮族元素的电负性不是很大，获得 3 个电子形成 M^{3-} 的可能性很小。在氧化数为－3 的二元化合物中，只有活泼金属的氮化物和磷化物是离子型的，如 Mg_3N_2、Ca_3P_2 等，其中

含有 N^{3-} 和 P^{3-}。它们只能以干燥的固态存在，遇水会强烈地水解，因此，在水溶液中不可能得到 N^{3-} 和 P^{3-}。另外，原子序数较大的氮族元素与非金属元素氟也可形成离子型化合物。**除少数的离子型化合物之外，氮族元素形成的化合物大多是共价型的，而且原子愈小，形成共价键的趋势就愈大。**

一、氮及其重要化合物

1. 氮化合物关联图

氮可形成氧化数为－3 的氢化物氨和铵盐。它的多种正氧化数的氧化物，其中由重要的 NO、NO_2 可反应生成氧化数为＋3 和＋5 的含氧酸及其盐。它们之间的内在联系及相互转化关系由关联图表示，见图 11-1。

2. 氮气

氮气是无色、无臭、无味的气体，微溶于水，主要存在于大气中。

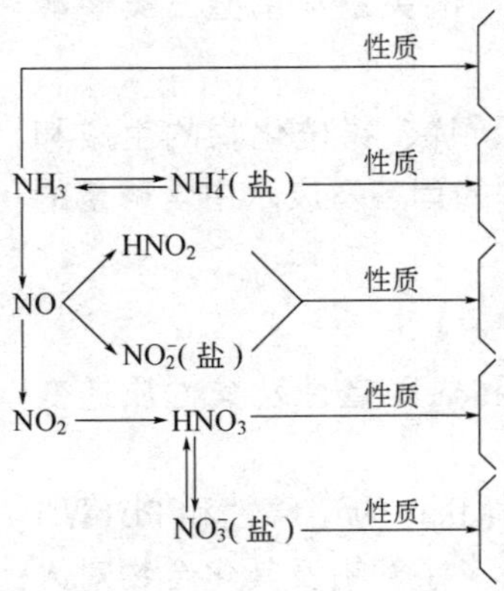

图 11-1　氮化合物关联图

氮分子 N_2 由两个氮原子以一个 σ 键和两个 π 键组成，由于 N≡N 键能很大，所以 N_2 是最稳定的双原子分子。在化学反应中破坏 N≡N 键十分困难，致使氮气表现出高的化学惰性。在常温下，氮气不与任何元素化合，只有升高温度才会增加氮气的反应活性。基于 N_2 的这种稳定性，常用氮气作保护性气体，以阻止某些物质在空气中的氧化。

氮气是主要的工业气体之一，在化学工业中大量地用于合成氨，继而生产氮肥、硝酸、炸药等。除此之外，在电子、机械、钢铁（如氮化热处理）、食品（防腐）工业等方面均有应用。

使空气中的氮气转变为化合态氮的过程称为固氮。自然界中的某些微生物如豆科植物根部的根瘤菌在常温、常压下可高效率地将游离 N_2 转变为可供植物吸收的氮化合物。因此，“人工模拟生物固氮”便成为人们探索和研究的重要课题。固氮的关键在于削弱 N_2 分子中的化学键，使其活化。近年来这方面的工作有过渡金属配合物催化固氮、分子氮配合物及固氮酶活化中心模型化合物等方面的研究，并已取得了一定成果。

3. 氨及铵盐

（1）氨　氨是具有特殊刺激气味的无色气体。在常压下冷却至－33℃，或于 25℃时加压到 990kPa，氨即凝聚为液体，称为液氨。**由于 NH_3 分子间有氢键形成，这使得氨与同族其他氢化物相比，具有较高的熔沸点。**液态氨的汽化热较大，故液氨可作制冷剂。另外，氨作为氮的重要化合物，可由它来制备几乎所有其他含氮的化合物。

工业上，采用在高温、高压下用催化剂使 N_2 和 H_2 直接合成的方法制取 NH_3。目前正在进行等离子体技术合成氨的研究。在实验室需要少量氨时，一般用铵盐和强碱共热来制取：

$$2NH_4Cl + Ca(OH)_2 \longrightarrow CaCl_2 + 2NH_3\uparrow + 2H_2O$$

NH_3 分子为极性分子，根据相似相溶原理，氨极易溶于水。

氨的化学性质活泼，能与许多物质发生反应，这是由它的结构和组成所决定的。氨还具有以下三方面的性质。

① 加合反应　在氨分子中，氮原子除了与氢形成三个 N—H 共价键外，还有一对孤对电子，作为电子给予体可与一些离子或分子发生加合反应。例如，氨与水通过形成分子间氢

键而结合成氨的水合物，已确定的水合物有 $NH_3 \cdot H_2O$ 和 $NH_3 \cdot 2H_2O$。氨溶于水后，在生成水合物的同时，发生部分离解：

$$:NH_3 + H_2O \rightleftharpoons NH_4^+ + OH^-$$

NH_4^+ 可以看成是 H^+ 与 NH_3 加合的产物。H^+ 受氮原子上孤对电子的吸引，与 NH_3 加合在一起形成配位键。因此，氨在水中形成 NH_4^+，同时游离出 OH^-，使溶液呈碱性。NH_3 还能与许多金属离子加合形成配离子，如 $[Ag(NH_3)_2]^+$、$[Cu(NH_3)_4]^{2+}$ 等。氨不但在溶液中发生加合反应，而且与某些盐的晶体也有类似的反应。例如 NH_3 与无水 $CaCl_2$ 可生成氨合物 $CaCl_2 \cdot 8NH_3$。

② 取代反应　氨分子中，氢的氧化数为+1，氢原子可以被活泼金属取代，形成氨的衍生物。例如，氨与金属钠反应，NH_3 中的一个 H 原子被 Na 原子取代，形成氨基化钠（$NaNH_2$）：

$$2NH_3 + 2Na \xrightarrow{350℃} 2NaNH_2 + H_2\uparrow$$

除此之外，还可生成亚氨基（═NH）的衍生物，如 Ag_2NH；生成氮化物（≡N），如 Li_3N。

③ 氧化反应　NH_3 分子中 N 的氧化数为−3，是氮的最低氧化态，因此，NH_3 只具有还原性，会被氧化。例如，氨在纯氧中燃烧，生成 N_2：

$$4NH_3 + 3O_2 \longrightarrow 2N_2\uparrow + 6H_2O$$

在一定条件下，氨经催化氧化，可制得 NO：

$$4NH_3 + 5O_2 \xrightarrow{Pt, 800℃} 4NO + 6H_2O$$

此反应为制造硝酸的基础反应。

（2）铵盐　铵盐是氨和酸加合反应的产物。它们一般为无色晶体，易溶于水。固态铵盐受热极易分解，其分解产物因组成铵盐的酸的性质不同而异。

由挥发性酸形成的铵盐，在加热时氨与相应的酸一起挥发。例如：

$$NH_4Cl \xrightarrow{\triangle} NH_3\uparrow + HCl\uparrow$$

$$NH_4HCO_3 \xrightarrow{\triangle} NH_3\uparrow + CO_2\uparrow + H_2O$$

由难挥发性酸形成的铵盐，在分解过程中只有 NH_3 挥发，酸或酸式盐却留于容器中。例如：

$$(NH_4)_3PO_4 \xrightarrow{\triangle} 3NH_3\uparrow + H_3PO_4$$

$$(NH_4)_2SO_4 \xrightarrow{\triangle} NH_3\uparrow + NH_4HSO_4$$

氧化性酸形成的铵盐分解时产生的氨被酸氧化，生成 N_2 或 N_2O。例如：

$$(NH_4)_2Cr_2O_7 \xrightarrow{\triangle} N_2\uparrow + Cr_2O_3 + 4H_2O\uparrow$$

$$NH_4NO_2 \xrightarrow{\triangle} N_2\uparrow + 2H_2O\uparrow$$

$$NH_4NO_3 \xrightarrow{210℃} N_2O\uparrow + 2H_2O\uparrow$$

$$2NH_4NO_3 \xrightarrow{300℃} 2N_2\uparrow + O_2\uparrow + 4H_2O\uparrow$$

最后的这一反应产生大量气体和热量，在密闭容器中易引起爆炸。因此可用硝酸铵制造炸药。此外，铵盐还可作化学肥料。

由于氨水为弱碱，故铵盐在溶液中都有一定程度的水解。由强酸组成的铵盐，其水溶液显酸性：

$$NH_4^+ + H_2O \rightleftharpoons NH_3 \cdot H_2O + H^+$$

从以上平衡可知，向铵盐溶液中加碱，平衡向右移动，若再加热会有氨气放出：

$$NH_4^+ + OH^- \xrightarrow{\triangle} NH_3\uparrow + H_2O$$

此反应常用来鉴定 NH_4^+ 的存在。另外，用奈斯勒试剂也可以鉴定 NH_4^+。奈斯勒试剂是 $K_2[HgI_4]$ 的 KOH 溶液，与 NH_4^+ 反应产生红褐色沉淀：

$NH_4^+ + 2[HgI_4]^{2-} + 4OH^- \longrightarrow$ 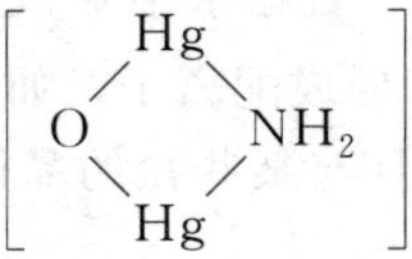 $I\downarrow + 7I^- + 3H_2O$

4. 氮的氧化物

氮可形成多种氧化物，常见的有 N_2O、NO、N_2O_3、$NO_2(N_2O_4)$、N_2O_5。其中较为重要的是 NO 和 NO_2。

一氧化氮是无色、有毒气体，在水中的溶解度较小，而且与水不发生反应。常温下 NO 易与氧气反应生成 NO_2：

$$2NO + O_2 \longrightarrow 2NO_2$$

二氧化氮是具有特殊臭味且有毒的红棕色气体。低温时红棕色的 NO_2 气体可聚合为无色的 N_2O_4 气体，室温时两者建立平衡：

$$2NO_2 \rightleftharpoons N_2O_4 \qquad \Delta H^{\ominus} = -57.2\text{kJ/mol}$$

NO_2 易溶于水，与水反应生成 HNO_3 和 NO：

$$3NO_2 + H_2O \longrightarrow 2HNO_3 + NO$$

5. 氮的含氧酸及其盐

（1）亚硝酸及其盐　在亚硝酸盐的冷溶液中加入强酸时，可生成亚硝酸（HNO_2）溶液。例如：

$$Ba(NO_2)_2 + H_2SO_4 \longrightarrow BaSO_4\downarrow + 2HNO_2$$

亚硝酸是弱酸，$K_a^{\ominus} = 7.2\times10^{-4}$，它很不稳定，只能存在于冷的稀溶液中，将溶液加热或浓缩时，立即分解：

$$2HNO_2 \rightleftharpoons H_2O + \underset{\text{(蓝色)}}{N_2O_3} \rightleftharpoons H_2O + NO\uparrow + NO_2\uparrow$$

根据平衡移动原理，将等物质的量的 NO 和 NO_2 的混合物溶解在冰冷的水中，可得到 HNO_2。

亚硝酸盐相当稳定。大多数亚硝酸盐是无色的，除淡黄色的 $AgNO_2$ 难溶外，一般都易溶于水。

在亚硝酸及其盐中，N 的氧化数为+3，处于中间氧化态，所以它们既有氧化性又有还原性。有关的标准电极电势为

$$HNO_2 + H^+ + e \rightleftharpoons NO + H_2O \qquad \varphi_a^{\ominus} = 0.98V$$

$$NO_3^- + 3H^+ + 2e \rightleftharpoons HNO_2 + H_2O \qquad \varphi_a^{\ominus} = 0.94V$$

可见，在酸性溶液中，亚硝酸及其盐的氧化性突出。例如，它们可与 Fe^{2+}、I^- 反应：

$$NO_2^- + Fe^{2+} + 2H^+ \longrightarrow NO + Fe^{3+} + H_2O$$

$$2NO_2^- + 2I^- + 4H^+ \longrightarrow 2NO + I_2 + 2H_2O$$

后一反应用于定量测定 NO_2^- 的含量。

亚硝酸及其盐只有遇到强氧化剂时，才表现出还原性。例如：

$$5NO_2^- + 2MnO_4^- + 6H^+ \longrightarrow 5NO_3^- + 2Mn^{2+} + 3H_2O$$

KNO_2 和 $NaNO_2$ 是两种常用的亚硝酸盐。工业上它们大量用于染料和有机化合物的制备，还可用于制备漂白剂、电镀缓蚀剂等。**亚硝酸盐有毒且是致癌物质，若误食会引起中毒甚至死亡。**亚硝酸盐甜而不咸，应注意识别。食品工业以亚硝酸盐作鱼、肉加工的防腐保鲜剂，但用量过多会引起中毒。蔬菜中含有较多的硝酸盐，若在较高温度下过久存放，由于细菌和酶的作用，其中的硝酸盐会被还原为亚硝酸盐。

(2) 硝酸及其盐

① 硝酸　硝酸是工业上重要的无机酸之一，在国民经济和国防工业中占有重要地位。它是制造炸药、塑料、硝酸盐和许多其他化工产品的重要化工原料。

纯硝酸是无色液体，沸点较低（86℃），为易挥发性酸。通常市售的硝酸含 68%～70% 的 HNO_3，相当于 15mol/L。浓度为 86%以上的浓硝酸，因其易挥发而产生白烟，故称为发烟硝酸。

硝酸受热或见光会部分发生分解：

$$4HNO_3 \xrightarrow{\text{热或光}} 4NO_2\uparrow + O_2\uparrow + 2H_2O$$

分解产生的 NO_2 又复溶于 HNO_3，而使 HNO_3 呈现黄色或红棕色。因此实验室常把硝酸贮存于棕色瓶中。

硝酸是强酸，且具有很强的氧化性。许多非金属都能被硝酸氧化为相应的氧化物或含氧酸。例如：

$$3C + 4HNO_3 \longrightarrow 3CO_2\uparrow + 4NO\uparrow + 2H_2O$$
$$3P + 5HNO_3 + 2H_2O \longrightarrow 3H_3PO_4 + 5NO\uparrow$$
$$S + 2HNO_3 \longrightarrow H_2SO_4 + 2NO\uparrow$$

某些金属硫化物可被浓 HNO_3 氧化为单质硫而溶解，HNO_3 则被还原为 NO。

除了不活泼的金属如金、铂等和某些稀有金属外，硝酸几乎能与所有其他金属反应。但是硝酸与金属反应的情况比较复杂，可以有多种氧化态的还原产物：

$$\overset{+4}{N}O_2、H\overset{+3}{N}O_2、\overset{+2}{N}O、\overset{+1}{N_2}O、\overset{0}{N_2}、\overset{-3}{N}H_4^+$$

酸性溶液中氮的元素电势图如下。

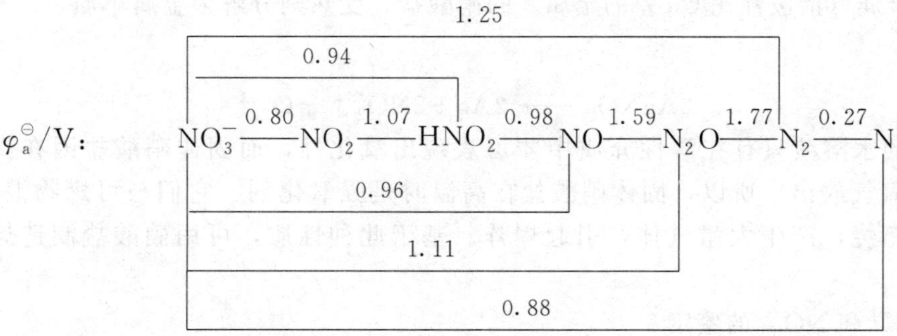

从以上电势图可以看出，各种电对电势值都较大，且相差不多，因此 HNO_3 无论被还原成哪一种产物的可能性都很大，尤以还原为 N_2 的可能性最大。然而，N_2 在生成物中并不是主要的，这是由于还原成 N_2 的反应速率较低的缘故。硝酸与金属反应，被还原的产物主要取决于硝酸的浓度和金属的活泼性。通常，浓硝酸主要被还原为 NO_2，稀硝酸被还原为 NO。当较稀的硝酸与活泼金属（如 Zn、Mg）反应时，可得到 N_2O；极稀的硝酸与活泼金属（如 Zn）反应时，则可被还原为 NH_4^+。例如：

$$Cu+4HNO_3(浓) \longrightarrow Cu(NO_3)_2+2NO_2\uparrow+2H_2O$$

$$3Cu+8HNO_3(稀) \longrightarrow 3Cu(NO_3)_2+2NO\uparrow+4H_2O$$

$$4Zn+10HNO_3(稀) \longrightarrow 4Zn(NO_3)_2+N_2O\uparrow+5H_2O$$

$$4Zn+10HNO_3(极稀) \longrightarrow 4Zn(NO_3)_2+NH_4NO_3+3H_2O$$

事实上，硝酸与金属反应，还原产物并非一种，得到的往往是多种气体的混合物，反应方程式只是说明 HNO_3 被还原的主要产物。

从以上反应看出，与同一种金属反应，浓硝酸主要被还原为 NO_2，N 的氧化数由 +5 改变为 +4。当酸越稀时，N 的氧化数可由 +5 分别变为 +2、+1 和 −3。但这并不说明浓硝酸比稀硝酸的氧化性弱。相反，硝酸愈浓，氧化性愈强。例如，浓硝酸能氧化 HCl，而稀硝酸则不能。另外，浓硝酸与金属反应比稀硝酸剧烈得多。

金属被硝酸氧化的产物，可能是硝酸盐或氧化物。一般来说，多数金属的氧化产物为硝酸盐，只有其氧化物难溶于 HNO_3 的金属（如 Sn、W、Sb 等）才生成氧化物。

有些金属（如铁、铝、铬等）可溶于稀硝酸，但不溶于冷的浓硝酸。这是由于这些金属表面被硝酸氧化成一层薄而致密的氧化膜（也称钝化膜），致使金属不再继续与硝酸作用。

金、铂等贵金属不能溶解于硝酸，只能溶于王水（浓硝酸与浓盐酸的体积比为 1∶3）：

$$Au+HNO_3+4HCl \longrightarrow H[AuCl_4]+NO\uparrow+2H_2O$$

$$3Pt+4HNO_3+18HCl \longrightarrow 3H_2[PtCl_6]+4NO\uparrow+8H_2O$$

② 硝酸盐　多数硝酸盐为无色、易溶于水的离子晶体。常温下，固体硝酸盐比较稳定，但温度升高时，会受热分解，分解产物因金属离子的不同而异，大致可分为以下三种类型。

活泼金属（在金属活动顺序中比 Mg 活泼的金属）的硝酸盐，受热分解为亚硝酸盐和氧气。例如：

$$2NaNO_3 \xrightarrow{\triangle} 2NaNO_2+O_2\uparrow$$

活泼性较小的金属（活泼性在 Mg 与 Cu 之间的金属）的硝酸盐，受热分解为相应金属的氧化物、二氧化氮和氧气：

$$2Pb(NO_3)_2 \xrightarrow{\triangle} 2PbO+4NO_2\uparrow+O_2\uparrow$$

不活泼金属（活泼性比 Cu 差的金属）的硝酸盐，受热则分解为金属单质、二氧化氮和氧气：

$$2AgNO_3 \xrightarrow{\triangle} 2Ag+2NO_2\uparrow+O_2\uparrow$$

硝酸盐的水溶液只有在酸性介质中才可表现出氧化性，而固体硝酸盐因在高温时受热分解都有氧气放出，所以，固体硝酸盐在高温时是强氧化剂。它们与可燃物混在一起，受热会迅速燃烧，产生大量气体，引起爆炸。基于此种性质，可用硝酸盐制造焰火及黑火药。

(3) NO_2^- 和 NO_3^- 的鉴定

① NO_2^- 的鉴定　亚硝酸盐溶液加醋酸酸化后，再加入新配制的 $FeSO_4$，溶液显棕色：

$$NO_2^-+Fe^{2+}+2HAc \longrightarrow NO+Fe^{3+}+2Ac^-+H_2O$$

$$Fe^{2+}+NO \longrightarrow \underset{(棕色)}{[Fe(NO)]^{2+}}$$

② NO_3^- 的鉴定　将少量 $FeSO_4$ 溶液加入硝酸盐溶液中，混匀，然后沿试管壁缓缓加

入浓 H_2SO_4，在两溶液的接界处出现棕色环：

$$NO_3^- + 3Fe^{2+} + 4H^+ \longrightarrow NO + 3Fe^{3+} + 2H_2O$$

$$Fe^{2+} + NO \longrightarrow \underset{\text{(棕色)}}{[Fe(NO)]^{2+}}$$

6. 氮的氧化物废气的处理

在硝酸、硝酸盐、硝基化合物的制备过程中，会排出大量的 NO 和 NO_2（通常以 NO_x 表示）尾气。燃料燃烧时也都有 NO_x 排出。据统计，全球人为排放的 NO_x 量（按 NO_2 计）估计每年为 4.8×10^9kg，它们造成严重的大气污染并危害人体健康。消除氮的氧化物的污染是人类迫切需要解决的问题。

工业上曾采用碱液吸收法处理：

$$2NO_2 + 2NaOH \longrightarrow NaNO_3 + NaNO_2 + H_2O$$

$$NO + NO_2 + 2NaOH \longrightarrow 2NaNO_2 + H_2O$$

以上反应过程综合了中和反应与氧化还原反应。

目前我国已成功研制氨催化还原法以消除氮的氧化物的污染。用 NH_3 作还原剂，CuO-CrO 作催化剂，并控制 NH_3 与 NO_x 的体积比为 1.4～1.8，可在较宽的温度范围内发生反应。其主要反应如下：

$$4NH_3 + 6NO \longrightarrow 5N_2 + 6H_2O \qquad \Delta H^{\ominus} = -1809\text{kJ/mol}$$

$$8NH_3 + 6NO_2 \longrightarrow 7N_2 + 12H_2O \qquad \Delta H^{\ominus} = -2735\text{kJ/mol}$$

汽车尾气排出的有害气体也含有 NO_x，此外还有 CO 和烃类化合物。解决汽车尾气污染的一种方法是安装催化转化装置，进入转化装置的这些有害气体在催化剂的作用下，被快速转化为 N_2、CO_2 和 H_2O。过去曾使用 Pt、Pd 等贵金属作为净化汽车尾气的催化剂，其技术成熟，净化效果优良，但因世界上贵金属储量有限、价格昂贵、抗 P 和 S 中毒能力低等原因而难以推广。因此开发非贵金属或贵金属用量较少的汽车尾气净化催化剂势在必行。20 世纪 70 年代，人们发现稀土与 Co、Mn、Pb 等的复合氧化物作为催化剂用于汽车尾气的净化，也可收到良好效果。我国稀土金属资源丰富，其形成的复合氧化物是一种很有潜力的贵金属催化剂的替代品。最新的研究成果表明，复合稀土化合物的纳米级粉体是无可比拟的汽车尾气净化催化剂，它的应用可以彻底消除尾气中的一氧化碳和氮氧化物。而更新一代的纳米催化剂将使汽油在燃烧时不产生有害尾气。

二、磷及其重要化合物

1. 磷和磷的氧化物

磷有多种同素异形体，常见的有白磷和红磷。白磷是蜡状、透明的固体，见光逐渐变黄，故又称黄磷。经测定，白磷的相对分子质量相当于 P_4，通常简写为 P。

磷的氧化物常见的有 P_4O_{10} 和 P_4O_6。磷的在充足的空气中燃烧可得 P_4O_{10}；若氧气不足时则生成 P_4O_6。它们的分子结构都与 P_4 的四面体结构有关。P_4、P_4O_6 和 P_4O_{10} 的分子结构见图 11-2。

P_4O_6 可看作 P_4 分子的 4 个 P—P 键断开，在 P 原子间嵌入一个氧原子形成的笼状分子。在 P_4O_6 分子中每个 P 原子再结合一个氧原子即构成 P_4O_{10}。

P_4O_{10} 和 P_4O_6 分别简称为五氧化二磷和三氧化二磷，其化学式一般习惯写为最简式 P_2O_5 和 P_2O_3。P_2O_5 是磷酸的酸酐，P_2O_3 是亚磷酸的酸酐，分别称为磷酸酐和亚磷酸酐。

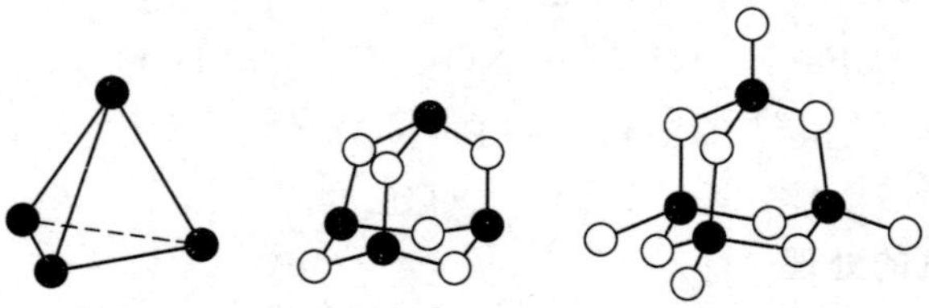

(a) P_4　(b) P_4O_6　(c) P_4O_{10}

图 11-2　P_4、P_4O_6、P_4O_{10} 的分子结构

P_4O_6 是白色易挥发的蜡状固体，在空气中可缓慢氧化成 P_4O_{10}；与冷水反应生成亚磷酸（H_3PO_3）：

$$P_4O_6+6H_2O(冷) \longrightarrow 4H_3PO_3$$

在热水中，P_4O_6 则剧烈地发生歧化反应，产生磷酸和膦（PH_3）。

$$P_4O_6+6H_2O(热) \longrightarrow 3H_3PO_4+PH_3$$

P_4O_{10} 是白色雪花状晶体，工业上俗称无水磷酸。在不同的反应温度下，P_4O_{10} 可与不等量的水作用，得到 P(Ⅴ) 的各种含氧酸：

$$P_4O_{10}+2H_2O(冷) \longrightarrow 4HPO_3 \quad 偏磷酸$$

$$P_4O_{10}+4H_2O(热) \longrightarrow 2H_4P_2O_7 \quad 焦磷酸$$

$$P_4O_{10}+6H_2O \xrightarrow[煮沸]{HNO_3} 4H_3PO_4 \quad (正)磷酸$$

2. 磷的含氧酸及其盐

(1) 磷的含氧酸　磷能形成多种含氧酸，按磷的氧化数不同可分为次磷酸 H_3PO_2、亚磷酸 H_3PO_3 和（正）磷酸 H_3PO_4；若根据磷的含氧酸脱水数目的不同，又可分为正磷酸、偏磷酸、焦磷酸、聚磷酸等。磷的主要含氧酸列于表 11-1 中。

表 11-1　磷的主要含氧酸

氧化数	+1	+3	+5	+5	+5
分子式	H_3PO_2	H_3PO_3	H_3PO_4	$H_4P_2O_7$	HPO_3
名称	次磷酸	亚磷酸	(正)磷酸	焦磷酸	偏磷酸
结构式	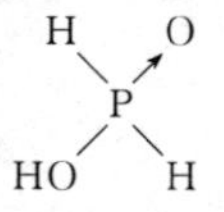	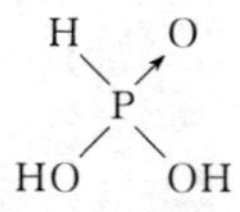	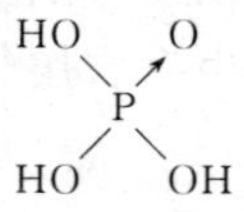	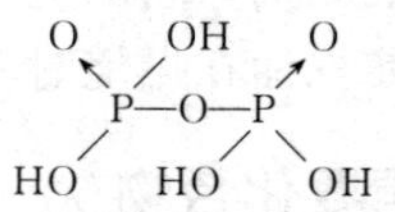	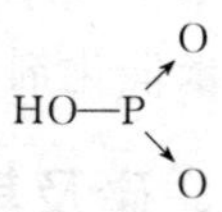
酸性	一元酸 $K_a^\ominus=5.89\times10^{-2}$	二元酸 $K_a^\ominus=6.3\times10^{-3}$	三元酸 $K_a^\ominus=7.1\times10^{-3}$	四元酸 $K_a^\ominus=1.4\times10^{-1}$	一元酸 $K_a^\ominus=1\times10^{-1}$

在磷的各种含氧酸中，以正磷酸最为重要。它的制备方法有多种。

工业品磷酸是用 76%左右的硫酸分解磷灰石 $Ca_3(PO_4)_2$ 来制取：

$$Ca_3(PO_4)_2+3H_2SO_4 \longrightarrow 2H_3PO_4+3CaSO_4$$

此方法制得的磷酸不纯，主要用于制造磷肥。

试剂品磷酸则需通过燃烧白磷，将所得的 P_4O_{10} 完全水解得到。

实验室中可用硝酸（密度 $1.2g/cm^3$）氧化白磷制得磷酸：

$$3P_4+20HNO_3+8H_2O \longrightarrow 12H_3PO_4+20NO\uparrow$$

用此方法制备磷酸，不仅反应速率快（硝酸有催化作用），且得到的磷酸纯度高。

纯净的磷酸为无色晶体，熔点 42.35℃。市售品磷酸含量一般为 83%，为无色透明的黏稠状液体。

H_3PO_4 无挥发性，无氧化性，易溶于水，为三元中强酸。它具有很强的配位能力，能与许多金属离子形成可溶性配合物。H_3PO_4 是磷的含氧酸中最稳定的酸，但受强热便会脱水，形成多聚磷酸（多酸），如焦磷酸（$H_4P_2O_7$）或偏磷酸［$(HPO_3)_4$］：

$$2H_3PO_4 \xrightarrow{250℃} H_4P_2O_7 + H_2O\uparrow$$

$$4H_3PO_4 \xrightarrow{300℃} (HPO_3)_4 + 4H_2O\uparrow$$

磷酸是重要的无机酸，用途广泛。除大量用于生产各种磷肥外，磷酸在印刷业中作去污剂，在有机合成中作催化剂，在食品工业中用作酸性调味剂，在电镀、塑料工业中也有应用。磷酸还是制备某些医药及磷酸盐的原料。

（2）磷酸盐　磷酸可形成三种类型的盐，即正盐（如磷酸钠 Na_3PO_4）和两种酸式盐（如磷酸氢二钠 Na_2HPO_4 和磷酸二氢钠 NaH_2PO_4）。

磷酸二氢盐均易溶于水，而正盐及磷酸一氢盐中，除 K^+、Na^+、NH_4^+ 盐外大多难溶于水。

可溶性磷酸盐在溶液中都有不同程度的水解作用，因此使溶液呈现不同的 pH。由于不同类型的磷酸盐水溶液酸碱性不同，因此，当以 H_3PO_4 为原料，用 NaOH 与之作用时，严格控制溶液的 pH，即可制备出其中的任一种磷酸盐。

PO_4^{3-} 与过量的钼酸铵 $(NH_4)_2MoO_4$ 混合于 HNO_3 存在的水溶液中，加热时，有黄色的磷钼酸铵慢慢析出：

$$PO_4^{3-} + 12MoO_4^{2-} + 24H^+ + 3NH_4^+ \longrightarrow \underset{（黄色）}{(NH_4)_3PO_4\cdot 12MoO_3}\downarrow + 12H_2O$$

这一反应可用来鉴定 PO_4^{3-}。

磷酸盐在工农业生产和日常生活中有着广泛的用途。磷酸盐不仅可用作化肥，还可用作锅炉除垢剂、金属防护剂、电镀业和有机合成的催化剂、洗衣粉及动物饲料的添加剂。在食品工业，磷是构成核酸、磷脂和某些酶的主要成分。对于一切生物来说，磷酸盐在新陈代谢、光合作用、神经功能和肌肉活动即所有能量传递过程中都起着重要作用。

三、砷、锑、铋的重要化合物

1. 砷、锑、铋化合物关联图

砷、锑、铋可形成氧化数为＋3、＋5 的化合物，主要包括含氧化合物、硫化物及盐。由于惰性电子对效应，由砷到铋，氧化数为＋3 的化合物稳定性增强，氧化数为＋5 的化合物稳定性减弱，因而使氧化数为＋3、＋5 的化合物表现出不同的氧化还原特性。由砷、锑、铋硫化物酸碱性不同所决定，砷、锑的硫化物可转变为硫代酸盐，而铋的硫化物则不能。砷、锑、铋各元素不同化合物之间的相互转化关系由关联图表示，见图 11-3。

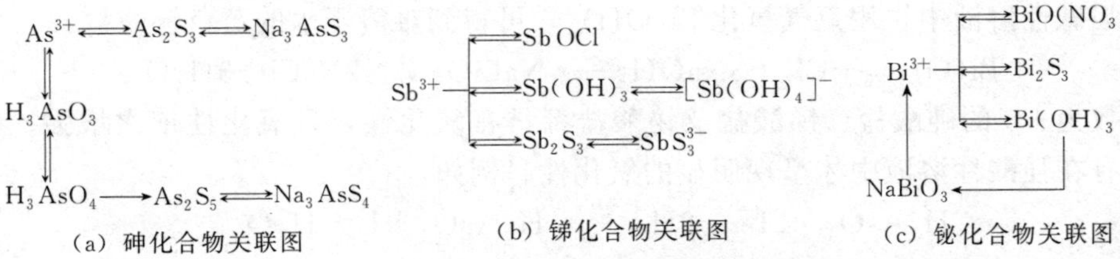

图 11-3　砷、锑、铋化合物关联图

2. 砷、锑、铋的含氧化合物

砷、锑、铋的氧化物及其水合物的有关性质列于图 11-4 中。

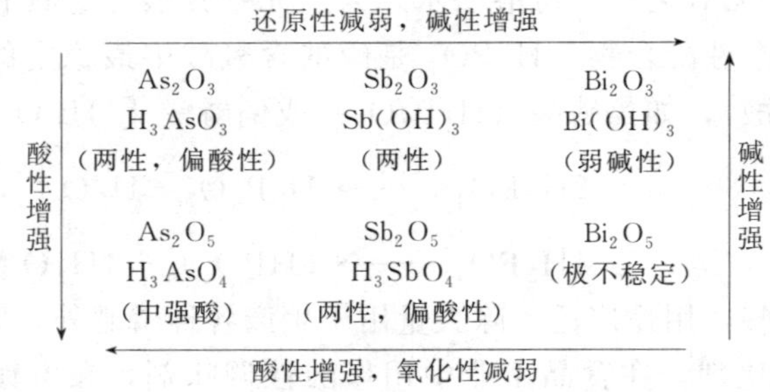

图 11-4　砷、锑、铋的氧化物及其水合物的有关性质

三氧化二砷（As_2O_3）俗称砒霜，在砷、锑、铋氧化物中最为重要。它是微溶于水的白色粉末状固体，剧毒，致死量为 0.1g；Bi_2O_5 极不稳定，一经形成，很快分解为 Bi_2O_3 和 O_2。下面着重讨论砷、锑、铋含氧化合物的酸碱性及氧化还原性。

（1）酸碱性　砷、锑、铋氧化数为＋3 的氧化物及其水合物，由 As(Ⅲ）至 Bi(Ⅲ）碱性增强。As_2O_3 及亚砷酸 H_3AsO_3 都是两性偏酸性的化合物，它们易溶于碱生成亚砷酸盐，也可溶于酸生成 As(Ⅲ）盐。例如：

$$As_2O_3 + 6NaOH \longrightarrow 2Na_3AsO_3 + 3H_2O$$

$$As_2O_3 + 6HCl \longrightarrow 2AsCl_3 + 3H_2O$$

三氧化二锑 Sb_2O_3 和氢氧化锑 $Sb(OH)_3$ 都具有明显的两性，能溶于强碱和强酸，生成相应的盐。例如：

$$Sb_2O_3 + 2NaOH \longrightarrow \underset{\text{偏亚锑酸钠}}{2NaSbO_2} + H_2O$$

$$Sb_2O_3 + 6HCl \longrightarrow 2SbCl_3 + 3H_2O$$

三氧化二铋 Bi_2O_3 和氢氧化铋 $Bi(OH)_3$ 都为弱碱性化合物，不溶于碱，只能溶于强酸。例如：

$$Bi_2O_3 + 6HNO_3 \longrightarrow 2Bi(NO_3)_3 + 3H_2O$$

氧化数为＋5 的砷、锑、铋的氧化物都具有不同程度的酸性，而且其酸性比氧化数为＋3 的氧化物酸性强，但是从 As(Ⅴ）至 Bi(Ⅴ）酸性减弱。它们的氧化物与水反应可形成砷酸 H_3AsO_4 和锑酸 $H[Sb(OH)_6]$，但得不到铋酸。

（2）氧化还原性　由图 11-4 可知，按 As、Sb、Bi 的顺序，氧化数为＋3 的化合物的还原性依次减弱，因此，As(Ⅲ）化合物具有较强还原性。例如，亚砷酸盐在弱碱性溶液中，能将弱氧化剂 I_2 还原：

$$AsO_3^{3-} + I_2 + 2OH^- \longrightarrow AsO_4^{3-} + 2I^- + H_2O$$

亚锑酸的还原性较差。$Bi(OH)_3$ 则只能在浓的强碱性溶液中被很强的氧化剂所氧化。例如，在强碱性溶液中，用氯气氧化 $Bi(OH)_3$，可得到难溶于水的黄色铋酸盐：

$$Bi(OH)_3 + Cl_2 + 3NaOH \longrightarrow NaBiO_3\downarrow + 2NaCl + 3H_2O$$

氧化数为＋5 的砷酸盐、锑酸盐及铋酸盐都具有氧化性，且氧化性依次增强。砷酸盐、锑酸盐只有在强酸性溶液中才呈现明显的氧化性。例如：

$$H_3AsO_4 + 2I^- + 2H^+ \longrightarrow H_3AsO_3 + I_2 + H_2O$$

此反应方向强烈地依赖于溶液的酸度。因为 H_3AsO_4/H_3AsO_3 和 I_2/I^- 这两对电极的标准电极电势相差很小：

$$E^{\ominus}=\varphi^{\ominus}(H_3AsO_4/H_3AsO_3)-\varphi^{\ominus}(I_2/I^-)$$
$$=0.581-0.535=0.046(V)$$

$\varphi(I_2/I^-)$ 不随溶液 pH 的变化而改变，但酸度的变化却会引起 $\varphi(H_3AsO_4/H_3AsO_3)$ 的改变。当溶液酸性较强时，$\varphi(H_3AsO_4/H_3AsO_3)$ 增大，H_3AsO_4 可将 I^- 氧化；而当溶液酸性减弱时，由于 $\varphi(H_3AsO_4/H_3AsO_3)$ 减小，使以上反应逆转，H_3AsO_3 将 I_2 还原。

铋酸钠 $NaBiO_3$ 在酸性溶液中具有很强的氧化性，可将 Mn^{2+} 氧化为 MnO_4^-：

$$5NaBiO_3(s)+2Mn^{2+}+14H^+ \longrightarrow 5Bi^{3+}+2MnO_4^-+5Na^++7H_2O$$

此反应可用于 Mn^{2+} 的鉴定。

3. 砷、锑、铋的盐

砷、锑、铋有阴离子盐即含氧酸盐及阳离子盐（M^{3+}、M^{5+}）。在强酸性溶液中，砷、锑、铋可形成 M^{3+}，如它们的三氯化物、锑和铋的硫酸盐、铋的硝酸盐。砷和锑还可形成氧化数为+5 的卤化物和硫化物，铋却主要形成 Bi^{3+} 的盐。

As^{3+}、Sb^{3+}、Bi^{3+} 的盐在水溶液中都易水解。As^{3+} 水解生成 H_3AsO_3；Sb^{3+}、Bi^{3+} 水解生成白色碱式盐沉淀。例如：

$$AsCl_3+3H_2O \longrightarrow H_3AsO_3+3HCl$$
$$SbCl_3+H_2O \longrightarrow SbOCl\downarrow+2HCl$$
$$BiCl_3+H_2O \longrightarrow BiOCl\downarrow+2HCl$$

Sb^{3+}、Bi^{3+} 还具有一定氧化性，与强还原剂作用被还原为金属单质。例如：

$$2Sb^{3+}+3Sn \longrightarrow 2Sb\downarrow+3Sn^{2+}$$
$$2Bi^{3+}+3[Sn(OH)_4]^{2-}+6OH^- \longrightarrow 2Bi\downarrow+3[Sn(OH)_6]^{2-}$$

前一反应可用于鉴定 Sb^{3+}；后一反应可用于鉴定 Bi^{3+} 和 Sn^{2+}。

砷、锑的 M^{3+}、M^{5+} 的盐溶液或酸化后的含氧酸盐（MO_3^{3-}、MO_4^{3-}）以及 Bi^{3+} 溶液中通入 H_2S，都可得到相应的有色硫化物沉淀：

As_2S_3（黄色）、Sb_2S_3（橙红色）、Bi_2S_3（黑色）、As_2S_5（黄色）、Sb_2S_5（橙红色）

砷、锑、铋的硫化物与酸、碱的反应和它们相应的氧化物很类似。As_2S_3 显两性偏酸性，易溶于碱，而不溶于浓盐酸；Sb_2S_3 显两性，因此既溶于酸又溶于碱；Bi_2S_3 显弱碱性，故不溶于碱，可溶于浓 HCl。例如：

$$As_2S_3+6NaOH \longrightarrow Na_3AsO_3+Na_3AsS_3+3H_2O$$
$$Sb_2S_3+6NaOH \longrightarrow Na_3SbO_3+Na_3SbS_3+3H_2O$$
$$Sb_2S_3+12HCl \longrightarrow 2H_3[SbCl_6]+3H_2S\uparrow$$
$$Bi_2S_3+6HCl \longrightarrow 2BiCl_3+3H_2S\uparrow$$

As_2S_3 和 Sb_2S_3 均可溶于碱性硫化物如 Na_2S 或 $(NH_4)_2S$ 中，生成相应的硫代亚酸盐，而 Bi_2S_3 却不溶。例如：

$$As_2S_3+3Na_2S \longrightarrow \underset{\text{硫代亚砷酸钠}}{2Na_3AsS_3}$$
$$Sb_2S_3+3Na_2S \longrightarrow \underset{\text{硫代亚锑酸钠}}{2Na_3SbS_3}$$

As_2S_5 和 Sb_2S_5 较之相应 M_2S_3 的酸性强，因此更易溶于碱金属硫化物，生成相应的硫代酸盐。例如：

$$Sb_2S_5+3Na_2S \longrightarrow \underset{\text{硫代锑酸钠}}{2Na_3SbS_4}$$

砷、锑的硫代亚酸盐或硫代酸盐都只稳定存在于碱性或近中性溶液中，遇强酸则因生成不稳定的硫代亚酸或硫代酸而分解，析出相应的硫化物沉淀，并放出 H_2S 气体。例如：

$$2Na_3SbS_3 + 6HCl \longrightarrow Sb_2S_3 \downarrow + 3H_2S \uparrow + 6NaCl$$

$$2Na_3SbS_4 + 6HCl \longrightarrow Sb_2S_5 \downarrow + 3H_2S \uparrow + 6NaCl$$

4. 含砷废水的处理

砷及其化合物都是有毒物质，As(Ⅲ) 的毒性强于 As(Ⅴ)，有机砷化合物又比无机砷化合物的毒性更强。冶金、化工、化学制药等工业的废气和废水中常含有砷。砷及其化合物对人体危害很大，它们可在人体内累积，且是致癌物质。因此，必须采取有效措施，消除砷的污染，保护环境，保证人体健康。**国家规定，排放废水中的含砷量不得超过 0.5mg/L。**

含砷废水的处理主要有以下两种方法。

(1) 石灰法　在含砷的废水中投入石灰，使之生成难溶的砷酸盐或偏亚砷酸盐，沉降分离，即可将砷从废水中除去。例如：

$$As_2O_3 + Ca(OH)_2 \longrightarrow Ca(AsO_2)_2 \downarrow + H_2O$$

(2) 硫化法　可用 H_2S 作沉淀剂，废水中的砷与之反应生成难溶的硫化物。例如：

$$2As^{3+} + 3H_2S \longrightarrow As_2S_3 \downarrow + 6H^+$$

生成的这些含砷的难溶物虽然毒性较小，但仍不可随意丢弃，应进行妥善后处理。

第二节　碳族元素

碳族元素是周期表第ⅣA 族元素，包括碳、硅、锗、锡、铅和𫓧六种元素。碳族元素自上而下，由典型的非金属元素碳、硅经半金属元素锗，过渡到典型的金属元素锡和铅，直至人工合成的放射性金属元素𫓧。

碳族元素原子的价层电子构型为 ns^2np^2，能形成氧化数为＋2 和＋4 的化合物。碳和硅的氧化数为＋2 的化合物不稳定，它们主要形成氧化数为＋4 的化合物，碳有时还能形成氧化数为－4 的化合物。锡和锗氧化数为＋2 和＋4 的化合物都常见，但由于它们氧化数为＋2 的化合物有较强的还原性，因而其稳定性较氧化数为＋4 的化合物差。由于惰性电子对效应，Pb(Ⅳ) 有很强的氧化性，易被还原为 Pb(Ⅱ)，因此铅的化合物以 Pb(Ⅱ) 为主。

一、碳的重要化合物

1. 碳的氧化物

CO 和 CO_2 是碳最为常见和重要的氧化物。

CO 是无色、无臭的气体，微溶于水，其主要化学性质是具有还原性及配合性（也称加合性）。

CO 的毒性很大，能与血液中的血红蛋白结合形成稳定的配合物，使血红蛋白失去输氧功能，致使人体因缺氧造成心、肺和脑组织受到严重损伤甚至死亡。为减轻 CO 对大气的污染，常以 Pt、Pd 等金属作催化剂，用 O_2 对含 CO 的废气进行催化氧化，使其转化为无毒的 CO_2。

CO_2 是无色、无臭的气体，能溶于水，溶解的 CO_2 只有部分与水作用生成碳酸。它又容易液化，常温下可加压成液态贮存于钢瓶中。液态 CO_2 汽化时从未汽化的 CO_2 吸收大量的热而使余下部分凝固成雪花状固体，俗称“干冰”，其冷冻温度可达到 203～193K，常作制冷剂，也可作为水果或肉类的优良冷冻剂。CO_2 比空气重，且不能自燃，又不助燃，因此常用作灭火剂。CO_2 还是一种重要的化工原料，大量用于纯碱、尿素和碳酸盐的生产，在食品工业中也有应用。

CO_2 虽然无毒，但空气中的含量过高（≥10%）即可使人窒息。随着世界工业生产的高度发展，大气中 CO_2 含量逐渐增加，它所产生的温室效应使全球变暖，破坏了生态平衡，因此对 CO_2 的控制与利用尤为重要。近年来对 CO_2 的研究与开发已取得了一些重要成果。如美国 DOW 公司开发了一个完全使用 CO_2 作发泡剂的聚苯乙烯制造工艺，防止了长期以来使用氟氯烃作发泡剂对环境的污染；日本京都大学的井上祥平教授于 1996 年首次使用了一种名为“二乙基锌”的催化剂，激活了 CO_2，使 C 原子与其他化合物反应，生成可降解塑料，从此开启了人类利用 CO_2 制造塑料的大门。

2. 碳酸及其盐

碳酸 H_2CO_3 是二元弱酸，在水溶液中存在以下离解平衡：

$$H_2CO_3 \rightleftharpoons H^+ + HCO_3^- \qquad K_{a1}^\ominus = 4.4\times10^{-7}$$

$$HCO_3^- \rightleftharpoons H^+ + CO_3^{2-} \qquad K_{a2}^\ominus = 4.8\times10^{-11}$$

这两个离解常数是假定溶于水的 CO_2 全部转化为 H_2CO_3 计算出来的。H_2CO_3 不稳定，仅存在于稀溶液中，当浓度增大或加热溶液时即分解出 CO_2。

碳酸可形成正盐（碳酸盐）和酸式盐（碳酸氢盐），它们的性质明显不同。

（1）溶解性　碱金属（Li 除外）和铵的碳酸盐易溶于水，其他金属的碳酸盐难溶于水。对易溶的碳酸盐来说，它相应的酸式碳酸盐溶解度较小。如 Na_2CO_3 易溶于水，但是如果向浓的 Na_2CO_3 溶液中通入 CO_2 至饱和，则可以析出溶解度较小的碳酸氢钠 $NaHCO_3$。而对于难溶的碳酸盐来说，其相应酸式盐的溶解度却比正盐的大，如 $CaCO_3$ 难溶于水，而若形成 $Ca(HCO_3)_2$ 却易溶于水中。

（2）水解性　碱金属的正盐和酸式盐在水中均会水解，但因水解程度不同而使溶液分别显强碱性和弱碱性：

$$CO_3^{2-} + H_2O \longrightarrow HCO_3^- + OH^-$$

$$HCO_3^- + H_2O \longrightarrow H_2CO_3 + OH^-$$

可见，在碱金属的碳酸盐溶液中，由于水解作用存在着 CO_3^{2-}、HCO_3^- 和 OH^-，因此，当可溶性碳酸盐与溶液中金属离子作用时，可能生成相应的正盐、碱式碳酸盐或氢氧化物，这取决于相应金属的碳酸盐和氢氧化物溶解度的相对大小。

若碳酸盐的溶解度小于相应的氢氧化物，则生成正盐。这类金属离子包括 Ca^{2+}、Sr^{2+}、Ba^{2+}、Ag^+、Cd^{2+}、Mn^{2+} 等。例如：

$$Ca^{2+} + CO_3^{2-} \longrightarrow CaCO_3\downarrow$$

若碳酸盐的溶解度大于相应的氢氧化物，则生成氢氧化物。这类金属离子包括 Fe^{3+}、Al^{3+}、Cr^{3+} 等。例如：

$$2Fe^{3+} + 3CO_3^{2-} + 3H_2O \longrightarrow 2Fe(OH)_3\downarrow + 3CO_2\uparrow$$

而当碳酸盐和相应氢氧化物的溶解度相近时，反应产物则是碱式碳酸盐。这类金属离子有 Mg^{2+}、Pb^{2+}、Bi^{3+}、Cu^{2+} 等。例如：

$$2Pb^{2+} + 2CO_3^{2-} + H_2O \longrightarrow Pb_2(OH)_2CO_3\downarrow + CO_2\uparrow$$

（3）热稳定性　碳酸盐和碳酸氢盐的另一个重要性质是热稳定性较差，在高温下它们均会分解，产物通常是金属氧化物和 CO_2。H_2CO_3 的热稳定性更差，常温时便可分解，产生 CO_2 气体及水。因此，碳酸及其盐的热稳定性大致有如下规律：

碳酸<碳酸氢盐<碳酸盐

例如：

$$H_2CO_3 \xrightarrow{常温} CO_2\uparrow + H_2O$$

$$2NaHCO_3 \xrightarrow{150℃} Na_2CO_3 + H_2O + CO_2\uparrow$$

$$Na_2CO_3 \xrightarrow{1800℃} Na_2O + CO_2\uparrow$$

不同金属离子的碳酸盐，由于其阳离子的电荷、半径以及电子构型不同，它们的热稳定性差异很大。这些碳酸盐的热稳定性强弱顺序为

铵盐<过渡金属盐<碱土金属盐<碱金属盐

表 11-2 列出一些常见碳酸盐的热分解温度。

表 11-2　一些常见碳酸盐的热分解温度

盐	$(NH_4)_2CO_3$	$FeCO_3$	$ZnCO_3$	$CaCO_3$	$SrCO_3$	$BaCO_3$	Na_2CO_3
分解温度 t/℃	58	282	350	910	1289	1360	1800

二、硅的重要化合物

1. 二氧化硅

二氧化硅 SiO_2 又称硅石，它遍布于土壤、岩石及许多矿石中，有晶体和无定形两种形态。石英是天然的 SiO_2 晶体，纯净的石英又称水晶。硅藻土是天然无定形 SiO_2，为多孔性物质，工业上常用作吸附剂以及催化剂的载体。

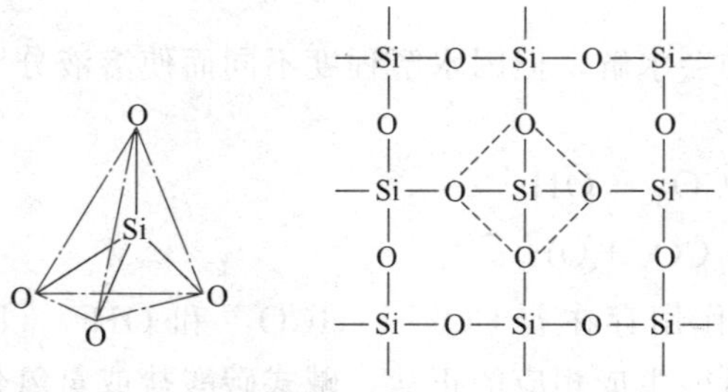

图 11-5　二氧化硅的晶体结构示意图

石英为原子晶体，其中每个硅原子以 sp^3 杂化形式同四个氧原子结合，形成 SiO_4 四面体结构单元。SiO_4 四面体间通过共用顶角的氧原子而彼此相连，由此形成硅氧网格形式的二氧化硅晶体（见图 11-5）。二氧化硅的最简式是 SiO_2，它并不代表一个简单分子。

由于石英为原子晶体，因此它具有很高的熔点、沸点和较大的硬度。在 1600℃ 时石英熔化成黏稠液体，当急剧冷却时，因不易结晶而形成石英玻璃。石英可以透过可见光和紫外光，又因其热膨胀系数小，所以能经受温度的剧变。因此，石英可用于制造耐高温的玻璃仪器、紫外灯和光学仪器。用 SiO_2 制成的石英光纤具有极高的透明度，在现代通讯中用光脉冲传送信息，性能优异，应用广泛。

SiO_2 是酸性氧化物，能与热的浓碱或碳酸盐反应，生成相应的硅酸盐。例如：

$$SiO_2 + 2NaOH\ (热) \xrightarrow{\triangle} Na_2SiO_3 + H_2O$$

$$SiO_2 + Na_2CO_3\ (热) \xrightarrow{\triangle} Na_2SiO_3 + CO_2\uparrow$$

高温时，SiO_2 与碱共熔反应更快。

SiO_2 化学性质不活泼，不溶于水，与一般的酸也不反应，但可与氢氟酸作用，生成 SiF_4。

2. 硅酸和硅酸盐

（1）硅酸　硅酸随形成条件的不同，可有多种形式。如偏硅酸 $H_2SiO_3(SiO_2 \cdot H_2O)$、

正硅酸 H_4SiO_4（$SiO_2 \cdot 2H_2O$）、焦硅酸 $H_6Si_2O_7$（$2SiO_2 \cdot 3H_2O$）等，通常以 $xSiO_2 \cdot yH_2O$ 表示。其中 $x/y>1$ 者称为多硅酸。由于各种硅酸中以偏硅酸组成最简单，因此习惯上常用化学式 H_2SiO_3 代表硅酸。

硅酸是二元弱酸，其酸性比碳酸弱得多（$K_{a1}^{\ominus}=1.7\times10^{-10}$，$K_{a2}^{\ominus}=1.6\times10^{-12}$）。

用硅酸钠与盐酸或氯化铵作用，可制得硅酸：

$$Na_2SiO_3+2HCl \longrightarrow H_2SiO_3+2NaCl$$

$$Na_2SiO_3+2NH_4Cl \longrightarrow H_2SiO_3+2NaCl+2NH_3\uparrow$$

刚开始生成的是可溶于水的单分子硅酸，随后，这些单分子硅酸逐渐聚合成多硅酸，形成硅酸溶胶。若在较高浓度的 Na_2SiO_3 溶液中加入盐酸或硫酸，则生成硅酸胶状沉淀，称为凝胶。凝胶脱去其中大部分的水，可得到白色、稍透明的固体，称为硅胶。

硅胶具有许多极细小的孔隙，其内表面积很大，可达 800～900m^2/g，而且吸附能力很强，因此可作吸附剂。硅胶也是一种优良的干燥剂，在实验室中常用于天平和精密仪器的防潮。

硅酸浸以 $CoCl_2$ 溶液，并经烘干后，就制成变色硅胶。因无水 Co^{2+} 呈蓝色，水合钴离子 $[Co(H_2O)_6]^{2+}$ 呈粉红色，因此在使用过程中，当蓝色的硅胶变为粉红色时，说明已吸足水分，便不再有吸湿能力。此时，可将其烘干脱水，变为蓝色后能重新使用。

（2）硅酸盐　自然界中硅酸盐种类繁多，分布广泛，地壳主要就是由各种硅酸盐组成的，许多矿物如长石、云母、石棉、滑石、泡沸石等的主要成分都是硅酸盐。其中大多数是硅铝酸盐，均难溶于水。高岭土也是硅酸盐，它是黏土的主要成分，纯高岭土可用于烧制瓷器。

只有碱金属硅酸盐可溶于水，其他硅酸盐则难溶于水。硅酸钠 Na_2SiO_3 在所有硅酸盐中最为重要。由石英砂与碳酸钠共熔所制得的硅酸钠为玻璃状态的熔体。它溶于水，溶液呈透明浆状，俗称“水玻璃”；又因为 SiO_3^{2-} 水解使溶液呈碱性，故又称“泡花碱”。水玻璃可用作黏合剂，肥皂的填充剂和发泡剂，木材、织物的防火处理剂，还可用于纸张上胶、蛋类保护剂等。

由于对硅酸盐不断深入的研究，使得它在近代的科学实验中又产生出许多具有特异功能的材料。例如，泡沫玻璃、泡沫陶瓷一类的泡沫材料；蜂窝状硅酸钙、膨松珍珠岩一类的隔热材料；玻璃纤维、陶瓷纤维一类的吸声材料；发光材料、光纤材料一类的光功能材料以及分子筛一类的分离功能材料等。

分子筛是一类多孔性硅酸盐，有天然和人工合成的两大类。泡沸石就是天然的分子筛，其组成为 $Na_2O \cdot Al_2O_3 \cdot 2SiO_2 \cdot nH_2O$。模拟天然分子筛，以 NaOH、$NaAlO_2$、$Na_2SiO_3$ 为原料可得到人工合成的分子筛。利用分子筛特有的吸附性能，可用作高效干燥剂，它不仅能干燥高温的液体或气体，而且还能使气体得到净化分离。分子筛还具有离子交换功能，用于海水淡化、硬水软化及作为合成洗涤剂的助洗组分。也因其具有催化功能，因此多用于石油产品的催化裂化、催化加氢，或作催化剂的载体。

三、锡、铅的重要化合物

1. 锡、铅化合物关联图

锡、铅可形成氧化数为+2、+4 的化合物。由于 Sn、Pb 所在的碳族也存在惰性电子对效应，致使 Sn、Pb 的同一氧化数物质表现出不同的氧化还原特性。Sn(Ⅱ) 不如 Sn(Ⅳ) 稳定，而 Pb(Ⅱ) 稳定性强于 Pb(Ⅳ)。Pb(Ⅱ) 化合物大多难溶于水。锡、铅各元素不同化合物之间的相互转化关系由关联图表示，见图 11-6。

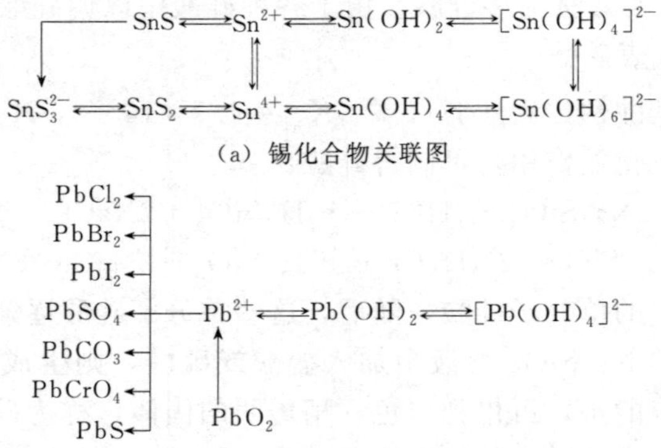

(a) 锡化合物关联图

(b) 铅化合物关联图

图 11-6 锡、铅化合物关联图

2. 锡、铅的氧化物和氢氧化物

锡和铅都能形成氧化数为＋2 和＋4 的氧化物及氢氧化物。它们均为两性物质，但酸碱性却因锡、铅氧化数及半径的不同而有所差异。这些氧化物及氢氧化物的酸碱性递变规律如图 11-7 所示。

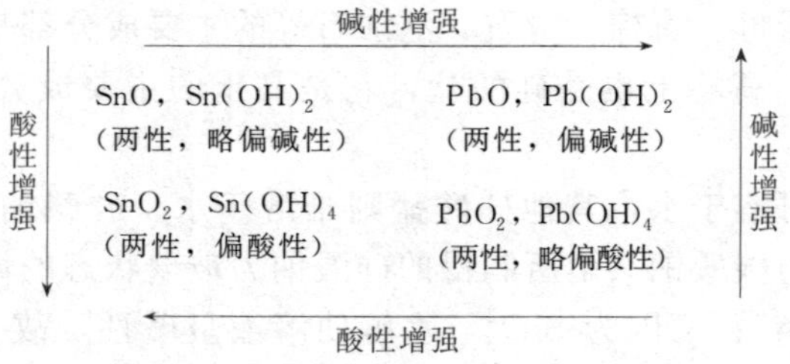

图 11-7 锡、铅的氧化物和氢氧化物的酸碱性递变规律

其中酸性以 $Sn(OH)_4$ 最为显著，碱性以 $Pb(OH)_2$ 最为突出。

由于锡和铅的氧化物都不溶于水，因此，要制备相应的氢氧化物，可通过它们的盐与碱溶液作用而制得。例如，在含 Sn^{2+}、Pb^{2+} 的溶液中加入适量的 NaOH 溶液，分别析出白色的 $Sn(OH)_2$ 和 $Pb(OH)_2$ 沉淀：

$$Sn^{2+} + 2OH^- \longrightarrow \underset{(白色)}{Sn(OH)_2} \downarrow$$

$$Pb^{2+} + 2OH^- \longrightarrow \underset{(白色)}{Pb(OH)_2} \downarrow$$

$Sn(OH)_2$ 和 $Pb(OH)_2$ 是锡、铅的主要氢氧化物，它们都溶于合适的酸和碱：

$$Sn(OH)_2 + 2H^+ \longrightarrow Sn^{2+} + 2H_2O$$

$$Sn(OH)_2 + 2OH^- \longrightarrow [Sn(OH)_4]^{2-}$$

$$Pb(OH)_2 + 2H^+ \longrightarrow Pb^{2+} + 2H_2O$$

$$Pb(OH)_2 + 2OH^- \longrightarrow [Pb(OH)_4]^{2-}$$

但 $Pb(OH)_2$ 只有与 HNO_3 或 HAc 作用时，才能生成可溶性铅盐溶液。

3. 锡和铅的盐

由于锡和铅的氢氧化物具有两性，它们可形成 M^{2+}、M^{4+} 和含氧酸盐。在此重点讨论有关物质的氧化还原性、水解性及溶解性。

(1) Sn(Ⅱ) 的还原性、Pb(Ⅳ) 的氧化性　锡、铅在酸性、碱性溶液中的元素电势图如下。

$\varphi_a^\ominus/V$：　$Sn^{4+} \xrightarrow{0.154} Sn^{2+} \xrightarrow{-0.136} Sn$

$PbO_2 \xrightarrow{1.455} Pb^{2+} \xrightarrow{-0.126} Pb$

$\varphi_b^\ominus/V$：　$[Sn(OH)_6]^{2-} \xrightarrow{-0.93} [Sn(OH)_4]^{2-} \xrightarrow{-0.91} Sn$

$PbO_2 \xrightarrow{0.28} PbO \xrightarrow{-0.58} Pb$

由以上元素电势图可知，Sn(Ⅱ) 无论在酸性溶液还是碱性溶液中都具有较强还原性，尤其是在碱性溶液中还原性更强。例如，$[Sn(OH)_4]^{2-}$ 能把 $Bi(OH)_3$ 还原为黑色的单质 Bi：

$$3[Sn(OH)_4]^{2-} + 2Bi(OH)_3 \longrightarrow 3[Sn(OH)_6]^{2-} + 2Bi\downarrow$$

此反应可用于 Bi(Ⅲ) 的鉴定。

氯化亚锡 $SnCl_2$ 是一种重要的还原剂，它能将 $HgCl_2$ 还原为白色的 Hg_2Cl_2 沉淀。当 $SnCl_2$ 过量时，白色的亚汞盐又被还原为黑色的单质汞：

$$2HgCl_2 + Sn^{2+} \longrightarrow \underset{(白色)}{Hg_2Cl_2\downarrow} + Sn^{4+} + 2Cl^-$$

$$Hg_2Cl_2 + Sn^{2+} \longrightarrow \underset{(黑色)}{2Hg\downarrow} + Sn^{4+} + 2Cl^-$$

以上反应可用于鉴定 Sn^{2+} 和 Hg(Ⅱ) 盐。

Pb(Ⅱ) 的还原性差，在碱性溶液中，$Pb(OH)_2$ 只有与较强的氧化剂（如 NaClO 等）作用，才能转变为 Pb(Ⅳ)：

$$Pb(OH)_2 + NaClO \longrightarrow PbO_2 + NaCl + H_2O$$

酸性溶液中，Pb(Ⅱ) 则更难体现其还原性；相反，Pb(Ⅳ) 的氧化性却很强。例如 PbO_2 是很强的氧化剂，与盐酸作用放出氯气，与浓硫酸作用产生氧气，还可将 Mn^{2+} 氧化为紫红色的 MnO_4^-：

$$PbO_2 + 4HCl(浓) \longrightarrow PbCl_2 + Cl_2\uparrow + 2H_2O$$

$$2PbO_2 + 4H_2SO_4(浓) \longrightarrow 2Pb(HSO_4)_2 + O_2\uparrow + 2H_2O$$

$$2Mn^{2+} + 5PbO_2 + 4H^+ \longrightarrow 2MnO_4^- + 5Pb^{2+} + 2H_2O$$

(2) 水解性　Pb(Ⅱ) 的水解性不显著，而可溶性 Sn^{2+} 盐及其含氧酸盐均易水解，分别生成相应的碱式盐和氢氧化锡沉淀。例如，$SnCl_2$ 水解生成白色的 Sn(OH)Cl 沉淀：

$$SnCl_2 + H_2O \longrightarrow \underset{(白色)}{Sn(OH)Cl\downarrow} + HCl$$

配制 $SnCl_2$ 溶液时，应将 $SnCl_2$ 固体溶于少量盐酸之中以防水解。还因 $SnCl_2$ 在空气中易被氧化为 $SnCl_4$，因此在配好的溶液中常投入少许锡粒，以防其氧化。

Sn(Ⅳ)、Pb(Ⅳ) 的盐在水溶液中强烈水解。如 $SnCl_4$、$PbCl_4$ 在潮湿的空气中因水解而冒白烟。但 $PbCl_4$ 本身也不够稳定，室温时便分解为 $PbCl_2$ 和 Cl_2。

(3) 溶解性　可溶性铅盐很少，常见的只有 $Pb(NO_3)_2$ 和 $Pb(Ac)_2$。铅及可溶性铅盐都对人体有毒。

绝大多数 Pb(Ⅱ) 的化合物难溶于水。例如 Pb^{2+} 与 Cl^-、Br^-、SCN^-、F^-、I^-、SO_4^{2-}、CO_3^{2-}、CrO_4^{2-} 形成难溶于水的化合物，且溶解度按此顺序依次减小。$PbCl_2$、PbI_2 在冷水中溶解度小，但白色的 $PbCl_2$ 易溶于热水，黄色的 PbI_2 在沸水中可溶。它们还都可以通过形成配合物而溶解。例如：

$$PbCl_2 + 2HCl(浓) \longrightarrow H_2[PbCl_4]$$
$$PbI_2 + 2I^- \longrightarrow [PbI_4]^{2-}$$

白色的 $PbSO_4$ 能溶解于浓硫酸生成 $Pb(HSO_4)_2$，也能溶于饱和醋酸铵溶液，生成难离解的 $Pb(Ac)_2$：

$$PbSO_4 + H_2SO_4(浓) \longrightarrow Pb(HSO_4)_2$$
$$PbSO_4 + 2Ac^- \longrightarrow Pb(Ac)_2 + SO_4^{2-}$$

黄色的 $PbCrO_4$ 可由 Pb^{2+} 与 CrO_4^{2-} 作用而得到：

$$Pb^{2+} + CrO_4^{2-} \longrightarrow \underset{(黄色)}{PbCrO_4} \downarrow$$

这个反应常用于鉴定 Pb^{2+} 或 CrO_4^{2-}。$PbCrO_4$ 可溶于过量碱中，生成 $[Pb(OH)_4]^{2-}$：

$$PbCrO_4 + 4OH^- \longrightarrow [Pb(OH)_4]^{2-} + CrO_4^{2-}$$

锡和铅都可形成难溶于水的硫化物，它们的颜色如下：

SnS(棕色)、SnS_2(黄色)、PbS(黑色)

由于 Pb(Ⅳ) 具有强氧化性，S^{2-} 具有还原性，因而不存在 PbS_2。

以上三种硫化物在稀酸中不溶，但可于浓盐酸中因生成配合物而溶解：

$$MS + 4HCl(浓) \longrightarrow H_2[MCl_4] + H_2S \uparrow$$
$$SnS_2 + 6HCl(浓) \longrightarrow H_2[SnCl_6] + 2H_2S \uparrow$$

SnS_2 显酸性，因此还可溶于 Na_2S 或 $(NH_4)_2S$ 溶液，生成硫代锡酸盐：

$$SnS_2 + S^{2-} \longrightarrow SnS_3^{2-}$$

SnS、PbS 则显碱性，它们不溶于 Na_2S 或 $(NH_4)_2S$ 溶液。但 SnS 却能溶于含有多硫离子的溶液，这是由于多硫离子具有氧化性，可首先将 SnS 氧化为 SnS_3^{2-}。例如：

$$SnS + S_2^{2-} \longrightarrow SnS_3^{2-}$$

硫代锡酸盐不稳定，遇酸则分解，又产生硫化物沉淀：

$$SnS_3^{2-} + 2H^+ \longrightarrow SnS_2 \downarrow + H_2S \uparrow$$

4. 含铅废水的处理

含铅废水对人体健康和农作物生长都有严重危害。铅的中毒作用虽然缓慢，但在体内会逐渐累积，引起人体各组织中毒，尤其是神经系统和造血系统。典型症状是食欲不振，精神倦怠和头疼，严重时可致死。

含铅废水多来自金属冶炼厂、涂料厂、蓄电池厂等。国家规定铅的允许排放浓度为1.0mg/L（按 Pb 计）。对含铅废水的处理一般采用沉淀法，即用石灰或纯碱作沉淀剂，使废水中的铅生成 $Pb(OH)_2$ 或 $PbCO_3$ 沉淀而除去。还可用强酸性阳离子交换树脂除去铅的有机化合物，使废水中含铅量由 150mg/L 降至 0.02～0.53mg/L。

第三节 硼族元素

硼族元素包括硼、铝、镓、铟、铊和鉨六种元素，为周期表中第ⅢA 族元素。硼和铝有富集矿藏，而镓、铟、铊是分散的稀有元素，常与其他矿物共生，鉨为人工合成的放射性元素。本节重点讨论硼和铝的重要化合物。

硼族元素中，硼是唯一的非金属，从铝到铊均为活泼金属。

硼族元素原子的价层电子构型为 ns^2np^1，硼、铝一般只形成最高氧化数+3 的化合物。从镓到铊，氧化数为+3 的化合物稳定性下降，而氧化数为+1 的化合物稳定性增加，这是 ns^2

惰性电子对效应的结果。硼原子的半径小，电负性较大，因此硼只能形成共价型化合物。其他元素均可形成离子型化合物，但氧化数为+3的离子型化合物具有一定程度的共价性。

硼族元素原子的价电子数为3，而价层电子轨道数为4，这种价电子数少于价层电子轨道数的原子称为缺电子原子，它们所形成的共价型化合物称为缺电子化合物。在缺电子化合物中，由于空的价电子轨道的存在，因而能接受电子对，形成聚合型分子（如 B_2H_6、Al_2Cl_6 等）和配合物（如 HBF_4）。这是本族特别是硼原子的成键特点。

一、硼的重要化合物

1. 硼酸

硼酸分子为平面三角形，分子间通过氢键连成一片，形成层状结构，层与层之间又通过分子间力联系在一起组成大晶体。晶体内各片层之间容易滑动，所以硼酸可作润滑剂。

常温下，硼酸为白色鳞片状晶体，微溶于冷水，在热水中溶解度明显增大，这是由于温度升高硼酸中的部分氢键断裂所致。

硼酸为一元弱酸，$K_a^{\ominus}=5.75\times10^{-10}$。它在水中表现出酸性，这并非是因为它本身离解出 H^+，而是在于 B 为缺电子原子，其空的价层电子轨道接受 H_2O 所离解出来的 OH^-（氧原子有孤对电子）而形成 $[B(OH)_4]^-$，从而使 H_2O 的离解平衡被破坏，产生出 H^+ 而使溶液呈酸性：

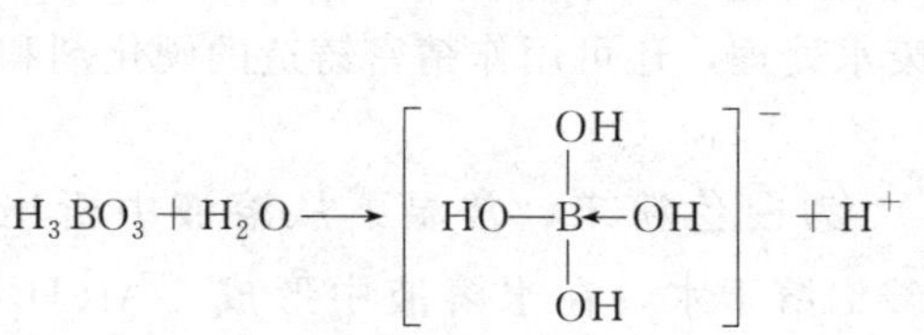

硼酸大量用于搪瓷和玻璃工业，它还可作防腐剂以及医用消毒剂。

2. 硼酸盐

最重要的硼酸盐是四硼酸钠 $Na_2B_4O_5(OH)_4\cdot8H_2O$，常写作 $Na_2B_4O_7\cdot10H_2O$，俗称硼砂。它是无色透明晶体，易风化失水。硼砂受热时，先失去结晶水成为蓬松状物质。加热至300～400℃进一步脱水而成为无水盐 $Na_2B_4O_7$；在878℃时熔融，冷却后成为透明的玻璃状物质。熔融的硼砂能熔解铁、钴、镍、锰等许多金属氧化物而形成具有不同特征颜色的硼酸的复盐。例如：

$$Na_2B_4O_7+CoO\longrightarrow Co(BO_2)_2\cdot2NaBO_2$$

（蓝色）

$$Na_2B_4O_7+NiO\longrightarrow Ni(BO_2)_2\cdot2NaBO_2$$

（棕色）

利用这一性质在化学分析上用以鉴定某些金属离子，称为硼砂珠试验。由于金属氧化物可被硼砂熔解，故在焊接金属时可用硼砂作助熔剂，以除去金属表面的氧化物。

硼砂易溶于水，且因水解作用而使溶液呈碱性：

$$B_4O_7^{2-}+7H_2O\rightleftharpoons 4H_3BO_3+2OH^-$$

由上式看出，加酸平衡向右移动，可由硼砂制得 H_3BO_3；加碱平衡向左移动，又可由 H_3BO_3 制得硼酸盐。

硼砂是重要的化工原料，具有广泛的用途。如可用它制造耐高温骤变的特种玻璃和光学玻璃，还可在陶瓷和搪瓷工业中用于制备低熔点釉。硼砂还是医药上的消毒剂和防腐剂。此外，在农作物中用它作微量元素肥料，有增产效果。

二、铝的重要化合物

1. 氢氧化铝

向铝盐中加入氨水或适量碱得到白色凝胶状的氢氧化铝 $Al(OH)_3$ 沉淀。它是两性氢氧化物，但碱性略强于酸性，可溶于酸生成 Al^{3+}，又可溶于过量的强碱生成 $[Al(OH)_4]^-$：

$$Al^{3+} \xleftarrow{+H^+} Al(OH)_3 \xrightarrow{+OH^-} [Al(OH)_4]^-$$

光谱实验证明，$Al(OH)_3$ 溶于强碱后，生成的铝酸盐溶液中含有 $[Al(OH)_4]^-$ 配离子，而并不存在 AlO_2^- 或 AlO_3^{3-}。

$Al(OH)_3$ 在制药业通常用来中和胃酸，也广泛用于玻璃和陶瓷工业。

2. 铝盐

由 $Al(OH)_3$ 可制得 Al(Ⅲ) 盐及铝酸盐，其中较为常见的有卤化物和硫酸盐。

铝的卤化物中以氯化铝 $AlCl_3$ 最为重要，有无水物和水合结晶两种。常温下无水的 $AlCl_3$ 为无色晶体，露置于空气中极易吸收水分并水解，在水中易溶并发生强烈的水解作用。因此，无水 $AlCl_3$ 只能用干法合成。它的主要用途是作有机合成和石油工业的催化剂。将铝溶解于盐酸中，可分离出无色的六水合晶体 $AlCl_3 \cdot 6H_2O$。它易吸潮，同时水解，主要用于净化饮用水和工业废水处理，还可用作精密铸造的硬化剂和木材防腐剂及用于医药等方面。

无水硫酸铝 $Al_2(SO_4)_3$ 为白色粉末，常温下从溶液中析出的白色针状水合晶体为 $Al_2(SO_4)_3 \cdot 18H_2O$。硫酸铝溶于水，在水溶液中形成 $[Al(H_2O)_6]^{3+}$，由于其水解作用而使溶液显酸性，并生成一系列碱式盐直至 $Al(OH)_3$ 沉淀，这些水解产物能吸附水中的泥砂、重金属离子及有机污染物等。硫酸铝与钾、钠、铵的硫酸盐可形成复盐，称作矾。

阅读材料

低碳生活和低碳经济

人类只有一个可生息的村庄——地球，可是这个村庄正在被人类制造出来的各种环境灾难所威胁：水污染、空气污染、植被萎缩、物种濒危、江河断流、垃圾围城、土地荒漠化、臭氧层空洞……

作为居住在地球上的人们，我们不能仅仅担忧和抱怨，必须意识到那种无节制消耗资源和污染环境的生活方式是造成环境恶化的根源，必须行动起来，选择有利于环境的低碳生活方式。

低碳生活是指生活作息时所耗用的能量特别是二氧化碳的排放量要尽量减少，从而减少对大气的污染，减缓生态恶化。主要是从节电、节气和回收三个环节来改变生活细节。

低碳经济是以低能耗、低污染、低排放为基础的经济模式。低碳经济的实质是能源的高效利用、清洁能源开发、追求绿色能源 GDP 的问题，核心是能源技术和减排技术创新、产业结构和制度创新以及人类生存发展观念的根本转变。

低碳经济主要体现在下列产业中：一是环保产业，主要包括污水处理、固定废弃物的处理等；二是节能产业，包括工业节能，比如余热回收发电、工艺改进以及节能材料，也包括建筑节能，智能建筑、节能家电、节能材料与节能照明均可归结为这一产业路线；三是工业减排，也包括余热回收、余热循环与余热发电，但为了表述的方便以及考虑到提升传统能源的效率和碳减排的重要性，故单列一个产业路线；四是清洁能源，包括风能、太阳能、地热、潮汐、生物质能等新能源，也包括清洁能源的水电、核电等，还包括能源的传输方式，比如高压、超高压以及由此衍生出的智能电网业务。

环境意识和环境质量是衡量国家和民族文明程度的重要标志。近年来，我国加快绿色转型，推动产业结构、能源结构优化。十四五期间，我国将继续推进环境污染防治，坚持精准治污、科学治污、依法治污，推动碳达峰、碳中和。目前，多地多部门扎实推进绿色快递、绿色通道、绿色消费，引导高质量发展，绿色低碳的生活方式、生产方式加快形成。随着科学的进步，人类赖以生存的地球环境会变得更加美好，生活质量会继续提高。

我们每个人都要从自身做起，在生活中对废弃物要妥善处理，不能随意倾倒。拒绝过度包装，少用一次性制品，自备餐盒，不用一次性碗筷，减少白色污染。自觉地选择低碳生活方式，举报违法排污行为等，创造一个清洁美好的生存环境，这是每位公民所必须履行的道德责任。

本章小结

1. 氮族、碳族、硼族元素，由于惰性电子对效应，同族元素从上而下低氧化数的化合物稳定性增强，高氧化数的化合物稳定性减弱。

2. 氨分子间存在氢键，使其具有反常高的熔沸点，这是由其组成和结构所决定的。氨可发生加合、取代及氧化反应。

固态铵盐受热极易分解，产物因酸性质的不同而异。

3. 氮重要的氧化物有 NO 和 NO_2，由此可分别生成氧化数为+3 和+5 的含氧酸及其盐。亚硝酸是极不稳定的弱酸；亚硝酸盐却相当稳定，具有氧化性和还原性，其氧化性更为突出。

4. 硝酸是易挥发的强酸，具有强氧化性。与非金属及硫化物反应被还原为 NO，与大多数金属反应，产物取决于硝酸的浓度及金属活泼性。

硝酸盐受热可分解，产物因盐中金属活泼性的不同分为三种类型。

5. 磷可形成 P_4O_6 和 P_4O_{10}，它们与水作用生成相应氧化数的含氧酸。磷酸易溶于水，为三元中强酸，难挥发，无氧化性，与许多金属离子作用生成配合物。磷酸可形成三种类型的盐，即正盐和两种酸式盐。

6. 砷、锑、铋的氧化物及其水合物酸碱性明显不同。它们的含氧酸盐中，亚砷酸盐在碱性条件下有较强的还原性，铋酸钠在酸性溶液中有很强的氧化性；氧化数为+3、+5 的砷、锑及氧化数为+3 的铋，均可形成相应的有色硫化物。它们的酸碱性及其与酸碱的反应，与它们相应的氧化物类似。

7. 碳最重要的氧化物为 CO 和 CO_2。由 CO_2 生成的碳酸为二元弱酸，它可形成正盐及酸式盐。易溶的碳酸盐与不同金属离子作用，由相应的金属离子碳酸盐和氢氧化物溶解度相对大小所决定，产生形式不同的难溶物（正盐、碱式碳酸盐或氢氧化物）；碳酸的稳定性小于其盐，正盐比酸式盐更趋稳定，受金属离子电荷、半径及电子构型的影响，不同金属离子的碳酸盐热稳定性差异甚大。

8. SiO_2 为难溶于水的酸性氧化物，与热的浓碱反应生成硅酸盐。可溶性硅酸盐与盐酸或氯化铵作用可得硅酸。

9. 锡、铅的氧化物及其氢氧化物均具有两性，低氧化态物质两性偏碱性，高氧化态物质两性偏酸性。

Sn(Ⅱ)在碱性溶液中的还原性比在酸性溶液中强，Pb(Ⅳ) 具有强氧化性；Sn(Ⅱ) 盐易水解，Pb(Ⅱ) 盐水解不显著，大多数 Pb(Ⅱ) 化合物难溶；由锡、铅形成的难溶于水的有色硫化物，在不同试剂中的溶解性各异。

10. 硼族元素的原子为缺电子原子，它们形成的共价化合物称为缺电子化合物，此化合物可形成聚合型分子和配合物。

11. 硼酸为一元弱酸。重要的硼酸盐是四硼酸钠，俗称硼砂，易溶于水，溶液因水解呈碱性。熔融的硼砂能溶解许多金属氧化物，形成具有特征颜色的复盐。

12. $Al(OH)_3$ 为两性氢氧化物，碱性略强于酸性；铝盐常见的有卤化物及硫酸盐。$AlCl_3$ 极易水解，只能由干法合成。硫酸铝与钾、钠、铵的硫酸盐可形成复盐，称为矾。

思考题

1. 试从氨的分子结构说明氨的性质。

2. 为何不用 NH_4NO_3、$(NH_4)_2Cr_2O_7$、NH_4HCO_3 制取 NH_3？

3. 试归纳总结铵盐热分解的类型。最易分解的铵盐是哪种？哪类铵盐最不安全？

4. HNO_3 与金属作用时，其还原产物既与 HNO_3 的浓度有关，也与金属的活泼性有关。试总结其一般规律。

5. 总结硝酸盐热分解的类型；硝酸盐热分解是否都生成 O_2 和 NO_2？

6. 试从水解、电离平衡角度综合分析 Na_3PO_4、Na_2HPO_4、NaH_2PO_4 水溶液的酸碱性。

7. 用平衡移动的观点解释 Na_2HPO_4 和 NaH_2PO_4 与 $AgNO_3$ 作用都生成黄色 Ag_3PO_4 沉淀。沉淀析出后溶液的酸碱性有何变化？写出相应的反应方程式。

8. 如何配制 $SbCl_3$、$Bi(NO_3)_3$ 溶液？

9. 分别说明易溶、难溶碳酸盐及它们的酸式盐溶解度的相对大小。

10. 实验室中如何配制和保存 $SnCl_2$ 溶液？为什么？

11. 何谓缺电子原子？何谓缺电子化合物？试举两例说明。

12. 是非题

（1）浓 HNO_3 的酸性比稀 HNO_3 强；浓 HNO_3 的氧化性比稀 HNO_3 强；HNO_3 的酸性比 HNO_2 强。（ ）

（2）王水的强氧化性来自 HCl 与 HNO_3 作用生成物（Cl_2 等）的氧化性。（ ）

（3）砷、锑、铋的氯化物极易水解，它们的三氯化物水解均生成 $M(OH)_3$ 和 HCl。（ ）

（4）在 CO 中由于配位键的形成，使碳原子负电荷偏多，加强了 CO 与金属的配位能力，所以 CO 与金属原子能形成羰基化合物。（ ）

（5）SiO_2 是 H_4SiO_4 的酸酐，因此可以用 SiO_2 与 H_2O 作用制得硅酸。（ ）

（6）在水溶液中，Sn、Pb、Bi 较低氧化态的阳离子都是可以存在的，而它们较高氧化态的阳离子并非都存在。（ ）

（7）还原性 $SnCl_2 > PbCl_2$（ ）

碱　性 $Sb(OH)_3 > Bi(OH)_3$（ ）

13. 选择题

（1）下列各对含氧酸，酸性强弱关系错误的是（ ）。

A. $H_2SiO_3 > H_3PO_4$　B. $H_2SO_4 > H_2SO_3$　C. $H_3AsO_4 > H_3AsO_3$　D. $HClO_4 > HClO$

（2）在水溶液中下列说法不正确的是（ ）。

A. 主族金属离子都能与 CO_3^{2-} 生成碳酸盐　B. 主族金属离子都能与 SO_4^{2-} 生成硫酸盐

C. 主族金属离子都能与 NO_3^- 生成硝酸盐　D. 主族金属离子都能与 Cl^- 生成氯化物

（3）硝酸钠的氧化性表现较强的状态是（ ）。

A. 与所处的状态无关　B. 水溶液状态　C. 高温时熔融状态　D. 在碱性溶液中

（4）下列金属离子的溶液在空气中放置时，易被氧化变质的是（ ）。

A. Pb^{2+}　B. Sn^{2+}　C. Sb^{3+}　D. Bi^{3+}

（5）在酸性溶液中，欲使 Mn^{2+} 氧化到紫色的 MnO_4^- 可加强氧化剂。下列氧化剂中不能用于这类反应的是（　　）。

A. $KClO_4$　　B. $(NH_4)_2S_2O_8$　　C. $NaBiO_3$　　D. PbO_2

（6）下列化合物，属于缺电子化合物的是（　　）。

A. BCl_3　　B. $H[BF]_4$　　C. $Na[AlF_6]$　　D. $Na[Al(OH)_4]$

（7）有四种溶液全部呈酸性，其中不能共存的是（　　）。

A. Fe^{3+}、Na^+、$Cr_2O_7^{2-}$　　B. Fe^{2+}、Na^+、NO_2^-

C. NH_4^+、Zn^{2+}、Cl^-　　D. Ca^{2+}、K^+、NO_3^-

习 题

1. 要使氨气干燥，应将其通过下列哪种干燥剂？

（1）浓 H_2SO_4　（2）$CaCl_2$　（3）P_2O_5　（4）$NaOH(s)$

2. 写出下列各铵盐、硝酸盐热分解的反应方程式。

（1）铵盐：NH_4Cl　$(NH_4)_2SO_4$　$(NH_4)_2Cr_2O_7$

（2）硝酸盐：KNO_3　$Cu(NO_3)_2$　$AgNO_3$

3. 根据标准电极电势判断亚硝酸盐在酸性溶液中能否与 Fe^{2+}、SO_3^{2-}、MnO_4^-、I^-、$Cr_2O_7^{2-}$ 发生氧化还原反应。写出离子反应方程式，并指出各反应中亚硝酸盐是作氧化剂还是还原剂。

4. 如何用简便方法鉴别含有下列各组物质的溶液？

（1）NH_4Cl 和 $(NH_4)_2SO_4$　（2）KNO_2 和 KNO_3

（3）NaH_2PO_4 和 Na_2HPO_4　（4）$AsCl_3$、$SbCl_3$ 和 $BiCl_3$

5. 在稀 HNO_3 溶液中，$NaBiO_3$ 能将 Mn(Ⅱ) 氧化成 Mn(Ⅶ)。若在 HCl 溶液中反应将如何进行？试分别写出化学反应方程式。

6. 下列情况是否矛盾？为什么？写出有关的离子反应式。

（1）Cl_2 可氧化 Bi(Ⅲ) 成为 Bi(Ⅴ)，而 Bi(Ⅴ) 又能将 Cl^- 氧化成 Cl_2；

（2）I_2 可氧化 As(Ⅲ) 成为 As(Ⅴ)，而 As(Ⅴ) 又能将 I^- 氧化成 I_2。

7. 写出砷、锑、铋硫化物的颜色，并指出它们分别在浓盐酸、氢氧化钠及硫化钠中的溶解情况。

8. 完成并配平下列反应方程式：

（1）$NH_3 + O_2 \xrightarrow{\triangle}$

（2）$NH_3 + O_2 \xrightarrow{Pt}$

（3）$S + HNO_3$（浓）$\longrightarrow$

（4）$Pb + HNO_3$（浓）$\longrightarrow$

（5）$Zn + HNO_3$（极稀）$\longrightarrow$

（6）$CuS + HNO_3 \longrightarrow$

（7）$PCl_5 + H_2O \longrightarrow$

（8）$AsO_4^- + I^- + H^+ \longrightarrow$

（9）$AsO_3^{3-} + H_2S + H^+ \longrightarrow$

（10）$Sb_2S_3 + S^{2-} \longrightarrow$

9. 如何鉴定 NH_4^+、NO_2^-、NO_3^-、PO_4^{3-}、Sb^{3+}、Bi^{3+}？写出相应的反应方程式。

10. 下列四种盐溶液分别与 Na_2CO_3 反应，写出有关反应方程式。

$BaCl_2$、$FeCl_3$、$CuSO_4$、$Pb(NO_3)_2$

11. 锡与盐酸作用只能得到 $SnCl_2$，而不是 $SnCl_4$；锡与氯气作用得到 $SnCl_4$，而不是 $SnCl_2$。试用有关电对的电极电势加以说明。

12. 下列物质中，哪些是氧化剂？哪些是还原剂？哪些既是氧化剂，又是还原剂？各写出一个对应于其氧化还原性质的反应方程式。

(1) $SnCl_2$　(2) PbO_2　(3) Na_3AsO_3　(4) $NaBiO_3$

13. 以化学反应方程式表示下列物质之间的作用：

(1) $PbO_2 + HNO_3 + H_2O_2 \longrightarrow$

(2) $Pb_3O_4 + HNO_3 \longrightarrow$

(3) $PbO_2 + MnSO_4 + HNO_3 \longrightarrow$

(4) $Na_2[Sn(OH)_4] + Bi(OH)_3 \longrightarrow$

(5) $HgCl_2 + SnCl_2 \longrightarrow$

(6) $PbS + H_2O_2 \longrightarrow$

(7) $Na_2[Sn(OH)_4] + HCl$(足量) $\longrightarrow$

(8) $SnS + (NH_4)_2S_2 \longrightarrow$

14. 下列各对离子能否共存于溶液中？不能共存者写出反应方程式。

(1) Sn^{2+} 和 Fe^{2+}　(2) Sn^{2+} 和 Fe^{3+}

(3) Pb^{2+} 和 Fe^{3+}　(4) SiO_3^{2-} 和 NH_4^+

(5) Pb^{2+} 和 $[Pb(OH)_4]^{2-}$　(6) $[PbCl_4]^{2-}$ 和 $[SnCl_6]^{2-}$

15. 用化学方法鉴别下列各对物质：

(1) SnS 与 SnS_2　(2) $Pb(NO_3)_2$ 与 $Bi(NO_3)_3$

(3) $Sn(OH)_2$ 与 $Pb(OH)_2$　(4) $SnCl_2$ 与 $SnCl_4$

(5) $SnCl_2$ 与 $AlCl_3$　(6) $SbCl_3$ 与 $SnCl_2$

16. 硼酸是几元酸？写出硼酸在水溶液中显酸性的反应式。

17. 完成下列反应方程式：

(1) $SiO_2 + Na_2CO_3 \xrightarrow{熔融}$

(2) $Na_2SiO_3 + CO_2 + H_2O \longrightarrow$

(3) $SiO_2 + HF \longrightarrow$

(4) $SiCl_4 + H_2O \longrightarrow$

(5) $BF_3 + HF \longrightarrow$

(6) $BF_3 + NH_3 \longrightarrow$

18. $AlCl_3$ 溶液中加入下列物质，各有何反应？

(1) Na_2S 溶液　(2) 过量 $NaOH$ 溶液

(3) 过量氨水　(4) Na_2CO_3 溶液

19. 分离下列各组离子，并使之恢复到原来的离子状态。

(1) Ba^{2+}、Al^{3+}、Fe^{3+}

(2) Mg^{2+}、Pb^{2+}、Zn^{2+}

(3) Al^{3+}、Pb^{2+}、Bi^{3+}

20. 如何鉴定 Sn^{2+}、Pb^{2+}？写出相应的反应方程式。

21. 将某一金属溶于热的浓盐酸，所得溶液分成三份。其一加入足量水，产生白色沉淀；其二加碱中和，也产生白色沉淀，此白色沉淀溶于过量碱后，再加入 $Bi(OH)_3$ 则产生黑色沉淀；其三加入 $HgCl_2$ 溶液，产生灰黑色沉淀。试判断该金属是什么？并写出有关的反应式。

22. 现有一白色固体 A，溶于水产生白色沉淀 B。B 可溶于浓 HCl。若将固体 A 溶于稀 HNO_3 中（不发生氧化还原反应），得无色溶液 C。将 $AgNO_3$ 溶液加入溶液 C，析出白色沉淀 D。D 溶于氨水得溶液 E，酸化溶液 E，又产生白色沉淀 D。将 H_2S 通入溶液 C，产生棕色沉淀 F。F 溶于 $(NH_4)_2S_2$，形成溶液 G。酸化溶液 G，得一黄色沉淀 H。少量溶液 C 加入 $HgCl_2$ 溶液得白色沉淀 I，继续加入溶液 C，沉淀 I 逐渐变灰，最后变成黑色沉淀 J。试确定 A～J 物质。

第十二章

s区元素

学习目标

1. 了解碱金属和碱土金属的价层电子构型和通性。

2. 熟悉碱金属、碱土金属氧化物的类型、生成与性质；掌握氢氧化物碱性强弱的变化规律。

3. 了解碱金属和碱土金属盐类的热稳定性和溶解性。

s 区元素包括周期表中第ⅠA 和第ⅡA 族。第ⅠA 族由锂、钠、钾、铷、铯、钫六种元素组成，又称为碱金属元素。第ⅡA 族由铍、镁、钙、锶、钡、镭六种元素组成，其中钙、锶、钡又称为碱土金属。现在习惯上也把铍和镁包括在碱土金属之内。s 区元素中，锂、铷、铯、铍是稀有金属元素，钫和镭是放射性元素。

碱金属和碱土金属的结构和基本性质分别列于表 12-1 和表 12-2 中。

表 12-1　碱金属元素的原子结构和性质

基本性质	锂(Li)	钠(Na)	钾(K)	铷(Rb)	铯(Cs)
原子序数	3	11	19	37	55
电子层结构	[He]$2s^1$	[Ne]$3s^1$	[Ar]$4s^1$	[Kr]$5s^1$	[Xe]$6s^1$
氧化数	+1	+1	+1	+1	+1
离子半径 r/pm	60	95	133	148	169
第一电离能 I_1/(kJ/mol)	520.3	495.8	418.9	403	375.7
第二电离能 I_2/(kJ/mol)	7298	4562	3051	2633	2230
电负性	1.0	0.9	0.9	0.8	0.7
$\varphi^{\ominus}(M^+/M)$/V	−3.045	−2.714	−2.925	−2.93	−2.92

表 12-2　碱土金属元素的原子结构和性质

基本性质	铍(Be)	镁(Mg)	钙(Ca)	锶(Sr)	钡(Ba)
原子序数	4	12	20	38	56
电子层结构	[He]$2s^2$	[Ne]$3s^2$	[Ar]$4s^2$	[Kr]$5s^2$	[Xe]$6s^2$
氧化数	+2	+2	+2	+2	+2
离子半径 r/pm	31	65	99	113	135
第一电离能 I_1/(kJ/mol)	899.5	737.7	589.8	549.5	502.9
第二电离能 I_2/(kJ/mol)	1757	1450.7	1145.4	1064.3	965.3
第三电离能 I_3/(kJ/mol)	14849	7732.8	4912	4210	—
电负性	1.5	1.2	1.0	1.0	0.9
$\varphi^{\ominus}(M^{2+}/M)$/V	−1.85	−2.37	−2.87	−2.89	−2.91

从表 12-1 和表 12-2 可见，碱金属和碱土金属元素的主要性质有如下变化规律。

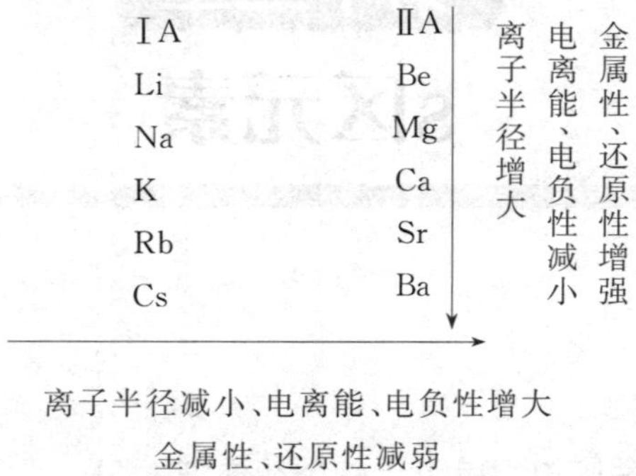

ⅠA 和ⅡA 族元素的价层电子构型分别为 ns^1 和 ns^2，氧化数分别为＋1 和＋2。它们的原子最外层有 1～2 个 s 电子，内层为稀有气体的电子层结构。由于最外层电子数目少，内电子层结构稳定，原子半径又较大，原子核对最外层电子引力弱，因此 s 区元素表现出很强的金属性。尤其是碱金属元素，它们的原子半径为同周期元素（稀有气体除外）中最大，而核电荷数为同周期元素中最小，因此这些元素很容易失去最外层的 1 个 s 电子，成为同周期元素中金属性最强的元素。同一族自上而下，原子半径增大的因素起主导作用，因此金属性依次增强。碱金属中 Cs 和 Rb 由于失电子倾向很大，当受到光照后，金属表面电子易逸出，因此常用来制造光电管。如铯光电管制成的天文仪器，可根据由星光转变的电流大小测出太空中星体的亮度，推算出星体与地球的距离。

s 区元素所形成的化合物大多是离子型。而第 2 周期的锂和铍其离子为 2 电子构型，且半径较小，故极化作用较强，因此它们的化合物大多数为共价型。少数镁的化合物也为共价型。

s 区元素的单质能与大多数非金属发生反应。例如，极易在空气中燃烧，形成各种类型的氧化物。除铍、镁外，都较易与水反应。s 区元素可形成稳定的氢氧化物，还可形成许多重要的盐。

第一节 氧 化 物

碱金属和碱土金属能形成三种类型的氧化物：正常氧化物、过氧化物和超氧化物。这三种氧化物均为离子型，分别含有 O^{2-}、O_2^{2-} 和 O_2^-。s 区元素所形成的氧化物列于表 12-3 中。

表 12-3 s 区元素形成的氧化物

氧 化 物	所含阴离子	直接形成元素	间接形成元素
正常氧化物	O^{2-}	Li、Be、Mg、Ca、Sr、Ba	ⅠA、ⅡA 族所有元素
过氧化物	O_2^{2-}	Na、(Ba)	除 Be 之外的所有元素
超氧化物	O_2^-	(Na)、K、Rb、Cs	除 Be、Mg、Li 之外的所有元素

一、正常氧化物

碱金属中的锂和所有碱土金属在空气中燃烧时，生成正常氧化物 Li_2O、MO：

$$4Li + O_2 \longrightarrow 2Li_2O$$

$$2M + O_2 \longrightarrow 2MO$$

其他碱金属的正常氧化物是用碱金属与它们的过氧化物或硝酸盐作用而得到的。例如：

$$2Na + Na_2O_2 \longrightarrow 2Na_2O$$

$$10K + 2KNO_3 \longrightarrow 6K_2O + N_2 \uparrow$$

碱土金属氧化物也可通过加热它们的碳酸盐或硝酸盐而制得。例如：

$$MCO_3 \xrightarrow{\triangle} MO + CO_2 \uparrow$$

碱金属的氧化物从 Li_2O 到 Cs_2O，颜色逐渐加深，热稳定性逐渐降低。

碱土金属的氧化物都是白色粉末，它们的硬度大，熔点高。除 BeO 外，从 MgO 到 BaO 硬度依次减小，熔点依次降低。根据这种特性，常用 BeO 和 MgO 制造耐火材料和金属陶瓷。特别是 BeO，由于具有反射放射线的能力，常用作原子反应堆外壁砖块材料。CaO 是重要的建筑材料。

二、过氧化物

除铍外，所有的碱金属及碱土金属都能形成相应的过氧化物 $\overset{+1}{M}_2O_2$ 和 $\overset{+2}{M}O_2$，其中只有钠的过氧化物是由金属在空气中燃烧而直接制得。锶和钡在高压氧中才能与氧化合形成过氧化物。钙、锶和钡的氧化物与过氧化氢作用，也能得到相应的过氧化物：

$$MO + H_2O_2 + 7H_2O \longrightarrow MO_2 \cdot 8H_2O$$

过氧化钠 Na_2O_2 是最为常见的过氧化物，为淡黄色粉末或粒状物。将金属钠在铝制容器中加热至熔融，并通入不含二氧化碳的干燥空气，可得到 Na_2O_2 粉末：

$$2Na + O_2 \longrightarrow Na_2O_2$$

Na_2O_2 与水或稀酸作用生成 H_2O_2，由于反应放出大量的热，而使 H_2O_2 也迅速分解：

$$Na_2O_2 + 2H_2O \longrightarrow 2NaOH + H_2O_2$$

$$Na_2O_2 + H_2SO_4(\text{稀}) \longrightarrow Na_2SO_4 + H_2O_2$$

$$2H_2O_2 \longrightarrow 2H_2O + O_2 \uparrow$$

Na_2O_2 与 CO_2 反应会有氧气放出：

$$2Na_2O_2 + 2CO_2 \longrightarrow 2Na_2CO_3 + O_2 \uparrow$$

由于 Na_2O_2 具有这种特殊反应性能，使其用于防毒面具、高空飞行和潜水作业等。

Na_2O_2 本身相当稳定，加热至熔融也不分解，但若遇棉花、木炭或铝粉等还原性物质时，就会引起燃烧或爆炸，工业上列为强氧化剂。在碱性介质中，它也可体现出很强的氧化性，如它能将矿石中的铬、锰、钒等氧化为可溶性的含氧酸盐，因此，在化学分析中常用作分解矿石的熔剂。例如：

$$Cr_2O_3 + 3Na_2O_2 \longrightarrow 2Na_2CrO_4 + Na_2O$$

$$MnO_2 + Na_2O_2 \longrightarrow Na_2MnO_4$$

过氧化钠的主要用途是作氧化剂和氧气发生剂，此外，还用作消毒剂及纺织、纸浆的漂白剂等。

三、超氧化物

除锂、铍、镁外，碱金属和碱土金属都能形成相应的超氧化物 $\overset{+1}{M}O_2$ 和 $\overset{+2}{M}(O_2)_2$。其中钠、钾、铷、铯在过量的氧气中燃烧可直接生成超氧化物。例如：

$$K + O_2 \longrightarrow KO_2$$

超氧化物与水反应生成 H_2O_2，同时放出 O_2。例如：

$$2KO_2 + 2H_2O \longrightarrow 2KOH + H_2O_2 + O_2\uparrow$$

$$Ba(O_2)_2 + 2H_2O \longrightarrow Ba(OH)_2 + H_2O_2 + O_2\uparrow$$

与 CO_2 作用也会有 O_2 放出。例如：

$$4KO_2 + 2CO_2 \longrightarrow 2K_2CO_3 + 3O_2\uparrow$$

$$2Ba(O_2)_2 + 2CO_2 \longrightarrow 2BaCO_3 + 3O_2\uparrow$$

因此超氧化物可作供氧剂，还可作氧化剂。

第二节　氢氧化物

s 区的氧化物，除 BeO 几乎不与水反应、MgO 与水缓慢反应外，其他氧化物与水都能发生剧烈反应，生成相应的氢氧化物：

$$M_2O + H_2O \longrightarrow 2MOH$$

$$MO + H_2O \longrightarrow M(OH)_2$$

碱金属和碱土金属的氢氧化物都是白色固体，它们易吸收空气中的 CO_2，变为相应的碳酸盐，也易在空气中吸水而潮解，故氢氧化钠和氢氧化钙可作干燥剂。

一、溶解度的变化

碱金属氢氧化物在水中的溶解度很大（LiOH 例外），并全部电离。碱金属氢氧化物从 LiOH 到 CsOH 随着阳离子半径的增大，阳离子和阴离子之间的吸引力逐渐减小，ROH 晶格越来越容易被水分子拆开，所以，其溶解度逐渐增大。同一周期中，碱土金属离子比碱金属离子小，而且带两个正电荷，水分子就不容易将它们拆开，因此，碱土金属氢氧化物的溶解度比碱金属氢氧化物的溶解度小得多。其中 $Be(OH)_2$、$Mg(OH)_2$ 是难溶氢氧化物。由 $Be(OH)_2$ 到 $Mg(OH)_2$ 溶解度依次增大。

二、碱性的变化

碱金属和碱土金属氢氧化物的碱性呈现有规律性的变化。Be $(OH)_2$ 是两性氢氧化物，Li (OH) 和 Mg $(OH)_2$ 为中强碱，其余氢氧化物均呈强碱性。

同族元素的氢氧化物由于金属离子的电子层构型和电荷数均相同，其碱性强弱的变化主要取决于离子半径的大小。所以碱金属、碱土金属氢氧化物的碱性，均随金属离子半径的增大而增强，若把这两族同周期的相邻两种元素的氢氧化物也加以比较，碱性的变化规律可以概括为：从上到下碱性增强；从左到右碱性减弱。这可由第十章第二节讨论的 ROH 规则解释。

由上述可知：这两族元素氢氧化物碱性强弱的变化规律和在水中溶解度的变化规律是一致的。为什么碱金属氢氧化物的碱性特别强？一方面是由于它们在水溶液中有较大的溶解度，可以得到浓度较高的溶液；另一方面，它们在水溶液中几乎全部离解，因此可以得到高浓度的 OH^-，OH^- 浓度愈大，碱性就愈强。因此碱金属的氢氧化物是最强的碱。碱土金属的氢氧化物溶解度比碱金属小得多，其碱性也弱。

碱金属、碱土金属氢氧化物的碱性和溶解度递变规律可总结如下：

溶解度增大 碱性增强 ↓		
	LiOH	$Be(OH)_2$
	NaOH	$Mg(OH)_2$
	KOH	$Ca(OH)_2$
	RbOH	$Sr(OH)_2$
	CsOH	$Ba(OH)_2$

← 碱性增强

溶解度增大

第三节　重要的盐类

碱金属、碱土金属最常见的盐有卤化物、硝酸盐、硫酸盐、碳酸盐等。在此着重讨论重要盐的晶体类型、热稳定性及溶解性。

一、晶体类型

绝大多数碱金属、碱土金属盐类的晶体属于离子晶体。碱金属中由于 Li^+ 半径很小，极化力较强，它的某些盐如卤化物表现出不同程度的共价性。碱土金属盐的离子键特征较碱金属差，但随金属离子半径的增大，键的离子性增强。由于同族中 Be^{2+} 半径最小，极化力较强，因此与 Cl^-、Br^-、I^- 作用时以共价键结合。$MgCl_2$ 也有一定程度的共价性。

二、热稳定性

碱金属盐一般具有较高的热稳定性。唯有其硝酸盐的热稳定性差，加热易分解。例如：

$$4LiNO_3 \xrightarrow{650℃} 2Li_2O + 4NO_2\uparrow + O_2\uparrow$$

$$2NaNO_3 \xrightarrow{830℃} 2NaNO_2 + O_2\uparrow$$

碱土金属盐类的热稳定性较碱金属相应的盐类差，但在常温下都是稳定的。

三、溶解性

碱金属的盐类大多数易溶于水，仅少数难溶，如 Li 的氟化物、碳酸盐、磷酸盐等。此外，K^+、Rb^+、Cs^+形成的少数具有较大阴离子的盐也是难溶的，如高氯酸钾 $KClO_4$、四苯硼酸钾 $K[B(C_6H_5)_4]$、六氯铂酸钾 $K_2[PtCl_6]$ 等。

碱土金属的盐比相应碱金属的盐溶解度小。除卤化物和硝酸盐外，大多数碱土金属的盐溶解度较小，而且不少是难溶的。例如，碳酸盐、草酸盐以及磷酸盐等都是难溶盐。硫酸盐、铬酸盐的溶解度差别较大。例如，$BeSO_4$、$BeCrO_4$ 易溶，而 $BaSO_4$、$BaCrO_4$ 极难溶。铍盐中多数是易溶的，镁盐有部分易溶，而钙、锶、钡的盐则多为难溶。

铍盐和可溶性钡盐都有毒。

阅读材料

“长眼睛”的金属——铯和铷

碱金属元素铯和铷是 1860 年德国化学家本生和物理学家基尔霍夫用分光镜进行光谱分

析时发现的。铯的符号为Cs，是从拉丁文Caesius而来的，在古代这个词用来描述天空的蓝色。铷的符号为Rb，是从拉丁文Rubidus而来的，意思是深红色。

铯是最软的金属，熔点为28.4℃，在已知的金属中熔点最低，外观呈浅金黄色。铷的熔点是38.89℃，外观呈银白色。我国有丰富的铯、铷资源，其储量居于世界前列。

碱金属的晶体中有活动性很强的自由电子，因而它们具有良好的导电导热性。在一定波长光的作用下，铯和铷的电子可获得能量，从金属表面逸出而产生光电效应。铯和铷由于具有优异的光电性能，因而被人们称为是“长眼睛”的金属。

将碱金属的真空光电管安装在宾馆或会堂的自动开关门上，当光照射时，由光电效应产生电流，通过一定装置形成的电流使门关上，当人走在自动门附近时，遮住了光，光电效应消失，电路断开，门就会自动打开。光线越强，光电流越大。碱金属中铯和铷是制造光电管、光电池的最好材料。

利用铯和铷制造的光电管、光电池，可以实现一系列自动控制而用于红外技术。如用铯制造的红外望远镜，用于军事侦察、边防巡逻、军舰夜航等。利用铯对放射线很敏感的性能，可以制成放射线感受分辨器。这种仪器是地质工作者特殊的“眼睛”，把它装在飞机上可以探测某地区的铀矿资源。在放射性物质实验中，一旦有放射性的物质逸出，它会发出警报，以防不测。

铯和铷所产生的辐射频率具有长时间的稳定性。因此，可作为微波频率标准。一种准确度极高的铯原子钟或铷原子钟，可以准确地测量出几十亿分之一秒的时间，它在370万年中的走时误差不超过1s，这对科学研究、交通运输，尤其是导弹、宇宙航天器来说，具有非常重要的意义。

由于铯和铷具有独特的性质，这使它们不仅在许多传统领域得到应用，而且还出现了一些新的应用领域，特别是在一些高科技领域中，显示出越来越重要的作用。如磁流体发电、热离子转换发电、离子推进火箭、激光转换电能装置、铯离子云通讯等方面，铯和铷也显示出强劲的生命力。

离子推进发动机可用于卫星及宇宙飞船的推进，一架带有500g铯和铷的离子推进宇宙飞船，其航程大约是目前使用的固体或液体燃料的150倍。飞船上各种铯和铷制造的仪器，还能保证飞船飞行的高度准确性。

铯和铷的新用途开辟了铯和铷应用的广阔前景。由于世界能源日趋紧缺，人们都在寻求新的能量转换方法，以提高效率和节约燃料，减少环境污染。铯和铷在新能量转换中的应用显示了光明的前景，并引起世界能源界的注目。

本章小结

1. 碱金属和碱土金属可形成三种离子型氧化物，即正常氧化物、过氧化物和超氧化物，分别含有O^{2-}、O_2^{2-}和O_2^-。

2. 碱金属、碱土金属同族元素从上而下氢氧化物碱性增大，碱金属氢氧化物的碱性大于同周期的碱土金属。

3. 绝大多数碱金属、碱土金属的盐类属于离子型晶体，它们具有较高的熔沸点。碱金属的盐较碱土金属的盐有较高的热稳定性和较大的溶解度。

思考题

1. 简要说明碱金属和碱土金属的性质有哪些相同和不同之处。与同族元素相比，锂、铍有哪些特殊性?

2. 金属 Li、Na、Cs、Ca、Ba 在过量氧气中燃烧，各生成何种氧化物？

3. 由 Na_2O_2 的结构式说明它不是一般的二氧化物，并指出它有哪些特性和用途。

4. 试用 ROH 规则，讨论第 3 周期由 Na 至 Cl 各主族元素氧化物的水合物酸碱性的递变规律。

5. 选择题

（1）下列元素中最可能形成共价化合物的是（　　）。

A. Ca　　B. Mg　　C. Na　　D. Li

（2）下列反应不能得到碱金属的正常氧化物的是（　　）。

A. 锂在氧气中燃烧　　B. 铷在氧气中燃烧　　C. 过氧化钠和钠反应　　D. 硝酸钾和钾反应

（3）下列有关碱土金属氢氧化物的叙述正确的是（　　）。

A. 碱土金属的氢氧化物均难溶于水　　B. 碱土金属的氢氧化物均为强碱

C. 碱土金属的氢氧化物的碱性由铍到钡依次递增　　D. 碱土金属的氢氧化物的碱性强于碱金属

（4）下列物质中溶解度最小的是（　　）。

A. $Ba(OH)_2$　　B. $Be(OH)_2$　　C. $Sr(OH)_2$　　D. $Ca(OH)_2$

（5）下列哪种物质难溶于水？（　　）

A. $MgSO_4$　　B. CaC_2O_4　　C. Rb_2SO_4　　D. Cs_2SO_4

习　题

1. 完成并配平下列反应方程式：

（1）$Na_2O_2+H_2O \rightarrow$　　（2）$KO_2+H_2O \rightarrow$

（3）$Na_2O_2+CO_2 \rightarrow$　　（4）$KO_2+CO_2 \rightarrow$

（5）$Mg(OH)_2+NH_4^+ \rightarrow$　　（6）$BaO_2+H_2SO_4$(稀)$\rightarrow$

2. 商品 NaOH 中为什么常含有杂质 Na_2CO_3？试用最简便的方法检查其存在，并设法除去。

3. 盛放 $Ba(OH)_2$ 溶液的瓶子在空气中放置一段时间后，其内壁会被蒙上一层白色薄膜，这层白膜是何物？欲将其从瓶壁洗去，应该用下列哪种物质？试说明理由。

（A）水　　（B）稀 HCl　　（C）稀 H_2SO_4　　（D）浓 NaOH

4. 现有五瓶无标签的白色固体粉末，它们分别是 $MgCO_3$、$BaCO_3$、无水 Na_2CO_3、无水 $CaCl_2$、无水 Na_2SO_4，试设法加以鉴别。

5. 如何区分下列各组物质？

（1）Na_2CO_3、$NaHCO_3$、NaOH

（2）$CaSO_4$、$CaCO_3$

（3）Na_2SO_4、$MgSO_4$

（4）$Al(OH)_3$、$Mg(OH)_2$、$MgCO_3$

6. 工业级 NaCl 中含有少量泥沙和杂质离子 Ca^{2+}、Mg^{2+}、SO_4^{2-}。请设计一简明分离方案，写出分离步骤、所需试剂及有关反应。

第十三章 过渡元素(一)d区元素

学习目标

1. 了解过渡元素的通性。

2. 掌握 Cr(Ⅵ)、Cr(Ⅲ) 在不同介质中的存在形式及其氧化还原特性，了解 Cr(Ⅵ) 对人体的危害及废水中 Cr(Ⅵ) 的排放标准。

3. 掌握不同氧化态锰的存在形式及其氧化还原特性，锰化合物在不同领域中的应用。

4. 熟悉铁、钴、镍具有稳定氧化数的性质及它们形成的各种不同类型的配合物，铁、钴、镍化合物所具有的多种用途。

5. 熟悉有关离子的定性鉴定方法。

周期表中 d 区、ds 区包括第ⅢB～ⅧB 族、第ⅠB～ⅡB 族元素，由于它们处于主族金属元素（s 区）和主族非金属元素（p 区）之间，因此，一般称为过渡元素（见表 13-1）。还因为过渡元素都是金属，也称过渡金属。

表 13-1 周期表中的过渡元素

周期	ⅠA	ⅡA	ⅢB	ⅣB	ⅤB	ⅥB	ⅦB		ⅧB		ⅠB	ⅡB	ⅢA～ⅧA
1													
2													
3						d 区					ds 区		
4	s 区		Sc	Ti	V	Cr	Mn	Fe	Co	Ni	Cu	Zn	p 区
5			Y	Zr	Nb	Mo	Tc	Ru	Rh	Pd	Ag	Cd	
6			La	Hf	Ta	W	Re	Os	Ir	Pt	Au	Hg	
7			Ac	Rf	Db	Sg	Bh	Hs	Mt	Ds	Rg	Cn	

通常按周期将过渡元素分为下面几个系列：

第一过渡系　　第 4 周期元素从 Sc 到 Zn

第二过渡系　　第 5 周期元素从 Y 到 Cd

第三过渡系　　第 6 周期元素从 La 到 Hg

第四过渡系　　第 7 周期元素从 Ac 到 Cn

d 区元素在自然界的储量以第一过渡系元素为较多，并具有一定代表性，它们的单质和化合物应用也较广，故在讨论它们的通性之后，本章将重点介绍 d 区元素中第一过渡系元素。ds 区元素将在第十四章进行讨论。

第一节　过渡元素的通性

一、原子的电子层结构和原子半径

过渡元素在原子结构上的共同特点是随着核电荷数的增加，电子依次填在次外层的 d 轨道，最外层只有 1～2 个 s 电子。它们的价层电子构型通式为（$(n-1)d^{1\sim10}ns^{1\sim2}$），其中，除 ds 区元素的（$n-1$）d 轨道全为电子充满外，其他元素（Pd 除外）原子的 d 轨道均未填满。

同一过渡系的元素，随原子序数增加，原子半径依次缓慢减小，直到铜族元素前后又略有增大。这种变化规律是由于 d 电子填充在次外层，未填满的 d^x 电子对核的屏蔽效应比外层电子大，致使有效核电荷数增加不多。因而在同一周期自左向右，原子半径只略有减小。直到 d 亚层电子达到 d^{10} 时，这种充满的结构具有更大的屏蔽效应，因而原子半径又略有增大。

同族的过渡元素自上而下，原子半径也增加不大。特别由于“镧系收缩”❶ 的影响，导致第二和第三过渡系元素的原子半径十分接近。过渡元素原子的性质见表 13-2。

表 13-2　过渡元素原子的性质

过渡元素		价层电子构型	原子半径①/pm	第一电离能/(kJ/mol)	氧化数(正值)②
第一过渡系	钪(Sc)	$3d^1 4s^2$	161	631	③
	钛(Ti)	$3d^2 4s^2$	145	658	2,3,④
	钒(V)	$3d^3 4s^2$	132	650	2,3,4,⑤
	铬(Cr)	$3d^5 4s^1$	125	652.8	2,③,⑥
	锰(Mn)	$3d^5 4s^2$	124	717.4	②,3,④,6,⑦
	铁(Fe)	$3d^6 4s^2$	124	759.4	②,③,6
	钴(Co)	$3d^7 4s^2$	125	758	②,3
	镍(Ni)	$3d^8 4s^2$	125	736.7	②,3,4
	铜(Cu)	$3d^{10} 4s^1$	129	745.5	1,②
	锌(Zn)	$3d^{10} 4s^2$	133	906.4	②
第二过渡系	钇(Y)	$4d^1 5s^2$	181	616	③
	锆(Zr)	$4d^2 5s^2$	160	660	2,3,④
	铌(Nb)	$4d^4 5s^1$	143	664	2,3,4,⑤
	钼(Mo)	$4d^5 5s^1$	136	685	2,3,4,5,⑥
	锝(Tc)	$4d^5 5s^2$	136	702	2,3,4,5,6,⑦
	钌(Ru)	$4d^7 5s^1$	133	711	2,3,④,⑤,6,7,8
	铑(Rh)	$4d^8 5s^1$	135	720	1,2,③,4,6
	钯(Pd)	$4d^{10} 5s^0$	138	805	1,②,3,4
	银(Ag)	$4d^{10} 5s^1$	144	731	①,2,3
	镉(Cd)	$4d^{10} 5s^2$	149	867.7	②
第三过渡系	镧(La)	$5d^1 6s^2$	173	523.5	③
	铪(Hf)	$5d^2 6s^2$	156	654	2,3,④
	钽(Ta)	$5d^3 6s^2$	143	761	2,3,4,⑤
	钨(W)	$5d^4 6s^2$	137	770	2,3,4,5,⑥
	铼(Re)	$5d^5 6s^2$	137	760	2,3,4,5,6,⑦

❶　镧系元素因增加的电子填充在外数第三层，故屏蔽效应比较大，有效核电荷数随原子序数的增加仅略有增加，致使镧系元素的原子半径从 La 到 Lu 稍微减小，这一现象称为“镧系收缩”。

续表

过渡元素		价层电子构型	原子半径① /pm	第一电离能 /(kJ/mol)	氧化数(正值)②
第三过渡系	锇(Os)	$5d^6 6s^2$	134	840	1,2,3,④,5,6,7,⑧
	铱(Ir)	$5d^7 6s^2$	136	880	2,③,④,5,6
	铂(Pt)	$5d^9 6s^1$	138	870	②,④,5,6
	金(Au)	$5d^{10} 6s^1$	144	890.1	1,③
	汞(Hg)	$5d^{10} 6s^2$	160	1007	1,②

① 本表原子半径为金属半径。
② 圈码为稳定的氧化数。
③ 本表仅介绍第一过渡系～第三过渡系。

二、氧化数

过渡元素的又一显著特征是它们有多种可变的氧化数。由于过渡元素外层的 s 电子与次外层的 d 电子能级相近，因而除 s 电子可作为价电子外，次外层的 d 电子也可以部分或全部作为价电子参与成键，形成多种氧化数。与主族元素氧化数的变化不同，过渡元素的氧化数大多是连续变化的。例如，Mn 有＋2、＋3、＋4、＋6、＋7 等。许多过渡元素的最高氧化数等于它们所在族数，这一点与主族元素相似。

三、单质的物理性质

过渡金属与同周期主族元素相比，一般有较小的原子半径，因而其单质有较大的密度。另外，过渡金属的 d 轨道参与成键，增大了金属键的强度，以致大多数过渡金属都有较高的硬度、熔点和沸点（第ⅢB 族元素除外）。例如，单质中第三过渡系的锇、铱、铂密度最大，都在 $20g/cm^3$ 以上，其中锇为 $22.48g/cm^3$，是周期表所有元素中密度最大的。熔点最高的是钨（3370℃），硬度最大的是铬（9）。此外，过渡金属有较好的延展性和机械加工性能。彼此之间以及与非过渡金属可组成具有多种特殊性能的合金，而且它们都是电和热的良好导体。

四、金属的活泼性

金属的活泼性可由其标准电极电势衡量。第一过渡系金属的标准电极电势见表 13-3。

表 13-3　第一过渡系金属的标准电极电势 $\varphi^{\ominus}$/V

电　对	Sc	Ti	V	Cr	Mn	Fe	Co	Ni	Cu	Zn
M^{2+}/M	—	−1.63	−1.2 (估计值)	−0.86	−1.17	−0.44	−0.29	−0.25	+0.34	−0.763
M^{3+}/M	−2.08	−1.21	−0.885	−0.71	−0.284	−0.036	+0.41	—	—	—

从表 13-3 可看出，除 Cu 外，第一过渡系都是比较活泼的金属，它们的标准电极电势都是负值。与第一过渡系相比，第二、第三过渡系元素（第ⅢB 族除外）较不活泼，即同族元素自上而下，金属活泼性逐渐减弱。

五、水合离子的颜色

过渡元素的水合离子大都具有颜色，其原因很复杂。据研究，这种现象与过渡元素的离子具有未成对 d 电子有关。其大致规律是：凡没有未成对 d 电子的水合离子都无色；而具有未成对 d 电子的水合离子一般都呈现出颜色。见表 13-4。

表 13-4 过渡元素水合离子的颜色

未成对的 d 电子	水合离子的颜色	未成对的 d 电子	水合离子的颜色
0	Ag^{+}、Zn^{2+}、Cd^{2+}、Sc^{3+}、Ti^{4+}等均无色	3	Cr^{3+}（蓝紫）、Co^{2+}（粉红）
1	Cu^{2+}（天蓝）、Ti^{3+}（紫）	4	Fe^{2+}（浅绿）
2	Ni^{2+}（绿）、V^{3+}（绿）	5	Mn^{2+}（极浅粉红）

六、配位性

过渡元素与主族元素相比，易形成配合物。由于过渡元素的离子有全空的 ns、np、nd 轨道以及部分空或全空的 $(n-1)$d 轨道，这种构型使得它们具备接受配位体孤对电子并形成外轨型或内轨型配合物的条件。另外，过渡元素离子半径较小，并有较大的有效核电荷，故对配位体有较强的吸引力。

过渡元素的原子也因具有空的价层电子轨道，因此同样能接受配体的孤对电子，形成具有特殊性质的配合物，如 $[Fe(CO)_5]$、$[Ni(CO)_4]$ 等。

七、磁性及催化性

具有未成对电子的物质会呈现顺磁性。而多数过渡元素的原子或离子具有未成对 d 电子，它们的单质及其化合物因此呈现顺磁性。铁系元素（Fe、Co、Ni）能被磁场强烈吸引，并在磁场移去后仍保持其磁性，即表现出铁磁性。

过渡元素及其化合物具有独特的催化性能，这是由于反应过程中过渡元素可形成作为中间产物的配合物，起到了配位催化作用。另外，过渡元素也可通过适宜的反应，表面起到接触催化作用。

第二节 铬的重要化合物

一、铬化合物关联图

铬原子的价层电子构型是 $3d^5 4s^1$，能形成多种氧化数的化合物，如＋1、＋2、＋3、＋4、＋5、＋6，其中以氧化数为＋3、＋6 的化合物最为常见和重要。这两类化合物在不同介质中具有不同的存在形态及特性，而不同氧化数的物质间又有着内在联系。它们之间的转化关系可用关联图表示，见图 13-1。

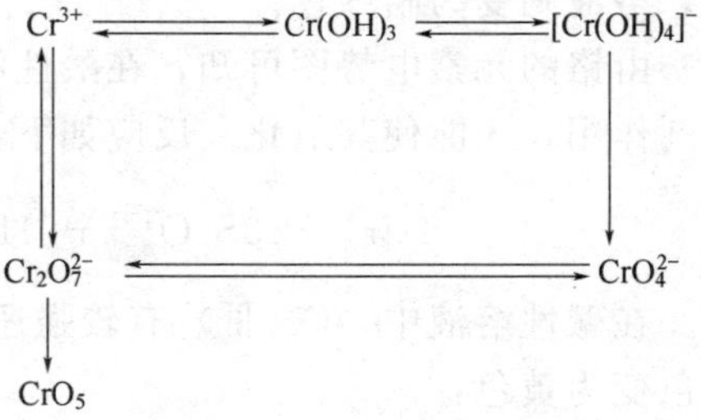

图 13-1 铬化合物关联图

二、铬的元素电势图

$$\varphi_a^{\ominus}/\mathrm{V}:\quad Cr_2O_7^{2-} \xrightarrow{+1.33} Cr^{3+} \xrightarrow{-0.41} Cr^{2+} \xrightarrow{-0.86} Cr$$

$$\varphi_b^{\ominus}/\mathrm{V}:\quad CrO_4^{2-} \xrightarrow{-0.12} [Cr(OH)_4]^- \xrightarrow{-0.80} Cr(OH)_2 \xrightarrow{-1.4} Cr$$

$[Cr(OH)_4]^- \xrightarrow{-1.2} Cr$

$Cr(OH)_3 \xrightarrow{-1.1} Cr(OH)_2$

由铬的电极电势可知，在酸性溶液中，氧化数为+6 的铬（$Cr_2O_7^{2-}$）有较强氧化性，可被还原为 Cr^{3+}，而 Cr^{2+} 有较强还原性，可被氧化为 Cr^{3+}，因此，在酸性溶液中 Cr^{3+} 很稳定，不易被氧化，也不易被还原；在碱性溶液中，Cr(Ⅲ）却易被氧化为 Cr(Ⅵ)，而氧化数为+6 的铬（CrO_4^{2-}）氧化性很弱。

三、铬（Ⅲ）化合物

1. 氢氧化铬

向 Cr(Ⅲ）盐中加入氨水或少量氢氧化钠，可析出灰蓝色胶状的 $Cr(OH)_3$ 沉淀：

$$Cr^{3+} + 3OH^- \longrightarrow Cr(OH)_3 \downarrow$$

$Cr(OH)_3$ 难溶于水，具有明显的两性，易溶于酸生成紫色的水合铬离子，也易溶于碱形成亮绿色的 $[Cr(OH)_4]^-$ 或 $[Cr(OH)_6]^{3-}$：

$$Cr(OH)_3 + 3H^+ \longrightarrow Cr^{3+} + 3H_2O$$

$$Cr(OH)_3 + OH^- \longrightarrow [Cr(OH)_4]^-$$

$$Cr(OH)_3 + 3OH^- \longrightarrow [Cr(OH)_6]^{3-}$$

2. 铬(Ⅲ）盐

常见的铬(Ⅲ)盐有三氯化铬 $CrCl_3 \cdot 6H_2O$(绿色或紫色)、硫酸铬 $Cr_2(SO_4)_3 \cdot 18H_2O$（紫色）以及铬钾矾 $KCr(SO_4)_2 \cdot 12H_2O$(蓝紫色)。它们都易溶于水，水合离子 $[Cr(H_2O)_6]^{3+}$ 不仅存在于溶液中，也存在于上述化合物的晶体中。

Cr^{3+} 除了可与 H_2O 形成配合物外，与 Cl^-、OH^-、CN^-、SCN^-、$C_2O_4^{2-}$、NH_3 等都能形成配合物，如 $[CrCl_6]^{3-}$、$[Cr(CN)_6]^{3-}$ 等。水溶液中 Cr(Ⅲ)离子以 $[Cr(H_2O)_6]^{3+}$ 形式存在，当有其他配体时，$[Cr(H_2O)_6]^{3+}$ 中的水分子可被取代。例如，冷的 $CrCl_3$ 稀溶液由于 $[Cr(H_2O)_6]^{3+}$ 的存在而显紫色，但随溶液温度升高和浓度加大，Cl^- 作为配体在逐步取代 H_2O 分子后，由于生成 $[CrCl(H_2O)_5]^{2+}$ 而使溶液呈浅绿色，当生成 $[CrCl_2(H_2O)_4]^+$ 时，溶液则变为暗绿色。

由铬的元素电势图可知，在酸性溶液中，Cr(Ⅲ）还原性很弱，只有与过硫酸盐等强氧化剂作用，才能使其氧化。反应如下：

$$2Cr^{3+} + 3S_2O_8^{2-} + 7H_2O \xrightarrow[\triangle]{Ag^+催化} Cr_2O_7^{2-} + 6SO_4^{2-} + 14H^+$$

在碱性溶液中，Cr(Ⅲ）有较强还原性。例如，$[Cr(OH)_4]^-$ 可被 H_2O_2 氧化，溶液由绿色变为黄色：

$$\underset{（绿色）}{2[Cr(OH)_4]^-} + 3H_2O_2 + 2OH^- \longrightarrow \underset{（黄色）}{2CrO_4^{2-}} + 8H_2O$$

四、铬（Ⅵ)化合物

铬(Ⅵ）化合物主要包括铬酸盐及重铬酸盐，其中钾和钠的铬酸盐和重铬酸盐是铬最重要的盐。铬酸钠 Na_2CrO_4 和铬酸钾 K_2CrO_4 都是黄色晶体，这两种铬酸盐的水溶液都显碱性；重铬酸钠 $Na_2Cr_2O_7$ 和重铬酸钾 $K_2Cr_2O_7$ 都是橙红色晶体，它们的水溶液均显酸性。重铬酸钠和重铬酸钾的俗名分别为红矾钠和红矾钾，在鞣革、电镀等工业被广泛应用。由于 $K_2Cr_2O_7$ 无吸潮性，它还可作为化学分析中的基准试剂。

可溶性的铬酸盐或重铬酸盐溶液中，都存在着 CrO_4^{2-} 和 $Cr_2O_7^{2-}$ 之间的平衡：

$$\underset{\text{(黄色)}}{2CrO_4^{2-}} + 2H^+ \rightleftharpoons 2HCrO_4^- \rightleftharpoons \underset{\text{(橙红色)}}{Cr_2O_7^{2-}} + H_2O$$

从以上平衡可知，加酸平衡向右移动。故在酸性条件下，主要以 $Cr_2O_7^{2-}$ 存在（pH=1.2 时，几乎 100%以 $Cr_2O_7^{2-}$ 形式存在），溶液呈橙红色；在碱性条件下主要以 CrO_4^{2-} 存在（pH=11 时，几乎 100%以 CrO_4^{2-} 形式存在），溶液呈黄色。

铬酸盐和重铬酸盐在性质上的差异主要表现在以下两方面。

1. 溶解性

重铬酸盐除 $Ag_2Cr_2O_7$ 外，常温下大多数易溶于水。而铬酸盐中除 K^+、Na^+、NH_4^+ 盐外，一般都难溶于水。当向 $Cr_2O_7^{2-}$ 溶液中加入可溶性 Ba^{2+}、Pb^{2+}、Ag^+ 盐时，并不生成相应的重铬酸盐，而是产生这些离子的铬酸盐沉淀：

$$Cr_2O_7^{2-} + 2Ba^{2+} + H_2O \longrightarrow \underset{\text{(柠檬黄色)}}{2BaCrO_4 \downarrow} + 2H^+$$

$$Cr_2O_7^{2-} + 2Pb^{2+} + H_2O \longrightarrow \underset{\text{(铬黄色)}}{2PbCrO_4 \downarrow} + 2H^+$$

$$Cr_2O_7^{2-} + 4Ag^+ + H_2O \longrightarrow \underset{\text{(砖红色)}}{2Ag_2CrO_4 \downarrow} + 2H^+$$

以上反体现出 CrO_4^{2-} 与 $Cr_2O_7^{2-}$ 之间的平衡移动及铬酸盐与重铬酸盐溶解性的差异。

2. 氧化性

CrO_4^{2-} 与 $Cr_2O_7^{2-}$ 均为铬最高氧化数的离子，但它们的氧化性却明显不同。由铬的元素电势图可知，只有在酸性溶液中 Cr(Ⅵ) 以 $Cr_2O_7^{2-}$ 存在时，才具有强氧化性，可将 Fe^{2+}、SO_3^{2-}、H_2S、I^- 等氧化，本身被还原为 Cr^{3+}。例如：

$$Cr_2O_7^{2-} + 6Fe^{2+} + 14H^+ \longrightarrow 2Cr^{3+} + 6Fe^{3+} + 7H_2O$$

$$Cr_2O_7^{2-} + 3SO_3^{2-} + 8H^+ \longrightarrow 2Cr^{3+} + 3SO_4^{2-} + 4H_2O$$

$$Cr_2O_7^{2-} + 3H_2S + 8H^+ \longrightarrow 2Cr^{3+} + 3S \downarrow + 7H_2O$$

$$Cr_2O_7^{2-} + 6I^- + 14H^+ \longrightarrow 2Cr^{3+} + 3I_2 + 7H_2O$$

若向 $Cr_2O_7^{2-}$ 溶液中加入 H_2O_2 和乙醚，有蓝色的 CrO_5 生成：

$$\underset{\text{(橙红色)}}{Cr_2O_7^{2-}} + 4H_2O_2 + 2H^+ \xrightarrow{\text{乙醚}} \underset{\text{(蓝色)}}{2CrO_5} + 5H_2O$$

CrO_5 被称为过氧化铬，在室温下不稳定，故加乙醚稳定之。这一反应可用来鉴定溶液中是否有 Cr(Ⅵ) 存在。该蓝色物的化学式实际为 $CrO(O_2)_2 \cdot (C_2H_5)_2O$，微热或放置稍久会分解为 Cr^{3+} 和 O_2。

五、含铬废水的处理

环境中的铬主要以无机物和有机物两种主要形态存在。无机铬中常见的形态为 Cr(Ⅲ) 和 Cr(Ⅵ)。由于氧化数的不同导致 Cr(Ⅲ) 和 Cr(Ⅵ) 不仅性质各有不同，而且毒性水平也有显著差异。研究表明，Cr(Ⅲ) 不仅对人体没有毒性，相反，它还是人体必需的微量元素之一，其主要功能是调节血糖代谢，并与核酸、脂类和胆固醇的合成以及氨基酸的利用有关。与其相反，Cr(Ⅵ) 的毒性较大。Cr(Ⅵ) 以阴离子形态存在，具有较高的活性，且溶解度又大，对植物和动物易产生危害。若被人体吸收，可危害肾和心肌。它对胃、肠等有刺激作用，对鼻黏膜的损伤最大。离子态的 Cr(Ⅵ) 接触皮肤，被认为有致癌作用。

电镀和制革工业以及产生铬化合物的工厂是含铬废水的主要来源。我国规定工业废水含 Cr(Ⅵ) 的排放标准为 0.1mg/L。含铬废水一般通过以下两种途径处理。

1. 还原法

在含 Cr(Ⅵ) 的废水中加入 $FeSO_4$、Na_2SO_3、$N_2H_4 \cdot 2H_2O$（水合肼）等还原性物质，使之还原为 Cr(Ⅲ)，再用石灰乳沉淀为 $Cr(OH)_3$，灼烧得到氧化物回收。

电解还原法是使 Cr(Ⅵ) 在阴极上被还原为 Cr(Ⅲ)，而由铁作阳极溶解下来的 Fe^{2+} 也可将 Cr(Ⅵ) 还原成 Cr(Ⅲ)。

2. 离子交换法

Cr(Ⅵ) 在废水中常以阴离子 CrO_4^{2-} 和 $Cr_2O_7^{2-}$ 存在，让废水流经阴离子交换树脂进行离子交换。交换后的树脂用 NaOH 处理，再生后可重复使用。此法适用于处理大量低浓度的含铬废水。

近年来，电镀含铬废水的处理已向“闭路循环”系统发展。例如，采用隔膜电解法，可除去废水中的其他杂质，而铬的浓度保持不变，使含铬废水可循环使用。

第三节　锰的重要化合物

一、锰化合物关联图

锰原子的价层电子构型是 $3d^5 4s^2$，可形成氧化数为＋2、＋3、＋4、＋5、＋6、＋7 等的化合物，其中以＋2、＋4、＋6、＋7 氧化数的化合物最常见，也最为重要。这些氧化数各物质间的相互转化关系可用锰化合物关联图表示，见图 13-2。

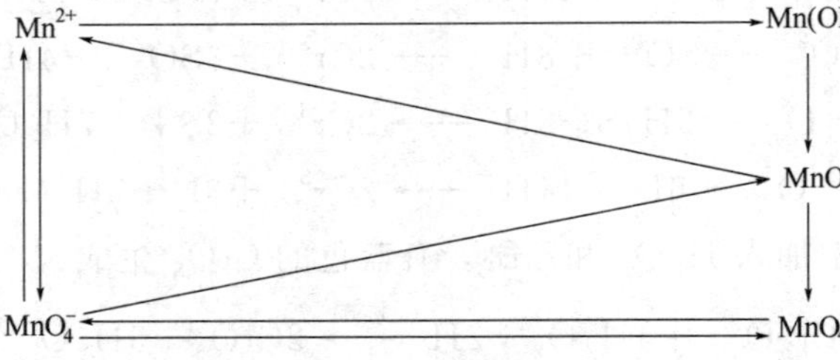

图 13-2　锰化合物关联图

二、锰的元素电势图

$\varphi_a^\ominus$/V：$MnO_4^- \xrightarrow{+0.564} MnO_4^{2-} \xrightarrow{+2.235} MnO_2 \xrightarrow{+0.95} Mn^{3+} \xrightarrow{+1.1488} Mn^{2+} \xrightarrow{-1.17} Mn$

（MnO_4^-—MnO_2：+1.68；MnO_2—Mn^{2+}：+1.23；MnO_4^-—Mn^{2+}：+1.51）

$\varphi_b^\ominus$/V：$MnO_4^- \xrightarrow{+0.564} MnO_4^{2-} \xrightarrow{+0.60} MnO_2 \xrightarrow{-0.2} Mn(OH)_3 \xrightarrow{+0.1} Mn(OH)_2 \xrightarrow{-1.55} Mn$

（MnO_4^-—MnO_2：+0.588；MnO_2—$Mn(OH)_2$：−0.05）

由锰的元素电势图可知，酸性溶液中 Mn^{2+} 较稳定，不易被氧化，也不易被还原；Mn^{3+} 和 MnO_4^{2-} 均易发生歧化反应。MnO_4^- 和 MnO_2 有强氧化性。碱性溶液中，$Mn(OH)_2$ 不稳定，易被空气中的氧氧化为 MnO_2；MnO_4^{2-} 也能发生歧化反应，但反应不如在酸性溶液中进行得完全。

三、锰（Ⅱ）化合物

1. 氢氧化物

Mn^{2+} 与碱溶液作用，生成白色的氢氧化物 $Mn(OH)_2$ 沉淀：

$$Mn^{2+} + 2OH^- \longrightarrow \underset{(白色)}{Mn(OH)_2} \downarrow$$

由锰的元素电势图可知，$Mn(OH)_2$ 还原性强，极易被氧化，故不能稳定存在。在空气中，白色的 $Mn(OH)_2$ 很快变为棕色的水合二氧化锰 $MnO(OH)_2$，甚至溶解在水中的少量氧也能将其氧化：

$$2Mn(OH)_2 + O_2 \longrightarrow \underset{(棕色)}{2MnO(OH)_2}$$

这个反应在水质分析中用于测定水中的溶解氧。

2. 锰（Ⅱ）盐

在 Mn（Ⅱ）的化合物中，Mn（Ⅱ）盐最为常见，如 $MnCl_2$、$MnSO_4$、$Mn(NO_3)_2$、$MnCO_3$、MnS 等。Mn（Ⅱ）的强酸盐易溶于水，少数弱酸盐如 $MnCO_3$、MnS 等则难溶于水。在水溶液中，Mn^{2+} 以淡红色（浓度小时几乎无色）的 $[Mn(H_2O)_6]^{2+}$ 水合离子存在。从溶液中结晶出的锰（Ⅱ）盐均为带有结晶水的粉红色晶体。

如上所述，在酸性溶液中，$Mn^{2+}(3d^5)$ 体现出很高的稳定性，若使其氧化，需用很强的氧化剂如 $NaBiO_3$、PbO_2、$(NH_4)_2S_2O_8$ 等与之作用。例如：

$$2Mn^{2+} + 5NaBiO_3 + 14H^+ \longrightarrow 2MnO_4^- + 5Bi^{3+} + 5Na^+ + 7H_2O$$

反应产物 MnO_4^- 即使在很稀的溶液中，也能显出它特征的紫红色。因此，该反应可用于溶液中 Mn^{2+} 的鉴定。

四、锰（Ⅳ）化合物

二氧化锰 MnO_2 在锰（Ⅳ）化合物中最为重要，是自然界中软锰矿的主要成分，它是一种不溶于水的黑色粉末。在通常状况下性质稳定，但在酸性溶液中具有很强的氧化性。如与浓 HCl 作用产生氯气（实验室常以此反应制备少量氯气），与浓 H_2SO_4 作用有氧气生成：

$$MnO_2 + 4HCl(浓) \longrightarrow MnCl_2 + Cl_2 \uparrow + 2H_2O$$

$$2MnO_2 + 2H_2SO_4(浓) \longrightarrow 2MnSO_4 + O_2 \uparrow + 2H_2O$$

MnO_2 用途很广，可用于制造干电池，在电子、玻璃、火柴、油漆、油墨等工业都有应用，也是制备锰的其他化合物的主要原料。

五、锰（Ⅵ）化合物

锰（Ⅵ）化合物中，比较稳定的是锰酸盐，如锰酸钾 K_2MnO_4。MnO_2 和 KOH 混合，在空气中加热至 250℃共熔，或用 $KClO_3$、KNO_3 等氧化剂代替空气中的氧，可得到绿色的锰酸钾：

$$2MnO_2 + 4KOH + O_2 \xrightarrow{熔融} \underset{(绿色)}{2K_2MnO_4} + 2H_2O$$

$$3MnO_2+6KOH+KClO_3 \xrightarrow{熔融} 3K_2MnO_4+KCl+3H_2O$$

锰酸根（MnO_4^{2-}）仅存在于强碱性溶液（pH＞13.5），在酸性、中性或弱碱性溶液中均会发生歧化反应而变为紫色的 MnO_4^- 和棕色的 MnO_2 沉淀，只是在酸性溶液中歧化分解反应的趋势及速率更大些：

$$3MnO_4^{2-}+4H^+ \longrightarrow 2MnO_4^-+\underset{(棕色)}{MnO_2}\downarrow+2H_2O$$

$$3MnO_4^{2-}+2H_2O \longrightarrow 2MnO_4^-+\underset{(棕色)}{MnO_2}\downarrow+4OH^-$$

锰酸盐在酸性溶液中有强氧化性，但由于它不稳定，所以不用作氧化剂。在锰酸盐溶液中加入氧化剂（如 Cl_2 等），或采用电解氧化的方法，锰酸盐则转变为高锰酸盐：

$$2K_2MnO_4+Cl_2 \longrightarrow 2KMnO_4+2KCl$$

$$2K_2MnO_4+2H_2O \xrightarrow{电解} 2KMnO_4+2KOH+H_2\uparrow$$

因此，锰酸盐是制备高锰酸盐的中间产物。

六、锰（Ⅶ）化合物

锰（Ⅶ）化合物中，最主要的是高锰酸钾 $KMnO_4$（俗名灰锰氧），它为暗紫色晶体，有金属光泽。其热稳定性差，将固体 $KMnO_4$ 加热至 200℃以上，会分解放出氧气，这是实验室制取氧气的方法之一：

$$2KMnO_4 \xrightarrow{200℃} K_2MnO_4+MnO_2+O_2\uparrow$$

$KMnO_4$ 易溶于水，其水溶液也不很稳定。在酸性溶液中 MnO_4^- 会缓慢分解，析出棕色的 MnO_2，并释放出氧气：

$$4MnO_4^-+4H^+ \longrightarrow 4MnO_2\downarrow+3O_2\uparrow+2H_2O$$

在中性或弱碱性溶液中 MnO_4^- 也会分解，只是这种分解速率更为缓慢。光线对 MnO_4^- 的分解能起催化作用，故 $KMnO_4$ 溶液应保存在棕色瓶中。

当向 $KMnO_4$ 溶液中加入浓碱时，MnO_4^- 被 OH^- 还原为 MnO_4^{2-}，溶液由紫红色变成绿色，同时有氧气放出：

$$\underset{(紫红色)}{4MnO_4^-}+4OH^-(浓) \longrightarrow \underset{(绿色)}{4MnO_4^{2-}}+O_2\uparrow+2H_2O$$

$KMnO_4$ 是最重要和最常用的氧化剂之一，作为氧化剂被还原的产物，因溶液的酸碱性不同而异。例如，以 SO_3^{2-} 作还原剂，在酸性溶液中，MnO_4^- 被还原为 Mn^{2+}：

$$2MnO_4^-+6H^++5SO_3^{2-} \longrightarrow 2Mn^{2+}+5SO_4^{2-}+3H_2O$$

在中性或弱碱性溶液中，被还原为 MnO_2：

$$2MnO_4^-+H_2O+3SO_3^{2-} \longrightarrow 2MnO_2\downarrow+3SO_4^{2-}+2OH^-$$

在强碱性溶液中，被还原为 MnO_4^{2-}：

$$2MnO_4^-+SO_3^{2-}+2OH^- \longrightarrow 2MnO_4^{2-}+SO_4^{2-}+H_2O$$

高锰酸钾的用途广泛，几乎遍布各个行业。除可作氧化剂之外，还可用于油脂、树脂及蜡的漂白剂；在医药上也用作消毒剂和防腐剂；环保方面可用作水质净化剂等。目前，我国现有高锰酸钾的生产能力及产量已超过美国，占世界首位，但生产装备及自动化连续化程度与国际水平相比，仍有一定的差距。

第四节　铁、钴、镍的重要化合物

一、铁、钴、镍化合物关联图

铁、钴、镍属于第一过渡系第ⅧB族元素。Fe、Co、Ni 原子的价层电子构型分别是 $3d^6 4s^2$、$3d^7 4s^2$、$3d^8 4s^2$。由于它们性质相似，统称为铁系元素。Fe、Co、Ni 常见的氧化数是＋2 和＋3。Fe 的＋3 氧化态稳定；Co 和 Ni 稳定的氧化态是＋2，它们的＋3 氧化态具有强氧化性，不能稳定存在。铁系元素氧化数变化虽不如前述过渡元素多，但在不同条件下会呈现多种存在形式，尤其配合物更是种类繁多。铁系元素的不同存在形式及其各自化合物间的转化关系用关联图表示，见图 13-3。

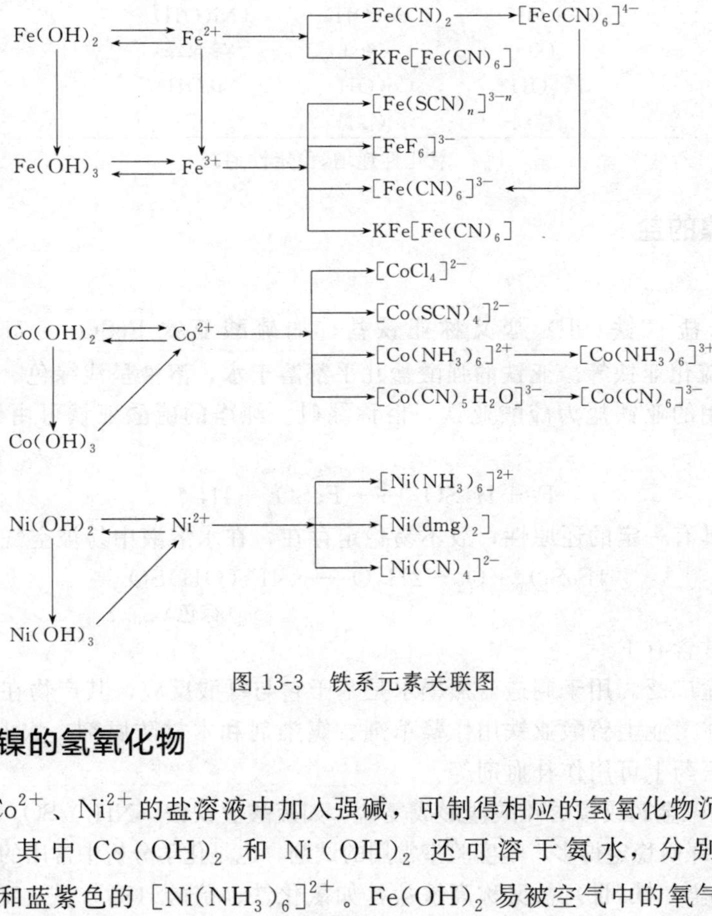

图 13-3　铁系元素关联图

二、铁、钴、镍的氢氧化物

向 Fe^{2+}、Co^{2+}、Ni^{2+} 的盐溶液中加入强碱，可制得相应的氢氧化物沉淀。它们具有碱性，可溶于酸。其中 $Co(OH)_2$ 和 $Ni(OH)_2$ 还可溶于氨水，分别生成土黄色的 $[Co(NH_3)_6]^{2+}$ 和蓝紫色的 $[Ni(NH_3)_6]^{2+}$。$Fe(OH)_2$ 易被空气中的氧气氧化，经过一系列不同颜色的中间产物生成，最后变为棕红色的 $Fe(OH)_3$。$Co(OH)_2$ 在空气中被氧气缓慢氧化为 $Co(OH)_3$ 或水合氧化钴 $CoO(OH)_2$，但与更强氧化剂（如 H_2O_2）作用时，很快转变为 $Co(OH)_3$。$Ni(OH)_2$ 在空气中很稳定，不被其中的氧气氧化，需更强的氧化剂才能使其转变为黑色的 $Ni(OH)_3$ 或水合氧化镍 $NiO(OH)$。例如：

$$Co(OH)_2 + H_2O_2 \longrightarrow 2Co(OH)_3$$

$$2Ni(OH)_2 + Br_2 + 2NaOH \longrightarrow 2Ni(OH)_3 + 2NaBr$$

氧化数为＋3 的铁系元素氢氧化物是两性偏碱性的物质，在水中难溶。其中新沉淀出的

$Fe(OH)_3$ 能溶于强碱性溶液生成铁酸盐，如 $NaFeO_2$ 或 $Na_3[Fe(OH)_6]$。$M(OH)_3$ 与酸作用，表现出不同的性质。例如，$Fe(OH)_3$ 与酸作用只发生中和反应：

$$Fe(OH)_3 + 3HCl \longrightarrow FeCl_3 + 3H_2O$$

而 $Co(OH)_3$ 和 $Ni(OH)_3$ 由于在酸性溶液中具有很强的氧化性，因此它们与非还原性酸（如 H_2SO_4、HNO_3）作用时，氧化 H_2O 放出 O_2，而与浓 HCl 作用，将其氧化并放出 Cl_2：

$$2Co(OH)_3 + 2H_2SO_4 \longrightarrow 2CoSO_4 + \frac{1}{2}O_2\uparrow + 5H_2O$$

$$2Co(OH)_3 + 6HCl(浓) \longrightarrow 2CoCl_2 + Cl_2\uparrow + 6H_2O$$

$Ni(OH)_3$ 的氧化能力比 $Co(OH)_3$ 更强些。

铁系元素氢氧化物的氧化还原性变化规律如下：

还原性递增，稳定性递减 ←

$Fe(OH)_2$（白）	$Co(OH)_2$（粉红）	$Ni(OH)_2$（苹果绿）
$Fe(OH)_3$（棕红）	$Co(OH)_3$（棕黑）	$Ni(OH)_3$（黑）

→ 氧化性递增，稳定性递减

三、铁、钴、镍的盐

1. 铁盐

（1）铁（Ⅱ）盐　铁（Ⅱ）盐又称亚铁盐，如硫酸亚铁 $FeSO_4 \cdot 7H_2O$、氯化亚铁 $FeCl_2 \cdot 4H_2O$、硫化亚铁等。亚铁的强酸盐几乎都溶于水，溶液呈浅绿色。

工业上最常用的亚铁盐为硫酸亚铁，俗称绿矾。纯净的硫酸亚铁可由纯铁与硫酸作用制得：

$$Fe + H_2SO_4 \longrightarrow FeSO_4 + H_2\uparrow$$

由于亚铁盐具有一定的还原性，故不易稳定存在，在水溶液中易被空气氧化为 Fe(Ⅲ)：

$$4FeSO_4 + O_2 + 2H_2O \longrightarrow \underset{(棕色)}{4Fe(OH)SO_4}$$

因此，亚铁盐中常含有 Fe^{3+}。

硫酸亚铁用途广泛。用于制造蓝黑墨水是基于它与鞣酸反应，其产物在空气中被氧化为黑色的鞣酸铁。在工业上硫酸亚铁用作鞣革剂、媒染剂和木材防腐剂，农业上用作杀虫剂、除草剂和农药，医药上可用作补血剂等。

硫酸亚铁能与碱金属或铵的硫酸盐形成复盐，如硫酸亚铁铵 $(NH_4)_2SO_4 \cdot FeSO_4 \cdot 6H_2O$，俗称摩尔盐，它比绿矾稳定得多，是实验室常用的试剂，也是化学分析中常用的还原剂。

（2）铁(Ⅲ)盐　铁(Ⅲ)盐又称高铁盐，如氯化铁、硫酸（高）铁、硝酸（高）铁等。其中较为重要的是氯化铁。

铁(Ⅲ)盐的主要性质之一是容易水解。最初的水解平衡可表示如下：

$$[Fe(H_2O)_6]^{3+} + H_2O \longrightarrow [FeOH(H_2O)_5]^{2+} + H_3O^+$$

$$[FeOH(H_2O)_5]^{2+} + H_2O \longrightarrow [Fe(OH)_2(H_2O)_4]^+ + H_3O^+$$

由以上水解平衡可知，向铁盐溶液中加酸可抑制水解，因此在强酸性溶液（pH＝0 左右）中，才能得到澄清的溶液。此时 Fe(Ⅲ) 基本上以水合离子 $[Fe(H_2O)_6]^{3+}$ 形式存在。故配制 Fe(Ⅲ) 盐溶液时，往往需要加入一定量的酸。相反，若 pH 增高，水解倾向增大，最

后形成胶状的 $Fe(OH)_3$（或 $Fe_2O_3 \cdot nH_2O$）沉淀。在实际生产中，常利用水解的方法除去杂质铁。以氯化铁或硫酸铁作净水剂，也是利用其水解性。它们的胶状水解产物与水中悬浮的泥土等杂质一起聚沉下来，使浑浊的水变清。

Fe(Ⅲ）盐的另一性质是具有氧化性。在酸性溶液中，Fe^{3+} 可与一些还原性较强的物质发生反应。例如：

$$2Fe^{3+} + Sn^{2+} \longrightarrow 2Fe^{2+} + Sn^{4+}$$

$$2Fe^{3+} + 2I^- \longrightarrow 2Fe^{2+} + I_2$$

$$2Fe^{3+} + H_2S \longrightarrow 2Fe^{2+} + S + 2H^+$$

在酸性溶液中，Fe^{3+} 还能将单质铁氧化：

$$2Fe^{3+} + Fe \longrightarrow 3Fe^{2+}$$

基于这一原理，配制亚铁盐溶液时，还需加入一些铁屑以防止 Fe^{2+} 被氧化。工业上常用浓的 $FeCl_3$ 溶液在铁制品上刻蚀字样，或在覆铜板上腐蚀出印刷电路，也正是利用了 Fe^{3+} 的氧化性。

2. 钴盐和镍盐

氧化数为+3 的钴和镍的简单盐很不稳定，故很少。而Co(Ⅱ) 和 Ni(Ⅱ) 盐却最为常见，如氯化物、硫酸盐、硝酸盐、碳酸盐、磷酸盐、硫化物等。它们的强酸盐易溶于水，并在水中有微弱水解而使溶液呈酸性。它们的弱酸盐如碳酸盐、磷酸盐及硫化物等都难溶于水。

可溶性的钴盐和镍盐在水中形成具有一定颜色的水合离子，如 $[Co(H_2O)_6]^{2+}$ 为粉红色，$[Ni(H_2O)_6]^{2+}$ 为亮绿色。从水溶液中结晶时，析出的晶体多为水合盐，如 $MCl_2 \cdot 6H_2O$、$M(NO_3)_2 \cdot 6H_2O$ 和 $MSO_4 \cdot 7H_2O$。这些水合盐的颜色与它们相应水合离子的颜色相同。

氯化钴（$CoCl_2 \cdot 6H_2O$）是重要的钴(Ⅱ）盐，所含结晶水因温度上升而逐渐减少，颜色也随之而变：

$$\underset{\text{(粉红色)}}{CoCl_2 \cdot 6H_2O} \xrightarrow{52.3℃} \underset{\text{(紫红色)}}{CoCl_2 \cdot 2H_2O} \xrightarrow{90℃} \underset{\text{(蓝紫色)}}{CoCl_2 \cdot H_2O} \xrightarrow{120℃} \underset{\text{(蓝色)}}{CoCl_2}$$

作干燥剂所用的变色硅胶含有 $CoCl_2$，利用它在吸水和脱水时发生的颜色变化，来指示硅胶的吸湿情况。

镍(Ⅱ）盐以绿色的硫酸镍（$NiSO_4 \cdot 7H_2O$）最为常见。常利用金属镍与硫酸反应来制取，但由于反应相当缓慢，通常需加入 HNO_3 或 H_2O_2 帮助溶解。硫酸镍大量用于电镀业制造镉镍电池和媒染剂等。

四、铁、钴、镍的配合物

铁系元素形成配合物的能力很强，可形成多种配合物。生物体内 Fe、Co 是重要的微量元素，它们大多以生物大分子的配合物形式存在，在生命过程中起着重要作用。铁系元素的中心离子大多数发生 sp^3d^2 或 d^2sp^3 杂化，形成配位数为 6 的八面体配合物，也可以发生 sp^3 或 dsp^2 杂化形成配位数为 4 的四面体或平面正方形配合物。下面主要介绍以卤素离子、氨、氰、硫氰以及羰基等作为配体的配合物。

1. 与卤素离子形成的配合物

Fe^{2+}、Co^{2+}、Ni^{2+} 与卤素离子形成的配合物在水溶液中都不太稳定。配体卤素离子在一定条件下可被水分子所置换。例如：

$$[CoCl_4]^{2-} + 6H_2O \longrightarrow [Co(H_2O)_6]^{2+} + 4Cl^-$$

当盐酸浓度大于 8mol/L 时，其配合物的主要存在形式为 $[CoCl_4]^{2-}$；酸的浓度小于 3mol/L 时，$[CoCl_4]^{2-}$ 则基本上转变为 $[Co(H_2O)_6]^{2+}$。

Fe^{3+} 与 F^- 可形成稳定的配合物，如 $K_3[FeF_6]$。在化学分析上，常用此方法将混合溶液中含有的 Fe^{3+} 以生成 FeF_6^{3-} 的形式掩蔽起来，从而消除 Fe^{3+} 的干扰。Co(Ⅲ) 也可与 F^- 形成稳定的配合物，如 $K_3[CoF_6]$。它们都属于外轨型配合物。

2. 与氨形成的配合物

Fe^{2+}、Fe^{3+} 水解强烈，难以形成氨合物。

Co^{2+} 的溶液于 NH_4^+ 存在下，加入过量氨水，可形成土黄色的 $[Co(NH_3)_6]^{2+}$，此配离子在空气中被缓慢地氧化，变成红褐色的 $[Co(NH_3)_6]^{3+}$：

$$4[Co(NH_3)_6]^{2+} + O_2 + 2H_2O \longrightarrow 4[Co(NH_3)_6]^{3+} + 4OH^-$$

对比 Co^{3+} 在氨水和在酸性溶液中的标准电极电势：

$$[Co(NH_3)_6]^{3+} + e \longrightarrow [Co(NH_3)_6]^{2+} \qquad \varphi_b^{\ominus} = +0.1V$$

$$Co^{3+} + e \longrightarrow Co^{2+} \qquad \varphi_a^{\ominus} = +1.80V$$

可见，Co^{3+} 的氧化性很强，很不稳定，而 Co(Ⅲ) 氨合物的氧化性大为减弱，稳定性显著增强。维生素 B_{12} 是 Co(Ⅲ) 的配合物，又叫钴胺素，其主要机理功能是参与制造骨髓红细胞，防止恶性贫血和大脑神经受到破坏。

Ni^{2+} 在过量氨水中生成蓝紫色的 $[Ni(NH_3)_6]^{2+}$，稳定性比较强，不易被氧化成 Ni(Ⅲ) 配离子。

3. 与氰形成的配合物

铁、钴、镍都能与 CN^- 形成稳定的内轨型配合物。

Fe(Ⅱ) 盐与 KCN 溶液作用，首先析出白色氰化亚铁沉淀，当 KCN 过量时该沉淀溶解形成 $[Fe(CN)_6]^{4-}$：

$$Fe^{2+} + 2CN^- \longrightarrow Fe(CN)_2 \downarrow$$

$$Fe(CN)_2 + 4CN^- \longrightarrow [Fe(CN)_6]^{4-}$$

$[Fe(CN)_6]^{4-}$ 是极稳定的配离子，在其溶液中几乎检验不出有 Fe^{2+} 存在。从溶液中析出的黄色晶体 $K_4[Fe(CN)_6] \cdot 3H_2O$，俗称黄血盐。它主要用于制造颜料、油漆、油墨。

向黄血盐溶液中通入氯气（或加入其他氧化剂），可将 $[Fe(CN)_6]^{4-}$ 氧化为 $[Fe(CN)_6]^{3-}$：

$$2[Fe(CN)_6]^{4-} + Cl_2 \longrightarrow 2[Fe(CN)_6]^{3-} + 2Cl^-$$

由此溶液中析出的深红色晶体 $K_3[Fe(CN)_6]$，俗称赤血盐。它主要用于印刷制版、照相洗印及显影，也用于制晒蓝图纸等。

在含有 Fe^{2+} 的溶液中加入赤血盐溶液，或在含有 Fe^{3+} 的溶液中加入黄血盐溶液，均能生成蓝色沉淀：

$$K^+ + Fe^{2+} + [Fe(CN)_6]^{3-} \rightleftharpoons \underset{\text{滕氏蓝}}{KFe[Fe(CN)_6]} \downarrow$$

$$K^+ + Fe^{3+} + [Fe(CN)_6]^{4-} \rightleftharpoons \underset{\text{普鲁氏蓝}}{KFe[Fe(CN)_6]} \downarrow$$

以上两个反应可分别用来鉴定 Fe^{2+} 和 Fe^{3+} 的存在。现代结构分析表明，滕氏蓝和普鲁氏蓝具有相同的结构和组成。这两种蓝色物质广泛用于油漆和油墨工业。

Co^{2+} 与过量 CN^- 反应，生成茶绿色的 $[Co(CN)_5(H_2O)]^{3-}$，此配离子也易被空气氧化，变为黄色的 $[Co(CN)_6]^{3-}$。

Ni^{2+} 与过量 CN^- 反应，生成杏黄色的 $[Ni(CN)_4]^{2-}$，此配离子具有平面正方形结构，是 Ni^{2+} 最稳定的配合物之一。Ni^{2+} 的平面正方形配合物还有二丁二酮肟合镍(Ⅱ)，表示为 $[Ni(dmg)_2]$，它是鲜红色沉淀，可用于鉴定 Ni^{2+}。

4. 与硫氰形成的配合物

Fe^{3+} 与 SCN^- 能形成血红色的 $[Fe(SCN)_n]^{3-n}$：

$$Fe^{3+} + nSCN^- \longrightarrow [Fe(SCN)_n]^{3-n} \qquad (n=1,2,\cdots,6)$$

n 值决定于溶液中 SCN^- 的浓度和酸度，这一反应非常灵敏，常用来鉴定和比色测定 Fe^{3+}。

Co^{2+} 与 SCN^- 生成蓝色的 $[Co(SCN)_4]^{2-}$，在化学分析中用于鉴定 Co^{2+}。但此配离子在水溶液中不太稳定，稀释时变为粉红色的 $[Co(H_2O)_6]^{2+}$，因此用 SCN^- 检出 Co^{2+} 时，常用浓 NH_4SCN 溶液，以抑制 $[Co(SCN)_4]^{2-}$ 的离解，并用丙酮或戊醇萃取，可使配离子的蓝色保持较长时间。镍的硫氰配合物更不稳定。

5. 与羰基形成的配合物

铁系元素能与 CO 形成羰基配合物，如 $[Fe(CO)_5]$、$[Co_2(CO)_8]$、$[Ni(CO)_4]$ 等。这类配合物的特点是金属的氧化数为零。其化合物一般熔沸点较低，容易挥发，受热分解而释放出 CO，同时生成金属单质。利用上述性质可提纯金属。需要指出的是，羰基配合物有毒，且中毒后很难治疗。因而在制备和使用它们时，均应在与外界隔绝的系统中进行。

阅读材料

纳米技术与环境保护

纳米技术是指在纳米（0.1～100nm）尺度范围内研究物质的特性及其相互作用和运动的规律，并利用这些特性为人类服务的技术。随着我国工业化进程的加快，环境污染问题十分严峻。近几年来，中国纳米材料和纳米结构研究取得了引人注目的成就。一种新型的纳米级净水剂具有很强的吸附能力，它的吸附能力和絮凝能力是普通净水剂三氯化铝的 10～20 倍。纳米技术也为环境保护提供了新的工艺，将成为未来环境保护发展的必然趋势。下面介绍几种纳米技术在环境保护方面的应用。

一、自来水的净化处理

通过反复的实验证明，将纳米固定在玻璃纤维网上能够形成一层催化膜，将其用于饮用水的过滤中，能够去除 60% 以上的杂质。新研制的纳米技术自来水净化装置具有较强的吸附能力，能够对水中的异味、铁锈进行良好的过滤，在安装纳米陶瓷球组装配件之后，可以直接去除水中的细菌和病毒，获得较好的水质，达到国家安全饮用水标准。

二、汽车尾气净化

随着人们生活水平的提高，汽车的普及率越来越高，因而造成的环境问题也备受关注。汽车尾气主要包含了 CO 和 NO 两种有害的气体。而纳米粉体能够有效地对汽车尾气进行催化，具有较好的吸附力和氧化还原能力，可将有害气体转化为二氧化碳和氮气。所以，使用纳米燃油添加剂能够使燃烧过程更充分和均匀，这是一种全新的环保添加剂，具有较好的发展前景。

三、室内空气净化

房屋在装修的过程中使用的油漆材料含有一部分有害气体，纳米粒子能针对涂料和木材油漆中产生的甲醛和甲苯进行分解，在紫外线的作用下能够更快地吸收有害物质，达到室内空气净化的效果。在医院病房、手术室及生活空间，安放纳米 TiO_2 光催化剂，可具有杀菌、除臭作用。

四、城市垃圾的处理

将纳米材料运用在城市垃圾的处理上，具体表现为两个方面。首先是可对橡胶塑料材质的垃圾进行超微粉末处理，去除其中的杂质和异物，使其易于回收利用，有利于节约资源，减少城市垃圾。其次可以将其应用到城市垃圾的降解中，该功能可以减少城市垃圾的负荷，对城市环境治理有着重要作用。

目前，我国在纳米材料学领域取得的成就高过世界上任何一个国家，充分证明了我国在纳米技术领域占有举足轻重的地位。

本章小结

1. Cr(Ⅲ) 的氢氧化物具有两性；Cr(Ⅲ) 具有还原性，在碱性溶液中的还原性比在酸性溶液中强；Cr(Ⅵ) 只有在酸性溶液中以 $Cr_2O_7^{2-}$ 形式存在时才能表现出强氧化性。

2. Mn^{2+} 的还原性很弱，而 $Mn(OH)_2$ 的还原性较强，易被空气中的氧气氧化成 $MnO(OH)_2$；MnO_2 在酸性溶液中可体现出强氧化性，而在碱性溶液中则作还原剂；$KMnO_4$ 具有氧化性，还原产物因溶液酸碱性的不同而各异。

3. 铁、钴、镍氧化数为＋2 的氢氧化物还原性依次递减。$Fe(OH)_2$、$Co(OH)_2$ 会被空气氧化，形成氧化数为＋3 的氢氧化物，$Ni(OH)_2$ 在空气中可稳定存在，不被氧化。铁、钴、镍氧化数为＋3 的氢氧化物氧化性依次递增。它们与酸作用，$Fe(OH)_3$ 变成 Fe^{3+}，发生中和反应，$Co(OH)_3$、$Ni(OH)_3$ 则分别变为 Co^{2+} 及 Ni^{2+}，发生氧化还原反应。铁、钴、镍与不同配体作用，可形成多种形式的配合物。

思考题

1. 过渡元素有哪些特点？

2. 过渡元素的水合离子为何多数有颜色，而 Sc^{3+}、Ti^{4+}、Ag^{+} 和 Zn^{2+} 等水合离子却无色？

3. 酸碱度如何影响 CrO_4^{2-} 和 $Cr_2O_7^{2-}$ 之间的转化？这种转化有何实际意义？

4. 在含有 $Co(OH)_2$ 沉淀的溶液中，不断通入氯气，会生成 $Co(OH)_3$；反之，$Co(OH)_3$ 与浓 HCl 作用又放出氯气。如何解释？

5. 试从以下 (1) 中找出两种较强的还原剂；从 (2) 中找出三种较强的氧化剂：

(1) $Fe(OH)_2$，Cr^{3+}，Mn^{2+}，Fe^{2+}，Ni^{2+}，Co^{2+}，$[Cr(OH)_4]^-$

(2) Cr^{3+}，$Cr_2O_7^{2-}$，MnO_4^-，Fe^{3+}，Co^{3+}，CrO_4^{2-}，$Co(OH)_3$

6. 下列哪些氢氧化物呈明显两性？

$Mn(OH)_2$，$Al(OH)_3$，$Ni(OH)_2$，$Fe(OH)_3$，$Cr(OH)_3$，$Fe(OH)_2$，$Co(OH)_2$

7. 下列离子中，指出哪些能在氨水溶液中形成氨合物。

Cr^{3+}，Mn^{2+}，Fe^{2+}，Fe^{3+}，Co^{2+}，Ni^{2+}

8. 分别写出 Fe^{3+}、Co^{2+}、Fe^{2+}、Ni^{2+}、Cr^{3+} 盐与 $(NH_4)_2S$ 溶液作用的反应式。

9. 解释下列现象或问题，并写出相应的反应式。

(1) 加热 $[Cr(OH)_4]^-$ 溶液和 $Cr_2(SO_4)_3$ 溶液均能析出 $Cr_2O_3 \cdot xH_2O$ 沉淀；

(2) Na_2CO_3 与 $Fe_2(SO_4)_3$ 两溶液作用得不到 $Fe_2(CO_3)_3$；

(3) 在水溶液中用 Fe^{3+} 盐和 KI 不能制取 Fe_2I_3；

(4) 在含有 Fe^{3+} 的溶液中加入氨水，得不到 Fe(Ⅲ) 的氨合物；

(5) 在 Fe^{3+} 的溶液中加入 KSCN 时出现血红色，若再加入少许铁粉或 NH_4F 固体则血红色消失；

(6) Fe^{3+} 盐是稳定的，而 Ni^{3+} 盐在水溶液中尚未得到；

(7) Co^{3+} 盐不如 Co^{2+} 盐稳定，而往往它们的配离子稳定性则相反。

10. 选择题

(1) 关于 d 区元素，下列说法正确的是（　　）。

A. 各族最高氧化态都等于其族数

B. 各族元素的活泼性都是从上至下减弱

C. Cr、Mn、Fe、Co、Ni 的 $\varphi^{\ominus}(M^{2+}/M)$ 都是负值

D. Cr、Mn、Fe、Co、Ni 的最稳定氧化态都是＋1

(2) $CrCl_3$ 溶液与下列物质作用时，既产生沉淀又生成气体的是（　　）。

A. Na_2S　　B. $BaCl_2$　　C. H_2O_2　　D. $AgNO_3$

(3) 下列溶液可与 MnO_2 作用的是（　　）。

A. 稀 HCl　　B. 稀 H_2SO_4　　C. 浓 H_2SO_4　　D. 浓 NaOH

(4) $KMnO_4$ 溶液需存放在棕色瓶中，因为它（　　）。

A. 不稳定，易发生歧化反应

B. 光照下会慢慢分解成 MnO_2 和 O_2

C. 光照下与空气中的 O_2 反应

D. 光照下迅速反应生成 K_2MnO_4 和 O_2

(5) 下列物质最不易被空气中的 O_2 所氧化的是（　　）。

A. $MnSO_4$　　B. $Ni(OH)_2$　　C. $Fe(OH)_2$　　D. $[Co(NH_3)_6]^{2+}$

(6) 下列氢氧化物溶于浓 HCl 的反应，不仅仅是酸碱反应的是（　　）。

A. $Fe(OH)_3$　　B. $Co(OH)_3$　　C. $Cr(OH)_3$　　D. $Mn(OH)_2$

(7) 以下分析报告是四种酸性未知液的定性分析结果，你认为合理的是（　　）。

A. H^+，NO_2^-，MnO_4^-，CrO_4^{2-}　　B. Fe^{2+}，Mn^{2+}，SO_4^{2-}，Cl^-

C. Fe^{3+}，Ni^{2+}，I^-，Cl^-　　D. Fe^{2+}，SO_4^{2-}，Cl^-，$Cr_2O_7^{2-}$

习　题

1. 完成并配平下列反应方程式：

(1) $CrCl_3 + NaOH$(过量) $\longrightarrow$

(2) $[Cr(OH)_4]^- + H_2O_2 + OH^- \longrightarrow$

(3) $Cr^{3+} + S_2O_8^{2-} \xrightarrow{H^+,\ Ag^+ \text{催化}}$

(4) $Cr^{3+} + S^{2-} + H_2O \longrightarrow$

(5) $Cr_2O_7^{2-} + H_2S \longrightarrow$

(6) $Cr_2O_7^{2-} + H^+ + I^- \longrightarrow$

(7) $K_2Cr_2O_7 + HCl$(浓) $\longrightarrow$

(8) $K_2CrO_4 + AgNO_3 \longrightarrow$

2. 向 $K_2Cr_2O_7$ 溶液中分别加入以下试剂，会发生什么现象？将现象和主要产物填在下表中。

加入试剂	$NaNO_2$	H_2O_2	$FeSO_4$	NaOH	$Ba(NO_3)_2$
现象					
主要产物					

3. 某亮黄色溶液 A，加入稀 H_2SO_4 转为橙色溶液 B，加入浓 HCl 又转为绿色溶液 C，同时放出能使淀粉-KI 试纸变色的气体 D。另外，绿色溶液 C 加入 NaOH 溶液即生成灰蓝色沉淀 E，试判断上述 A、B、C、D、E 各是何物。

4. 完成并配平下列反应方程式：

(1) $MnO_4^- + HCl(浓) \longrightarrow$

(2) $MnO_4^- + NO_2^- + H^+ \longrightarrow$

(3) $Mn^{2+} + NaBiO_3 + H^+ \longrightarrow$

(4) $MnO_4^- + H_2O_2 + H^+ \longrightarrow$

(5) $MnO_4^- + Mn^{2+} + H^+ \longrightarrow$

(6) $MnO_4^{2-} + Cl_2 \longrightarrow$

(7) $KMnO_4 \xrightarrow{\triangle}$

(8) $MnO_4^- + OH^- + NO_2^- \longrightarrow$

5. 以 MnO_2 为原料，制备氯化锰、硫酸锰、锰酸钾（以反应式表示）。

6. 用 $NaBiO_3$ 检验溶液中的 Mn^{2+} 时：

(1) 为什么用 H_2SO_4 而不用 HCl 酸化溶液？

(2) 为什么含 Mn^{2+} 的样品不宜多取，而 $NaBiO_3$ 必须加够？

7. 以 MnO_2 和碱共熔能制得锰酸盐，不能直接制得高锰酸盐，为什么？通常高锰酸盐如何制得？写出从软锰矿（MnO_2）制备高锰酸钾的反应方程式。

8. 在酸性溶液中，用足量的 Na_2SO_3 和 $KMnO_4$ 作用时，为什么 MnO_4^- 总是被还原成 Mn^{2+}，而不能得到 MnO_4^{2-}、MnO_2 或 Mn^{3+}？

9. 棕黑色粉状物 A，不溶于水，不溶于稀盐酸，但溶于浓盐酸，生成浅粉红色溶液 B 及黄绿色气体 C。将 A 与 KOH 混合后，敞开在空气中加热熔融得到绿色物质 D。通 C 于 D 的水溶液得紫色溶液 E。在 E 的酸性溶液中加入亚铁盐溶液，E 的紫色消失；再加 KSCN 溶液呈现血红色。E 的酸性溶液遇 H_2O_2 溶液时，紫色消失，并有气体产生。确定 A、B、C、D、E 各字母符号代表的物质，写出反应方程式。

10. 完成下列反应方程式：

(1) $[Co(NH_3)_6]^{2+} + O_2 + H_2O \longrightarrow$

(2) $Fe^{3+} + H_2S \longrightarrow$

(3) $Fe(OH)_2 + O_2 + H_2O \longrightarrow$

(4) $K_4[Fe(CN)_6] + Cl_2 \longrightarrow$

(5) $Co^{2+} + SCN^-(过量) \xrightarrow{丙酮}$

(6) $Ni^{2+} + NH_3(过量) \longrightarrow$

(7) $Ni(OH)_2 + Br_2 + OH^- \longrightarrow$

(8) $Co(OH)_3 + H^+ + Cl^- \longrightarrow$

(9) $[Fe(SCN)_6]^{3-} + F^- \longrightarrow$

11. 用盐酸处理 $Fe(OH)_3$、$Co(OH)_3$ 和 $Ni(OH)_3$，各发生什么反应？写出反应式并加以解释。

12. 下列各氢氧化物能否与（1）O_2、（2）过量 NaOH 溶液反应？如能反应，分别写出反应式。

$Cr(OH)_3$　　$Mn(OH)_2$　　$Fe(OH)_2$　　$Co(OH)_2$　　$Ni(OH)_2$

13. 解释下列现象并写出有关的反应方程式。

(1) 在 $Cr_2(SO_4)_3$ 溶液中滴加 NaOH 溶液，先析出灰蓝色絮状沉淀。继续滴入，沉淀溶解，溶液为亮绿色，此时加入 H_2O_2，溶液由绿色变为黄色。

(2) 将 H_2S 通入已用 H_2SO_4 酸化的 $K_2Cr_2O_7$ 溶液时，溶液的颜色由橙红色变蓝绿色，同时析出乳白色沉淀。

(3) 在 $Mn(NO_3)_2$ 溶液中加入 NaOH 溶液，先出现白色沉淀，放置后，沉淀从白色变为棕色。

(4) 把含 I^- 和淀粉的溶液加入到含 Fe^{3+} 的溶液中，出现蓝色；但在含 Fe^{3+} 的溶液中先加入 CN^- 再加

含 I^- 及淀粉的溶液，则不见蓝色出现。

14. 有一浅绿色的固体溶于水后加入 NaOH 溶液生成白中带点绿色的沉淀，在空气中渐渐变为棕红色。过滤后用 HCl 溶解棕红色沉淀，溶液呈黄色。加入几滴 KSCN 溶液，立即变为血红色。通入 SO_2 时红色消失。滴加 $KMnO_4$ 溶液，紫色褪去，最后加入黄血盐溶液生成蓝色沉淀。写出与以上实验有关的离子反应方程式。

15. 分离并鉴定下列各组离子。

（1）Al^{3+}、Cr^{3+}、Co^{2+}　　（2）Mn^{2+}、Cr^{3+}、Ni^{2+}

（3）Fe^{3+}、Cr^{3+}、Ni^{2+}　　（4）Ba^{2+}、Al^{3+}、Fe^{3+}

16. 在下列离子的分离检出图的空白处，填上适当物质。

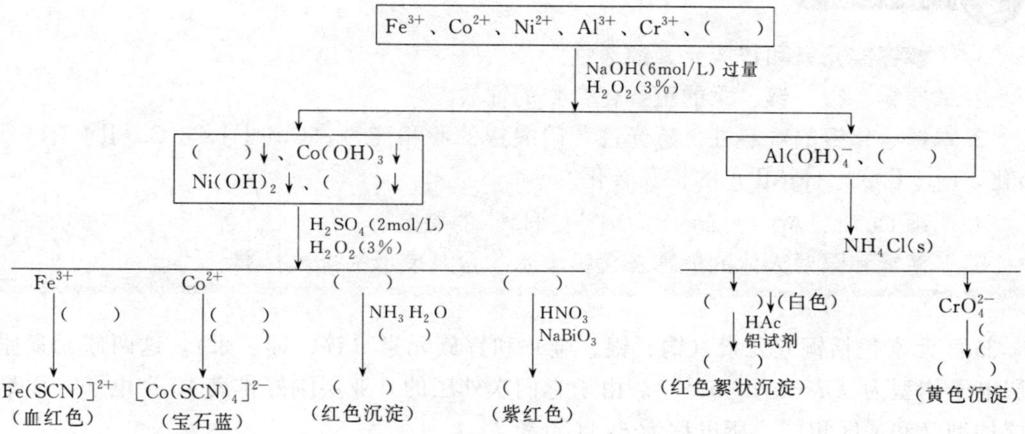

第十四章 过渡元素（二）ds区元素

学习目标

1. 了解铜族元素和锌族元素的通性。
2. 掌握铜、银、锌、汞的重要化合物的性质。
3. 掌握卤化银的难溶性、感光性，硝酸银的不稳定性，Cu(Ⅰ) 与 Cu(Ⅱ) 的相互转化，Hg(Ⅰ) 与 Hg(Ⅱ) 的相互转化。
4. 熟悉 Cu^{2+}、Ag^{+}、Zn^{2+}、Cd^{2+}、Hg^{2+} 的鉴定。
5. 了解镉和汞对人体的危害及含镉废水、含汞废水的排放标准。

ds 区元素包括铜族元素（铜、银、金）和锌族元素（锌、镉、汞）。这两族元素原子的价层电子构型为 $(n-1)d^{10}ns^{1\sim2}$。由于它们次外层的 d 亚层刚好排满 10 个电子，而最外电子层构型又和 s 区相同，所以称为 ds 区元素。

第一节　ds 区元素的通性

铜族元素和锌族元素的基本性质已列于表 13-2 中。由于铜族元素和锌族元素的次外层有 18 个电子，d 轨道已填满，最外层分别有 1 个和 2 个电子，因此这两族元素主要形成与族数相同氧化数的化合物。由于它们相应氧化数的离子都是 18 电子构型，因而这两族的离子都具有较强极化力和较大变形性，这使得它们的二元化合物一般都部分地或完全地带有共价性。

这两族元素也易形成配合物，但由于锌族元素 M^{2+} 的 d 轨道已填满，没有未成对 d 电子，因此其配合物一般无色。

铜族元素和锌族元素单质的熔沸点较其他过渡元素低，而锌族元素单质的熔沸点又比相应的铜族金属低，而且导电性也较铜族金属差。这可能与最外层 s 电子全充满有关。这种电子层结构使 ns^2 电子稳定性增加，故形成的金属键较弱。且随 n 值增大，ns^2 电子更加趋于稳定，因而汞的金属键最弱，致使在室温时汞仍为液体。

第二节　铜族元素的重要化合物

铜族属第ⅠB 族，该族元素的价层电子构型为 $(n-1)d^{10}ns^1$。金是不常见金属，其化合物并不很重要。而 Cu(Ⅰ)、Ag(Ⅰ) 和 Cu(Ⅱ) 的化合物较稳定，应用较广，故作重点介绍。

在酸性溶液中，铜和银的元素电势图如下：

$$\varphi_a^\ominus/V: \quad Cu^{2+} \xrightarrow{+0.17} Cu^{+} \xrightarrow{+0.52} Cu \quad (Cu^{2+} \to Cu: +0.34)$$

$$\varphi_a^\ominus/V: \quad Ag^{2+} \xrightarrow[(4mol/L\ HClO_4)]{+2.00} Ag^{+} \xrightarrow{+0.7999} Ag$$

一、铜的化合物

1. 铜化合物关联图

铜常见的氧化数为+2，也有+1氧化数的化合物。但 Cu^+ 在溶液中不稳定，Cu(Ⅰ)只能以沉淀或配合物形式存在。铜的不同氧化数化合物存在形式及它们之间的相互转化关系由关联图表示，见图 14-1。

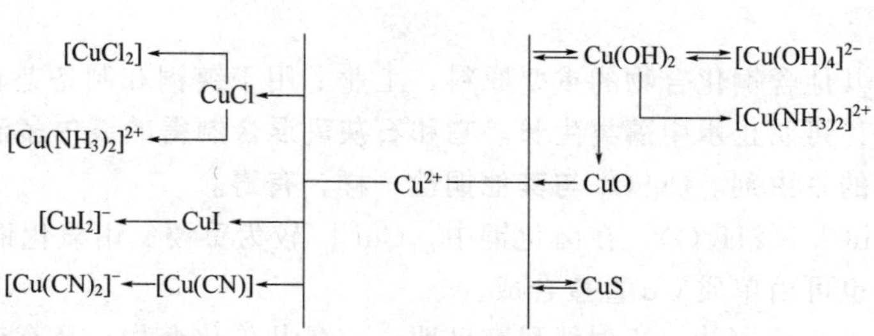

图 14-1　铜化合物关联图

2. 铜的氧化物和氢氧化物

(1) 铜的氧化物　氧化铜 CuO 为黑色粉末，难溶于水。加热分解硝酸铜或碱式碳酸铜 $Cu_2(OH)_2CO_3$ 都能制得黑色的氧化铜：

$$2Cu(NO_3)_2 \xrightarrow{\triangle} 2CuO + 4NO_2\uparrow + O_2\uparrow$$

$$Cu_2(OH)_2CO_3 \xrightarrow{\triangle} 2CuO + CO_2\uparrow + H_2O\uparrow$$

后一反应可以避免 NO_2 对空气的污染，更适合于工业生产。

由铜的元素电势图可知，Cu^{2+} 的氧化性很弱，因此 CuO 溶于稀酸，生成相应的 Cu(Ⅱ)盐。而由于 Cu^+ 的 $\varphi^\ominus_{右} > \varphi^\ominus_{左}$，故 Cu_2O 溶于稀硫酸时，发生歧化反应：

$$Cu_2O + H_2SO_4 \longrightarrow CuSO_4 + Cu\downarrow + H_2O$$

但是如果将 Cu_2O 溶于盐酸，由于生成了难溶于水的白色 CuCl 而并不发生歧化：

$$Cu_2O + 2HCl \longrightarrow 2CuCl\downarrow + H_2O$$

Cu_2O 溶于氨水，生成无色的配合物而仍然保持着+1的氧化态：

$$Cu_2O + 4NH_3\cdot H_2O \longrightarrow 2[Cu(NH_3)_2]OH + 3H_2O$$

可见，Cu^+ 在水溶液中不稳定，会发生歧化反应，而 Cu(Ⅰ)在固态和配位状态下却能稳定存在。

(2) 铜的氢氧化物　氢氧化亚铜 CuOH 为黄色固体，它极不稳定，易脱水变为 Cu_2O。

氢氧化铜 $Cu(OH)_2$ 为浅蓝色粉末，难溶于水。向 $CuSO_4$ 或其他可溶性铜盐的冷溶液中加入适量的 NaOH 或 KOH，即析出浅蓝色的 $Cu(OH)_2$ 沉淀：

$$Cu^{2+} + 2OH^- \longrightarrow Cu(OH)_2\downarrow$$

$Cu(OH)_2$ 不稳定，受热易脱水而成 CuO，颜色随之变暗：

$$Cu(OH)_2 \xrightarrow{\triangle} CuO + H_2O\uparrow$$

$Cu(OH)_2$ 稍有两性，易溶于酸，在较浓的强碱中，生成四羟基合铜(Ⅱ)配离子而溶解：

$$Cu(OH)_2 + 2OH^- \longrightarrow [Cu(OH)_4]^{2-}$$

它也易溶于氨水，生成深蓝色的四氨合铜(Ⅱ)配离子 $[Cu(NH_3)_4]^{2+}$。

3. 重要的铜盐

(1) Cu(Ⅱ)盐

① 硫酸铜 ($CuSO_4 \cdot 5H_2O$) $CuSO_4 \cdot 5H_2O$ 俗称胆矾，为蓝色结晶，其结构为 $[Cu(H_2O)_4]SO_4 \cdot H_2O$。它在空气中慢慢风化，表面上形成白色粉状物。将其加热，随温度升高逐步脱水，最后失去全部结晶水而成为无水物。白色粉末状的无水 $CuSO_4$ 极易吸水，吸水后又变成蓝色的水合物。故无水硫酸铜可用来检验有机物中的微量水分，也可用作干燥剂。

硫酸铜是制备其他含铜化合物的重要原料，工业上用于镀铜和制备蓝色颜料等。**$CuSO_4$ 有较强的杀菌能力，可防止水中藻类生长。它和石灰乳混合制得的波尔多液在农业上，尤其在果园中是最常用的杀虫剂。$CuSO_4$ 与其他铜盐一样，有毒。**

② 氯化铜 ($CuCl_2 \cdot 2H_2O$) 在卤化铜中，$CuCl_2$ 较为重要。由氧化铜或硫酸铜与盐酸反应获得氯化铜，也可由单质 Cu 直接合成。

无水 $CuCl_2$ 为黄棕色固体，X 射线研究证明，它是共价化合物，具有链状的分子结构：

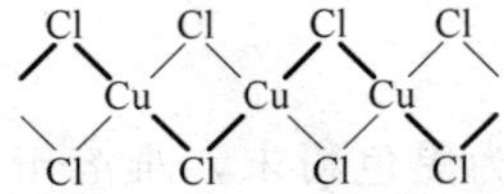

$CuCl_2$ 不但易溶于水，还易溶于乙醇、丙酮等有机溶剂。

从溶液中结晶出来的氯化铜为 $CuCl_2 \cdot 2H_2O$ 的绿色晶体。$CuCl_2$ 的浓溶液通常为黄绿色或绿色，这是由于溶液中含有 $[CuCl_4]^{2-}$ 和 $[Cu(H_2O)_4]^{2+}$ 两种配离子的缘故。它们在溶液中存在下列平衡：

$$\underset{(蓝色)}{[Cu(H_2O)_4]^{2+}} + 4Cl^- \xrightarrow{\triangle} \underset{(黄色)}{[CuCl_4]^{2-}} + 4H_2O$$

很稀的溶液呈蓝色，是由于主要以 $[Cu(H_2O)_4]^{2+}$ 存在，而很浓的溶液为黄色，则主要是以 $[CuCl_4]^{2-}$ 存在；在较浓的溶液中，$[Cu(H_2O)_4]^{2+}$ 和 $[CuCl_4]^{2-}$ 的量相当时溶液便显出绿色。

(2) Cu(Ⅰ)盐 氯化亚铜 CuCl 是 Cu(Ⅰ)盐中最主要的化合物。传统的制备方法是在热的浓盐酸中用铜粉还原 $CuCl_2$，首先生成配离子 $[CuCl_2]^-$，用水稀释即可得 CuCl 白色沉淀。在 CuCl 制备过程中，综合应用了氧化还原平衡、配位平衡、沉淀溶解平衡等基本原理。主要反应过程如下：

$$Cu^{2+} + Cu + 4Cl^- \longrightarrow \underset{(土黄色)}{2[CuCl_2]^-}$$

$$2[CuCl_2]^- \xrightarrow{稀释} \underset{(白色)}{2CuCl\downarrow} + 2Cl^-$$

总反应为

$$Cu^{2+} + Cu + 2Cl^- \longrightarrow 2CuCl\downarrow$$

近些年来，根据绿色化学原理又研究出一些清洁生产新工艺。如氨法浸取铜包钢制氯化亚铜、$CuCl_2$ 蚀刻液制氯化亚铜，以及废紫铜催化制备氯化亚铜。其中以废紫铜为原料，在有空气存在下，铜直接与含催化剂的盐酸溶液反应，迅速生成氯化亚铜，反应如下：

$$Cu+\text{催化剂(氧化态)} \longrightarrow Cu^{2+}+\text{催化剂(还原态)}$$

$$\text{催化剂(还原态)}+O_2 \longrightarrow \text{催化剂(氧化态)}$$

$$Cu^{2+}+Cu+2Cl^- \longrightarrow 2CuCl\downarrow$$

该方法利用废紫铜为生产原料，节约了资源，降低了生产成本，反应方法的改变大大节约了用水。此工艺采用了滤液循环系统，既可降低铜的消耗，又减小了环境污染。

CuCl 是共价化合物，难溶于水，也不溶于 H_2SO_4 和 HNO_3，但可溶于氨水、浓盐酸及 NaCl、KCl 溶液中，并生成相应的配合物。在潮湿空气中 CuCl 迅速被氧化，由白色而变绿色。

CuCl 应用颇为广泛，在有机合成中用于催化剂和还原剂；石油工业中作脱硫剂和脱色剂，肥皂、脂肪和油类的凝聚剂，也常用作杀虫剂和防腐剂。它能吸收 CO 而生成氯化羰基亚铜 $CuClCO\cdot H_2O$，此反应在气体分析中可用于测定混合气体中 CO 的含量。

4. 铜的配合物

Cu^{2+} 是较好的配合物形成体，能与许多配体如 OH^-、Cl^-、F^-、SCN^-、H_2O、NH_3 等以及一些有机配体形成配合物或螯合物。Cu(Ⅱ) 的配合物或螯合物大多是配位数为 4 的平面正方形构型，具有较高稳定性。

向 $CuSO_4$ 溶液中加入少量氨水，产生浅蓝色碱式硫酸铜 $Cu_2(OH)_2SO_4$ 沉淀。继续加入氨水，沉淀溶解，得到深蓝色四氨合铜（Ⅱ）配离子 $[Cu(NH_3)_4]^{2+}$：

$$2CuSO_4+2NH_3\cdot H_2O \longrightarrow (NH_4)_2SO_4+\underset{\text{(浅蓝色)}}{Cu_2(OH)_2SO_4}\downarrow$$

$$Cu_2(OH)_2SO_4+8NH_3 \longrightarrow [Cu(NH_3)_4]SO_4+\underset{\text{(深蓝色)}}{[Cu(NH_3)_4](OH)_2}$$

溶液中 Cu^{2+} 含量越低，溶液的颜色越浅。据此，化学分析上用作比色分析，以测定铜的含量。

在酸性溶液中 Cu^{2+} 与 $K_4[Fe(CN)_6]$ 作用，生成砖红色配合物 $Cu_2[Fe(CN)_6]$ 沉淀：

$$2Cu^{2+}+[Fe(CN)_6]^{4-} \longrightarrow \underset{\text{(砖红色)}}{Cu_2[Fe(CN)_6]}\downarrow$$

利用此反应可鉴定溶液中的 Cu^{2+}。

Cu(Ⅰ) 除与 Cl^- 形成配合物之外，还可与 Br^-、I^-、SCN^-、CN^-、NH_3 等形成配合物。

5. Cu(Ⅰ) 和 Cu(Ⅱ) 的相互转化

由铜的元素电势图可知，$\varphi^{\ominus}(Cu^+/Cu)>\varphi^{\ominus}(Cu^{2+}/Cu^+)$，故在酸性溶液中 Cu^+ 易发生歧化反应而转变为 Cu^{2+} 和单质 Cu：

$$2Cu^+ \rightleftharpoons Cu^{2+}+Cu \qquad K^{\ominus}=8.3\times10^6$$

该反应平衡常数较大，室温下 Cu^+ 在水溶液中歧化反应进行得很彻底。

若使 Cu(Ⅱ) 转化为 Cu(Ⅰ)，必须有还原剂存在，同时要降低溶液中 Cu^+ 的浓度，如使之生成难溶物或配合物。如前所述，在热的盐酸溶液中，用铜粉还原 $CuCl_2$ 生成 CuCl 的反应就是一例。在这个过程中由于 CuCl 沉淀的形成，Cu^+ 浓度降低，这不仅增强了氧化剂

Cu^{2+}的氧化能力，同时也增强了还原剂 Cu 的还原能力，致使平衡向 Cu^{+} 歧化的相反方向进行。其相应的电势图如下。

$$\varphi_a^{\ominus}/V: \quad Cu^{2+}(aq) \xrightarrow{+0.509} CuCl(s) \xrightarrow{+0.17} Cu(s)$$

由于 $\varphi^{\ominus}(Cu^{2+}/CuCl) > \varphi^{\ominus}(CuCl/Cu)$，故 Cu^{2+} 可将 Cu 氧化为 CuCl。同理，$CuSO_4$ 溶液与 KI 反应并不生成 CuI_2，而是得到白色的 CuI 沉淀：

$$2Cu^{2+} + 4I^{-} \longrightarrow 2CuI\downarrow + I_2$$

在热的 Cu(Ⅱ) 盐溶液中加入 KCN，可得到白色的 CuCN 沉淀：

$$2Cu^{2+} + 4CN^{-} \longrightarrow 2CuCN\downarrow + (CN)_2\uparrow$$

若继续加入过量的 KCN，白色沉淀因配离子 $[Cu(CN)_x]^{1-x}$ 的形成而溶解：

$$CuCN + (x-1)CN^{-} \longrightarrow [Cu(CN)_x]^{1-x} \qquad (x=2,3,4)$$

以上反应表明，在一定条件下，可溶性 Cu(Ⅱ) 溶液中因难溶 Cu(Ⅰ) 化合物或稳定 Cu(Ⅰ) 配合物的生成，使 Cu(Ⅱ) 转变为 Cu(Ⅰ) 成为可能。

二、银的化合物

1. 银化合物关联图

银通常形成氧化数为+1 的化合物。除少数银盐易溶外，其他大多数银的化合物难溶于水，但许多难溶物可通过生成配合物而溶解。银的不同化合物之间的相互转化关系由关联图表示，见图 14-2。

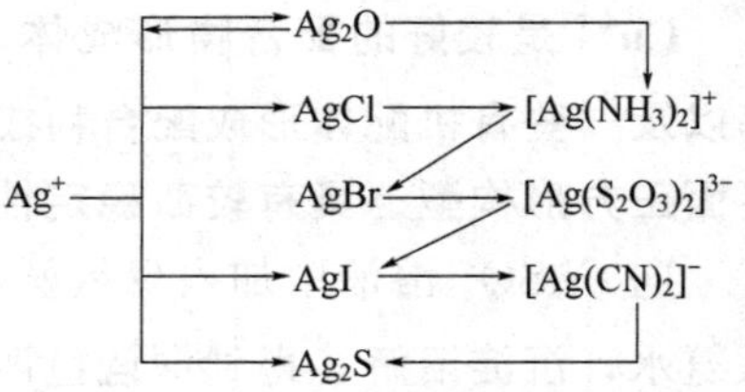

图 14-2 银化合物关联图

2. 氧化银 (Ag_2O)

向可溶性银盐溶液中加入强碱，得到暗褐色 Ag_2O 沉淀：

$$2Ag^{+} + 2OH^{-} \longrightarrow Ag_2O + H_2O$$

这个反应可认为首先生成极不稳定的 AgOH，常温下它立即脱水生成 Ag_2O。

Ag_2O 可溶于硝酸，也可溶于氰化钠或氨水溶液：

$$Ag_2O + 4CN^{-} + H_2O \longrightarrow 2[Ag(CN)_2]^{-} + 2OH^{-}$$

$$Ag_2O + 2NH_3 + H_2O \longrightarrow 2[Ag(NH_3)_2]^{+} + 2OH^{-}$$

$[Ag(NH_3)_2]^{+}$ 的溶液在放置过程中，会分解为黑色的易爆物 AgN_3。因此，该溶液不宜久置，而且，凡是接触过 $[Ag(NH_3)_2]^{+}$ 的器皿、用具，用后必须立即清洗干净，以免潜伏隐患。

3. 硝酸银

这硝酸银是最重要的可溶性银盐。固体 $AgNO_3$ 受热分解：

$$2AgNO_3 \xrightarrow{\triangle} 2Ag + 2NO_2\uparrow + O_2\uparrow$$

如若见光，$AgNO_3$ 也会按上式分解，故应将其保存在棕色玻璃瓶中。

$AgNO_3$ 具有氧化性 [$\varphi^{\ominus}(Ag^{+}/Ag) = 0.7999V$]，在水溶液中可被 Cu、Zn 等金属还原为单质 Ag，遇微量有机物也即刻被还原为单质银。皮肤或工作服上沾上 $AgNO_3$ 会逐渐变成紫黑色。它有一定的杀菌能力，对人体有腐蚀作用。

$AgNO_3$ 主要用于制造照相底片上的卤化银，它也是一种重要的分析试剂。10%的 $AgNO_3$ 溶液在医疗上作消毒剂和腐蚀剂。$AgNO_3$ 还可用于电镀、制镜、印刷、电子等行业。

4. 卤化银

卤化银中只有 AgF 易溶，其余卤化银均难溶于水。AgCl、AgBr 及 AgI 可由相应的卤化氢或卤化物与硝酸银溶液作用制得，它们的溶解度依 Cl→Br→I 顺序降低，颜色也依此顺序加深。

卤化银的一个典型性质是光敏性较强，在光照下可分解：

$$2AgX \xrightarrow{日光} 2Ag + X_2$$

从 AgF 至 AgI 稳定性减弱，分解的趋势增大，因此在制备 AgBr 和 AgI 时常在暗室内进行。基于卤化银的感光性，可用它们作为照相底片上的感光物质，也可将易于感光变色的卤化银加入玻璃以制造变色眼镜。

5. 配合物

Ag^+ 可与 NH_3、$S_2O_3^{2-}$、CN^- 等形成稳定的配离子 $[Ag(NH_3)_2]^+$、$[Ag(S_2O_3)_2]^{3-}$ 及 $[Ag(CN)_2]^-$。难溶的银盐都是借助于配体形成配合物而溶解，但若向银的配合物溶液加入适当的沉淀剂，又会有银的沉淀析出。例如：

$$Ag^+ + Cl^- \longrightarrow AgCl\downarrow \xrightarrow{+NH_3} [Ag(NH_3)_2]^+ \xrightarrow{+Br^-} AgBr\downarrow \xrightarrow{+S_2O_3^{2-}}$$

$$[Ag(S_2O_3)_2]^{3-} \xrightarrow{+I^-} AgI\downarrow \xrightarrow{+CN^-} [Ag(CN)_2]^-$$

如果在 $[Ag(CN)_2]^-$ 的溶液中加入 S^{2-}（或 H_2S），则又生成更难溶的 Ag_2S 沉淀（$K_{sp}^{\ominus}=6.3\times10^{-50}$）。

银的配合物在实际生产和生活中有较广泛的用途，例如用于电镀、照相、制镜等方面。

第三节　锌族元素的重要化合物

锌族元素的价层电子构型为 $(n-1)d^{10}ns^2$，为第ⅡB 族元素。锌族 M^{2+} 是 18 电子构型离子，具有较强极化力和较大变形性，因此，与铜族相类似，其二元化合物也有相当程度的共价性。

锌族元素 M^{2+} 的水合离子均无色，所以它们的许多化合物也无色。但是，由于 M^{2+} 具有 18 电子构型外壳，其极化力和变形性依 Zn^{2+}、Cd^{2+}、Hg^{2+} 顺序增加，以致使 Cd^{2+} 特别是 Hg^{2+} 与易变形阴离子形成的化合物往往显色，并具有较低的溶解性。

一、锌和镉的化合物

1. 锌、镉化合物关联图

锌和镉可形成氧化数为+2 的化合物。它们的盐大多易溶于水，而硫化物难溶。其氢氧化物可因生成不同配离子而溶解。锌、镉各元素不同物质间的相互转化关系由关联图表示，见图 14-3。

2. 锌和镉的氢氧化物

向 Zn^{2+} 和 Cd^{2+} 的溶液中加入强碱，分别生成 $Zn(OH)_2$ 和 $Cd(OH)_2$。它们都是难溶于水的白色沉淀。

$Zn(OH)_2$ 显两性，它可溶于酸和过量的强碱：

$$Zn(OH)_2 + 2H^+ \longrightarrow Zn^{2+} + 2H_2O$$

$$Zn(OH)_2 + 2OH^- \longrightarrow [Zn(OH)_4]^{2-}$$

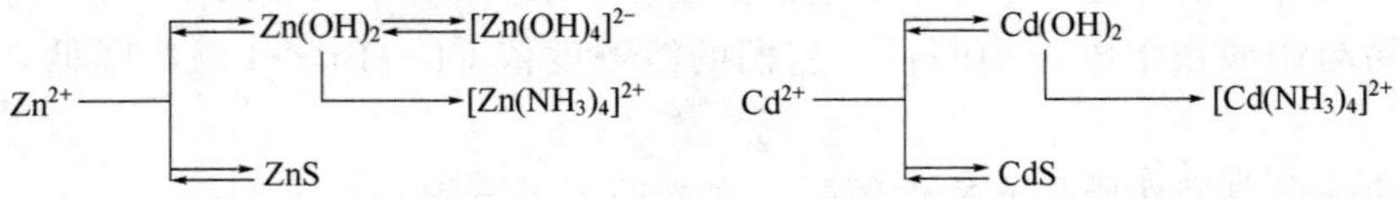

(a) 锌化合物关联图　　(b) 镉化合物关联图

图 14-3　锌、镉化合物关联图

$Cd(OH)_2$ 虽也显两性，但很不明显，易溶于酸，只在浓碱液中稍有溶解，生成 $[Cd(OH)_4]^{2-}$。$Zn(OH)_2$ 和 $Cd(OH)_2$ 均能溶于氨水，形成配合物：

$$Zn(OH)_2 + 4NH_3 \longrightarrow [Zn(NH_3)_4]^{2+} + 2OH^-$$

$$Cd(OH)_2 + 4NH_3 \longrightarrow [Cd(NH_3)_4]^{2+} + 2OH^-$$

3. 锌和镉重要的盐

(1) 氯化物　无水氯化锌是白色固体，吸水性很强，其水溶液因 Zn^{2+} 的水解而显酸性：

$$Zn^{2+} + H_2O \longrightarrow [Zn(OH)]^+ + H^+$$

$ZnCl_2$ 的溶解度很大，其浓溶液中由于形成配位酸而使溶液具有显著的酸性，它能溶解金属氧化物：

$$ZnCl_2 + H_2O \longrightarrow [ZnCl_2(OH)]^- + H^+$$

$$2[ZnCl_2(OH)]^- + 2H^+ + FeO \longrightarrow Fe[ZnCl_2(OH)]_2 + H_2O$$

因此 $ZnCl_2$ 可用作焊药，以清除金属表面的氧化物，便于焊接。

$ZnCl_2$ 主要用作有机合成工业的脱水剂、缩合剂和催化剂，以及染料工业的媒染剂，也用作石油净化剂和活性炭活化剂。此外，$ZnCl_2$ 还可用于干电池、电镀、医药、木材防腐和农药等方面。

(2) 硫化物　在 Zn^{2+} 和 Cd^{2+} 的溶液中分别通入 H_2S 时，都会有相应的硫化物沉淀从溶液中析出：

$$Zn^{2+} + H_2S \longrightarrow \underset{\text{(白色)}}{ZnS\downarrow} + 2H^+$$

$$Cd^{2+} + H_2S \longrightarrow \underset{\text{(黄色)}}{CdS\downarrow} + 2H^+$$

从溶液中析出的 CdS 呈黄色，常根据这一反应来鉴定溶液中 Cd^{2+} 的存在。由于 ZnS 的溶度积较大，若溶液的 H^+ 浓度超过 0.3mol/L 时，ZnS 就能溶解。而 CdS 比 ZnS 的溶度积小得多，它不溶于稀盐酸，但可溶于较浓的盐酸，如 6mol/L 的盐酸：

$$CdS + 2H^+ + 4Cl^- \longrightarrow [CdCl_4]^{2-} + H_2S\uparrow$$

ZnS 中加入微量的 Cu^{2+}、Mn^{2+}、Ag^+ 等离子作活化剂，光照后可发出多种颜色的荧光。这种材料称荧光粉，可用于制作荧光屏、夜光表等。

CdS 又称为镉黄，用作颜料。纯品镉黄是制备荧光物质的重要基质。

4. 锌和镉的配合物

锌和镉都可形成比较稳定的配合物。除已介绍的 $[M(NH_3)_4]^{2+}$、$[Zn(OH)_4]^{2-}$ 外，最常见的还有 $[MCl_4]^{2-}$、$[M(CN)_4]^{2-}$、$[CdI_4]^{2-}$ 等。它们的特征配位数是 4，构型为四面体。镉与 NH_3 除形成配位数为 4 的配合物外，还存在配位数为 6 的配合物 $[Cd(NH_3)_6]^{2+}$。另外，Zn^{2+} 和 Cd^{2+} 也可形成螯合物。

二、汞的化合物

1. 汞化合物关联图

与锌、镉不同，汞不仅能形成氧化数为＋2 的化合物，还可形成氧化数为＋1 的化合物，并以 $[\text{—Hg—Hg—}]^{2+}$ 形式存在。Hg(Ⅰ)、Hg(Ⅱ) 的盐中，只有硝酸盐易溶。易溶的硝酸盐与碱作用并非生成氢氧化物，而是相应的氧化物。Hg(Ⅱ) 能与多种配体形成配合物，而 Hg(Ⅰ) 则不能。汞的不同氧化数化合物之间的相互转化关系由关联图表示，见图 14-4。

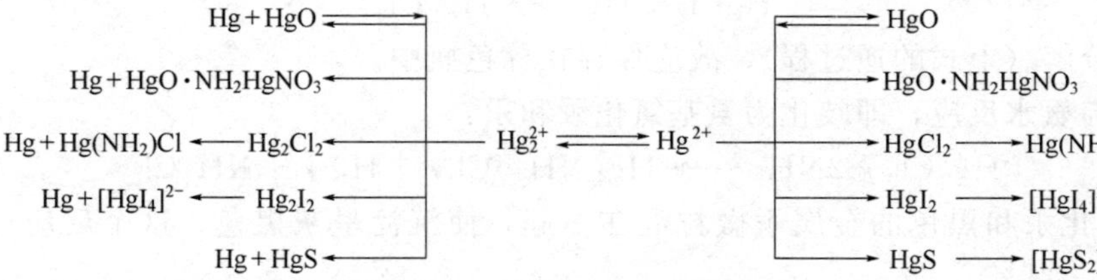

图 14-4　汞化合物关联图

2. 氧化汞

根据制备方法和条件的不同，氧化汞有两种不同颜色的变体，其中一种是黄色氧化汞，另一种是红色氧化汞。

黄色氧化汞可由湿法制备。在可溶性汞盐溶液中加入强碱，即得黄色的 HgO：

$$Hg^{2+} + 2OH^- \longrightarrow \underset{(\text{黄色})}{HgO\downarrow} + H_2O$$

红色的 HgO 可用干法制备。通常由 $Hg(NO_3)_2$ 加热分解得到：

$$2Hg(NO_3)_2 \xrightarrow{300\sim330℃} \underset{(\text{红色})}{2HgO\downarrow} + 4NO_2\uparrow + O_2\uparrow$$

黄色的氧化汞受热即变为红色的氧化汞。X 射线研究表明：它们的晶体结构相同，之所以颜色不同是由于晶粒大小不同所致，黄色的氧化汞晶粒细小。它们都不溶于水，也不溶于碱（即便是浓碱）。有毒！500℃时都能分解为金属汞和氧气。

HgO 用作医药制剂、分析试剂、陶瓷颜料等。由 HgO 能制得许多其他的汞盐。

3. 汞重要的盐

(1) 氯化汞、氯化亚汞　氯化汞 $HgCl_2$ 是白色（略带灰色）针状结晶或颗粒粉末。熔点低，易升华，俗称升汞。有剧毒，内服 0.2～0.4g 就能致命。但少量使用时有消毒作用。

$HgCl_2$ 是共价型化合物，为 sp 杂化的直线型分子（Cl—Hg—Cl），略溶于水，为分子溶解，并在水中稍有水解。它在水中的离解度很小，因此有假盐之称。$HgCl_2$ 与稀氨水作用，产生白色沉淀氨基氯化汞 $Hg(NH_2)Cl$：

$$HgCl_2 + 2NH_3 \longrightarrow \underset{(\text{白色})}{Hg(NH_2)Cl\downarrow} + NH_4^+ + Cl^-$$

在酸性溶液中，$HgCl_2$ 是较强的氧化剂，与适量 $SnCl_2$ 作用，$HgCl_2$ 被还原为白色沉淀 Hg_2Cl_2；$SnCl_2$ 过量时，则析出黑色的单质汞：

$$2HgCl_2 + Sn^{2+} + 4Cl^- \longrightarrow \underset{(\text{白色})}{Hg_2Cl_2\downarrow} + [SnCl_6]^{2-}$$

$$Hg_2Cl_2 + Sn^{2+} + 4Cl^- \longrightarrow \underset{(黑色)}{2Hg\downarrow} + [SnCl_6]^{2-}$$

化学分析中利用上述反应鉴定 Hg(Ⅱ) 和 Sn(Ⅱ)。

$HgCl_2$ 主要用作有机合成的催化剂，外科上用作消毒剂。此外，如干电池、染料、农药等方面也有应用。

氯化亚汞 Hg_2Cl_2 为直线型分子（Cl—Hg—Hg—Cl），是难溶于水的白色粉末，无毒，因略有甜味，俗称甘汞。它可由金属汞和固体 $HgCl_2$ 研磨而得：

$$HgCl_2 + Hg \longrightarrow Hg_2Cl_2$$

Hg_2Cl_2 见光分解（上式的逆过程），故应保存在棕色瓶中。

Hg_2Cl_2 与氨水反应，即歧化为氨基氯化汞和汞：

$$Hg_2Cl_2 + 2NH_3 \longrightarrow Hg(NH_2)Cl\downarrow + Hg\downarrow + NH_4Cl$$

白色的氨基氯化汞和黑色的金属汞微粒混在一起，使沉淀呈灰黑色，这个反应可用来鉴定 Hg(Ⅰ)。

Hg_2Cl_2 在化学上常用于制作甘汞电极，在医药上曾用作轻泻剂。

(2) 硝酸汞、硝酸亚汞　硝酸汞 $Hg(NO_3)_2$ 可由 HgO 溶于硝酸，或汞溶于过量的浓 HNO_3（65%）而制得：

$$HgO + 2HNO_3 \longrightarrow Hg(NO_3)_2 + H_2O$$

$$Hg + 4HNO_3(浓) \xrightarrow{\triangle} Hg(NO_3)_2 + 2NO_2\uparrow + 2H_2O$$

反之，用过量的 Hg 与冷的稀 HNO_3 作用则得到硝酸亚汞 $Hg_2(NO_3)_2$：

$$6Hg + 8HNO_3(稀) \longrightarrow 3Hg_2(NO_3)_2 + 2NO\uparrow + 4H_2O$$

将 $Hg(NO_3)_2$ 溶液与金属汞一起振荡也可制得 $Hg_2(NO_3)_2$：

$$Hg(NO_3)_2 + Hg \longrightarrow Hg_2(NO_3)_2$$

$Hg_2(NO_3)_2$ 受热易分解并发生氧化：

$$Hg_2(NO_3)_2 \xrightarrow{\triangle} 2HgO + 2NO_2\uparrow$$

$Hg(NO_3)_2$ 和 $Hg_2(NO_3)_2$ 都易溶于水，并水解成碱式盐，所以配制溶液时，应将它们溶于 HNO_3。汞离子和锌、镉离子不同，它不易和 NH_3 形成配合物，而是形成氨基盐白色沉淀：

$$2Hg(NO_3)_2 + 4NH_3 + H_2O \longrightarrow \underset{(白色)}{HgO\cdot NH_2HgNO_3\downarrow} + 3NH_4NO_3$$

在 $Hg_2(NO_3)_2$ 溶液中加入氨水，不仅有白色沉淀产生，同时有黑色 Hg 析出，因此使整个沉淀呈黑色。

$$2Hg_2(NO_3)_2 + 4NH_3 + H_2O \longrightarrow \underset{(白色)}{HgO\cdot NH_2HgNO_3\downarrow} + \underset{(黑色)}{2Hg} + 3NH_4NO_3$$

向 Hg^{2+}、Hg_2^{2+} 的溶液中分别加入适量的 Br^-、I^-、CN^-、SCN^-、$S_2O_3^{2-}$、S^{2-} 时，分别生成难溶于水的汞盐和亚汞盐。若再加入过量的上述离子，难溶的汞盐因生成配离子而溶解，难溶的亚汞盐则发生歧化反应产生 Hg(Ⅱ) 的配离子及黑色的单质汞。例如，在 $Hg(NO_3)_2$ 及 $Hg_2(NO_3)_2$ 溶液中加入 KI 时发生如下反应：

$$Hg^{2+} + 2I^- \longrightarrow \underset{(橘红色)}{HgI_2\downarrow}$$

$$HgI_2 + 2I^- \longrightarrow [HgI_4]^{2-}$$
（无色）

$$Hg_2^{2+} + 2I^- \longrightarrow Hg_2I_2 \downarrow$$
（绿色）

$$Hg_2I_2 + 2I^- \longrightarrow [HgI_4]^{2-} + Hg$$
（黑色）

$Hg(NO_3)_2$ 是常用的化学试剂，也是制备其他含汞化合物的主要原料。

(3) 硫化汞　向 Hg^{2+} 及 $HgCl_2$ 溶液中通入 H_2S，均能产生黑色的 HgS 沉淀。虽然在 $HgCl_2$ 溶液中 Hg^{2+} 浓度很小，但由于 HgS 非常难溶，故仍有 HgS 析出：

$$HgCl_2 + H_2S \longrightarrow HgS \downarrow + 2H^+ + 2Cl^-$$
（黑色）

在金属硫化物中 HgS 的溶解度最小，其他的酸不能将其溶解，而只能溶于王水：

$$3HgS + 12Cl^- + 2NO_3^- + 8H^+ \longrightarrow 3[HgCl_4]^{2-} + 3S \downarrow + 2NO \uparrow + 4H_2O$$

这一反应由于有 S 及 $[HgCl_4]^{2-}$ 生成，有效降低了 S^{2-} 和 Hg^{2+} 的浓度，导致了 HgS 的溶解。可见，HgS 溶解是氧化还原反应和配位反应共同作用的结果。

4. 汞的配合物

无论是 Hg_2Cl_2，还是 $Hg_2(NO_3)_2$，都不会形成 Hg_2^{2+} 的配离子，而 Hg(Ⅱ) 却能形成多种配合物，如 Hg(Ⅱ) 与卤素离子、CN^-、SCN^- 等配体可形成一系列配离子，其中配位数为 4 的居多。

Hg^{2+} 与卤素离子形成配离子的倾向，依 Cl^-、Br^-、I^- 顺序增强。

Hg^{2+} 与过量 KI 作用最后生成无色的四碘合汞(Ⅱ) 配离子 $[HgI_4]^{2-}$，其碱性溶液称为奈斯勒 (Nessler) 试剂。如果溶液中有微量的 NH_4^+ 存在，滴加该试剂，会立即生成褐色沉淀：

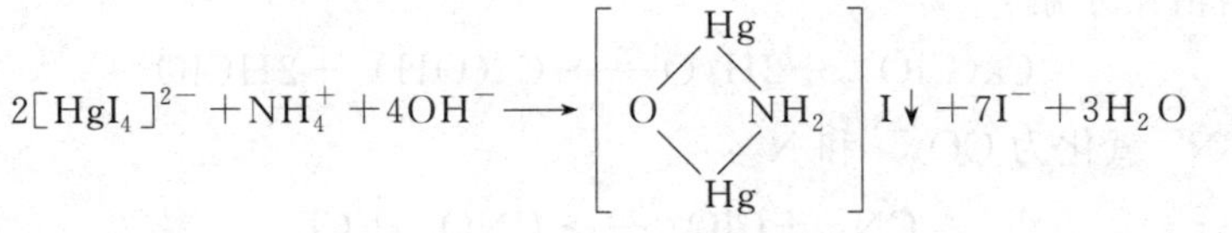
（褐色）

这一反应常用来鉴定 NH_4^+。当试剂和 OH^- 相对用量变化时，沉淀颜色还会变为深褐色或褐色。

5. Hg(Ⅰ) 与 Hg(Ⅱ) 的相互转化

在酸性溶液中，汞的元素电势图为

$$\varphi_a^{\ominus}/V: \quad Hg^{2+} \xrightarrow{0.907} Hg_2^{2+} \xrightarrow{0.792} Hg \quad (Hg^{2+} \to Hg:\ 0.854)$$

因 $\varphi^{\ominus}(Hg^{2+}/Hg_2^{2+})$ 大于 $\varphi^{\ominus}(Hg_2^{2+}/Hg)$，故在溶液中 Hg^{2+} 可氧化 Hg 生成 Hg_2^{2+}：

$$Hg^{2+} + Hg \rightleftharpoons Hg_2^{2+} \qquad K^{\ominus} = \frac{c(Hg_2^{2+})/c^{\ominus}}{c(Hg^{2+})/c^{\ominus}} \approx 87$$

该反应的平衡常数较大，表明平衡时 Hg^{2+} 基本上都转变为 Hg_2^{2+}，因此在水溶液中 Hg_2^{2+} 更稳定些。而若使 Hg(Ⅰ) 转化为 Hg(Ⅱ)，即上述平衡向左移动，则必须降低溶液中的

Hg^{2+}浓度。例如，使之成为某些难溶物或难离解的配合物：

$$Hg_2^{2+} + 2OH^- \longrightarrow HgO\downarrow + Hg\downarrow + H_2O$$

$$Hg_2^{2+} + S^{2-} \longrightarrow HgS\downarrow + Hg\downarrow$$

$$Hg_2^{2+} + 2CN^- \longrightarrow Hg(CN)_2\downarrow + Hg\downarrow$$

$$Hg_2^{2+} + 4I^- \longrightarrow [HgI_4]^{2-} + Hg\downarrow$$

从以上反应看出，由于难溶物或配合物的形成，使 Hg(Ⅰ) 歧化反应得以发生，实现了 Hg(Ⅰ) 向 Hg(Ⅱ) 的转化。

三、含镉及含汞废水的处理

1. 含镉废水的处理

镉（Cd^{2+}）进入人体后，首先损害肾脏，并能置换骨骼中的钙（Ca^{2+}），引起骨质疏松、骨质软化，使人感觉骨骼疼痛，故名“骨疼病”。同时还伴有疲倦无力、头痛和头晕等症状。随着年龄的增长，镉在人体的肾和肝中积蓄，造成累积性中毒。因此含镉废水是世界上危害较大的工业废水之一。采矿、冶炼、电镀、光电池、蓄电池、玻璃、油漆和颜料制造、照相材料、陶瓷、原子反应堆等行业是含镉废水的主要来源。国家规定含镉废水中 Cd^{2+} 的排放标准为 0.1mg/L。

含镉废水可采用如下方法处理。

（1）沉淀法　对于一般的工业含镉废水，可采用加碱或加入可溶性硫化物，使 Cd^{2+} 形成 $Cd(OH)_2$ 或 CdS 沉淀而除去。

（2）氧化法　氧化法常用于处理氰化镀镉废水。在废水中主要含有 $[Cd(CN)_4]^{2-}$，另外还有 Cd^{2+} 和 CN^- 等有毒物质，因此在除去 Cd^{2+} 的同时，也要除去 CN^-。以漂白粉作氧化剂加入废水中，使 CN^- 被氧化破坏，Cd^{2+} 被沉淀而除去。其主要反应如下。

漂白粉在溶液中水解：

$$Ca(ClO)_2 + 2H_2O \longrightarrow Ca(OH)_2 + 2HClO$$

HClO 将 CN^- 氧化为 CO_3^{2-} 和 N_2：

$$CN^- + ClO^- \longrightarrow CNO^- + Cl^-$$

$$2CNO^- + 3ClO^- + 2OH^- \longrightarrow 2CO_3^{2-} + N_2\uparrow + 3Cl^- + H_2O$$

Cd^{2+} 转化为沉淀：

$$Cd^{2+} + 2OH^- \longrightarrow Cd(OH)_2\downarrow$$

除上述两种方法外，还可采用电解法、离子交换法、铁氧体法等来处理含镉废水。

2. 含汞废水的处理

金属汞和汞的化合物都是有毒物质。汞中毒最先发现于日本九州一个小镇水俣，小镇居民因甲基汞中毒而得病，故因此而得名为“水俣病”。其症状是四肢麻痹，双目失明，听力减弱和语言失控，重患者造成终身残疾或死亡，并有遗传性毒害。

汞及其化合物通过气体、饮水和食物等进入人体，当体内蓄积的汞及其化合物达到一定量时，就会使人明显中毒。因此，含汞废水的处理为世界各国所关注。许多使用或制造汞及其化合物的工厂排出的废水是造成水域污染的重要来源，对环境和人体健康威胁极大。我国国家标准规定，汞的排放标准不大于 0.05mg/L。

含汞废水的处理方法较多，以下介绍几种简单的方法。

(1) 化学沉淀法　汞的化合物中，以 HgS 的溶解度最小。因此在含汞废水中加入 Na_2S 或通入 H_2S，即可将 Hg^{2+} 以 HgS 的形式除去。由于 HgS 可溶于过量的 Na_2S 而形成可溶性的 $[HgS_2]^{2-}$，达不到除去 Hg^{2+} 的目的，因此 Na_2S 不能过量。可向含 Hg^{2+} 废水中加入对水质影响不大的 $FeSO_4$，使其与过量的 Na_2S 作用生成 FeS。控制适当的 pH，可使 FeS 与悬浮的 HgS 一起从废水中沉出。

(2) 还原法　还原法是采用铁屑、铜屑、锌、锡等金属作还原剂，使废水中的 Hg^{2+} 还原为金属汞，再进行回收。采用该法的优点是产生的金属离子在水中不会造成二次污染。

(3) 离子交换法　使废水流经离子交换树脂，汞被交换下来。该法是目前认为最好的除汞方法，但投资较高。

阅读材料

微量元素与人体健康

微量元素以其重要的生物学作用及在维持人体健康方面的重大实用价值，已引起世界各国生物学、医学等科学工作者的广泛关注。研究微量元素在人体内的存在形态、作用及对人体健康产生的影响，具有重要意义。

1. 人体中的化学元素

人体由化学元素组成，就像是一座蕴含着各种金属与非金属的“矿藏”。在自然界存在的 92 种元素中，目前在人体中已检出 81 种。这些元素大体可分为必需元素、非必需元素和有毒元素。

必需元素是指健康组织中存在的生物生长和完成生命循环所必需的元素，它们参与多种生化代谢过程，对生理功能产生直接影响。现在认为有 28 种元素是必需元素，它们是（按原子序数）：H、B、C、N、O、F、Na、Mg、Si、P、S、Cl、K、Ca、V、Cr、Mn、Fe、Co、Ni、Cu、Zn、As、Se、Br、Mo、Sn、I。

非必需元素是指其生物效应和作用还未被人们认识、有待于研究的元素。它们存在于人体组织中，为 20～30 种。

有毒元素则是指能显著毒害机体的元素。如血液中的 Pb、Cd、As、Be、Hg 对人体有很强的毒害作用。

人体中的 28 种必需元素，按含量的多少又可分为常量元素和微量元素。通常，将含量小于人类机体质量 0.01%的元素称为微量元素。世界卫生组织确认的人体必需微量元素有 14 种，为 Fe、Zn、Cu、Mn、Cr、Mo、Co、Se、Ni、V、Sn、F、I、Si。

2. 微量元素在人体生命活动中的作用

微量元素有高度的生物活性，在人体代谢中主要有以下作用：构成各种金属酶的必需成分或活化的某些金属酶和它的辅因子；参与激素的合成或增强激素的作用，使各种激素与维生素有不同的特异功能；协助输送普通元素；调节体液的渗透压和酸碱平衡。这些作用对人体功能的主要影响是：影响胚胎的生长发育；促进人体的生长发育；影响内分泌的功能；维护中枢神经系统的完整性；参与人体的免疫系统。

3. 微量元素与人体健康

微量元素虽然只占人体质量的 0.05%，但与人体的生理功能关系密切。人体内各种微量元素是一个处于动态平衡的相互协调的有机整体，微量元素之间有一个恰当的比例关系，每种微量元素都有一个安全和适宜的摄入范围（量），任何一种元素过多或过少都会引起体内微量元素的平衡失调，而引发某些组织成分的变化，或改变其氧化形态及存在形式，或不利于一些腺素或酶的形成，使人体产生缺乏病症或一定的毒副作用，由此引起许多疾病的发生。而人体内微量元素的含量降低或升高又与体内代谢、所处环境以及膳食等因素密切相关。在日常生活中，必须注意合理的膳食结构，以保证微量元素的摄入平衡。天然动植物食品中，不仅富含大量具有生物活性的人体必需的各种元素，而且它们之间有一个合适的比例，能够满足人体的需要。表 14-1 列举了 14 种人体必需微量元素的主要生理功能、来源、人体含量、缺乏或过量对人体产生的影响。认识和掌握微量元素与人体健康的关系，对人体的正常保健以及疾病的防治都非常重要。

表 14-1 人体必需的 14 种微量元素与人体健康的关系

元素名称及符号	人体含量/g	主要生理功能	主要来源	缺乏症	过量症
铁$_{26}$Fe	4.2	造血，组成血红蛋白和含铁酶，传递电子和氧，维持器官功能	肝、肉、蛋、水果、绿叶蔬菜	贫血、免疫力低，无力、头痛，口腔炎，易感冒，肝癌	影响胰腺和性腺，心衰，糖尿病，肝硬化
氟$_9$F	2.6	长牙骨，防龋齿，促生长，参与氧化还原和钙磷代谢	茶叶、肉、水果、谷物、土豆、胡萝卜	龋齿，骨质疏松，贫血	氟斑牙，氟骨症，骨质增长
锌$_{30}$Zn	2.3	激活 200 多种酶，参与核酸和能量代谢，促进性机能正常，抗菌、消炎	肉、蛋、奶、谷物	侏儒，溃疡，炎症，不育，白发，白内障，肝硬化	胃肠炎，前列腺肥大，贫血，高血压，冠心病
锶$_{38}$Sr	0.32	长骨骼，维持血管功能和通透性，合成黏多糖，维持组织弹性	奶、蔬菜、豆类、海鱼虾类	骨质疏松，抽搐症，白发，龋齿	关节痛，大骨节病，贫血，肌肉萎缩
硒$_{34}$Se	0.2	组酶，抑制自由基，护心肝，对重金属解毒	虾、蟹等海产品，肉、谷类、豆类、中药黄芪	心血管病，克山病，大骨节病，癌，关节炎，心肌病	硒土病，心肾功能障碍，腹泻，脱发
铜$_{29}$Cu	0.1	造血，合成酶和血红蛋白，增强防御功能	干果、葡萄干、葵花子、肝、茶	贫血，心血管损伤，冠心病，脑障碍，溃疡，关节炎	黄疸肝炎，肝硬化，胃肠炎，癌
碘$_{53}$I	0.03	组成甲状腺和多种酶，调节能量，加速生长	海产品、奶、肉、水果	甲状腺肿，心悸，动脉硬化	甲状腺肿
锰$_{25}$Mn	0.02	组酶，激活剂，增强蛋白代谢，合成维生素，防癌	干果、粗谷物、桃仁、板栗、菇类	软骨，营养不良，神经紊乱，肝癌，生殖功能受抑制	无力，帕金森症，心肌梗死
钒$_{23}$V	0.018	刺激骨髓造血，降血压，促生长，参与胆固醇和脂质及辅酶代谢	海产品	胆固醇高，生殖功能低下，贫血，心肌无力，骨异常，贫血	结膜炎，鼻咽炎，心肾受损
锡$_{50}$Sn	0.017	促进蛋白质和核酸反应，促生长，催化氧化还原反应	龙须菜、西红柿、橘子、苹果	抑制生长，门齿色素不全	贫血，胃肠炎，影响寿命
镍$_{28}$Ni	0.01	参与细胞激素和色素的代谢，生血，激活酶，形成辅酶	蔬菜、谷类	肝硬化，尿毒，肾衰，肝脂质和磷脂质代谢异常	鼻咽癌，皮肤炎，白血病，骨癌，肺癌
铬$_{24}$Cr	小于 0.006	发挥胰岛素作用，调节胆固醇、糖和脂质代谢，防止血管硬化	啤酒、酵母、蘑菇、粗细面粉、红糖、蜂蜜、肉、蛋	糖尿病，心血管病，高血脂，胆结石，胰岛素功能失常	伤肝肾，鼻中隔穿孔，肺癌
钼$_{42}$Mo	小于 0.005	组成氧化还原酶，催化尿酸，抗铜贮铁，维持动脉弹性	豆荚、卷心菜、大白菜、谷物、肝、酵母	心血管病，克山癌，食道癌，肾结石，龋齿	睾丸萎缩，性欲减退，脱毛，软骨，贫血，腹泻
钴$_{27}$Co	小于 0.003	造血，心血管的生长和代谢，促进核酸和蛋白质合成	肝、瘦肉、奶、蛋、鱼	心血管病，贫血，脊髓炎，气喘，青光眼	心肌病变，心力衰竭，高血脂，致癌

本章小结

1. 铜可形成氧化数为+1和+2的化合物，其Cu(Ⅱ)化合物较为常见。

Cu^{+}在水溶液中易发生歧化反应，若使Cu(Ⅰ)生成沉淀或配合物，便可在溶液中稳定存在。Cu(Ⅰ)与Cu(Ⅱ)均可形成相应的氧化物与氢氧化物，$Cu(OH)_2$的稳定性强于Cu(OH)，前者稍有两性。

Cu(Ⅰ)盐中，氯化亚铜较为重要，它的制备是多种平衡的综合过程；Cu(Ⅱ)盐中较为重要的是硫酸铜与氯化铜。Cu(Ⅰ)、Cu(Ⅱ)还可与多种配体形成配合物，铜两种不同氧化数的物质在一定条件下可相互转化。

2. 可溶性银盐与强碱作用得到氧化银；硝酸银是最重要的可溶性银盐，其固体受热分解，水溶液具有氧化性，与不同配体作用形成多种配合物；卤化银见光易分解，其中只有氟化银易溶。

3. 锌、镉、汞均可形成氧化数为+2的化合物，汞还生成氧化数为+1的化合物。

Zn^{2+}、Cd^{2+}、Hg^{2+}与强碱作用，产物并非都是氢氧化物，后者生成氧化汞；$Zn(OH)_2$两性明显，$Cd(OH)_2$略显两性，HgO显弱碱性。

锌、镉的氯化物易溶，汞的氯化物溶解度较小。在酸性溶液中，$HgCl_2$有较强氧化性；锌、镉、汞颜色不同的硫化物皆难溶，且溶解度依次递减；Hg(Ⅰ)与Hg(Ⅱ)的硝酸盐易溶，向它们的溶液中加入某种使之产生沉淀的离子且过量时，难溶的汞盐因生成配离子而溶解，亚汞盐则发生歧化反应，还有黑色的金属汞生成。Hg(Ⅰ)与Hg(Ⅱ)在一定条件下也可相互转化。锌、镉、汞与多种配体作用，可有配合物生成。

思考题

1. 试解释Cu(Ⅰ)、Cu(Ⅱ)两类化合物在固态和溶液中有不同的稳定性，并举出实例。

2. 解释下列现象：

(1) 在$CuSO_4$溶液中加入铜屑和适量HCl，加热反应物，有白色沉淀生成。

(2) $AgNO_3$应存放在棕色瓶中。

(3) $AgNO_3$溶液中慢慢滴加KCN溶液时，首先生成白色沉淀，而后溶解，再加入NaCl溶液时并无沉淀生成，但加入少许Na_2S溶液，就有黑色沉淀生成。

(4) 银器在含有H_2S的空气中会慢慢变黑。

3. 在Cu^{2+}、Ag^{+}、Zn^{2+}、Cd^{2+}、Hg^{2+}及Hg_2^{2+}的溶液中，分别加入适量的NaOH溶液，问各有什么物质生成？

4. 氢氧化物$Fe(OH)_3$、$Al(OH)_3$、$Ni(OH)_2$和$Zn(OH)_2$中，哪一种既溶于过量NaOH溶液，又能溶于氨水？

5. 下列离子中，哪些与氨水作用能形成配合物？

Na^{+}　Mg^{2+}　Fe^{3+}　Pb^{2+}　Sn^{2+}　Ag^{+}　Hg^{2+}　Cd^{2+}

6. 请选用一种试剂区别下列五种离子：

Cu^{2+}　Zn^{2+}　Hg^{2+}　Fe^{3+}　Co^{2+}

7. 从废定影液中回收银，常用Na_2S作沉淀剂，可得黑色Ag_2S沉淀。能否用NaCl或NaI作沉淀剂？为什么？

8. 如何实现Cu(Ⅰ)与Cu(Ⅱ)之间、Hg(Ⅰ)与Hg(Ⅱ)之间的转变？试举例说明。

9. 选择题

(1) 下列离子能与I^{-}发生氧化还原反应的有（　）。

A. Zn^{2+}　　B. Hg^{2+}　　C. Cu^{2+}　　D. Ag^{+}

(2) 久置的$[Ag(NH_3)_2]^{+}$强碱性溶液，因能产生AgN_3（极不稳定）而有爆炸的危险。欲破坏$[Ag(NH_3)_2]^{+}$，可向溶液中加入某种试剂。下列四种溶液中，不能起到破坏$[Ag(NH_3)_2]^{+}$作用的是（　）。

A. 氨水　　B. HCl　　C. H_2S　　D. $Na_2S_2O_3$

(3) 难溶于水的白色硫化物是（　　）。

A. CaS　　B. ZnS　　C. CdS　　D. HgS

(4) 下列硫化物不能溶于 HNO_3 的是（　　）。

A. ZnS　　B. CuS　　C. CdS　　D. HgS

(5) 今有 5 种硝酸盐溶液：$Cu(NO_3)_2$、$AgNO_3$、$Hg(NO_3)_2$、$Hg_2(NO_3)_2$ 和 $Cd(NO_3)_2$，往这些溶液中分别滴加下列哪一种试剂即可将它们区别开来？（　　）

A. H_2SO_4　　B. HNO_3　　C. HCl　　D. 氨水

习 题

1. 完成并配平下列反应方程式：

(1) $CuSO_4 + KI \longrightarrow$

(2) $CuSO_4 + KCN$(过量)$\longrightarrow$

(3) $AgNO_3 + NaOH \longrightarrow$

(4) $Ag_2O + NH_3 + H_2O \longrightarrow$

(5) $ZnSO_4 + NH_3$(过量)$\longrightarrow$

(6) $Hg(NO_3)_2 + KI$(过量)$\longrightarrow$

(7) $Hg_2(NO_3)_2 + KI$(过量)$\longrightarrow$

(8) $Hg(NO_3)_2 + NaOH \longrightarrow$

(9) $Hg_2Cl_2 + NH_3 \longrightarrow$

(10) $Hg(NO_3)_2 + NH_3 + H_2O \longrightarrow$

(11) $Hg_2(NO_3)_2 + NH_3 + H_2O \longrightarrow$

(12) $HgCl_2 + SnCl_2$(过量)$\longrightarrow$

(13) $HgS + Na_2S \longrightarrow$

2. 选用适当的酸溶解下列硫化物：

Ag_2S　　CuS　　ZnS　　CdS　　HgS

3. 选用适当的配合剂分别将下列各种沉淀物溶解，并写出相应的反应方程式。

CuCl　　$Cu(OH)_2$　　AgBr　　Ag_2O　　AgI　　$Zn(OH)_2$　　HgI_2

4. 用适当的方法区别下列各对物质：

(1) $MgCl_2$ 和 $ZnCl_2$　　(2) $HgCl_2$ 和 Hg_2Cl_2

(3) $ZnSO_4$ 和 $Al_2(SO_4)_3$　　(4) CuS 和 HgS

(5) AgCl 和 Hg_2Cl_2　　(6) ZnS 和 Ag_2S

(7) Pb^{2+} 和 Cu^{2+}　　(8) Pb^{2+} 和 Zn^{2+}

5. 某一化合物 A 溶于水得一浅蓝色溶液。在 A 溶液中加入 NaOH 溶液可得浅蓝色沉淀 B。B 能溶于 HCl 溶液，也能溶于氨水，A 溶液中通入 H_2S，有黑色沉淀 C 生成。C 难溶于 HCl 溶液而易溶于热浓 HNO_3 中。在 A 溶液中加入 $Ba(NO_3)_2$ 溶液，无沉淀产生，而加入 $AgNO_3$ 溶液时有白色沉淀 D 生成，D 溶于氨水。试判断 A、B、C、D 为何物，并写出有关反应式。

6. 有一无色溶液。(1) 加入氨水时有白色沉淀生成；(2) 若加入稀碱则有黄色沉淀生成；(3) 若滴加 KI 溶液，先析出橘红色沉淀，当 KI 过量时，橘红色沉淀消失；(4) 若在此无色溶液中加入数滴汞并振荡，汞逐渐消失，仍变为无色溶液，此时加入氨水得灰黑色沉淀。问此无色溶液中含有哪种化合物？写出有关反应式。

7. 试分离并鉴定下列各组离子：

(1) Cu^{2+}，Zn^{2+}　　(2) Ag^+，Pb^{2+}，Hg^{2+}　　(3) Zn^{2+}，Cd^{2+}，Hg^{2+}

8. 通过多重平衡规则求下列反应的 $K^{\ominus}$，并根据 $K^{\ominus}$ 值说明进行的趋势。

(1) $AgCl + 2NH_3 \cdot H_2O \rightleftharpoons [Ag(NH_3)_2]^+ + Cl^- + 2H_2O$　　$K_1^{\ominus}$

(2) $AgBr + 2NH_3 \cdot H_2O \longrightarrow [Ag(NH_3)_2]^+ + Br^- + 2H_2O$　　$K_2^{\ominus}$

(3) $AgI + 2NH_3 \cdot H_2O \longrightarrow [Ag(NH_3)_2]^+ + I^- + 2H_2O$　　$K_3^{\ominus}$

附　录

表1　本书常用符号的意义和单位

符　号	意　　义	单　　位
p	压力	Pa
V	体积	m^3,L
n_B	物质B的物质的量	mol
R	摩尔气体常数	$R=8.314Pa\cdot m^3/(mol\cdot K)$ $8.314\times10^3Pa\cdot L/(mol\cdot K)$
T	热力学温度	K
M	摩尔质量	g/mol
p_B	物质B的气体在混合气中的分压	Pa
$p_{总}$	系统的总压力	Pa
x_B	物质B的摩尔分数	无量纲
w_B	物质B的质量分数	无量纲
V_B	混合气体中气体B的分体积	L
$V_{总}$	混合气体的总体积	L
c_B	物质B的物质的量浓度	mol/L
$c^{\ominus}$	溶液标准浓度	$c^{\ominus}=1mol/L$
Q	反应热	kJ/mol
Q_V	恒容反应热	kJ/mol
Q_p	恒压反应热	kJ/mol
$\Delta_r H_m^{\ominus}$	标准摩尔反应焓变	kJ/mol
$\Delta_f H_m^{\ominus}$	标准摩尔生成焓	kJ/mol
v	恒容反应速率	mol/(L·s)
t	时间	s,min,h
ν_B	物质B的化学计量系数	
E_a	活化能	kJ/mol
k	反应速率常数	单位视反应速率表达式而定
A	指前因子或频率因子	
K	实验平衡常数或经验平衡常数	视其表达式而定
K_c	浓度平衡常数	视其表达式而定
K_p	压力平衡常数	视其表达式而定
$K^{\ominus}$	(热力学)平衡常数或标准平衡常数	无量纲
Q_c	反应浓度商	视其表达式而定
Q_p	反应压力商	视其表达式而定
$K_w^{\ominus}$	水的离子积	无量纲
pH	$pH=-\lg c'(H^+)$	无量纲
pOH	$pOH=-\lg c'(OH^-)$	无量纲
a	离子的活度	mol/L
γ	离子活度系数	无量纲
$K_a^{\ominus}$	酸的离解(平衡)常数	无量纲
$K_b^{\ominus}$	碱的离解(平衡)常数	无量纲
α	离解度	无量纲
$K_{sp}^{\ominus}$	溶度积(常数)	无量纲
Q_i	离子积	无量纲

续表

符号	意义	单位
S	溶解度	mol/L
E	能量	J,eV
E	电池电动势	V
φ	电极电势	V
$\varphi^{\ominus}$	标准电极电势	V
$\varphi_a^{\ominus}$	酸性介质中的标准电极电势	V
$\varphi_b^{\ominus}$	碱性介质中的标准电极电势	V
ν	频率	s^{-1}
h	普朗克常数	$h=6.626\times10^{-34}$ J·s
r	原子(离子)半径	pm
P	电子的角动量	
Ψ	波函数	
n	主量子数	
l	角量子数	
m	磁量子数	
m_s	自旋量子数	
Z^*	有效核电荷数	
I	电离能	kJ/mol
l	键长	pm
E	键能	kJ/mol
μ	偶极矩	10^{-30} C·m
q	电荷	
U	晶格能	kJ/mol

表 2 酸、碱的离解常数

(1) 弱酸的离解常数(298.15K)

弱酸	离解常数 $K_a^{\ominus}$		
H_3AlO_3	$K_1^{\ominus}=6.3\times10^{-12}$		
H_3AsO_4	$K_1^{\ominus}=6.0\times10^{-3}$;	$K_2^{\ominus}=1.0\times10^{-7}$;	$K_3^{\ominus}=3.2\times10^{-12}$
H_3AsO_3	$K_1^{\ominus}=6.6\times10^{-10}$		
H_3BO_3	$K_1^{\ominus}=5.8\times10^{-10}$		
$H_2B_4O_7$	$K_1^{\ominus}=1\times10^{-4}$;	$K_2^{\ominus}=1\times10^{-9}$	
HBrO	$K_1^{\ominus}=2.0\times10^{-9}$		
H_2CO_3	$K_1^{\ominus}=4.3\times10^{-7}$;	$K_2^{\ominus}=4.8\times10^{-11}$	
HCN	$K_1^{\ominus}=6.2\times10^{-10}$		
H_2CrO_4	$K_1^{\ominus}=4.1$;	$K_2^{\ominus}=1.3\times10^{-6}$	
HClO	$K_1^{\ominus}=2.8\times10^{-8}$		
HF	$K_1^{\ominus}=6.6\times10^{-4}$		
HIO	$K_1^{\ominus}=2.3\times10^{-11}$		
HIO_3	$K_1^{\ominus}=0.16$		
H_5IO_6	$K_1^{\ominus}=2.8\times10^{-2}$;	$K_2^{\ominus}=5.0\times10^{-9}$	

续表

弱酸	离解常数 $K_a^\ominus$
H_2MnO_4	$K_2^\ominus=7.1\times10^{-11}$
HNO_2	$K_1^\ominus=7.2\times10^{-4}$
HNO_3	$K_1^\ominus=1.9\times10^{-5}$
H_2O_2	$K_1^\ominus=2.2\times10^{-12}$
H_2O	$K_1^\ominus=1.8\times10^{-16}$
H_3PO_4	$K_1^\ominus=6.9\times10^{-3}$； $K_2^\ominus=6.2\times10^{-8}$； $K_3^\ominus=4.8\times10^{-13}$
$H_4P_2O_7$	$K_1^\ominus=3.0\times10^{-2}$； $K_2^\ominus=4.4\times10^{-3}$； $K_3^\ominus=2.5\times10^{-7}$； $K_4^\ominus=5.6\times10^{-10}$
$H_5P_3O_{10}$	$K_3^\ominus=1.6\times10^{-3}$； $K_4^\ominus=3.4\times10^{-7}$； $K_5^\ominus=5.8\times10^{-10}$
H_3PO_3	$K_1^\ominus=6.3\times10^{-2}$； $K_2^\ominus=2.0\times10^{-7}$
H_2SO_4	$K_2^\ominus=1.0\times10^{-2}$
H_2SO_3	$K_1^\ominus=1.3\times10^{-2}$； $K_2^\ominus=6.1\times10^{-3}$
$H_2S_2O_3$	$K_1^\ominus=0.25$； $K_2^\ominus=3.2\times10^{-2}\sim2.0\times10^{-2}$
$H_2S_2O_4$	$K_1^\ominus=0.45$； $K_2^\ominus=3.5\times10^{-3}$
H_2Se	$K_1^\ominus=1.3\times10^{-4}$； $K_2^\ominus=1.0\times10^{-11}$
H_2S	$K_1^\ominus=1.32\times10^{-7}$； $K_2^\ominus=7.10\times10^{-15}$
H_2SeO_4	$K_2^\ominus=2.2\times10^{-2}$
H_2SeO_3	$K_1^\ominus=2.3\times10^{-3}$； $K_2^\ominus=5.0\times10^{-9}$
$HSCN$	$K_1^\ominus=1.41\times10^{-1}$
H_2SiO_3	$K_1^\ominus=1.7\times10^{-10}$； $K_2^\ominus=1.6\times10^{-12}$
$HSb(OH)_6$	$K_1^\ominus=2.8\times10^{-3}$
H_2TeO_3	$K_1^\ominus=3.5\times10^{-3}$； $K_2^\ominus=1.9\times10^{-8}$
H_2Te	$K_1^\ominus=2.3\times10^{-3}$； $K_2^\ominus=1.0\times10^{-11}\sim1.0\times10^{-12}$
H_2WO_4	$K_1^\ominus=3.2\times10^{-4}$； $K_2^\ominus=2.5\times10^{-5}$
NH_4^+	$K_1^\ominus=5.6\times10^{-10}$
$H_2C_2O_4$(草酸)	$K_1^\ominus=5.4\times10^{-2}$； $K_2^\ominus=5.4\times10^{-5}$
HCOOH(甲酸)	$K_1^\ominus=1.77\times10^{-4}$
CH_3COOH(乙酸)	$K_1^\ominus=1.75\times10^{-5}$
$ClCH_2COOH$(氯代乙酸)	$K_1^\ominus=1.4\times10^{-3}$
$CH_2=CHCO_2H$(丙烯酸)	$K_1^\ominus=5.5\times10^{-5}$
$CH_3COCH_2CO_2H$(乙酰乙酸)	$K_1^\ominus=2.6\times10^{-4}$(316.15K)
$H_3C_6H_5O_7$(柠檬酸)	$K_1^\ominus=7.4\times10^{-4}$； $K_2^\ominus=1.73\times10^{-5}$； $K_3^\ominus=4\times10^{-7}$
H_4Y(乙二胺四乙酸)	$K_1^\ominus=10^{-2}$； $K_2^\ominus=2.1\times10^{-3}$； $K_3^\ominus=6.9\times10^{-7}$； $K_4^\ominus=5.9\times10^{-11}$

（2）弱碱的离解常数（298.15K）

弱碱	离解常数 $K_b^\ominus$	弱碱	离解常数 $K_b^\ominus$
$NH_3\cdot H_2O$	1.8×10^{-5}	$C_6H_5NH_2$(苯胺)	4×10^{-10}
NH_2-NH_2(联氨)	9.8×10^{-7}	C_5H_5N(吡啶)	1.5×10^{-9}
NH_2OH(羟胺)	9.1×10^{-9}	$(CH_2)_6N_4$(六亚甲基四胺)	1.4×10^{-9}

表 3　溶度积常数（298.15K）

难溶电解质	$K_{sp}^{\ominus}$	难溶电解质	$K_{sp}^{\ominus}$	难溶电解质	$K_{sp}^{\ominus}$
AgCl	1.8×10^{-10}	$Co(OH)_2$(新制)	1.6×10^{-15}	FeS	6.3×10^{-18}
AgBr	5.0×10^{-13}	α-CoO	4.0×10^{-21}	$FeCO_3$	3.2×10^{-11}
AgI	8.3×10^{-17}	β-CoO	2.0×10^{-25}	$FePO_4$	1.3×10^{-22}
AgCN	1.2×10^{-18}	$CoCO_3$	1.4×10^{-18}	Hg_2Cl_2	1.3×10^{-18}
AgOH	2.0×10^{-8}	$Co_3(PO_4)_2$	2×10^{-35}	Hg_2I_2	4.5×10^{-20}
$AgNO_2$	6.0×10^{-4}	$Co(OH)_3$	1.6×10^{-44}	Hg_2SO_4	7.4×10^{-7}
Ag_2SO_4	1.4×10^{-5}	CuCl	1.2×10^{-6}	Hg_2SO_3	1.0×10^{-27}
Ag_2SO_3	1.5×10^{-14}	CuBr	5.3×10^{-9}	Hg_2S	1.0×10^{-47}
Ag_2S	6.3×10^{-50}	PbF_2	2.7×10^{-8}	HgS(红)	4×10^{-53}
Ag_2CO_3	8.1×10^{-12}	$Pb(OH)_2$	1.2×10^{-15}	HgS(黑)	1.6×10^{-52}
$BaSO_4$	1.1×10^{-10}	$PbSO_4$	1.6×10^{-8}	MgF_2	6.5×10^{-9}
$BaSO_3$	8×10^{-7}	PbS	8.0×10^{-28}	$Mg(OH)_2$	1.8×10^{-11}
$BaCO_3$	5.1×10^{-9}	$PbCO_3$	7.4×10^{-14}	$MgCO_3$	3.5×10^{-8}
BaC_2O_4	1.6×10^{-7}	PbC_2O_4	4.8×10^{-10}	$Mn(OH)_2$	1.9×10^{-13}
$BaC_2O_4 \cdot H_2O$	2.3×10^{-8}	$PbCrO_4$	2.8×10^{-13}	MnS(结晶)	2.5×10^{-13}
$BaCrO_4$	1.2×10^{-10}	$Sn(OH)_2$	1.4×10^{-28}	MnS(无定形)	2.5×10^{-10}
$Ba_3(PO_4)_2$	3.4×10^{-23}	$Sn(OH)_4$	1.0×10^{-56}	$MnCO_3$	1.8×10^{-11}
$BaHPO_4$	3.2×10^{-7}	SnS	1.0×10^{-25}	$Ni(OH)_2$(新制)	2.0×10^{-15}
$BaMoO_4$	4.0×10^{-8}	SrF_2	2.5×10^{-9}	α-NiS	3.2×10^{-19}
$Bi(OH)_3$	4×10^{-31}	$Ag_2C_2O_4$	3.4×10^{-11}	β-NiS	1.0×10^{-24}
BiOCl	1.8×10^{-31}	Ag_2CrO_4	1.1×10^{-12}	γ-NiS	2.0×10^{-26}
BiOBr	3.0×10^{-7}	$Ag_2Cr_2O_4$	2.0×10^{-7}	$NiCO_3$	6.6×10^{-9}
$BiONO_3$	2.82×10^{-3}	Ag_3PO_4	1.4×10^{-16}	NiC_2O_4	4×10^{-10}
Bi_2S_3	1×10^{-97}	Ag_2MoO_4	2.8×10^{-12}	$Ni_3(PO_4)_2$	5×10^{-31}
$CaSO_4$	9.1×10^{-6}	Ag_2WO_4	5.5×10^{-12}	$PbCl_2$	1.6×10^{-5}
$CaSO_3$	6.8×10^{-8}	AgSCN	1.0×10^{-12}	$PbBr_2$	4.0×10^{-5}
$CaCO_3$	2.8×10^{-9}	$Al(OH)_3$	1.3×10^{-33}	PbI_2	7.1×10^{-9}
$Ca(OH)_2$	5.5×10^{-6}	BaF_2	1.0×10^{-6}	$SrSO_4$	3.2×10^{-7}
CaF_2	5.3×10^{-9}	$Ba(OH)_2$	5×10^{-3}	$SrSO_3$	4×10^{-8}
$CaC_2O_4 \cdot H_2O$	4×10^{-9}	CuI	1.1×10^{-12}	$SrCO_3$	1.1×10^{-10}
$Ca_3(PO_4)_2$	2.0×10^{-29}	Cu(OH)	1×10^{-14}	$SrCrO_4$	2.2×10^{-5}
$CaHPO_4$	1.0×10^{-7}	$Cu(OH)_2$	2.2×10^{-20}	$Zn(OH)_2$	1.2×10^{-17}
$Cd(OH)_2$(新制)	2.5×10^{-14}	Cu_2S	2.5×10^{-48}	α-ZnS	1.6×10^{-24}
CdS	8.0×10^{-27}	CuS	6.3×10^{-36}	β-ZnS	2.5×10^{-22}
$CdCO_3$	5.2×10^{-12}	$CuCO_3$	1.4×10^{-10}	$ZnCO_3$	1.4×10^{-11}
$Cd_3(PO_4)_2$	2.5×10^{-33}	$Fe(OH)_2$	8.0×10^{-16}	ZnC_2O_4	2.7×10^{-8}
$Cr(OH)_3$	6.3×10^{-31}	$Fe(OH)_3$	4×10^{-38}	$Zn_3(PO_4)_2$	9.0×10^{-33}

表 4 标准电极电势（298.15K）

一、在酸性溶液中

电对	电极反应	$\varphi_a^\ominus$/V
Li^+/Li	$Li^+ + e \rightleftharpoons Li$	−3.045
Rb^+/Rb	$Rb^+ + e \rightleftharpoons Rb$	−2.93
K^+/K	$K^+ + e \rightleftharpoons K$	−2.925
Cs^+/Cs	$Cs^+ + e \rightleftharpoons Cs$	−2.92
Ba^{2+}/Ba	$Ba^{2+} + 2e \rightleftharpoons Ba$	−2.91
Sr^{2+}/Sr	$Sr^{2+} + 2e \rightleftharpoons Sr$	−2.89
Ca^{2+}/Ca	$Ca^{2+} + 2e \rightleftharpoons Ca$	−2.87
Na^+/Na	$Na^+ + e \rightleftharpoons Na$	−2.714
La^{3+}/La	$La^{3+} + 3e \rightleftharpoons La$	−2.52
Y^{3+}/Y	$Y^{3+} + 3e \rightleftharpoons Y$	−2.37
Mg^{2+}/Mg	$Mg^{2+} + 2e \rightleftharpoons Mg$	−2.37
Ce^{3+}/Ce	$Ce^{3+} + 3e \rightleftharpoons Ce$	−2.33
H_2/H^-	$\frac{1}{2}H_2 + e \rightleftharpoons H^-$	−2.25
Sc^{3+}/Sc	$Sc^{3+} + 3e \rightleftharpoons Sc$	−2.1
Th^{4+}/Th	$Th^{4+} + 4e \rightleftharpoons Th$	−1.9
Be^{2+}/Be	$Be^{2+} + 2e \rightleftharpoons Be$	−1.85
U^{3+}/U	$U^{3+} + 3e \rightleftharpoons U$	−1.80
Al^{3+}/Al	$Al^{3+} + 3e \rightleftharpoons Al$	−1.66
Ti^{2+}/Ti	$Ti^{2+} + 2e \rightleftharpoons Ti$	−1.63
ZrO_2/Zr	$ZrO_2 + 4H^+ + 4e \rightleftharpoons Zr + 2H_2O$	−1.43
V^{2+}/V	$V^{2+} + 2e \rightleftharpoons V$	−1.2
Mn^{2+}/Mn	$Mn^{2+} + 2e \rightleftharpoons Mn$	−1.17
TiO_2/Ti	$TiO_2 + 4H^+ + 4e \rightleftharpoons Ti + 2H_2O$	−0.86
SiO_2/Si	$SiO_2 + 4H^+ + 4e \rightleftharpoons Si + 2H_2O$	−0.86
Cr^{2+}/Cr	$Cr^{2+} + 2e \rightleftharpoons Cr$	−0.86
Zn^{2+}/Zn	$Zn^{2+} + 2e \rightleftharpoons Zn$	−0.763
Cr^{3+}/Cr	$Cr^{3+} + 3e \rightleftharpoons Cr$	−0.74
Ag_2S/Ag	$Ag_2S + 2e \rightleftharpoons 2Ag + S^{2-}$	−0.71
$CO_2/H_2C_2O_4$	$2CO_2 + 2H^+ + 2e \rightleftharpoons H_2C_2O_4$	−0.49
Fe^{2+}/Fe	$Fe^{2+} + 2e \rightleftharpoons Fe$	−0.440
Cr^{3+}/Cr^{2+}	$Cr^{3+} + e \rightleftharpoons Cr^{2+}$	−0.41
Cd^{2+}/Cd	$Cd^{2+} + 2e \rightleftharpoons Cd$	−0.403
Ti^{3+}/Ti^{2+}	$Ti^{3+} + e \rightleftharpoons Ti^{2+}$	−0.37
$PbSO_4/Pb$	$PbSO_4 + 2e \rightleftharpoons Pb + SO_4^{2-}$	−0.356
Co^{2+}/Co	$Co^{2+} + 2e \rightleftharpoons Co$	−0.29
$PbCl_2/Pb$	$PbCl_2 + 2e \rightleftharpoons Pb + 2Cl^-$	−0.266
V^{3+}/V^{2+}	$V^{3+} + e \rightleftharpoons V^{2+}$	−0.255
Ni^{2+}/Ni	$Ni^{2+} + 2e \rightleftharpoons Ni$	−0.25
AgI/Ag	$AgI + e \rightleftharpoons Ag + I^-$	−0.152
Sn^{2+}/Sn	$Sn^{2+} + 2e \rightleftharpoons Sn$	−0.136
Pb^{2+}/Pb	$Pb^{2+} + 2e \rightleftharpoons Pb$	−0.126
$AgCN/Ag$	$AgCN + e \rightleftharpoons Ag + CN^-$	−0.017
H^+/H_2	$2H^+ + 2e \rightleftharpoons H_2$	0.0000
$AgBr/Ag$	$AgBr + e \rightleftharpoons Ag + Br^-$	0.071
TiO^{2+}/Ti^{3+}	$TiO^{2+} + 2H^+ + e \rightleftharpoons Ti^{3+} + H_2O$	0.10
S/H_2S	$S + 2H^+ + 2e \rightleftharpoons H_2S(aq)$	0.14
Sb_2O_3/Sb	$Sb_2O_3 + 6H^+ + 6e \rightleftharpoons 2Sb + 3H_2O$	0.15
Sn^{4+}/Sn^{2+}	$Sn^{4+} + 2e \rightleftharpoons Sn^{2+}$	0.154
Cu^{2+}/Cu^+	$Cu^{2+} + e \rightleftharpoons Cu^+$	0.17

续表

电对	电极反应	$\varphi_a^{\ominus}$/V
$AgCl/Ag$	$AgCl+e \rightleftharpoons Ag+Cl^-$	0.2223
$HAsO_2/As$	$HAsO_2+3H^++3e \rightleftharpoons As+2H_2O$	0.248
Hg_2Cl_2/Hg	$Hg_2Cl_2+2e \rightleftharpoons 2Hg+2Cl^-$	0.268
BiO^+/B	$BiO^++2H^++3e \rightleftharpoons Bi+H_2O$	0.32
UO_2^{2+}/U^{4+}	$UO_2^{2+}+4H^++2e \rightleftharpoons U^{4+}+2H_2O$	0.33
VO^{2+}/V^{3+}	$VO^{2+}+2H^++e \rightleftharpoons V^{3+}+H_2O$	0.34
Cu^{2+}/Cu	$Cu^{2+}+2e \rightleftharpoons Cu$	0.34
$S_2O_3^{2-}/S$	$S_2O_3^{2-}+6H^++4e \rightleftharpoons 2S+3H_2O$	0.5
Cu^+/Cu	$Cu^++e \rightleftharpoons Cu$	0.52
I_3^-/I^-	$I_3^-+2e \rightleftharpoons 3I^-$	0.545
I_2/I^-	$I_2+2e \rightleftharpoons 2I^-$	0.535
MnO_4^-/MnO_4^{2-}	$MnO_4^-+e \rightleftharpoons MnO_4^{2-}$	0.57
$H_3AsO_4/HAsO_2$	$H_3AsO_4+2H^++2e \rightleftharpoons HAsO_2+2H_2O$	0.581
$HgCl_2/Hg_2Cl_2$	$2HgCl_2+2e \rightleftharpoons Hg_2Cl_2(s)+2Cl^-$	0.63
Ag_2SO_4/Ag	$Ag_2SO_4+2e \rightleftharpoons 2Ag+SO_4^{2-}$	0.653
O_2/H_2O_2	$O_2+2H^++2e \rightleftharpoons H_2O_2$	0.69
$[PtCl_4]^{2-}/Pt$	$[PtCl_4]^{2-}+2e \rightleftharpoons Pt+4Cl^-$	0.73
Fe^{3+}/Fe^{2+}	$Fe^{3+}+e \rightleftharpoons Fe^{2+}$	0.771
Hg_2^{2+}/Hg	$Hg_2^{2+}+2e \rightleftharpoons 2Hg$	0.792
Ag^+/Ag	$Ag^++e \rightleftharpoons Ag$	0.7999
NO_3^-/NO_2	$NO_3^-+2H^++e \rightleftharpoons NO_2+H_2O$	0.80
Hg^{2+}/Hg	$Hg^{2+}+2e \rightleftharpoons Hg$	0.854
Cu^{2+}/CuI	$Cu^{2+}+I^-+e \rightleftharpoons CuI$	0.86
Hg^{2+}/Hg_2^{2+}	$2Hg^{2+}+2e \rightleftharpoons Hg_2^{2+}$	0.907
Pd^{2+}/Pd	$Pd^{2+}+2e \rightleftharpoons Pd$	0.92
NO_3^-/HNO_2	$NO_3^-+3H^++2e \rightleftharpoons HNO_2+H_2O$	0.94
NO_3^-/NO	$NO_3^-+4H^++3e \rightleftharpoons NO+2H_2O$	0.96
HNO_2/NO	$HNO_2+H^++e \rightleftharpoons NO+H_2O$	0.98
HIO/I^-	$HIO+H^++2e \rightleftharpoons I^-+H_2O$	0.99
VO_2^+/VO^{2+}	$VO_2^++2H^++e \rightleftharpoons VO^{2+}+H_2O$	0.999
$[AuCl_4]^-/Au$	$[AuCl_4]^-+3e \rightleftharpoons Au+4Cl^-$	1.00
NO_2/NO	$NO_2+2H^++2e \rightleftharpoons NO+H_2O$	1.03
Br_2/Br^-	$Br_2(l)+2e \rightleftharpoons 2Br^-$	1.065
NO_2/HNO_2	$NO_2+H^++e \rightleftharpoons HNO_2$	1.07
Br_2/Br^-	$Br_2(aq)+2e \rightleftharpoons 2Br^-$	1.08
$Cu^{2+}/[Cu(CN)_2]^-$	$Cu^{2+}+2CN^-+e \rightleftharpoons [Cu(CN)_2]^-$	1.12
IO_3^-/HIO	$IO_3^-+5H^++4e \rightleftharpoons HIO+2H_2O$	1.14
ClO_3^-/ClO_2	$ClO_3^-+2H^++e \rightleftharpoons ClO_2+H_2O$	1.15
Ag_2O/Ag	$Ag_2O+2H^++2e \rightleftharpoons 2Ag+H_2O$	1.17
ClO_4^-/ClO_3^-	$ClO_4^-+2H^++2e \rightleftharpoons ClO_3^-+H_2O$	1.19
IO_3^-/I_2	$2IO_3^-+12H^++10e \rightleftharpoons I_2+6H_2O$	1.19
$ClO_3^-/HClO_2$	$ClO_3^-+3H^++2e \rightleftharpoons HClO_2+H_2O$	1.21
O_2/H_2O	$O_2+4H^++4e \rightleftharpoons 2H_2O$	1.229
MnO_2/Mn^{2+}	$MnO_2+4H^++4e \rightleftharpoons Mn^{2+}+2H_2O$	1.23
$ClO_2/HClO_2$	$ClO_2(g)+H^++e \rightleftharpoons HClO_2$	1.27
$Cr_2O_7^{2-}/Cr^{3+}$	$Cr_2O_7^{2-}+14H^++6e \rightleftharpoons 2Cr^{3+}+7H_2O$	1.33
ClO_4^-/Cl_2	$2ClO_4^-+16H^++14e \rightleftharpoons Cl_2+8H_2O$	1.34
Cl_2/Cl^-	$Cl_2+2e \rightleftharpoons 2Cl^-$	1.36
Au^{3+}/Au^+	$Au^{3+}+2e \rightleftharpoons Au^+$	1.41
BrO_3^-/Br^-	$BrO_3^-+6H^++6e \rightleftharpoons Br^-+3H_2O$	1.44
HIO/I_2	$2HIO+2H^++2e \rightleftharpoons I_2+2H_2O$	1.45
ClO_3^-/Cl^-	$ClO_3^-+6H^++6e \rightleftharpoons Cl^-+3H_2O$	1.45
PbO_2/Pb^{2+}	$PbO_2+4H^++2e \rightleftharpoons Pb^{2+}+2H_2O$	1.455

续表

电　　对	电 极 反 应	$\varphi_a^\ominus$/V
ClO_3^-/Cl_2	$2ClO_3^- + 12H^+ + 10e \rightleftharpoons Cl_2 + 6H_2O$	1.47
Mn^{3+}/Mn^{2+}	$Mn^{3+} + e \rightleftharpoons Mn^{2+}$	1.488
$HClO/Cl^-$	$HClO + H^+ + 2e \rightleftharpoons Cl^- + H_2O$	1.49
Au^{3+}/Au	$Au^{3+} + 3e \rightleftharpoons Au$	1.50
BrO_3^-/Br_2	$2BrO_3^- + 12H^+ + 10e \rightleftharpoons Br_2 + 6H_2O$	1.5
MnO_4^-/Mn^{2+}	$MnO_4^- + 8H^+ + 5e \rightleftharpoons Mn^{2+} + 4H_2O$	1.51
$HBrO/Br_2$	$2HBrO + 2H^+ + 2e \rightleftharpoons Br_2 + 2H_2O$	1.6
H_5IO_6/IO_3^-	$H_5IO_6 + H^+ + 2e \rightleftharpoons IO_3^- + 3H_2O$	1.6
$HClO/Cl_2$	$2HClO + 2H^+ + 2e \rightleftharpoons Cl_2 + 2H_2O$	1.63
$HClO_2/HClO$	$HClO_2 + 2H^+ + 2e \rightleftharpoons HClO + H_2O$	1.64
MnO_4^-/MnO_2	$MnO_4^- + 4H^+ + 3e \rightleftharpoons MnO_2 + 2H_2O$	1.68
NiO_2/Ni^{2+}	$NiO_2 + 4H^+ + 2e \rightleftharpoons Ni^{2+} + 2H_2O$	1.68
$PbO_2/PbSO_4$	$PbO_2 + SO_4^{2-} + 4H^+ + 2e \rightleftharpoons PbSO_4 + 2H_2O$	1.69
H_2O_2/H_2O	$H_2O_2 + 2H^+ + 2e \rightleftharpoons 2H_2O$	1.77
Co^{3+}/Co^{2+}	$Co^{3+} + e \rightleftharpoons Co^{2+}$	1.80
XeO_3/Xe	$XeO_3 + 6H^+ + 6e \rightleftharpoons Xe + 3H_2O$	1.8
$S_2O_8^{2-}/SO_4^{2-}$	$S_2O_8^{2-} + 2e \rightleftharpoons 2SO_4^{2-}$	2.0
O_3/O_2	$O_3 + 2H^+ + 2e \rightleftharpoons O_2 + H_2O$	2.07
XeF_2/Xe	$XeF_2 + 2e \rightleftharpoons Xe + 2F^-$	2.2
F_2/F^-	$F_2 + 2e \rightleftharpoons 2F^-$	2.87
H_4XeO_6/XeO_3	$H_4XeO_6 + 2H^+ + 2e \rightleftharpoons XeO_3 + 3H_2O$	3.0
F_2/HF	$F_2(g) + 2H^+ + 2e \rightleftharpoons 2HF$	3.06

二、在碱性溶液中

电　　对	电 极 反 应	$\varphi_b^\ominus$/V
$Mg(OH)_2/Mg$	$Mg(OH)_2 + 2e \rightleftharpoons Mg + 2OH^-$	−2.69
$H_2AlO_3^-/Al$	$H_2AlO_3^- + H_2O + 3e \rightleftharpoons Al + 4OH^-$	−2.35
$H_2BO_3^-/B$	$H_2BO_3^- + H_2O + 3e \rightleftharpoons B + 4OH^-$	−1.79
$Mn(OH)_2/Mn$	$Mn(OH)_2 + 2e \rightleftharpoons Mn + 2OH^-$	−1.55
$[Zn(CN)_4]^{2-}/Zn$	$[Zn(CN)_4]^{2-} + 2e \rightleftharpoons Zn + 4CN^-$	−1.26
ZnO_2^{2-}/Zn	$ZnO_2^{2-} + 2H_2O + 2e \rightleftharpoons Zn + 4OH^-$	−1.216
$SO_3^{2-}/S_2O_4^{2-}$	$2SO_3^{2-} + 2H_2O + 2e \rightleftharpoons S_2O_4^{2-} + 4OH^-$	−1.12
$[Zn(NH_3)_4]^{2+}/Zn$	$[Zn(NH_3)_4]^{2+} + 2e \rightleftharpoons Zn + 4NH_3$	−1.04
$[Sn(OH)_6]^{2-}/HSnO_2^-$	$[Sn(OH)_6]^{2-} + 2e \rightleftharpoons HSnO_2^- + 3OH^- + H_2O$	−0.93
SO_4^{2-}/SO_3^{2-}	$SO_4^{2-} + H_2O + 2e \rightleftharpoons SO_3^{2-} + 2OH^-$	−0.93
$HSnO_2^-/Sn$	$HSnO_2^- + H_2O + 2e \rightleftharpoons Sn + 3OH^-$	−0.91
H_2O/H_2	$2H_2O + 2e \rightleftharpoons H_2 + 2OH^-$	−0.828
$Ni(OH)_2/Ni$	$Ni(OH)_2 + 2e \rightleftharpoons Ni + 2OH^-$	−0.72
AsO_4^{3-}/AsO_2^-	$AsO_4^{3-} + 2H_2O + 2e \rightleftharpoons AsO_2^- + 4OH^-$	−0.67
SO_3^{2-}/S	$SO_3^{2-} + 3H_2O + 4e \rightleftharpoons S + 6OH^-$	0.66
AsO_2^-/As	$AsO_2^- + 2H_2O + 3e \rightleftharpoons As + 4OH^-$	−0.66
$SO_3^{2-}/S_2O_3^{2-}$	$2SO_3^{2-} + 3H_2O + 4e \rightleftharpoons S_2O_3^{2-} + 6OH^-$	−0.58
S/S^{2-}	$S + 2e \rightleftharpoons S^{2-}$	−0.48
$[Ag(CN)_2]^-/Ag$	$[Ag(CN)_2]^- + e \rightleftharpoons Ag + 2CN^-$	−0.31
CrO_4^{2-}/CrO_2^-	$CrO_4^{2-} + 2H_2O + 3e \rightleftharpoons CrO_2^- + 4OH^-$	−0.12
O_2/HO_2^-	$O_2 + H_2O + 2e \rightleftharpoons HO_2^- + OH^-$	−0.076
NO_3^-/NO_2^-	$NO_3^- + H_2O + 2e \rightleftharpoons NO_2^- + 2OH^-$	0.01
$S_4O_6^{2-}/S_2O_3^{2-}$	$S_4O_6^{2-} + 2e \rightleftharpoons 2S_2O_3^{2-}$	0.09
HgO/Hg	$HgO + H_2O + 2e \rightleftharpoons Hg + 2OH^-$	0.098
$Mn(OH)_3/Mn(OH)_2$	$Mn(OH)_3 + e \rightleftharpoons Mn(OH)_2 + OH^-$	0.1
$[Co(NH_3)_6]^{3+}/[Co(NH_3)_6]^{2+}$	$[Co(NH_3)_6]^{3+} + e \rightleftharpoons [Co(NH_3)_6]^{2+}$	0.1

表5 一些物质的摩尔质量

化学式	M/(g/mol)	化学式	M/(g/mol)	化学式	M/(g/mol)
Ag	107.87	BiOCl	260.43	$CoSO_4$	155.00
AgBr	187.77	$Bi(OH)CO_3$	286.00	$CoSO_4 \cdot 7H_2O$	281.10
$AgBrO_3$	235.77	$BiONO_3$	286.98	Co_2O_3	165.86
AgCN	133.89	Bi_2O_3	465.96	Co_3O_4	240.80
AgCl	143.32	Bi_2S_3	514.16	Cr	52.00
AgI	234.77	Br	79.90	$CrCl_3$	158.35
$AgNO_3$	169.87	BrO_3^-	127.90	$CrCl_3 \cdot 6H_2O$	266.44
AgSCN	165.95	Br_2	159.81	CrO_4^{2-}	115.99
Ag_2CrO_4	331.73	C	12.01	Cr_2O_3	151.99
Ag_2SO_4	311.80	CH_3COOH(醋酸)	60.05	$Cr_2(SO_4)_3$	392.18
Ag_3AsO_4	462.52	$(CH_3CO)_2O$(醋酐)	102.09	Cu	63.55
Ag_3PO_4	418.58	CN^-	26.01	CuCl	99.00
Al	26.98	CO	28.01	$CuCl_2$	134.45
$AlBr_3$	266.69	$CO(NH_2)_2$(尿素)	60.05	$CuCl_2 \cdot 2H_2O$	170.48
$AlCl_3$	133.34	CO_2	44.01	CuI	190.45
$AlCl_3 \cdot 6H_2O$	241.43	CO_3^{2-}	60.01	$Cu(NO_3)_2$	187.55
$Al(NO_3)_3$	213.00	$CS(NH_2)_2$(硫脲)	76.12	$Cu(NO_3)_2 \cdot 3H_2O$	241.60
$Al(NO_3)_3 \cdot 9H_2O$	375.13	$C_2O_4^{2-}$	88.02	CuO	79.55
Al_2O_3	101.96	Ca	40.08	CuS	95.61
$Al(OH)_3$	78.00	$CaCl_2$	110.98	CuSCN	121.63
$Al_2(SO_4)_3$	342.15	$CaCl_2 \cdot 2H_2O$	147.01	$CuSO_4$	159.61
$Al_2(SO_4)_3 \cdot 18H_2O$	666.43	$CaCl_2 \cdot 6H_2O$	219.08	$CuSO_4 \cdot 5H_2O$	249.69
As	74.92	$CaCO_3$	100.09	Cu_2O	143.09
AsO_4^{3-}	138.92	CaC_2O_4	128.10	$Cu_2(OH)_2CO_3$	221.12
As_2O_3	197.84	CaO	56.08	Cu_2S	159.16
As_2O_5	229.84	$Ca(OH)_2$	74.09	F	19.00
As_2S_3	246.04	$CaSO_4$	136.14	F_2	38.00
B	10.81	$Ca_3(PO_4)_2$	310.18	Fe	55.85
B_2O_3	69.62	Cd	112.41	$FeCO_3$	115.86
Ba	137.33	$CdCl_2$	183.32	$FeCl_2$	126.75
$BaBr_2$	297.14	$CdCO_3$	172.42	$FeCl_2 \cdot 4H_2O$	198.81
$BaCO_3$	197.34	CdS	144.48	$FeCl_3$	162.21
$BaCl_2$	208.23	Ce	140.12	$FeCl_3 \cdot 6H_2O$	270.30
$BaCl_2 \cdot 2H_2O$	244.26	CeO_2	172.11	$FeNH_4(SO_4)_2 \cdot 12H_2O$	482.20
$BaCrO_4$	253.32	$Ce(SO_4)_2$	332.24	$Fe(NO_3)_3$	241.86
BaO	153.33	$Ce(SO_4)_2 \cdot 4H_2O$	404.30	$Fe(NO_3)_3 \cdot 9H_2O$	404.00
$Ba(OH)_2$	171.34	$Ce(SO_4)_2 \cdot 2(NH_4)_2SO_4 \cdot 2H_2O$	632.55	FeO	71.85
$Ba(OH)_2 \cdot 8H_2O$	315.46	Cl	35.45	$Fe(OH)_3$	106.87
$BaSO_4$	233.39	Cl_2	70.91	FeS	87.91
$Ba_3(AsO_4)_2$	689.82	Co	58.93	FeS_2	119.98
Be	9.012	$CoCl_2$	129.84	$FeSO_4$	151.91
BeO	25.01	$CoCl_2 \cdot 6H_2O$	237.93	$FeSO_4 \cdot 7H_2O$	278.02
Bi	208.98	$Co(NO_3)_2$	182.94	$FeSO_4 \cdot (NH_4)_2SO_4 \cdot 6H_2O$	392.14
$BiCl_3$	315.34	$Co(NO_3)_2 \cdot 6H_2O$	291.03	Fe_2O_3	159.69
$Bi(NO_3)_3 \cdot 5H_2O$	485.07	CoS	91.00	$Fe_2(SO_4)_3$	399.88

续表

化学式	M/(g/mol)	化学式	M/(g/mol)	化学式	M/(g/mol)
$Fe_2(SO_4)_3 \cdot 9H_2O$	562.02	KBr	119.00	$Mg(OH)_2$	58.32
Fe_3O_4	231.54	$KBrO_3$	167.00	$MgSO_4$	120.37
H	1.008	KCN	65.12	$MgSO_4 \cdot 7H_2O$	246.48
HBr	80.91	KCl	74.55	$Mg_2P_2O_7$	222.55
HCN	27.02	$KClO_3$	122.55	Mn	54.94
HCOOH(甲酸)	46.02	$KClO_4$	138.55	$MnCO_3$	114.95
$HC_2H_3O_2$(醋酸)	60.05	$KFe(SO_4)_2 \cdot 12H_2O$	503.25	$MnCl_2 \cdot 4H_2O$	197.90
$HC_7H_5O_2$(苯甲酸)	122.12	$KHC_2O_4 \cdot H_2O$	146.14	$Mn(NO_3)_2 \cdot 6H_2O$	287.04
HCl	36.46	$KHC_2O_4 \cdot H_2C_2O_4 \cdot 2H_2O$	254.19	MnO	70.94
$HClO_4$	100.46	$KHC_4H_4O_6$(酒石酸氢钾)	188.18	MnO_2	86.94
HF	20.01	$KHC_8H_4O_4$	204.22	MnS	87.00
HI	127.91	(邻苯二甲酸氢钾)		$MnSO_4$	151.00
HIO_3	175.91	$KHSO_4$	136.17	$MnSO_4 \cdot 4H_2O$	223.06
HNO_2	47.01	KI	166.00	Mn_2O_3	157.87
HNO_3	63.01	KIO_3	214.00	$Mn_2P_2O_7$	283.82
H_2	2.016	$KIO_3 \cdot HIO_3$	389.91	Mn_3O_4	228.81
H_2CO_3	62.02	$KMnO_4$	158.03	N	14.01
$H_2C_2O_4$	90.04	KNO_2	85.10	N_2	28.01
$H_2C_2O_4 \cdot 2H_2O$	126.07	KNO_3	101.10	NH_3	17.03
H_2O	18.01	$KNaC_4H_4O_6 \cdot 4H_2O$	282.22	NH_4^+	18.04
H_2O_2	34.01	(酒石酸钾钠)		$NH_4C_2H_3O_2$(醋酸铵)	77.08
H_2S	34.08	KOH	56.10	NH_4Cl	53.49
H_2SO_3	82.08	K_2CO_3	138.21	NH_4HCO_3	79.06
$H_2SO_3 \cdot NH_2$(氨基磺酸)	98.10	K_2CrO_4	194.19	$NH_4H_2PO_4$	115.03
H_2SO_4	98.08	$K_2Cr_2O_7$	294.18	NH_4NO_3	80.04
H_3AsO_3	125.94	K_2O	94.20	NH_4VO_3	116.98
H_3AsO_4	141.94	K_2PtCl_6	485.99	$(NH_4)_2CO_3$	96.09
H_3BO_3	61.83	K_2SO_4	174.26	$(NH_4)_2C_2O_4$	124.10
H_3PO_3	82.00	$K_2SO_4 \cdot Al_2(SO_4)_3 \cdot 24H_2O$	948.78	$(NH_4)_2C_2O_4 \cdot H_2O$	142.11
H_3PO_4	98.00	$K_2S_2O_7$	254.32	$(NH_4)_2HPO_4$	132.06
Hg	200.59	K_3AsO_4	256.22	$(NH_4)_2MoO_4$	196.01
$Hg(CN)_2$	252.63	$K_3[Fe(CN)_6]$	329.25	$(NH_4)_2PtCl_6$	443.87
$HgCl_2$	271.50	K_3PO_4	212.27	$(NH_4)_2S$	68.14
HgI_2	454.40	$K_4[Fe(CN)_6]$	368.35	$(NH_4)_2SO_4$	132.14
$Hg(NO_3)_2$	324.60	Li	6.941	$(NH_4)_3PO_4 \cdot 12MoO_3$	1876.32
HgO	216.59	LiCl	42.39	NO_3^-	62.00
HgS	232.66	LiOH	23.95	Na	22.99
$HgSO_4$	296.65	Li_2CO_3	73.89	$NaBiO_3$	279.97
Hg_2Br_2	560.99	Li_2O	29.88	NaBr	102.89
Hg_2Cl_2	472.09	Mg	24.30	$NaBrO_3$	150.89
Hg_2I_2	654.99	$MgCO_3$	84.31	$NaCHO_2$(甲酸钠)	68.01
$Hg_2(NO_3)_2$	525.19	MgC_2O_4	112.32	NaCN	49.01
$Hg_2(NO_2)_2 \cdot 2H_2O$	561.22	$MgCl_2$	95.21	$NaC_2H_3O_2$(醋酸钠)	82.03
Hg_2SO_4	497.24	$MgCl_2 \cdot 6H_2O$	203.30	$NaC_2H_3O_2 \cdot 3H_2O$	136.08
I	126.90	$MgNH_4AsO_4$	181.26	NaCl	58.44
I_2	253.81	$MgNH_4PO_4$	137.31	NaClO	74.44
K	39.10	$Mg(NO_3)_2 \cdot 6H_2O$	256.41	$NaHCO_3$	84.01
$KAl(SO_4)_2 \cdot 12H_2O$	474.38	MgO	40.30	NaH_2PO_4	119.98

续表

化 学 式	M/(g/mol)	化 学 式	M/(g/mol)	化 学 式	M/(g/mol)
$NaH_2PO_4 \cdot H_2O$	137.99	$Pb(C_2H_3O_2)_2$	325.29	$Th(C_2O_4)_2 \cdot 6H_2O$	516.17
NaI	149.89	$Pb(C_2H_3O_2)_2 \cdot 3H_2O$	379.34	$ThCl_4$	373.85
$NaNO_2$	69.00	$PbCl_2$	278.11	$Th(NO_3)_4$	480.06
$NaNO_3$	84.99	$PbCrO_4$	323.19	$Th(NO_3)_4 \cdot 4H_2O$	552.11
NaOH	40.00	PbI_2	461.01	$Th(SO_4)_2$	424.16
$Na_2B_4O_7$	201.22	$Pb(IO_3)_2$	557.00	$Th(SO_4)_2 \cdot 9H_2O$	586.30
$Na_2B_4O_7 \cdot 10H_2O$	381.37	$Pb(NO_3)_2$	331.21	Ti	47.88
Na_2CO_3	105.99	PbO	223.20	$TiCl_3$	154.24
$Na_2CO_3 \cdot 10H_2O$	286.14	PbO_2	239.20	$TiCl_4$	189.69
$Na_2C_2O_4$	134.00	PbS	239.27	TiO_2	79.88
Na_2HAsO_3	169.91	$PbSO_4$	303.26	$TiOSO_4$	159.94
Na_2HPO_4	141.96	Pb_2O_3	462.40	U	238.03
$Na_2HPO_4 \cdot 12H_2O$	358.14	Pb_3O_4	685.60	UCl_4	379.84
Na_2H_2Y(EDTA二钠)	336.21	$Pb_3(PO_4)_2$	811.54	UF_4	314.02
$Na_2H_2Y \cdot 2H_2O$	372.24	S	32.07	$UO_2(C_2H_3O_2)_2$	388.12
Na_2O	61.98	SO_2	64.06	$UO_2(C_2H_3O_2)_2 \cdot 2H_2O$	424.15
Na_2O_2	77.98	SO_3	80.06	UO_3	286.03
Na_2S	78.05	SO_4^{2-}	96.06	U_3O_8	842.08
$Na_2S \cdot 9H_2O$	240.18	Sb	121.78	V	50.94
Na_2SO_3	126.04	$SbCl_3$	228.12	VO_2	82.94
Na_2SO_4	142.04	$SbCl_5$	299.02	V_2O_5	181.88
$Na_2S_2O_3$	158.11	Sb_2O_3	291.52	W	183.84
$Na_2S_2O_3 \cdot 5H_2O$	248.19	Sb_2O_5	323.52	WO_3	231.85
Na_3AsO_3	191.89	Si	28.09	Zn	65.39
Na_3AsO_4	207.89	$SiCl_4$	169.90	$ZnCO_3$	125.40
Na_3PO_4	163.94	SiF_4	104.08	ZnC_2O_4	153.41
$Na_3PO_4 \cdot 12H_2O$	380.12	SiO_2	60.08	$Zn(C_2H_3O_2)_2$	183.48
Ni	58.34	Sn	118.71	$Zn(C_2H_3O_2)_2 \cdot 2H_2O$	219.51
$NiC_8H_{14}O_4N_4$(丁二酮肟镍)	288.56	$SnCl_2$	189.62	$ZnCl_2$	136.30
$NiCl_2 \cdot 6H_2O$	237.34	$SnCl_2 \cdot 2H_2O$	225.65	$Zn(NO_3)_2$	189.40
$Ni(NO_3)_2 \cdot 6H_2O$	290.44	SnO_2	150.71	$Zn(NO_3)_2 \cdot 6H_2O$	297.49
NiO	74.34	SnS	150.78	ZnO	81.39
NiS	90.41	SnS_2	182.84	ZnS	97.46
$NiSO_4 \cdot 7H_2O$	280.51	Sr	87.62	$ZnSO_4$	161.45
O	16.00	$SrCO_3$	147.63	$ZnSO_4 \cdot 7H_2O$	287.56
OH^-	17.01	SrC_2O_4	175.64	$Zn_2P_2O_7$	304.72
O_2	32.00	$SrCl_2 \cdot 6H_2O$	266.62	Zr	91.22
P	30.97	$Sr(NO_3)_2$	211.63	$Zr(NO_3)_4$	339.24
PO_4^{3-}	94.97	$Sr(NO_3)_2 \cdot 4H_2O$	283.69	$Zr(NO_3)_4 \cdot 5H_2O$	429.32
P_2O_5	141.94	SrO	103.62	$ZrOCl_2 \cdot 8H_2O$	322.25
Pb	207.20	$SrSO_4$	183.68	ZrO_2	123.22
$PbCO_3$	267.21	$Sr_3(PO_4)_2$	452.80	$Zr(SO_4)_2$	283.35
PbC_2O_4	295.22	Th	232.04		

表6 某些物质的商品名或俗名①

商品名或俗名	学　名	化学式(或主要成分)
钢精	铝	Al
铝粉	铝	Al
刚玉	氧化铝	Al_2O_3
矾土	氧化铝	Al_2O_3
砒霜,白砒	三氧化二砷	As_2O_3
重土	氧化钡	BaO
重晶石	硫酸钡	$BaSO_4$
电石	碳化钙	CaC_2
方解石,大理石	碳酸钙	$CaCO_3$
萤石,氟石	氟化钙	CaF_2
干冰	二氧化碳(固体)	CO_2
熟石灰,消石灰	氢氧化钙	$Ca(OH)_2$
漂白粉		$Ca(ClO)_2+CaCl_2\cdot Ca(OH)_2\cdot H_2O$
石膏	硫酸钙	$CaSO_4\cdot 2H_2O$
胆矾,蓝矾	硫酸铜	$CuSO_4\cdot 5H_2O$
绿矾,青矾	硫酸亚铁	$FeSO_4\cdot 7H_2O$
双氧水	过氧化氢	H_2O_2
水银	汞	Hg
升汞	氯化汞	$HgCl_2$
甘汞	氯化亚汞	Hg_2Cl_2
三仙丹	氧化汞	HgO
朱砂,辰砂	硫化汞	HgS
钾碱	碳酸钾	K_2CO_3
红矾钾	重铬酸钾	$K_2Cr_2O_7$
赤血盐	铁氰化钾	$K_3[Fe(CN)_6]$
黄血盐	亚铁氰化钾	$K_4[Fe(CN)_6]$
灰锰氧	高锰酸钾	$KMnO_4$
火硝,土硝	硝酸钾	KNO_3
苛性钾	氢氧化钾	KOH
明矾,钾明矾	硫酸铝钾	$K_2SO_4\cdot Al_2(SO_4)_3\cdot 24H_2O$
苦土	氧化镁	MgO
泻盐	硫酸镁	$MgSO_4$
硼砂	四硼酸钠	$Na_2B_4O_7\cdot 10H_2O$
苏打,纯碱	碳酸钠	Na_2CO_3
小苏打	碳酸氢钠	$NaHCO_3$
红矾钠	重铬酸钠	$Na_2Cr_2O_7$
烧碱,火碱,苛性钠	氢氧化钠	$NaOH$
水玻璃,泡花碱	硅酸钠	$x Na_2O\cdot y SiO_2$
硫化碱	硫化钠	$Na_2S\cdot 9H_2O$
海波、大苏打	硫代硫酸钠	$Na_2S_2O_3\cdot 5H_2O$
保险粉	连二亚硫酸钠	$Na_2S_2O_4\cdot 2H_2O$
芒硝,皮硝,元明粉	硫酸钠	$Na_2SO_4\cdot 10H_2O$
铬钠矾	硫酸铬钠	$Na_2SO_4\cdot Cr_2(SO_4)_3\cdot 24H_2O$
硫铵	硫酸铵	$(NH_4)_2SO_4$
硇砂	氯化铵	NH_4Cl
铁铵矾	硫酸铁铵	$(NH_4)_2SO_4\cdot Fe_2(SO_4)_3\cdot 24H_2O$
铬铵矾	硫酸铬铵	$(NH_4)_2SO_4\cdot Cr_2(SO_4)_3\cdot 24H_2O$
铝铵矾	硫酸铝铵	$(NH_4)_2SO_4\cdot Al_2(SO_4)_3\cdot 24H_2O$
铅丹,红丹	四氧化三铅	Pb_3O_4
铬黄,铅铬黄	铬酸铅	$PbCrO_4$
铅白,白铅粉	碱式碳酸铅	$2PbCO_3\cdot Pb(OH)_2$
锑白	三氧化二锑	Sb_2O_3
天青石	硫酸锶	$SrSO_4$
石英	二氧化硅	SiO_2
金刚砂	碳化硅	SiC
钛白	二氧化钛	TiO_2
锌白,锌氧粉	氧化锌	ZnO
皓矾	硫酸锌	$ZnSO_4\cdot 7H_2O$

① 摘引自“王箴.《化工辞典》. 第4版. 北京：化学工业出版社，2000”。

表 7　一些物质的标准摩尔生成焓（298.15K）

物　质	$\Delta_f H_m^\ominus$ /(kJ/mol)	物　质	$\Delta_f H_m^\ominus$ /(kJ/mol)
铝		铋	
Al(s)	0	Bi(s)	0
Al(g)	326.5	Bi(g)	207.1
$Al_2O_3(s)$	−1675.7	$Bi_2O_3(s)$	−573.9
$AlF_3(s)$	−1504.1	$BiCl_3(s)$	−379.1
$AlCl_3 \cdot 6H_2O(s)$	−2691.6	$Bi_2S_3(s)$	−143.1
$AlCl_3(s)$	−704.2	硼	
$Al_2S_3(s)$	−723.8	B(s)	0
$Al_2(SO_4)_3$	−3440.8	B(g)	562.7
$Al_2(SO_4)_3 \cdot 6H_2O(s)$	−5311.7	$B_2O_3(s)$	−1272.1
$Al^{3+}(aq)$	−531.4	$B_2H_6(s)$	35.56
锑		$B(OH)_3(s)$	−1094.3
Sb(s)	0	$BF_3(g)$	−1137.00
Sb(g)	262.3	$BCl_3(g)$	−403.8
$SbCl_3(g)$	−382.2	$B(OH)_4^-(aq)$	−1344.0
$SbCl_5(g)$	−394.3	溴	
$Sb_2S_3(s)$	−174.9	$Br_2(l)$	0
$SbCl_3(g)$	−313.8	$Br_2(g)$	30.91
SbOCl(s)	−374.0	HBr(g)	−36.40
砷		$Br_2(g)$	111.9
As(s)	0	$Br^-(aq)$	−121.5
As(g)	302.5	镉	
$As_2O_5(s)$	−924.9	Cd(s)	0
$AsCl_3(g)$	−261.5	Cd(g)	112.0
$As_2S_3(s)$	−169.0	CdO(s)	258.2
$AsH_3(g)$	66.44	$CdCl_2(s)$	391.5
$H_3AsO_4(s)$	−906.3	$CdSO_4(s)$	933.3
$AsO_4^{3-}(aq)$	−888.1	CdS(s)	−161.9
钡		$Cd^{2+}(aq)$	−75.9
Ba(s)	0	钙	
Ba(g)	179.9	Ca(s)	0
$BaO_2(s)$	−634.3	Ca(g)	173.2
$BaCl_2(s)$	−858.6	CaO(s)	−635.1
$BaSO_4(s)$	−1473.2	$Ca(OH)_2(s)$	−972.8
$Ba(NO_3)_2(s)$	−768.2	$CaSO_4(s)$	−1434.1
$Ba^{2+}(aq)$	−537.6	$CaSO_4 \cdot 2H_2O(s)$	−2022.6
$BaCO_3(s)$	−1216.3	$CaSO_3(s)$	−1206.87
$BaCrO_4(s)$	−1446	$CaSO_3 \cdot 2H_2O(s)$	−1752.7
铍		$CaCl_2$	−795.8
Be(s)	0	$Ca_3(PO_4)_2(s)$	−4120.8
Be(g)	334.3	$Ca(NO_3)_2(s)$	−741.4
BeO(s)	−600.6	$CaC_2O_4 \cdot H_2O(s)$	−1360.6
$Be(OH)_2(s)$	−902.5	$Ca^{2+}(aq)$	−542.8
$BeCl_2(s)$	−490.4	碳	
$BeBr_2(s)$	−353.6	C(s)(石墨)	0
$BeI_2(s)$	−192.5	C(s)(金刚石)	1.8966
$Be^{2+}(aq)$	−382.8	C(g)	716.68

续表

物　质	$\Delta_f H_m^{\ominus}$ /(kJ/mol)	物　质	$\Delta_f H_m^{\ominus}$ /(kJ/mol)
$CO(g)$	−110.5	$Cu_2O(s)$	−168.6
$CO_2(g)$	−393.5	$CuS(s)$	−53.14
$CCl_4(l)$	−135.4	$Cu_2S(s)$	−79.5
$CCl_4(g)$	−102.9	$CuSO_4(s)$	−771.4
$CS_2(l)$	89.70	$Cu(NO_3)_2(s)$	−302.9
$CS_2(g)$	117.4	$Cu^{2+}(aq)$	64.77
$CH_3COOH(l)$	−484.5	$Cu^{+}(aq)$	71.67
$CH_3COOH(g)$	−432.2	氟	
$C_2H_5OH(l)$	−277.7	$F_2(g)$	0
$C_2H_5OH(g)$	−235.1	$F(g)$	78.99
$CH_2Cl_2(l)$	−121.5	F_2O	−21.76
$CH_2Cl_2(g)$	−92.47	$HF(g)$	−271.1
$CH_3Cl(l)$	−80.83	$F^{-}(aq)$	−332.6
$C_2H_3Cl(l)$	−136.5	氢	
$HCN(l)$	108.9	$H_2(g)$	0
$HCN(g)$	135.1	$H(g)$	217.97
$CH_4(g)$	−74.81	$H_2O(l)$	−285.83
$C_4H_5Cl(g)$	−112.2	$H_2O(g)$	−241.82
氯		$H_2O_2(l)$	−187.8
$Cl_2(g)$	0	$H_2O_2(g)$	−136.3
$Cl(g)$	121.7	$H^{+}(aq)$	0
$Cl_2O(g)$	80.33	$H_3O^{+}(aq)$	−285.83
$HCl(g)$	−92.31	碘	
$HClO_4(l)$	−40.58	$I_2(s)$	0
$HClO(aq)$	−120.9	$I_2(g)$	62.44
$ClO^{-}(aq)$	−107.1	$I(g)$	106.83
$ClO_3^{-}(aq)$	−99.16	$HI(g)$	26.48
$ClO_4^{-}(aq)$	−129.3	$HIO_3(aq)$	−211.3
$Cl^{-}(aq)$	−167.16	$HIO(aq)$	−138.1
铬		$IO^{-}(aq)$	−107.5
$Cr(s)$	0	$IO_3^{-}(aq)$	−221.3
$Cr(g)$	396.6	$IO_4^{-}(aq)$	−151.5
$Cr_2O_3(s)$	−1139.7	$I^{-}(aq)$	−55.19
$CrO_3(s)$	−589.5	铁	
$(NH_4)_2Cr_2O_7(s)$	−1806.7	$Fe(s)$	0
$CrO_4^{2-}(aq)$	−884.2	$Fe(g)$	416.3
$Cr_2O_7^{2-}(aq)$	−1490.3	$Fe_2O_3(s)$	−824.3
$Cr^{3+}(aq)$	−143.5	$Fe_3O_4(s)$	−1118.4
钴		$[Fe(CO)_5](l)$	−774.04
$Co(s)$	0	$[Fe(CO)_5](g)$	−733.87
$Co_2O_3(s)$	−237.94	$FeO(s)$	−271.96
$Co_3O_4(s)$	−891.2	$Fe(OH)_2(s)$	−569.0
$CoCl_2(s)$	−312.5	$Fe(OH)_3(s)$	−623.0
$Co(NO_3)_2(s)$	−420.5	$FeS(s)$	−99.998
$[Co(NH_3)_6]^{2+}$	−145.2	$Fe^{3+}(aq)$	−48.53
$Co^{2+}(aq)$	−58.2	铅	
铜		$Pb(s)$	0
$Cu(s)$	0	$Pb(g)$	194.97
$Cu(g)$	338.3	$PbO(s)$(黄色)	−215.33
$CuO(s)$	−157.3	$PbO(s)$(红色)	−218.99

续表

物质	$\Delta_f H_m^\ominus$ /(kJ/mol)	物质	$\Delta_f H_m^\ominus$ /(kJ/mol)
$Pb(OH)_2(s)$	−515.88	$HgI_2(s)$(红色)	−105.4
PbS(s)	−100.4	$Hg^{2+}(aq)$	171.13
$Pb(NO_3)_2(s)$	−451.87	$Hg_2^{2+}(aq)$	172.38
$PbO_2(s)$	−277.4	氮	
$PbCl_2(s)$	−359.40	$N_2(g)$	0
$Pb^{2+}(aq)$	−1.673	N(g)	472.70
锂		NO(g)	90.25
Li(s)	0	$NO_2(g)$	33.18
Li(g)	159.4	$N_2O(g)$	82.05
LiOH(s)	−485.18	$N_2O_3(g)$	83.72
LiF(s)	−615.97	$N_2O_4(g)$	9.16
$Li_2CO_3(s)$	−1215.6	$N_2O_5(g)$	11.3
$Li_2O(s)$	−597.94	$NH_3(g)$	−46.11
LiCl(s)	−408.61	$N_2H_4(l)$	50.63
$Li_2SO_4(s)$	−1436.5	$N_2H_4(g)$	95.39
$LiNO_3(s)$	−372.4	$NH_4NO_3(s)$	−365.4
$Li^+(aq)$	−278.5	$NH_4Cl(s)$	−314.65
镁		$NH_4Br(s)$	−270.83
Mg(s)	0	$NH_4I(s)$	−201.42
Mg(g)	147.7	$NH_4NO_2(s)$	−256.5
$Mg^{2+}(aq)$	−466.85	$HNO_3(l)$	−174.1
MgO(s)	−601.7	$HNO_3(g)$	−135.06
$MgCl_2(s)$	−641.83	$NO_3^-(aq)$	−207.4
$MgSO_4(s)$	−1284.9	氧	
$Mg(NO_3)_2(s)$	−790.65	$O_2(g)$	0
$MgCO_3(s)$	−1095.8	O(g)	249.17
锰		$O_3(g)$	142.67
Mn(s)	0	磷	
Mn(g)	280.7	P(s)	0
MnO(s)	−385.2	P(g)	58.91
$MnO_2(s)$	−520.03	$P_4(g)$	314.64
$Mn_2O_3(s)$	−958.97	$PCl_3(g)$	−287.02
$Mn_3O_4(s)$	−1387.83	$PCl_5(s)$	−443.5
$Mn(OH)_2(s)$	−695.4	$P_4O_6(s)$	−1640.12
$MnCl_2(s)$	−481.29	$P_4O_{10}(s)$	−2984.03
$MnSO_4(s)$	−1065.2	$H_3PO_3(s)$	−964.1
$Mn(NO_3)_2(s)$	−635.6	$H_3PO_4(s)$	−1279.0
$MnCO_3(s)$	−894.12	$H_3PO_4(aq, n=1)$	−1277.4
$MnC_2O_4(s)$	−1028.8	$H_4P_2O_7(s)$	−2240.95
$Mn^{2+}(aq)$	−220.7	$(NH_4)_3PO_4(s)$	−1671.93
汞		钾	
Hg(l)	0	K(s)	0
Hg(g)	61.32	K(g)	89.24
HgO(s)(红色)	−90.83	KCl(s)	−436.746
HgO(s)(黄色)	−90.46	KF(s)	−567.27
$HgCl_2(s)$	−224.26	$K_2O(s)$	−361.5
$Hg_2Cl_2(s)$	−265.22	$KO_2(s)$	−260.24
HgS(s)(红色)	−58.16	KH(s)	−57.74
HgS(s)(黑色)	−58.56	KOH(s)	−424.76
$HgSO_4(s)$	−707.5	KClO	−359.41

续表

物　质	$\Delta_f H_m^\ominus$ /(kJ/mol)	物　质	$\Delta_f H_m^\ominus$ /(kJ/mol)
$KClO_3(s)$	−397.73	$NaCN(s)$	−87.49
$KClO_4(s)$	−432.75	$Na_2SiO_3(s)$	−1554.9
$KBr(s)$	−393.8	$Na_2B_4O_7 \cdot 10H_2O(s)$	−3291.13
$KI(s)$	−327.90	$Na^+(aq)$	−240.12
$K_2S(s)$	−380.74	锶	
$K_2SO_4(s)$	−1437.79	$Sr(s)$	0
$K_2CO_3(s)$	−1151.02	$Sr(g)$	−164.4
$KHCO_3(s)$	−963.16	$Sr^{2+}(aq)$	−545.8
$KCN(s)$	−112.97	$SrCO_3(s)$	−1220.1
$K_4[Fe(CN)_6](s)$	−594.13	硫	
$K_3[Fe(CN)_4](s)$	−249.78	$S(s)$	0
$K^+(aq)$	−252.38	$S(g)$	278.81
$KMnO_4(s)$	−837.22	$SO_2(g)$	−296.83
$K_2CrO_4(s)$	−1403.7	$SO_3(g)$	−395.72
硅		$H_2S(g)$	−20.63
$Si(s)$	0	$H_2SO_4(l)$	−813.989
$Si(g)$	455.6	$H_2S_2O_7(s)$	−1273.61
$SiO_2(s)$	−910.94	$SF_6(g)$	−774.88
$H_2SiO_3(s)$	−1188.67	$SF_4(g)$	−1209.18
$SiF_4(g)$	−1614.94	$SOCl_2(l)$	−245.60
$SiCl_4(l)$	−687.0	$SO_2Cl_2(g)$	−212.55
$SiCl_4(g)$	−657.01	$SO_2Cl_2(l)$	−394.13
SiC	−65.27	$SO_3^{2-}(aq)$	−635.55
银		$SO_4^{2-}(aq)$	−909.27
$Ag(s)$	0	$S_2O_3^{2-}(aq)$	−652.28
$Ag(g)$	284.55	锡	
$Ag_2O(s)$	−31.045	$Sn(s)$	0
$AgCl(s)$	−127.07	$Sn(g)$	302.08
$Ag_2S(s)$	−32.59	$SnO(s)$	−235.77
$AgBr(s)$	−100.37	$SnO_2(s)$	−580.74
$AgI(s)$	−61.84	$SnCl_4(l)$	−511.28
$AgNO_3(s)$	−124.39	$SnCl_4(g)$	−471.54
$[Ag(NH_3)_2]^+(aq)$	−111.29	$Sn^{2+}(aq)$	−8.786
$Ag^+(aq)$	+105.58	钛	
钠		$Ti(s)$	0
$Na(s)$	0	$Ti(g)$	469.86
$Na(g)$	107.32	$TiO_2(s)$	−944.75
$Na_2O(s)$	−414.22	$TiCl_4(l)$	−804.16
$Na_2O_2(s)$	−510.87	钨	
$NaOH(s)$	−425.61	$W(s)$	0
$NaF(s)$	−573.65	$W(g)$	840.35
$NaCl(s)$	−411.15	$WO_3(s)$	−842.87
$NaClO(aq)$	−347.27	锌	
$NaClO_3(s)$	−365.77	$Zn(s)$	0
$NaClO_4(s)$	−383.296	$Zn(g)$	130.73
$NaBr(s)$	−361.06	$ZnO(s)$	−348.3
$NaI(s)$	−287.78	$ZnCl_2(s)$	−415.05
$Na_2SO_4(s)$	−1387.08	$ZnS(s)$	−205.98
$NaNO_3(s)$	−467.85	$ZnSO_4(s)$	−982.82
$Na_3PO_4(s)$	−1917.40	$ZnCO_3(s)$	−812.78
$Na_2CO_3(s)$	−1130.68	$Zn^{2+}(aq)$	−163.9

注：表中 (s)、(l)、(g)、(aq) 分别表示固态（晶态）、液态、气态、水溶液。

参 考 文 献

[1] 傅献彩，魏元训，芦昌盛，等.大学化学.2版.北京：高等教育出版社，2019.
[2] 高职高专化学教材编写组.无机化学.5版.北京：高等教育出版社，2020.
[3] 古国榜，李朴.无机化学.4版.北京：化学工业出版社，2020.
[4] 于世林，苗风琴.分析化学.3版.北京：化学工业出版社，2010.
[5] 朱裕贞，顾达，黑恩成，等.现代基础化学.3版.北京：化学工业出版社，2007.
[6] 曹素枕.无机化学.北京：高等教育出版社，1993.
[7] 邢文卫，陈艾霞.分析化学.3版.北京：化学工业出版社，2016.
[8] 刘约权，李贵深.实验化学.2版.北京：高等教育出版社，2000.
[9] 国家技术监督局计量司、标准司.量和单位国家标准实施指南.北京：中国标准出版社，1996.
[10] 刘天齐.环境保护.2版.北京：化学工业出版社，2000.
[11] 浙江大学普通化学教研组.普通化学.7版.北京：高等教育出版社，2020.
[12] 量子水的奇特功效.科技风，2003，(4)：20.
[13] 李志军，杨东辉，陈金珠，等.超临界流体的应用及研究进展.化工生产与技术，2006，13 (3)：29～32.
[14] 李静萍，许世红.长眼睛的金属：铯和铷.化学世界，2005，(2)：85.
[15] 柳艳修，宋华，李锋，等.绿色多功能材料高铁酸盐的应用.无机盐工业，2006，38 (7)：6～8.
[16] 牟文生，于永鲜，周硼.无机化学基础教程.2版.大连：大连理工大学出版社，2014.
[17] 李业梅，傅佃亮，江英志.无机化学.2版.武汉：华中科技大学出版社，2017.

元素周期表

IUPAC 2013

族 周期	1 IA	2 IIA	3 IIIB	4 IVB	5 VB	6 VIB	7 VIIB	8 VIIIB(VIII)	9 VIIIB(VIII)	10 VIIIB(VIII)	11 IB	12 IIB	13 IIIA	14 IVA	15 VA	16 VIA	17 VIIA	18 VIIIA(0)	电子层
1	−1,+1 1 H 氢 $1s^1$ 1.008																	2 He 氦 $1s^2$ 4.002602(2)	K
2	+1 3 Li 锂 $2s^1$ 6.94	+2 4 Be 铍 $2s^2$ 9.0121831(5)											+3 5 B 硼 $2s^22p^1$ 10.81	−4,+2,+4 6 C 碳 $2s^22p^2$ 12.011	−3,−2,−1,+1,+2,+3,+4,+5 7 N 氮 $2s^22p^3$ 14.007	−2,−1 8 O 氧 $2s^22p^4$ 15.999	−1 9 F 氟 $2s^22p^5$ 18.998403163(6)	10 Ne 氖 $2s^22p^6$ 20.1797(6)	L K
3	−1,+1 11 Na 钠 $3s^1$ 22.98976928(2)	+2 12 Mg 镁 $3s^2$ 24.305											+3 13 Al 铝 $3s^23p^1$ 26.9815385(7)	−4,+2,+4 14 Si 硅 $3s^23p^2$ 28.085	−3,−2,+1,+3,+5 15 P 磷 $3s^23p^3$ 30.973761998(5)	−2,+2,+4,+6 16 S 硫 $3s^23p^4$ 32.06	−1,+1,+3,+5,+7 17 Cl 氯 $3s^23p^5$ 35.45	18 Ar 氩 $3s^23p^6$ 39.948(1)	M L K
4	−1,+1 19 K 钾 $4s^1$ 39.0983(1)	+2 20 Ca 钙 $4s^2$ 40.078(4)	+3 21 Sc 钪 $3d^14s^2$ 44.955908(5)	−1,0,+2,+3,+4 22 Ti 钛 $3d^24s^2$ 47.867(1)	0,±1,+2,+3,+4,+5 23 V 钒 $3d^34s^2$ 50.9415(1)	−3,0,±1,±2,+3,+4,+5,+6 24 Cr 铬 $3d^54s^1$ 51.9961(6)	−2,0,±1,+2,±3,+4,+5,+6,+7 25 Mn 锰 $3d^54s^2$ 54.938044(3)	−2,0,±1,+2,+3,+4,+5,+6 26 Fe 铁 $3d^64s^2$ 55.845(2)	0,±1,+2,+3,+4,+5 27 Co 钴 $3d^74s^2$ 58.933194(4)	0,±1,+2,+3,+4 28 Ni 镍 $3d^84s^2$ 58.6934(4)	+1,+2,+3,+4 29 Cu 铜 $3d^{10}4s^1$ 63.546(3)	+1,+2 30 Zn 锌 $3d^{10}4s^2$ 65.38(2)	+1,+3 31 Ga 镓 $4s^24p^1$ 69.723(1)	+2,+4 32 Ge 锗 $4s^24p^2$ 72.630(8)	−3,+3,+5 33 As 砷 $4s^24p^3$ 74.921595(6)	−2,+2,+4,+6 34 Se 硒 $4s^24p^4$ 78.971(8)	−1,+1,+3,+5,+7 35 Br 溴 $4s^24p^5$ 79.904	+2,+4 36 Kr 氪 $4s^24p^6$ 83.798(2)	N M L K
5	−1,+1 37 Rb 铷 $5s^1$ 85.4678(3)	+2 38 Sr 锶 $5s^2$ 87.62(1)	+3 39 Y 钇 $4d^15s^2$ 88.90584(2)	+1,+2,+3,+4 40 Zr 锆 $4d^25s^2$ 91.224(2)	0,±1,+2,+3,+4,+5 41 Nb 铌 $4d^45s^1$ 92.90637(2)	0,±1,±2,+3,+4,+5,+6 42 Mo 钼 $4d^55s^1$ 95.95(1)	0,±1,+2,+3,+4,+5,+6,+7 43 Tc 锝▲ $4d^55s^2$ 97.90721(3)✦	0,+1,±2,+3,+4,+5,+6,+7,+8 44 Ru 钌 $4d^75s^1$ 101.07(2)	0,±1,+2,+3,+4,+5,+6 45 Rh 铑 $4d^85s^1$ 102.90550(2)	0,+1,+2,+3,+4 46 Pd 钯 $4d^{10}$ 106.42(1)	+1,+2,+3 47 Ag 银 $4d^{10}5s^1$ 107.8682(2)	+1,+2 48 Cd 镉 $4d^{10}5s^2$ 112.414(4)	+1,+3 49 In 铟 $5s^25p^1$ 114.818(1)	+2,+4 50 Sn 锡 $5s^25p^2$ 118.710(7)	−3,+3,+5 51 Sb 锑 $5s^25p^3$ 121.760(1)	−2,+2,+4,+6 52 Te 碲 $5s^25p^4$ 127.60(3)	−1,+1,+3,+5,+7 53 I 碘 $5s^25p^5$ 126.90447(3)	+2,+4,+6,+8 54 Xe 氙 $5s^25p^6$ 131.293(6)	O N M L K
6	−1,+1 55 Cs 铯 $6s^1$ 132.90545196(6)	+2 56 Ba 钡 $6s^2$ 137.327(7)	57~71 La~Lu 镧系	+1,+2,+3,+4 72 Hf 铪 $5d^26s^2$ 178.49(2)	0,±1,+2,+3,+4,+5 73 Ta 钽 $5d^36s^2$ 180.94788(2)	0,±1,±2,+3,+4,+5,+6 74 W 钨 $5d^46s^2$ 183.84(1)	0,±1,+2,+3,+4,+5,+6,+7 75 Re 铼 $5d^56s^2$ 186.207(1)	0,+1,+2,+3,+4,+5,+6,+7,+8 76 Os 锇 $5d^66s^2$ 190.23(3)	0,±1,+2,+3,+4,+5,+6 77 Ir 铱 $5d^76s^2$ 192.217(3)	0,+2,+3,+4,+5,+6 78 Pt 铂 $5d^96s^1$ 195.084(9)	+1,+2,+3,+5 79 Au 金 $5d^{10}6s^1$ 196.966569(5)	+1,+2,+3 80 Hg 汞 $5d^{10}6s^2$ 200.592(3)	+1,+3 81 Tl 铊 $6s^26p^1$ 204.38	+2,+4 82 Pb 铅 $6s^26p^2$ 207.2(1)	−3,+3,+5 83 Bi 铋 $6s^26p^3$ 208.98040(1)	−2,+2,+4,+6 84 Po 钋 $6s^26p^4$ 208.98243(2)✦	−1,+1,+5,+7 85 At 砹 $6s^26p^5$ 209.98715(5)✦	+2 86 Rn 氡 $6s^26p^6$ 222.01758(2)✦	P O N M L K
7	+1 87 Fr 钫▲ $7s^1$ 223.01974(2)✦	+2 88 Ra 镭 $7s^2$ 226.02541(2)✦	89~103 Ac~Lr 锕系	104 Rf 𬬻▲ $6d^27s^2$ 267.122(4)✦	105 Db 𬭊▲ $6d^37s^2$ 270.131(4)✦	106 Sg 𬭳▲ $6d^47s^2$ 269.129(3)✦	107 Bh 𬭛▲ $6d^57s^2$ 270.133(2)✦	108 Hs 𬭶▲ $6d^67s^2$ 270.134(2)✦	109 Mt 鿏▲ $6d^77s^2$ 278.156(5)✦	110 Ds 𫟼▲ 281.165(4)✦	111 Rg 𬬭▲ 281.166(6)✦	112 Cn 鿔▲ 285.177(4)✦	113 Nh 鿭▲ 286.182(5)✦	114 Fl 𫓧▲ 289.190(4)✦	115 Mc 镆▲ 289.194(6)✦	116 Lv 𫟷▲ 293.204(4)✦	117 Ts 鿬▲ 293.208(6)✦	118 Og 鿫▲ 294.214(5)✦	Q P O N M L K

图例：

+2,+3,+4,+5,+6 (氧化态(单质的氧化态为0，未列入；常见的为红色))	95 (原子序数) Am (元素符号(红色的为放射性元素)) 镅▲ (元素名称(注▲的为人造元素)) $5f^77s^2$ (价层电子构型) 243.06138(2)✦ (以 $^{12}C=12$ 为基准的原子量(注✦的是半衰期最长同位素的原子量))

s区元素　p区元素　d区元素　ds区元素　f区元素　稀有气体

★镧系	+3 57 La★ 镧 $5d^16s^2$ 138.90547(7)	+2,+3,+4 58 Ce 铈 $4f^15d^16s^2$ 140.116(1)	+3,+4 59 Pr 镨 $4f^36s^2$ 140.90766(2)	+2,+3,+4 60 Nd 钕 $4f^46s^2$ 144.242(3)	+3 61 Pm 钷▲ $4f^56s^2$ 144.91276(2)✦	+2,+3 62 Sm 钐 $4f^66s^2$ 150.36(2)	+2,+3 63 Eu 铕 $4f^76s^2$ 151.964(1)	+3 64 Gd 钆 $4f^75d^16s^2$ 157.25(3)	+3,+4 65 Tb 铽 $4f^96s^2$ 158.92535(2)	+3,+4 66 Dy 镝 $4f^{10}6s^2$ 162.500(1)	+3 67 Ho 钬 $4f^{11}6s^2$ 164.93033(2)	+3 68 Er 铒 $4f^{12}6s^2$ 167.259(3)	+2,+3 69 Tm 铥 $4f^{13}6s^2$ 168.93422(2)	+2,+3 70 Yb 镱 $4f^{14}6s^2$ 173.045(10)	+3 71 Lu 镥 $4f^{14}5d^16s^2$ 174.9668(1)
★锕系	+3 89 Ac★ 锕 $6d^17s^2$ 227.02775(2)✦	+3,+4 90 Th 钍 $6d^27s^2$ 232.0377(4)	+3,+4,+5 91 Pa 镤 $5f^26d^17s^2$ 231.03588(2)	+2,+3,+4,+5,+6 92 U 铀 $5f^36d^17s^2$ 238.02891(3)	+3,+4,+5,+6,+7 93 Np 镎 $5f^46d^17s^2$ 237.04817(2)✦	+3,+4,+5,+6,+7 94 Pu 钚 $5f^67s^2$ 244.06421(4)✦	+2,+3,+4,+5,+6 95 Am 镅▲ $5f^77s^2$ 243.06138(2)✦	+3,+4 96 Cm 锔▲ $5f^76d^17s^2$ 247.07035(3)✦	+3,+4 97 Bk 锫▲ $5f^97s^2$ 247.07031(4)✦	+2,+3,+4 98 Cf 锎▲ $5f^{10}7s^2$ 251.07959(3)✦	+2,+3 99 Es 锿▲ $5f^{11}7s^2$ 252.0830(3)✦	+2,+3 100 Fm 镄▲ $5f^{12}7s^2$ 257.09511(5)✦	+2,+3 101 Md 钔▲ $5f^{13}7s^2$ 258.09843(3)✦	+2,+3 102 No 锘▲ $5f^{14}7s^2$ 259.1010(7)✦	+3 103 Lr 铹▲ $5f^{14}6d^17s^2$ 262.110(2)✦